具比例时滞递归神经网络的稳定性及其仿真与应用

周立群　著

机械工业出版社

本书系统地介绍了若干具比例时滞递归神经网络模型及其各种稳定性. 通过构造 Lyapunov 泛函、时滞微分不等式、非线性测度、内积性质和线性矩阵不等式等方法讨论了具比例时滞递归神经网络的渐近稳定性、多项式稳定性、周期性、概周期性及反周期性、散逸性等性质，并且给出相应的数值算例及仿真. 同时，对具比例时滞神经网络在二次规划问题的求解方面的应用进行了初步探讨. 本书旨在引领具比例时滞神经网络动力学的深入研究，为具比例时滞神经网络的实际应用奠定一定的理论基础.

本书适于基础数学、应用数学、自动化、计算机、信息技术等专业的高年级本科生、研究生、教师和相关专业的科技工作者，特别是从事常微分方程、泛函微分方程、差分方程、动力系统、人工神经网络理论与应用及实现技术研究的人员阅读使用.

图书在版编目（CIP）数据

具比例时滞递归神经网络的稳定性及其仿真与应用/周立群著. —北京：机械工业出版社，2019.1

ISBN 978-7-111-61621-4

Ⅰ.①具…　Ⅱ.①周…　Ⅲ.①时滞系统-递归论-神经网络-稳定性-研究②时滞系统-递归论-神经网络-计算机仿真-研究　Ⅳ.①TP183

中国版本图书馆 CIP 数据核字（2018）第 295268 号

机械工业出版社（北京市百万庄大街 22 号　邮政编码 100037）
策划编辑：陈保华　责任编辑：陈保华　王春雨
责任校对：张晓蓉　封面设计：马精明
责任印制：张　博
三河市国英印务有限公司印刷
2019 年 3 月第 1 版第 1 次印刷
169mm×239mm · 17.75 印张 · 358 千字
标准书号：ISBN 978-7-111-61621-4
定价：99.00 元

前 言

神经网络所具有的非线性映射特性、高度并行的运算能力、联想存储功能、自组织自学习能力使其广泛应用于联想记忆、模式识别、图像处理、信息工程、机器人控制等领域. 这些应用大都要求神经网络是稳定的，又因为网络运行中时滞是不可避免的，因此时滞神经网络的各种稳定性得到国内外学者的广泛研究.

2004—2007 年，我在哈尔滨工业大学读博士期间，有幸参加了刘明珠教授的时滞微分方程数值解的研究生讨论班，在这里接触到了比例时滞. 期间我查阅国内外大量文献，发现关于时滞神经网络的动力学行为的研究都集中在常时滞、变时滞、分布时滞或混合时滞等神经网络. 但是没有任何关于具比例时滞神经网络研究的相关报道. 比例时滞也是众多时滞之一，是一种无界时变时滞. 由于神经网络具有大量不同尺寸轴突的并行路径的空间属性，所以在一段时间内，通过引入连续的比例时滞建立模型是值得期待的. 换句话说，根据神经网络的拓扑结构与实际神经网络模型（即电路系统）的材料选择不同，在某些神经网络中引入比例时滞是完全合理的. 当时我就试着研究具比例时滞的神经网络的稳定性，但是一般的研究方法都无法直接处理比例时滞的无界性，这可能就是当时没有有关具比例时滞神经网络研究报告的原因之一. 具比例时滞神经网络属于比例时滞微分方程的范畴，但比例时滞微分方程的发展相对缓慢，至今还未形成完善的理论体系，这或许是制约具比例时滞神经网络发展的另一个原因. 郑祖庥先生曾指出：针对各种具体问题得到的具无界时滞的微分方程，利用经典分析方法给出详尽的研究是十分有意义的. 这句话更加坚定了我的信心，之后的几年一直致力于寻求研究具比例时滞神经网络动力学行为的有效的研究方法. 因为若能研究得到具比例时滞神经网络动态行为的相关性质和理论，对建立和构造具体可实际应用的具比例时滞神经网络将起到非常重要的理论指导作用.

经过坚持不懈的努力与探究，2011 年，我首次将比例时滞引入细胞神经网络，提出具比例时滞细胞神经网络模型，自此开启了具比例时滞神经网络动力学研究的历程. 比例时滞是不同于常时滞、可变时滞、分布时滞的一种无界时变时滞. 具比例时滞神经网络的优点是可以根据比例时滞因子的大小及网络所能允许的最大时滞来确定网络的运行时间.

本书是我近年来一些研究成果的总结，主要内容都是从我和学生近年来发表的论文中所提炼的，其中有些结果还处于待发表阶段．全书以各种具比例时滞递归神经网络为主线对各种具比例时滞神经网络的稳定性进行论述，并通过诸多数值算例进行仿真阐释．

本书内容安排如下：

第 1 章概述了递归神经网络、时滞递归神经网络、具比例时滞神经网络研究情况，时滞微分方程稳定性理论，比例时滞微分方程等．

第 2 章介绍了具单比例时滞细胞神经网络的渐近稳定性．

第 3 章介绍了具多比例时滞递归神经网络的渐近稳定性．

第 4 章介绍了具比例时滞递归神经网络的多项式稳定性．多项式稳定性是较指数稳定性更一般的一种稳定性，通过非线性变换将具比例时滞神经网络变换为常时滞和变系数神经网络，通过讨论变换后的模型平衡点的全局指数稳定性，来探讨比例时滞神经网络平衡点的多项式稳定性．

第 5 章介绍了具比例时滞双向联想神经网络的多项式稳定性．

第 6 章介绍了具比例时滞递归神经网络的周期解的稳定性．包括：具多比例时滞递归神经网络的多项式周期性与稳定性；具比例时滞神经网络概周期解的多项式稳定性；具比例时滞分流抑制细胞神经网络概周期解的全局吸引性；具比例时滞递归神经网络反周期解的多项式稳定性．

第 7 章介绍了具比例时滞神经网络的散逸性．

第 8 章介绍了具比例时滞二阶神经网络的稳定性，包括具比例时滞二阶 Hopfield 神经网络的多项式稳定性和具比例时滞高阶广义细胞神经网络多项式周期性．

第 9 章对基于比例时滞 Lagrange 神经网络稳定性的求解二次规划最优解问题进行了初步探讨．

目前具比例时滞神经网络动力学行为研究还处在发展的初期，还有巨大的研究与发展空间．本书旨在引领具比例时滞神经网络动力学的深入研究，为具比例时滞神经网络的实际应用奠定了一定的理论基础．

由于篇幅有限，本书尚有许多具比例时滞递归神经网络的动力学内容和方法没有涉及，有兴趣的读者可在本书所附的参考文献中查到具体文章．本书部分内容来源于研究生讨论班，感谢这期间已经毕业的研究生张迎迎、常青、翁梁燕、赵山崎、刘纪茹、刘学婷、赵忠颖、苏丽娟、郭盼盼等，他们的很多建议和部分硕士学位论文充实了本书内容．

在本书编写过程中，天津师范大学王贵君教授给予了指导，赵志学老师对部分数值仿真程序的编写给予了无私的帮助，英国利物浦大学刘凯教授对多项式稳定性的概念及相关文献给予了大力支持，东南大学博士后赵桂华老师对本书提出了宝贵的意见，研究生苏丽娟和郭盼盼将我的部分已发表英文文章翻译成中文，周瑞和邢琳对部分手稿进行了校订，在此一并向他们表示衷心的感谢．

最后，诚挚感谢天津市高校中青年骨干教师创新人才培养计划项目（No. 135305JF63）和天津市自然科学基金项目（No. 18JCYBJC85800）的基金资助，感谢天津师范大学数学科学学院领导的关心与支持.

由于作者水平有限，书中难免存在不妥之处，恳请广大读者批评指正，提出宝贵意见.

周立群

目　录

第1章 绪论

人工神经网络起源于20世纪40年代，与冯·诺依曼机相比，由于人工神经网络具备主动学习能力和自适应能力，而使它的工作模式更接近于人的大脑. 神经网络的人工模拟是利用大量神经元通过复杂的连接实现的动态系统，即对生物神经网络的一种近似模拟实现. 人工神经网络是与神经生理、心理认知、数学、物理及信息、计算机等学科密切相关的交叉学科，是当代热门研究课题之一. 基于并行处理、分布式的信息存储及超强的学习能力和联想能力，神经网络在计算机视觉、优化计算、图像处理、语言的识别和联想记忆、模式识别、知识推理专家系统及人工智能等方面具有巨大的潜在应用前景. 在20世纪80年代以后神经网络取得了飞速发展，尤其是自1982年Hopfield J J提出了Hopfield型网络模型[1]，1988年Chua L O和Yang L提出了细胞神经网络模型[2]以来，神经网络的理论研究与应用研究进入了快速发展时期.

1.1 递归神经网络概述

根据神经元连接方式的不同，神经网络可分为两类：一类是前馈神经网络，简称前馈网络[3]，各神经元从输入层开始，依次接受前一层的信息，输入到下一层，直至输出层，各层间没有反馈，可用一个有向无环图表示，如BP神经网络，如图1-1所示；另一类是递归神经网络，与前馈神经网络相比，除了依次传播之外，信息的输入输出和神经元之间还存在信息反馈. 这使得某时刻的输出不仅与该时的输入有关，并且还和以前的信息有关，从而使整个网络表现出动态特性. 例如，1990年Elman J L针对语音处理问题而提出来的Elman神经网络，是一种

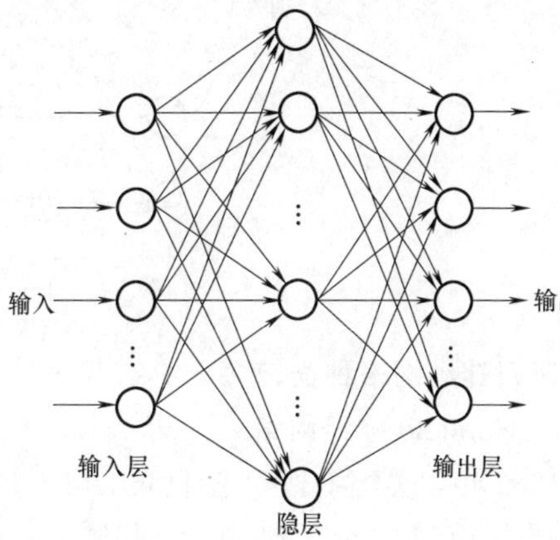

图1-1 三层BP神经网络图

典型的局部反馈网络，如图 1-2 所示；Jordan M I 提出的 Jordan 神经网络，也是一种局部反馈神经网络，与 Elman 神经网络很相似，如图 1-3 所示.

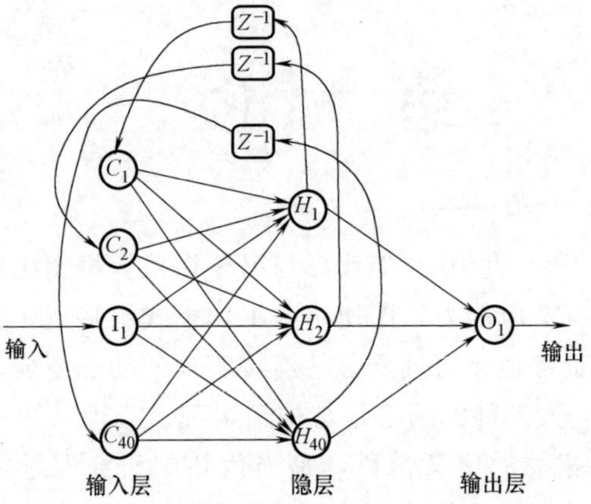

图 1-2　Elman 神经网络

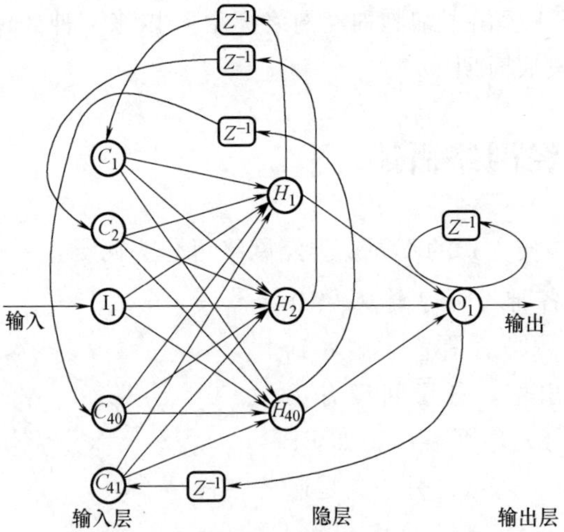

图 1-3　Jordan 神经网络

递归神经网络种类较多，具有代表性有以下几类.

1. Hopfield 神经网络

1982 年，美国物理学家 Hopfield J J 提出了 Hopfield 神经网络模型[1]，是一个单层最简单的全反馈神经网络，是递归神经网络的典型代表（见图 1-4）. Hopfield 引入能量函数，使能量函数的极小解对应于网络的平衡态. 网络的平衡态的求证就转换为能量函数极小解的求解. 若 Hopfield 网络是收敛的和稳定的，则

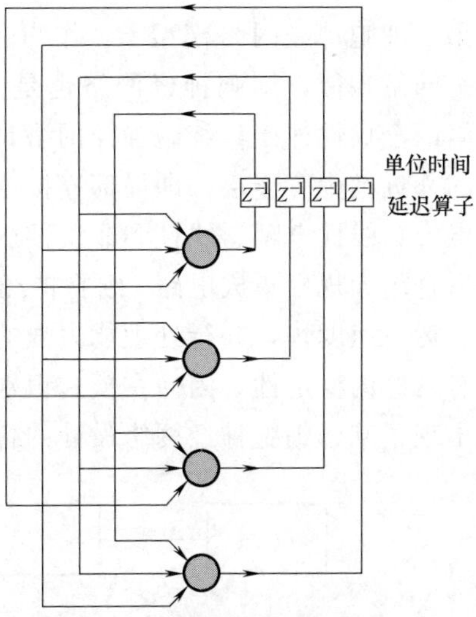

图 1-4 Hopfield 神经网络

反馈与迭代的计算过程所产生的变化越来越小，当到达了稳定平衡状态时，Hopfield 网络就会输出一个稳定的恒值. 对于 Hopfield 网络来说，确定它在稳定平衡状态时的权系数是关键. 基于非线性反馈动力学的特性，凭借其强大的功能和易于电路实现等特点，Hopfield 神经网络成功地应用到联想记忆和最优化领域中. Hopfield 神经网络简化的数学模型为

$$C_i\dot{u}_i(t) = -u_i(t)/R_i + \sum_{j=1}^{n} T_{ij}g_j(u_j(t)) + I_i \quad (1\text{-}1)$$

其中，$i=1, 2, \cdots, n$，$u_i(t)$ 表示神经网络的状态；$C_i>0$，$R_i>0$ 和 I_i 分别为第 i 个神经元的电容常数、电阻常数和网络的外部输入；T_{ij} 表示第 i 个神经元到第 j 个神经元的连接权重；$g_j(\cdot)$ 表示神经网络的激活函数，激活函数通常取为 S 型函数（Sigmoid function），如 $g_j(x)=\tanh(x)$，$g_j(x)=1/(1+e^{-x})$，$g_j(x)=2/(1+e^{-2x})-1$，$g_j(x)=\pi/2\arctan(\pi/2x)$等.

2. Cohen-Grossberg 神经网络

1983 年，Cohen M A 和 Grossberg S 提出了一种广义的递归神经网络——Cohen-Grossberg 神经网络[4]：

$$\dot{u}_i(t)=a_i(u_i(t))[b_i(u_i(t))-\sum_{j=1}^{n}t_{ij}s_j(u_j(t))], i=1,2,\cdots,n \quad (1\text{-}2)$$

其中，函数 $u_i(t)$ 表示第 i 个神经元的状态变量；$a_i(\cdot)>0$ 是有界连续函数，表示放大函数；函数 $b_i(\cdot)$ 连续，满足 $\lim_{u_i\to-\infty} b_i(u_i)=-\infty$，$\lim_{u_i\to+\infty} b_i(u_i)=+\infty$；$\boldsymbol{T}=(t_{ij})_{n\times n}$ 是对称矩阵；$s_i(\cdot)$ 是 S 型函数. 其中神经元状态不再是二值，这种模型在具有固定权值的神经网络中具有一定的代表性，它的状态是根据一组常微分方程连续变化的. 通过应用此类模型，可以将信息存放在系统中局部最小点上，进而减小存储空间，增大利用率，可见这类模型在信息的联想存储方面有巨大的应用价值，并在信号处理、联想记忆等领域得到了利用.

Hopfield 神经网络是 Cohen-Grossberg 神经网络的特殊情况. 相比 Hopfield 网络，Cohen-Grossberg 网络更具备一般性，它不仅与生物网络紧密联系，而且在应用方面能够较好地解决系统存在的非线性和不确定问题，具有重要的研究意义.

3. 细胞神经网络

基于 Hopfield 神经网络的直接影响和细胞自动机的启发，1988 年美国科学家

Chua L O 和 Yang L 在积累了多年非线性运放电路研究成果的基础上，开创性地提出了细胞神经网络模型[2]. 作为递归型神经网络一个典型代表，与 Hopfield 的人工网络相似，细胞神经网络也是一个大规模非线性模拟系统. 不同于 Hopfield 网络的全局性连接，细胞神经网络具有细胞自动机的动力学特征，即每个细胞只与它的邻近细胞有连接，即局部连接. 一个细胞是一个非线性电路单元，通常包含线性电容、线性电阻、线性和非线性压控电流源. 细胞神经网络的局部连接性使其非常适合超大规模集成电路. 细胞神经网络的分段线性的输出信号函数，具有双值输出、运行速度快，并行处理能力强的特点. 基于生物细胞脉冲原理，细胞神经网络拥有良好的稳定性，因而在模式识别、图像处理等方面得到了广泛的应用. 市场上已出现了基于细胞神经网络设计的各种专业芯片，如电子、光学和分子生物芯片.

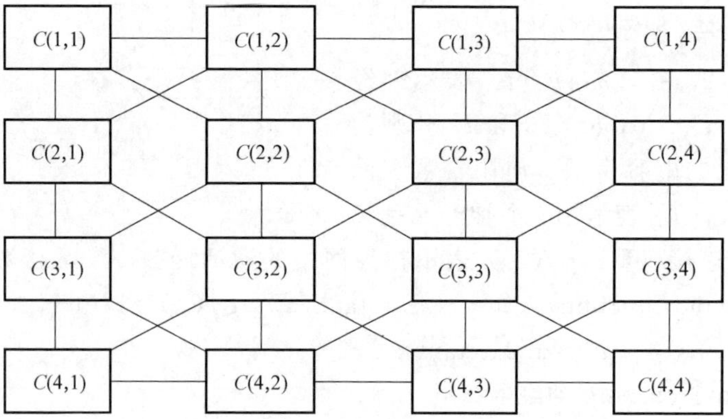

图 1-5　一个二维细胞神经网络

一个二维的细胞神经网络，如图 1-5 所示，这个电路的大小是 4×4 的. 小长方形代表称为细胞的电路单元. 细胞间的连接表示相连细胞间有直接交互作用.

理论上，可以定义细胞神经网络是任何维的[5,6]. 将 $M\times N$ 个细胞排成一个 M 行和 N 列的阵列，称为一个 $M\times N$ 细胞神经网络，称排在第 i 行第 j 列的细胞为（i,j），记为 $C(i,j)$. 下面给出 $C(i,j)$ 邻域的定义：r-邻域.

定义 1-1[2]　（r-领域）在一细胞神经网络中，设

$$N_r(i,j)=\{C(k,l)\mid \max\{|k-i|,|l-j|\}\leqslant r,\ 1\leqslant k\leqslant M,\ 1\leqslant l\leqslant N\}$$

称 $N_r(i,j)$ 为细胞神经网络的细胞 $C(i,j)$ 的 r-领域，其中 r 是一个正整数.

如图 1-6 所示，给出了分别对应 $r=1$，2，3 的同一细胞（位于中间以阴影表示）的三个邻域，通常称 1-邻域为 3×3 邻域，2-邻域为 5×5 邻域，3-邻域为 7×7 邻域.

如图 1-7 所示，每个细胞 $C(i,j)$ 包含一个独立电源 E_{ij}；一个独立电流源 I；一个线性电容 C；两个线性电阻 R_x 和 R_y；节点电位 V_{xij} 称为细胞 $C(i,j)$ 的状态；节点电位 V_{uij} 称为细胞 $C(i,j)$ 的输入；节点电位 V_{yij} 称为细胞 $C(i,j)$ 的输

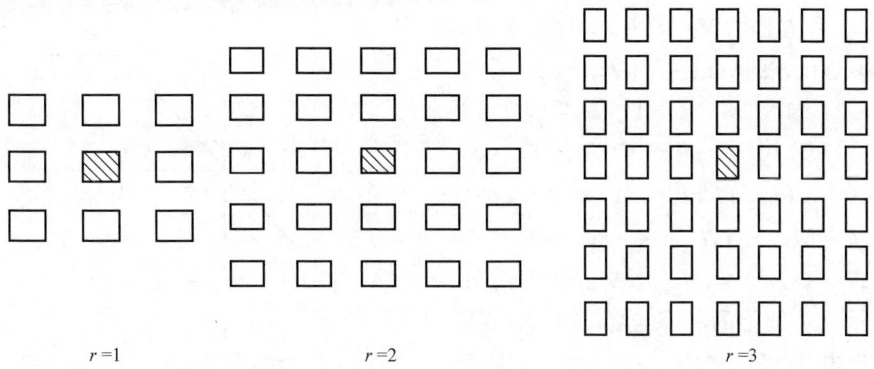

图 1-6 细胞 $C(i,j)$ 对应于 $r=1$，2，3 的三个邻域

出经由控制输入电位 V_{ukl} 及输出电位 V_{ykl} 的反馈与某个邻域细胞 $C(k,l)$ 相耦合所得的至多 $3m$ 个线性电压受控电流源，其中 m 是邻域细胞的数量，$m=(2r+1)^2$.

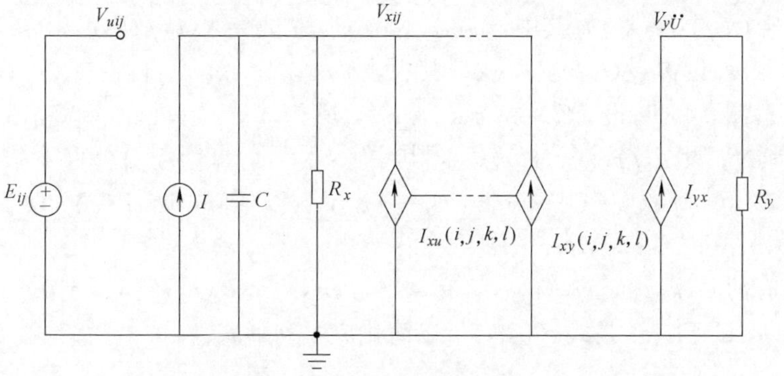

图 1-7 细胞神经网络的一个细胞 $C(i,j)$ 的电路图

实际上，$I_{xy}(i,j;k,l)$ 和 $I_{xu}(i,j;k,l)$ 是线性电压受控电流源，对所有 $C(k,l)\in N_r(i,j)$，满足 $I_{xy}(i,j;k,l)=\boldsymbol{A}(i,j;k,l)V_{ykl}(t)$，$I_{xu}(i,j;k,l)=\boldsymbol{B}(i,j;k,l)V_{ukl}$. 每个细胞中唯一的非线性元素是一个分段线性电压受控电流源；$I_{yx}=(1/R)f(V_{xij})$，其中 $f(\cdot)$ 是一个分段线性函数，如图 1-8 所示.

Chua L O 和 Yang L 应用基尔霍夫电流定律（KCL）和基尔霍夫电压定律（KVL），得到一个细胞的神经网络的 $M\times N$ 的电路方程模型[2]. 其状态方程如下：

$$C\dot{V}_{xij}(t)=(-1/R_x)V_{xij}(t)+\sum_{C(k,l)\in N_r(i,j)}A(i,j;k,l)V_{ykl}(t)+\sum_{C(k,l)\in N_r(i,j)}B(i,j;k,l)V_{ukl}+I \tag{1-3}$$

其中，$1\leqslant i\leqslant M$，$1\leqslant j\leqslant N$. $V_{yij}(t)=1/2(|V_{xij}(t)+1|-|V_{xij}(t)-1|)$，$1\leqslant i\leqslant$

M，$1\leqslant j\leqslant N$ 为输出函数（也称激活函数）；输入方程为 $V_{uij}=E_{ij}$，$1\leqslant i\leqslant M$，$1\leqslant j\leqslant N$；限制条件为 $|V_{xij}(0)|\leqslant 1$，$1\leqslant i\leqslant M$，$1\leqslant j\leqslant N$，$|V_{uij}|\leqslant 1$，$1\leqslant i\leqslant M$，$1\leqslant j\leqslant N$；参数假设为 $C>0$，$R_x>0$，$\boldsymbol{A}(i,j;k,l)=\boldsymbol{A}(k,l;i,j)$，$1\leqslant i,k\leqslant M;1\leqslant j,l\leqslant N$.

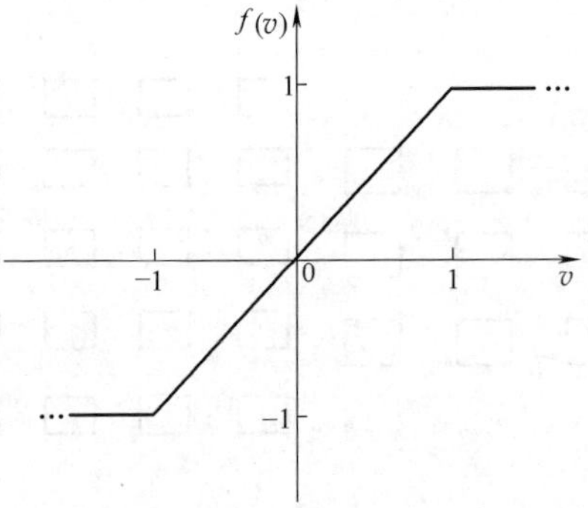

图 1-8　分段线性函数 $f(v)=0.5(|v+1|-|v-1|)$的图像

式（1-3）中，V_{xij}、V_{uij} 和 V_{yij} 分别表示一个细胞的状态电压、输入电压和输出电压. $V_{xij}(t)$、$\dot{V}_{xij}(t)$ 分别表示状态变量和其导数；$V_{yij}(t)$ 表示输出变量，是 $V_{xij}(t)$ 的函数；$V_{uij}(t)$ 是输入常量；I 是一个常量，表示偏置电流；R_x、C 都是常量，分别表示电阻和电容.

为方便起见，简化一些符号并引入一些符号：

设 $\boldsymbol{A}=(a_{ij})_{MN\times MN}$，其中，$a_{N(i-1)+j,N(k-1)+l}=\boldsymbol{A}(i,j;k,l)$，$1\leqslant i$，$k\leqslant M$，$1\leqslant j$，$l\leqslant N$；设 $\boldsymbol{B}=(b_{ij})_{MN\times MN}$，其中，$b_{N(i-1)+j,N(k-1)+l}=\boldsymbol{B}(i,j;k,l)$，$1\leqslant i,k\leqslant M,1\leqslant j,l\leqslant N$；设 $\boldsymbol{x}(t)=(x_i(t))_{MN}$，其中 $x_{N(i-1)+j}(t)=V_{xij}(t)$，$1\leqslant i\leqslant M$，$1\leqslant j\leqslant N$；设 $\boldsymbol{y}(t)=(y_i(t))_{MN}$，其中 $y_{N(i-1)+j}(t)=V_{yij}(t)$，$1\leqslant i\leqslant M$，$1\leqslant j\leqslant N$；设 $\boldsymbol{U}=(u_i)_{MN}$，其中 $u_{N(i-1)+j}=V_{uij}$，$1\leqslant i\leqslant M$，$1\leqslant j\leqslant N$；设 $\boldsymbol{f}(x(t))=(f(x_i(t)))_{MN}$，$1\leqslant i\leqslant MN$.

对所有的 $C(k,l)\notin N_r(i,j)$，有 $\boldsymbol{A}(i,j;k,l)=\boldsymbol{B}(i,j;k,l)=\boldsymbol{0}$. 令 $n\triangleq M\times N$，$R_x=1$，$C=1$. 于是式（1-3）可以简化成下列形式：

$$\dot{x}_i(t)=-x_i(t)+\sum_{j=1}^{n}a_{ij}y_j(t)+b_{ij}u_j+I,\ 1\leqslant i\leqslant n \tag{1-4}$$

其中，$y_j(t)=f(x_j(t))$，$1\leqslant j\leqslant n$ 为激活函数；常值 u_j 常量为外部输入；参数约定为$a_{ij}=a_{ji}$，$1\leqslant i$，$j\leqslant n$.

式（1-4）用矩阵形式表示即为

$$\dot{\boldsymbol{x}}=-\boldsymbol{x}+\boldsymbol{A}\boldsymbol{y}(t)+\boldsymbol{B}\boldsymbol{U}+\boldsymbol{I} \tag{1-5}$$

其中，$\boldsymbol{y}(t)=\boldsymbol{f}(\boldsymbol{x}(t))$，$\boldsymbol{U}=(u_i)_n=$常量，$1\leqslant i\leqslant n$；参数约定为 $\boldsymbol{A}=\boldsymbol{A}^{\mathrm{T}}$.

式（1-4）或式（1-5）为细胞神经网络的一般形式，亦称为细胞神经网络的标准形式，是 n 阶的常微分方程组. 此形式也是众多学者的研究对象，并得到了很多成果.

Hopfield 神经网络［式（1-1）］和细胞神经网络［式（1-4）］的拓扑结构虽然不同，但是这两种神经网络的简化后数学模型的标准形式是一致的. 在研究的过程中，学者们对这两种神经网络中的参数进行了各种各样的改进或变形，如细胞神经网络（1-5）参数约定中 **A** 不一定是对称矩阵等，并且得到了许多结果[7-9]. 对激活函数的范围也进行了扩展，可以是 S 型的、分段线性的、有界或者无界的单调不减的，或只满足 Lipschitz 条件的等.

4. 广义细胞神经网络

1996 年，Espejo S 等提出了广义细胞神经网络[10]，作为细胞神经网络的一种推广，其可提供单元（细胞）高阶动力学线性动态部分及与应用有关的任意静态非线性化，保持各单元具有一致结构的同时，还允许单元间存在变化. 用多变量替代细胞神经网络中的单变量，用非线性求和替代线性求和，因此广义细胞神经网络在一定程度上，使神经网络的运算能力及处理能力得以提高，在模式识别及图像处理等领域中有巨大的应用价值. 一般的广义细胞神经网络的数学模型为

$$\dot{x}_i(t)=-c_i g_i(x_i(t))+\sum_{j=1}^{n}a_{ij}f_j(x_j(t))+I_i \tag{1-6}$$

其中，

$$g_i(x_i(t))=\begin{cases} l(x_i(t)-1)+1, & x_i(t)\geqslant 1 \\ x_i(t), & |x_i(t)|<1 \\ l(x_i(t)+1)-1, & x_i(t)\leqslant -1 \end{cases}$$

$l\geqslant 1$ 为常数. 若 $l=1$，则式（1-6）转化为细胞神经网络模型（1-5）.

5. 双向联想记忆（BAM）神经网络

联想记忆网络是一种重要的递归神经网络，在众多的联想记忆网络模型中，以 1988 年 Kosko 提出的双向联想记忆（Bidirectional Associative Memory）[11]的神经网络的应用最为广泛，通常简记为 BAM 神经网络. 该模型是将单层的自联想 Hebbian 相关器推衍为双层的异联想模式匹配电路. 于是，与自联想的 Hopfiled 网络相比，BAM 网络可以实现双向异联想，这是一种大规模并行处理大量数据的有效方法. 可分为离散型、连续型和自适应型等多种形式. 一般的 BAM 网络的数学模型为：

$$\begin{cases} \dot{x}_i(t)=-a_i x_i(t)+\sum\limits_{j=1}^{m}c_{ij}f_j(y_j(t))+I_i,\ i=1,2,\cdots,n \\ \dot{y}_j(t)=-b_j y_j(t)+\sum\limits_{i=1}^{n}d_{ji}f_i(x_i(t))+J_j,\ j=1,2,\cdots,m \end{cases}$$

在参考文献［12-14］中，Kosko B 又给出 BAM 神经网络的推广模型. 基于实时性和容错性，BAM 网络在信号处理、神经控制、联想记忆和模式识别中的广泛应用，使得其在过去的几十年中得到了广泛研究.

6. 分流抑制细胞神经网络

1993 年，Bouzerdoun A 和 Pinter R B 提出了分流抑制细胞神经网络[15]，扩大了细胞神经网络应用领域. 分流抑制细胞神经网络的数学模型为：

$$\dot{x}_{ij}(t)=-a_{ij}x_{ij}(t)-\sum_{C_{mn}\in N(i,j,r)}w_{mn}(i,j)f_{mn}(x_{mn}(t))x_{ij}(t)+I_{ij}(t)$$

其中，$a_{ij}>0$；C_{ij} 表示位于第 i 行第 j 列的细胞元（$i=1,2,\cdots,n_1;j=1,2,\cdots,n_2$）；$x_{ij}(t)$ 表示细胞元 C_{ij} 在时刻 t 的状态；$f_{mn}(x_{mn}(t))$ 表示细胞元 C_{mn} 在时刻 t 的信号输出函数；$N(i,j,r)$ 表示细胞元 C_{ij} 的 r 邻域，其中 $N(i,j,r)=\{C_{mn}\mid \max\{|m-i|,|n-j|\}\leqslant r,1\leqslant m\leqslant n_1,1\leqslant n\leqslant n_2\}$. 目前，分流抑制细胞神经网络在最优化、模式识别及图像处理等领域得到了成功的应用.

1.2 时滞递归神经网络

人类大脑的神经网络的正常运行，要同时依靠空间结构和时间结构. 通过错综复杂的连接，神经元中的轴突及树突构成了神经网络的空间结构，神经网络的时间结构是受轴突的长度及突触前后间神经递质的传递影响的. 不同位置的神经元之间信息的传递一定会有差异，这与其拥有不同的突触长度和神经递质释放密不可分的. 因此时滞在生物神经网络运行中的影响是不可避免的. 在硬件的实现中，神经元间信息的传递过程中由于元件有限的开关速度和通信时间致使时滞是客观存在的.

神经网络的各种动力学性质如各种稳定性、散逸性、同步性等被广泛应用于图像处理、模式识别、联想记忆、控制、保密通信和物理学等领域. 事实上，神经网络的应用几乎涉及国民经济建设的各个领域，有着很深远的应用前景. 由于放大器有限的开关速度和神经元的固有的通信时间时延是不可避免的，它的存在可能会导致系统失稳、振荡性、混沌等，因此研究具时滞的神经网络的动力学更有意义.

1990 年，Chua L O 和 Rosha T 为了处理移动图像提出时滞细胞神经网络模型[16].

$$\dot{x}_i(t)=-c_ix_i(t)+\sum_{j=1}^{n}a_{ij}f_j(x_j(t))+\sum_{j=1}^{n}a_{ij}^{\tau}f_j(x_j(t-\tau))+I_i$$

在此后近 30 多年中，国内外学者对各种时滞神经网络的若干动力学行为进行了广泛的研究，得到大量的研究成果[17-45]. 就时滞而言，目前所研究的绝大部分时滞神经网络可分为常时滞的[17-22]、变时滞的[23-30]、分布时滞的[31-42]、混合时滞的[43-45]等几种. 研究方法主要有 Lyapunov 稳定性理论、线性矩阵不等式方法、非线性测度、M-矩阵理论、Mawhin 延拓定理、Halanay 型不等式等. Lyapunov 稳定性理论是研究时滞神经网络的动力学行为最常用方法之一，这也是时滞微分方程的稳定性理论中重要的研究方法. 由于时滞神经网络具有的良好的动力学性质，如稳定性、混沌、分叉等，使其在图像处理、控制、保密通信、联想记忆和物理学等领域有着理想的应用. 关于时滞神经网络动力学的书籍见文献 [46-50].

1.3 比例时滞递归神经网络简介

比例时滞是众多时滞之一，不同于常时滞、有界变时滞和分布时滞，它是时变的且无界的时滞，同时也是一种客观存在，如在计算机网络的 QoS（服务质量）算法中通常是要求比例时滞保证的[51-53]. 由于大量具有不同尺寸轴突的并行路径的存在，使得神经网络通常具有空间属性，在一段时间内，通过引入连续的比例时滞建立模型是值得期待的. 因此，根据神经网络的拓扑结构与实际神经网络模型（即电路系统）的材料选择不同，在某些神经网络中引入比例时滞是完全合理的. 因此，研究具比例时滞神经网络的动态行为，对实际应用起到了非常重要的理论指导作用.

2011 年，周立群首次将比例时滞引入细胞神经网络，对具比例时滞神经网络[54]

$$\begin{cases}\dot{x}_i(t)=-d_ix_i(t)+\sum\limits_{j=1}^{n}a_{ij}f_j(x_j(t))+\sum\limits_{j=1}^{n}b_{ij}f_j(x_j(q_1t))+\\ \qquad\sum\limits_{j=1}^{n}c_{ij}f_j(x_j(q_2t))+I_i,t\geqslant 1\\ x_i(s)=x_{i0},s\in[q,1]\end{cases}$$

通过非线性变换将具比例时滞的细胞神经网络等价变换为具常时滞变系数的细胞神经网络，利用构造特殊的 Lyapunov 泛函的方法研究了该系统的全局散逸性. 其中 q_i，$i=1$，2 为比例时滞因子，满足 $0<q_i<1$. 比例时滞函数为 $\tau_i(t)=(1-q_i)t$，时滞函数与时间 t 成比例，故称比例时滞函数，且当 $t\to+\infty$时，$\tau_i(t)=(1-q_i)t\to+\infty$，即比例时滞函数是无界的和时变的. 正是由于比例时滞函数的这种时变的无界性使得其在具比例时滞神经网络的各种动力学行为准则推导过程中比较棘手，比如一般的 Lyapunov 泛函、Halanly 不等式等方法都较难直接处理比例时滞.

尽管比例时滞和分布时滞都是无界时变时滞，但是两者之间有很大差异. 如文献［31-36］中，分布时滞具有的时滞核函数 k_{ij}: $\mathbb{R}^+\to\mathbb{R}^+$ 是非负实值连续函数，且满足 $\int_0^\infty k_{ij}(s)\mathrm{d}s=1$，$\int_0^\infty sk_{ij}(s)\mathrm{d}s<\infty$，并且存在一个正数 μ 使得 $\int_0^\infty \mathrm{e}^{\mu s}k_{ij}(s)\mathrm{d}s<\infty$. 正是因为核函数这些条件，使得在稳定性条件的推到过程中，分布时滞相对容易处理. 然而，在神经网络动力学行为的推导过程中，与分布时滞相比，在 $t\to+\infty$时，比例时滞函数 $\tau(t)=(1-q)t\to+\infty$，且没有其他的条件，使得比例时滞很难处理. 另外，除分布时滞外，在具有时滞的神经网络动力学行为的研究中，大多数时滞函数 $\tau(t)$ 都是要求有界的，如文献［23-30］中要求时滞函数 $\tau(t)$ 满足 $0\leqslant\tau(t)\leqslant\tau$ 和其他条件，使得在稳定性条件的推导过程中，时滞项比

较容易处理. 而比例时滞函数 $\tau(t)=(1-q)t$ 随着时间 $t>0$ 的增长是一个单调无界连续函数，处理起来比较困难，许多常规的研究方法不能直接用来研究具比例时滞神经网络的动力学性质. 但是具比例时滞神经网络的优点是可以根据比例时滞因子大小和网络允许的最大时滞来控制网络的运行时间. 在比例时滞存在的情况下，确保所设计的网络是稳定的很重要，因为只有稳定的网络才可以被应用. 因此，研究具比例时滞神经网络的动力学行为具有重要的理论意义.

目前，关于比例时滞递归神经网络的动力学行为的研究也取得了一些有意义研究成果. 文献［55-57］对文献［54］中的模型通过不同的方法，如非线性测度[55]、Lyapunov 稳定性理论[56]及构造时滞微分不等式[57]等进行了研究. 下面列举一些具比例时滞递归神经网络模型的动力学行为的研究情况.

2013 年，文献［58］通过应用内积性质的方法研究模型

$$\begin{cases}\dot{\boldsymbol{u}}(t)=-\boldsymbol{D}\boldsymbol{u}(t)+\boldsymbol{A}\boldsymbol{f}(\boldsymbol{u}(t))+\boldsymbol{B}\boldsymbol{f}(\boldsymbol{u}(qt))+\boldsymbol{I},t\geqslant 1\\ \boldsymbol{u}(s)=\boldsymbol{\varphi}(s),\ s\in[q,1]\end{cases}$$

得到该系统全局散逸性的充分条件，这种内积的方法对其他时滞神经网络的散逸性研究也提供了新思路、新方法. 2014 年，文献［59］应用构造 Lyapunov 泛函方法研究了该系统的全局渐近稳定性.

同年，文献［60］通过应用矩阵理论和 Lyapunov 稳定性理论研究模型

$$\begin{cases}\dot{x}_i(t)=-d_ix_i(t)+\sum\limits_{j=1}^{n}a_{ij}f_j(x_j(t))+\sum\limits_{j=1}^{n}b_{ij}f_j(x_j(p_jt))+\\ \qquad\sum\limits_{j=1}^{n}c_{ij}f_j(x_j(q_jt))+I_i,\ t\geqslant 1\\ x_i(s)=\varphi_i(s),\ s\in[q,1],\ q=\min\limits_{1\leqslant j\leqslant n}\{p_j,q_j\}\end{cases}$$

得到该系统时滞依赖的全局指数稳定性的充分条件. 2016 年，文献［61］通过构造 Lyapunov 泛函和时滞微分不等式研究了该系统的全局指数周期性与稳定性.

2014 年，文献［62］通过应用矩阵理论和 Lyapunov 稳定性理论研究模型

$$\begin{cases}\dot{x}_i(t)=-d_ix_i(t)+\sum\limits_{j=1}^{n}a_{ij}f_j(x_j(t))+\sum\limits_{j=1}^{n}b_{ij}f_j(x_j(q_{ij}t))+I_i,\ t\geqslant 1\\ x_i(s)=x_{i0},\ s\in[q,1],\ q=\min\limits_{1\leqslant i,j\leqslant n}\{q_{ij}\}\end{cases}$$

的全局渐近稳定性.

同年，文献［63］讨论了具比例时滞杂交双向联想记忆神经网络

$$\begin{cases}\dot{x}_i(t)=-a_ix_i(t)+\sum\limits_{j=1}^{m}c_{ji}f_j(y_j(t))+\sum\limits_{j=1}^{m}c_{ji}^{\tau}f_j(y_j(p_jt))+I_i\\ \dot{y}_j(t)=-b_jy_j(t)+\sum\limits_{i=1}^{n}d_{ji}f_i(x_i(t))+\sum\limits_{i=1}^{n}d_{ji}^{\tau}f_i(x_i(q_it))+J_j\end{cases}$$

利用 Brouwer 不动点定理和构造时滞微分不等式，得到了确保系统全局指数稳定

的时滞独立的充分条件. 文献［64］考虑上述模型当 $p_j=q_1$，$q_j=q_2$时，利用矩阵范数性质及构造时滞微分不等式方法研究该模型的全局指数稳定性.

2015 年，文献［65］讨论了具比例时滞高阶神经网络

$$\dot{x}_i(t)=-d_ix_i(t)+\sum_{j=1}^{n}(a_{ij}f_j(x_j(t))+b_{ij}g_j(x_j(qt)))+\sum_{j=1}^{n}\sum_{k=1}^{n}T_{ijk}g_j(x_j(qt))g_k(x_k(qt))+J_i$$

基于 Lyapunov 稳定性理论，利用矩阵测度和推广的 Halanay 型不等式的方法，得到了保证系统 p 阶指数稳定的充分条件. 同年，文献［66］以

$$\dot{x}_i(t)=-d_i(x_i(t))+\sum_{j=1}^{n}a_{ij}f_j(x_j(t))+\sum_{j=1}^{n}b_{ij}g_j(x_j(q_{ij}t))+I_i$$

为驱动系统，以

$$\dot{z}_i(t)=-d_i(z_i(t))+\sum_{j=1}^{n}a_{ij}f_j(z_j(t))+\sum_{j=1}^{n}b_{ij}g_j(z_j(q_{ij}t))+I_i+u_i(t)$$

为响应系统，其中 $u_i(t)$ 表示控制输入，通过构造适当的 Lyapunov 泛函，研究了该驱动-响应系统的全局同步性.

2016 年，文献［67］讨论了具比例时滞竞争神经网络

$$\begin{cases}STM:\varepsilon\dot{x}_i(t)=-a_ix_i(t)+\sum\limits_{j=1}^{n}b_{ij}f_j(x_j(t))+\\ \qquad\qquad\sum\limits_{j=1}^{n}c_{ij}f_j(y_j(q_jt))+B_i\sum\limits_{j=1}^{n}d_jm_{ij}(t)+I_i,\ t\geqslant 1\\ LTM:\dot{m}_{ij}(t)=-m_{ij}(t)+d_jf_i(x_i(t))\end{cases}$$

通过不动点定理与构造时滞微分不等式的方法，给出该系统平衡点存在唯一及指数稳定的充分条件.

2016 年，文献［68］讨论了如下具比例时滞脉冲递归神经网络

$$\begin{cases}\dot{x}_i(t)=-d_ix_i(t)+\sum\limits_{j=1}^{n}a_{ij}f_j(x_j(t))+\sum\limits_{j=1}^{n}b_{ij}g_j(x_j(q_jt)),t\geqslant 1,\ t\neq t_k\\ \Delta x_i(t_k)=x_i(t_k^+)-x_i(t_k)=P_{ik}x_i(t_k),\ k=1,2,\cdots\\ x_i(s)=\varphi_i(s),\ s\in[q,1],\ q=\min\limits_{1\leqslant j\leqslant n}\{q_j\}\end{cases}$$

通过应用固定点定理和一些不等式的分析技巧，获得了两个新的保证系统平衡点存在唯一且全局指数稳定的新的充分条件.

2017 年，文献［69］利用构造 Lyapunov 泛函，研究了带 Markov（马尔可夫）跳的具比例时滞脉冲递归神经网络

$$\begin{cases}\dot{\boldsymbol{x}}(t)=-\boldsymbol{D}(\boldsymbol{r}(t))\boldsymbol{x}(t)+\boldsymbol{A}(\boldsymbol{r}(t))\boldsymbol{f}(\boldsymbol{x}(t))+\boldsymbol{B}(\boldsymbol{r}(t))\boldsymbol{f}(\boldsymbol{x}(qt))+\boldsymbol{I},t\geqslant 1\\ \boldsymbol{x}(s)=\boldsymbol{x}_0,\ t\in[q,1]\end{cases}$$

的时滞依赖的指数稳定性，其中 $\{\boldsymbol{r}(t), t \geqslant 1\}$ 表示右连续的 Markov 过程.

同年，文献［70］对随机具比例时滞神经网络

$$
\begin{aligned}
\mathrm{d}x_i(t) = \Big\{ & -d_i x_i(t) + \sum_{j=1}^{n} a_{ij} f_j(x_j(t)) + \sum_{j=1}^{n} b_{ij} f_j(x_j(p_j t)) + \\
& \sum_{j=1}^{n} c_{ij} f_j(x_j(q_j t)) + u_i(t) \Big\} \mathrm{d}t + \\
& \sum_{j=1}^{n} \sigma_{ij}(x_j(t), x_j(p_j t), x_j(q_j t)) \mathrm{d}w_j(t),\ t \geqslant 1
\end{aligned}
$$

初始条件为 $x_i(s) = \varphi_i(s)$，$s \in [q, 1]$，$q = \min\limits_{1 \leqslant j \leqslant n} \{p_j, q_j\}$，通过构造 Lyapunov-Krasovskii 泛函，应用随即分析理论和 Itô 公式，得到该系统的输入状态的均方指数稳定性. 文献［71］讨论了具多比例时滞忆阻神经网络模型

$$
\begin{aligned}
\dot{x}_i(t) = & -x_i(t) + \sum_{j=1}^{n} a_{ij}(x_i(t)) f_j(x_j(t)) + \\
& \sum_{j=1}^{n} b_{ij}(x_i(t)) f_j(x_j(q_{ij} t)),\ t \geqslant 1,\ i = 1, 2, \cdots, n
\end{aligned}
$$

的无源性，通过应用微分包含理论，获得了一些保证该系统无源性的充分条件.

2018 年，文献［72］通过构造 Lyapunov-Krasovskii 泛函和矩阵不等式方法讨论了

$$
\begin{cases}
\dot{x}_i(t) = -d_i x_i(t) + \sum\limits_{j=1}^{n} [a_{ij} f_j(x_j(t)) + b_{ij} f_j(x_j(p_j t)) + \\
\qquad c_{ij} g_j(f_j(q_j t))] + u_i(t),\ t \geqslant 1,\ t \neq t_k \\
\Delta x_i(t_k) = E_{ik}(x_i(t_k^-)),\ k \in N \\
y_i(t) = f_i(x_i(t)) \\
x_i(s) = \varphi_i(s),\ s \in [\rho, 1],\ \rho = \min\limits_{1 \leqslant j \leqslant n} \{p_j, q_j\}
\end{cases}
$$

具比例时滞脉冲递归神经网络的时滞依赖和时滞独立的无源性.

与此同时，国内外的一些学者对具比例时滞的神经网络的研究给予了关注. Hiena 和 Son[73-74] 通过建立时滞微分不等式、微分不等式的比较方法和 M-矩阵理论，研究了具比例时滞的神经网络的有限时间稳定性和散逸性. Yu、Liu 和 Xu 等[75-78] 应用时滞微分不等式的方法研究了几类具多比例时滞细胞神经网络和一般双向联想记忆神经网络的有限时间稳定性和全局指数收敛性. Zheng、Li 和 Cao[79] 应用 Lyapunov 泛函、矩阵测度和广义 Halany 不等式研究了具比例时滞高阶网络的稳定性. Feng、Wu 和 Wang 等[80] 应用 Lyapunov 泛函理论和不等式技巧，研究了一类具比例时滞神经网络的指数同步性. Song、Zhao 和 Xing 等[81] 利用非线性测度的方法研究了具多比例时滞和脉冲的细胞神经网络的全局渐近稳定性. Wang、Li 和 Peng 等[82] 应用微分包含的方法研究了具比例时滞忆阻神经网络的反同步性，

得到时滞相关的反同步性判据. 在文献［83-86］中, 通过构造 Lyapunov 泛函, 分析了具比例时滞神经网络的无源性、同步性、全局渐近稳定及鲁棒性等.

目前具比例时滞神经网络动力学行为的研究还比较缓慢, 一方面受比例时滞微分方程理论研究发展水平的制约, 另一方面, 当时间趋于无穷时, 比例时滞函数也趋于无穷, 且没有其他条件的限制, 在具体的推导过程中不容易处理. 尽管分布时滞与比例时滞都是无界时滞, 但它们却有很大的区别. 就分布时滞而言, 它的延迟核函数具有良好的性质使得分布时滞项在不等式的具体推导中比较容易处理. 虽然分布时滞也是无界时滞, 且分布时滞神经网络的动力学研究相对成熟, 但是还有一定的不足, 目前所得到的具分布时滞的神经网络的动力学判定准则基本上都是时滞独立的, 即与时滞的大小无关. 这并不能完全反映网络运行过程中对时滞的依赖性关系. 而比例时滞能比较好地解决这样的问题. 具比例时滞神经网络可以根据比例时滞因子的大小, 确定网络时滞的大小, 进而可以根据网络所能允许的最大时滞合理地确定网络运行时间. 另外, 所得到的动力学性质（如稳定性准则）可以是时滞依赖的, 也可以是时滞独立的. 这样就可以根据网络的实际情况运用相应的判定准则判定该网络是否是稳定的. 正是由于这种良好的特性, 才促使我们对具比例时滞神经网络的动力学行为进行研究.

1.4　时滞微分方程稳定性理论

在事物的发展和变化过程中, 时滞通常是不可避免的, 即使在以光速传递的信息系统中也不例外, 又如传染病的潜伏期, 弹性力学中的滞后效应等. 事物的发展进程一定程度上会受时滞影响. 一般情况下, 时滞可使系统性能变差, 甚至失稳. 从研究的角度来看, 时滞的存在会给系统的稳定性分析和控制器的设计等带来很大的困难. 对于微分方程来说, 时滞的存在影响着方程解的性质. 一般时滞微分方程用于描述依赖当前和过去历史状态的动力学系统, 在物理、工程、信息、经济、化学以及生物数学等领域都有着非常重要的作用. 因此, 这使得人们对时滞微分系统产生了浓厚的研究兴趣, 并得到了丰硕的研究成果.

俄国数学力学家 Lyapunov 对时滞微分方程的稳定性理论的研究做出了突出贡献, 1892 年, Lyapunov 的博士论文《运动稳定的一般问题》给出了研究稳定性的一种非常有效的方法, 被后人称为 Lyapunov 直接方法, 亦称为 Lyapunov 第二方法, 从而建立了稳定性理论研究的框架. 目前它仍是研究时滞微分方程稳定性的主要方法. 这种方法的优点是可以在没有得到方程具体解的情况下, 就可以确定方程解的稳定性. 随着时间的推移, 特别是大系统理论、自动控制、空间技术和生物数学等的出现, 使得稳定性理论飞速发展, 众多学者为稳定性理论的研究奠定了坚实的基础, 使其形成了一套比较完善的理论.

时滞系统不能用微分方程来描述, 而是需要用微分差分方程, 也称为时滞微分方程，或具有偏差变元的微分方程. 下面给出时滞微分方程的稳定性定义及稳定性理论.

1.4.1 时滞微分方程稳定性定义

一般形式的滞后型微分差分方程[86-88]形如

$$\dot{\boldsymbol{y}}(t)=\boldsymbol{g}(t,\boldsymbol{y}(t),\boldsymbol{y}(t-\tau_1(t)),\cdots,\boldsymbol{y}(t-\tau_m(t))),\ \tau_i(t)\geqslant 0,\ t\geqslant t_0 \tag{1-7}$$

系统（1-7）的初始条件为

$$\boldsymbol{y}(t)=\boldsymbol{\varphi}(t),\ t\in[t_0-\tau,t_0]$$

其中，$\tau=\sup\limits_{t\geqslant t_0}\{\tau_i(t),\ i=1,2,\cdots,m\}$，$\boldsymbol{\varphi}(t)$ 足够光滑，保证柯西问题解存在唯一性.

设 $\boldsymbol{y}^*$ 是系统（1-7）的平衡点，做平移变换 $\boldsymbol{x}(t)=\boldsymbol{y}(t)-\boldsymbol{y}^*$，则式（1-7）改写为

$$\dot{\boldsymbol{x}}(t)=\boldsymbol{f}(t,\boldsymbol{x}(t),\boldsymbol{x}(t-\tau_1(t)),\cdots,\boldsymbol{x}(t-\tau_m(t))),\ t\geqslant t_0 \tag{1-8}$$

相应地系统（1-8）的初始条件为

$$\boldsymbol{x}(t)=\boldsymbol{\xi}(t),\ t\in[t_0-\tau,\ t_0]$$

其中，$\boldsymbol{\xi}(t)=\boldsymbol{\varphi}(t)-\boldsymbol{y}^*$.

要证系统（1-7）的平衡点 $\boldsymbol{y}^*$ 的稳定性，可通过就证明系统（1-8）的零解 $\boldsymbol{x}=\boldsymbol{0}$的稳定性来确定. 下面给出相关的稳定性的定义，这些定义引自文献［88］.

设 $\boldsymbol{x}\in\mathbb{R}^n$，$\boldsymbol{f}\in[I\times\overbrace{\mathbb{R}^n\times\mathbb{R}^n\times\cdots\times\mathbb{R}^n}^{m},\mathbb{R}^n]$，$I=[0,+\infty]$.

定义 1-2 称系统（1-8）的零解稳定，若对任意 $\varepsilon>0$，$t_0\in I$，存在 $\delta(\varepsilon,t_0)>0$，使得对任意 $\boldsymbol{\xi}(t)$，$t\in[t_0-\tau,\ t_0]$，当 $\|\boldsymbol{\xi}(t)\|<\delta$，$t\geqslant t_0$时，有

$$\|\boldsymbol{x}(t,t_0,\boldsymbol{\xi}(t))\|<\varepsilon$$

定义 1-3 称系统（1-8）的零解是吸引的（一致吸引的），若存在 $\sigma(t_0)>0$（$\sigma>0$），对任意 $\eta>0$，存在 $T(t_0,\eta)>0$（$T(\eta)>0$），使得当 $\|\boldsymbol{\xi}(t)\|<\sigma$，$t\geqslant t_0+T$ 时，有

$$\|\boldsymbol{x}(t,t_0,\boldsymbol{\xi}(t))\|<\eta$$

定义 1-4 称系统（1-8）的零解一致稳定，若对任意 $\varepsilon>0$，$t_0\in I$，存在 $\delta(\varepsilon)>0$，使得对任意 $\boldsymbol{\xi}(t)$，$t\in[t_0-\tau,\ t_0]$，当 $\|\boldsymbol{\xi}(t))\|<\delta$，$t\geqslant t_0$时，有

$$\|\boldsymbol{x}(t,t_0,\boldsymbol{\xi}(t)\|<\varepsilon$$

定义 1-5 称系统（1-8）的零解渐近稳定，若系统（1-8）的零解是稳定的，且存在 $\delta(t_0)>0$，对任意 $\boldsymbol{\xi}(t),t\in[t_0-\tau,\ t_0]$，当 $\|\boldsymbol{\xi}(t)\|<\delta$ 时，有

$$\lim_{t\to\infty}\|\boldsymbol{x}(t,t_0,\boldsymbol{\xi}(t))\|=0$$

定义 1-6 称系统（1-8）的零解一致渐近稳定，若它一致稳定，且存在 $\sigma>0$（σ 不依赖于 t_1，$t_1>t_0$），对于任意 $\varepsilon>0$，存在 $T(\varepsilon)>0$（不依赖于 t_1），当 $t>t_1+T(\varepsilon)$，$\|\boldsymbol{\xi}(t)\|<\delta$ 时，有

$$\|\boldsymbol{x}(t,t_0,\boldsymbol{\xi}(t))\|<\varepsilon$$

如果系统（1-8）的零解为稳定的和吸引的，则它是渐近稳定的；如果系统（1-8）的零解为一致稳定的和一致吸引的，则它是一致渐近稳定的.

定义 1-7　称系统（1-8）的零解为全局渐近稳定，若它是稳定的，且对任意初始函数 $\xi(t)$，有

$$\lim_{t\to\infty}\|\boldsymbol{x}(t,t_0,\boldsymbol{\xi}(t))\|=0$$

定义 1-8　称系统（1-8）的零解指数稳定，若对任意 $\varepsilon>0$，存在正数 $\lambda>0$ 和 $\delta(\varepsilon)>0$，使得当 $\|\boldsymbol{\xi}(t)\|<\sigma(\varepsilon)$ 时，对于 $t\geqslant t_0$，$t_0\in I$，有

$$\|\boldsymbol{x}(t,t_0,\boldsymbol{\xi}(t))\|\leqslant\varepsilon\mathrm{e}^{-\lambda(t-t_0)}$$

定义 1-9　称系统（1-8）的零解全局指数稳定，若对任意 $\sigma>0$，$\lambda>0$，$M\geqslant 1$，使得当 $\|\boldsymbol{\xi}(t)\|<\delta$ 时，对于 $t\geqslant t_0$，$t_0\in I$，有

$$\|\boldsymbol{x}(t,t_0,\boldsymbol{\xi}(t))\|\leqslant M\max_{t\in[t_0-\tau,t_0]}\|\boldsymbol{\xi}\|\mathrm{e}^{-\lambda(t-t_0)}$$

定义 1-10[89]　称系统（1-8）的零解多项式稳定，若对任意 $\varepsilon>0$，存在 $\lambda>0$ 和 $\delta(\varepsilon)>0$，使得当 $\|\boldsymbol{\xi}(t)\|<\sigma(\varepsilon)$ 时，对于 $t\geqslant t_0$，$t_0\in I$，有

$$\|\boldsymbol{x}(t,t_0,\boldsymbol{\xi}(t))\|\leqslant\varepsilon(t-t_0)^{-\lambda}$$

定义 1-11[89]　称系统（1-8）的零解全局多项式稳定，若对任意 $\sigma>0$，存在 $\lambda>0$，$M\geqslant 1$，使得当 $\|\xi(t)\|<\delta$ 时，对于 $t\geqslant t_0$，$t_0\in I$，有

$$\|\boldsymbol{x}(t,t_0,\boldsymbol{\xi}(t))\|\leqslant M\max_{t\in[t_0-\tau,t_0]}\|\boldsymbol{\xi}\|(t-t_0)^{-\lambda}$$

1.4.2　Lyapunov 函数和 Lyapunov 稳定性理论

设 Ω 是包含原点的 n 维开邻域，令 $I=[0,+\infty)$，函数 $W(\boldsymbol{x})\in C(\Omega,\mathbb{R})$，$V(\boldsymbol{x},t)\in C(\Omega,\mathbb{R})$. 下面给出函数正定（负定），半正定（半负定）及 Lyapunov 函数等的定义[9,89].

定义 1-12　称函数 $W(\boldsymbol{x})$ 在 Ω 上正定（负定），若 $W(\boldsymbol{x})\geqslant 0(-W(\boldsymbol{x})\geqslant 0)$，且当且仅当 $\boldsymbol{x}=\boldsymbol{0}$ 时，$W(\boldsymbol{x})=0$.

正定和负定的函数 $W(x)$ 都称为 Lyapunov 函数.

定义 1-13　称 $W(\boldsymbol{x})$ 在 Ω 上半正定（半负定），若 $W(\boldsymbol{x})\geqslant 0$ $(-W(\boldsymbol{x})\geqslant 0)$，且 $W(\boldsymbol{x})=0$ 有非零解.

定义 1-14　称 $W(\boldsymbol{x})$ 是无穷大正定函数，若对于正定函数 $W(\boldsymbol{x})\in C(\mathbb{R}^n,\mathbb{R})$，当 $\|\boldsymbol{x}\|\to\infty$ 时，$W(\boldsymbol{x})\to\infty$ 有非零解.

定义 1-15　称函数 $V(\boldsymbol{x},t)$ 在 $\Omega\times I$ 上正定（负定），若存在正定函数 $W(\boldsymbol{x})$，使得 $V(\boldsymbol{x},t)\geqslant W(\boldsymbol{x})(-V(\boldsymbol{x},t)\geqslant W(\boldsymbol{x}))$，且 $V(\boldsymbol{0},t)\equiv 0$.

为了方便，考虑系统（1-8）的简洁系统（含有一项时滞项）

$$\dot{\boldsymbol{x}}(t)=\boldsymbol{f}(t,\boldsymbol{x}(t),\boldsymbol{x}(t-\tau(t))),\ t\geqslant t_0 \tag{1-9}$$

其中 $\boldsymbol{x}\in\mathbb{R}^n$，$\boldsymbol{f}\in C[I\times\mathbb{R}^n\times\mathbb{R}^n,\mathbb{R}^n]$，$\boldsymbol{f}(t,\boldsymbol{0},\boldsymbol{0})\equiv\boldsymbol{0}$，$0\leqslant\tau(t)<\infty$.

定义 1-16 称 $V(\boldsymbol{x},t)\in C(\Omega\times I,\mathbb{R})$ 在 $\Omega\times I$ 上有无穷小上界，若存在正定函数 $W_1(\boldsymbol{x})\in C(\mathbb{R}^n,\mathbb{R})$，使得

$$|V(\boldsymbol{x},t)|\leqslant W_1(\boldsymbol{x}(t))$$

称 $V(\boldsymbol{x},t)$ 在 $\Omega\times I$ 上有无穷大下界，若存在无穷大正定函数 $W_2(\boldsymbol{x})$，使得

$$V(\boldsymbol{x},t)\geqslant W_2(\boldsymbol{x})$$

定理 1-1 若在某区域 $G_H\triangleq\{(t,\boldsymbol{x}),\ t\geqslant t_0,\ \|\boldsymbol{x}\|<H\}$ 上，存在正定函数 $V(\boldsymbol{x},t)$，且

$$\dot{V}(\boldsymbol{x},t)\,|_{(1-9)}\leqslant 0$$

特别的，$\dot{V}(\boldsymbol{x},t)=\dfrac{\partial V}{\partial t}+\sum\limits_{i=1}^{n}\dfrac{\partial V}{\partial x_i}f_i(t,\boldsymbol{x}(t),\boldsymbol{x}(t-\tau(t)))\leqslant 0$，则系统 (1-9) 零解稳定.

定理 1-2 若在某区域 G_H 上，存在具有无穷小上界的正定函数 $V(\boldsymbol{x},t)$，且

$$\dot{V}(\boldsymbol{x},t)\,|_{(1-9)}\leqslant 0$$

特别的，$\dot{V}(\boldsymbol{x},t)=\dfrac{\partial V}{\partial t}+\sum\limits_{i=1}^{n}\dfrac{\partial V}{\partial x_i}f_i(t,\boldsymbol{x}(t),\boldsymbol{x}(t-\tau(t)))\leqslant 0$，则系统 (1-9) 零解一致稳定.

定理 1-3 在某区域 G_H 上，若存在具有无穷小上界的正定函数 $V(\boldsymbol{x},t)$，且

$$\dot{V}(\boldsymbol{x},t)\,|_{(1-9)}<0$$

特别的，$\dot{V}(\boldsymbol{x},t)=\dfrac{\partial V}{\partial t}+\sum\limits_{i=1}^{n}\dfrac{\partial V}{\partial x_i}f_i(t,\boldsymbol{x}(t),\boldsymbol{x}(t-\tau(t)))<0$，则系统 (1-9) 零解一致渐近稳定.

定理 1-4 在某区域 G_H 上，若具有无穷小上界的无穷大正定函数 $V(\boldsymbol{x},t)$，且

$$\dot{V}(\boldsymbol{x},t)\,|_{(1-9)}<0,\boldsymbol{x}\neq\boldsymbol{0}$$

成立，则该系统 (1-9) 的零解全局一致渐近稳定.

1.5 比例时滞微分方程

1971 年，Ockendon J R 和 Tayler A B[90]用具比例时滞的微分方程形式描述了电动机弓头运动轨迹的数学模型，这是最早出现的具比例时滞的微分方程模型. 此后，人们在生物、数论、电动力学、天体物理学、非线性动力系统、量子力学等领域都发现了可以用此类微分方程来描述的各类问题，于是比例时滞微分方程解的定性性质引起了数学界的广泛关注.

1.5.1 比例时滞微分方程简介

一阶时滞微分方程的简洁形式可写为如下形式[91,92]：

$$\dot{\boldsymbol{x}}(t)=\boldsymbol{f}(t,\boldsymbol{x}(t),\boldsymbol{x}(\varphi(t))),\ t\geqslant t_0 \tag{1-10}$$

其中，$\boldsymbol{f}$、φ 为已知函数，且当 $t\geqslant t_0$ 时，$\varphi(t)\leqslant t$.

式（1-10）的初始函数为

$$\boldsymbol{x}(t)=\boldsymbol{\xi}(t),\ t\in[\inf_{t\geqslant t_0}\varphi(t),t_0]$$

其中，$\boldsymbol{\xi}(t)$ 为已知向量函数.

根据时滞是否有界，可以把时滞微分方程分成有限（有界）时滞微分方程和无限（无界）时滞微分方程两大类.

定义 1-17 称式（1-10）为有限时滞微分方程，如果 $\limsup_{t\to\infty}(t-\varphi(t))<\infty$.

定义 1-18 称式（1-10）为无限时滞微分方程，如果 $\limsup_{t\to\infty}(t-\varphi(t))=\infty$.

两类最典型的一阶线性时滞微分方程为

$$x'(t)=ax(t-\tau)+bx(t) \tag{1-11}$$

和

$$x'(t)=ax(qt)+bx(t) \tag{1-12}$$

其中，a、b 为常数，$\tau>0$，$0<q<1$.

易知，方程（1-11）的解在区间 $[t_0,+\infty)$ 内是解析的，而方程（1-12）的解起初是非光滑的，但随着时间的推移而越来越光滑，即它的解具有平展性. 因此，对时滞微分方程的定性理论进行研究时，区分有限时滞和无限时滞是非常必要的.

式（1-12）通常被称作为比例时滞微分方程，它是无限时滞微分系统中又一类非常重要且有较强实际应用背景的微分方程. 习惯上把具有比例时滞的泛函微分方程统称为比例时滞微分方程.

在过去的 40 多年里，比例时滞微分方程已经吸引了国内外大量学者的研究兴趣[91-118]，Fox L[92]、Kato T、Maleod J B[93]、Carr J、Dyson J[94-95]、Kuang Y[96]、Buhman M[97]、Iserles A[98-101]、Liu Y[102] 等学者为比例时滞微分方程的发展奠定了理论基础. 1971 年 Fox L 和 Kato T 等[93-94] 详细地描述了比例时滞系统的工程背景. 1976 年，Carr J 和 Dyson J[95-96] 对线性微分方程 $y'(x)=ay(\lambda x)+by(x)$ 进行了研究. 1990 年，Kuang Y[97] 研究了线性中立型延迟方程的单调和振荡解. 1992—1997 年，Buhman M、Iserles A 和 Liu Y K[97-101] 研究了几类比例时滞微分方程解析解的性质. 1996 年 Liu Y K[102] 将通过非线性变换将比例时滞微分方程转化为变系数常时滞微分方程，给出了研究比例时滞微分方程的新途径. 1997 年 Liu Y K[103] 又给出线性比例时滞微分方程关于参数变化的数值算例. 进入了 21 世纪之后，具比例时滞微分方程又有了进一步发展[91,104-118].

众所周知，有限时滞微分方程的定性理论研究体系简洁规整，已日趋完善. 而无限时滞微分方程的基本理论在 1978 年才初步确立，且理论体系繁琐冗长，尽管取得了一些研究成果，到目前为止还很不完善. 比例时滞系统作为重要的数学模型在物理学、生物系统与控制理论等领域起着越来越重要的作用. 又由于比例时滞微分方程的解析解很难求得，有时即使理论上可以验证解是存在的，也无法写出其解析表达式. Liu Y K 在文献［103］中指出：无限时滞微分方程在解的解析性和数值解法方面与有限时滞微分方程的相比都有着显著的差别. 因此，深入开展比例延迟微分系统的定性理论与数值解法的相关研究，无论在理论上还是实际应用上都具有极为重要的意义. 因此近些年来很多学者致力于比例时滞微分方程数值解的研究，并且取得了比较丰富的研究成果.

具比例时滞神经网络属于比例时滞微分方程的范畴，鉴于其物理背景及自身输出函数的特殊性，研究具比例时滞神经网络的定性理论具有重要的理论意义及实践意义. 在某种程度上推动了比例时滞微分方程理论体系的发展与完善. 正如郑祖庥先生[87]曾指出：针对各种具体问题得到的具无界时滞的微分方程，利用经典分析方法给出详尽的研究是十分有意义的.

1.5.2 非线性变换

比例时滞微分方程的稳定性定义同一般的时滞微分方程的稳定性定义一致，但是求解比例时滞微分方程的方法和理论却有很大区别. 原因在于比例时滞微分方程的时滞项是无界时滞，在某些方法直接应用时，无法直接处理无界时滞项，如一般的 Lyapunov 泛函方法. 下面给出将比例时滞微分方程等价地转换为常时滞和变系数的微分方程的方法，为具比例时滞神经的动力学研究开辟了新思路.

1996 年，Liu Y K[103]通过非线性变换 $y(t)=x(\mathrm{e}^t)$ 将线性比例时滞微分方程

$$\begin{cases}\dot{x}(t)=ax(t)+bx(qt),\ t\geqslant 0\\ x(0)=x_0\end{cases}$$

转化为变系数常时滞微分方程

$$\begin{cases}\dot{y}(t)=a\mathrm{e}^t y(t)+b\mathrm{e}^t y(t-\tau),\ t\geqslant 0\\ y(s)=\varphi(s),\ s\in[-\tau,0]\end{cases}$$

其中 $0<q<1$，$\tau=-\ln q>0$. 给出了研究比例时滞延迟微分方程的新途径.

1999 年，Koto T[126]利用 $\boldsymbol{y}(t)=\boldsymbol{x}(\mathrm{e}^t)$ 把方程组

$$\dot{\boldsymbol{x}}(t)-k\,\dot{\boldsymbol{x}}(qt)=\boldsymbol{L}\boldsymbol{x}(t)+\boldsymbol{M}\boldsymbol{x}(qt)$$

变为

$$\dot{\boldsymbol{y}}(t)-k\,\dot{\boldsymbol{y}}(t-\tau)=\mathrm{e}^t\boldsymbol{L}\boldsymbol{y}(t)+\boldsymbol{M}\mathrm{e}^t\boldsymbol{y}(t-\tau)$$

设 H 是带内积 $\langle\cdot,\ \cdot\rangle$ 和相应范数 $\|\cdot\|$ 的复希尔伯特空间，X 是一个紧的连续嵌入 H 的子空间. 2007 年，Gan S 考虑如下比例时滞微分方程组[112]

$$\begin{cases}\dot{\boldsymbol{x}}(t)=\boldsymbol{g}(\boldsymbol{x}(t),\boldsymbol{x}(qt)),\ t\geqslant 0\\ \boldsymbol{x}(0)=\boldsymbol{x}_0\end{cases}\tag{1-13}$$

这里 q 是一个常数，满足 $0<q<1$，且 $\boldsymbol{g}$ 满足

$$\mathrm{Re}\langle\boldsymbol{u},\boldsymbol{g}(\boldsymbol{u},\boldsymbol{v})\rangle\leqslant\gamma+\alpha\|\boldsymbol{u}\|^2+\beta\|\boldsymbol{v}\|^2,\boldsymbol{u},\boldsymbol{v}\in X\tag{1-14}$$

其中，α，β，γ 是实常数.

通过变量代换 $\boldsymbol{y}(t)=\boldsymbol{x}(\mathrm{e}^t)$，式（1-13）能转变成如下常时滞微分方程组

$$\begin{cases}\dot{\boldsymbol{y}}(t)=\boldsymbol{f}(t,\boldsymbol{y}(t),\boldsymbol{y}(t-\tau)),\ t\geqslant 0\\ \boldsymbol{y}(t)=\boldsymbol{\varphi}(t),\ t\in[-\tau,0]\end{cases}$$

其中，$\tau=-\ln q>0$，且

$$\boldsymbol{f}(t,\boldsymbol{y}(t),\boldsymbol{y}(t-\tau))=\mathrm{e}^t\boldsymbol{g}(\boldsymbol{y}(t),\boldsymbol{y}(t-\tau))\tag{1-15}$$

由式（1-14）和式（1-15），得

$$\mathrm{Re}\langle\boldsymbol{u},\boldsymbol{f}(t,\boldsymbol{u},\boldsymbol{v})\rangle\leqslant\mathrm{e}^t\{\gamma+\alpha\|\boldsymbol{u}\|^2+\beta\|\boldsymbol{v}\|^2\},t\geqslant 0,\boldsymbol{u},\boldsymbol{v}\in X$$

变量代换 $\boldsymbol{y}(t)=\boldsymbol{x}(\mathrm{e}^t)$ 在比例时滞递归神经网络的动力学研究中起了非常重要的作用.

一般的具比例时滞神经网络（含一项比例时滞项）为

$$\begin{cases}\dot{\boldsymbol{x}}(t)=-\boldsymbol{D}\boldsymbol{x}(t)+\boldsymbol{A}\boldsymbol{f}(\boldsymbol{x}(t))+\boldsymbol{B}\boldsymbol{f}(\boldsymbol{x}(qt))+\boldsymbol{I},\ t\geqslant t_0\\ \boldsymbol{x}(s)=\boldsymbol{\varphi}(s),s\in[qt_0,t_0]\end{cases}\tag{1-16}$$

其中，$t_0\geqslant 0$，$0<q\leqslant 1$，$\boldsymbol{\varphi}(s)\in C([qt_0,t_0],\mathbb{R}^n)$.

当 $t_0=0$ 时，式（1-16）变成如下形式

$$\begin{cases}\dot{\boldsymbol{x}}(t)=-\boldsymbol{D}\boldsymbol{x}(t)+\boldsymbol{A}\boldsymbol{f}(\boldsymbol{x}(t))+\boldsymbol{B}\boldsymbol{f}(\boldsymbol{x}(qt))+\boldsymbol{I},t\geqslant 0\\ \boldsymbol{x}(0)=\boldsymbol{x}_0\end{cases}\tag{1-17}$$

其中，$\boldsymbol{x}_0\in\mathbb{R}^n$ 是 $\boldsymbol{x}(t)$ 在 $t_0=0$ 时的初始值，是常值向量.

取变量代换

$$\boldsymbol{y}(t)=\boldsymbol{x}(\mathrm{e}^t)\tag{1-18}$$

对变量 t 求导，得

$$\dot{\boldsymbol{y}}(t)=\mathrm{e}^t\dot{\boldsymbol{x}}(\mathrm{e}^t)\tag{1-19}$$

对于 $t\geqslant t_0$，由式（1-16）和式（1-19），得

$$\begin{aligned}\dot{\boldsymbol{y}}(t)&=\mathrm{e}^t\{-\boldsymbol{D}\boldsymbol{x}(\mathrm{e}^t)+\boldsymbol{A}\boldsymbol{f}(\boldsymbol{x}(\mathrm{e}^t))+\boldsymbol{B}\boldsymbol{f}(\boldsymbol{x}(q\mathrm{e}^t))+\boldsymbol{I}\}\\&=\mathrm{e}^t\{-\boldsymbol{D}\boldsymbol{x}(\mathrm{e}^t)+\boldsymbol{A}\boldsymbol{f}(\boldsymbol{x}(\mathrm{e}^t))+\boldsymbol{B}\boldsymbol{f}(\boldsymbol{x}(\mathrm{e}^{\ln q}\mathrm{e}^t))+\boldsymbol{I}\}\\&=\mathrm{e}^t\{-\boldsymbol{D}\boldsymbol{x}(\mathrm{e}^t)+\boldsymbol{A}\boldsymbol{f}(\boldsymbol{x}(\mathrm{e}^t))+\boldsymbol{B}\boldsymbol{f}(\boldsymbol{x}(\mathrm{e}^{t+\ln q}))+\boldsymbol{I}\}\end{aligned}\tag{1-20}$$

将式（1-18）代入式（1-20），得

$$\dot{\boldsymbol{y}}(t)=\mathrm{e}^t\{-\boldsymbol{D}\boldsymbol{y}(t)+\boldsymbol{A}\boldsymbol{f}(\boldsymbol{y}(t))+\boldsymbol{B}\boldsymbol{f}(\boldsymbol{y}(t+\ln q))+\boldsymbol{I}\}\tag{1-21}$$

取 $\tau=-\ln q\geqslant 0$，由式（1-21）和式（1-16），得

$$\begin{cases}\dot{\boldsymbol{y}}(t)=\mathrm{e}^t\{-\boldsymbol{D}\boldsymbol{y}(t)+\boldsymbol{A}\boldsymbol{f}(\boldsymbol{y}(t))+\boldsymbol{B}\boldsymbol{f}(\boldsymbol{y}(t-\tau))+\boldsymbol{I}\},t\geqslant\ln t_0\\ \boldsymbol{y}(s)=\boldsymbol{\psi}(s)=\boldsymbol{\varphi}(\mathrm{e}^s),s\in[\ln qt_0,\ln t_0]\end{cases}\tag{1-22}$$

事实上，对于 $t\geqslant t_0>0$，由式（1-18），有 $\mathrm{e}^t\geqslant t_0$，进而得，$t\geqslant\ln t_0$.

分下面两种情况：①若 $t_0\in(0,1)$，有 $\ln t_0<0$；②若 $t_0\geqslant 1$，有 $\ln t_0\geqslant 0$.

在式（1-18）中，当 $t\in[qt_0,t_0]$ 时，有 $qt_0\leqslant\mathrm{e}^t\leqslant t_0$，从而变换后的模型（1-22）中初值部分 $t\in[\ln qt_0,\ln t_0]$.

因此，又因为式（1-22）是常时滞变系数的神经网络，通常考虑非时滞部分从

$t\geqslant 0$ 开始，时滞部分 $t\in[-\tau,0]$. 于是为方便，本书取如下形式的具比例时滞神经网络模型.

$$\begin{cases}\dot{\boldsymbol{x}}(t)=-\boldsymbol{D}\boldsymbol{x}(t)+\boldsymbol{A}\boldsymbol{f}(\boldsymbol{x}(t))+\boldsymbol{B}\boldsymbol{f}(\boldsymbol{x}(qt))+\boldsymbol{I},t\geqslant 1\\ \boldsymbol{x}(s)=\boldsymbol{\varphi}(s),s\in[q,1]\end{cases}\tag{1-23}$$

式（1-23）经过式（1-18）变换后的等价模型为

$$\begin{cases}\dot{\boldsymbol{y}}(t)=\mathrm{e}^t\{-\boldsymbol{D}\boldsymbol{y}(t)+\boldsymbol{A}\boldsymbol{f}(\boldsymbol{y}(t))+\boldsymbol{B}\boldsymbol{f}(\boldsymbol{y}(t-\tau))+\boldsymbol{I}\},t\geqslant 0\\ \boldsymbol{y}(s)=\boldsymbol{\psi}(s),\ s\in[-\tau,0]\end{cases}\tag{1-24}$$

容易验证式（1-23）和式（1-24）具有相同的平衡点，因此要求模型（1-23）的平衡点的稳定性，可通过讨论模型（1-24）的平衡点的稳定性来获得，但是模型（1-23）的平衡点的稳定性和（1-24）的平衡点的稳定性可能相同，也可能不同.

注 1-1 当 $q=1$ 时，模型（1-17）和（1-23）是无时滞项的标准递归神经网络模型.

$$\begin{cases}\dot{\boldsymbol{x}}(t)=-\boldsymbol{D}\boldsymbol{x}(t)+\widetilde{\boldsymbol{A}}f(\boldsymbol{x}(t))+\boldsymbol{I},t\geqslant 0\\ \boldsymbol{x}(0)=\boldsymbol{x}_0\end{cases}$$

其中，$\widetilde{\boldsymbol{A}}=\boldsymbol{A}+\boldsymbol{B}$. 换句话说，本书所得结果也适用于 $q=1$ 的无时滞递归神经网络.

1.6 重要数学定义和常用的引理

定义 1-19 设 $\boldsymbol{M}=\begin{pmatrix}\boldsymbol{A} & \boldsymbol{B}\\ \boldsymbol{C} & \boldsymbol{D}\end{pmatrix}$，其中，$\boldsymbol{A}$ 是 m 阶非奇异矩阵，$\boldsymbol{D}=\boldsymbol{C}\boldsymbol{A}^{-1}\boldsymbol{B}$ 为 $\boldsymbol{M}$ 关于 $\boldsymbol{A}$ 的 Schur 补，记作 $\boldsymbol{M}/\boldsymbol{A}$.

定义 1-20 设 $F:[a,b]\to\mathbb{R}$ 是函数，定义右上 Dini 导数为

$$\overline{D^+}F(x):=\lim_{h\to 0^+}\sup\frac{F(x+h)-F(x)}{h}$$

注 1-2 若函数的导数存在，其右上 Dini 导数与导数相等.

定义 1-21[119] 如果 n 阶矩阵 $\boldsymbol{A}=(a_{ij})$ 满足条件 $a_{ii}>0$，$a_{ij}\leqslant 0$，$i\neq j$，并且有下列条件之一成立：

1）$\boldsymbol{A}$ 的所有特征值的实部都为正的.

2）$\boldsymbol{A}$ 的所有主子式都是正的.

3）$\boldsymbol{A}$ 的所有顺序主子式都是正的.

4）$\boldsymbol{A}$ 的逆存在且为非负矩阵.

5）有正向量 $\boldsymbol{x}$，使 $\boldsymbol{A}\boldsymbol{x}$ 为正向量.

6）对实向量 $\boldsymbol{x}$，若 $\boldsymbol{A}\boldsymbol{x}$ 非负，则 $\boldsymbol{x}$ 非负.

7）若 $\boldsymbol{D}=\mathrm{diag}(\boldsymbol{A})$，$\boldsymbol{C}=\boldsymbol{D}-\boldsymbol{A}$，$\boldsymbol{B}=\boldsymbol{D}^{-1}\boldsymbol{C}$，则 $\rho(\boldsymbol{B})<1$，这里，$\rho(\boldsymbol{B})$ 为 $\boldsymbol{B}$ 的特征值的模的最大值（含绝对值），也称为 $\boldsymbol{B}$ 的谱半径.

8）$\boldsymbol{B}=\lambda\boldsymbol{E}-\boldsymbol{A}$ 为非负矩阵，其中，$\boldsymbol{E}$ 为单位矩阵，$\lambda>\rho(\boldsymbol{B})$.

9）若 $\boldsymbol{B}$ 满足 $b_{ii}>0$，$b_{ij}\leqslant 0$，$i\neq j$，且 $b_{ij}\geqslant a_{ij}$，i，$j=1,2,\cdots,n$，则 $\boldsymbol{B}$ 的逆存在.

则称 $\boldsymbol{A}$ 为 Minkovski 矩阵，或非奇异 M-矩阵，简称 M-矩阵.

注 1-3　定义 1-21 中的条件 1)～9) 互相等价. 另外，本书中的 M-矩阵都是指非奇异的 M-矩阵.

定义 1-22　如果 n 阶矩阵 $\boldsymbol{A}=(a_{ij})$ 存在向量 $\boldsymbol{d}=(d_1,d_2,\cdots,d_n)^{\mathrm{T}}$，使得

$$a_{ii}d_i>\sum_{j=1,j\neq i}^{n}|a_{ij}|d_j,i=1,2,\cdots,n$$

则称 $\boldsymbol{A}$ 为广义严格对角占优矩阵.

定义 1-23　设 X 是一个非空集合，$\boldsymbol{T}$ 是 X 到 X 中的映射，若果存在 $\boldsymbol{x}^*\in X$，满足 $\boldsymbol{Tx}^*=\boldsymbol{x}^*$，则称 $\boldsymbol{x}^*$ 为映射 $\boldsymbol{T}$ 的不动点.

定义 1-24　设 (X,ρ) 为度量空间，$\boldsymbol{T}$ 是 X 到 X 中的映射，如果存在数 α $(0<\alpha<1)$，使得对所有的 $\boldsymbol{x}$，$\boldsymbol{y}\in X$，都有 $\rho(\boldsymbol{Tx},\boldsymbol{Ty})\leqslant\alpha\rho(\boldsymbol{x},\boldsymbol{y})$，则称 $\boldsymbol{T}$ 是压缩映射，α 称为压缩系数.

显然压缩映射为连续映射. 1922 年 Banach（巴拿赫）给出压缩映射原理，也称为 Banach 不动点定理，是度量空间理论的一个重要工具.

引理 1-1　（Banach 压缩映射原理）设 (X,ρ) 为完备度量空间，$\boldsymbol{T}$ 是 X 到 X 中的映射，则 $\boldsymbol{T}$ 有唯一的不动点，即存在唯一的 $\boldsymbol{x}^*\in X$，使得 $\boldsymbol{Tx}^*=\boldsymbol{x}^*$.

注 1-4　Banach 压缩映射原理又称 Banach 不动点定理. 完备度量空间是指该空间中的任何柯西序列都收敛在该空间之内. 用内积导出的范数来定义距离，Banach 空间就成为了希尔伯特空间.

引理 1-2　（Brouwer 不动点定理）设 D 是 $\mathbb{R}^n$ 中有界凸闭集，$\boldsymbol{\Phi}$：$D\rightarrow D$ 连续，则 $\boldsymbol{\Phi}$ 在 D 上必有不动点.

注 1-5　Brouwer 不动点定理可扩展到 n 维拓扑向量空间中闭凸体上的连续映射，并广泛应用于各种方程解存在性定理的证明.

引理 1-3　对于任意 a，$b\in\mathbb{R}$，$\varepsilon>0$，则

$$\varepsilon a^2+\varepsilon^{-1}b^2\geqslant 2ab$$

引理 1-4　对于任意 $\boldsymbol{a}$，$\boldsymbol{b}\in\mathbb{R}^n$，$\varepsilon>0$，有

$$2\boldsymbol{a}^{\mathrm{T}}\boldsymbol{b}\leqslant\varepsilon\boldsymbol{a}^{\mathrm{T}}\boldsymbol{X}\boldsymbol{a}+\varepsilon^{-1}\boldsymbol{b}^{\mathrm{T}}\boldsymbol{X}^{-1}\boldsymbol{b}$$

和

$$2\boldsymbol{a}^{\mathrm{T}}\boldsymbol{X}\boldsymbol{b}\leqslant\boldsymbol{a}^{\mathrm{T}}\boldsymbol{X}\boldsymbol{a}+\boldsymbol{b}^{\mathrm{T}}\boldsymbol{X}^{-1}\boldsymbol{b}$$

成立，其中矩阵 $\boldsymbol{X}\in\mathbb{R}^{n\times n}$，且 $\boldsymbol{X}>0$.

引理 1-5　对于任意 $\boldsymbol{X}$，$\boldsymbol{Y}\in\mathbb{R}^{n\times n}$，$\boldsymbol{P}\in\mathbb{R}^{n\times n}$，且 $\boldsymbol{p}>0$，$\varepsilon>0$，有

$$\boldsymbol{X}^{\mathrm{T}}\boldsymbol{Y}+\boldsymbol{Y}^{\mathrm{T}}\boldsymbol{X}\leqslant\varepsilon\boldsymbol{X}^{\mathrm{T}}\boldsymbol{X}+\varepsilon^{-1}\boldsymbol{Y}^{\mathrm{T}}\boldsymbol{Y}$$

或

$$\boldsymbol{X}^{\mathrm{T}}\boldsymbol{Y}+\boldsymbol{Y}^{\mathrm{T}}\boldsymbol{X}\leqslant\varepsilon\boldsymbol{X}^{\mathrm{T}}\boldsymbol{P}\boldsymbol{X}+\varepsilon^{-1}\boldsymbol{Y}^{\mathrm{T}}\boldsymbol{P}^{-1}\boldsymbol{Y}$$

引理 1-6[120]　(Schur 补定理) 线性矩阵不等式

$$\begin{pmatrix} \boldsymbol{Q}(x) & \boldsymbol{S}(x) \\ \boldsymbol{S}^{\mathrm{T}}(x) & \boldsymbol{R}(x) \end{pmatrix} > 0$$

这里 $\boldsymbol{Q}(x)=\boldsymbol{Q}^{\mathrm{T}}(x)$，$\boldsymbol{R}(x)=\boldsymbol{R}^{\mathrm{T}}(x)$，等价于

$$\boldsymbol{R}(x)>0, \boldsymbol{Q}(x)-\boldsymbol{S}(x)\boldsymbol{R}^{-1}(x)\boldsymbol{S}^{\mathrm{T}}(x)>0$$

或

$$\boldsymbol{Q}(x)>0, \boldsymbol{R}(x)-\boldsymbol{S}^{\mathrm{T}}(x)\boldsymbol{Q}^{-1}(x)\boldsymbol{S}(x)>0$$

引理 1-7　(Jensen 不等式) 对任意正定矩阵 $\boldsymbol{Q}>0$，标量 $\gamma>0$，向量函数 ω：$[0,\gamma]\rightarrow\mathbb{R}^n$，有

$$\left(\int_0^\gamma \boldsymbol{\omega}(s)\mathrm{d}s > 0\right)^{\mathrm{T}} \boldsymbol{Q}\left(\int_0^\gamma \boldsymbol{\omega}(s)\mathrm{d}s > 0\right) \leqslant \gamma\int_0^\gamma \boldsymbol{\omega}^{\mathrm{T}}(s)\boldsymbol{Q}\boldsymbol{\omega}(s)\mathrm{d}s$$

引理 1-8　(Young 不等式) 对于任意 a，$b\in\mathbb{R}$，$a>0$，$b>0$，$p\geqslant 1$，则

$$a^{p-1}b\leqslant(p-1)/pa^p+1/pb^p$$

1.7　符号说明

$\mathbb{R}^n$ 表示 n 维欧式空间，$\mathbb{R}^{n\times m}$ 表示所有 $n\times m$ 实矩阵构成的集合. $C([\mathbb{R},\mathbb{R}])$ 表示从 $\mathbb{R}$ 到 $\mathbb{R}$ 的所有连续函数的集合. 对于矩阵 $\boldsymbol{A}\in\mathbb{R}^{n\times m}$、$\boldsymbol{A}^{\mathrm{T}}$、$\boldsymbol{A}^{-1}$、$\lambda_{\boldsymbol{A}}$、$\lambda_{\max}(\boldsymbol{A})$、$\lambda_{\min}(\boldsymbol{A})$、$|\boldsymbol{A}|=(|a_{ij}|)_{n\times n}$ 以及 $\|\boldsymbol{A}\|=\sqrt{\lambda_{\max}(\boldsymbol{A}^{\mathrm{T}}\boldsymbol{A})}$ 分别表示矩阵 $\boldsymbol{A}$ 的转置、逆、特征值、最大特征值、最小特征值、绝对值和 Euclid 范数，Euclid 范数也称 2-范数. $\boldsymbol{A}>0(\boldsymbol{A}<0)$ 表示矩阵 $\boldsymbol{A}$ 正定（负定），$\boldsymbol{A}\geqslant 0$（$\boldsymbol{A}\leqslant 0$）表示矩阵 $\boldsymbol{A}$ 半正定（半负定）. 对于 n 维向量 $\boldsymbol{x}\in\mathbb{R}^n$，$|\boldsymbol{x}|=(|x_1|,|x_2|,\cdots,|x_n|)^{\mathrm{T}}$ 表示向量 $\boldsymbol{x}$ 的绝对值，$\|\boldsymbol{x}\|=\left(\sum_{i=1}^n x_i^2\right)^{1/2}$ 表示向量 $\boldsymbol{x}$ 的范数. $\boldsymbol{E}$ 表示相应维数的单位矩阵，diag（·）表示对角矩阵，sgn 表示符号函数. $\rho(\boldsymbol{K})$ 表示矩阵 $\boldsymbol{K}$ 的谱半径，是矩阵 $\boldsymbol{K}$ 的特征值的绝对值中最大的；D^+ 表示右上 Dini 导数.

参考文献

[1] Hopfield J J. Neural networks and physical systems with emergent collective computational abilities [J]. Proceedings of the National Academy of Sciences, 1982, 79 (8): 2554-2558.

[2] Chua L O, Yang L. Cellular neural networks: theory and applications [J]. IEEE Transactions on Circuits and Systems I, 1988, 35 (10): 1257-1290.

[3] 邢红杰，哈明虎. 前馈神经网络及其应用 [M]. 北京：科学出版社，2013.

[4] Cohen M A, Grossberg S. Absolute stability of global pattern formation and parallel memory storage by competitive neural networks [J]. IEEE Transactions on Systems, Man, and Cybernetics, 1983, 13 (1): 815-826.

[5] Chua L O. Stability of a class of nonreciprocal cellular neural networks [J]. IEEE Transactions on Circuits and systems, 1990, 37 (12): 1520-1527.

[6] 周立群. 几类细胞神经网络的稳定性研究 [D]. 哈尔滨：哈尔滨工业大学，2007.

[7] 廖晓昕. 细胞神经网络的数学理论（Ⅰ）（Ⅱ）[J]. 中国科学（A），1994，24（9）：902-910，24（10）：1037-1046.

[8] 黄立宏，李雪梅. 细胞神经网络的动力学行为 [M]. 北京：科学出版社，2007.

[9] 钟守铭，刘碧森，王晓梅，等. 神经网络稳定性理论 [M]. 北京：科学出版社，2008.

[10] Espejo S, Carmona R, Castro R D, et al. A VLSI-oriented continuous-time CNN model [J]. International Journal of Circuit Theory and Applications, 1996, 24 (3): 341-356.

[11] Kosko B. Bidirectional associative memories [J]. IEEE Transactions on Systems, Man and Cybernetics, 1988, 18 (10): 49-60.

[12] Kosko B. Unsupervised learning in noise [J]. IEEE Transactions on Neural Networks, 1991, 1 (1): 44-57.

[13] Kosko B. Neural networks and fuzzy systems-a dynamical system approach to machine intelligence [M]. Prentice-Hall: Englewood Cliffs, 1992.

[14] Kosko B. Structual stability of unsupervised learning in feedback neural networks [J]. IEEE Transactions on Automatic Control, 1991, 36 (5): 785-790.

[15] Bouzerdoum A, Pinter R B. Shunting inhibitory cellular networks: derivation and stability analysis [J]. IEEE Transactions on Circuits and Systems, 1993, 40 (3), 215-221.

[16] Roska T, Chua L O. Cellular neural methods with nonlinear and delay-type template elements [C]// Proceedings of the IEEE International Workshop on Cellular Neural Networks and Their Applications, 1990, 12-25.

[17] Zhong S M. Exponential stability and periodicity of cellular neural networks with time delay [J]. Mathematical and Computer Modelling, 2007, 45 (9-10): 1231-1240.

[18] Chen W, Zheng W. A new method for complete stability analysis of cellular neural networks with time delay [J]. IEEE Transactions on Neural Networks, 2010, 21 (7): 1126-1137.

[19] Chen W H. A new method for complete stability analysis of cellular neural networks with time delay [J]. IEEE Transactions on Neural Networks, 2010, 21 (7): 1126-1139.

[20] Balasubramaniam P, Syed M. Stochastic stability of uncertain fuzzy recurrent neural networks with Markovian jumping parameters [J]. Journal of Applied Mathematics and Computing, 2011, 88 (5): 892-904.

[21] Han W, Liu Y, Wang L S. Global exponential stability of delayed fuzzy cellular neural networks with Markovian jumping parameters [J]. Neural Computing & Applications, 2012, 21 (1): 67-72.

[22] Cheng CY, Lin KH, Shih CW, et al. Multistability for delayed neural networks via sequential contracting [J]. IEEE Transactions on Neural Networks and Learning Systems, 2015, 26 (12): 3109-3122.

[23] Zhang H, Wang G. New criteria of global exponential stability for a class of generalized neural networks with time-varying delays [J]. Neurocomputing, 2007, 7 (13-15): 2486-

2486-2494.

[24] Song Q, Wang Z. A delay-dependent LMI approach to dynamics analysis of discrete-time recurrent neural networks with time-varying delays [J]. Physics Letters A, 2007, 368 (1-2): 134-145.

[25] Zhang B, Xu S, Zou Y. Improved delay-dependent exponential stability criteria for discrete-time recurrent neural networks with time-varying delays [J]. Neurocomputing, 2008, 72 (1-3): 321-330.

[26] Ma K, Yu L, Zhang W. Global exponential stability of cellular neural networks with time-varying discrete and distributed delays [J]. Neurocomputing, 2009, 72 (10-12): 2705-2709.

[27] Balasubramaniam P, Syedali M, Arik S. Global asymptotic stability of stochastic fuzzy cellular neural networks with multi time-varying delays [J]. Expert Systems with Applications, 2010, 37 (12): 7737-7744.

[28] Wang Y, Lin P, Wang L. Exponential stability of reaction-diffusion high-order Markovian jump Hopfield neural works with time-varying delays [J]. Nonlinear Analysis: Real World Applications, 2012, 13 (3): 1353-1361.

[29] Liu P, Zeng Z G, Wang J. Multistability analysis of a general class of recurrent neural networks with non-monotonic activation functions and time-varying delays [J]. Neural Networks, 2016, 79: 117-127.

[30] Zhang F, Zeng Z. Multistability and instability analysis of recurrent neural networks with time-varying delays [J]. Neural Networks, 2018, 97: 116-126.

[31] Cao J, Yuan K, Li H. Global Asymptotical stability of recurrent neural networks with multiple discrete delays and distributed delays [J]. IEEE Transactions on Neural Networks, 2006, 17 (6): 1646-1651.

[32] Liu Y, Wang Z, Liu X. Global exponential stability of generalized recurrent neural networks with discrete and distributed delays [J]. Neural Networks, 2006, 19 (5): 667-675.

[33] Li T, Fei S. Exponential state estimation for recurrent neural networks with distributed delays [J]. Neurocomputing, 2007, 71 (1-3): 428-438.

[34] Huang C. Almost sure exponential stability of stochastic cellular neural networks with unbounded distributed delays [J]. Neurcomputing, 2009, 72 (13-15): 3352-3356.

[35] Tan M. Global asymptotic stability of fuzzy cellular neural networks with unbounded distributed delays [J]. Neural Processing Letters, 2010, 31 (2): 147-157.

[36] Li T, Song A. Fei S, et al. Delay-derivative-dependent stability for delayed neural networks with unbound distributed delay [J]. IEEE Transactions on Neural Networks, 2010, 21 (8): 1365-1371.

[37] Kaslik E, Sivasundaram S. Impulsive hybrid discrete-time Hopfield neural networks with delays and multistability analysis [J]. Neural Networks, 2011, 24 (4): 370-377.

[38] Li Y, Zhao K, Ye Y. Stability of reaction-diffusion recurrent neural networks with distributed delays and Neumann boundary conditions on time scales [J]. Neural Processing

Letters，2012，36（3）：217-234.

［39］Yang W，Wang Y，Zeng Z，et al. Multistability of discrete-time delayed Cohen-Grossberg neural networks with second-order synaptic connectivity［J］. Neurocomputing，2015，164：252-261.

［40］Wang L M，Shen Y，Yin Q，et al. Adaptive synchronization of memristor-based neural networks with time-varying delays［J］. IEEE Transactions on Neural Networks and Learning Systems，2015，26：2033-2042.

［41］Thirunavukkarasu R，Gnaneswaran N. Dissipativity analysis of stochastic memristor-based recurrent neural networks with discrete and distributed time-varying delays［J］. Network：Computation in Neural Systems，2016，27（4）：237-267.

［42］Li D S，Shi L，Gaans O，et al. Stability results for stochastic delayed recurrent neural networks with discrete and distributed delays［J］. Journal of Differential Equations，2018，264（6）：3864-3898.

［43］Huang H，Huang T，Chen X. A mode-dependent approach to state estimation of recurrent neural networks with Markovian jumping parameters and mixed delays［J］. Neural Networks，2013，46：50-61.

［44］Şayli M，Yilmaz E. Anti-periodic solutions for state-dependent impulsive recurrent neural networks with time-varying and continuously distributed delays［J］. Annals of Operation Research，2017，258（1）：159-185.

［45］Liu P，Zeng ZG，Wang J. Multistability of recurrent neural networks with nonmonotonic activation functions and mixed time delays［J］. IEEE Transactions on Systems，Man，and Cybernetics：Systems，2016，46：512-523.

［46］王林山. 时滞递归神经网络［M］. 北京：科学出版社，2008.

［47］王晓红，付主木. 时滞型神经网络动力学分析及在电力系统中的应用［M］. 北京：科学出版社，2015.

［48］甘勤涛，徐睿. 时滞神经网络的稳定性与同步性控制［M］. 北京：科学出版社，2016.

［49］郭英新. 非线性随机时滞神经网络稳定性分析与脉冲镇定［M］. 北京：科学出版社，2017.

［50］李秀玲，王慧敏. 具时滞的神经网络模型的分支问题研究［M］. 北京：科学出版社，2017.

［51］谭满春. 比例时滞线性系统的反馈镇定［J］. 信息与控制，2006，35（6）：690-694.

［52］Lai Y C，Szu Y C. Achieving proportional delay and Loss differentiation in a wireless network with a multi-state link［C］// Lecture Notes in Computer Science，2008，5200：811-820.

［53］高昂，穆德俊，胡延苏，等. Web QoS中的预测控制与比例延迟保证［J］. 计算机科学，2010，37（1）：57-59.

［54］Zhou L Q. On the global dissipativity of a class of cellular neural networks with multi-pantograph delays［J］. Advances in Artificial Neural Systems，2011，DOI：10. 1155/2011/941426：1-7.

[55] 张迎迎，周立群. 一类具多比例延时的细胞神经网络的指数稳定性 [J]. 电子学报，2012，40 (6)：1159-1163.

[56] 周立群. 多比例时滞细胞神经网络的全局一致渐近稳定性 [J]. 电子科技大学学报，2013，42 (4)：625-629.

[57] Zhou L Q，Zhang Y Y. Global exponential stability of cellular neural networks with multi-proportional delays [J]. International Journal of Biomathematics，2015，8 (6)：1550071：1-17.

[58] Zhou L Q. Dissipativity of a class of cellular neural networks with proportional delays [J]. Nonlinear Dynamics，2013，73 (3)：1895-1903.

[59] Zhou L Q. Global asymptotic stability of cellular neural networks with proportional delays [J]. Nonlinear Dynamics，2014，77 (1)：41-47.

[60] Zhou L Q. Delay-dependent exponential stability of cellular neural networks with multi-proportional delays [J]. Neural Processing Letters，2013，38 (3)：321-346.

[61] Zhou L Q，Zhang Y Y. Global exponential periodicity and stability of recurrent neural networks with multi-proportional delays [J]. ISA Transactions，2016，60 (1)：89-95.

[62] Zhou L Q，Chen X B，Yang Y. Asymptotic stability of cellular neural networks with multiple proportional delays [J]. Applied Mathematics and Computation，2014，229：457-466.

[63] 周立群. 具比例时滞杂交双向联想记忆神经网络的全局指数稳定性 [J]. 电子学报，2014，42 (1)：96-101.

[64] Zhou L Q. Novel global exponential stability criteria for hybrid BAM neural networks with proportional delays [J]. Neurocomputing，2015，161：99-106.

[65] 周立群. 具比例时滞高阶广义细胞神经网络的全局指数周期性 [J]. 系统科学与数学，2015，35 (9)：1-13.

[66] Zhou L Q. Delay-dependent exponential synchronization of recurrent neural networks with multiple proportional delays [J]. Neural Processing Letters，2015，42 (3)：619-632.

[67] Zhou L Q，Zhao Z Y. Exponential stability of a class of competitive neural networks with multi-proportional delays [J]. Neural Processing Letters，2016，44 (3)：651-663.

[68] Zhou L Q，Zhang Y Y. Global exponential stability of a class of impulsive recurrent neural networks with proportional delays via fixed point theory [J]. Journal of the Franklin Institute，2016，353 (2)：561-575.

[69] Zhou L Q. Delay-dependent exponential stability of recurrent neural networks with Markovian jumping parameters and proportional delay [J]. Neural Computing & Applications，2017，28 (S1)：765-773.

[70] Zhou L Q，Liu X T. Mean-square exponential input-to-state stability of stochastic recurrent neural networks with multi-proportional delays [J]. Neurocomputing，2017，219 (1)：396-403.

[71] Su L J，Zhou L Q. Passivity of memristor-based recurrent neural networks with multi-proportional delays [J]. Neurocomputing，2017，266：485-493.

[72] Zhou L Q. Delay-dependent and delay-independent passivity of a class of recurrent neural

networks with impulse and multi-proportional delays [J]. Neurocomputing, 2018, 308: 235-244.
[73] Hien L V, Son D T. Finite-time stability of a class of non-autonomous neural networks with heterogeneous proportional delays [J]. Applied Mathematics and Computation, 2015, 14: 14-23.
[74] Hien L V, Son D T, Trinh H. On global dissipstivity of nonautonomous neural networks with multiple proportional delays [J]. IEEE Transactions on Neural Networks and Learning Systems, 2016, 29 (1): 225-231.
[75] Yu Y. Finite-time stability on a class of non-autonomous SICNNs with multi-proportional delays [J]. Asian Journal of Control, 2017, 19 (1): 87-94.
[76] Yu Y. Global exponential convergence for a class of HCNNs with neutral time-proportional delays [J]. Applied Mathematics and Computation, 2016, 285: 1-7.
[77] Liu B. Global exponential convergence of non-autonomous cellular neural networks with multi-proportional delays [J]. Neurcomputing, 2016, 191: 352-355.
[78] Xu C, Li P, Pang Y. Global exponential stability for interval general bidirectional associative memory (BAM) neural networks with proportional delays [J]. Mathematical Models and Methods in Applied Sciences, 2016, 39 (18): 5720-5731.
[79] Zheng C, Li N, Cao J. Matrix measure based stability criteria for high-order networks with proportional delay [J]. Neurcomputing, 2015, 149: 1149-1154.
[80] Feng N, Wu Y, Wang W, et al. Exponential cluster synchronization of neural networks with proportional delays [J]. Mathematica Problems in Engineering, 2015, DOI: org/10. 1155/2105. 52324.
[81] Song X, Zhao P, Xing Z, et al. Global asymptotic stability of CNNs with impulses and multi-proportional delays [J]. Mathematical Methods in the Applied Science, 2016, 39: 722-733.
[82] Wang W, Li L, Peng H, et al. Anti-synchronization control of memristive neural networks with multiple proportional delays [J]. Neural processing Letters, 2016, 43: 269-283.
[83] Liu J, Xu R. Passivity analysis and state estimation for a class of memristor-based neural networks with multiple proportional delays [J]. Advances in Difference Equations, 2017, 34: DOI 10. 1186/s13662-016-1069-y.
[84] Wang W. Finite-time synchronization for a class of fuzzy cellular neural networks with time-varying coefficients and proportional delays [J]. Fuzzy Sets and Systems, 2018, 338: 40-49.
[85] Cui N, Jiang H, Hu C, et al. Global asymptotic and robust stability of inertial neural networks with proportional delays [J]. Neurocomputing, 2018, 272: 326-333.
[86] 郑祖庥. 泛函微分方程理论 [M]. 合肥：安徽教育出版社，1994.
[87] 廖晓昕. 动力系统的稳定性理论及应用 [M]. 北京：国防工业出版社，2000.
[88] 廖晓昕. 稳定性的数学理论及应用 [M]. 2 版. 武汉：华中师范大学出版社，2004.
[89] Mao X R. Stochastic differential equations and their applications [M]. Cambridge, UK:

Woodhead publishing，1997：144.

[90] Ockendon J R，Tayler A B. The dynamics of a current collection system for an electric locomotive [J]. Proceedings of the Royal Society of London（Series A），1971，332（2）：447-468.

[91] 王龙洪. 几类具比例时滞的中立型微分方程解的定性性质研究 [D]. 衡阳：南华大学，2012.

[92] Fox L，Mayers D F，Ockendon J R，et al. On a functional differential equation [J]. Journal of the Institute of Mathematics and its Applications，1971，8：271-307.

[93] Kato T，Maleod J B. The functional-differential equation $y'(x)=ay(\lambda x)+by(x)$ [J]. Bulletin of the American Mathematical Society，1971，77：891-937.

[94] Carr J，Dyson J. The functional differential equation $y'(x)=ay(\lambda x)+by(x)$[J]. Proceedings of the Royal Society of Edinburgh Section A，1976，74（13）：165-174.

[95] Carr J，Dyson J. The matrix functional differential equation $y'(x)=Ay(\lambda x)+By(x)$ [J]. Proceedings of the Royal Society of Edinburgh Section A，1976，75（1）：5-22.

[96] Kuang Y，Feldstein A. Monotonic and oscillatory solution of a linear neutral delay equation with infinite lag [J]. SIAM Journal on Mathematical Analysis，1990，21：1633-1641.

[97] Buhmann M，Iserles A. Stability of the discretized pantograh differential equation [J]. Mathematics of Computation，1993. 60（202）：757-589.

[98] Iserles A，Liu Y. On neutral functional-differential equations with proportional delays [J]. Journal of Mathematical Analysis and Applications，1993，207（1）：73-95.

[99] Iserles A. On the generalized pantograph functional differential equation [J]. European Journal of Applied Mathematics，1993，4（1）：1-38.

[100] Iserles A. On nonlinear delay-differential equations [J]. Transactions of the American Mathematical Society，1994，344：441-477.

[101] Iserles A，Liu Y. On pantograph integro-differential equations [J]. Journal of Integral Equations and Applications，1994，6：213-237.

[102] Liu Y K. Asymptotic behavior of functional-differential equations with proportional time delays [J]. European Journal of Applied Mathematics，1996，7：11-30.

[103] Liu Y K. Numerical investigation of the pantograph equation [J]. Applied Numerical Mathematics，1997，24（2-3）：309-317.

[104] Si J G，Cheng S S. Analytic solutions of a functional differential equation with proportional delays [J]. Bulletin of the Korean Mathematical Society，2002，39（2）：225-236.

[105] Van Brunt B，Marshall J C，Wake G C. Holomorphic solutions to pantograph type equations with neutral fixed points [J]. Journal of Mathematical Analysis and Applications，2004，295（2）：557-569.

[106] Čermák Jan. On the differential equation with power coefficients and proportional delays [J]. Tatra Mountains Mathematical Publications，2007，38：57-69.

[107] Čermák Jan. On a linear differential equation with a proportional delay [J]. Mathematische Nachrichten，2007，280（5/6）：495-504.

[108] Abazari R, Kilicman. Application of differential transform method on nonlinear integro-differential equations with proportional delays [J]. Neural Computing & Applications, 2014, 24: 391-397.

[109] Balachandran K, Kiruthika S, Trujillo J. Existence of solutions of nonlinear fractional pantograph equations [J]. Acta Mathematica Scientia, 2013, 33B (3): 712-720.

[110] Yu Y. Global exponential convergence for a class of neutral functional differential equations with proportional delays [J]. Mathematical Methods in the Applied Science, 2016, 39 (15): 4520-4525.

[111] Gan S. Exact and discretized dissipativity of the pantograph equation [J]. Journal of Computational and Applied Mathematics, 2007, 25 (1): 81-88.

[112] 李冬松，刘明珠. 多比例延迟微分方程精确解的性质 [J]. 哈尔滨工业大学学报，2000，32 (3)：1-3.

[113] 曹婉容. 常延迟中立型及比例延迟微分方程稳定性 [D]. 哈尔滨：哈尔滨工业大学，2001.

[114] 陈新德. 多比例延迟微分方程的散逸性 [J]. 数学理论与应用，2008，28 (4)：113-117.

[115] 白小红. 变分迭代法在某些比例延迟微分方程中的应用 [J]. 数学理论与应用，2010，30 (4)：38-41.

[116] 关开中，贺小宝. 一类具比例时滞的脉冲微分方程解的振动性 [J]. 南华大学学报：自然科学版，2011，25 (3)：58-62.

[117] 李慧. 比例延迟微分方程稳定性分析 [D]. 哈尔滨：黑龙江大学，2011.

[118] 李杰. 对比例时滞 Volterra 积分泛函方程的配置法 [D]. 长春：吉林大学，2011.

[119] 张家驹. M-矩阵的一些性质 [J]. 数学年刊，1980，1 (1)：47-50.

[120] 郭大钧. 非线性泛函分析 [M]. 山东：山东科学技术出版社，2002.

第2章

具单比例时滞细胞神经网络的渐近稳定性

细胞神经网络（CNNs）[1]是由 Chua 和 Yang 于 1988 年提出的，和其他的人工神经网络一样，它是一个大规模非线性模拟系统. 由于信号传递过程中时滞不可避免，为了处理移动图像，1990 年和 1992 年 Roska 和 Chua 提出时滞细胞神经网络（DCNNs）[2,3]. 由于 CNNs 与 DCNNs 在图像处理、模式识别、联想记忆等方面起到的重要的应用，而被国内外的学者广泛的进行了研究. 又由于平衡点的稳定性在这些应用中的重要性，大多数研究都集中在平衡点的稳定性上[4-24]. 常时滞神经网络，如文献［4-12］，时变时滞神经网络，如文献［13-18］，分布时滞神经网络，如文献［19-24］等. 2011 年，周立群首次将比例时滞引入细胞神经网络[25]，开启了具比例时滞神经网络的动力学行为的研究，如文献［26-24］.

本章给出具单比例时滞细胞神经网络的全局渐近稳定性，这里单比例时滞是指时滞项为 $\tau(t)=(1-q)t$，q 为常数 $0<q\leqslant 1$，并且神经网络模型的表达形式无论是矩阵形式，还是分量形式，q 都是恒不变的，实际上这是一种理想状态，在具单比例时滞神经网络的稳定性分析过程中较具多重比例时滞神经网络的容易处理.

2.1 基于 M-矩阵的具比例时滞细胞神经网络的渐近稳定性

本节将通过应用 M-矩阵理论及构造合适的 Lyapunov 泛函，讨论具比例时滞细胞神经网络的全局渐近稳定性.

2.1.1 模型描述及预备知识

考虑如下时滞细胞神经网络模型[29]

$$\begin{cases}\dot{\boldsymbol{x}}(t)=-\boldsymbol{D}\boldsymbol{x}(t)+\boldsymbol{A}\boldsymbol{f}(\boldsymbol{x}(t))+\boldsymbol{B}\boldsymbol{f}(\boldsymbol{x}(qt))+\boldsymbol{I},t\geqslant 1\\ \boldsymbol{x}(s)=\boldsymbol{\varphi}(s),s\in[q,1]\end{cases}\tag{2-1}$$

其中，$\boldsymbol{x}(t)=(x_1(t),x_2(t),\cdots,x_n(t))^{\mathrm{T}}$表示神经元在 t 时刻的状态向量；$\boldsymbol{D}=\mathrm{diag}(d_1,d_2,\cdots,d_n)$，$d_i>0$ 表示在与神经网络不连通，并且无外部附加电压差的情况下第 i 个神经元恢复独立静息状态的速率；$\boldsymbol{A}=\{a_{ij}\}_{n\times n}$ 和 $\boldsymbol{B}=\{b_{ij}\}_{n\times n}$ 分别表示反馈矩阵和时滞反馈矩阵；$\boldsymbol{f}(\boldsymbol{x}(\cdot))$ 表示激活函数向量，$\boldsymbol{f}(\boldsymbol{x}(\cdot))=(f_1(x_1(\cdot)),f_2(x_2(\cdot),\cdots,f_n(x_n(\cdot)))^{\mathrm{T}}$，其中 $f_i(x_i(\cdot))=0.5(|x_i(\cdot)+$

$1|-|x_i(\cdot)-1|)$；$\boldsymbol{I}=(I_1,I_2,\cdots,I_n)^{\mathrm{T}}$是偏置性常输入向量；常数$q$表示比例时滞因子，满足$0<q\leqslant 1$，$qt=1-(1-q)t$，其中$(1-q)t$是时滞函数；$\boldsymbol{\varphi}(s)\in C([q,1],\mathbb{R}^n)$表示$\boldsymbol{x}(t)$在$t\in[q,1]$时的初始向量函数.

注 2-1　就时滞项而言，式（2-1）不同于文献［4-24］中的模型，式（2-1）的时滞函数$\tau(t)=(1-q)t$，当$t\to+\infty$，$(1-q)t\to+\infty$，即时滞函数是无界的时变时滞函数.

注 2-2　若$q=1$，则系统（2-1）就写成如下形式：

$$\dot{\boldsymbol{x}}(t)=-\boldsymbol{D}\boldsymbol{x}(t)+\widetilde{\boldsymbol{A}}\boldsymbol{f}(\boldsymbol{x}(t))+\boldsymbol{I}$$

其中，$\widetilde{\boldsymbol{A}}=\boldsymbol{A}+\boldsymbol{B}$，此时上述系统就是无时滞的标准的细胞神经网络模型.

设$\boldsymbol{x}^*$为系统（2-1）的平衡点. 令$\boldsymbol{z}(t)=\boldsymbol{x}(t)-\boldsymbol{x}^*$，有$\boldsymbol{z}(qt)=\boldsymbol{x}(qt)-\boldsymbol{x}^*$，或者$z_i(t)=x_i(t)-x_i^*$和$z_i(qt)=x_i(qt)-x_i^*$，则由式（2-1），有

$$\dot{\boldsymbol{z}}(t)=-\boldsymbol{D}\boldsymbol{z}(t)+\boldsymbol{A}\boldsymbol{g}(\boldsymbol{z}(t))+\boldsymbol{B}\boldsymbol{g}(\boldsymbol{z}(qt)),\ t\geqslant 1 \tag{2-2}$$

或

$$\dot{z}_i(t)=-d_iz_i(t)+\sum_{j=1}^{n}a_{ij}g_j(z_j(t))+\sum_{j=1}^{n}b_{ij}g_j(z_j(qt)),t\geqslant 1,\ i=1,2,\cdots,n \tag{2-3}$$

其中，$\boldsymbol{z}(t)=(z_1(t),z_2(t),\cdots,z_n(t))^{\mathrm{T}}$，$\boldsymbol{g}(\boldsymbol{z}(t))=(g_1(z_1(t)),g_2(z_2(t)),\cdots,g_n(z_n(t)))^{\mathrm{T}}$，这里$g_j(z_j(t))=f_j(z_j(t)+x_j^*)-f_j(x_j^*)$，$g_j(0)=0$，$|g_j(z_j(t))|\leqslant|z_j(t)|$，所以

$$g_j^2(z_j(t))\leqslant z_j(t)g_j(z_j(t)),\ j=1,2,\cdots,n \tag{2-4}$$

定义 2-1[4]　设矩阵$\boldsymbol{A}$的所有对角元素都是正的. $\boldsymbol{A}$的比较矩阵$\boldsymbol{C}$定义为$c_{ii}=a_{ii}$，且$c_{ij}=-|a_{ij}|$，$i\neq j$.

引理 2-1[4]　如果矩阵$\boldsymbol{A}$是非奇M-矩阵，则存在一个正对角矩阵$\boldsymbol{P}$，使得对任意的$\boldsymbol{x}\in\mathbb{R}^n$，且$\boldsymbol{x}\neq\boldsymbol{0}$，有$\boldsymbol{AP}+\boldsymbol{A}^{\mathrm{T}}\boldsymbol{P}$正定或等价于$\boldsymbol{x}^{\mathrm{T}}\boldsymbol{PAx}>0$.

引理 2-2[4]　如果矩阵$\boldsymbol{A}$的比较矩阵是非奇M-矩阵，则存在一个正对角矩阵$\boldsymbol{P}$，使得$\boldsymbol{A}^{\mathrm{T}}\boldsymbol{P}$是严格对角占优的，即

$$a_{ii}p_i>\sum_{j=1,j\neq i}^{n}p_j|a_{ji}|,\ i=1,2,\cdots,n$$

2.1.2　全局渐近稳定性

定理 2-1　若$\boldsymbol{S}=\{s_{ij}\}$是非奇M-矩阵，且$\sum_{j=1}^{n}|b_{ji}|\neq 0$，$i=1,2,\cdots,n$，其中，

$$s_{ij}=\begin{cases}d_i-a_{ii}-q^{-1}|b_{ii}|,\ i=j\\-\{|a_{ij}|+q^{-1}|b_{ij}|\},\ i\neq j\end{cases}$$

则系统（2-2）的原点是唯一的平衡点，并且是全局渐近稳定的.

证明 先证系统（2-2）的平衡点 z^* 唯一性. 式（2-2）的平衡点 z^* 应满足

$$\boldsymbol{D}\boldsymbol{z}^*-\boldsymbol{A}\boldsymbol{g}(\boldsymbol{z}^*)-\boldsymbol{B}\boldsymbol{g}(\boldsymbol{z}^*)=\boldsymbol{D}\boldsymbol{z}^*-(\boldsymbol{A}+\boldsymbol{B})\boldsymbol{g}(\boldsymbol{z}^*)=\boldsymbol{0} \tag{2-5}$$

显然，若 $\boldsymbol{g}(\boldsymbol{z}^*)=\boldsymbol{0}$，则 $\boldsymbol{z}^*=\boldsymbol{0}$. 现在假设存在另一个不为零的平衡点 $\boldsymbol{z}^*\neq\boldsymbol{0}$，使 $\boldsymbol{g}(\boldsymbol{z}^*)\neq\boldsymbol{0}$. 在式（2-4）两边左乘 $\boldsymbol{g}^{\mathrm{T}}(\boldsymbol{z}^*)\boldsymbol{P}$，得

$$\boldsymbol{g}^{\mathrm{T}}(\boldsymbol{z}^*)\boldsymbol{P}\boldsymbol{D}\boldsymbol{z}^*-\boldsymbol{g}^{\mathrm{T}}(\boldsymbol{z}^*)\boldsymbol{P}(\boldsymbol{A}+\boldsymbol{B})\boldsymbol{g}(\boldsymbol{z}^*)=0 \tag{2-6}$$

其中，$\boldsymbol{P}$ 为正定对角矩阵. 由式（2-4），有

$$\boldsymbol{g}^{\mathrm{T}}(\boldsymbol{z}^*)\boldsymbol{P}\boldsymbol{D}\boldsymbol{z}^*=\sum_{i=1}^{n}p_i d_i g_i(z_i^*)z_i^*\geqslant\sum_{i=1}^{n}p_i d_i g_i^2(z_i^*)=\boldsymbol{g}^{\mathrm{T}}(\boldsymbol{z}^*)\boldsymbol{P}\boldsymbol{D}\boldsymbol{g}(\boldsymbol{z}^*)$$

结合式（2-6），得

$$\begin{aligned}&\boldsymbol{g}^{\mathrm{T}}(\boldsymbol{z}^*)\boldsymbol{P}[\boldsymbol{D}-(\boldsymbol{A}+\boldsymbol{B})]\boldsymbol{g}(\boldsymbol{z}^*)\\&=\sum_{i=1}^{n}p_i(d_i-a_{ii}-b_{ii})g_i^2(z_i^*)-\sum_{i=1}^{n}\sum_{j=1,j\neq i}^{n}p_i(a_{ij}+b_{ij})g_i(z_i^*)g_j(z_j^*)\leqslant 0\end{aligned}$$

由此，得

$$\begin{aligned}&\sum_{i=1}^{n}p_i(d_i-a_{ii}-|b_{ii}|)g_i^2(z_i^*)-\sum_{i=1}^{n}\sum_{j=1,j\neq i}^{n}p_i(|a_{ij}|+\\&\qquad|b_{ij}|)|g_i(z_i^*)||g_j(z_j^*)|\leqslant 0\end{aligned} \tag{2-7}$$

由于 $0<q\leqslant 1$，有 $q^{-1}\geqslant 1$，则

$$\begin{aligned}&\sum_{i=1}^{n}p_i(d_i-a_{ii}-q^{-1}|b_{ii}|)g_i^2(z_i^*)-\sum_{i=1}^{n}\sum_{j=1,j\neq i}^{n}p_i(|a_{ij}|+\\&\quad q^{-1}|b_{ij}|)|g_i(z_i^*)||g_j(z_j^*)|\\&\leqslant\sum_{i=1}^{n}p_i(d_i-a_{ii}-|b_{ii}|)g_i^2(z_i^*)-\sum_{i=1}^{n}\sum_{j=1,j\neq i}^{n}p_i(|a_{ij}|+\\&\quad|b_{ij}|)|g_i(z_i^*)||g_j(z_j^*)|\end{aligned} \tag{2-8}$$

于是，由式（2-7）和式（2-8），有

$$\begin{aligned}&\sum_{i=1}^{n}p_i(d_i-a_{ii}-q^{-1}|b_{ii}|)g_i^2(z_i^*)-\sum_{i=1}^{n}\sum_{j=1,j\neq i}^{n}p_i(|a_{ij}|+\\&\qquad q^{-1}|b_{ij}|)|g_i(z_i^*)||g_j(z_j^*)|\leqslant 0\end{aligned} \tag{2-9}$$

现在，定义

$$s_{ii}=d_i-a_{ii}-q^{-1}|b_{ii}|,\ s_{ij}=-\{|a_{ij}|+q^{-1}|b_{ij}|\}$$

$$\begin{aligned}\boldsymbol{\varphi}(\boldsymbol{z}^*)&=(\varphi_1(z_1^*),\varphi_2(z_2^*),\cdots,\varphi_n(z_n^*))^{\mathrm{T}}\\&=(|g_1(z_1^*)|,|g_2(z_2^*)|,\cdots,|g_n(z_n^*)|)^{\mathrm{T}}\end{aligned}$$

由式（2-9），得

$$\sum_{i=1}^{n}p_i s_{ii}\varphi_i^2(z_i^*)+\sum_{i=1}^{n}\sum_{j=1,j\neq i}^{n}p_i s_{ij}\varphi_i(z_i^*)\varphi_j(z_j^*)\leqslant 0$$

即

$$\boldsymbol{\varphi}^{\mathrm{T}}(\boldsymbol{z}^*)\boldsymbol{PS\varphi}(\boldsymbol{z}^*)=0 \tag{2-10}$$

另一方面，根据引理 2-1，对每一个 $\boldsymbol{\varphi}(\boldsymbol{z}^*)\neq\mathbf{0}$，如果 $\boldsymbol{S}$ 是一个非奇 M-矩阵，则存在一个正定对角矩阵 $\boldsymbol{P}$，使得

$$\boldsymbol{\varphi}^{\mathrm{T}}(\boldsymbol{z}^*)\boldsymbol{PS\varphi}(\boldsymbol{z}^*)>0 \tag{2-11}$$

显然式（2-10）和式（2-11）矛盾. 因此，可以得出 $\boldsymbol{\varphi}(\boldsymbol{z}^*)=\mathbf{0}$，或等价于 $\boldsymbol{g}(\boldsymbol{z}^*)=\mathbf{0}$，这蕴含着 $\boldsymbol{z}^*=\mathbf{0}$. 于是，证明了系统（2-2）的原点 $\boldsymbol{z}^*=\mathbf{0}$ 是系统（2-5）的唯一解. 因此对于每一个 $\boldsymbol{I}$，系统（2-1）有唯一的平衡点.

下面证明平衡点 $\boldsymbol{z}^*=\mathbf{0}$ 的全局渐近稳定性. 受文献［4］的启发，结合比例时滞细胞神经网络（2-1）的自身特征，构造如下正定的 Lyapunov 泛函

$$V(t)=\sum_{i=1}^{n}p_i\left\{|z_i(t)|+q^{-1}\sum_{j=1}^{n}\int_{qt}^{t}|b_{ij}||g_j(z_j(s))|\,\mathrm{d}s\right\}$$

这里的 $p_i>0$ 是常数. $V(t)$ 沿系统（2-3）的改变率为

$$\begin{aligned}\dot{V}(t)=&\sum_{i=1}^{n}p_i|\dot{z}_i(t)|+q^{-1}\sum_{i=1}^{n}\sum_{j=1}^{n}p_i|b_{ij}||g_j(z_j(t))|-\\&q^{-1}\sum_{i=1}^{n}\sum_{j=1}^{n}p_i|b_{ij}||g_j(z_j(qt))|q\\\leqslant&\sum_{i=1}^{n}p_i\left\{-d_i|z_i(t)|+\sum_{j=1}^{n}|a_{ij}||g_j(z_j(t))|+\sum_{j=1}^{n}|b_{ij}||g_j(z_j(qt))|\right\}+\\&q^{-1}\sum_{i=1}^{n}\sum_{j=1}^{n}p_i|b_{ij}||g_j(z_j(t))|-\sum_{i=1}^{n}\sum_{j=1}^{n}p_i|b_{ij}||g_j(z_j(qt))|\\=&-\sum_{i=1}^{n}p_id_i|z_i(t)|+\sum_{i=1}^{n}\sum_{j=1}^{n}p_i|a_{ij}||g_j(z_j(t))|+q^{-1}\sum_{i=1}^{n}\sum_{j=1}^{n}p_i|b_{ij}||g_j(z_j(t))|\\=&-\sum_{i=1}^{n}p_id_i|z_i(t)|+\sum_{i=1}^{n}p_ia_{ii}|g_i(z_i(t))|+\sum_{i=1}^{n}\sum_{j=1,j\neq i}^{n}p_j|a_{ji}||g_i(z_i(t))|+\\&q^{-1}\sum_{i=1}^{n}p_i|b_{ii}||g_i(z_i(t))|+q^{-1}\sum_{i=1}^{n}\sum_{j=1,j\neq i}^{n}p_j|b_{ji}||g_i(z_i(t))|\\=&-\sum_{i=1}^{n}\{p_id_i|z_i(t)|-p_i(a_{ii}+q^{-1}|b_{ii}|)|g_i(z_i(t))|-\\&\sum_{j=1,j\neq i}^{n}p_j(|a_{ji}|+q^{-1}|b_{ji}|)|g_i(z_i(t))|\}\end{aligned}$$

设 $\boldsymbol{g}(\boldsymbol{z}(t))\neq\mathbf{0}$，其蕴含着 $\boldsymbol{z}(t)\neq\mathbf{0}$. 则由 $|g_i(z_i(t))|\leqslant|z_i(t)|$，所以

$$\begin{aligned}\dot{V}(t)\leqslant&-\sum_{i=1}^{n}\{p_id_i|g_i(z_i(t))|-p_i(a_{ii}+q^{-1}|b_{ii}|)|g_i(z_i(t))|-\\&\sum_{j=1,\ j\neq i}^{n}p_j(|a_{ji}|+q^{-1}|b_{ji}|)|g_i(z_i(t))|\}\end{aligned}$$

$$= -\sum_{i=1}^{n}\Big\{p_i(d_i - a_{ii} - q^{-1}\mid b_{ii}\mid) -$$

$$\sum_{j=1,\ j\neq i}^{n} p_j\Big\{\mid a_{ji}\mid + q^{-1}\mid b_{ji}\mid\Big\}\Big\}\mid g_i(z_i(t))\mid$$

$$= -\sum_{i=1}^{n}\Big\{p_i s_{ii} + \sum_{j=1,\ j\neq i}^{n} p_j s_{ji}\Big\}\mid g_i(z_i(t))\mid$$

由引理 2-2 知，如果 $\boldsymbol{S}$ 是一个非奇 M-矩阵，则存在正定对角矩阵 $\boldsymbol{P}$，使得

$$p_i s_{ii} + \sum_{j=1,j\neq i}^{n} p_j s_{ji} > 0,\ i = 1,2,\cdots,n$$

因为 $\boldsymbol{g}(\boldsymbol{z}(t))\neq\boldsymbol{0}$，最少存在一个 i 使得 $g_i(z_i(t))\neq 0$ ，因此，有

$$\Big\{p_i s_{ii} + \sum_{j=1,j\neq i}^{n} p_j s_{ji}\Big\}\mid g_i(z_i(t))\mid > 0$$

所以 $\dot{V}(t)<0$.

现在，考虑 $\boldsymbol{g}(\boldsymbol{z}(t))=\boldsymbol{0}$，$\boldsymbol{g}(\boldsymbol{z}(qt))=\boldsymbol{0}$，且 $\boldsymbol{z}(t)\neq\boldsymbol{0}$ 的情况. 则有

$$\dot{V}(t) \leqslant -\sum_{i=1}^{n} p_i d_i \mid z_i(t)\mid < 0$$

因此证明了对于每一个 $\boldsymbol{z}(t)\neq\boldsymbol{0}$，都有 $\dot{V}(t)<0$.

再假设 $\boldsymbol{z}(t)=\boldsymbol{0}$，这蕴含着 $\boldsymbol{g}(\boldsymbol{z}(t))=\boldsymbol{0}$，则

$$\dot{V}(t) = -\sum_{i=1}^{n} p_i \sum_{j=1}^{n}\mid b_{ij}\mid\mid g_j(z_j(qt))\mid$$

$$= -\sum_{i=1}^{n}\mid g_i(z_i(qt))\mid\sum_{j=1}^{n} p_j\mid b_{ji}\mid \leqslant -\sum_{i=1}^{n} p\mid g_i(z_i(qt))\mid\sum_{j=1}^{n}\mid b_{ji}\mid$$

其中 $p=\min\limits_{1\leqslant j\leqslant n}\{p_j\}>0$.

由于 $\sum\limits_{j=1}^{n}\mid b_{ji}\mid\neq 0$， $i=1,\ 2,\ \cdots,\ n$ ，可得对每个 $\boldsymbol{g}(\boldsymbol{z}(qt))\neq\boldsymbol{0}$，都有 $\dot{V}(t)<0$，并且当且仅当 $\boldsymbol{g}(\boldsymbol{z}(qt))=\boldsymbol{0}$ 时，$\dot{V}(t)=0$. 因此，当且仅当 $\boldsymbol{z}(t)=\boldsymbol{g}(\boldsymbol{z}(t))=\boldsymbol{g}(\boldsymbol{z}(qt))=\boldsymbol{0}$ 时，$\dot{V}(t)=0$，否则 $\dot{V}(t)$ 是负值. 同时，当 $\|\boldsymbol{z}(t)\|\to\infty$ 时，$V(t)\to\infty$，即 $V(t)$ 是径向无界的. 因此，由文献［35］中推论 3.2，可得如果 $\boldsymbol{S}$ 是非奇 M-矩阵，则系统（2-2）的原点 $\boldsymbol{z}^*=\boldsymbol{0}$ 或系统（2-1）的平衡点 $\boldsymbol{x}^*$ 是全局渐近稳定的.

定理 2-2　若 $\boldsymbol{S}=\{s_{ij}\}$ 为非奇 M-矩阵，且 $\sum\limits_{j=1}^{n}|b_{ji}|\neq 0$， $i=1,\ 2,\ \cdots,\ n$ ，其中，

$$s_{ij} = \begin{cases} d_i - a_{ii} - |b_{ii}|, i=j \\ -\{|a_{ij}| + |b_{ij}|\},\ i\neq j \end{cases}$$

则系统（2-2）的原点是唯一的平衡点，并且是全局渐近稳定的.

证明 令 $y_i(t)=z_i(e^t)$，则

$$\begin{aligned}\dot{\boldsymbol{y}}(t)&=e^t\dot{\boldsymbol{z}}(e^t)\\&=e^t\{-\boldsymbol{Dz}(e^t)+\boldsymbol{Ag}(\boldsymbol{z}(e^t))+\boldsymbol{Bg}(\boldsymbol{z}(qe^t))\}\\&=e^t\{-\boldsymbol{Dz}(e^t)+\boldsymbol{Ag}(\boldsymbol{z}(e^t))+\boldsymbol{Bg}(\boldsymbol{z}(e^{\ln q}e^t))\}\\&=e^t\{-\boldsymbol{Dz}(e^t)+\boldsymbol{Ag}(\boldsymbol{z}(e^t))+\boldsymbol{Bg}(\boldsymbol{z}(e^{\ln q+t}))\}\\&=e^t\{-\boldsymbol{Dy}(t)+\boldsymbol{Ag}(\boldsymbol{y}(t))+\boldsymbol{Bg}(\boldsymbol{y}(t+\ln q))\}\\&=e^t\{-\boldsymbol{Dy}(t)+\boldsymbol{Ag}(\boldsymbol{y}(t))+\boldsymbol{Bg}(\boldsymbol{y}(t-\tau))\}\end{aligned}$$

其中，$\tau=-\ln q\geqslant 0$. 当 $e^t\geqslant 1$ 时，$t\geqslant 0$. 反之亦然. 故式（2-3）等价变换为如下具常时滞与变系数的细胞神经网络模型

$$\begin{cases}\dot{y}_i(t)=e^t\left\{-d_iy_i(t)+\sum_{j=1}^{n}a_{ij}g_j(y_j(t))+\sum_{j=1}^{n}b_{ij}g_j(y_j(t-\tau))\right\},t\geqslant 0\\ y_i(s)=\psi_i(s),\ s\in[-\tau,0],\ i=1,2,\cdots,n\end{cases}\tag{2-12}$$

其中，$\tau=-\ln q\geqslant 0$.

系统（2-2）平衡点的唯一性的证明同定理 2-1 的平衡点唯一性的证明类似. 下证系统（2-2）的平衡点的全局渐近稳定性. 构造如下正定的 Lyapunov 泛函

$$V(t)=\sum_{i=1}^{n}p_i\left\{e^{-t}\mid y_i(t)\mid+\sum_{j=1}^{n}\int_{t-\tau}^{t}\mid b_{ij}\mid\mid g_j(y_j(s))\mid ds\right\}\tag{2-13}$$

这里 $p_i>0$ 是常数. 在式（2-13）中，$V(t)$ 沿系统（2-12）的改变率为

$$\begin{aligned}\dot{V}(t)=&e^{-t}\sum_{i=1}^{n}p_i\mid\dot{y}_i(t)\mid-e^{-t}\sum_{i=1}^{n}p_i\mid y_i(t)\mid+\\&\sum_{i=1}^{n}\sum_{j=1}^{n}p_i\mid b_{ij}\mid(\mid g_j(y_j(t))\mid-\mid g_j(y_j(t-\tau))\mid)\\\leqslant&e^{-t}\sum_{i=1}^{n}p_ie^t\left\{-d_i\mid y_i(t)\mid+\sum_{j=1}^{n}\mid a_{ij}\mid\mid g_j(y_j(t))\mid+\right.\\&\left.\sum_{j=1}^{n}\mid b_{ij}\mid\mid g_j(y_j(t-\tau))\mid\right\}-\\&e^{-t}\sum_{i=1}^{n}p_i\mid y_i(t)\mid+\sum_{i=1}^{n}\sum_{j=1}^{n}p_i\mid b_{ij}\mid\mid g_j(y_j(t))\mid-\\&\sum_{i=1}^{n}\sum_{j=1}^{n}p_i\mid b_{ij}\mid\mid g_j(y_j(t-\tau))\mid\\\leqslant&-\sum_{i=1}^{n}p_id_i\mid y_i(t)\mid+\sum_{i=1}^{n}\sum_{j=1}^{n}p_i\mid a_{ij}\mid\mid g_j(y_j(t))\mid+\end{aligned}$$

$$\sum_{i=1}^{n}\sum_{j=1}^{n}p_i\mid b_{ij}\mid\mid g_j(y_j(t-\tau))\mid-$$

$$e^{-t}\sum_{i=1}^{n}p_i\mid y_i(t)\mid+\sum_{i=1}^{n}\sum_{j=1}^{n}p_i\mid b_{ij}\mid\mid g_j(y_j(t))\mid-$$

$$\sum_{i=1}^{n}\sum_{j=1}^{n}p_i\mid b_{ij}\mid\mid g_j(y_j(t-\tau))\mid$$

$$\leqslant-\sum_{i=1}^{n}\Big\{p_id_i\mid y_i(t)\mid-p_i(a_{ii}+\mid b_{ii}\mid)\mid g_i(y_i(t))\mid-$$

$$\sum_{j=1,j\neq i}^{n}p_j(\mid a_{ji}\mid+\mid b_{ji}\mid)\mid g_i(y_i(t))\mid\Big\}$$

设 $\boldsymbol{g}(\boldsymbol{y}(t))\neq\boldsymbol{0}$，意味着 $\boldsymbol{y}(t)\neq\boldsymbol{0}$. 由 $|g(y_i(t))|\leqslant|y_i(t)|$，有

$$\dot{V}(t)\leqslant-\sum_{i=1}^{n}\Big\{p_id_i\mid g(y_i(t))\mid-p_i(a_{ii}+\mid b_{ii}\mid)\mid g_i(y_i(t))\mid-$$

$$\sum_{j=1,j\neq i}^{n}p_j(\mid a_{ji}\mid+\mid b_{ji}\mid)\mid g_i(y_i(t))\mid\Big\}$$

$$=-\sum_{i=1}^{n}\Big[p_i(d_i-a_{ii}-\mid b_{ii}\mid)-\sum_{j=1,j\neq i}^{n}p_j(\mid a_{ji}\mid+\mid b_{ji}\mid)\Big]\mid g_i(y_i(t))\mid$$

$$=-\sum_{i=1}^{n}\Big(p_is_{ii}+\sum_{j=1,j\neq i}^{n}p_js_{ji}\Big)\mid g_i(y_i(t))\mid$$

余下部分同定理 2-1 的相应部分类似，这里省略.

注 2-3 本节中，若 $\boldsymbol{D}=\boldsymbol{E}$（$\boldsymbol{E}$ 为单位矩阵），则定理 2-2 的与文献 [4] 中的定理 2.1.1 是一致的. 但是文献 [4] 中的定理 2.1.1 是针对常时滞的细胞神经网络给出的，而本节的结果是对无界时变的比例时滞给出的，因此本节所得结果可以看作对文献 [4] 中结果的改进.

注 2-4 式 (2-11) 是具常时滞与时变系数的模型，与文献 [5，6，13] 中的时滞与变系数模型不同. 文献 [5，6，13] 中模型的时变系数是有界函数，而式 (2-11) 的系数中含有 e^t，是无界时变函数.

注 2-5 定理 2-1 与定理 2-2，两者既有区别又有联系. 定理 2-1 依赖于比例时滞因子 q 的大小，定理 2-2 是时滞独立的. 当 $q\to1$ 时，有 $q^{-1}\to1$，定理 2-1 就相应地变成了定理 2-2. 定理 2-1 应用于 q 的大小是确定的，并且 q 与 1 相比不是特别小的情况下. 如果比例时滞因子 q 特别小，如 $q=0.01$，有 $q^{-1}=100$，此时应用定理 2-1，计算量相对较大，并且定理 2-1 的适用范围会变小. 另外，在实际网络的运行中，一般对延时是有要求的，延时要控制在系统所能允许的最大延时范围内. 在比例时滞因子 q 已知的情况下，就可以根据系统所能允许的最大时滞来控制网络的

运行时间. 如果系统的比例时滞因子 q 的大小没有确定，或者比例时滞因子 q 相对较小时，就可以应用定理 2-2 进行系统稳定性的判断.

2.1.3　数值算例及仿真

例 2-1　在式（2-1）中，取

$$\boldsymbol{D}=\begin{pmatrix}10 & 0\\ 0 & 9\end{pmatrix},\boldsymbol{A}=\begin{pmatrix}1 & -1\\ -2 & 4\end{pmatrix},\boldsymbol{B}=\begin{pmatrix}2 & -1\\ 1 & -1\end{pmatrix},\boldsymbol{I}=\begin{pmatrix}0\\ 0\end{pmatrix},\ q=0.5$$

由于激活函数为分段线性函数 $f_i(x_i(t))=0.5(|x_i(t)+1|-|x_i(t)-1|),i=1,2$，于是其 Lipschitz 常数为 $l_i=1$，$i=1$，2. 按定理 2-1 的条件，经计算，得

$$\boldsymbol{S}=\begin{pmatrix}5 & -3\\ -4 & 3\end{pmatrix}$$

矩阵 $\boldsymbol{S}$ 的特征值分别为 $\lambda_1=7.6056$ 与 $\lambda_2=0.3944$. 由定义 1-21，可知矩阵 $\boldsymbol{S}$ 是非奇 M-矩阵. 由定理 2-1 知，该网络存在唯一的平衡点 $(0,0)^{\mathrm{T}}$，且是全局渐近稳定的，如图 2-1 和图 2-2 所示.

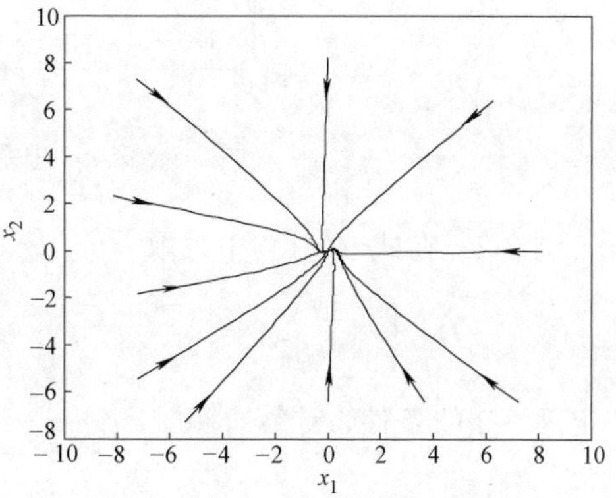

图 2-1　例 2-1 中系统的相轨迹

从相平面中的相轨迹可看到该网络有唯一的平衡点，从不同初始值初始的解轨迹都收敛到平衡点，如图 2-1 所示；时间响应曲线可看到从不同初值初始的解轨迹都收敛到 $(0,0)^{\mathrm{T}}$，如图 2-2 所示. 数值仿真佐证了所得结论的正确性与有效性.

另一方面，容易验证

$$d_1-1-\sum_{j=1}^{2}(|a_{j1}|+|b_{j1}|\mathrm{e}^{-\ln q})l_1=0$$

$$d_2-1-\sum_{j=1}^{2}(|a_{j2}|+|b_{j2}|\mathrm{e}^{-\ln q})l_2=-1<0$$

不满足文献［26］中注 3.5 的条件，因此文献［26］的相关结论不能判定该细胞神经网络是全局渐近稳定的.

继续验证

$$d_2-\sigma-\sum_{j=1}^{2}(|a_{j2}|+|b_{j2}|\mathrm{e}^{-\sigma\ln q})l_2=9-\sigma-(5+2^{\sigma+1}) \tag{2-14}$$

其中常数 $\sigma>1$. 由 $\sigma>1$，可知式（2-14）的值一定是负数，即

$$d_2 - \sigma - \sum_{j=1}^{2} (|a_{j2}| + |b_{j2}| e^{-\sigma \ln q}) l_2 < 0$$

不满足文献［27］中的推论 2.1，因此文献［27］中的推论 2.1 也不能用来判定这个系统的全局渐近稳定性. 从而说明本节所得结果的具有较低保守性.

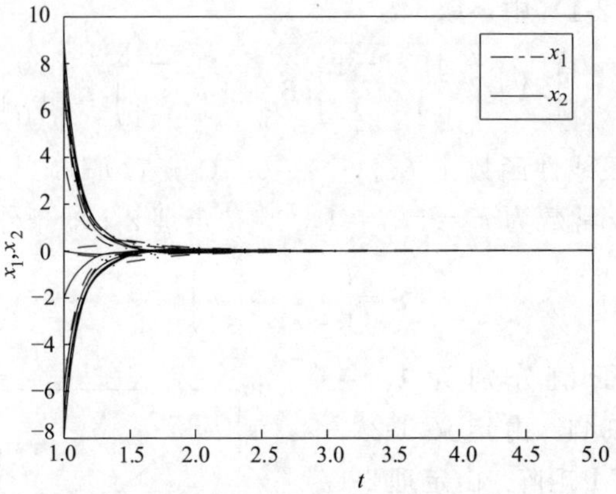

图 2-2　例 2-1 中系统的时间响应曲线

例 2-2　在式（2-1）中，取

$$\boldsymbol{D} = \begin{pmatrix} 4 & 0 \\ 0 & 5 \end{pmatrix}, \boldsymbol{A} = \begin{pmatrix} -2 & -1 \\ 0 & 1 \end{pmatrix}, \boldsymbol{B} = \begin{pmatrix} 1 & 2 \\ 1 & -1 \end{pmatrix}, \boldsymbol{I} = \begin{pmatrix} 4 \\ -3 \end{pmatrix}, q = 0.4$$

按定理 2-2 的条件，计算，得

$$\boldsymbol{S} = \begin{pmatrix} 5 & -3 \\ -1 & 3 \end{pmatrix}$$

矩阵 $\boldsymbol{S}$ 的特征值分别为 $\lambda_1 = 2$ 与 $\lambda_2 = 6$，由定义 1-21，可知 $\boldsymbol{S}$ 是非奇 M-矩阵. 由定理 2-2，可知该网络的平衡点存在唯一，且是全局渐近稳定的. 应用 Matlab 计算得平衡点为（0.7041，0.4582）^{T}，其全局渐近稳定性，如图 2-3 和图 2-4 所示.

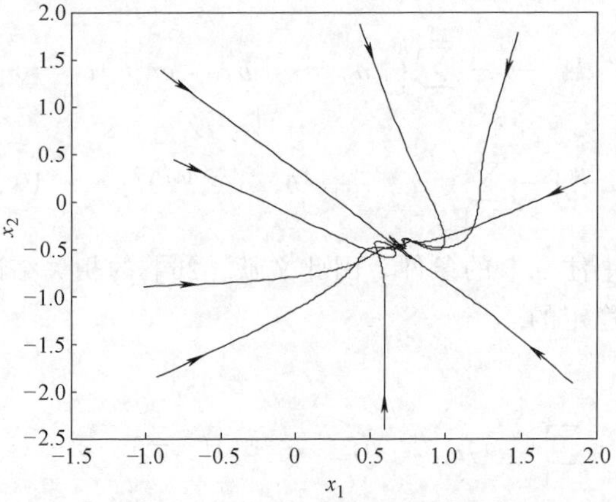

图 2-3　例 2-2 中系统的相轨迹

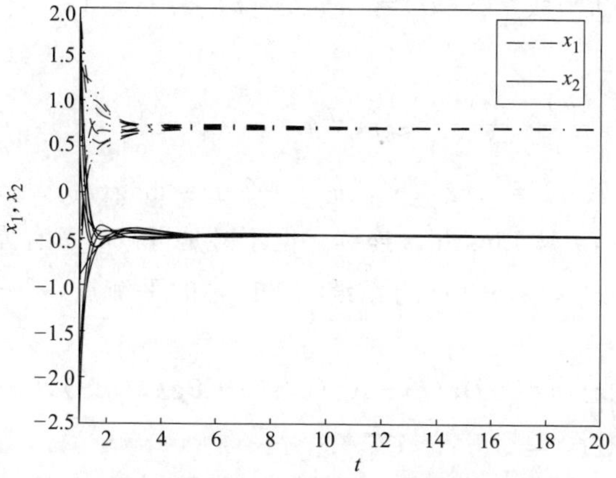

图 2-4　例 2-2 中系统的时间响应曲线

另一方面，容易验证

$$d_1 - 1 - \sum_{j=1}^{2} p_1/p_j(|a_{j1}|+|b_{j1}|)l_1 = 4-(3+p_1/p_2) = 1-p_1/p_2 \tag{2-15}$$

$$d_2 - 1 - \sum_{j=1}^{2} p_2/p_j(|a_{j2}|+|b_{j2}|)l_2 = 5-(3p_2/p_1+2) = 3-3p_2/p_1 \tag{2-16}$$

其中，$p_i>0$，$i=1$，2. 由式（2-15），欲使 $1-p_1/p_2>0$，必须满足 $p_1/p_2<1$ 成立，从而有 $p_2/p_1>1$，此时由式（2-16），有 $3-3p_2/p_1<0$，即

$$d_2 - 1 - \sum_{j=1}^{2} p_2/p_j(|a_{j2}|+|b_{j2}|)l_2 = 3-3p_2/p_1 < 0$$

不满足文献［28］中的定理 2.1 与定理 2.2，于是文献［28］中的判定标准对于例 2-2 是不适用的.

2.2　基于矩阵理论的具比例时滞细胞神经网络的全局渐近稳定性

本节将通过矩阵理论及构造合适的 Lyapunov 泛函，继续讨论具比例时滞细胞神经网络的全局渐近稳定性.

2.2.1　模型描述及预备知识

继续考虑形如式（2-1）比例时滞递归神经网络系统[32]

$$\begin{cases} \dot{\boldsymbol{x}}(t) = -\boldsymbol{D}\boldsymbol{x}(t) + \boldsymbol{A}\boldsymbol{f}(\boldsymbol{x}(t)) + \boldsymbol{B}\boldsymbol{f}(\boldsymbol{x}(qt)) + \boldsymbol{I}, t \geqslant 1 \\ \boldsymbol{x}(s) = \boldsymbol{\varphi}(s), s \in [q,1] \end{cases} \tag{2-17}$$

设其中的非线性激活函数 $\boldsymbol{f}(\boldsymbol{x}(t))=(f_1(x_1(t)),f_2(x_2(t)),\cdots,f_n(x_n(t)))^{\mathrm{T}}$ 满足系列条件

$$0\leqslant\frac{f_i(u)-f_i(v)}{u-v}\leqslant l_i,\forall u\neq v,u,v\in\mathbb{R},i=1,2,\cdots,n \tag{2-18}$$

这里，l_i 是非负常数，$i=1,2,\cdots,n$，并令 $\boldsymbol{L}=\mathrm{diag}(l_1,l_2,\cdots,l_n)$. 这里的 $f_i(\cdot)$，$i=1,2,\cdots,n$ 是 Lipschitz 连续，但不必是可微的、有界的、单调不减的.

设 $\boldsymbol{x}^*=(x_1^*,x_2^*,\cdots,x_n^*)^{\mathrm{T}}$ 为系统（2-17）的平衡点. 令 $\boldsymbol{z}(t)=\boldsymbol{x}(t)-\boldsymbol{x}^*$，由式（2-17）可得

$$\begin{cases}\boldsymbol{z}(t)=-\boldsymbol{D}\boldsymbol{z}(t)+\boldsymbol{A}\boldsymbol{g}(\boldsymbol{z}(t))+\boldsymbol{B}\boldsymbol{g}(\boldsymbol{z}(qt)),t\geqslant1\\ \boldsymbol{z}(s)=\widetilde{\boldsymbol{\varphi}}(s),\ s\in[q,1]\end{cases} \tag{2-19}$$

其中，$\boldsymbol{z}(t)=(z_1(t),z_2(t),\cdots,z_n(t))^{\mathrm{T}}$，$\boldsymbol{g}(\boldsymbol{z}(t))=(g_1(z_1(t)),g_2(z_2(t)),\cdots,g_n(z_n(t)))^{\mathrm{T}}$，$g_j(z_j(t))=f_j(z_j(t)+x_j^*)-f_j(x_j^*)$，$\widetilde{\boldsymbol{\varphi}}(s)=\boldsymbol{\varphi}(s)-\boldsymbol{x}^*$ 并且注意到每个 $f_j(\cdot)$ 满足条件式（2-18），因此每个 $g_j(\cdot)$ 满足

$$\begin{cases}|g_j^2(z_j(\cdot))|\leqslant l_j z_j(\cdot)g_j(z_j(\cdot))\\ g_j^2(z_j(\cdot))\leqslant l_j^2 z_j(\cdot),g_j(0)=0,\ j=1,2,\cdots,n\end{cases} \tag{2-20}$$

令 $\boldsymbol{y}(t)=\boldsymbol{z}(\mathrm{e}^t)$，则式（2-19）等价地变换为

$$\dot{\boldsymbol{y}}(t)=\mathrm{e}^t\{-\boldsymbol{D}\boldsymbol{y}(t)+\boldsymbol{A}\boldsymbol{g}(\boldsymbol{y}(t))+\boldsymbol{B}\boldsymbol{g}(\boldsymbol{y}(t-\tau))\},\ t\geqslant0 \tag{2-21}$$

容易验证系统（2-19）和系统（2-21）有相同的平衡点，即 $\boldsymbol{z}^*=\boldsymbol{y}^*=\boldsymbol{0}$. 于是要证明系统（2-17）的平衡点 $\boldsymbol{x}^*$ 的稳定性，只需证明系统（2-19）或系统（2-21）的零解的稳定性.

2.2.2 全局渐近稳定性

定理 2-3 在条件式（2-18）下，若存在正定对角矩阵 $\boldsymbol{M}=\{m_i\}\in\mathbb{R}^{n\times n}$，$\boldsymbol{N}=\{n_i\}\in\mathbb{R}^{n\times n}$ 和常数 $\beta>0$，使得

$$2\boldsymbol{MDL}^{-1}-\boldsymbol{MA}-\boldsymbol{A}^{\mathrm{T}}\boldsymbol{M}-q^{-1}\beta\boldsymbol{N}-\beta^{-1}\boldsymbol{MBN}^{-1}\boldsymbol{B}^{\mathrm{T}}\boldsymbol{M}>0 \tag{2-22}$$

则系统（2-19）的平凡解是唯一的平衡点，并且它是全局渐近稳定的.

证明 系统（2-19）的平衡点 $\boldsymbol{z}^*$ 满足

$$-\boldsymbol{D}\boldsymbol{z}^*+\boldsymbol{A}\boldsymbol{g}(\boldsymbol{z}^*)+\boldsymbol{B}\boldsymbol{g}(\boldsymbol{z}^*)=\boldsymbol{0} \tag{2-23}$$

式（2-23）蕴含着若 $\boldsymbol{g}(\boldsymbol{z}^*)=\boldsymbol{0}$，则 $\boldsymbol{z}^*=\boldsymbol{0}$. 假设 $\boldsymbol{g}(\boldsymbol{z}^*)\neq\boldsymbol{0}$.在式（2-23）两边同乘 $2\boldsymbol{g}^{\mathrm{T}}(\boldsymbol{z}^*)\boldsymbol{M}\neq\boldsymbol{0}$，并再加上一项和减去一项 $q^{-1}\beta\boldsymbol{g}^{\mathrm{T}}(\boldsymbol{z}^*)\boldsymbol{N}\boldsymbol{g}(\boldsymbol{z}^*)$，得

$$\begin{aligned}&-2\boldsymbol{g}^{\mathrm{T}}(\boldsymbol{z}^*)\boldsymbol{MD}\boldsymbol{z}^*+2\boldsymbol{g}^{\mathrm{T}}(\boldsymbol{z}^*)\boldsymbol{MA}\boldsymbol{g}(\boldsymbol{z}^*)+2\boldsymbol{g}^{\mathrm{T}}(\boldsymbol{z}^*)\boldsymbol{MB}\boldsymbol{g}(\boldsymbol{z}^*)+\\&q^{-1}\beta\boldsymbol{g}^{\mathrm{T}}(\boldsymbol{z}^*)\boldsymbol{N}\boldsymbol{g}(\boldsymbol{z}^*)-q^{-1}\beta\boldsymbol{g}^{\mathrm{T}}(\boldsymbol{z}^*)\boldsymbol{N}\boldsymbol{g}(\boldsymbol{z}^*)=0\end{aligned} \tag{2-24}$$

由于 $0<q\leqslant1$，则 $q^{-1}\geqslant1$，由式（2-24），得

$$\begin{aligned}0\leqslant&-2\boldsymbol{g}^{\mathrm{T}}(\boldsymbol{z}^*)\boldsymbol{MD}\boldsymbol{z}^*+2\boldsymbol{g}^{\mathrm{T}}(\boldsymbol{z}^*)\boldsymbol{MA}\boldsymbol{g}(\boldsymbol{z}^*)+2\boldsymbol{g}^{\mathrm{T}}(\boldsymbol{z}^*)\boldsymbol{MB}\boldsymbol{g}(\boldsymbol{z}^*)+\\&q^{-1}\beta\boldsymbol{g}^{\mathrm{T}}(\boldsymbol{z}^*)\boldsymbol{N}\boldsymbol{g}(\boldsymbol{z}^*)-\beta\boldsymbol{g}^{\mathrm{T}}(\boldsymbol{z}^*)\boldsymbol{N}\boldsymbol{g}(\boldsymbol{z}^*)\end{aligned} \tag{2-25}$$

由式（2-20），得

$$-\sum_{i=1}^{n} l_i z_i^* g_i(z_i^*) \leqslant -\sum_{i=1}^{n} g_i^2(z_i^*)$$

即

$$-2\boldsymbol{g}^{\mathrm{T}}(\boldsymbol{z}^*)\boldsymbol{z}^* \leqslant -2\boldsymbol{g}^{\mathrm{T}}(\boldsymbol{z}^*)\boldsymbol{L}^{-1}\boldsymbol{g}(\boldsymbol{z}^*)$$

因此

$$-2\boldsymbol{g}^{\mathrm{T}}(\boldsymbol{z}^*)\boldsymbol{MDz}^* \leqslant -2\boldsymbol{g}^{\mathrm{T}}(\boldsymbol{z}^*)\boldsymbol{MDL}^{-1}\boldsymbol{g}(\boldsymbol{z}^*) \tag{2-26}$$

再由引理1-4，得

$$-\beta\boldsymbol{g}^{\mathrm{T}}(\boldsymbol{z}^*)\boldsymbol{Ng}(\boldsymbol{z}^*)+2\boldsymbol{g}^{\mathrm{T}}(\boldsymbol{z}^*)\boldsymbol{MBg}(\boldsymbol{z}^*) \leqslant \beta^{-1}\boldsymbol{g}^{\mathrm{T}}(\boldsymbol{z}^*)\boldsymbol{MBN}^{-1}\boldsymbol{B}^{\mathrm{T}}\boldsymbol{Mg}(\boldsymbol{z}^*) \tag{2-27}$$

结合式（2-25），式（2-26）和式（2-27），得

$$-2\boldsymbol{g}^{\mathrm{T}}(\boldsymbol{z}^*)\boldsymbol{MDL}^{-1}\boldsymbol{g}(\boldsymbol{z}^*)+2\boldsymbol{g}^{\mathrm{T}}(\boldsymbol{z}^*)\boldsymbol{MAg}(\boldsymbol{z}^*)+q^{-1}\beta\boldsymbol{g}^{\mathrm{T}}(\boldsymbol{z}^*)\boldsymbol{Ng}(\boldsymbol{z}^*)+$$
$$\beta^{-1}\boldsymbol{g}^{\mathrm{T}}(\boldsymbol{z}^*)\boldsymbol{MBN}^{-1}\boldsymbol{B}^{\mathrm{T}}\boldsymbol{Mg}(\boldsymbol{z}^*) \geqslant 0$$

$\forall\, \boldsymbol{g}(\boldsymbol{z}^*) \neq \boldsymbol{0}$，将上式改写为

$$\boldsymbol{g}^{\mathrm{T}}(\boldsymbol{z}^*)(-2\boldsymbol{MDL}^{-1}+\boldsymbol{MA}+\boldsymbol{A}^{\mathrm{T}}\boldsymbol{M}+q^{-1}\beta\boldsymbol{N}+\beta^{-1}\boldsymbol{MBN}^{-1}\boldsymbol{B}^{\mathrm{T}}\boldsymbol{M})\boldsymbol{g}(\boldsymbol{z}^*) \geqslant 0, \tag{2-28}$$

由式（2-22），$\forall\, \boldsymbol{g}(\boldsymbol{z}^*) \neq \boldsymbol{0}$，得

$$\boldsymbol{g}^{\mathrm{T}}(\boldsymbol{z}^*)(-2\boldsymbol{MDL}^{-1}+\boldsymbol{MA}+\boldsymbol{A}^{\mathrm{T}}\boldsymbol{M}+q^{-1}\beta\boldsymbol{N}+\beta^{-1}\boldsymbol{MBN}^{-1}\boldsymbol{B}^{\mathrm{T}}\boldsymbol{M})\boldsymbol{g}(\boldsymbol{z}^*) < 0, \tag{2-29}$$

式（2-28）和式（2-29）矛盾，即假设 $\boldsymbol{g}(\boldsymbol{z}^*) \neq \boldsymbol{0}$ 不正确，也就是说 $\boldsymbol{g}(\boldsymbol{z}^*)=\boldsymbol{0}$，于是，得 $\boldsymbol{z}^*=\boldsymbol{0}$. 因此，在式（2-22）的条件下，系统（2-19）的平凡解是式（2-17）的唯一解.

现在考虑如下正定的 Lyapunov 泛函

$$V(t)=\sum_{i=1}^{n} m_i l_i^{-1} z_i^2(t)+q^{-1}\beta\sum_{i=1}^{n}\int_{qt}^{t} n_i l_i^{-2} g_i^2(z_i(s))\,\mathrm{d}s \tag{2-30}$$

则 $V(t)$ 沿着系统（2-19）的轨迹的导数为

$$\begin{aligned}\dot{V}(t)&=2\sum_{i=1}^{n} z_i(t) m_i l_i^{-1}\dot{z}_i(t)+q^{-1}\beta\sum_{i=1}^{n} n_i l_i^{-2} g_i^2(z_i(t))-\\&\quad q^{-1}\beta\sum_{i=1}^{n} n_i l_i^{-2} g_i^2(z_i(qt))q\\&=2\boldsymbol{z}^{\mathrm{T}}(t)\boldsymbol{ML}^{-1}\dot{\boldsymbol{z}}(t)+q^{-1}\beta\boldsymbol{g}^{\mathrm{T}}(\boldsymbol{z}(t))\boldsymbol{N}(\boldsymbol{L}^{-1})^2\boldsymbol{g}(\boldsymbol{z}(t))-\end{aligned}$$

$$\begin{aligned}&\beta\boldsymbol{g}^{\mathrm{T}}(\boldsymbol{z}(qt))\boldsymbol{N}(\boldsymbol{L}^{-1})^2\boldsymbol{g}(\boldsymbol{z}(qt))\\&=2\boldsymbol{z}^{\mathrm{T}}(t)\boldsymbol{M}\boldsymbol{L}^{-1}[-\boldsymbol{D}\boldsymbol{z}(t)+\boldsymbol{A}\boldsymbol{g}(\boldsymbol{z}(t))+\boldsymbol{B}\boldsymbol{g}(\boldsymbol{z}(qt))]+\\&\quad q^{-1}\beta\boldsymbol{g}^{\mathrm{T}}(\boldsymbol{z}(t))\boldsymbol{N}(\boldsymbol{L}^{-1})^2\boldsymbol{g}(\boldsymbol{z}(t))-\\&\quad\beta\boldsymbol{g}^{\mathrm{T}}(\boldsymbol{z}(qt))\boldsymbol{N}(\boldsymbol{L}^{-1})^2\boldsymbol{g}(\boldsymbol{z}(qt))\end{aligned}\tag{2-31}$$

由引理 1-4，得

$$\begin{aligned}&-\beta\boldsymbol{g}^{\mathrm{T}}(\boldsymbol{z}(qt))\boldsymbol{N}(\boldsymbol{L}^{-1})^2\boldsymbol{g}(\boldsymbol{z}(qt))+2\boldsymbol{z}^{\mathrm{T}}(t)\boldsymbol{M}\boldsymbol{L}^{-1}\boldsymbol{B}\boldsymbol{g}(\boldsymbol{z}(qt))\\&\leqslant\beta^{-1}\boldsymbol{z}^{\mathrm{T}}(t)\boldsymbol{M}\boldsymbol{B}\boldsymbol{N}^{-1}\boldsymbol{B}^{\mathrm{T}}\boldsymbol{M}\boldsymbol{z}(t)\end{aligned}\tag{2-32}$$

根据式（2-17）和式（2-32），得

$$\begin{aligned}\dot{V}(t)&\leqslant-2\boldsymbol{z}^{\mathrm{T}}(t)\boldsymbol{M}\boldsymbol{L}^{-1}\boldsymbol{D}\boldsymbol{z}(t)+2\boldsymbol{z}^{\mathrm{T}}(t)\boldsymbol{M}\boldsymbol{A}\boldsymbol{z}(t)+q^{-1}\beta\boldsymbol{z}^{\mathrm{T}}(t)\boldsymbol{N}\boldsymbol{z}(t)+\\&\quad\beta^{-1}\boldsymbol{z}^{\mathrm{T}}(t)\boldsymbol{M}\boldsymbol{B}\boldsymbol{N}^{-1}\boldsymbol{B}^{\mathrm{T}}\boldsymbol{M}\boldsymbol{z}(t)\\&=\boldsymbol{z}^{\mathrm{T}}(t)(-2\boldsymbol{M}\boldsymbol{L}^{-1}\boldsymbol{D}+\boldsymbol{M}\boldsymbol{A}+\boldsymbol{A}^{\mathrm{T}}\boldsymbol{M}+q^{-1}\beta\boldsymbol{N}+\\&\quad\beta^{-1}\boldsymbol{M}\boldsymbol{B}\boldsymbol{N}^{-1}\boldsymbol{B}^{\mathrm{T}}\boldsymbol{M})\boldsymbol{z}(t)<0,\ \forall\boldsymbol{z}(t)\neq\boldsymbol{0}\end{aligned}$$

当 $\boldsymbol{z}(t)=\boldsymbol{0}$，$\boldsymbol{g}(\boldsymbol{z}(qt))\neq\boldsymbol{0}$ 时，此时，由式（2-20），知 $\boldsymbol{g}(\boldsymbol{z}(t))=\boldsymbol{0}$. 由式（2-31），得

$$\dot{V}(t)=-\beta\boldsymbol{g}^{\mathrm{T}}(\boldsymbol{z}(qt))\boldsymbol{N}(\boldsymbol{L}^{-1})^2\boldsymbol{g}(\boldsymbol{z}(qt))<0$$

当 $\boldsymbol{g}(\boldsymbol{z}(t))=\boldsymbol{0}$，且 $\boldsymbol{z}(t)\neq\boldsymbol{0}$，$\boldsymbol{g}(\boldsymbol{z}(qt))\neq\boldsymbol{0}$ 时，由式（2-31），得

$$\dot{V}(t)=-2\boldsymbol{z}^{\mathrm{T}}(t)\boldsymbol{M}\boldsymbol{L}^{-1}\boldsymbol{D}\boldsymbol{z}(t)-\beta\boldsymbol{g}^{\mathrm{T}}(\boldsymbol{z}(qt))\boldsymbol{N}(\boldsymbol{L}^{-1})^2\boldsymbol{g}(\boldsymbol{z}(qt))<0$$

当 $\boldsymbol{g}(\boldsymbol{z}(t))\neq\boldsymbol{0}$，$\boldsymbol{g}(\boldsymbol{z}(qt))=\boldsymbol{0}$ 时，此时 $\boldsymbol{g}(\boldsymbol{z}(t))\neq\boldsymbol{0}$ 蕴含着 $\boldsymbol{z}(t)\neq\boldsymbol{0}$，由式（2-31），得

$$\begin{aligned}\dot{V}(t)&=2\boldsymbol{z}^{\mathrm{T}}(t)\boldsymbol{M}\boldsymbol{L}^{-1}[-\boldsymbol{D}\boldsymbol{z}(t)+\boldsymbol{A}\boldsymbol{g}(\boldsymbol{z}(t))]+q^{-1}\beta\boldsymbol{g}^{\mathrm{T}}(\boldsymbol{z}(t))\boldsymbol{N}(\boldsymbol{L}^{-1})^2\boldsymbol{g}(\boldsymbol{z}(t))\\&=-2\boldsymbol{z}^{\mathrm{T}}(t)\boldsymbol{M}\boldsymbol{L}^{-1}\boldsymbol{D}\boldsymbol{z}(t)+2\boldsymbol{z}^{\mathrm{T}}(t)\boldsymbol{M}\boldsymbol{L}^{-1}\boldsymbol{A}\boldsymbol{g}(\boldsymbol{z}(t))+\\&\quad q^{-1}\beta\boldsymbol{g}^{\mathrm{T}}(\boldsymbol{z}(t))\boldsymbol{N}(\boldsymbol{L}^{-1})^2\boldsymbol{g}(\boldsymbol{z}(t))\\&\leqslant-2\boldsymbol{z}^{\mathrm{T}}(t)\boldsymbol{M}\boldsymbol{L}^{-1}\boldsymbol{D}\boldsymbol{z}(t)+2\boldsymbol{z}^{\mathrm{T}}(t)\boldsymbol{M}\boldsymbol{A}\boldsymbol{z}(t)+q^{-1}\beta\boldsymbol{z}^{\mathrm{T}}(t)\boldsymbol{N}\boldsymbol{z}(t)\\&=\boldsymbol{z}^{\mathrm{T}}(t)(-2\boldsymbol{M}\boldsymbol{L}^{-1}\boldsymbol{D}+\boldsymbol{M}\boldsymbol{A}+\boldsymbol{A}^{\mathrm{T}}\boldsymbol{M}+q^{-1}\beta\boldsymbol{N})\boldsymbol{z}(t)\end{aligned}$$

由式（2-22），可知 $-2\boldsymbol{M}\boldsymbol{L}^{-1}\boldsymbol{D}+\boldsymbol{M}\boldsymbol{A}+\boldsymbol{A}^{\mathrm{T}}\boldsymbol{M}+q^{-1}\beta\boldsymbol{N}<0$，即 $\dot{V}(t)<0$.

综上，由式（2-31），可知当且仅当 $\boldsymbol{z}(t)=\boldsymbol{g}(\boldsymbol{z}(t))=\boldsymbol{g}(\boldsymbol{z}(qt))=\boldsymbol{0}$ 时，$\dot{V}(t)=0$，否则 $\dot{V}(t)<0$. 同时，在式（2-30）中，当 $\|\boldsymbol{z}(t)\|\to\infty$ 时，$V(t)\to\infty$，即 $V(t)$ 是径向无界的. 因此，系统（2-19）的平凡解 $\boldsymbol{z}^*=\boldsymbol{0}$ 或者等价地系统（2-17）的平衡点 $\boldsymbol{x}^*$ 是全局渐近稳定的.

在定理 2-3 中，正定对角矩阵 $\boldsymbol{M}=\{m_i\}\in\mathbb{R}^{n\times n}$ 和 $\boldsymbol{N}=\{n_i\}\in\mathbb{R}^{n\times n}$ 可以改进为正定矩阵. 具体见下面定理 2-4. 于是所得的稳定性条件的应用范围被扩展了.

定理 2-4 在条件式（2-18）下，如果存在正定矩阵 $\boldsymbol{M}=\{m_{ij}\}\in\mathbb{R}^{n\times n}$，$\boldsymbol{N}=\{n_{ij}\}\in\mathbb{R}^{n\times n}$ 和常数 $\beta>0$，使得

$$2\boldsymbol{M}\boldsymbol{D}\boldsymbol{L}^{-1}-\boldsymbol{M}\boldsymbol{A}-\boldsymbol{A}^{\mathrm{T}}\boldsymbol{M}-q^{-1}\beta\boldsymbol{N}-\beta^{-1}\boldsymbol{M}\boldsymbol{B}\boldsymbol{N}^{-1}\boldsymbol{B}^{\mathrm{T}}\boldsymbol{M}>0\tag{2-33}$$

则系统（2-19）的平凡解是唯一的平衡点，并且它是全局渐近稳定的.

证明 系统（2-19）的平衡点唯一性的证明与定理 2-3 的相同. 现在考虑如下

正定的 Lyapunov 泛函

$$V(t)=\sum_{i=1}^{n}\sum_{j=1}^{n}m_{ij}l_i^{-1}z_i(t)z_j(t)+q^{-1}\beta\sum_{i=1}^{n}\sum_{j=1}^{n}\int_{qt}^{t}n_{ij}l_i^{-2}g_i(z_i(s))g_j(z_j(s))\mathrm{d}s$$

计算 $V(t)$ 沿着系统（2-19）的轨迹的时间导数，得

$$\begin{aligned}\dot{V}(t)=&2\sum_{i=1}^{n}\sum_{j=1}^{n}z_i(t)m_{ij}l_i^{-1}\dot{z}_j(t)+q^{-1}\beta\sum_{i=1}^{n}\sum_{j=1}^{n}g_i(z_i(t))n_{ij}l_i^{-2}g_j(z_j(t))-\\&q^{-1}\beta\sum_{i=1}^{n}\sum_{j=1}^{n}g_i(z_i(qt))n_{ij}l_i^{-2}g_j(z_j(qt))q\\=&2\boldsymbol{z}^{\mathrm{T}}(t)\boldsymbol{ML}^{-1}\dot{\boldsymbol{z}}(t)+q^{-1}\beta\boldsymbol{g}^{\mathrm{T}}(\boldsymbol{z}(t))\boldsymbol{N}(\boldsymbol{L}^{-1})^2\boldsymbol{g}(\boldsymbol{z}(t))-\\&\beta\boldsymbol{g}^{\mathrm{T}}(\boldsymbol{z}(qt))\boldsymbol{N}(\boldsymbol{L}^{-1})^2\boldsymbol{g}(\boldsymbol{z}(qt))\\=&2\boldsymbol{z}^{\mathrm{T}}(t)\boldsymbol{ML}^{-1}(-\boldsymbol{Dz}(t)+\boldsymbol{Ag}(\boldsymbol{z}(t))+\boldsymbol{Bg}(\boldsymbol{z}(qt)))+\\&q^{-1}\beta\boldsymbol{g}^{\mathrm{T}}(\boldsymbol{z}(t))\boldsymbol{N}(\boldsymbol{L}^{-1})^2\boldsymbol{g}(\boldsymbol{z}(t))-\beta\boldsymbol{g}^{\mathrm{T}}(\boldsymbol{z}(qt))\boldsymbol{N}(\boldsymbol{L}^{-1})^2\boldsymbol{g}(\boldsymbol{z}(qt))\end{aligned}$$

根据式（2-17）和式（2-32），得

$$\begin{aligned}\dot{V}(t)\leqslant&-2\boldsymbol{z}^{\mathrm{T}}(t)\boldsymbol{ML}^{-1}\boldsymbol{Dz}(t)+2\boldsymbol{z}^{\mathrm{T}}(t)\boldsymbol{MAL}^{-1}\boldsymbol{g}(\boldsymbol{z}(t))+\\&q^{-1}\beta\boldsymbol{z}^{\mathrm{T}}(t)\boldsymbol{Nz}(t)+\beta^{-1}\boldsymbol{z}^{\mathrm{T}}(t)\boldsymbol{MBN}^{-1}\boldsymbol{B}^{\mathrm{T}}\boldsymbol{Mz}(t)\\=&\boldsymbol{z}^{\mathrm{T}}(t)(-2\boldsymbol{ML}^{-1}\boldsymbol{D}+\boldsymbol{MA}+\boldsymbol{A}^{\mathrm{T}}\boldsymbol{M}+q^{-1}\beta\boldsymbol{N}+\\&\beta^{-1}\boldsymbol{MBN}^{-1}\boldsymbol{B}^{\mathrm{T}}\boldsymbol{M})\boldsymbol{z}(t)<0,\ \forall\,\boldsymbol{z}(t)\neq\boldsymbol{0}\end{aligned}$$

余下部分同定理 2-3 的证明类似. 并且当 $\|\boldsymbol{z}(t)\|\to\infty$ 时，$V(t)\to\infty$，即 $V(t)$ 是径向无界的. 因此，系统（2-19）的平凡解 $\boldsymbol{z}^*=\boldsymbol{0}$ 或者等价地系统（2-17）的平衡点 $\boldsymbol{x}^*$ 是全局渐近稳定的.

定理 2-3 和定理 2-4 给出了系统（2-19）的全局渐近稳定性的时滞依赖的充分条件. 下面给出系统（2-21）的全局渐近稳定性的时滞独立的充分条件.

定理 2-5　在条件式（2-18）下，如果存在正定矩阵 $\boldsymbol{M}=\{m_{ij}\}\in\mathbb{R}^{n\times n}$，$\boldsymbol{N}=\{n_{ij}\}\in\mathbb{R}^{n\times n}$ 和常数 $\beta>0$，使得

$$2\boldsymbol{MDL}^{-1}-\boldsymbol{MA}-\boldsymbol{A}^{\mathrm{T}}\boldsymbol{M}-\beta\boldsymbol{N}-\beta^{-1}\boldsymbol{MBN}^{-1}\boldsymbol{B}^{\mathrm{T}}\boldsymbol{M}>0 \tag{2-34}$$

则系统（2-21）的平凡解是唯一的平衡点，并且它是全局渐近稳定的.

证明　为了证明系统（2-21）有唯一的平衡点，在式（2-23）两边同乘 $2\boldsymbol{g}^{\mathrm{T}}(\boldsymbol{z}^*)\boldsymbol{M}\neq\boldsymbol{0}$，并再加上一项和减去一项 $\beta\boldsymbol{g}^{\mathrm{T}}(\boldsymbol{z}^*)\boldsymbol{Ng}(\boldsymbol{z}^*)$，得

$$\begin{aligned}&-2\boldsymbol{g}^{\mathrm{T}}(\boldsymbol{z}^*)\boldsymbol{MDz}^*+2\boldsymbol{g}^{\mathrm{T}}(\boldsymbol{z}^*)\boldsymbol{MAg}(\boldsymbol{z}^*)+2\boldsymbol{g}^{\mathrm{T}}(\boldsymbol{z}^*)\boldsymbol{MBg}(\boldsymbol{z}^*)+\\&\beta\boldsymbol{g}^{\mathrm{T}}(\boldsymbol{z}^*)\boldsymbol{Ng}(\boldsymbol{z}^*)-\beta\boldsymbol{g}^{\mathrm{T}}(\boldsymbol{z}^*)\boldsymbol{Ng}(\boldsymbol{z}^*)=0\end{aligned}$$

系统（2-21）有唯一的平衡点的证明的剩余部分同定理 2-3 的类似，这里省略.

现在考虑如下正定的 Lyapunov 泛函

$$V(t)=\sum_{i=1}^{n}\sum_{j=1}^{n}\mathrm{e}^{-t}m_{ij}l_i^{-1}y_i(t)y_j(t)+\beta\sum_{i=1}^{n}\sum_{j=1}^{n}\int_{t-\tau}^{t}n_{ij}l_i^{-2}g_i(y_i(s))g_j(y_j(s))\mathrm{d}s$$

计算 $V(t)$ 沿着系统 (2-21) 对时间 t 的导数，得

$$\begin{aligned}\dot{V}(t)=&-\mathrm{e}^{-t}\sum_{i=1}^{n}\sum_{j=1}^{n}y_i(t)m_{ij}l_i^{-1}y_j(t)+2\sum_{i=1}^{n}\sum_{j=1}^{n}\mathrm{e}^{-t}y_i(t)m_{ij}l_i^{-1}\dot{y}_j(t)+\\&\beta\sum_{i=1}^{n}\sum_{j=1}^{n}g(y_i(t))n_{ij}l_i^{-2}g_j(y_j(t))-\\&\beta\sum_{i=1}^{n}\sum_{j=1}^{n}g(y_i(t-\tau))n_{ij}l_i^{-2}g_j(y_j(t-\tau))\\=&-\mathrm{e}^{-t}\boldsymbol{y}^{\mathrm{T}}(t)\boldsymbol{ML}^{-1}\boldsymbol{y}(t)+2\mathrm{e}^{-t}\boldsymbol{y}^{\mathrm{T}}(t)\boldsymbol{ML}^{-1}\dot{\boldsymbol{y}}(t)+\\&\beta\boldsymbol{g}^{\mathrm{T}}(\boldsymbol{y}(t))\boldsymbol{N}(\boldsymbol{L}^{-1})^2\boldsymbol{g}(\boldsymbol{y}(t))-\beta\boldsymbol{g}^{\mathrm{T}}(\boldsymbol{y}(t-\tau))\boldsymbol{N}(\boldsymbol{L}^{-1})^2\boldsymbol{g}(\boldsymbol{y}(t-\tau))\\=&-\mathrm{e}^{-t}\boldsymbol{y}^{\mathrm{T}}(t)\boldsymbol{ML}^{-1}\boldsymbol{y}(t)+2\boldsymbol{y}^{\mathrm{T}}(t)\boldsymbol{ML}^{-1}[-\boldsymbol{Dy}(t)+\boldsymbol{Ag}(\boldsymbol{y}(t))+\boldsymbol{Bg}(\boldsymbol{y}(t-\tau))]+\\&\beta\boldsymbol{g}^{\mathrm{T}}(\boldsymbol{y}(t))\boldsymbol{N}(\boldsymbol{L}^{-1})^2\boldsymbol{g}(\boldsymbol{y}(t))-\beta\boldsymbol{g}^{\mathrm{T}}(\boldsymbol{y}(t-\tau))\boldsymbol{N}(\boldsymbol{L}^{-1})^2\boldsymbol{g}(\boldsymbol{y}(t-\tau))\\\leqslant&-\mathrm{e}^{-t}\boldsymbol{y}^{\mathrm{T}}(t)\boldsymbol{ML}^{-1}\boldsymbol{y}(t)-2\boldsymbol{y}^{\mathrm{T}}(t)\boldsymbol{ML}^{-1}\boldsymbol{Dy}(t)+2\boldsymbol{y}^{\mathrm{T}}(t)\boldsymbol{MAy}(t)+\beta\boldsymbol{y}^{\mathrm{T}}(t)\boldsymbol{Ny}(t)+\\&\beta^{-1}\boldsymbol{y}^{\mathrm{T}}(t)\boldsymbol{MBN}^{-1}\boldsymbol{B}^{\mathrm{T}}\boldsymbol{My}(t)\\=&\boldsymbol{y}^{\mathrm{T}}(t)(-\mathrm{e}^{-t}\boldsymbol{ML}^{-1}-2\boldsymbol{MDL}^{-1}+\boldsymbol{MA}+\boldsymbol{A}^{\mathrm{T}}\boldsymbol{M}+\beta\boldsymbol{N}+\beta^{-1}\boldsymbol{MBN}^{-1}\boldsymbol{B}^{\mathrm{T}}\boldsymbol{M})\boldsymbol{y}(t)\\\leqslant&\boldsymbol{y}^{\mathrm{T}}(t)(-2\boldsymbol{MDL}^{-1}+\boldsymbol{MA}+\boldsymbol{A}^{\mathrm{T}}\boldsymbol{M}+\beta\boldsymbol{N}+\beta^{-1}\boldsymbol{MBN}^{-1}\boldsymbol{B}^{\mathrm{T}}\boldsymbol{M})\boldsymbol{y}(t)<0,\forall\,\boldsymbol{y}(t)\neq\boldsymbol{0}\end{aligned}$$

余下部分同定理 2-1 的证明类似. 因此，系统 (2-21) 的平凡解 $\boldsymbol{y}^*=\boldsymbol{0}$ 或者系统 (2-17) 的平衡点 $\boldsymbol{x}^*$ 是全局渐近稳定的.

注 2-6 在定理 2-5，若 $\boldsymbol{L}^{-1}=\boldsymbol{E}$，$\beta=1$，则 (2-34) 变为

$$2\boldsymbol{MD}-\boldsymbol{MA}-\boldsymbol{A}^{\mathrm{T}}\boldsymbol{M}-\boldsymbol{N}-\boldsymbol{MBN}^{-1}\boldsymbol{B}^{\mathrm{T}}\boldsymbol{M}>\boldsymbol{0}$$

注 2-7 由引理 1-6 (Schur 补定理)，定理 2-3 和定理 2-4 可以改写成如下线性矩阵不等式的形式：

$$\begin{pmatrix}2\boldsymbol{MDL}^{-1}-\boldsymbol{MA}-\boldsymbol{A}^{\mathrm{T}}\boldsymbol{M}-q^{-1}\beta\boldsymbol{N} & \dfrac{-1}{\sqrt{q}}\boldsymbol{MB}\\ \dfrac{-1}{\sqrt{q}}\boldsymbol{B}^{\mathrm{T}}\boldsymbol{M}^{\mathrm{T}} & q^{-1}\beta\boldsymbol{N}\end{pmatrix}>0$$

定理 2-5 可改写成如下线性矩阵不等式的形式：

$$\begin{pmatrix}2\boldsymbol{MDL}^{-1}-\boldsymbol{MA}-\boldsymbol{A}^{\mathrm{T}}\boldsymbol{M}-\beta\boldsymbol{N} & -\boldsymbol{MB}\\ -\boldsymbol{B}^{\mathrm{T}}\boldsymbol{M}^{\mathrm{T}} & \beta\boldsymbol{N}\end{pmatrix}>0$$

因此，定理 2-3、定理 2-4 和定理 2-5 很容易应用 Matlab 的 LMI 工具箱来验证.

2.2.3 数值算例及仿真

例 2-3 在系统 (2-17) 中，取

$$\boldsymbol{D}=\begin{pmatrix}3&0\\0&4\end{pmatrix},\ \boldsymbol{A}=\begin{pmatrix}-2&0\\1&1\end{pmatrix},\ \boldsymbol{B}=\begin{pmatrix}1&-2\\0&-0.5\end{pmatrix},\ \boldsymbol{I}=\begin{pmatrix}2\\3\end{pmatrix},\ q=0.5$$

激活函数为 $f_i(x_i)=\sin(0.5x_i)+0.5x_i$，$i=1,2$. 显然 $f_i(x_i)$ 是无界的，并且满足条件式（2-18），且 $l_i=1$，$i=1$，2. 取 $\boldsymbol{M}=\boldsymbol{N}=\boldsymbol{L}=\boldsymbol{E}$，$\beta=1$，经计算，得

$$2\boldsymbol{MDL}^{-1}-\boldsymbol{MA}-\boldsymbol{A}^{\mathrm{T}}\boldsymbol{M}-q^{-1}\beta\boldsymbol{N}-\beta^{-1}\boldsymbol{MBN}^{-1}\boldsymbol{B}^{\mathrm{T}}\boldsymbol{M}=\begin{pmatrix}5&-1\\-2&15/4\end{pmatrix}>0$$

应用定理 2-3 或者定理 2-4 可知，这个系统有唯一的平衡点，并且它是全局渐近稳定的. 应用 Matlab 计算该网络的平衡点为（0.0715，0.8715）^{T}，从相平面图可以观测到从不同初始值初始的解轨迹都收敛到平衡点如图 2-5 所示. 从时间响应曲线也可以观测到不同初始值的解轨迹收敛到平衡点（0.0715，0.8715）^{T}，如图 2-6 所示.

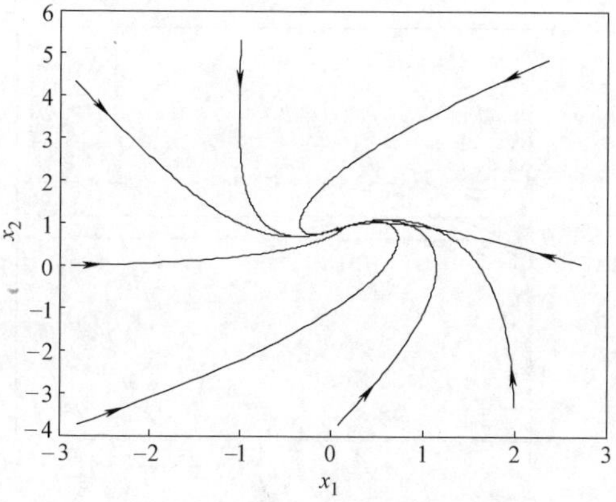

图 2-5 例 2-3 中系统的相轨迹

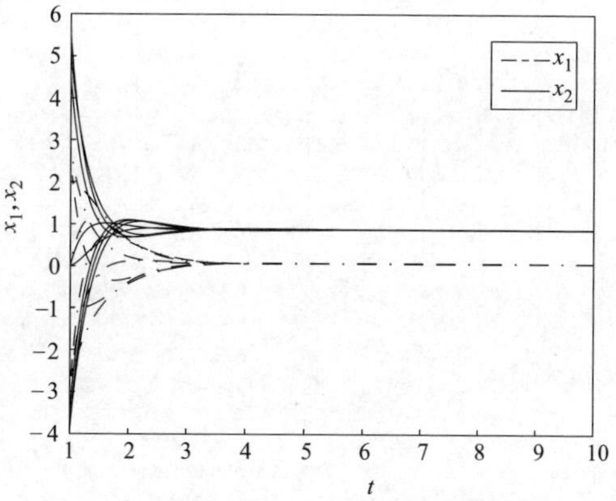

图 2-6 例 2-3 中系统的时间响应曲线

另一方面，对于任何正数 $p_i>0$，$i=1$，2，容易验证

$$d_1-\sum_{j=1}^{2}p_1/p_j(|a_{j1}|+|b_{j1}|)L_1=-p_1/p_2<0$$

因此文献［28］的稳定性准则不适用例 2-3.

例 2-4 在系统（2-17）中，取

$$\boldsymbol{D}=\begin{pmatrix}3&0&0\\0&8&0\\0&0&16\end{pmatrix},\boldsymbol{A}=\begin{pmatrix}-2&1&3\\2&1&-1\\1&1&2\end{pmatrix},\boldsymbol{B}=\begin{pmatrix}1&-1&1\\1&-1&0\\1&2&3\end{pmatrix},\boldsymbol{I}=\begin{pmatrix}6\\1\\-5\end{pmatrix},q=0.5$$

激活函数为 $f_i(x_i)=0.5(|x_i+1|-|x_i-1|)$，$i=1,2,3$，且 $l_i=1$，$i=1$，2. 由注 2-6 和注 2-7 知，文献［4-24］的结果不适合于例 2-4.

取 $\boldsymbol{M}=\boldsymbol{N}=\boldsymbol{L}=\boldsymbol{E}$，$\beta=1$，计算得

$$2\boldsymbol{MDL}^{-1}-\boldsymbol{MA}-\boldsymbol{A}^{\mathrm{T}}\boldsymbol{M}-\beta\boldsymbol{N}-\beta^{-1}\boldsymbol{MBN}^{-1}\boldsymbol{B}^{\mathrm{T}}\boldsymbol{M}=\begin{pmatrix}5 & -5 & -6\\ -5 & 11 & 1\\ -6 & 1 & 13\end{pmatrix}>0$$

由定理 2-5 可知，这个系统有唯一的平衡点，应用 Matlab 计算该平衡点为 $(1.4905, 0.5165, -0.1329)^{\mathrm{T}}$，并且它是全局渐近稳定的，该系统的从不同初值初始的解轨迹的相平面图和时间响应曲线如图 2-7 和图 2-8 所示.

另外，对于任何正数 $p_i>0$，$i=1, 2, 3$，容易验证

$$d_1-\sum_{j=1}^{3}p_1/p_j(|a_{j1}|+|b_{j1}|)L_1=-p_1/p_2\times 3-p_1/p_3\times 2<0$$

因此文献［28］的稳定性准则不适用例 2-4.

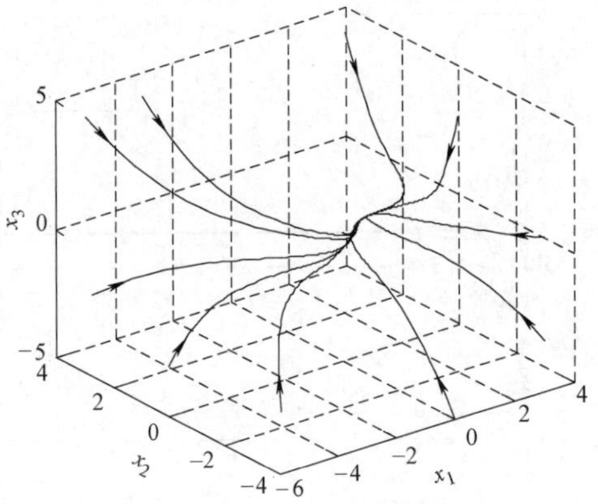

图 2-7　例 2-4 中系统的相轨迹

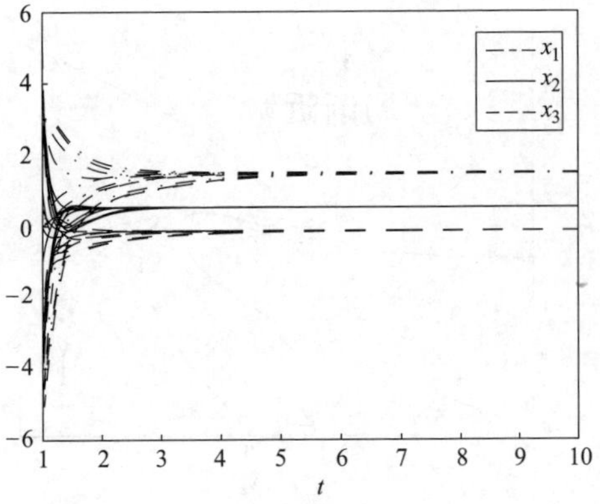

图 2-8　例 2-4 中系统的时间响应曲线

2.3　基于 LMI 的具比例时滞细胞神经网络的全局渐近稳定性

本节通过构造 Lyapunov 泛函讨论具比例神经网络的全局渐近稳定性，所得结果以线性矩阵不等式（LMI）的形式给出，便于应用 Matlab 进行验证.

2.3.1　模型描述及预备知识

本节仍然讨论 2.1 节和 2.2 节中的具比例时滞递归神经网络模型[30]

$$\begin{cases}\dot{\boldsymbol{x}}(t)=-\boldsymbol{Dx}(t)+\boldsymbol{Af}(\boldsymbol{x}(t))+\boldsymbol{Bf}(\boldsymbol{x}(qt))+\boldsymbol{I}, t\geqslant 1\\ \boldsymbol{x}(s)=\boldsymbol{\varphi}(s), s\in[-\tau, 0]\end{cases}\tag{2-35}$$

设激活函数 $\boldsymbol{f}(\cdot)=(f_1(\cdot), f_2(\cdot), \cdots, f_n(\cdot))^{\mathrm{T}}$，每个 $f_j(\cdot)$，$j=1, 2, \cdots, n$ 满足下面条件：

(H_1) $|f_j(\xi)|\leqslant M$，$\xi\in\mathbb{R}$，$M>0$，$f_j(0)=0$；

(H_2) $0\leqslant f_j(x)-f_j(y)\leqslant l_j(x-y)$, $\forall x,y\in\mathbb{R}$, $\boldsymbol{L}=\operatorname{diag}(l_1,l_2,\cdots,l_n)$, $l_j\geqslant 0$.

由激活函数满足条件（H_1）和（H_2），可知系统（2-35）的平衡点一定存在.

令 $\boldsymbol{u}(t)=\boldsymbol{x}(\mathrm{e}^t)$，则式（2-35）变换成

$$\begin{cases}\dot{\boldsymbol{u}}(t)=\mathrm{e}^t\{-\boldsymbol{D}\boldsymbol{u}(t)+\boldsymbol{A}\boldsymbol{f}(\boldsymbol{u}(t))+\boldsymbol{B}\boldsymbol{f}(\boldsymbol{u}(t-\tau))+\boldsymbol{I}\},t\geqslant 0\\ \boldsymbol{u}(s)=\boldsymbol{\xi}(s),s\in[-\tau,0]\end{cases}\tag{2-36}$$

其中，$\boldsymbol{\xi}(s)=\boldsymbol{\varphi}(\mathrm{e}^s)\in C([-\tau,0],\mathbb{R}^n)$.

设系统（2-36）存在平衡点 $\boldsymbol{u}^*=(u_1^*,u_2^*,\cdots,u_n^*)^{\mathrm{T}}$. 令 $\boldsymbol{y}(\cdot)=\boldsymbol{u}(\cdot)-\boldsymbol{u}^*$，则式(2-36)可以变为

$$\begin{cases}\dot{\boldsymbol{y}}(t)=\mathrm{e}^t\{-\boldsymbol{D}\boldsymbol{y}(t)+\boldsymbol{A}\boldsymbol{f}(\boldsymbol{y}(t))+\boldsymbol{B}\boldsymbol{f}(\boldsymbol{y}(t-\tau))\},t\geqslant 0\\ \boldsymbol{y}(s)=\boldsymbol{\psi}(s),s\in[-\tau,0]\end{cases}\tag{2-37}$$

其中，$\boldsymbol{\psi}(s)=\boldsymbol{\xi}(s)-\boldsymbol{u}^*$.

2.3.2　全局渐近稳定性

定理 2-6　在条件（H_1）和（H_2）下，如果存在正定对称的矩阵 $\boldsymbol{P}$、$\boldsymbol{Q}$、$\boldsymbol{Z}$ 和正定对角矩阵 $\boldsymbol{C}$、$\boldsymbol{C}_1$、$\boldsymbol{C}_2$、$\boldsymbol{C}_3$、$\boldsymbol{C}_4$，使得矩阵满足 $\boldsymbol{\Xi}<0$，则系统（2-35）的平衡点是全局渐近稳定的. 其中，

$$\boldsymbol{\Xi}=\begin{pmatrix}\begin{matrix}-\boldsymbol{D}^{\mathrm{T}}\boldsymbol{P}-\boldsymbol{P}\boldsymbol{D}+\\ \tau\boldsymbol{D}^{\mathrm{T}}\boldsymbol{Z}\boldsymbol{D}-\tau^{-1}\boldsymbol{Z}+\\ \boldsymbol{Q}_{11}+2\boldsymbol{L}\boldsymbol{C}_1\end{matrix} & \begin{matrix}\boldsymbol{P}\boldsymbol{A}-\tau\boldsymbol{D}^{\mathrm{T}}\boldsymbol{Z}\boldsymbol{A}-\boldsymbol{D}^{\mathrm{T}}\boldsymbol{C}\\ +\boldsymbol{Q}_{12}-\boldsymbol{C}_1+\boldsymbol{L}\boldsymbol{C}_2\end{matrix} & \tau^{-1}\boldsymbol{Z} & \boldsymbol{P}\boldsymbol{B}-\tau\boldsymbol{D}^{\mathrm{T}}\boldsymbol{Z}\boldsymbol{B}\\ \begin{matrix}\boldsymbol{A}^{\mathrm{T}}\boldsymbol{P}-\tau\boldsymbol{A}^{\mathrm{T}}\boldsymbol{Z}\boldsymbol{D}-\\ \boldsymbol{C}\boldsymbol{D}+\boldsymbol{Q}_{12}{}^{\mathrm{T}}-\boldsymbol{C}_1+\\ \boldsymbol{C}_2\boldsymbol{L}\end{matrix} & \begin{matrix}\tau\boldsymbol{A}^{\mathrm{T}}\boldsymbol{Z}\boldsymbol{A}+2\boldsymbol{C}\boldsymbol{A}+\\ \boldsymbol{Q}_{22}-2\boldsymbol{C}_2\end{matrix} & \boldsymbol{0} & \tau\boldsymbol{A}^{\mathrm{T}}\boldsymbol{Z}\boldsymbol{B}+\boldsymbol{C}\boldsymbol{B}\\ \tau^{-1}\boldsymbol{Z} & \boldsymbol{0} & 2\boldsymbol{L}\boldsymbol{C}_3-\tau^{-1}\boldsymbol{Z}-\boldsymbol{Q}_{11} & \boldsymbol{L}\boldsymbol{C}_4-\boldsymbol{Q}_{12}-\boldsymbol{C}_3\\ \boldsymbol{B}^{\mathrm{T}}\boldsymbol{P}-\tau^{-1}\boldsymbol{B}^{\mathrm{T}}\boldsymbol{Z}\boldsymbol{D} & \tau\boldsymbol{B}^{\mathrm{T}}\boldsymbol{Z}\boldsymbol{A}+\boldsymbol{B}^{\mathrm{T}}\boldsymbol{C} & \boldsymbol{C}_4\boldsymbol{L}-\boldsymbol{Q}_{12}^{\mathrm{T}}-\boldsymbol{C}_3 & \tau\boldsymbol{B}^{\mathrm{T}}\boldsymbol{Z}\boldsymbol{B}-\boldsymbol{Q}_{22}-2\boldsymbol{C}_4\end{pmatrix}$$

$$\boldsymbol{Q}=\begin{pmatrix}\boldsymbol{Q}_{11} & \boldsymbol{Q}_{12}\\ \boldsymbol{Q}_{12}^{\mathrm{T}} & \boldsymbol{Q}_{22}\end{pmatrix}$$

其中，$\tau=-\ln q\geqslant 0$.

证明　选取如下正定的 Lyapunov 泛函

$$V(t)=V_1(t)+V_2(t)+V_3(t)+V_4(t)$$

$$V_1(t)=\mathrm{e}^{-t}\boldsymbol{y}^{\mathrm{T}}(t)\boldsymbol{P}\boldsymbol{y}(t)$$

$$V_2(t)=\mathrm{e}^{-2t}\int_{t-\tau}^{t}(\tau+s-t)\,\dot{\boldsymbol{y}}^{\mathrm{T}}(s)\boldsymbol{Z}\dot{\boldsymbol{y}}(s)\mathrm{d}s$$

$$V_3(t)=2\mathrm{e}^{-t}\sum_{i=1}^{n}c_i\int_{0}^{y_i(t)}f_i(s)\mathrm{d}s$$

$$V_4(t)=\int_{t-\tau}^{t}(\boldsymbol{y}^{\mathrm{T}}(s),\boldsymbol{f}^{\mathrm{T}}(\boldsymbol{y}(s)))\begin{pmatrix}\boldsymbol{Q}_{11} & \boldsymbol{Q}_{12}\\ \boldsymbol{Q}_{12}{}^{\mathrm{T}} & \boldsymbol{Q}_{22}\end{pmatrix}\begin{pmatrix}\boldsymbol{y}(s)\\ \boldsymbol{f}(\boldsymbol{y}(s))\end{pmatrix}\mathrm{d}s$$

则 $V_i(t)$，$i=1$，2，3，4 沿系统（2-37）对时间 t 的导数分别为

$$\begin{aligned}\dot{V}_1(t)&=-\mathrm{e}^{-t}\boldsymbol{y}^{\mathrm{T}}(t)\boldsymbol{P}\boldsymbol{y}(t)+\mathrm{e}^{-t}\dot{\boldsymbol{y}}^{\mathrm{T}}(t)\boldsymbol{P}\boldsymbol{y}(t)+\mathrm{e}^{-t}\boldsymbol{y}^{\mathrm{T}}(t)\boldsymbol{P}\dot{\boldsymbol{y}}(t)\\
&\leqslant\mathrm{e}^{-t}\dot{\boldsymbol{y}}^{\mathrm{T}}(t)\boldsymbol{P}\boldsymbol{y}(t)+\mathrm{e}^{-t}\boldsymbol{y}^{\mathrm{T}}(t)\boldsymbol{P}\dot{\boldsymbol{y}}(t)\\
&=-\boldsymbol{y}^{\mathrm{T}}(t)\boldsymbol{D}^{\mathrm{T}}\boldsymbol{P}\boldsymbol{y}(t)+\boldsymbol{f}^{\mathrm{T}}(\boldsymbol{y}(t))\boldsymbol{A}^{\mathrm{T}}\boldsymbol{P}\boldsymbol{y}(t)+\boldsymbol{f}^{\mathrm{T}}(\boldsymbol{y}(t-\tau))\boldsymbol{B}^{\mathrm{T}}\boldsymbol{P}\boldsymbol{y}(t)-\\
&\quad\ \boldsymbol{y}^{\mathrm{T}}(t)\boldsymbol{P}\boldsymbol{D}\boldsymbol{y}(t)+\boldsymbol{y}^{\mathrm{T}}(t)\boldsymbol{P}\boldsymbol{A}\boldsymbol{f}(\boldsymbol{y}(t))+\boldsymbol{y}^{\mathrm{T}}(t)\boldsymbol{P}\boldsymbol{B}\boldsymbol{f}(\boldsymbol{y}(t-\tau))\end{aligned}$$

$$\begin{aligned}\dot{V}_2(t)&=\mathrm{e}^{-2t}\tau\dot{\boldsymbol{y}}^{\mathrm{T}}(t)\boldsymbol{Z}\dot{\boldsymbol{y}}(t)-\tau\mathrm{e}^{-2t}\int_{t-\tau}^{t}\dot{\boldsymbol{y}}^{\mathrm{T}}(s)\boldsymbol{Z}\dot{\boldsymbol{y}}(s)\mathrm{d}s-\\
&\quad\ 2\mathrm{e}^{-2t}\int_{t-\tau}^{t}(\tau+s-t)\dot{\boldsymbol{y}}^{\mathrm{T}}(s)\boldsymbol{Z}\dot{\boldsymbol{y}}(s)\mathrm{d}s\\
&\leqslant\tau\mathrm{e}^{-2t}\dot{\boldsymbol{y}}^{\mathrm{T}}(t)\boldsymbol{Z}\dot{\boldsymbol{y}}(t)\\
&=\tau\mathrm{e}^{-2t}\mathrm{e}^{t}[-\boldsymbol{D}\boldsymbol{y}(t)+\boldsymbol{A}\boldsymbol{f}(\boldsymbol{y}(t))+\boldsymbol{B}\boldsymbol{f}(\boldsymbol{y}(t-\tau))]^{\mathrm{T}}\boldsymbol{Z}[\mathrm{e}^{t}(-\boldsymbol{D}\boldsymbol{y}(t)+\\
&\quad\ \boldsymbol{A}\boldsymbol{f}(\boldsymbol{y}(t))+\boldsymbol{B}\boldsymbol{f}(\boldsymbol{y}(t-\tau)))]\\
&=\boldsymbol{y}^{\mathrm{T}}(t)\tau\boldsymbol{D}^{\mathrm{T}}\boldsymbol{Z}\boldsymbol{D}\boldsymbol{y}(t)-\boldsymbol{f}^{\mathrm{T}}(\boldsymbol{y}(t))\tau\boldsymbol{A}^{\mathrm{T}}\boldsymbol{Z}\boldsymbol{D}\boldsymbol{y}(t)-\boldsymbol{f}^{\mathrm{T}}(\boldsymbol{y}(t-\tau))\tau\boldsymbol{B}^{\mathrm{T}}\boldsymbol{Z}\boldsymbol{D}\boldsymbol{y}(t)-\\
&\quad\ \boldsymbol{y}^{\mathrm{T}}(t)\tau\boldsymbol{D}^{\mathrm{T}}\boldsymbol{Z}\boldsymbol{A}\boldsymbol{f}(\boldsymbol{y}(t))+\boldsymbol{f}^{\mathrm{T}}(\boldsymbol{y}(t))\tau\boldsymbol{A}^{\mathrm{T}}\boldsymbol{Z}\boldsymbol{A}\boldsymbol{f}(\boldsymbol{y}(t))+\\
&\quad\ \boldsymbol{f}^{\mathrm{T}}(\boldsymbol{y}(t-\tau))\tau\boldsymbol{B}^{\mathrm{T}}\boldsymbol{Z}\boldsymbol{A}\boldsymbol{f}(\boldsymbol{y}(t))-\boldsymbol{y}^{\mathrm{T}}(t)\tau\boldsymbol{D}^{\mathrm{T}}\boldsymbol{Z}\boldsymbol{B}\boldsymbol{f}(\boldsymbol{y}(t-\tau))+\\
&\quad\ \boldsymbol{f}^{\mathrm{T}}(\boldsymbol{y}(t))\tau\boldsymbol{A}^{\mathrm{T}}\boldsymbol{Z}\boldsymbol{B}\boldsymbol{f}(\boldsymbol{y}(t-\tau))+\boldsymbol{f}^{\mathrm{T}}(\boldsymbol{y}(t-\tau))\tau\boldsymbol{B}^{\mathrm{T}}\boldsymbol{Z}\boldsymbol{B}\boldsymbol{f}(\boldsymbol{y}(t-\tau))\end{aligned}$$

$$\begin{aligned}\dot{V}_3(t)&=-2\mathrm{e}^{-t}\sum_{i=1}^{n}c_i\int_0^{y_i(t)}f_i(s)\mathrm{d}s+2\mathrm{e}^{-t}\sum_{i=1}^{n}c_i\,\dot{y}_i(t)f_i(y_i(t))\\
&\leqslant2\mathrm{e}^{-t}\sum_{i=1}^{n}c_i\,\dot{y}_i(t)f_i(y_i(t))=2\mathrm{e}^{-t}\boldsymbol{f}^{\mathrm{T}}(\boldsymbol{y}(t))\boldsymbol{C}\dot{\boldsymbol{y}}(t)\\
&=2\mathrm{e}^{-t}\boldsymbol{f}^{\mathrm{T}}(\boldsymbol{y}(t))\boldsymbol{C}[\mathrm{e}^{t}(-\boldsymbol{D}\boldsymbol{y}(t)+\boldsymbol{A}\boldsymbol{f}(\boldsymbol{y}(t))+\boldsymbol{B}\boldsymbol{f}(\boldsymbol{y}(t-\tau)))]\\
&=-2\boldsymbol{f}^{\mathrm{T}}(\boldsymbol{y}(t))\boldsymbol{C}\boldsymbol{D}\boldsymbol{y}(t)+2\boldsymbol{f}^{\mathrm{T}}(\boldsymbol{y}(t))\boldsymbol{C}\boldsymbol{A}\boldsymbol{f}(\boldsymbol{y}(t))+2\boldsymbol{f}^{\mathrm{T}}(\boldsymbol{y}(t))\boldsymbol{C}\boldsymbol{B}\boldsymbol{f}(\boldsymbol{y}(t-\tau))\\
&=-\boldsymbol{f}^{\mathrm{T}}(\boldsymbol{y}(t))\boldsymbol{C}\boldsymbol{D}\boldsymbol{y}(t)-\boldsymbol{y}^{\mathrm{T}}(t)\boldsymbol{D}^{\mathrm{T}}\boldsymbol{C}\boldsymbol{f}(\boldsymbol{y}(t))+\boldsymbol{f}^{\mathrm{T}}(\boldsymbol{y}(t))\boldsymbol{C}\boldsymbol{A}\boldsymbol{f}(\boldsymbol{y}(t))+\\
&\quad\ \boldsymbol{f}^{\mathrm{T}}(\boldsymbol{y}(t))\boldsymbol{A}^{\mathrm{T}}\boldsymbol{C}\boldsymbol{f}(\boldsymbol{y}(t))+\boldsymbol{f}^{\mathrm{T}}(\boldsymbol{y}(t))\boldsymbol{C}\boldsymbol{B}\boldsymbol{f}(\boldsymbol{y}(t-\tau))+\\
&\quad\ \boldsymbol{f}^{\mathrm{T}}(\boldsymbol{y}(t-\tau))\boldsymbol{B}^{\mathrm{T}}\boldsymbol{C}\boldsymbol{f}(\boldsymbol{y}(t))\end{aligned}$$

$$\begin{aligned}\dot{V}_4(t)&=\boldsymbol{y}^{\mathrm{T}}(t)\boldsymbol{Q}_{11}\boldsymbol{y}(t)+\boldsymbol{f}^{\mathrm{T}}(\boldsymbol{y}(t))\boldsymbol{Q}_{12}^{\mathrm{T}}\boldsymbol{y}(t)+\boldsymbol{y}^{\mathrm{T}}(t)\boldsymbol{Q}_{12}\boldsymbol{f}(\boldsymbol{y}(t))+\\
&\quad\ \boldsymbol{f}^{\mathrm{T}}(\boldsymbol{y}(t))\boldsymbol{Q}_{22}\boldsymbol{f}(\boldsymbol{y}(t))-\boldsymbol{y}^{\mathrm{T}}(t-\tau)\boldsymbol{Q}_{11}\boldsymbol{y}(t-\tau)-\boldsymbol{f}^{\mathrm{T}}(\boldsymbol{y}(t-\tau))\boldsymbol{Q}_{12}{}^{\mathrm{T}}\boldsymbol{y}(t-\tau)-\\
&\quad\ \boldsymbol{y}^{\mathrm{T}}(t-\tau)\boldsymbol{Q}_{12}\boldsymbol{f}(\boldsymbol{y}(t-\tau))-\boldsymbol{f}^{\mathrm{T}}(\boldsymbol{y}(t-\tau))\boldsymbol{Q}_{22}\boldsymbol{f}(\boldsymbol{y}(t-\tau))\end{aligned}$$

由条件（H_2），有以下不等式成立

$$0\leqslant f_i(y_i)/y_i\leqslant l_i,\ f_i(0)=0,\ i=1,2,\cdots,n,$$
$$f_i^2(y_i(\cdot))\leqslant y_i(\cdot)l_if_i(y_i(\cdot))$$

进一步，如果存在正定的对角矩阵 $\boldsymbol{C}_i$，$i=1$，2，3，4，并且有以下不等式成立

$$\Delta_1=2\boldsymbol{y}^{\mathrm{T}}(t)\boldsymbol{L}\boldsymbol{C}_1\boldsymbol{y}(t)-\boldsymbol{y}^{\mathrm{T}}(t)\boldsymbol{C}_1\boldsymbol{f}(\boldsymbol{y}(t))-\boldsymbol{f}^{\mathrm{T}}(\boldsymbol{y}(t))\boldsymbol{C}_1\boldsymbol{y}(t)+\boldsymbol{y}^{\mathrm{T}}(t)\boldsymbol{L}\boldsymbol{C}_2\boldsymbol{f}(\boldsymbol{y}(t))+$$

$$
\begin{aligned}
&\boldsymbol{f}^{\mathrm{T}}(\boldsymbol{y}(t))\boldsymbol{C}_2\boldsymbol{L}\boldsymbol{y}(t)-2\boldsymbol{f}^{\mathrm{T}}(\boldsymbol{y}(t))\boldsymbol{C}_2\boldsymbol{f}(\boldsymbol{y}(t))\geqslant 0\\
\Delta_2=\ &2\boldsymbol{y}^{\mathrm{T}}(t-\tau)\boldsymbol{L}\boldsymbol{C}_3\boldsymbol{y}(t-\tau)-\boldsymbol{y}^{\mathrm{T}}(t-\tau)\boldsymbol{C}_3\boldsymbol{f}(\boldsymbol{y}(t-\tau))-\\
&\boldsymbol{f}^{\mathrm{T}}(\boldsymbol{y}(t-\tau))\boldsymbol{C}_3\boldsymbol{y}(t-\tau)+\boldsymbol{y}^{\mathrm{T}}(t-\tau)\boldsymbol{L}\boldsymbol{C}_4\boldsymbol{f}(\boldsymbol{y}(t-\tau))+\\
&\boldsymbol{f}^{\mathrm{T}}(\boldsymbol{y}(t-\tau))\boldsymbol{C}_4\boldsymbol{L}\boldsymbol{y}(t-\tau)-2\boldsymbol{f}^{\mathrm{T}}(\boldsymbol{y}(t-\tau))\boldsymbol{C}_4\boldsymbol{f}(\boldsymbol{y}(t-\tau))\geqslant 0
\end{aligned}
$$

于是，得

$$
\begin{aligned}
\dot{V}(t)&\leqslant \dot{V}_1(t)+\dot{V}_2(t)+\dot{V}_3(t)+\dot{V}_4(t)+\Delta_1+\Delta_2\\
&=(\boldsymbol{y}^{\mathrm{T}}(t),\boldsymbol{f}^{\mathrm{T}}(\boldsymbol{y}(t)),\boldsymbol{y}^{\mathrm{T}}(t-\tau),\boldsymbol{f}^{\mathrm{T}}(\boldsymbol{y}(t-\tau)))\boldsymbol{\Xi}\begin{pmatrix}\boldsymbol{y}(t)\\ \boldsymbol{f}(\boldsymbol{y}(t))\\ \boldsymbol{y}(t-\tau)\\ \boldsymbol{f}(\boldsymbol{y}(t-\tau))\end{pmatrix}\\
&=\boldsymbol{e}^{\mathrm{T}}(t)\boldsymbol{\Xi}\boldsymbol{e}(t)<0,(\forall\, \boldsymbol{y}(t)\neq \boldsymbol{0})
\end{aligned}
\tag{2-38}
$$

其中，$\boldsymbol{e}^{\mathrm{T}}(t)=(\boldsymbol{y}^{\mathrm{T}}(t),\ \boldsymbol{f}^{\mathrm{T}}(\boldsymbol{y}(t)),\ \boldsymbol{y}^{\mathrm{T}}(t-\tau),\ \boldsymbol{f}^{\mathrm{T}}(\boldsymbol{y}(t-\tau)))$，矩阵 $\boldsymbol{\Xi}$ 为定理2-6中所示.

在 (2-38) 式中，$\dot{V}(t)=0$，当且仅当 $\boldsymbol{y}(t)=\boldsymbol{y}(t-\tau)=\boldsymbol{f}(\boldsymbol{y}(t))=\boldsymbol{f}(\boldsymbol{y}(t-\tau))=\boldsymbol{0}$. 满足了 Lyapunov 全局渐近稳定定理的条件，因此定理 2-6 得证.

定理 2-7　如果存在正定对称的矩阵 $\boldsymbol{P}$、$\boldsymbol{Q}$ 和正定对角矩阵 $\boldsymbol{C}$、$\boldsymbol{C}_1$、$\boldsymbol{C}_2$、$\boldsymbol{C}_3$、$\boldsymbol{C}_4$，并且矩阵满足 $\boldsymbol{\Theta}<0$，那么系统 (2-35) 的平衡点是全局渐近稳定的. 其中

$$
\boldsymbol{Q}=\begin{pmatrix}\boldsymbol{Q}_{11} & \boldsymbol{Q}_{12}\\ \boldsymbol{Q}_{12}{}^{\mathrm{T}} & \boldsymbol{Q}_{22}\end{pmatrix}
$$

$$
\boldsymbol{\Theta}=\begin{pmatrix}
\begin{matrix}-\boldsymbol{D}^{\mathrm{T}}\boldsymbol{P}-\boldsymbol{P}\boldsymbol{D}+\\ \boldsymbol{Q}_{11}+2\boldsymbol{L}\boldsymbol{C}_1\end{matrix} & \begin{matrix}\boldsymbol{P}\boldsymbol{A}-\boldsymbol{D}^{\mathrm{T}}\boldsymbol{C}+\boldsymbol{Q}_{12}-\\ \boldsymbol{C}_1+\boldsymbol{L}\boldsymbol{C}_2\end{matrix} & \boldsymbol{0} & \boldsymbol{P}\boldsymbol{B}\\
\begin{matrix}\boldsymbol{A}^{\mathrm{T}}\boldsymbol{P}-\boldsymbol{C}\boldsymbol{D}+\boldsymbol{Q}_{12}{}^{\mathrm{T}}-\\ \boldsymbol{C}_1+\boldsymbol{C}_2\boldsymbol{L}\end{matrix} & \begin{matrix}\boldsymbol{C}\boldsymbol{A}+\boldsymbol{A}^{\mathrm{T}}\boldsymbol{C}+\\ \boldsymbol{Q}_{22}-2\boldsymbol{C}_2\end{matrix} & \boldsymbol{0} & \boldsymbol{C}\boldsymbol{B}\\
\boldsymbol{0} & \boldsymbol{0} & 2\boldsymbol{L}\boldsymbol{C}_3-\boldsymbol{Q}_{11} & \boldsymbol{L}\boldsymbol{C}_4-\boldsymbol{Q}_{12}-\boldsymbol{C}_3\\
\boldsymbol{B}^{\mathrm{T}}\boldsymbol{P} & \boldsymbol{B}^{\mathrm{T}}\boldsymbol{C} & \boldsymbol{C}_4\boldsymbol{L}-\boldsymbol{Q}_{12}{}^{\mathrm{T}}-\boldsymbol{C}_3 & -2\boldsymbol{C}_4-\boldsymbol{Q}_{22}
\end{pmatrix}
$$

证明　构造如下正定的 Lyapunov 泛函

$$
\begin{aligned}
V(t)&=V_1(t)+V_3(t)+V_4(t)\\
V_1(t)&=\mathrm{e}^{-t}\boldsymbol{y}^{\mathrm{T}}(t)\boldsymbol{P}\boldsymbol{y}(t)\\
V_3(t)&=2\mathrm{e}^{-t}\sum_{i=1}^{n}c_i\int_0^{y_i(t)}f_i(s)\mathrm{d}s\\
V_4(t)&=\int_{t-\tau}^{t}(\boldsymbol{y}^{\mathrm{T}}(s),\boldsymbol{f}^{\mathrm{T}}(\boldsymbol{y}(s)))\begin{pmatrix}\boldsymbol{Q}_{11} & \boldsymbol{Q}_{12}\\ \boldsymbol{Q}_{12}{}^{\mathrm{T}} & \boldsymbol{Q}_{22}\end{pmatrix}\begin{pmatrix}\boldsymbol{y}(s)\\ \boldsymbol{f}(\boldsymbol{y}(s))\end{pmatrix}\mathrm{d}s
\end{aligned}
$$

这里，$V_1(t)$、$V_3(t)$、$V_4(t)$ 沿系统 (2-35) 的导数同定理 2-6.

如果存在正定的对角矩阵 $\boldsymbol{C}_i$，$i=1,\ 2,\ 3,\ 4$，满足定理 2-6 中的证明过程中的不等式 $\Delta_1\geqslant 0$，$\Delta_2\geqslant 0$，则有

$$\dot{V}(t)\leqslant \dot{V}_1(t)+\dot{V}_3(t)+\dot{V}_4(t)+\Delta_1+\Delta_2$$

$$=(\boldsymbol{y}^{\mathrm{T}}(t),\boldsymbol{f}^{\mathrm{T}}(\boldsymbol{y}(t)),\boldsymbol{y}^{\mathrm{T}}(t-\tau),\boldsymbol{f}^{\mathrm{T}}(\boldsymbol{y}(t-\tau)))\boldsymbol{\Theta}\begin{pmatrix}\boldsymbol{y}(t)\\ \boldsymbol{f}(\boldsymbol{y}(t))\\ \boldsymbol{y}(t-\tau)\\ \boldsymbol{f}(\boldsymbol{y}(t-\tau))\end{pmatrix}$$

$$=\boldsymbol{e}^{\mathrm{T}}(t)\boldsymbol{\Theta}\boldsymbol{e}(t)<0,(\forall\,\boldsymbol{y}(t)\neq\boldsymbol{0}) \tag{2-39}$$

其中，$\boldsymbol{e}^{\mathrm{T}}(t)=(\boldsymbol{y}^{\mathrm{T}}(t),\boldsymbol{f}^{\mathrm{T}}(\boldsymbol{y}(t)),\boldsymbol{y}^{\mathrm{T}}(t-\tau),\boldsymbol{f}^{\mathrm{T}}(\boldsymbol{y}(t-\tau)))$，矩阵 $\boldsymbol{\Theta}$ 为定理 2-7 中所示.

在式（2-39）中，$\dot{V}(t)=0$，当且仅当 $\boldsymbol{y}(t)=\boldsymbol{y}(t-\tau)=\boldsymbol{f}(\boldsymbol{y}(t))=\boldsymbol{f}(\boldsymbol{y}(t-\tau))=\boldsymbol{0}$. 满足了 Lyapunov 全局渐近稳定定理的条件，因此定理 2-7 得证.

2.3.3 数值算例及仿真

例 2-5 考虑如下二维具比例时滞递归神经网络

$$\dot{\boldsymbol{x}}(t)=-\boldsymbol{D}\boldsymbol{x}(t)+\boldsymbol{A}\boldsymbol{f}(\boldsymbol{x}(t))+\boldsymbol{B}\boldsymbol{f}(\boldsymbol{x}(qt))+\boldsymbol{I} \tag{2-40}$$

其中，$\boldsymbol{D}=\begin{pmatrix}1&0\\0&1\end{pmatrix}$，$\boldsymbol{A}=\begin{pmatrix}1/4&1/6\\1/4&1/16\end{pmatrix}$，$\boldsymbol{B}=\begin{pmatrix}1/12&1/6\\1/8&3/16\end{pmatrix}$，$\boldsymbol{I}=\begin{pmatrix}-13/6\\9/4\end{pmatrix}$，$q=0.5$. 取激活函数为分段线性函数 $f_j(x_j(t))=0.5(|x_j(t)+1|-|x_j(t)-1|),j=1,2$. 显然，$f_j(x_j(t))$ 的 Lipschitz 常数为 $l_j=1$，$j=1$，2. 有 $\tau=-\ln q=-\ln 0.5\approx 0.6931$.

运用 Matlab 线性工具箱 LMI，得到满足定理 2-6 的矩阵

$$\boldsymbol{P}=\begin{pmatrix}26.4685&-0.3517\\-0.3517&25.6592\end{pmatrix},\ \boldsymbol{Z}=\begin{pmatrix}13.9881&0.3962\\0.3962&14.5618\end{pmatrix},\ \boldsymbol{C}=\begin{pmatrix}15.1705&0\\0&13.4500\end{pmatrix}$$

$$\boldsymbol{C}_1=\begin{pmatrix}6.6602&0\\0&5.3616\end{pmatrix},\quad \boldsymbol{C}_2=\begin{pmatrix}17.8702&0\\0&16.3169\end{pmatrix},\quad \boldsymbol{C}_3=\begin{pmatrix}4.3421&0\\0&4.1445\end{pmatrix}$$

$$\boldsymbol{C}_4=\begin{pmatrix}5.5092&0\\0&5.3683\end{pmatrix},\quad \boldsymbol{Q}_{11}=\begin{pmatrix}18.5545&-0.3260\\-0.3260&18.6164\end{pmatrix}$$

$$\boldsymbol{Q}_{12}=\begin{pmatrix}0.3375&-0.9188\\-0.5964&0.9500\end{pmatrix},\quad \boldsymbol{Q}_{22}=\begin{pmatrix}11.2149&-1.4404\\-1.4404&12.5336\end{pmatrix}$$

利用 Matlab，计算得

$$\boldsymbol{\Xi}=\begin{pmatrix}-11.3669&0.6520&0.4921&1.8376&0&0&1.3195&2.6781\\0.6520&-11.8860&1.1928&-0.6762&0&0&1.8936&2.8143\\0.4921&1.1928&-16.1596&3.2621&0&0&1.6353&3.1875\\1.8376&-0.6762&3.2621&-18.1045&0&0&1.9019&2.9209\\0&0&0&0&-9.8703&0.3260&0.8296&0.5964\\0&0&0&0&0.3260&-10.3274&0.9188&0.2738\\1.3195&1.8936&1.6353&1.9019&0.8296&0.9188&-22.0026&1.8216\\2.6781&2.8143&3.1875&2.9209&0.5964&0.2738&1.8216&-22.6289\end{pmatrix}<0$$

当$q=0.5$时，得到$\tau\approx 0.6931$，在时滞不超过0.6931时满足定理2-6的条件，系统(2-40）是全局渐近稳定的. 利用Matlab计算得到该系统的平衡点为$(-2.1675, 2.1245)^{\mathrm{T}}$，平衡点的全局渐近稳定性，如图2-9和图2-10所示.

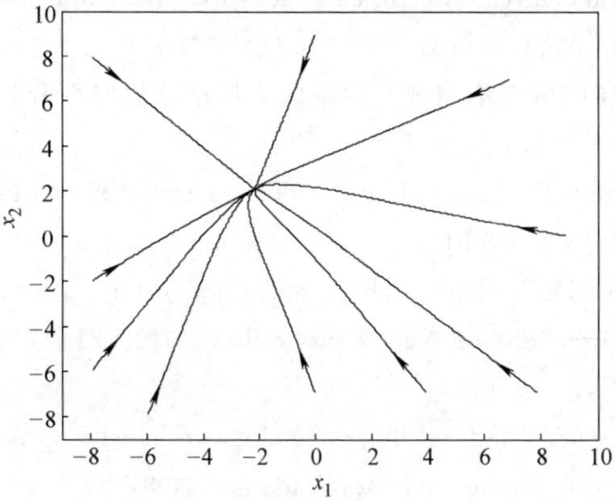

图2-9　系统（2-40）的相轨迹

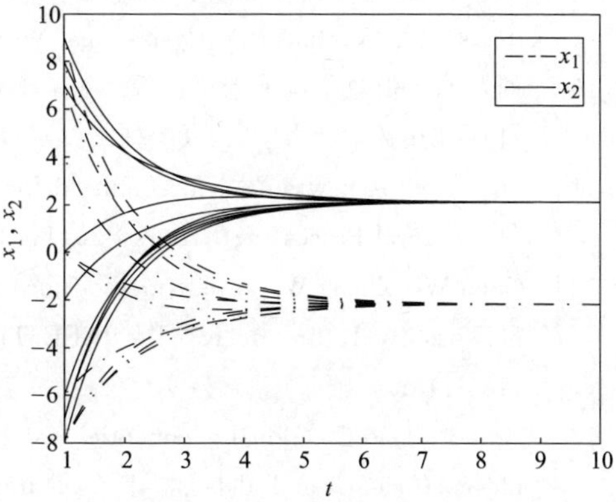

图2-10　系统（2-40）的时间响应曲线

2.2节和2.3节都是通过建立合适的Lyapunov泛函和利用线性矩阵不等式的方法，得到基于线性矩阵不等式的时滞相关与时滞独立的稳定性判据. 基于线性矩阵不等式的结果的特征是可以考虑神经元对神经网络的抑制和兴奋作用，并且可以有效地应用Matlab进行数值求解.

参考文献

[1] Chua L O，Yang L. Cellular neural networks：theory and applications [J]. IEEE Transactions on Circuits and Systems，1988，35 (1)：1257-1290.

[2] Chua L O，Roska T. Cellular neural networks with nonlinear and delay-type template elements [C]//Proceedings of the International Workshop on Cellular Neural Networks and Their Applications，1990，90：12-25.

[3] Roska T，Chua L O. Cellular neural networks with nonlinear and delay-type template elements and nonuniform grids [J]. International Journal of Circuit Theory and Applications. 1992，20 (5)：469-481.

[4] Arik S，Tavsanoglu V. Equilibrium analysis of delayed CNNs [J]. IEEE Transactions on Circuits and Systems，1998，45 (2)：168-171.

[5] Guo S，Huang L. Periodic oscillation for a class of neural networks with variable coefficients [J]. Nonlinear Analysis：Real World Application，2005，6 (3)：545-561.

[6] 刘艳青，唐万生. 带有周期系数和时滞的细胞神经网络模型的周期解存在性和全局指数稳定性 [J]. 工程数学学报，2007，24 (6)：995-1006.

[7] Liao X，Wang J，Zeng Z. Global asymptotic stability and global exponential stability of delayed cellular neural networks [J]. IEEE Transactions on Circuits and Systems Ⅱ，2005，52

(7): 403-409.

[8] He Y, Wu M, She J. An improved global asymptotic stability criterion for delayed cellular neural networks [J]. IEEE Transactions on Neural Networks, 2006, 17 (1): 250-252.

[9] Yang Y Q, Cao J. Stability and periodicity in delayed cellular neural networks with impulsive effects [J]. Nonlinear Analysis: Real World Applications, 2007, 8 (1): 362-374.

[10] 刘友德，张建华，关新平，等. 基于LMI的时滞细胞神经网络的全局渐近稳定性分析 [J]. 应用数学和力学，2008，29 (6)：735-740.

[11] Ozcan N. A new sufficient condition for global robust stability of delayed neural networks [J]. Neural Processing Letters, 2011, 34 (3): 305-316.

[12] Chen W, Zheng W. A new method for complete stability stability analysis of cellular neural networks with time delay [J]. IEEE Transactions on Neural Networks, 2010, 21 (7): 1126-1137.

[13] Kao Y, Gao C. Global exponential stability analysis for cellular neural networks with variable coefficients and delays [J]. Neural Computing and Applications, 2008, 17 (3): 291-296.

[14] Zeng Z G, Wang J. Complete stability of cellular neural networks with time-varying delays [J]. IEEE Transactions on Circuits and Systems-I, 2006, 53 (5): 944-955.

[15] Hu L, Gao H J, Zheng W X. Novel stability of cellular neural networks with interval time-varying delay [J]. Neural Networks, 2008, 21 (10): 1458-1463.

[16] Chen W, Zheng W. Global exponential stability of impulsive neural networks with variable delay: An LMI approach [J]. IEEE Transactions on Circuits and Systems, 2009, 156 (6): 1248-1259.

[17] He H, Yan L, Tu J. Guaranteed cost stabilization of time-varying delay cellular neural networks via Riccati inequality approach [J]. Neural Processing Letters, 2012, 35 (2): 151-158.

[18] Tu J, He H, Xiong P. Guaranteed cost synchronous control of time-varying delay cellular neural networks [J]. Neural Computing and Applications, 2013, 22 (1): 103-110.

[19] Zhang Y, Pheng A H, Kwong SL. Convergence analysis of cellular neural networks with unbounded delay [J]. IEEE Transactions on Circuits and Systems I, 2001, 48 (6): 680-687.

[20] 钟守铭，黄廷祝，黄元清. 具有无穷时滞的细胞神经网络的稳定性分析 [J]. 电子学报，2001，29 (5)：626-629.

[21] Huang C, Cao J D. Almost sure exponential stability of stochastic cellular neural networks with unbounded distributed delays [J]. Neurcomputing, 2009, 72 (13-15): 3352-3356.

[22] Tan M C. Global asymptotic stability of fuzzy cellular neural networks with unbounded distributed delays [J]. Neural Processing Letters, 2010, 31 (2): 147-157.

[23] Li T, Song A, Fei S, et al. Delay-derivative-dependent stability for delayed neural networks with unbound distributed delay [J]. IEEE Transactions on Neural Networks, 2010, 21 (8): 1365-1371.

[24] Feng Z, Lam J. Stability and dissipativity analysis of distributed delay cellular neural networks [J]. IEEE Transactions on Neural Networks, 2011, 22 (6): 981-997.

[25] Zhou L Q. On the global dissipativity of a class of cellular neural networks with multipantograph delays [J]. Advances in Artificial Neural Systems, 2011, DOI: 10.1155/2011/941426.

[26] Zhou L Q. Delay-dependent exponential stability of cellular neural networks with multi-proportional delays [J]. Neural Processing Letters, 2013, 38 (3): 347-359.

[27] 周立群. 多比例时滞细胞神经网络的指数周期性与稳定性 [J]. 生物数学学报, 2012, 27 (3): 480-487.

[28] 张迎迎, 周立群. 一类具多比例延时的细胞神经网络的指数稳定性 [J]. 电子学报, 2012, 40 (6): 1159-1163.

[29] 周立群, 刘纪茹. 一类具比例延时的细胞神经网络的全局渐近稳定性 [J]. 工程数学学报, 2013, 30 (5): 673-682.

[30] 刘纪茹, 周立群. 基于LMI的比例时滞细胞神经网络的全局渐近稳定性 [J]. 天津师范大学学报: 自然科学版, 2014, 34 (4): 10-13.

[31] Zhou L Q. Dissipativity of a class of cellular neural networks with proportional delays [J]. Nonlinear Dynamics, 2013, 73 (3): 1895-1903.

[32] Zhou L Q. Global asymptotic stability of cellular neural networks with proportional delays [J]. Nonlinear Dynamics, 2014, 77: 41-47.

[33] Liu B W. Global exponential convergence of non-autonomous cellular neural networks with multi-proportional delays [J]. Neurocomputing, 2016, 191: 352-355.

[34] Yu Y. Finite-time stability on a class of non-autonomous SICNNs with multi-proportional delays [J]. Asian Journal of Control, 2017, 19 (1): 87-94.

[35] Khalil H K. Nonlinear system [M]. New York: Macmillan, 1988.

第3章

具多比例时滞递归神经网络的渐近稳定性

在神经网络的结构中，由于各种轴突大小和长度的平行路径存在，使得神经网络通常具有一种空间性质，于是在一定的时间段内，根据神经网络的拓扑结构和具体材料将比例时滞引入神经网络是合理的. 第 2 章介绍的神经网络是单比例的时滞模型，是一种理想情况. 本章给出的是具多重比例时滞神经网络模型，能更好地体现神经网络的实际情况，较单比例时滞要复杂一些. 即将第 2 章模型中的比例时滞因子 q 变成 q_j，$j=1, 2, \cdots, n$，或者变成 q_{ij}，i，$j=1, 2, \cdots, n$. 本章介绍几类时滞递归神经网络平衡点的存在唯一性与全局渐近稳定性.

3.1 具不等比例时滞细胞神经网络的全局渐近稳定性

比例时滞是一种无界时变时滞，目前关于具比例时滞细胞神经网络的动力学研究已取得了一些研究成果[1-15]。比例时滞是众多时滞之一，具比例时滞神经网络可根据比例时滞因子的大小及网络所允许的最大时滞来控制网络的运行时间. 本节针对一类具比例时滞细胞神经网络，通过非线性变换，同胚映射理论及 Lyapunov 理论，分析该系统的全局渐近稳定性.

3.1.1 模型描述及预备知识

考虑如下具比例时滞细胞神经网络[1]：

$$\begin{cases} \dot{x}_i(t) = -d_i x_i(t) + \sum_{j=1}^{n} a_{ij} f_j(x_j(t)) + \sum_{j=1}^{n} b_{ij} g_j(x_j(q_j t)) + I_i, t \geqslant 1 \\ x_i(s) = \varphi_i(s), s \in [q,1], i = 1,2,\cdots,n \end{cases} \tag{3-1}$$

其中，$f_j(\cdot)$，$g_j(\cdot)$，$j=1,2,\cdots,n$ 表示激活函数，q_j 是比例时滞因子，满足 $0<q_j\leqslant 1$，$q_j t=t-(1-q_j)t$，$(1-q_j)t$ 是时滞函数，且当 $t\to\infty$ 时，$(1-q_j)t\to\infty$，$(q_j\neq 1)$，即此时时滞函数是无界函数，$\varphi_i(s)\in C([q,1],\mathbb{R})$ 表示初始函数，$q=\min\limits_{1\leqslant j\leqslant n}\{q_j\}$. 其余参数意义与第 2 章模型的相同.

假设激活函数满足如下条件：

$$\begin{cases} |f_j(u)-f_j(v)|\leqslant L_j|u-v|, L_j>0, f_j(0)=0 \\ |g_j(u)-g_j(v)|\leqslant M_j|u-v|, M_j>0, g_j(0)=0 \end{cases} \tag{3-2}$$

其中，u，$v\in\mathbb{R}$，$j=1$，2，$\cdots$，n.

令

$$y_i(t)=x_i(\mathrm{e}^t) \tag{3-3}$$

由式（3-3），系统（3-1）等价地变换成如下模型

$$\begin{cases}\dot{y}_i(t)=\mathrm{e}^t\left\{-d_iy_i(t)+\sum\limits_{j=1}^{n}a_{ij}f_j(y_j(t))+\sum\limits_{j=1}^{n}b_{ij}g_j(y_j(t-\tau_j))+I_i\right\},t\geqslant 0\\ y_i(s)=\psi_i(s),s\in[-\tau,0]\end{cases} \tag{3-4}$$

其中，$\psi_i(s)=\varphi_i(\mathrm{e}^s)$，$\psi_i(s)\in C([-\tau,0],\mathbb{R})$，$\tau_j=-\ln q_j\geqslant 0$，$\tau=\max\limits_{1\leqslant j\leqslant n}\{\tau_j\}$.

注 3-1　容易验证，系统（3-1）和系统（3-4）具有相同的平衡点，因此要研究系统（3-1）的平衡点的稳定性，只要研究系统（3-4）的平衡点的稳定性即可.

定义 3-1　如果 $\boldsymbol{K}$ 是连续的，且它是一一映射，并且它具有逆映射 $\boldsymbol{K}^{-1}$，且 $\boldsymbol{K}^{-1}$ 也是连续的，那么映射 $\boldsymbol{K}$：$\mathbb{R}^n\mapsto\mathbb{R}^n$ 就是到其自身的一个同胚映射.

引理 3-1　设函数 $\boldsymbol{K}$：$\mathbb{R}^n\mapsto\mathbb{R}^n$ 保持连续. 如果函数 $\boldsymbol{K}$ 满足以下两个条件：①$\boldsymbol{K}(\boldsymbol{y})$是$\mathbb{R}^n$ 上的单射；②当 $\|\boldsymbol{y}\|\to\infty$时，$\|\boldsymbol{K}(\boldsymbol{y})\|\to\infty$，则 $\boldsymbol{K}$ 是同胚映射.

3.1.2　平衡点的存在性和唯一性

设 $\boldsymbol{y}^*=(y_1^*,y_2^*,\cdots,y_n^*)^{\mathrm{T}}$ 是系统（3-4）的平衡点，则有

$$-d_iy_i^*+\sum_{j=1}^{n}a_{ij}f_j(y_j^*)+\sum_{j=1}^{n}b_{ij}g_j(y_j^*)+I_i=0,i=1,2,\cdots,n$$

相应的矩阵形式为

$$-\boldsymbol{D}\boldsymbol{y}^*+\boldsymbol{A}\boldsymbol{f}(\boldsymbol{y}^*)+\boldsymbol{B}\boldsymbol{g}(\boldsymbol{y}^*)+\boldsymbol{I}=\boldsymbol{0} \tag{3-5}$$

因此，由式（3-5）定义映射 $\boldsymbol{H}$：

$$\boldsymbol{H}(\boldsymbol{y})=-\boldsymbol{D}\boldsymbol{y}+\boldsymbol{A}\boldsymbol{f}(\boldsymbol{y})+\boldsymbol{B}\boldsymbol{g}(\boldsymbol{y}(t-\tau))+\boldsymbol{I} \tag{3-6}$$

其中，$\boldsymbol{f}(\boldsymbol{y})=(f_1(y_1),\ f_2(y_2),\ \cdots,\ f_n(y_n))^{\mathrm{T}}$，$\boldsymbol{g}(\boldsymbol{y})=(g_1(y_1),g_2(y_2),\cdots,g_n(y_n))^{\mathrm{T}}$，$\boldsymbol{H}(\boldsymbol{y})=(h_1(y_1),\ h_2(y_2),\cdots,h_n(y_n))^{\mathrm{T}}$，$h_i(y_i)=-d_iy_i(t)+\sum\limits_{j=1}^{n}a_{ij}f_j(y_j(t))+\sum\limits_{j=1}^{n}b_{ij}g_j(y_j(t-\tau_j))+I_i$.

引理 3-2　假设条件式（3-2）成立，且

$$-d_i+\sum_{j=1}^{n}|a_{ji}|L_i+\sum_{j=1}^{n}\mathrm{e}^{\tau_i}|b_{ji}|M_i<0,i=1,2,\cdots,n \tag{3-7}$$

成立，则由式（3-6）定义的映射 $\boldsymbol{H}$ 是一个单射.

证明　要证明映射 $\boldsymbol{H}$ 是一个单射，即要证明当 $\boldsymbol{y}(t)\neq\overline{\boldsymbol{y}}(t)$ 时，有 $\boldsymbol{H}(\boldsymbol{y}(t))\neq\boldsymbol{H}(\overline{\boldsymbol{y}}(t))$.

$$h_i(y_i(t))-h_i(\overline{y}_i(t)=-d_i(y_i(t)-\overline{y}_i(t))+\sum_{j=1}^{n}a_{ij}(f_j(y_j(t))-f_j(\overline{y}_j(t)))+$$
$$\sum_{j=1}^{n}b_{ij}(g_j(y_j(t-\tau_j))-g_j(\overline{y}_j(t-\tau_j))),i=1,2,\cdots,n$$

由式（3-2）得到

$$\begin{aligned}D^+|y_i(t)-\overline{y}_i(t)|&=D^+(y_i(t)-\overline{y}_i(t))\mathrm{sgn}(y_i(t)-\overline{y}_i(t))\\&=\mathrm{e}^t\Big\{-d_i(y_i(t)-\overline{y}_i(t))+\sum_{j=1}^{n}a_{ij}(f_j(y_j(t))-f_j(\overline{y}_j(t)))+\\&\quad\sum_{j=1}^{n}b_{ij}(g_j(y_j(t-\tau_j))-g_j(\overline{y}_j(t-\tau_j)))\Big\}\mathrm{sgn}(y_i(t)-\overline{y}_i(t))\\&\leqslant\mathrm{e}^t\Big\{-d_i|y_i(t)-\overline{y}_i(t)|+\sum_{j=1}^{n}|a_{ij}|L_j|y_j(t)-\overline{y}_j(t)|+\\&\quad\sum_{j=1}^{n}|b_{ij}|M_j|y_j(t-\tau_j)-\overline{y}_j(t-\tau_j)|\Big\}\end{aligned}$$

令 $z_i(t)=\mathrm{e}^t(y_i(t)-\overline{y}_i(t))$，有 $z_j(t-\tau_j)=\mathrm{e}^{t-\tau_j}(y_j(t-\tau_j)-\overline{y}_j(t-\tau_j))$，则

$$D^+|y_i(t)-\overline{y}_i(t)|\leqslant-d_i|z_i(t)|+\sum_{j=1}^{n}|a_{ij}|L_j|z_j(t)|+\sum_{j=1}^{n}|b_{ij}|M_j|z_j(t-\tau_j)|\mathrm{e}^{\tau_j}$$

进而

$$\begin{aligned}&\sum_{i=1}^{n}D^+|y_i(t)-\overline{y}_i(t)|\\&\leqslant\sum_{i=1}^{n}\Big(-d_i|z_i(t)|+\sum_{j=1}^{n}|a_{ij}|L_j|z_j(t)|+\sum_{j=1}^{n}|b_{ij}|M_j|z_j(t-\tau_j)|\mathrm{e}^{\tau_j}\Big)\\&=\sum_{i=1}^{n}(-d_i|z_i(t)|)+\sum_{i=1}^{n}\sum_{j=1}^{n}|a_{ij}|L_j|z_j(t)|+\sum_{i=1}^{n}\sum_{j=1}^{n}|b_{ij}|M_j|z_j(t-\tau_j)|\mathrm{e}^{\tau_j}\\&=\sum_{i=1}^{n}(-d_i|z_i(t)|)+\sum_{i=1}^{n}\sum_{j=1}^{n}|a_{ji}|L_i|z_i(t)|+\sum_{i=1}^{n}\sum_{j=1}^{n}|b_{ji}|M_i|z_i(t-\tau_i)|\mathrm{e}^{\tau_i}\\&\leqslant\sum_{i=1}^{n}\Big(-d_i+\sum_{j=1}^{n}|a_{ji}|L_i+\sum_{j=1}^{n}\mathrm{e}^{\tau_i}|b_{ji}|M_i\Big)\sup_{t-\tau\leqslant s\leqslant t}|z_i(s)|\end{aligned}$$

由式（3-7），可知

$$\sum_{i=1}^{n}D^+|y_i(t)-\overline{y}_i(t)|<0$$

这意味着至少存在这样一个指标 $k\neq i$，使得 $D^+|y_k(t)-\overline{y}_k(t)|\neq0$，则有 $D^+(y_k(t)-\overline{y}_k(t))\neq0$，即 $D^+(y_k(t)-\overline{y}_k(t))=\mathrm{e}^t(h_k(y_k(t))-h_k(\overline{y}_k(t)))\neq0$，

故 $h_k(y_k(t))-h_k(\overline{y}_k(t))\neq 0$，从而可以得到 $\boldsymbol{H}(\boldsymbol{y}(t))\neq\boldsymbol{H}(\overline{\boldsymbol{y}}(t))$，因此映射 $\boldsymbol{H}$ 是单射.

引理 3-3 假设式（3-2）和式（3-7）成立，则由式（3-6）所定义的映射 $\boldsymbol{H}$ 为 $\mathbb{R}^n$ 上的同胚映射.

证明 由引理 3-2，可知 $\boldsymbol{H}$ 是单射，则由引理 3-1，可知只需要证明当 $\|\boldsymbol{y}\|\to\infty$ 时，$\|\boldsymbol{H}(\boldsymbol{y})\|\to\infty$ 即可. 令

$$\boldsymbol{H}^*(\boldsymbol{y}(t))=\boldsymbol{H}(\boldsymbol{y}(t))-\boldsymbol{H}(\boldsymbol{0})=\operatorname{col}\{h_i^*(y_i(t))\}$$

其中，$h_i^*(y_i(t))=h_i(y_i(t))-h_i(0)$，有

$$h_i^*(y_i(t))=-d_iy_i(t)+\sum_{j=1}^{n}a_{ij}f_j(y_j(t))+\sum_{j=1}^{n}b_{ij}g_j(y_j(t-\tau_j))$$

又因为 $\|\boldsymbol{H}^*(\boldsymbol{y})\|$ 和 $\|\boldsymbol{H}(\boldsymbol{y})\|$ 是等价的，所以只要证明当 $\|\boldsymbol{y}\|\to\infty$ 时，$\|\boldsymbol{H}^*(\boldsymbol{y})\|\to\infty$.

$$\begin{aligned}
&\sum_{i=1}^{n}h_i^*(y_i(t))\operatorname{sgn}(y_i(t))\\
&=\sum_{i=1}^{n}\left\{-d_iy_i(t)+\sum_{j=1}^{n}a_{ij}f_j(y_j(t))+\sum_{j=1}^{n}b_{ij}g_j(y_j(t-\tau_j))\right\}\operatorname{sgn}(y_i(t))\\
&\leqslant\sum_{i=1}^{n}\left\{-d_i|y_i(t)|+\sum_{j=1}^{n}|a_{ij}|L_j|y_j(t)|+\sum_{j=1}^{n}|b_{ij}|M_j|y_j(t-\tau_j)|\right\}\\
&=\sum_{i=1}^{n}(-d_i|y_i(t)|)+\sum_{i=1}^{n}\sum_{j=1}^{n}|a_{ij}|L_j|y_j(t)|+\sum_{i=1}^{n}\sum_{j=1}^{n}|b_{ij}|M_j|y_j(t-\tau_j)|\\
&=\sum_{i=1}^{n}(-d_i|y_i(t)|)+\sum_{i=1}^{n}\sum_{j=1}^{n}|a_{ji}|L_i|y_i(t)|+\sum_{i=1}^{n}\sum_{j=1}^{n}|b_{ji}|M_i|y_i(t-\tau_j)|\\
&=\sum_{i=1}^{n}\left(-d_i+\sum_{j=1}^{n}|a_{ji}|L_i+\sum_{j=1}^{n}|b_{ji}|M_i\right)\sup_{t-\tau\leqslant s\leqslant t}|y_i(s)|\leqslant\gamma\sum_{i=1}^{n}\sup_{t-\tau\leqslant s\leqslant t}|y_i(s)|
\end{aligned}$$

其中，$\gamma=\max\limits_i\left\{-d_i+\sum_{j=1}^{n}|a_{ji}|L_i+\sum_{j=1}^{n}|b_{ji}|M_i\right\}<0$，有 $-\gamma>0$.

因此，可以得到

$$\begin{aligned}
-\gamma|y_i(t)|&\leqslant-\gamma\sup_{t-\tau\leqslant s\leqslant t}|y_i(s)|\\
&\leqslant-\gamma\sum_{i=1}^{n}\sup_{t-\tau\leqslant s\leqslant t}|y_i(s)|-\sum_{i=1}^{n}h_i^*(y_i(t))\operatorname{sgn}(y_i(t))\\
&\leqslant\sum_{i=1}^{n}|h_i^*(y_i(t))|\leqslant\sum_{i=1}^{n}\|\boldsymbol{H}^*(\boldsymbol{y})\|=n\|\boldsymbol{H}^*(\boldsymbol{y})\|
\end{aligned}$$

即

$$-\gamma|y_i(t)|/n\leqslant\|\boldsymbol{H}^*(\boldsymbol{y})\|$$

从而，当 $\|\boldsymbol{y}\|\to\infty$ 时，$\|\boldsymbol{H}^*(\boldsymbol{y})\|\to\infty$，故当 $\|\boldsymbol{y}\|\to\infty$ 时，$\|\boldsymbol{H}(\boldsymbol{y})\|\to\infty$. 由引理 3-1，可知映射 $\boldsymbol{H}$ 为 $\mathbb{R}^n$ 上的同胚映射.

定理 3-1 如果式（3-2）和式（3-7）成立，则系统（3-4）存在唯一的平衡点 $\boldsymbol{y}^*$.

证明 由引理 3-3 可知，$\boldsymbol{H}$ 为 $\mathbb{R}^n$ 上的同胚映射，因此有唯一的 $\boldsymbol{y}=\boldsymbol{y}^*$，使得 $\boldsymbol{H}(\boldsymbol{y}^*)=\boldsymbol{0}$. 故系统（3-4）存在唯一的平衡点 $\boldsymbol{y}^*$.

3.1.3 全局渐近稳定性

定理 3-2 若式（3-2）和式（3-7）成立，则系统（3-4）的平衡点是全局渐近稳定的.

证明 构造如下正定的 Lyapunov 泛函

$$V(t)=\sum_{i=1}^{n}\left(\mathrm{e}^{-t}\left|z_i(t)\right|+\sum_{j=1}^{n}\mathrm{e}^{\tau_j}\left|b_{ij}\right|M_j\int_{t-\tau_j}^{t}\left|z_j(s)\right|\mathrm{d}s\right)$$

于是 $V(t)$ 沿着系统（3-4）对时间 t 的导数为

$$\begin{aligned}
&D^+V(t)\\
&=\sum_{i=1}^{n}\left(D^+(y_i(t)-\overline{y}_i(t))\operatorname{sgn}(y_i(t)-\overline{y}_i(t))+\sum_{j=1}^{n}\mathrm{e}^{\tau_j}\left|b_{ij}\right|M_j(\left|z_j(t)\right|-\left|z_j(t-\tau_j)\right|\right)\\
&\leqslant\sum_{i=1}^{n}\left(-d_i\left|z_i(t)\right|+\sum_{j=1}^{n}(L_j\left|a_{ij}\right|\left|z_j(t)\right|+\mathrm{e}^{\tau_j}M_j\left|b_{ij}\right|\left|z_j(t-\tau_j)\right|)\right)+\\
&\quad\sum_{i=1}^{n}\sum_{j=1}^{n}\mathrm{e}^{\tau_j}M_j\left|b_{ij}\right|(\left|z_j(t)\right|-\left|z_j(t-\tau_j)\right|)\\
&=\sum_{i=1}^{n}\left(-d_i\left|z_i(t)\right|+\sum_{j=1}^{n}L_j\left|a_{ij}\right|\left|z_j(t)\right|+\sum_{j=1}^{n}\mathrm{e}^{\tau_j}M_j\left|b_{ij}\right|\left|z_j(t)\right|\right)\\
&=\sum_{i=1}^{n}(-d_i\left|z_i(t)\right|)+\sum_{i=1}^{n}\sum_{j=1}^{n}L_j\left|a_{ij}\right|\left|z_j(t)\right|+\sum_{i=1}^{n}\sum_{j=1}^{n}\mathrm{e}^{\tau_j}M_j\left|b_{ij}\right|\left|z_j(t)\right|\\
&=\sum_{i=1}^{n}(-d_i\left|z_i(t)\right|)+\sum_{i=1}^{n}\sum_{j=1}^{n}L_i\left|a_{ji}\right|\left|z_i(t)\right|+\sum_{i=1}^{n}\sum_{j=1}^{n}\mathrm{e}^{\tau_i}M_i\left|b_{ji}\right|\left|z_i(t)\right|\\
&=\sum_{i=1}^{n}\left(-d_i+\sum_{j=1}^{n}L_i\left|a_{ji}\right|+\sum_{j=1}^{n}\mathrm{e}^{\tau_i}M_i\left|b_{ji}\right|\right)\left|z_i(t)\right|
\end{aligned}$$

假设 $\boldsymbol{z}(t)=(z_1(t),z_2(t),\cdots,z_n(t))^{\mathrm{T}}\neq\boldsymbol{0}$，即至少存在某个 $z_i(t)\neq 0$，由式(3-7)，可知

$$\sum_{i=1}^{n}\left(-d_i+\sum_{j=1}^{n}L_i\left|a_{ji}\right|+\sum_{j=1}^{n}\mathrm{e}^{\tau_i}M_i\left|b_{ji}\right|\right)<0$$

再由式（3-8），有 $D^+V(t)<0$.

假设 $\boldsymbol{z}(t)=(z_1(t),z_2(t),\cdots,z_n(t))^{\mathrm{T}}=\boldsymbol{0}$，则 $z_i(t)=0,i=1,2,\cdots,n$，有 $V(t)=0$，则有 $D^+V(t)=0$.

综上可知，只有当 $z_i(t)=0,i=1,2,\cdots,n$ 时，$D^+V(t)=0$；当在某 $z_i(t)\neq 0$ 时，$D^+V(t)<0$. 同时，当 $\|\boldsymbol{z}(t)\|\to+\infty$时，$V(t)\to+\infty$，即 $V(t)$ 是径向无界

的. 因此，系统（3-4）的平衡点是全局渐近稳定的.

3.1.4　数值算例及仿真

例 3-1　考虑如下二维具比例时滞细胞神经网络

$$\dot{x}_i(t)=-d_ix_i(t)+\sum_{j=1}^{2}a_{ij}f_j(x_j(t))+\sum_{j=1}^{2}b_{ij}g_j(x_j(q_jt))+I_i \tag{3-8}$$

其中，$\boldsymbol{D}=\begin{pmatrix}6&0\\0&5\end{pmatrix}$，$\boldsymbol{A}=\begin{pmatrix}2&1\\1&2\end{pmatrix}$，$\boldsymbol{B}=\begin{pmatrix}1&0\\0&1\end{pmatrix}$，$\boldsymbol{I}=\begin{pmatrix}-3\\2\end{pmatrix}$，$q_1=0.5$，$q_2=0.6$，激活函数取为

$$f_1(x_1)=\cos x_1,g_1(x_1)=\sin(x_1/2)+x_1/2,\ f_2(x_2)=\tanh(x_2/2),$$
$$g_2(x_2)=0.5(|x_2+1|-|x_2-1|),$$

显然,$L_1=1,L_2=0.5,M_1=1,M_2=1$.

当 $i=1$ 时，$-d_i+\sum_{j=1}^{2}L_i|a_{ji}|+\sum_{j=1}^{2}\mathrm{e}^{\tau_i}M_i|b_{ji}|=-1<0$；

当 $i=2$ 时，$-d_i+\sum_{j=1}^{2}L_i|a_{ji}|+\sum_{j=1}^{2}\mathrm{e}^{\tau_i}M_i|b_{ji}|=-1.8333<0$，

所以满足定理 3-1 和定理 3-2 的条件，因此系统（3-8）具有唯一平衡点，且它是全局渐近稳定的. 经计算该系统平衡点为（0.2175，1.4375)^{T}，全局渐近稳定性的仿真结果如图 3-1 和图3-2所示.

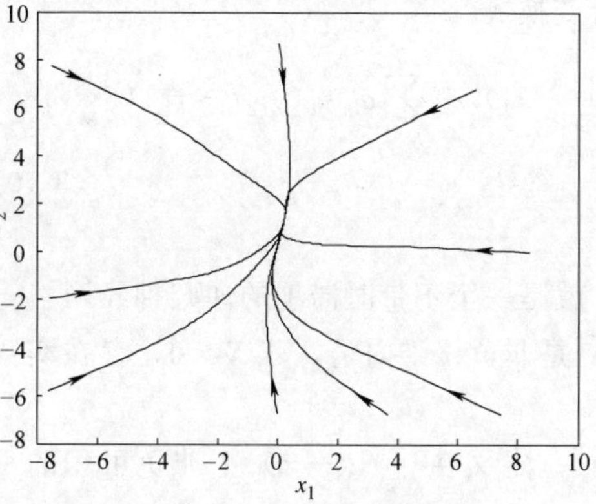

图 3-1　系统（3-8）的相轨迹

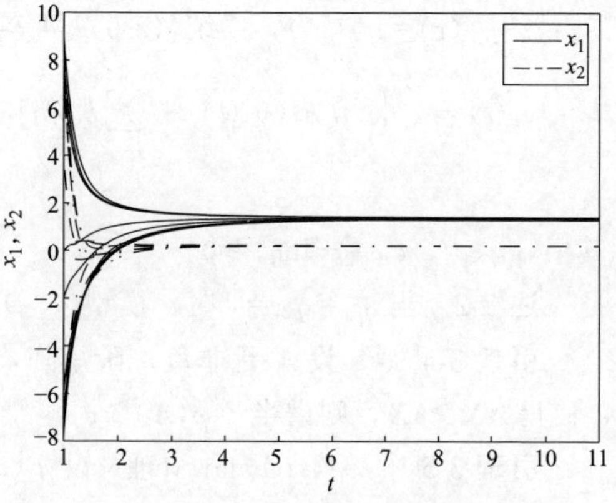

图 3-2　系统（3-8）的时间响应曲线

3.2　具多比例时滞递归神经网络的全局渐近稳定性

本节对一类具多比例时滞递归神经网络进行研究，通过运用 Brouwer 不动点定理，结合 Barbalat 引理以及构造合适的 Lyapunov 泛函对该系统平衡点的存在唯一性和全局渐近稳定性进行了研究.

3.2.1 模型描述及预备知识

考虑如下一类具多比例时滞递归神经网络模型[2]

$$\begin{cases}\dot{x}_i(t)=-d_ih_i(x_i(t))+\sum_{j=1}^{n}b_{ij}f_j(x_j(q_1t))+\sum_{j=1}^{n}c_{ij}f_j(x_j(q_2t))+I_i, t\geqslant 1\\ x_i(s)=\varphi_i(s), s\in[q,1], q=\min\{q_1,q_2\}, i=1,2,\cdots,n\end{cases} \tag{3-9}$$

其中，d_i 表示衰减率；$h_i(x_i(t))$ 表示放大函数；b_{ij} 与 c_{ij} 分别表示第 j 个神经元到第 i 个神经元在 q_1t 与 q_2t 时刻时滞内联权重；q_1 和 q_2 是比例时滞因子，且满足 $0<q_1$，$q_2\leqslant 1$，$q_it=t-(1-q_i)t$，$i=1$，2，其中 $(1-q_i)t$ 是时滞函数，且当 $t\to\infty$时，$(1-q_i)t\to\infty$，即此时滞函数是无界函数；$f_j(\cdot), j=1,2,\cdots,n$ 表示激活函数.

本节假设如下：

(H_1) 激活函数 $f_j(\cdot)$ 在$\mathbb{R}$上有界且满足 Lipschiz 条件，即存在常数 $M_j>0$，$l_j>0$，使得

$$|f_j(\cdot)|<M_j, |f_j(u)-f_j(v)|\leqslant l_j|u-v|, \forall u,v\in\mathbb{R}$$

(H_2) $h_i\in C^1(\mathbb{R},\mathbb{R})$，且 $\sigma_i=\inf\limits_{u\in\mathbb{R}}h_i'(u)>0$；

(H_3) $\underline{d}=\min\limits_{1\leqslant i\leqslant n}\{d_i\}$.

令 $y_i(t)=x_i(\mathrm{e}^t)$，系统 (3-9) 可等价变换成

$$\dot{y}_i(t)=\mathrm{e}^t\left\{-d_ih_i(y_i(t))+\sum_{j=1}^{n}b_{ij}f_j(y_j(t-\tau_1))+\sum_{j=1}^{n}c_{ij}f_j(y_j(t-\tau_2))+I_i\right\}, \tag{3-10}$$

其中，$t\geqslant 0$，$\tau_i=-\ln q_i\geqslant 0$，$i=1$，2.

注 3-2 当 $q_1=q_2=1$ 时，模型 (3-9) 就是一个不带时滞项的递归神经网络.

引理 3-4[16] 设 $\boldsymbol{A}$ 是非负 n 阶矩阵，$\boldsymbol{X}$ 是非负 n 维向量，若 $\boldsymbol{X}\neq\boldsymbol{0}$，存在实数 α 使得 $\boldsymbol{AX}\geqslant\alpha\boldsymbol{X}$，则谱半径 $\rho(\boldsymbol{A})\geqslant\alpha$.

引理 3-5[17] (Barbalat 引理) 设 $f(u)$ 是定义在 $[0, +\infty)$ 上非负可积的一致连续函数，则 $\lim\limits_{u\to\infty}f(u)=0$.

3.2.2 平衡点的存在性和唯一性

定理 3-3 设 (H_1)—(H_3) 成立. 若 $\rho(\boldsymbol{M})<1$，其中 $\boldsymbol{M}=(m_{ij})_{n\times n}, m_{ij}$ 满足

$$m_{ij}=\{(|b_{ij}|+|c_{ij}|)l_j\}/\underline{d}\sigma_i$$

则系统 (3-10) 点存在且唯一.

证明 令 $\boldsymbol{y}^*=(y_1^*,y_2^*,\cdots,y_n^*)^{\mathrm{T}}$ 为系统 (3-10) 的平衡点，由式 (3-10)，有

$$e^t\left\{d_ih_i(y_i^*)-\sum_{j=1}^{n}b_{ij}f_j(y_j^*)-\sum_{j=1}^{n}c_{ij}f_j(y_j^*)-I_i\right\}=0,i=1,2,\cdots,n$$

从而，有

$$d_ih_i(y_i^*)-\sum_{j=1}^{n}b_{ij}f_j(y_j^*)-\sum_{j=1}^{n}c_{ij}f_j(y_j^*)-I_i=0$$

于是，得

$$d_ih_i(y_i^*)=\sum_{j=1}^{n}b_{ij}f_j(y_j^*)+\sum_{j=1}^{n}c_{ij}f_j(y_j^*)+I_i \tag{3-11}$$

先证（3-10）的平衡点 $\boldsymbol{y}^*$ 的存在性. 由（H_1），有

$$\begin{aligned}&\left|d_i^{-1}\left(\sum_{j=1}^{n}b_{ij}f_j(y_j^*)+\sum_{j=1}^{n}c_{ij}f_j(y_j^*)+I_i\right)\right|\\&\leqslant d_i^{-1}\left(\sum_{j=1}^{n}|b_{ij}|M_j+\sum_{j=i}^{n}|c_{ij}|M_j+I_i\right)=P_i\end{aligned}$$

令 $\varphi_i=h_i(y_i)=d_i^{-1}\left(\sum_{j=1}^{n}b_{ij}f_j(y_j)+\sum_{j=1}^{n}c_{ij}f_j(y_j)\right)$，其中 $v_i\in[-P_i,P_i]$，则有

$$\varphi_i\in[-P_i,P_i]=D_i,i=1,2,\cdots,n$$

令 $\boldsymbol{\varphi}=(\varphi_1,\varphi_2,\cdots,\varphi_n)^{\mathrm{T}}=(h_1,h_2,\cdots,h_n)^{\mathrm{T}}$，易知 $\boldsymbol{\varphi}:D\rightarrow D$ 连续有界，其中 $D=D_1\times D_2\times\cdots\times D_n$. 引理1-2（Brouwer 不动点定理）可知，$\boldsymbol{\varphi}(\boldsymbol{y})$ 在 D 上必有不动点. 因此，系统（3-10）的平衡点存在.

下面证明（3-10）的平衡点 $\boldsymbol{y}^*$ 的唯一性.

设 $\boldsymbol{y}^*=(y_1^*,y_2^*,\cdots,y_n^*)^{\mathrm{T}}$、$\overline{\boldsymbol{y}}^*=(\overline{y}_1^*,\overline{y}_2^*,\cdots,\overline{y}_n^*)^{\mathrm{T}}$ 均为系统（3-10）的平衡点，令 $\boldsymbol{\xi}=\boldsymbol{y}^*-\overline{\boldsymbol{y}}^*$，有 $\xi_i=y_i^*-\overline{y}_i^*$，$i=1, 2, \cdots, n$. 由式（3-11），得

$$\begin{aligned}d_ih_i(y_i^*)-d_ih_i(\overline{y}_i^*)&=d_ih_i'(\eta_i)(y_i^*-\overline{y}_i^*)\\&=\sum_{j=1}^{n}b_{ij}(f_j(y_j^*)-f_j(\overline{y}_j^*))+\sum_{j=1}^{n}c_{ij}(f_j(y_j^*)-f_j(\overline{y}_j^*))\\&=\sum_{j=1}^{n}(b_{ij}+c_{ij})(f_j(y_j^*)-f_j(\overline{y}_j^*))\end{aligned}$$

其中，η_i 介于 y_i^* 与 $\overline{y}_i^*$ 之间，$i=1, 2, \cdots, n$.

$$\begin{aligned}|\xi_i|&\leqslant 1/(d_ih_i'(\eta_i))\sum_{j=1}^{n}|(b_{ij}+c_{ij})(f_j(y_j^*)-f_j(\overline{y}_j^*))|\\&\leqslant 1/(d_ih_i'(\eta_i))\sum_{j=1}^{n}(|b_{ij}|+|c_{ij}|)l_j|y_j^*-\overline{y}_j^*|\\&\leqslant 1/(\underline{d}\sigma_i)\sum_{j=1}^{n}(|b_{ij}|+|c_{ij}|)l_j|\xi_j|\end{aligned}$$

即

$$|\boldsymbol{\xi}| \leqslant \boldsymbol{M}|\boldsymbol{\xi}|$$

其中，$|\boldsymbol{\xi}|$表示n维列向量，即$|\boldsymbol{\xi}|=(|\xi_1|,|\xi_2|,\cdots,|\xi_n|)^{\mathrm{T}}$. 则根据引理 3-4 可知，如果向量$\boldsymbol{\xi}\neq\mathbf{0}$，就有向量$|\boldsymbol{\xi}|\neq\mathbf{0}$. 显然得到$\rho(\boldsymbol{M})\geqslant 1$. 这与$\rho(\boldsymbol{M})<1$矛盾，因此$\boldsymbol{\xi}=\mathbf{0}$,即$\boldsymbol{y}^*=\overline{\boldsymbol{y}}^*$,所以系统(3-10)存在唯一的平衡点.

3.2.3 全局渐近稳定性

定理 3-4 设$(H_1)\sim(H_3)$成立，若

$$\lambda=\min_{1\leqslant i\leqslant n}\left\{d\sigma_i-\sum_{j=1}^{n}|b_{ji}|l_i-\sum_{j=1}^{n}|c_{ji}|l_i\right\}>0$$

则系统（3-10）的平衡点是全局渐近稳定的.

证明 设$\boldsymbol{y}^*=(y_1^*,y_2^*,\cdots,y_n^*)^{\mathrm{T}}$是系统（3-10）的一个平衡点，$\boldsymbol{y}(t)$是系统（3-10）的任意一个解. 由式（3-10），有

$$\frac{\mathrm{d}(y_i(t)-y_i^*)}{\mathrm{d}t}=\mathrm{e}^t\left\{-\left[d_ih_i(y_i(t))-d_ih_i(y_i^*)\right]+\sum_{j=1}^{n}b_{ij}f_j(y_j(t-\tau_1))-\sum_{j=1}^{n}b_{ij}f_j(y_j^*)+\sum_{j=1}^{n}c_{ij}f_j(y_j(t-\tau_2))-\sum_{j=1}^{n}c_{ij}f_j(y_j^*)\right\},i=1,2,\cdots,n$$

上式两边同时乘以$\operatorname{sgn}(y_i(t)-y_i^*)$，则有

$$\begin{aligned}\frac{\mathrm{d}|y_i(t)-y_i^*|}{\mathrm{d}t}=&\ \mathrm{e}^t\left\{-\left[d_ih_i(y_i(t))-d_ih_i(y_i^*)\right]+\sum_{j=1}^{n}b_{ij}f_j(y_j(t-\tau_1))-\right.\\&\left.\sum_{j=1}^{n}b_{ij}f_j(y_j^*)+\sum_{j=1}^{n}c_{ij}f_j(y_j(t-\tau_2))-\sum_{j=1}^{n}c_{ij}f_j(y_j^*)\right\}\operatorname{sgn}(y_i(t)-y_i^*)\\\leqslant&\ \mathrm{e}^t\{[-d_ih_i'(\eta_i)(y_i(t)-y_i^*)]\operatorname{sgn}(y_i(t)-y_i^*)+\\&\sum_{j=1}^{n}|b_{ij}(f_j(y_j(t-\tau_1))-f_j(y_j^*))|+\\&\sum_{j=1}^{n}|c_{ij}(f_j(y_j(t-\tau_2))-f_j(y_j^*))|\}\\\leqslant&\ \mathrm{e}^t\left\{-d_i\sigma_i|y_i(t)-y_i^*|+\sum_{j=1}^{n}|b_{ij}|l_j|y_j(t-\tau_1)-y_j^*|+\right.\\&\left.\sum_{j=1}^{n}|c_{ij}|l_j|y_j(t-\tau_2)-y_j^*|\right\}\end{aligned}$$

构造如下正定的 Lyapunov 泛函

$$V(t)=\sum_{i=1}^{n}\left\{\mathrm{e}^{-t}|y_i(t)-y_i^*|+\sum_{j=1}^{n}|b_{ij}|\int_{t-\tau_1}^{t}|f_j(y_j(\zeta))-f_j(y_j^*)|\mathrm{d}\zeta+\sum_{j=1}^{n}|c_{ij}|\int_{t-\tau_2}^{t}|f_j(y_j(s))-f_j(y_j^*)|\mathrm{d}s\right\}$$

$V(t)$沿系统（3-10）的右上 Dini 导数为

$$
\begin{aligned}
D^+V(t)=&\sum_{i=1}^{n}\Big\{-\mathrm{e}^{-t}|y_i(t)-y_i^*|+\mathrm{e}^{-t}\frac{\mathrm{d}|y_i(t)-y_i^*|}{\mathrm{d}t}+\sum_{j=1}^{n}|b_{ij}||f_j(y_j(t))-f_j(y_j^*)|-\\
&\sum_{j=1}^{n}|b_{ij}||f_j(y_j(t-\tau_1))-f_j(y_j^*)|+\sum_{j=1}^{n}|c_{ij}||f_j(y_j(t))-f_j(y_j^*)|-\\
&\sum_{j=1}^{n}|c_{ij}||f_j(y_j(t-\tau_2))-f_j(y_j^*)|\Big\}\\
\leqslant&\sum_{i=1}^{n}\Big\{-d_i\sigma_i|y_i(t)-y_i^*|+\\
&\sum_{j=1}^{n}|b_{ij}|l_j|y_j(t-\tau_1)-y_j^*|+\sum_{j=1}^{n}|c_{ij}|l_j|y_j(t-\tau_2)-y_j^*|+\\
&\sum_{j=1}^{n}|b_{ij}|l_j|y_j(t)-y_j^*|-\sum_{j=1}^{n}|b_{ij}|l_j|y_j(t-\tau_1)-y_j^*|+\\
&\sum_{j=1}^{n}|c_{ij}|l_j|y_j(t)-y_j^*|-\sum_{j=1}^{n}|c_{ij}|l_j|y_j(t-\tau_2)-y_j^*|\Big\}\\
=&\sum_{i=1}^{n}\Big\{-d_i\sigma_i|y_i(t)-y_i^*|+\sum_{j=1}^{n}|b_{ij}|l_j|y_j(t)-y_j^*|+\sum_{j=1}^{n}|c_{ij}|l_j|y_j(t)-y_j^*|\Big\}\\
=&\sum_{i=1}^{n}\{-d_i\sigma_i|y_i(t)-y_i^*|\}+\sum_{i=1}^{n}\sum_{j=1}^{n}|b_{ij}|l_j|y_j(t)-y_j^*|+\\
&\sum_{i=1}^{n}\sum_{j=1}^{n}|c_{ij}|l_j|y_j(t)-y_j^*|\\
=&\sum_{i=1}^{n}\{-d_i\sigma_i|y_i(t)-y_i^*|\}+\sum_{i=1}^{n}\sum_{j=1}^{n}|b_{ji}|l_i|y_i(t)-y_i^*|+\\
&\sum_{i=1}^{n}\sum_{j=1}^{n}|c_{ji}|l_i|y_i(t)-y_i^*|\\
=&-\sum_{i=1}^{n}\Big(d_i\sigma_i-\sum_{j=1}^{n}|b_{ji}|l_i-\sum_{j=1}^{n}|c_{ji}|l_i\Big)|y_i(t)-y_i^*|\\
\leqslant&-\lambda\sum_{i=1}^{n}|y_i(t)-y_i^*|
\end{aligned}
\tag{3-12}
$$

因此系统（3-10）的平衡点是稳定的，并且可得

$$V(t)+\lambda\int_0^t\sum_{i=1}^{n}|y_i(s)-y_i^*|\mathrm{d}s\leqslant V(0)$$

所以$|y_i(t)-y_i^*|$是有界的，即存在常数$N>0$，使得

$$|y_i(t)-y_i^*|\leqslant N,t\in[0,+\infty),i=1,2,\cdots,n \tag{3-13}$$

由式（3-12）和式（3-13）可知，$\frac{\mathrm{d}(y_i(t)-y_i^*)}{\mathrm{d}t}$在$[0,+\infty)$上有界，从而$\sum_{i=1}^{n}|y_i(t)-y_i^*|$在$[0,+\infty)$上一致连续，由引理3-5，得$\lim_{t\to+\infty}|y_i(t)-y_i^*|=0$，

即 $\lim\limits_{t\to+\infty} y_i(t)=y_i^*$，$i=1,2,\cdots,n$. 因此，系统（3-10）的平衡点 $\boldsymbol{y}^*$ 是全局渐近稳定的，从而系统（3-9）的平衡点 $\boldsymbol{x}^*$ 是全局渐近稳定的.

定理 3-4 是系统（3-10）的平衡点全局渐近稳定的时滞无关的充分条件，下面给出一个与比例时滞因子 q_1 和 q_2 相关的系统（3-9）的平衡点全局渐近稳定的充分条件.

定理 3-5 设$(H_1)\sim(H_3)$ 成立，若

$$\lambda=\min_{1\leqslant i\leqslant n}\left\{\underline{d}\sigma_i-\sum_{j=1}^{n}q_1^{-1}|b_{ji}|l_i-\sum_{j=1}^{n}q_2^{-1}|c_{ji}|l_i\right\}>0$$

则系统（3-9）的平衡点是全局渐近稳定的.

证明 令 $\boldsymbol{x}^*=(x_1^*,x_2^*,\cdots,x_n^*)^{\mathrm{T}}$ 是系统（3-9）的一个平衡点. $\boldsymbol{x}(t)=(x_1(t),x_2(t),\cdots,x_n(t))^{\mathrm{T}}$ 是式（3-9）的任意一个解. 由式（3-9），有

$$\begin{aligned}\frac{\mathrm{d}(x_i(t)-x_i^*)}{\mathrm{d}t}=&-[d_ih_i(x_i(t))-d_ih_i(x_i^*)]+\sum_{j=1}^{n}b_{ij}f_j(x_j(q_1t))-\\&\sum_{j=1}^{n}b_{ij}f_j(x_j^*)+\sum_{j=1}^{n}c_{ij}f_j(x_j(q_2t))-\sum_{j=1}^{n}c_{ij}f_j(x_j^*)\end{aligned}$$

上式两边同时乘以 $\operatorname{sgn}(x_i(t)-x_i^*)$，则有

$$\begin{aligned}&D^+|x_i(t)-x_i^*|\\&=\Big\{-[d_ih_i(x_i(t))-d_ih_i(x_i^*)]+\sum_{j=1}^{n}b_{ij}f_j(x_j(q_1t))-\\&\quad\sum_{j=1}^{n}b_{ij}f_j(x_j^*)+\sum_{j=1}^{n}c_{ij}f_j(x_j(q_2t))-\sum_{j=1}^{n}c_{ij}f_j(x_j^*)\Big\}\operatorname{sgn}(x_i(t)-x_i^*)\\&\leqslant[-d_ih'_i(\omega_i)(x_i(t)-x_i^*)]\operatorname{sgn}(x_i(t)-x_i^*)+\sum_{j=1}^{n}|b_{ij}||(f_j(x_j(q_1t))-\\&\quad f_j(x_j^*))|+\sum_{j=1}^{n}|c_{ij}||(f_j(x_j(q_2t))-f_j(x_j^*))|\\&\leqslant-d_i\sigma_i|x_i(t)-x_i^*|+\sum_{j=1}^{n}|b_{ij}|l_j|x_j(q_1t)-x_j^*|+\\&\quad\sum_{j=1}^{n}|c_{ij}|l_j|x_j(q_2t)-x_j^*|\end{aligned}$$

其中，ω_i 介于$x_i(t)$ 与 x_i^* 之间，$i=1,2,\cdots,n$.

构造如下正定的 Lyapunov 泛函

$$\begin{aligned}V(t)=\sum_{i=1}^{n}\Big\{&|x_i(t)-x_i^*|+\sum_{j=1}^{n}q_1^{-1}|b_{ij}|\int_{q_1t}^{t}|f_j(x_j(s))-f_j(x_j^*)|\mathrm{d}s+\\&\sum_{j=1}^{n}q_2^{-1}|c_{ij}|\int_{q_2t}^{t}|f_j(x_j(\xi))-f_j(x_j^*)|\mathrm{d}\xi\Big\}\end{aligned}$$

$V(t)$ 沿系统（3-9）的右上 Dini 导数为

$$
\begin{aligned}
D^+V(t)=&\sum_{i=1}^{n}\Big\{D^+|x_i(t)-x_i^*|+\sum_{j=1}^{n}q_1^{-1}|b_{ij}||f_j(x_j(t))-f_j(x_j^*)|-\\
&\sum_{j=1}^{n}q_1^{-1}|b_{ij}||f_j(x_j(q_1t))-f_j(x_j^*)|q_1+\sum_{j=1}^{n}q_2^{-1}|c_{ij}||f_j(x_j(t))-f_j(x_j^*)|-\\
&\sum_{j=1}^{n}q_2^{-1}|c_{ij}||f_j(x_j(q_2t))-f_j(x_j^*)|q_2\Big\}\\
\leqslant&\sum_{i=1}^{n}\Big\{-d_i\sigma_i|x_i(t)-x_i^*|+\sum_{j=1}^{n}|b_{ij}|l_j|x_j(q_1t)-x_j^*|+\\
&\sum_{j=1}^{n}|c_{ij}|l_j|x_j(q_2t)-x_j^*|+\\
&\sum_{j=1}^{n}q_1^{-1}|b_{ij}|l_j|x_j(t)-x_j^*|-\sum_{j=1}^{n}|b_{ij}|l_j|x_j(q_1t)-x_j^*|+\\
&\sum_{j=1}^{n}q_2^{-1}|c_{ij}|l_j|x_j(t)-x_j^*|-\sum_{j=1}^{n}|c_{ij}|l_j|x_j(q_2t)-x_j^*|\Big\}\\
=&\sum_{i=1}^{n}\Big\{-d_i\sigma_i|x_i(t)-x_i^*|+\sum_{j=1}^{n}q_1^{-1}|b_{ij}|l_j|x_j(t)-x_j^*|+\\
&\sum_{j=1}^{n}q_2^{-1}|c_{ij}|l_j|x_j(t)-x_j^*|\Big\}\\
=&\sum_{i=1}^{n}(-d_i\sigma_i|x_i(t)-x_i^*|)+\sum_{i=1}^{n}\sum_{j=1}^{n}q_1^{-1}|b_{ij}|l_j|x_j(t)-x_j^*|+\\
&\sum_{i=1}^{n}\sum_{j=1}^{n}q_2^{-1}|c_{ij}|l_j|x_j(t)-x_j^*|\\
=&\sum_{i=1}^{n}(-d_i\sigma_i|x_i(t)-x_i^*|)+\sum_{i=1}^{n}\sum_{j=1}^{n}q_1^{-1}|b_{ji}|l_i|x_i(t)-x_i^*|+\\
&\sum_{i=1}^{n}\sum_{j=1}^{n}q_2^{-1}|c_{ji}|l_i|x_i(t)-x_i^*|\\
=&-\sum_{i=1}^{n}\Big(d_i\sigma_i-\sum_{j=1}^{n}q_1^{-1}|b_{ji}|l_i-\sum_{j=1}^{n}q_2^{-1}|c_{ji}|l_i\Big)|x_i(t)-x_i^*|\\
\leqslant&-\lambda\sum_{i=1}^{n}|x_i(t)-x_i^*|
\end{aligned}
\tag{3-14}
$$

因此系统（3-9）的平衡点 $\boldsymbol{x}^*=(x_1,x_2,\cdots,x_n)^{\mathrm{T}}$ 是稳定的，且

$$V(t)+\lambda\int_0^t\sum_{i=1}^{n}|x_i(s)-x_i^*|\,\mathrm{d}s\leqslant V(0)$$

所以 $|x_i(t)-x_i^*|$ 是有界的，即存在常数 $G>0$，使得

$$|x_i(t)-x_i^*|\leqslant G,t\in[0,+\infty),i=1,2,\cdots,n \tag{3-15}$$

由式（3-14）和式（3-15），可知 $\dfrac{\mathrm{d}(x_i(t)-x_i^*)}{\mathrm{d}t}$ 在［0，＋∞）上有界，从而

$\sum_{i=1}^{n}|x_i(t)-x_i^*|$ 在 $[0,+\infty)$ 上一致连续，由引理 3-5，有 $\lim_{t\to+\infty}|x_i(t)-x_i^*|=0$，即 $\lim_{t\to+\infty}x_i(t)=x_i^*$，$i=1,2,\cdots,n$，因此，系统（3-9）的平衡点 $\boldsymbol{x}^*=(x_1^*,x_2^*,\cdots,x_n^*)^{\mathrm{T}}$ 是全局渐近稳定的.

注 3-3 在式（3-9）中，当 $q_1=q_2=1$，$h_i(x_i(t))=x_i(t),d_i=1,i=1,2,\cdots,n$ 时，定理 3-3，定理 3-4 和定理 3-5 所得结论适用于下列神经网络模型

$$\dot{x}_i(t)=-x_i(t)+\sum_{j=1}^{n}a_{ij}f_j(x_j(t))+I_i$$

其中，$a_{ij}=b_{ij}+c_{ij}$.

3.2.4 数值算例与仿真

例 3-2 考虑如下二维具多比例时滞神经网络

$$\dot{x}_i(t)=-d_ih_i(x_i(t))+\sum_{j=1}^{2}b_{ij}f_j(x_j(q_1t))+\sum_{j=1}^{2}c_{ij}f_j(x_j(q_2t))+I_i,\ i=1,2 \tag{3-16}$$

其中，$\boldsymbol{D}=\begin{pmatrix}1&0\\0&1\end{pmatrix}$，$\boldsymbol{B}=\begin{pmatrix}1/4&1/6\\1/8&1/16\end{pmatrix}$，$\boldsymbol{C}=\begin{pmatrix}1/12&1/6\\1/8&3/16\end{pmatrix}$，$\boldsymbol{I}=\begin{pmatrix}-3\\2\end{pmatrix}$，$q_1=0.2$，$q_2=0.8$；放大函数和激活函数分别为 $h_i(x_i(t))=x_i(t)$，$f_j(x_j(t))=\arctan x_j(t)$.显然 $\sigma_i=\inf_{x_i\in\mathbb{R}}h_i'(x_i)=1$，$i=1$，2；$f_j(x_j(t))$ 的 Lipschitz 常数为 $l_j=1$，$j=1$，2. 经计算得

$$\boldsymbol{M}=\begin{pmatrix}1/3&1/3\\1/4&1/4\end{pmatrix},\rho(\boldsymbol{M})=0.5833<1$$

$$\lambda=\min_{1\leqslant i\leqslant 2}\left\{d\underline{\sigma}_i-\sum_{j=1}^{2}|b_{ji}|l_i-\sum_{j=1}^{2}|c_{ji}|\ l_i\right\}=\min\{1/12,5/12\}=1/12>0$$

满足定理 3-3 和定理 3-4 的条件，因此由定理 3-3 和定理 3-4 可知，该系统存在唯一的平衡点并且是全局渐近稳定的．利用 Matlab 计算得到系统（3-16）的平衡点为 $(-3.0095,\ 1.9915)^{\mathrm{T}}$，系统（3-16）的全局渐近稳定性，如图 3-3 和图 3-4 所示.

例 3-3 考虑如下三维具多比例时滞神经网络

$$\dot{x}_i(t)=-d_ih_i(x_i(t))+\sum_{j=1}^{3}b_{ij}f_j(x_j(q_1t))+\sum_{j=1}^{3}c_{ij}f_j(x_j(q_2t))+I_i,\ i=1,2,3, \tag{3-17}$$

其中，$\boldsymbol{D}=\begin{pmatrix}3&0&0\\0&5&0\\0&0&4\end{pmatrix}$，$\boldsymbol{B}=\begin{pmatrix}-1&0&0\\1/2&-1&0\\0&1/4&-1\end{pmatrix}$，$\boldsymbol{C}=\begin{pmatrix}1&0&1/2\\0&1/4&0\\1/4&0&3/4\end{pmatrix}$，$\boldsymbol{I}=\begin{pmatrix}-3\\2\\6\end{pmatrix}$，

$q_1=6/7$，$q_2=2/5$；取放大函数和激活函数分别为 $h_i(x_i(t))=2x_i(t)$，$f_j(x_j(t))=0.5(|x_j(t)+1|-|x_j(t)-1|)$，$i$，$j=1$，2，3. 显然，$\sigma_i=\inf\limits_{x_i\in\mathbb{R}} h_i'(x_i)=2>0, i=1,2,3$；$f_j(x_j(t))$ 的 Lipschitz 常数为 $l_j=1$，$j=1$，2，3.

计算，得

$$\boldsymbol{M}=\begin{pmatrix}1/3 & 0 & 1/12\\ 1/12 & 5/24 & 0\\ 1/24 & 1/24 & 7/24\end{pmatrix},\ \rho(\boldsymbol{M})=0.3868<1$$

$$\begin{aligned}\lambda &= \min_{1\leqslant i\leqslant 3}\left\{d\sigma_i-\sum_{j=1}^{3}q_1^{-1}|b_{ji}|l_i-\sum_{j=1}^{3}q_2^{-1}|c_{ji}|l_i\right\}\\ &=\min\{67/24,17/4,27/8\}=67/24>0\end{aligned}$$

满足定理 3-3 和定理 3-5 的条件，因此系统（3-17）存在唯一的平衡点，并且是全局渐近稳定的. 利用 Matlab 计算得该平衡点为 $(-0.4465,\ 0.2035,\ 0.7195)^{\mathrm{T}}$，其全局渐近稳定性如图 3-5 和图 3-6 所示.

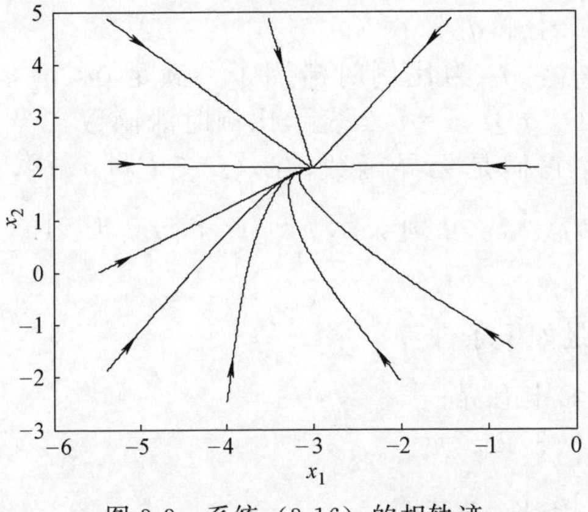

图 3-3　系统（3-16）的相轨迹

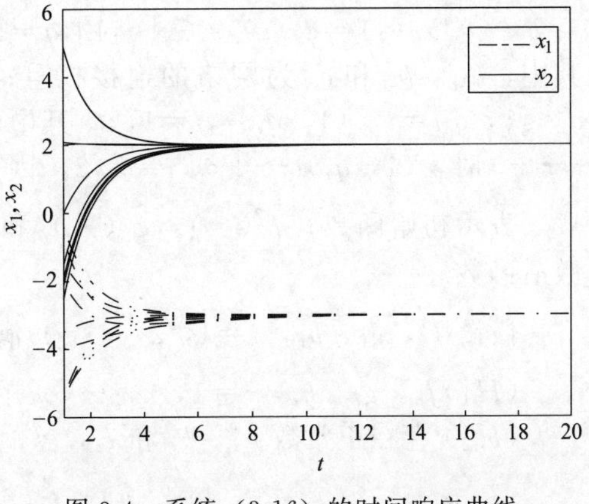

图 3-4　系统（3-16）的时间响应曲线

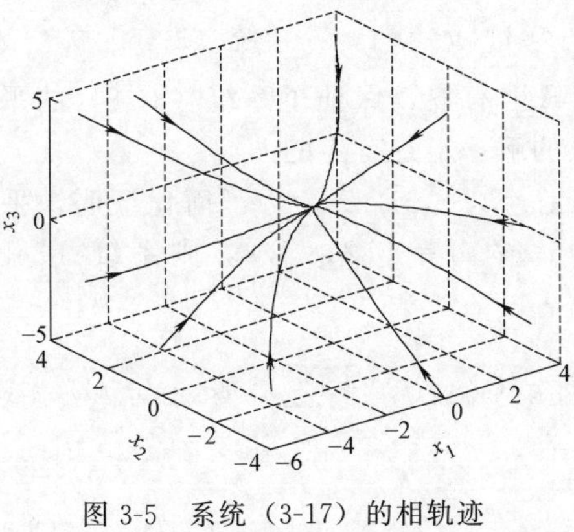

图 3-5　系统（3-17）的相轨迹

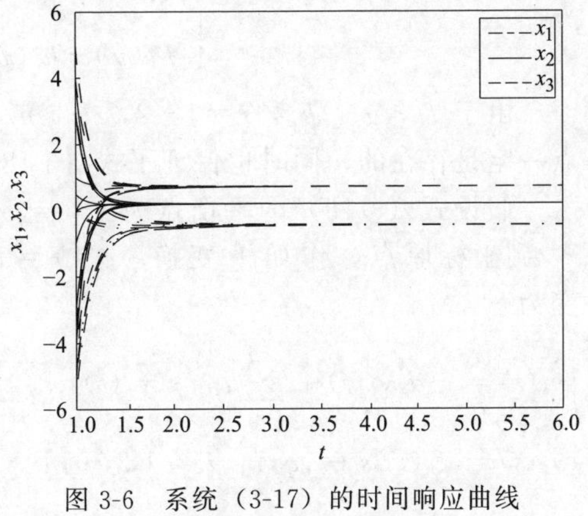

图 3-6　系统（3-17）的时间响应曲线

3.3 具多比例时滞递归神经网络的全局一致渐近稳定性

比例时滞的时变无界性使其在具比例时滞神经网络的动力学研究过程不易处理，但是通过非线性变换将具比例时滞神经网络转化为常时滞神经网络，往往能起到化繁为简的作用. 本节通过这种方法，结合文献［19］的研究方法，分析具多比例时滞递归神经网络的全局一致渐近稳定性.

3.3.1 模型描述及预备知识

考虑如下具多比例时滞递归神经网络[5]

$$\begin{cases}\dot{x}_i(t)=-d_ix_i(t)+\sum\limits_{j=1}^{n}a_{ij}\tilde{f}_j(x_j(t))+\sum\limits_{j=1}^{n}b_{ij}\tilde{g}_j(x_j(q_1t))+\\ \qquad\sum\limits_{j=1}^{n}c_{ij}\tilde{h}_j(x_j(q_2t))+I_i,t\geqslant 1\\ x_i(s)=\varphi_i(s),s\in[q,1],q=\min\{q_1,q_2\}\end{cases}\tag{3-18}$$

其中，a_{ij}，b_{ij} 和 c_{ij} 为网络的连接权重；q_1，q_2 为比例时滞因子，满足 $0<q_1$，$q_2\leqslant 1$，$q_it=t-(1-q_i)t,i=1,2$，其中 $(1-q_i)t,i=1,2$ 表示比例时滞函数，当 $t\to+\infty$ 时，$(1-q_i)t\to+\infty,i=1,2$，因此它们是无界函数；$\varphi_i(s)\in C([q,1],\mathbb{R})$ 表示初始函数；$\tilde{f}_j(\cdot)$，$\tilde{g}_j(\cdot)$ 和 $\tilde{h}_j(\cdot)$ 分别表示 t，q_1t 和 q_2t 时刻的激活函数.

假设 $\tilde{f}_i$，$\tilde{g}_i$，$\tilde{h}_i$，$i=1, 2, \cdots, n$ 满足如下条件：

(H_1) $\tilde{f}_i$，$\tilde{g}_i$，$\tilde{h}_i$，$i=1, 2, \cdots, n$ 在 $\mathbb{R}$ 上有界；

(H_2) 存在正常数 μ_i，l_i 和 λ_i，$\forall u, v\in\mathbb{R}$，使

$$\begin{cases}|\tilde{f}_i(u)-\tilde{f}_i(v)|\leqslant\mu_i|u-v|\\ |\tilde{g}_i(u)-\tilde{g}_i(v)|\leqslant l_i|u-v|\\ |\tilde{h}_i(u)-\tilde{h}_i(v)|\leqslant\lambda_i|u-v|\end{cases}$$

由于 $\tilde{f}_i$，$\tilde{g}_i$，$\tilde{h}_i$，$i=1, 2, \cdots, n$ 在 $\mathbb{R}$ 上有界，保证了系统（3-18）的平衡点一定是存在的，同时也保证了式（3-18）的解一定是有界的.

假设式（3-18）的平衡点为 $\boldsymbol{x}^*=(x_1^*,x_2^*,\cdots,x_n^*)^{\mathrm{T}}$，为了简化证明，平移 $\boldsymbol{x}^*$ 到坐标原点，作如下变换 $y_i(t)=x_i-x_i^*,i=1,2,\cdots,n$，则系统（3-18）变为

$$\begin{cases}\dot{y}_i(t)=-d_iy_i(t)+\sum\limits_{j=1}^{n}a_{ij}f_j(y_j(t))+\sum\limits_{j=1}^{n}b_{ij}g_j(y_j(q_1t))+\sum\limits_{j=1}^{n}c_{ij}h_j(y_j(q_2t)),t\geqslant 1\\ y_i(s)=\psi_i(s),s\in[q,1],i=1,2,\cdots,n\end{cases}\tag{3-19}$$

其中，$f_j(y_j(t))=\widetilde{f}_j(y_j(t)+x_j^*)-\widetilde{f}_j(x_j^*)$，$g_j(y_j(q_1t))=\widetilde{g}_j(y_j(q_1t)+x_j^*)-\widetilde{g}_j(x_j^*)$，$h_j(y_j(q_2t))=\widetilde{h}_j(y_j(q_2t)+x_j^*)-\widetilde{h}_j(x_j^*)$，$\psi_i(s)=\varphi_i(s)-x_i^*$.

做变换 $z_i(t)=y_i(\mathrm{e}^t)$，将式（3-19）等价地变换为

$$\begin{cases}\dot{z}_i(t)=\mathrm{e}^t\left\{-d_iz_i(t)+\sum\limits_{j=1}^{n}a_{ij}f_j(z_j(t))+\sum\limits_{j=1}^{n}b_{ij}g_j(z_j(t-\tau_1))+\right.\\ \qquad\left.\sum\limits_{j=1}^{n}c_{ij}h_j(z_j(t-\tau_2))\right\},t\geqslant 0\\ z_i(s)=\theta_i(s),t\in[-\tau,0],\tau=\max\{\tau_1,\tau_2\},i=1,2,\cdots,n\end{cases}\tag{3-20}$$

其中，$\tau_1=-\ln q_1\geqslant 0$，$\tau_2=-\ln q_2\geqslant 0$，$\theta_i(s)=\psi_i(\mathrm{e}^s)\in C([-\tau,0],\mathbb{R})$.

3.3.2 全局一致渐近稳定性

定理 3-6 若（H_1）和（H_2）成立，且存在常数 $a_i>0$，$b_i>0$，$i=1$，2，…，n，使得

$$p_id_i-\sum_{j=1}^{n}q_j(|a_{ji}|\mu_i+|b_{ji}|l_i+|c_{ji}|\lambda_i)>0$$

成立，则系统（3-18）的平衡点 $\boldsymbol{x}=\boldsymbol{x}^*$ 全局一致渐近稳定，其中

$$p_i=\min_{1\leqslant i\leqslant n}\{a_i,b_i\},q_i=\max_{1\leqslant i\leqslant n}\{a_i,b_i\}$$

证明 要证系统（3-18）的平衡点 $\boldsymbol{x}=\boldsymbol{x}^*$ 是的全局一致渐近稳定点，仅证式（3-20）的零解是全局一致渐近稳定的即可. 令

$$\sigma_i(z_i(t))=\begin{cases}a_i,z_i(t)\geqslant 0\\ -b_i,z_i(t)<0\end{cases}$$

取如下的 Lyapunov 泛函

$$V(t)=\sum_{i=1}^{n}\left\{\mathrm{e}^{-t}\int_0^{z_i(t)}\sigma_i(s)\mathrm{d}s+q_i\sum_{j=1}^{n}\left(\int_{t-\tau_1}^{t}|b_{ij}||g_j(z_j(s))|\mathrm{d}s+\int_{t-\tau_2}^{t}|c_{ij}||h_j(z_j(s))|\mathrm{d}s\right)\right\}$$

易知，$V(t)$ 全局正定，且由定义 1-16 易知其具有无穷大下界和无穷小上界. 对 $V(t)$沿式（3-20）求导，得

$$\begin{aligned}\dot{V}(t)=&\sum_{i=1}^{n}\left\{-\mathrm{e}^{-t}\int_0^{z_i(t)}\sigma_i(s)\mathrm{d}s+\sigma_i(z_i(t))\left[-d_iz_i(t)+\sum_{j=1}^{n}\{a_{ij}f_j(z_j(t))+\right.\right.\\&\left.b_{ij}g_j(z_j(t-\tau_1))+c_{ij}h_j(z_j(t-\tau_2))\}\right]+\\&\left.\sum_{j=1}^{n}q_i\left[|b_{ij}|(|g_j(z_j(t))|-|g_j(z_j(t-\tau_1))|)+|c_{ij}|(|h_j(z_j(t))|-|h_j(z_j(t-\tau_2))|)\right]\right\}\\ \leqslant&\sum_{i=1}^{n}\left\{-d_i|z_i(t)||\sigma_i(z_i(t))|+|\sigma_i(z_i(t))|\sum_{j=1}^{n}(|a_{ij}||f_j(z_j(t))|+\right.\\&|b_{ij}||g_j(z_j(t-\tau_1))|+|c_{ij}||h_j(z_j(t-\tau_2))|)+\end{aligned}$$

$$\sum_{j=1}^{n} q_i \left[|b_{ij}|(|g_j(z_j(t))|-|g_j(z_j(t-\tau_1))|)+|c_{ij}|(|h_j(z_j(t))|-h_j(z_j(t-\tau_2))|)\right]\Big\}$$

$$\leqslant \sum_{i=1}^{n}\Big(-d_i p_i|z_i(t)|+q_i\sum_{j=1}^{n}(|a_{ij}|\mu_j+|b_{ij}|l_j+|c_{ij}|\lambda_j)|z_j(t)|\Big)$$

$$=\sum_{i=1}^{n}-d_i p_i|z_i(t)|+\sum_{i=1}^{n}\sum_{j=1}^{n}q_i(|a_{ij}|\mu_j+|b_{ij}|l_j+|c_{ij}|\lambda_j)|z_j(t)|$$

$$=\sum_{i=1}^{n}\Big(-d_i p_i+\sum_{j=1}^{n}q_j(|a_{ji}|\mu_i+|b_{ji}|l_i+|c_{ji}|\lambda_i)\Big)|z_i(t)|<0$$

因此$V(t)$为负定的. 由定理1-4，系统（3-20）的零解是全局一致渐近稳定的，从而可知系统（3-18）的平衡点$\boldsymbol{x}=\boldsymbol{x}^*$是全局一致渐近稳定的.

定理3-7 若条件（H_1）和（H_2）成立，且存在常数$a>0$，使

$$d_i-\sum_{j=1}^{n}a^{j-i}(|a_{ji}|\mu_i+|b_{ji}|l_i+|c_{ji}|\lambda_i)>0, i=1,2,\cdots,n$$

成立，则（3-18）的平衡点$\boldsymbol{x}=\boldsymbol{x}^*$为全局一致渐近稳定的.

证明 取如下正定的Lyapunov泛函

$$V(t)=\sum_{i=1}^{n}\Big\{e^{-t}\int_0^{z_i(t)}\omega_i(s)ds+a^i\sum_{j=1}^{n}\Big(\int_{t-\tau_1}^{t}|b_{ij}||g_j(z_j(s))|ds+\int_{t-\tau_2}^{t}|c_{ij}||h_j(z_j(s))|ds\Big)\Big\}$$

其中，

$$\omega_i(s)=\begin{cases}a^i, s\geqslant 0\\ -a^i, s<0\end{cases}$$

对$V(t)$沿着系统（3-20）求导，得

$$\dot V(t)=\sum_{i=1}^{n}\Big\{-e^{-t}\int_0^{z_i(t)}\omega_i(s)ds+\omega_i(z_i(t))[-d_iz_i(t)+\sum_{j=1}^{n}(a_{ij}f_j(z_j(t))+b_{ij}g_j(z_j(t-\tau_1))+c_{ij}h_j(z_j(t-\tau_2)))]+\sum_{j=1}^{n}a^i[|b_{ij}|(|g_j(z_j(t))|-|g_j(z_j(t-\tau_1))|)+|c_{ij}|(|h_j(z_j(t))|-|h_j(z_j(t-\tau_2))|)]\Big\}$$

$$\leqslant \sum_{i=1}^{n}\Big\{\Big[-d_ia^i|z_i(t)|+a^i\sum_{j=1}^{n}(|a_{ij}|\mu_j|z_j(t)|+|b_{ij}||g_j(z_j(t-\tau_1))|+|c_{ij}||h_j(z_j(t-\tau_2))|)\Big]+\sum_{j=1}^{n}a^i\Big[|b_{ij}|(l_j|z_j(t)|-|g_j(z_j(t-\tau_1))|)+|c_{ij}|(\lambda_j|z_j(t)|-|h_j(z_j(t-\tau_2))|)\Big]\Big\}$$

$$\leqslant \sum_{i=1}^{n}\Big[-d_ia^i|z_i(t)|+a^i\sum_{j=1}^{n}(|a_{ij}|\mu_j+|b_{ij}|l_j+|c_{ij}|\lambda_j)|z_j(t)|\Big]$$

$$=\sum_{i=1}^{n}(-d_ia^i|z_i(t)|)+\sum_{i=1}^{n}\sum_{j=1}^{n}a^i(|a_{ij}|\mu_j+|b_{ij}|l_j+|c_{ij}|\lambda_j)|z_j(t)|$$

$$=\sum_{i=1}^{n}\left[-d_i a^i+\sum_{j=1}^{n}a^j(|a_{ji}|\mu_i+|b_{ji}|l_i+|c_{ji}|\lambda_i)\right]|z_i(t)|<0$$

因此，$V(t)$ 是负定的. 由定理 1-4，定理 3-7 得证.

定理 3-8　如果条件（H_1）和（H_2）成立，且存在常数 $a>0$，对 i，$j=1$，2，…，n，使

$$d_j>\mu_j|a_{jj}|+l_j|b_{jj}|+\lambda_j|c_{jj}|,j=1,2,\cdots,n$$

$$(\mu_j|a_{ij}|+l_j|b_{ij}|+\lambda_j|c_{ij}|)/[d_j-(|a_{jj}|\mu_j+|b_{jj}|l_j+|c_{jj}|\lambda_j)]<a^{j-i}/n,i\neq j$$

成立，则（3-18）的平衡点 $\boldsymbol{x}=\boldsymbol{x}^*$ 为全局一致渐近稳定的.

证明　令

$$\omega_i(z_i(t))=\begin{cases}a^i,z_i(t)\geqslant 0\\-a^i,z_i(t)<0\end{cases}$$

取如下正定的 Lyapunov 泛函

$$V(t)=\sum_{i=1}^{n}\left\{\mathrm{e}^{-t}\int_0^{z_i(t)}\omega_i(s)\mathrm{d}s+a^i\sum_{j=1}^{n}\left(\int_{t-\tau_1}^{t}|b_{ij}||g_j(z_j(s))|\mathrm{d}s+\int_{t-\tau_2}^{t}|c_{ij}||h_j(z_j(s))|\mathrm{d}s\right)\right\}$$

对 $V(t)$ 沿着式（3-20）的轨迹求导，得

$$\begin{aligned}\dot V(t)\leqslant&\sum_{i=1}^{n}\{[-d_i\omega_i(z_i(t))z_i(t)+|\omega_i(z_i(t))|\sum_{j=1}^{n}(|a_{ij}||f_j(z_j(t))|+\\&|b_{ij}||g_j(z_j(t-\tau_1))|+|c_{ij}||h_j(z_j(t-\tau_2))|)]+\sum_{j=1}^{n}a^i[|b_{ij}|(|g_j(z_j(t))|-\\&|g_j(z_j(t-\tau_1))|)+|c_{ij}|(|h_j(z_j(t))|-|h_j(z_j(t-\tau_2))|)]\}\\\leqslant&\sum_{i=1}^{n}-d_i\omega_i(z_i(t))z_i(t)+\sum_{i=1}^{n}\sum_{j=1}^{n}|\omega_i(z_i(t))||a_{ij}|\mu_j|z_j(t)|+\\&\sum_{i=1}^{n}\sum_{j=1}^{n}a^i|b_{ij}|l_j|z_j(t)|+\sum_{i=1}^{n}\sum_{j=1}^{n}a^i|c_{ij}|\lambda_j|z_j(t)|\\=&\sum_{j=1}^{n}\omega_j(z_j(t))z_j(t)\Big\{-d_j+|a_{jj}|\mu_j+\\&\sum_{i=1,i\neq j}^{n}(|\omega_i(z_i(t))||a_{ij}|\mu_j|z_j(t)|)/[\omega_j(z_j(t))z_j(t)]+|b_{jj}|l_j+\\&\sum_{i=1,i\neq j}^{n}(a^i|b_{ij}|l_j|z_j(t)|)/[\omega_j(z_j(t))z_j(t)]+|c_{jj}|\lambda_j+\\&\sum_{i=1,i\neq j}^{n}(a^i|c_{ij}|\lambda_j|z_j(t)|)/[\omega_j(z_j(t))z_j(t)]\Big\}\\\leqslant&\sum_{j=1}^{n}\omega_j(z_j(t))z_j(t)[-d_j+(|a_{jj}|\mu_j+|b_{jj}|l_j+|c_{jj}|\lambda_j)+\\&\sum_{i=1,i\neq j}^{n}a^{i-j}(|a_{ij}|\mu_j+|b_{ij}|l_j+|c_{ij}|\lambda_j)]\end{aligned}$$

$$=\sum_{j=1}^{n}\omega_j(z_j(t))z_j(t)[-d_j+(|a_{jj}|\mu_j+|b_{jj}|l_j+|c_{jj}|\lambda_j)]\Big\{-1+$$

$$\sum_{i=1,i\neq j}^{n}[a^{i-j}(|a_{ij}|\mu_j+|b_{ij}|l_j+|c_{ij}|\lambda_j)]/[d_j-(|a_{jj}|\mu_j+|b_{jj}|l_j+|c_{jj}|\lambda_j)]\Big\}$$

$$<\sum_{j=1}^{n}\omega_j(z_j(t))z_j(t)[-d_j+(|a_{jj}|\mu_j+|b_{jj}|l_j+|c_{jj}|\lambda_j)]\Big(-1+\sum_{i=1,i\neq j}^{n}1/n\Big)$$

$$=\sum_{j=1}^{n}\omega_j(z_j(t))z_j(t)[-d_j+(|a_{jj}|\mu_j+|b_{jj}|l_j+|c_{jj}|\lambda_j)]1/n<0$$

由 $V(t)$ 是负定的. 由定理 1-4，定理 3-7 得证.

3.3.3 数值算例及仿真

例 3-4 考虑如下二维多比例时滞系统

$$\begin{pmatrix}\dot{x}_1(t)\\ \dot{x}_2(t)\end{pmatrix}=-\begin{pmatrix}3 & 0\\ 0 & 8\end{pmatrix}\begin{pmatrix}x_1(t)\\ x_2(t)\end{pmatrix}+\begin{pmatrix}1/5 & 3/5\\ 2/5 & 1/3\end{pmatrix}\begin{pmatrix}f_1(x_1(t))\\ f_2(x_2(t))\end{pmatrix}+$$

$$\begin{pmatrix}2/5 & 1/5\\ 2/5 & 1/3\end{pmatrix}\begin{pmatrix}g_1(x_1(q_1t))\\ g_2(x_2(q_1t))\end{pmatrix}+\begin{pmatrix}4/5 & 4/5\\ 2/5 & 2/3\end{pmatrix}\begin{pmatrix}h_1(x_1(q_2t))\\ h_2(x_2(q_2t))\end{pmatrix}+\begin{pmatrix}2\\ 3\end{pmatrix}\tag{3-21}$$

其中，激活函数取为 $f_i(x_i(t))=0.5(|x_i(t)+1|+|x_i(t)-1|)$，$g_i(x_i(t))=\tanh(x_i(t))$，和 $h_i(x_i(t))=(\mathrm{e}^{x_i}-1)/(\mathrm{e}^{x_i}+1),i=1,2$，则 $\mu_i=1$，$l_i=1$，$\lambda_i=0.5$，$i=1$，2.

1）取 $a_1=5$，$a_2=1$，$b_1=4$，$b_2=2$，有

$p_1=\min\{a_1,b_1\}=4$，$p_2=\min\{a_2,b_2\}=1$，$q_1=\max\{a_1,b_1\}=5$，$q_2=\max\{a_2,b_2\}=2$ 计算，得

$$p_1d_1-\sum_{j=1}^{2}q_j(|a_{j1}|\mu_1+|b_{j1}|l_1+|c_{j1}|\lambda_1)=5>0$$

$$p_2d_2-\sum_{j=1}^{2}q_j(|a_{j2}|\mu_2+|b_{j2}|l_2+|c_{j2}|\lambda_2)=1>0$$

由定理 3-6，可知系统（3-21）的平衡点是全局一致渐近稳定的.

2）取 $a=1$，计算，得

$$d_1-\sum_{j=1}^{2}a^{j-1}(|a_{j1}|\mu_1+|b_{j1}|l_1+|c_{j1}|\lambda_1)=1>0$$

$$d_2-\sum_{j=1}^{2}a^{j-2}(|a_{j2}|\mu_2+|b_{j2}|l_2+|c_{j2}|\lambda_2)=6>0$$

由定理 3-7，可知式（3-21）的平衡点是一致渐近稳定的.

3）取 $a=0.5$，计算，得

$$d_1-(|a_{11}|\mu_1+|b_{11}|l_1+|c_{11}|\lambda_1)=2>0$$

$$d_2-(|a_{22}|\mu_2+|b_{22}|l_2+|c_{22}|\lambda_2)=7>0$$

$$(|a_{12}|\mu_2+|b_{12}|l_2+|c_{12}|\lambda_2)/[d_2-(|a_{22}|\mu_2+|b_{22}|l_2+|c_{22}|\lambda_2)]=1/2<a^{-1}/2=1$$

$$(|a_{21}|\mu_1+|b_{21}|l_1+|c_{21}|\lambda_1)/[d_1-(|a_{11}|\mu_1+|b_{11}|l_1+|c_{11}|\lambda_1)]=1/7<a^{-1}/2=1$$

由定理 3-8，可知式（3-21）的平衡点是一致渐近稳定的.

应用 Matlab 计算系统（3-21）的平衡点为 $(-1.5895,\ 0.2805)^{\mathrm{T}}$，其稳定性如图 3-7 和图 3-8 所示.

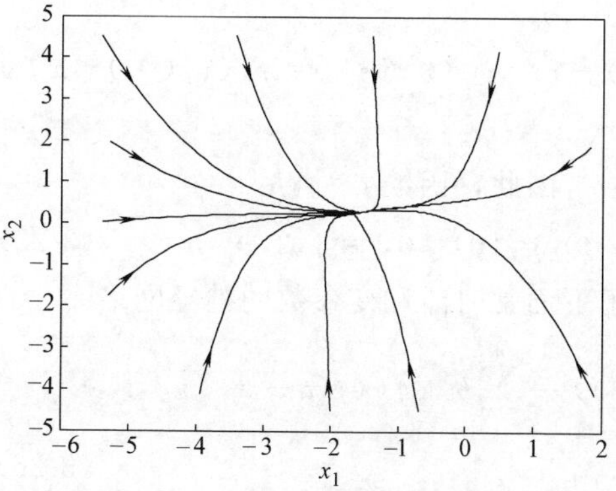

图 3-7 系统（3-21）的相轨迹

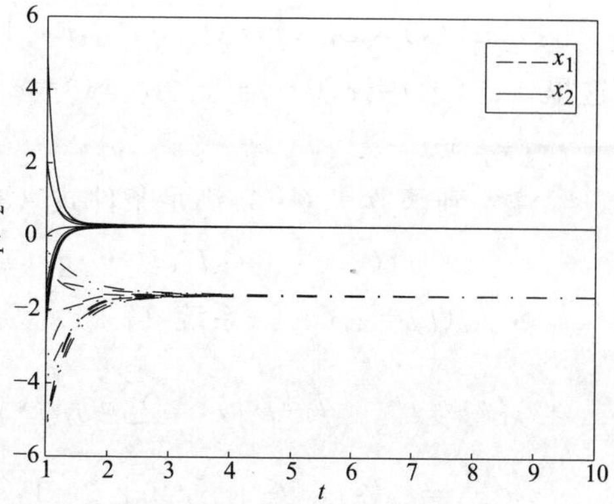

图 3-8 系统（3-21）的时间响应曲线

3.4 具比例时滞神经网络时滞依赖与时滞独立的渐近稳定性

在 3.1～3.3 节中，比例时滞因子为 q_j 或 q_1，q_2，q_j 或随 j 的变化而变化，或为常值 q_1，q_2，相对比较简单. 本节考虑比例时滞因子既随 i 变化，也随 j 变化的情况. 通过构造 Lyapunov 泛函和矩阵理论对具多比例时滞递归神经网络的全局渐近稳定性进行探讨.

3.4.1 模型描述及预备知识

考虑如下具多比例时滞的神经网络[8]：

$$\begin{cases}\dot{x}_i(t)=-d_ix_i(t)+\sum\limits_{j=1}^{n}a_{ij}f_j(x_j(t))+\sum\limits_{j=1}^{n}b_{ij}f_j(x_j(q_{ij}t))+I_i,t\geqslant 1\\ x_i(s)=\varphi_i(s),s\in[q,1],i=1,2,\cdots,n\end{cases}\tag{3-22}$$

这里，q_{ij}，i，$j=1$，2，…，n 为比例时滞因子且满足 $0<q_{ij}\leqslant 1$，$q_{ij}t=t-(1-q_{ij})t$，其中$(1-q_{ij})t$ 为传输时滞函数，且当 $q_{ij}\neq 1,t\to+\infty,(1-q_{ij})t\to+\infty$，取 $q=\min\limits_{1\leqslant i,j\leqslant n}\{q_{ij}\}$；$\varphi_i(s)\in C([q,1],\mathbb{R})$ 表示初始函数. 假设激活函数 $f_j(\cdot),j=1,2,\cdots,n$ 为有界的，单调非减的，且满足下列条件：

$$0\leqslant[f_i(u)-f_i(v)]/(u-v)\leqslant l_i,f_i(0)=0,u\neq v;f_i(u)\neq 0,u\neq 0,u,v\in\mathbb{R}\tag{3-23}$$

注 3-4 在式（3-22）中，如果 $q_{ij}=1,i,j=1,2,\cdots,n$，则系统（3-22）是一类无时滞神经网络模型.

众所周知，系统（3-22）存在一个平衡点. 令 $\boldsymbol{x}^*=(x_1^*,x_2^*,\cdots,x_n^*)^{\mathrm{T}}$ 为系统（3-22）的平衡点. 把 $\boldsymbol{x}^*$ 平移到原点，则式（3-22）变成

$$\begin{cases}\dot{z}_i(t)=-d_iz_i(t)+\sum_{j=1}^{n}a_{ij}g_j(z_j(t))+\sum_{j=1}^{n}b_{ij}g_j(z_j(q_{ij}t)),t\geqslant 1\\ z_i(s)=\psi_i(s),s\in[q,1],i=1,2,\cdots,n\end{cases}\tag{3-24}$$

这里，$z_i(\cdot)=x_i(\cdot)-x_i^*,\psi_i(s)=\varphi_i(s)-x_i^*,g_j(z_j(\cdot))=f_j(z_j(\cdot)+x_j^*)-f_j(x_j^*)$.

注意到函数 $f_i(\cdot)$ 满足条件式（3-23），因此，函数 g_i 满足

$$g_i^2(z_i(\cdot))\leqslant l_iz_i(\cdot)g_i(z_i(\cdot)),g_i(0)=0,i=1,2,\cdots,n\tag{3-25}$$

令 $y_i(t)=z_i(\mathrm{e}^t)$. 系统（3-24）等价于下面常时滞和变参数的神经网络[11]

$$\begin{cases}\dot{y}_i(t)=\mathrm{e}^t\left\{-d_iy_i(t)+\sum_{j=1}^{n}a_{ij}g_j(y_j(t))+\sum_{j=1}^{n}b_{ij}g_j(y_j(t-\tau_{ij}))\right\},t\geqslant 0\\ y_i(s)=\xi_i(s),s\in[-\tau,0],i=1,2,\cdots,n\end{cases}\tag{3-26}$$

这里 $\tau_{ij}=-\ln q_{ij}\geqslant 0,\tau=\max\limits_{1\leqslant i,j\leqslant n}\{\tau_{ij}\},\xi_i(s)=\psi_i(\mathrm{e}^s)\in C([-\tau,0],\mathbb{R})$.

由式（3-25），得到

$$g_i^2(y_i(\cdot))\leqslant l_iy_i(\cdot)g_i(y_i(\cdot)),g_i(0)=0,i=1,2,\cdots,n\tag{3-27}$$

容易验证，系统（3-24）和系统（3-26）有相同的平衡点，即 $\boldsymbol{z}^*=\boldsymbol{y}^*=\boldsymbol{0}$. 因此，为了证明系统（3-22）平衡点 $\boldsymbol{x}^*$ 的稳定性，只需证明系统（3-24）或系统（3-26）零解的稳定性.

注 3-5 就时滞而言，在式（3-22）中，当 $q_{ij}\neq 1,t\to+\infty$时，时滞函数 $(1-q_{ij})t\to+\infty$. 因此，模型（3-22）不同于文献［18-23］中的时滞神经网络模型. 此外，模型（3-26）不同于文献［24］中的模型. 文献［24］中模型的参数为有界时变函数，而模型（3-26）的参数是包含 e^t 的无界时变函数. 因此，文献［18-24］中的稳定性结论不能被直接应用于式（3-22）和式（3-26）.

3.4.2 全局渐近稳定性

定理 3-9 如果存在正对角矩阵 $\boldsymbol{M}=\mathrm{diag}(m_1,m_2,\cdots,m_n)$，$\boldsymbol{N}_i=\mathrm{diag}(n_{i1},n_{i2},\cdots,n_{in})$ 和一个常数 $\beta>0$，使得下面的不等式成立：

$$\boldsymbol{MA}+\boldsymbol{A}^{\mathrm{T}}\boldsymbol{M}-2\boldsymbol{MDL}^{-1}+\sum_{i=1}^{n}(\beta\boldsymbol{N}_i\boldsymbol{Q}_i^{-1}+\beta^{-1}\boldsymbol{MW}_i\boldsymbol{N}_i^{-1}\boldsymbol{W}_i^{\mathrm{T}}\boldsymbol{M})<0\tag{3-28}$$

则系统（3-24）的零解为全局渐近稳定的. 这里 $\boldsymbol{D}=\mathrm{diag}(d_1,d_2,\cdots,d_n)$，$\boldsymbol{A}=(a_{ij})_{n\times n}$，$\boldsymbol{L}=\mathrm{diag}(l_1,l_2,\cdots,l_n)$，$\boldsymbol{W}_i$ 是一个 $n\times n$ 方阵，它的第 i 行为 $(b_{i1},b_{i2},\cdots,b_{in})$，且其他行均为零，$\boldsymbol{Q}_i^{-1}=\mathrm{diag}(q_{i1}^{-1},q_{i2}^{-1},\cdots,q_{in}^{-1}),i=1,2,\cdots,n$.

证明 考虑如下 Lyapunov 泛函

$$V(t)=\sum_{i=1}^{n}2m_i\int_0^{z_i(t)}g_i(s)\mathrm{d}s+\sum_{i=1}^{n}\sum_{j=1}^{n}\beta q_{ij}^{-1}\int_{q_{ij}t}^{t}n_{ij}g_j^2(z_j(s))\mathrm{d}s \tag{3-29}$$

这里 $m_i>0$，$n_{ij}>0$，i，$j=1$，2，…，n，$\beta>0$.

由式（3-27），在式（3-29）中，如果 $\boldsymbol{z}(t)=\boldsymbol{0}$，即 $z_i(t)=0,i=1,2,\cdots,n$，则 $g(z_i(t))=0,i=1,2,\cdots,n$，因此 $V(t)=0$. 下面给出当 $\boldsymbol{z}(t)\neq\boldsymbol{0}$ 时，$V(t)>0$.

事实上，由 $\boldsymbol{z}(t)\neq\boldsymbol{0}$ 可知，至少存在一个 i，使得 $z_i(t)\neq0$. 根据积分中值定理得到

$$\int_0^{z_i(t)}g_i(s)\mathrm{d}s=g_i(\theta_i)z_i(t)$$

这里，θ_i 是介于 0 和 $z_i(t)$ 之间的一个数. 由式（3-23）和式（3-25）可知，当 $z_i(t)>0$时，得到 $\theta_i>0,g_i(\theta_i)\geqslant0,g_i(\theta_i)z_i(t)\geqslant0$；当 $z_i(t)<0$ 时，得到 $\theta_i<0,g_i(\theta_i)\leqslant0$ 和 $g_i(\theta_i)z_i(t)\geqslant0$. 因此，得到

$$\int_0^{z_i(t)}g_i(s)\mathrm{d}s\geqslant0,\sum_{i=1}^{n}2m_i\int_0^{z_i(t)}g_i(s)\mathrm{d}s\geqslant0\ ,\boldsymbol{z}(t)\neq\boldsymbol{0}$$

更进一步，证明当 $\boldsymbol{z}(t)\neq\boldsymbol{0}$ 时，$\sum_{i=1}^{n}2m_i\int_0^{z_i(t)}g_i(s)\mathrm{d}s=0$ 不成立. 假设当 $\boldsymbol{z}(t)\neq\boldsymbol{0}$时，$\sum_{i=1}^{n}2m_i\int_0^{z_i(t)}g_i(s)\mathrm{d}s=0$ 成立，则一定存在 θ_i，$i=1$，2，…，n，使得

$$\sum_{i=1}^{n}2m_i\int_0^{z_i(t)}g_i(s)\mathrm{d}s=\sum_{i=1}^{n}2m_ig_i(\theta_i)z_i(t)=0$$

这里，θ_i 是介于0 和 $z_i(t)$ 之间的一个数. 因此，得 $g_i(\theta_i)=0$ 或 $z_i(t)=0,i=1,2,\cdots,n$. 当 $z_i(t)=0,i=1,2,\cdots,n$ 时，得 $\boldsymbol{z}(t)=\boldsymbol{0}$，与 $\boldsymbol{z}(t)\neq\boldsymbol{0}$ 矛盾. 当 $g_i(\theta_i)=0,i=1,2,\cdots,n$，得 $g_i(\theta_i)=f_i(\theta_i+x_i^*)-f_i(x_i^*)=0$，即 $f_i(\theta_i+x_i^*)=f_i(x_i^*)$，$i=1,2,\cdots,n$. 由式（3-23），对于任意 $\theta_i\in[0,z_i(t)]$或 $\theta_i\in[z_i(t),0]$，$f_i(\theta_i+x_i^*)$ 为一个常值函数，而这与 $f_i(x_i(t)),i=1,2,\cdots,n$ 为一个非线性激活函数相矛盾. 因此，当 $\boldsymbol{z}(t)\neq\boldsymbol{0}$ 时，有

$$\sum_{i=1}^{n}2m_i\int_0^{z_i(t)}g_i(s)\mathrm{d}s>0$$

也就是说，$V(t)$ 的第一项为正定的. 显然，$V(t)$ 的第二项大于或等于零. 即当 $\boldsymbol{z}(t)\neq\boldsymbol{0}$时，$V(t)>0$. 因此式（3-29）为正定的. 通过计算 $V(t)$ 沿系统（3-24）的导数，得到

$$\begin{aligned}\dot{V}(t)=&\ 2\sum_{i=1}^{n}m_ig_i(z_i(t))\dot{z}_i(t)+\sum_{i=1}^{n}\sum_{j=1}^{n}\beta n_{ij}q_{ij}^{-1}\left[g_j^2(z_j(t))-g_j^2(z_j(q_{ij}t))q_{ij}\right]\\=&\ 2\sum_{i=1}^{n}m_ig_i(z_i(t))\left[-d_iz_i(t)+\sum_{j=1}^{n}a_{ij}g_j(z_j(t))+\sum_{j=1}^{n}b_{ij}g_j(z_j(q_{ij}t))\right]+\end{aligned}$$

$$\sum_{i=1}^{n}\sum_{j=1}^{n}\beta n_{ij}q_{ij}^{-1}\left[g_j^2(z_j(t))-g_j^2(z_j(q_{ij}t))q_{ij}\right]$$
$$=-2\boldsymbol{g}^{\mathrm{T}}(\boldsymbol{z}(t))\boldsymbol{MDz}(t)+2\boldsymbol{g}^{\mathrm{T}}(\boldsymbol{z}(t))\boldsymbol{MAg}(\boldsymbol{z}(t))+$$
$$2\sum_{i=1}^{n}m_i g_i(z_i(t))(b_{i1},b_{i2},\cdots,b_{in})\,\boldsymbol{g}(\boldsymbol{z}(\overline{q}_i t))+$$
$$\sum_{i=1}^{n}\left[\beta\boldsymbol{g}^{\mathrm{T}}(\boldsymbol{z}(t))\boldsymbol{N}_i\boldsymbol{Q}_i^{-1}\boldsymbol{g}(\boldsymbol{z}(t))-\beta\boldsymbol{g}^{\mathrm{T}}(\boldsymbol{z}(\overline{q}_i t))\boldsymbol{N}_i\boldsymbol{g}(\boldsymbol{z}(\overline{q}_i t))\right] \tag{3-30}$$

这里，$\boldsymbol{g}(\boldsymbol{z}(\overline{q}_i t))=(g_1(z_1(q_{i1}t)),g_2(z_2(q_{i2}t)),\cdots,g_n(z_n(q_{in}t)))^{\mathrm{T}}$，$\boldsymbol{N}_i=\mathrm{diag}(n_{i1},n_{i2},\cdots,n_{in})$，$\boldsymbol{Q}_i^{-1}=\mathrm{diag}(q_{i1}^{-1},q_{i2}^{-1},\cdots,q_{in}^{-1})$，$i=1,2,\cdots,n$.

由引理 1-4，得

$$2\sum_{i=1}^{n}m_i g_i(z_i(t))(b_{i1},b_{i2},\cdots,b_{in})\,\boldsymbol{g}(\boldsymbol{z}(\overline{q}_i t))=\sum_{i=1}^{n}2\boldsymbol{g}^{\mathrm{T}}(\boldsymbol{z}(t))\boldsymbol{MW}_i\boldsymbol{g}(\boldsymbol{z}(\overline{q}_i t))$$
$$\leqslant\beta^{-1}\boldsymbol{g}^{\mathrm{T}}(\boldsymbol{z}(t))\left(\sum_{i=1}^{n}\boldsymbol{MW}_i\boldsymbol{N}_i^{-1}\boldsymbol{W}_i^{\mathrm{T}}\boldsymbol{M}\right)\boldsymbol{g}(\boldsymbol{z}(t))+\beta\sum_{i=1}^{n}\boldsymbol{g}^{\mathrm{T}}(\boldsymbol{z}(\overline{q}_i t))\boldsymbol{N}_i\boldsymbol{g}(\boldsymbol{z}(\overline{q}_i t)) \tag{3-31}$$

将式（3-31）代入式（3-30）中，得

$$\dot{V}(t)\leqslant-2\boldsymbol{g}^{\mathrm{T}}(\boldsymbol{z}(t))\boldsymbol{MDz}(t)+2\boldsymbol{g}^{\mathrm{T}}(\boldsymbol{z}(t))\boldsymbol{MAg}(\boldsymbol{z}(t))+$$
$$\beta^{-1}\boldsymbol{g}^{\mathrm{T}}(\boldsymbol{z}(t))\left(\sum_{i=1}^{n}\boldsymbol{MW}_i\boldsymbol{N}_i^{-1}\boldsymbol{W}_i^{\mathrm{T}}\boldsymbol{M}\right)\boldsymbol{g}(\boldsymbol{z}(t))+\beta\sum_{i=1}^{n}\boldsymbol{g}^{\mathrm{T}}(\boldsymbol{z}(\overline{q}_i t))\boldsymbol{N}_i\boldsymbol{g}(\boldsymbol{z}(\overline{q}_i t))+$$
$$\sum_{i=1}^{n}\left[\beta\boldsymbol{g}^{\mathrm{T}}(\boldsymbol{z}(t))\boldsymbol{N}_i\boldsymbol{Q}_i^{-1}\boldsymbol{g}(\boldsymbol{z}(t))-\beta\boldsymbol{g}^{\mathrm{T}}(\boldsymbol{z}(\overline{q}_i t))\boldsymbol{N}_i\boldsymbol{g}(\boldsymbol{z}(\overline{q}_i t))\right]=$$
$$-2\boldsymbol{g}^{\mathrm{T}}(\boldsymbol{z}(t))\boldsymbol{MDz}(t)+2\boldsymbol{g}^{\mathrm{T}}(\boldsymbol{z}(t))\boldsymbol{MAg}(\boldsymbol{z}(t))+$$
$$\boldsymbol{g}^{\mathrm{T}}(\boldsymbol{z}(t))\left[\beta^{-1}\sum_{i=1}^{n}\boldsymbol{MW}_i\boldsymbol{N}_i^{-1}\boldsymbol{W}_i^{\mathrm{T}}\boldsymbol{M}+\beta\boldsymbol{N}_i\boldsymbol{Q}_i^{-1}\right]\boldsymbol{g}(\boldsymbol{z}(t))+$$
$$2\boldsymbol{g}^{\mathrm{T}}(\boldsymbol{z}(t))\boldsymbol{MDL}^{-1}\boldsymbol{g}(\boldsymbol{z}(t))-2\boldsymbol{g}^{\mathrm{T}}(\boldsymbol{z}(t))\boldsymbol{MDL}^{-1}\boldsymbol{g}(\boldsymbol{z}(t)) \tag{3-32}$$

由式(3-25)，得

$$-\sum_{i=1}^{n}l_i z_i(t)g_i(z_i(t))\leqslant-\sum_{i=1}^{n}g_i^2(z_i(t))$$

即

$$-2\boldsymbol{g}^{\mathrm{T}}(\boldsymbol{z}(t))\boldsymbol{z}(t)\leqslant-2\boldsymbol{g}^{\mathrm{T}}(\boldsymbol{z}(t))\boldsymbol{L}^{-1}\boldsymbol{g}(\boldsymbol{z}(t))$$

因此，得

$$-2\boldsymbol{g}^{\mathrm{T}}(\boldsymbol{z}(t))\boldsymbol{MDz}(t)\leqslant-2\boldsymbol{g}^{\mathrm{T}}(\boldsymbol{z}(t))\boldsymbol{MDL}^{-1}\boldsymbol{g}(\boldsymbol{z}(t))$$

从而得到

$$-2\boldsymbol{g}^{\mathrm{T}}(\boldsymbol{z}(t))\boldsymbol{MDz}(t)+2\boldsymbol{g}^{\mathrm{T}}(\boldsymbol{z}(t))\boldsymbol{MDL}^{-1}\boldsymbol{g}(\boldsymbol{z}(t))\leqslant 0 \tag{3-33}$$

令 $\boldsymbol{g}(\boldsymbol{z}(t))\neq\boldsymbol{0}$，其蕴含着 $\boldsymbol{z}(t)\neq\boldsymbol{0}$. 由式（3-33），式（3-32）可被写成如下

形式：

$$\dot{V}(t)\leqslant \boldsymbol{g}^{\mathrm{T}}(\boldsymbol{z}(t))\Big(-2\boldsymbol{MDL}^{-1}+\boldsymbol{MA}+\boldsymbol{A}^{\mathrm{T}}\boldsymbol{M}+\beta^{-1}\sum_{i=1}^{n}\boldsymbol{MW}_i\boldsymbol{N}_i^{-1}\boldsymbol{W}_i^{\mathrm{T}}\boldsymbol{M}+\beta\boldsymbol{N}_i\boldsymbol{Q}_i^{-1}\Big)\boldsymbol{g}(\boldsymbol{z}(t))$$

因此，如果式（3-28）成立，则 $\dot{V}(t)<0$.

现在，考虑 $\boldsymbol{g}(\boldsymbol{z}(t))=\boldsymbol{0}$ 和 $\boldsymbol{z}(t)\neq\boldsymbol{0}$ 的情形．则有

$$\dot{V}(t)=-\sum_{i=1}^{n}\sum_{j=1}^{n}\beta n_{ij}g_j^2(z_j(q_{ij}t))=-\sum_{i=1}^{n}\beta\boldsymbol{g}^{\mathrm{T}}(\boldsymbol{z}(\overline{q}_it))\boldsymbol{N}_i\boldsymbol{g}(\boldsymbol{z}(\overline{q}_it))$$

如果至少存在一个 i，使得 $\boldsymbol{g}(\boldsymbol{z}(\overline{q}_it))\neq\boldsymbol{0}$，得到 $\dot{V}(t)<0$. 假设对于所有 i，$\boldsymbol{g}(\boldsymbol{z}(\overline{q}_it))=\boldsymbol{0}$. 因为 $\boldsymbol{g}(\boldsymbol{z}(\overline{q}_it))=(g_1(z_1(q_{i1}t)),g_2(z_2(q_{i2}t)),\cdots,g_n(z_n(q_{in}t)))^{\mathrm{T}}$，得到 $g_j(z_j(q_{ij}t))=0,i,j,=1,2,\cdots,n$，即

$$f_j(z_j(q_{ij}t)+x_j^*)-f_j(x_j^*)=f_j(x_j(q_{ij}t))-f_j(x_j^*)=0,i,j=1,2,\cdots,n$$

则

$$f_j(x_j(q_{ij}t))=f_j(x_j^*),i,j=1,2,\cdots,n \tag{3-34}$$

由 $\boldsymbol{z}(t)\neq\boldsymbol{0}$，得 $\boldsymbol{z}(\overline{q}_it)\neq\boldsymbol{0}$，至少存在一个 j，使得 $z_j(q_{ij}t)\neq0$，即 $x_j(q_{ij}t)\neq x_j^*$. 当 $x_j^*\neq0$，$x_j(q_{ij}t)=0$ 时，对于每个 j，得到

$$f_j(x_j^*)\neq0,f_j(x_j(q_{ij}t))=0 \tag{3-35}$$

易见，式（3-34）与式（3-35）存在矛盾，于是假设对于所有 i，$\boldsymbol{g}(\boldsymbol{z}(\overline{q}_it))=\boldsymbol{0}$ 不成立，至少存在一个 i，使 $\boldsymbol{g}(\boldsymbol{z}(\overline{q}_it))\neq\boldsymbol{0}$.

已证明对每个 $\boldsymbol{z}(t)\neq\boldsymbol{0}$，有 $\dot{V}(t)<0$. 现在，令 $\boldsymbol{z}(t)=\boldsymbol{0}$，蕴含着 $\boldsymbol{g}(\boldsymbol{z}(t))=\boldsymbol{0}$，则

$$\dot{V}(t)=-\sum_{i=1}^{n}\sum_{j=1}^{n}\beta n_{ij}g_j^2(z_j(q_{ij}t))=-\sum_{i=1}^{n}\beta\boldsymbol{g}^{\mathrm{T}}(z(\overline{q}_it))\boldsymbol{N}_i\boldsymbol{g}(\boldsymbol{z}(\overline{q}_it))$$

如果至少存在一个 i，使得 $\boldsymbol{g}(\boldsymbol{z}(\overline{q}_it))\neq\boldsymbol{0}$，得到 $\dot{V}(t)<0$，并且，当且仅当 $\boldsymbol{g}(\boldsymbol{z}(\overline{q}_it))=\boldsymbol{0},i=1,2,\cdots,n$ 时，$\dot{V}(t)=0$.

综上，可知当且仅当 $\boldsymbol{z}(t)=\boldsymbol{g}(\boldsymbol{z}(t))=\boldsymbol{g}(\boldsymbol{z}(\overline{q}_it))=\boldsymbol{0},i=1,2,\cdots,n$ 时，$\dot{V}(t)=0$，否则 $\dot{V}(t)<0$，即 $\dot{V}(t)$ 是负定的．又因为当 $\|\boldsymbol{z}(t)\|\to\infty$ 时，$V(t)\to\infty$，则 $V(t)$ 是径向无界的．因此，由文献［25］中推论 3.2，得出如果条件式（3-28）成立，则系统（3-24）的零解为全局渐近稳定的．进而系统（3-22）的平衡点 $\boldsymbol{x}=\boldsymbol{x}^*$ 为全局渐近稳定的.

对于式（3-24），根据定理 3-9，得到一个时滞依赖的全局渐近稳定性的充分条件．接下来，给出关于式（3-26）的时滞独立的一致渐近稳定性的充分条件.

定理 3-10　如果存在正对角矩阵 $\boldsymbol{M}=\mathrm{diag}(m_1,m_2,\cdots,m_n)$，$\boldsymbol{N}_i=\mathrm{diag}(n_{i1},n_{i2},\cdots,n_{in})$ 和一个常数 $\beta>0$，使得下面的不等式

$$\boldsymbol{MA}+\boldsymbol{A}^{\mathrm{T}}\boldsymbol{M}-2\boldsymbol{MDL}^{-1}+\sum_{i=1}^{n}(\beta\boldsymbol{N}_i+\beta^{-1}\boldsymbol{MW}_i\boldsymbol{N}_i^{-1}\boldsymbol{W}_i^{\mathrm{T}}\boldsymbol{M})<0 \tag{3-36}$$

成立，则系统（3-26）的零解为一致渐近稳定的，这里 $\boldsymbol{D}=\mathrm{diag}(d_1,d_2,\cdots,d_n)$，$\boldsymbol{A}=(a_{ij})_{n\times n}$，$\boldsymbol{L}=\mathrm{diag}(l_1,l_2,\cdots,l_n)$，$\boldsymbol{W}_i$ 是一个 $n\times n$ 方阵，它的第 i 行为 $(b_{i1},b_{i2},\cdots,b_{in})$ 且其他行均为零，$i=1,2,\cdots,n$.

证明 考虑如下 Lyapunov 泛函：

$$V(\boldsymbol{y}(t),t)=2\sum_{i=1}^{n}\mathrm{e}^{-t}m_i\int_0^{y_i(t)}g_i(s)\mathrm{d}s+\sum_{i=1}^{n}\sum_{j=1}^{n}\int_{t-\tau_{ij}}^{t}\beta n_{ij}g_j^2(y_j(s))\mathrm{d}s \tag{3-37}$$

这里 $m_i>0$，$n_{ij}>0$，$i,j=1,2,\cdots,n$，$\beta>0$.

设 $W(\boldsymbol{y}(t))=\sum_{i=1}^{n}\sum_{j=1}^{n}\int_{t-\tau_{ij}}^{t}\beta n_{ij}g_j^2(y_j(s))\mathrm{d}s$，有 $V(\boldsymbol{y}(t),t)\geqslant W(\boldsymbol{y}(t))$，易知 $W(\boldsymbol{y}(t))$ 是正定的，且 $V(\boldsymbol{0},t)\equiv 0$，所以 $V(\boldsymbol{y}(t),t)$ 是正定的. 并且 $V(\boldsymbol{y}(t),t)\leqslant U(\boldsymbol{y}(t))$，这里

$$U(t)=2\sum_{i=1}^{n}m_i\int_0^{y_i(t)}g_i(s)\mathrm{d}s+\sum_{i=1}^{n}\sum_{j=1}^{n}\int_{t-\tau_{ij}}^{t}\beta n_{ij}g_j^2(y_j(s))\mathrm{d}s$$

为正定的. 因此，$V(\boldsymbol{y}(t),t)$ 是一个具有无穷小上界的函数.

函数式（3-37）沿系统（3-26）的导数为

$$\begin{aligned}
\dot{V}(\boldsymbol{y}(t),t)=&-2\sum_{i=1}^{n}\mathrm{e}^{-t}m_i\int_0^{y_i(t)}g_i(s)\mathrm{d}s+2\sum_{i=1}^{n}\mathrm{e}^{-t}m_ig_i(y_i(t))\dot{y}_i(t)+\\
&\sum_{i=1}^{n}\sum_{j=1}^{n}n_{ij}\beta[g_j^2(y_j(t))-g_j^2(y_j(t-\tau_{ij}))]\\
\leqslant&\,2\sum_{i=1}^{n}\mathrm{e}^{-t}m_ig_i(y_i(t))\dot{y}_i(t)+\sum_{i=1}^{n}\sum_{j=1}^{n}n_{ij}\beta[g_j^2(y_j(t))-g_j^2(y_j(t-\tau_{ij}))]\\
=&\,2\sum_{i=1}^{n}\mathrm{e}^{-t}m_ig_i(y_i(t))\Big\{\mathrm{e}^{t}\Big[-d_iy_i(t)+\sum_{j=1}^{n}a_{ij}g_j(y_j(t))+\\
&\sum_{j=1}^{n}b_{ij}g_j(y_j(t-\tau_{ij}))\Big]\Big\}+\sum_{i=1}^{n}\sum_{j=1}^{n}n_{ij}\beta[g_j^2(y_j(t))-g_j^2(y_j(t-\tau_{ij}))]\\
=&-2\boldsymbol{g}(\boldsymbol{y}(t))^{\mathrm{T}}\boldsymbol{MDy}(t)+2\boldsymbol{g}(\boldsymbol{y}(t))^{\mathrm{T}}\boldsymbol{MAg}(\boldsymbol{y}(t))+\\
&2\sum_{i=1}^{n}m_ig_i(y_i(t))(b_{i1},b_{i2},\cdots,b_{in})\boldsymbol{g}(\boldsymbol{y}(t-\bar{\tau}_i))+\\
&\sum_{i=1}^{n}[\beta\boldsymbol{g}^{\mathrm{T}}(\boldsymbol{y}(t))\boldsymbol{N}_i\boldsymbol{g}(\boldsymbol{y}(t))-\beta\boldsymbol{g}^{\mathrm{T}}(\boldsymbol{y}(t-\bar{\tau}_i))\boldsymbol{N}_i\boldsymbol{g}(\boldsymbol{y}(t-\bar{\tau}_i))]
\end{aligned} \tag{3-38}$$

这里，$\boldsymbol{g}(\boldsymbol{y}(t-\bar{\tau}_i))=(g_1(y_1(t-\tau_{i1})),g_2(y_2(t-\tau_{i2})),\cdots,g_n(y_n(t-\tau_{in})))^{\mathrm{T}}$. $\boldsymbol{N}_i=\mathrm{diag}(n_{i1},n_{i2},\cdots,n_{in})$，$i=1,2,\cdots,n$.

注意到下面条件成立：

$$2\sum_{i=1}^{n} m_i g(y_i(t))(b_{i1},b_{i2},\cdots,b_{in})\boldsymbol{g}(\boldsymbol{y}(t-\overline{\tau}_i))$$
$$=2\sum_{i=1}^{n} \boldsymbol{g}^{\mathrm{T}}(\boldsymbol{y}(t))\boldsymbol{M}\boldsymbol{W}_i\boldsymbol{g}(\boldsymbol{y}(t-\overline{\tau}_i))$$
$$\leqslant\beta^{-1}\boldsymbol{g}^{\mathrm{T}}(\boldsymbol{y}(t))\left(\sum_{i=1}^{n}\boldsymbol{M}\boldsymbol{W}_i\boldsymbol{N}_i^{-1}\boldsymbol{W}_i^{\mathrm{T}}\boldsymbol{M}\right)\boldsymbol{g}(\boldsymbol{y}(t))+$$
$$\beta\sum_{i=1}^{n}\boldsymbol{g}^{\mathrm{T}}(\boldsymbol{y}(t-\overline{\tau}_i))\boldsymbol{N}_i\boldsymbol{g}(\boldsymbol{y}(t-\overline{\tau}_i)) \tag{3-39}$$

将式（3-39）代入式（3-38），得

$$\begin{aligned}\dot{V}(\boldsymbol{y}(t),t)\leqslant&-2\boldsymbol{g}^{\mathrm{T}}(\boldsymbol{y}(t))\boldsymbol{M}\boldsymbol{D}\boldsymbol{y}(t)+2\boldsymbol{g}^{\mathrm{T}}(\boldsymbol{y}(t))\boldsymbol{M}\boldsymbol{A}\boldsymbol{g}(\boldsymbol{y}(t))+\\&\beta^{-1}\boldsymbol{g}^{\mathrm{T}}(\boldsymbol{y}(t))\left(\sum_{i=1}^{n}\boldsymbol{M}\boldsymbol{W}_i\boldsymbol{N}_i^{-1}\boldsymbol{W}_i^{\mathrm{T}}\boldsymbol{M}\right)\boldsymbol{g}(\boldsymbol{y}(t))+\\&\beta\sum_{i=1}^{n}\boldsymbol{g}^{\mathrm{T}}(\boldsymbol{y}(t-\overline{\tau}_i))\boldsymbol{N}_i\boldsymbol{g}(\boldsymbol{y}(t-\overline{\tau}_i))+\sum_{i=1}^{n}[\beta\boldsymbol{g}^{\mathrm{T}}(\boldsymbol{y}(t))\boldsymbol{N}_i\boldsymbol{g}(\boldsymbol{y}(t))-\\&\beta\boldsymbol{g}^{\mathrm{T}}(\boldsymbol{y}(t-\overline{\tau}_i))\boldsymbol{N}_i\boldsymbol{g}(\boldsymbol{y}(t-\overline{\tau}_i))]\\=&-2\boldsymbol{g}^{\mathrm{T}}(\boldsymbol{y}(t))\boldsymbol{M}\boldsymbol{D}\boldsymbol{y}(t)+2\boldsymbol{g}^{\mathrm{T}}(\boldsymbol{y}(t))\boldsymbol{M}\boldsymbol{A}\boldsymbol{g}(\boldsymbol{y}(t))+\\&\boldsymbol{g}^{\mathrm{T}}(\boldsymbol{y}(t))\left(\beta^{-1}\sum_{i=1}^{n}\boldsymbol{M}\boldsymbol{W}_i\boldsymbol{N}_i^{-1}\boldsymbol{W}_{\mathrm{i}}^{\mathrm{T}}\boldsymbol{M}+\beta\boldsymbol{N}_i\right)\boldsymbol{g}(\boldsymbol{y}(t))+\\&2\boldsymbol{g}^{\mathrm{T}}(\boldsymbol{y}(t))\boldsymbol{M}\boldsymbol{D}\boldsymbol{L}^{-1}\boldsymbol{g}(\boldsymbol{y}(t))-2\boldsymbol{g}^{\mathrm{T}}(\boldsymbol{y}(t))\boldsymbol{M}\boldsymbol{D}\boldsymbol{L}^{-1}\boldsymbol{g}(\boldsymbol{y}(t))\end{aligned} \tag{3-40}$$

由式（3-27），得下面的不等式成立：

$$-2\boldsymbol{g}^{\mathrm{T}}(\boldsymbol{y}(t))\boldsymbol{M}\boldsymbol{D}\boldsymbol{y}(t)+2\boldsymbol{g}^{\mathrm{T}}(\boldsymbol{y}(t))\boldsymbol{M}\boldsymbol{D}\boldsymbol{L}^{-1}\boldsymbol{g}(\boldsymbol{y}(t))\leqslant 0 \tag{3-41}$$

由式（3-41）知，式（3-40）可写成如下形式：

$$\dot{V}(\boldsymbol{y}(t),t)\leqslant\boldsymbol{g}^{\mathrm{T}}(\boldsymbol{y}(t))\left[-2\boldsymbol{M}\boldsymbol{D}\boldsymbol{L}^{-1}+\boldsymbol{M}\boldsymbol{A}+\boldsymbol{A}^{\mathrm{T}}M+\sum_{i=1}^{n}(\beta^{-1}\boldsymbol{M}\boldsymbol{W}_i\boldsymbol{N}_i^{-1}\boldsymbol{W}_i^{\mathrm{T}}\boldsymbol{M}+\beta\boldsymbol{N}_i)\right]\boldsymbol{g}(\boldsymbol{y}(t))$$

与定理 3-9 的讨论类似，得到如果条件式（3-36）成立，则对于任意 $\boldsymbol{y}(t)\neq\boldsymbol{0}$，有 $\dot{V}(t)<0$. 当且仅当 $\boldsymbol{y}(t)=\boldsymbol{g}(\boldsymbol{y}(t))=\boldsymbol{g}(\boldsymbol{y}(t-\overline{\tau}_i))=\boldsymbol{0},i=1,2,\cdots,n$，有 $\dot{V}(t)=0$. 由定理 1-3，系统（3-26）的零解为一致渐近稳定的.

当式（3-22）中比例时滞因子 $q_{ij}=q_j$，i，$j=1$，2，…，n，得到下面结论.

推论 3-1　当 $q_{ij}=q_j$ 时，如果存在正定对角矩阵 $\boldsymbol{M}=\mathrm{diag}(m_1,m_2,\cdots,m_n)$，$\boldsymbol{N}=\mathrm{diag}(n_1,n_2,\cdots,n_n)$ 和常数 $\beta>0$，使得

$$\boldsymbol{M}\boldsymbol{A}+\boldsymbol{A}^{\mathrm{T}}\boldsymbol{M}-2\boldsymbol{M}\boldsymbol{D}\boldsymbol{L}^{-1}+\beta^{-1}\boldsymbol{M}\boldsymbol{B}\boldsymbol{N}^{-1}\boldsymbol{Q}^{-1}\boldsymbol{B}^{\mathrm{T}}\boldsymbol{M}+\beta\boldsymbol{N}<0 \tag{3-42}$$

成立，则系统（3-24）的零解为全局渐近稳定的. 这里 $\boldsymbol{B}=(b_{ij})_{n\times n}$ 和 $\boldsymbol{Q}^{-1}=\mathrm{diag}(q_1^{-1},q_2^{-1},\cdots,q_n^{-1})$，其他的定义与定理 3-9 一致.

证明　考虑下面径向无界且正定的 Lyapunov 泛函

$$V(\boldsymbol{y}(t),t)=\sum_{i=1}^{n}2m_i\int_0^{z_i(t)}g(s)\mathrm{d}s+\sum_{j=1}^{n}q_j^{-1}\beta\int_{q_jt}^{t}n_jg^2(z_j(s))\mathrm{d}s$$

这里，$m_i>0$，$n_j>0$，i，$j=1$，2，…，n，$\beta>0$. 与定理 3-9 的证明一致，得到若式（3-42）成立，则（3-24）的零解为全局渐近稳定的，余下过程省略.

推论 3-2 当 $q_{ij}=q_j$ 时，如果存在正定对角矩阵 $\boldsymbol{M}=\mathrm{diag}(m_1,m_2,\cdots,m_n)$，$\boldsymbol{N}=\mathrm{diag}(n_1,n_2,\cdots,n_n)$ 和一个常数 $\beta>0$，使得

$$\boldsymbol{MA}+\boldsymbol{A}^{\mathrm{T}}\boldsymbol{M}-2\boldsymbol{MDL}^{-1}+\beta^{-1}\boldsymbol{MBN}^{-1}\boldsymbol{B}^{\mathrm{T}}\boldsymbol{M}+\beta\boldsymbol{N}<0 \tag{3-43}$$

成立，则系统（3-26）的零解为一致渐近稳定的，这里 $\boldsymbol{B}=(b_{ij})_{n\times n}$，其他的与定理 3-10 一致.

证明 考虑下面正定的 Lyapunov 泛函

$$V(\boldsymbol{y}(t),t)=\sum_{i=1}^{n}2\mathrm{e}^{-t}m_i\int_0^{y_i(t)}g_i(s)\mathrm{d}s+\sum_{j=1}^{n}\int_{t-\tau_j}^{t}\beta n_j g_j^2(y_j(s))\mathrm{d}s$$

这里，$m_i>0$，$n_j>0$，i，$j=1$，2，…，n，$\beta>0$. 与定理 3-10 的证明一致，得到如果条件式（3-43）成立，则式（3-26）的零解为一致渐近稳定的，过程省略.

注 3-6 由引理 1-6（Schur 补定理），定理 3-10 和推论 3-2 可被表示成如下线性矩阵不等式的形式：

$$\begin{pmatrix} \boldsymbol{MA}+\boldsymbol{A}^{\mathrm{T}}\boldsymbol{M}-2\boldsymbol{MDL}^{-1}+\sum\limits_{i=1}^{n}\beta\boldsymbol{N}_i & \boldsymbol{MW}_1 & \cdots & \boldsymbol{MW}_n \\ \boldsymbol{W}_1^{\mathrm{T}}\boldsymbol{M} & -\beta\boldsymbol{N}_1 & \cdots & \boldsymbol{0} \\ \vdots & \vdots & \ddots & \vdots \\ \boldsymbol{W}_n^{\mathrm{T}}\boldsymbol{M} & \boldsymbol{0} & \cdots & -\beta\boldsymbol{N}_n \end{pmatrix}<0$$

和

$$\begin{pmatrix} \boldsymbol{MA}+\boldsymbol{A}^{\mathrm{T}}\boldsymbol{M}-2\boldsymbol{MDL}^{-1}+\beta\boldsymbol{N} & \boldsymbol{MB} \\ \boldsymbol{B}^{\mathrm{T}}\boldsymbol{M} & -\beta\boldsymbol{N} \end{pmatrix}<0$$

利用 Matlab 工具箱，容易计算线性矩阵不等式. 因此，定理 3-10 和推论 3-2 的条件容易得到验证.

注 3-7 由 $0<q_{ij}\leqslant1$，可得 $q_{ij}^{-1}\geqslant1$，i，$j=1$，2，…，n. 由 $\boldsymbol{Q}_i^{-1}=\mathrm{diag}(q_{i1}^{-1},q_{i2}^{-1},\cdots,q_{in}^{-1})$，$i=1$，2，…，$n$，有 $\beta\boldsymbol{N}_i\boldsymbol{Q}_i^{-1}-\beta\boldsymbol{N}_i=\beta\boldsymbol{N}_i(\boldsymbol{Q}_i^{-1}-\boldsymbol{E})>0$，这里 $\boldsymbol{E}$ 为单位矩阵. 如果条件式（3-28）成立，则条件式（3-36）成立. 即定理 3-9 成立蕴含着定理 3-10 成立. 同理，推论 3-1 成立表明推论 3-2 成立.

注 3-8 文献［6，11］中的结论仅适用于模型（3-22）中 $q_{ij}=q_j$ 的情形，即仅适用于下面形式的情形：

$$\dot{x}_i(t)=-d_i x_i(t)+\sum_{j=1}^{n}a_{ij}f(x_j(t))+\sum_{j=1}^{n}b_{ij}f(x_j(q_j t))+I_i \tag{3-44}$$

显然，从时滞角度看，模型（3-44）是式（3-22）的特例. 因此，本节结论比文献［6，11］中的结论具有更广泛的应用范围. 此外，定理 3-9 和定理 3-10 也可以被用于模型（3-44），而文献［6，11］中的结论不能被用于模型（3-22）.

3.4.3　数值算例及仿真

例 3-5　在系统（3-22）中，取

$$\boldsymbol{D}=\begin{pmatrix}8 & 0\\ 0 & 6\end{pmatrix},\boldsymbol{A}=\begin{pmatrix}-2 & 1\\ 1 & -1\end{pmatrix},\boldsymbol{B}=\begin{pmatrix}-0.5 & -1\\ -0.3 & -0.6\end{pmatrix},\boldsymbol{q}=\begin{pmatrix}0.5 & 0.8\\ 0.8 & 0.5\end{pmatrix},\boldsymbol{I}=\begin{pmatrix}0\\ 0\end{pmatrix}$$

其中激活函数为 $f(x_i)=0.5(|x_i+1|-|x_i-1|),i=1,2$，且 $l_i=1$，$i=1$，2. 显然，$f(x_i)$，$i=1$，2 满足式（3-23）.

经过简单计算，得 $\boldsymbol{Q}_1=\mathrm{diag}(0.5,0.8)$，$\boldsymbol{Q}_2=\mathrm{diag}(0.8,0.5)$，$\boldsymbol{L}^{-1}=\mathrm{diag}$（1，1）. 且

$$\boldsymbol{W}_1=\begin{pmatrix}-0.5 & -1\\ 0 & 0\end{pmatrix},\boldsymbol{W}_2=\begin{pmatrix}0 & 0\\ -0.3 & -0.6\end{pmatrix},\boldsymbol{Q}_1^{-1}=\mathrm{diag}(2,1.25),\boldsymbol{Q}_2^{-1}=\mathrm{diag}(1.25,2),$$

选取 $\boldsymbol{M}=\mathrm{diag}(2,3)$，$\boldsymbol{N}_1=\mathrm{diag}(3,4)$，$\boldsymbol{N}_2=\mathrm{diag}(1,3)$，$\beta=1$. 应用定理 3-9，得

$$-\left[\boldsymbol{MA}+\boldsymbol{A}^{\mathrm{T}}\boldsymbol{M}-2\boldsymbol{MDL}^{-1}+\sum_{i=1}^{2}(\beta\boldsymbol{N}_i\boldsymbol{Q}_i^{-1}+\beta^{-1}\boldsymbol{MW}_i\boldsymbol{N}_i^{-1}\boldsymbol{W}_i^{\mathrm{T}}\boldsymbol{M})\right]$$

$$=\begin{pmatrix}13.7500 & -5.0000\\ -5.0000 & 13.9900\end{pmatrix}>0$$

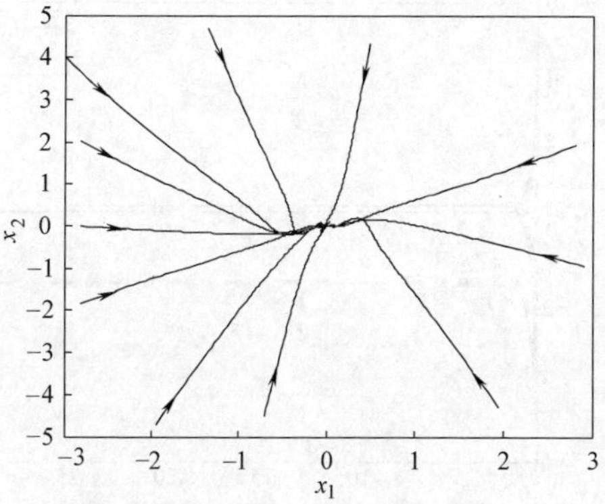

图 3-9　例 3-5 中系统的相轨迹

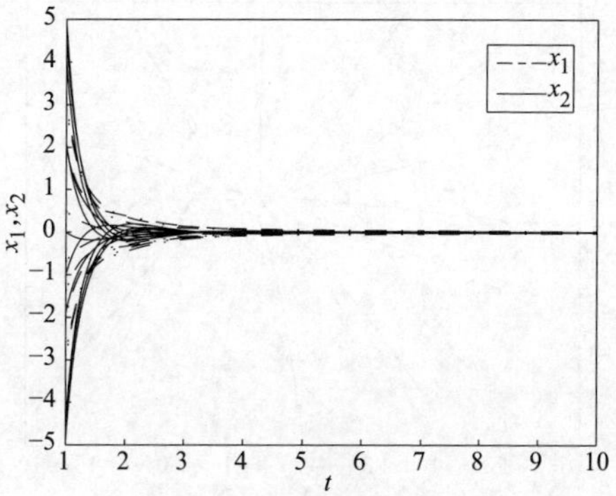

图 3-10　例 3-5 中系统的时间响应曲线

因此，该系统为全局渐近稳定的，$(0,\ 0)^{\mathrm{T}}$ 为系统的一个平衡点且它是全局渐近稳定的，该系统的相平面图，如图 3-9 所示，时间响应曲线，如图 3-10 所示.

例 3-6　考虑神经网络模型（3-22），这里

$$\boldsymbol{D}=\begin{pmatrix}3 & 0\\ 0 & 4\end{pmatrix},\boldsymbol{A}=\begin{pmatrix}-2 & 1\\ 1 & 1\end{pmatrix},\boldsymbol{B}=\begin{pmatrix}2 & -1\\ 0 & -1\end{pmatrix},\boldsymbol{I}=\begin{pmatrix}-5\\ 4\end{pmatrix}$$

这里 $\boldsymbol{q}=(q_{ij})_{2\times 2}$，其中 $0<q_{ij}<1$. 激活函数为 $f(x_i)=\tanh(x_i)$，且 $l_i=1$，$i=1$，2. 显然，$f(x_i)$ 满足条件式（3-23）. 且

$$\boldsymbol{W}_1=\begin{pmatrix}2 & -1\\ 0 & 0\end{pmatrix},\boldsymbol{W}_2=\begin{pmatrix}0 & 0\\ 0 & -1\end{pmatrix},\boldsymbol{L}^{-1}=\mathrm{diag}(1,1)$$

选取 $\boldsymbol{M}=\boldsymbol{N}_1=\boldsymbol{N}_2=\mathrm{diag}(1,1)$，$\beta=1$. 经过简单计算，得

$$-\left[\boldsymbol{MA}+\boldsymbol{A}^{\mathrm{T}}\boldsymbol{M}-2\boldsymbol{MDL}^{-1}+\sum_{i=1}^{2}(\beta\boldsymbol{N}_i+\beta^{-1}\boldsymbol{MW}_i\boldsymbol{N}_i^{-1}\boldsymbol{W}_i^{\mathrm{T}}\boldsymbol{M})\right]=\begin{pmatrix}3 & -2\\ -2 & 3\end{pmatrix}>0$$

因此，由定理 3-10，该系统有唯一平衡点，且它是一致渐近稳定的. 由注 3-4，文献［20-25］中的结论不适合例 3-6. 应用 Matlab 计算该系统的平衡点为 $(-1.3355,\ 0.6805)^{\mathrm{T}}$，这里选取 $q_{11}=0.2$，$q_{12}=0.7$，$q_{21}=0.5$，$q_{22}=0.8$，i，$j=1$，2，该系统稳定性，如图 3-11 和图 3-12 所示.

另一方面，容易验证，对于任意正常数 $p_i>0$，$i=1$，2，有

$$d_1-\sum_{j=1}^{2}p_1/p_j(|a_{j1}|+|b_{j1}|)L_1=4-p_1/p_1\times 4-p_1/p_2\times 1=-p_1/p_2<0$$

文献［6］中的准则不满足上式，因此文献［6］中的结论不适用于此例.

此外，在例 3-6 中，选取 $q_{ij}=q_j=0.5$，i，$j=1$，2，系统为一致渐近稳定的. 由 $q_j=0.5$，得 $\tau_j=-\ln 0.5\approx 0.6931$，计算，得

$$d_1-1-\sum_{j=1}^{2}(|a_{j1}|L_1+|b_{j1}|L_1\mathrm{e}^{\tau_1})=-4.9998<0$$

文献［11］的注 3-6 不满足上述条件，因此文献［11］的结论不适用于例 3-6.

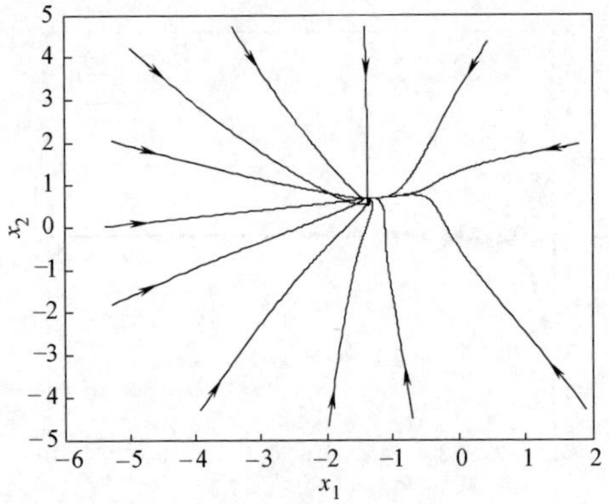

图 3-11　例 3-6 中系统的相轨迹

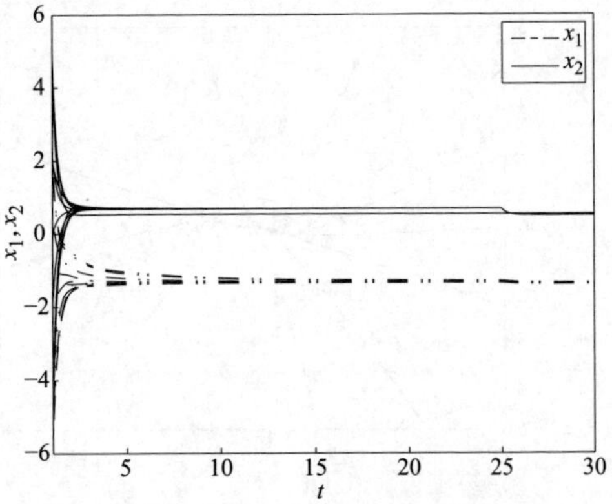

图 3-12　例 3-6 中系统的时间响应曲线

本节的时滞项为 $\tau_{ij}(t)=(1-q_{ij})t$，从证明过程可以看出，带这种比例时滞的神经网络的稳定性讨论相对比较复杂. 本节通过应用矩阵理论和构造合适的 Lyapunov 泛函得到了时滞依赖和时滞独立的全局渐近稳定性条件. 通过数值算例及仿真验证了所得结果的具有较低的保守性.

参考文献

［1］ 郭盼盼，周立群. 一类具多比例时滞细胞神经网络的全局渐近稳定性［J］. 黑龙江大学自然科学学报，2016，33（4）：438-443.

[2] 刘学婷，周立群. 一类具比例时滞细胞神经网络的全局渐近稳定性 [J]. 四川师范大学学报：自然科学版，2015，38 (1)：58-65.

[3] 周立群，赵山崎. 一类具比例时滞细胞神经网络概周期解的全局吸引性 [J]. 黑龙江大学自然科学学报，2014，31 (5)：566-573.

[4] 周立群，刘纪茹. 一类具比例时滞细胞神经网络的全局渐近稳定性 [J]. 工程数学学报，2013，30 (5)：673-682.

[5] 周立群. 多比例时滞神经网络的全局一致渐近稳定性 [J]. 电子科技大学学报，2013，42 (4)：625-629.

[6] 张迎迎，周立群. 一类具多比例延时的细胞神经网络的指数稳定性 [J]. 电子学报，2012，40 (6)：1160-1163.

[7] Zhou L Q，Zhang Y Y. Global exponential stability of cellular neural networks with muti-proportional delays [J]. International Journal of Biomathematics，2015，8 (6)：1-17.

[8] Zhou L Q，Chen X，Yang Y. Asymptotic stability of cellular neural networks with multi-proportional delays [J]. Applied Mathematics and Computation，2014，229 (1)：457-466.

[9] Zhou L Q. Global asymptotic stability of cellular neural networks with proportional delays [J]. Nonlinear Dynamics，2014，77 (3)：41-47.

[10] Zhou L Q. Dissipativity of a class of cellular neural networks with proportional delays [J]. Nonlinear Dynamics，2013，73 (2)：1895-1903.

[11] Zhou L Q. Delay-dependent exponential stability of cellular neural networks with multi-proportional Delays [J]. Neural Processing Letters，2013，38 (3)：347-359.

[12] Yu Y. Global exponential convergence for a class of HCNNs with neutral time-proportional delays [J]. Applied Mathematics and Computation，2016，285：1-7.

[13] Liu B. Global exponential convergence of non-autonomous cellular neural networks with multi-proportional delays [J]. Neurocomputing，2016，191：352-355.

[14] Wang W，Li L，Peng H，et al. Anti-synchronization control of memristive neural networks with multiple proportional delays [J]. Neural Processing Letters，2016，43：269-283.

[15] Yu Y. Finite-time stability on a class of non-autonomous SICNNs with multi-proportional delays [J]. Asian Journal of Control，2017，19 (1)：87-94.

[16] Horn R A，Johnson C R. Matrix Analysis [M]. London：Cambridge University Press，1990.

[17] Slotine J，Li W. Applied Nonlinear Control [M]. Prentice Hall：Pearson Education Inc，1990.

[18] 张春凤，钟守铭，郭科，等. 关于神经网络稳定的一个充分条件 [J]. 成都理工大学学报，2004，31 (2)：204-207.

[19] Ma K，Yu L，Zhang W. Global exponential stability of cellular neural networks with time-varying discrete and distributed delays [J]. Neurocomputing，2009，72 (10-12)：2705-2709.

[20] Tan M C. Global asymptotic stability of fuzzy cellular neural networks with unbounded distributed delays [J]. Neural Processing Letters，2010，31 (2)：147-157.

[21] Feng Z，Lam J. Stability and dissipativity analysis of distributed delay cellular neural networks [J]. IEEE Transactions on Neural Networks，2011，22 (6)：981-997.

[22] Huang C，Cao J. Almost sure exponential stability of stochastic cellular neural networks

with unbounded distributed delays [J]. Neurcomputing, 2009, 72 (13-15): 3352-3356.

[23] Li T, Song A, Fei S, et al. Delay-derivative-dependent stability for delayed neural networks with unbound distributed delay [J]. IEEE Transactions on Neural Networks, 2010, 21 (8): 1365-1371.

[24] Kao Y, Gao C. Global exponential stability analysis for cellular neural networks with variable coefficients and delays [J]. Neural Computing and Applications, 2008, 17 (3): 291-296.

[25] Khalil H K. Nonlinear Systems [M]. Macmillan: New York, 1988.

第 4 章

具比例时滞递归神经网络的多项式稳定性

多项式稳定性是比指数稳定性更一般的一种稳定性. 多项式稳定性与指数稳定性都是较渐近稳定性收敛速度快的稳定性，并且两者都蕴含着渐近稳定性. 多项式稳定性一般给出多项式收敛速度，指数稳定性一般给出指数收敛速度. 这两种收敛速度越大都表示系统的收敛速度越快. 在递归神经网络的设计中，延时特性是固有的. 近年来，对于延时递归神经网络（如常时滞的[1-6]、变时滞的[7-12]、分布时滞的和复合时滞的[13-19]等）的指数稳定性的研究已经取得了很多很好的结果[1-19].

比例时滞是一种时变的无界时滞，是众多时滞中的一类. 比例时滞递归神经网络模型属于比例时滞微分方程范畴，而比例时滞微分方程是一种非常重要的无界时滞微分方程，在星际物质中光的吸收、非线性动力系统等许多领域中有着广泛的应用. 4.1、4.2、4.5 和 4.7 节主要通过构造时滞微分不等式、非线性测度等方法讨论具比例时滞递归神经网络的多项式稳定性. 4.3、4.4、4.6 和 4.8 节通过构造 Lyapunov 泛函，结合 M-矩阵理论、Young 不等式、Halanay 不等式等研究方法讨论具比例时滞递归神经网络的多项式稳定性. 本章所用研究思想是将具比例时滞递归神经网络通过非线性变换转换成常时滞和变系数的递归神经网络，通过研究变换后的递归神经网络的指数稳定性，进而得出具比例时滞递归神经网络的多项式稳定性准则.

4.1 基于时滞微分不等式的细胞神经网络的多项式稳定性

细胞神经网络是一种反馈型的网络[20]，它的网络结构是局域连接型的，因而非常适合超大规模集成电路的实现. 目前时滞细胞神经网络已被广泛应用于模式识别、联想记忆、图像处理及组合优化等领域. 时滞细胞神经网络稳定性研究方法主要有 Lyapunov 方法、线性矩阵不等式（LIM）、M-矩阵理论、Halanay 型不等式等，以 Lyapunov 方法为最多，但是新的 Lyapunov 泛函的构造是相当困难的，一直以来学者们致力于寻求其他有效的研究方法. 本节通过应用矩阵范数性质及构造时滞微分不等式，讨论具比例时滞细胞神经网络平衡点的存在唯一性与全局多项式稳定性.

4.1.1 模型描述及预备知识

考虑如下具比例时滞细胞神经网络模型[21]

$$\begin{cases}\dot{x}_i(t)=-d_i x_i(t)+\sum_{j=1}^{n}a_{ij}f_j(x_j(t))+\sum_{j=1}^{n}b_{ij}f_j(x_j(qt))+I_i,t\geqslant 1\\ x_i(s)=\varphi_i(s),s\in[q,1]\end{cases}\tag{4-1}$$

这里，$i=1, 2, \cdots, n$，n 表示神经元的个数；$x_i(t)$ 表示第 i 个神经元的状态；$d_i>0$表示在与神经网络不连通并且没有外部附加电压差的情况下，第 i 个神经元恢复独立静息状态的速率；a_{ij} 和 b_{ij} 分别表示第 j 个神经元到第 i 个神经元在 t 和 qt 时刻连接权的权重，q 是比例时滞因子，满足 $0<q\leqslant 1$，$qt=t-(1-q)t$，$(1-q)t$ 是时变的无界时滞函数，即当 $t\to+\infty$时，$(1-q)t\to+\infty$，激活函数 $f_j(\cdot),j=1,2,\cdots,n$，连续可微，且满足 $0\leqslant f_j'(\cdot)\leqslant 1$；$I_i$ 表示第 i 个神经元的偏置性常输入，初始函数满足 $\varphi_i(t)\in C([q,1],\mathbb{R})$.$\boldsymbol{\varphi}(t)=(\varphi_1(t),\varphi_2(t),\cdots,\varphi_n(t))^{\mathrm{T}}\in C([q,1],\mathbb{R}^n)$.

做变换 $y_i(t)=x_i(\mathrm{e}^t)$，则模型（4-1）等价变换为如下具常时滞与变系数的细胞神经网络模型

$$\begin{cases}\dot{y}_i(t)=\mathrm{e}^t\left[-d_i y_i(t)+\sum_{j=1}^{n}a_{ij}f_j(y_j(t))+\sum_{j=1}^{n}b_{ij}f_j(y_j(t-\tau))+I_i\right],t\geqslant 0\\ y_i(s)=\psi_i(s),s\in[-\tau,0],i=1,2,\cdots,n\end{cases}\tag{4-2}$$

其中，$\tau=-\ln q\geqslant 0$，$\boldsymbol{\psi}_i(s)=\boldsymbol{\varphi}_i(\mathrm{e}^s)$，$\boldsymbol{\psi}(t)=(\psi_1(t),\psi_2(t),\cdots,\psi_n(t))^{\mathrm{T}}\in C([-\tau,0],\mathbb{R})$.

注 4-1 易证系统（4-1）与（4-2）具有相同的平衡点，因此可通过考查系统（4-2）的平衡点的稳定性，来探究系统（4-1）的平衡点的稳定性.

设 $\|\boldsymbol{x}\|_p=\left(\sum_{j=1}^{n}x_j^p\right)^{1/p}$，$p=1, 2, \cdots, \infty$为向量 $\boldsymbol{x}$ 的 p 范数；给定矩阵 $\boldsymbol{A}=(a_{ij})_{n\times n}$，相应矩阵的 p 范数记为 $\|\boldsymbol{A}\|_p$. 令

$$T=\sup\|\boldsymbol{y}(t)-\boldsymbol{y}^*\|_p>0\tag{4-3}$$

设系统（4-2）的平衡点为 $\boldsymbol{y}^*=(y_1^*,y_2^*,\cdots,y_n^*)^{\mathrm{T}}$，即有

$$-d_i y_i^*+\sum_{j=1}^{n}a_{ij}f_j(y_j^*)+\sum_{j=1}^{n}b_{ij}f_j(y_j^*)+I_i=0,i=1,2,\cdots,n$$

矩阵向量形式为

$$-\boldsymbol{D}\boldsymbol{y}^*+\boldsymbol{A}\boldsymbol{f}(\boldsymbol{y}^*)+\boldsymbol{B}\boldsymbol{f}(\boldsymbol{y}^*)+\boldsymbol{I}=\boldsymbol{0}$$

定义 4-1 称系统（4-1）的平衡点 $\boldsymbol{x}^*$ 是全局多项式稳定的，如果存在常数 $\lambda>0$ 和 $M\geqslant 1$，使得

$$\|\boldsymbol{x}(t)-\boldsymbol{x}^*\|_p\leqslant M\sup_{q\leqslant\xi\leqslant 1}\|\boldsymbol{\varphi}(\boldsymbol{\xi})-\boldsymbol{x}^*\|_p t^{-\lambda},\quad t\geqslant 1$$

注 4-2 定义 4-1 中的 $t^{-\lambda}=\mathrm{e}^{-\lambda\ln t}$，与指数稳定性中的 $\mathrm{e}^{-\lambda t}$ 比较接近，故有些文献也称定义 4-1 的这种稳定性为指数稳定性[21,24,25,27-30].

定义 4-2 称系统（4-2）的平衡点 $\boldsymbol{y}^*$ 是全局指数稳定的，如果存在常数 $\lambda>0$ 和

$M\geqslant 1$，使得

$$\|\boldsymbol{y}(t)-\boldsymbol{y}^*\|_p\leqslant M\sup_{-\tau\leqslant s\leqslant 0}\|\boldsymbol{\psi}(s)-\boldsymbol{y}^*\|_p e^{-\lambda t},t\geqslant 0$$

4.1.2 指数稳定性与多项式稳定性

定理4-1 如果$\|\boldsymbol{A}\|_p+\|\boldsymbol{B}\|_p<\|\boldsymbol{D}\|_p$，则系统（4-2）有唯一平衡点，且是全局多项式稳定的.

证明 由文献［22］可知，系统（4-2）的平衡点集非空，至少有一个平衡点$\boldsymbol{y}^*$. 先证系统（4-2）平衡点$\boldsymbol{y}^*=(y_1^*,y_2^*,\cdots,y_n^*)^{\mathrm{T}}$的唯一性. 设$\overline{\boldsymbol{y}}^*\neq\boldsymbol{y}^*$是另一个平衡点，则有

$$(\overline{\boldsymbol{y}}^*-\boldsymbol{y}^*)=\boldsymbol{D}^{-1}(\boldsymbol{A}+\boldsymbol{B})(\boldsymbol{f}(\overline{\boldsymbol{y}}^*)-\boldsymbol{f}(\boldsymbol{y}^*))$$

于是，有

$$\begin{aligned}\|\overline{\boldsymbol{y}}^*-\boldsymbol{y}^*\|_p&\leqslant\|\boldsymbol{D}^{-1}(\boldsymbol{A}+\boldsymbol{B})\|_p\|\boldsymbol{f}(\overline{\boldsymbol{y}}^*)-\boldsymbol{f}(\boldsymbol{y}^*)\|_p\\&\leqslant\|\boldsymbol{D}^{-1}\|_p(\|\boldsymbol{A}\|_p+\|\boldsymbol{B}\|_p)\|\overline{\boldsymbol{y}}^*-\boldsymbol{y}^*\|_p<\|\overline{\boldsymbol{y}}^*-\boldsymbol{y}^*\|_p\end{aligned}$$

矛盾，故有$\overline{\boldsymbol{y}}^*=\boldsymbol{y}^*$，唯一性得证.

下面证明系统（4-2）的平衡点$\boldsymbol{y}^*$是全局指数稳定的.

设$u_i(t)=y_i(t)-y_i^*$，$\boldsymbol{u}(t)=(u_1(t),u_2(t),\cdots,u_n(t))^{\mathrm{T}}$，由式（4-2）有

$$\begin{aligned}\dot{u}_i(t)&=e^t\left\{-d_iu_i(t)+\sum_{j=1}^n a_{ij}[f_j(y_j(t))-f_j(y_j^*)]+\sum_{j=1}^n b_{ij}[f_j(y_j(t-\tau))-f_j(y_j^*)]\right\}\\&=e^t\left\{-d_iu_i(t)+\sum_{j=1}^n a_{ij}f'_j(\theta_j(t))u_j(t)+\sum_{j=1}^n b_{ij}f'_j(\vartheta_j(t))u_j(t-\tau)\right\}\end{aligned}\tag{4-4}$$

其中，$\theta_j(t)$介于$y_j(t)$与y_j^*之间，$\vartheta_j(t)$介于$y_j(t-\tau)$与y_j^*之间. 记

$$\boldsymbol{G}(t)=\mathrm{diag}(f'_1(\theta_1(t)),f'_2(\theta_2(t)),\cdots,f'_n(\theta_n(t)))^{\mathrm{T}}$$
$$\boldsymbol{F}(t)=\mathrm{diag}(f'_1(\vartheta_1(t)),f'_2(\vartheta_2(t)),\cdots,f'_n(\vartheta_n(t)))^{\mathrm{T}}$$

则系统（4-4）的矩阵向量形式为

$$\dot{\boldsymbol{u}}(t)=e^t\{-\boldsymbol{D}\boldsymbol{u}(t)+\boldsymbol{A}\boldsymbol{G}(t)\boldsymbol{u}(t)+\boldsymbol{B}\boldsymbol{F}(t)\boldsymbol{u}(t-\tau)\},t\geqslant 0\tag{4-5}$$

因为$\boldsymbol{u}(t)$关于$t\geqslant 0$右可导，则式（4-5）等价于

$$\frac{\boldsymbol{u}(t+\delta)-\boldsymbol{u}(t)}{\delta}\leqslant e^t\{-\boldsymbol{D}\boldsymbol{u}(t)+\boldsymbol{A}\boldsymbol{G}(t)\boldsymbol{u}(t)+\boldsymbol{B}\boldsymbol{F}(t)\boldsymbol{u}(t-\tau)\}+\boldsymbol{o}(\delta)\tag{4-6}$$

其中，$\delta>0$，且$\lim\limits_{\delta\to 0^+}\boldsymbol{o}(\delta)=\boldsymbol{0}$.

由式（4-6）得

$$\boldsymbol{u}(t+\delta)=(\boldsymbol{E}-\delta e^t\boldsymbol{D})\boldsymbol{u}(t)+\delta e^t\boldsymbol{A}\boldsymbol{G}(t)\boldsymbol{u}(t)+\delta e^t\boldsymbol{B}\boldsymbol{F}(t)\boldsymbol{u}(t-\tau)+\delta\boldsymbol{o}(\delta)\tag{4-7}$$

这里对充分小的δ，有$\boldsymbol{E}-\delta e^t\boldsymbol{D}>0$，$\boldsymbol{E}$表示单位矩阵. 从而有

$$\|\boldsymbol{E}-\delta e^t\boldsymbol{D}\|_p=\|\boldsymbol{E}\|_p-\delta e^t\|\boldsymbol{D}\|_p=1-\delta e^t\|\boldsymbol{D}\|_p\tag{4-8}$$

又因为$\|\boldsymbol{G}\|_p\leqslant 1$，$\|\boldsymbol{F}\|_p\leqslant 1$，由式（4-7）和式（4-8）可推出

$$\|\boldsymbol{u}(t+\delta)\|_p\leqslant(1-\delta e^t\|\boldsymbol{D}\|_p+\delta e^t\|\boldsymbol{A}\|_p)\|\boldsymbol{u}(t)\|_p+\delta e^t\|\boldsymbol{B}\|_p\|\boldsymbol{u}(t-\tau)\|_p+\delta\|\boldsymbol{o}(\delta)\|_p$$

而

$$\frac{\|\boldsymbol{u}(t+\delta)\|_p-\|\boldsymbol{u}(t)\|_p}{\delta}\leqslant \mathrm{e}^t\{-\|\boldsymbol{D}\|_p+\|\boldsymbol{A}\|_p\|\boldsymbol{u}(t)\|_p+\|\boldsymbol{B}\|_p\|\boldsymbol{u}(t-\tau)\|_p\}+\|\boldsymbol{o}(\delta)\|_p$$

上式两边令 $\delta\to 0^+$，得

$$D^+\|\boldsymbol{u}(t)\|_p\leqslant \mathrm{e}^t\{-\|\boldsymbol{D}\|_p+\|\boldsymbol{A}\|_p\|\boldsymbol{u}(t)\|_p+\|\boldsymbol{B}\|_p\|\boldsymbol{u}(t-\tau)\|_p\} \tag{4-9}$$

考虑下面函数

$$P(\omega)=\|\boldsymbol{D}\|_p-\omega-\|\boldsymbol{A}\|_p-\|\boldsymbol{B}\|_p\mathrm{e}^{\omega\tau},\omega\in[0,\infty) \tag{4-10}$$

由式（4-10）和已知条件 $\|\boldsymbol{A}\|_p+\|\boldsymbol{B}\|_p<\|\boldsymbol{D}\|_p$，有

$$P(0)=\|\boldsymbol{D}\|_p-\|\boldsymbol{A}\|_p-\|\boldsymbol{B}\|_p>0 \tag{4-11}$$

$P(\omega)$ 在 $[0,+\infty)$ 上连续，且当 $\omega\to+\infty$时，$P(\omega)\to-\infty$. 因此，存在常数 $\widetilde{\omega}\in(0,+\infty)$，使得

$$P(\widetilde{\omega})=\|\boldsymbol{D}\|_p-\widetilde{\omega}-\|\boldsymbol{A}\|_p-\|\boldsymbol{B}\|_p\mathrm{e}^{\widetilde{\omega}\tau}=0 \tag{4-12}$$

于是，由式（4-11）和式（4-12），一定存在 $\eta\in(0,\widetilde{\omega})$，使得

$$P(\eta)=\|\boldsymbol{D}\|_p-\eta-\|\boldsymbol{A}\|_p-\|\boldsymbol{B}\|_p\mathrm{e}^{\eta\tau}>0 \tag{4-13}$$

令

$$v(t)=\mathrm{e}^{\eta t}\|\boldsymbol{u}(t)\|_p,t\in[-\tau,+\infty) \tag{4-14}$$

则由式（4-14）和式（4-9），当 $t\geqslant 0$ 时，有

$$\begin{aligned}D^+v(t)&\leqslant(-\mathrm{e}^t\|\boldsymbol{D}\|_p+\mathrm{e}^t\|\boldsymbol{A}\|_p+\eta)v(t)+\mathrm{e}^t\|\boldsymbol{B}\|_p\mathrm{e}^{\eta\tau}v(t-\tau)\\&\leqslant(-\mathrm{e}^t\|\boldsymbol{D}\|_p+\mathrm{e}^t\|\boldsymbol{A}\|_p+\mathrm{e}^t\eta)v(t)+\mathrm{e}^t\|\boldsymbol{B}\|_p\mathrm{e}^{\eta\tau}v(t-\tau)\\&\leqslant(-\|\boldsymbol{D}\|_p+\|\boldsymbol{A}\|_p+\eta)\mathrm{e}^tv(t)+\mathrm{e}^t\|\boldsymbol{B}\|_p\mathrm{e}^{\eta\tau}\overline{v}(t)\end{aligned} \tag{4-15}$$

这里，$\overline{v}(t)=\sup\limits_{t-\tau\leqslant\sigma\leqslant t}v(\sigma)$. 由式（4-14）及式（4-3），可知

$$v(t)\leqslant T,t\in[-\tau,0] \tag{4-16}$$

这里我们猜想

$$v(t)\leqslant T,t\in[0,+\infty) \tag{4-17}$$

先证对 $d>1$，有

$$v(t)<dT,t\in[0,+\infty) \tag{4-18}$$

假设式（4-18）不成立，则存在某个 $t_1>0$，使得

$$v(t)<dT,t\in[-\tau,t_1),v(t_1)=dT,D^+v(t_1)\geqslant 0 \tag{4-19}$$

由式（4-19）、式（4-15）和式（4-13），有

$$\begin{aligned}0\leqslant D^+v(t_1)&\leqslant(-\|\boldsymbol{D}\|_p+\eta+\|\boldsymbol{A}\|_p)\mathrm{e}^{t_1}v(t_1)+\mathrm{e}^{t_1}\|\boldsymbol{B}\|_p\mathrm{e}^{\eta\tau}\overline{v}(t_1)\\&\leqslant-(\|\boldsymbol{D}\|_p-\eta-\|\boldsymbol{A}\|_p-\|\boldsymbol{B}\|_p\mathrm{e}^{\eta\tau})\mathrm{e}^{t_1}T<0\end{aligned}$$

此式矛盾. 故对 $t\geqslant 0$，式（4-18）成立. 当 $d\to 1$ 时，有式（4-17）成立. 于是由式（4-3）、式（4-14）和式（4-17），得

$$\|\boldsymbol{y}(t)-\boldsymbol{y}^*\|_p\leqslant\sup_{-\tau\leqslant s\leqslant 0}\|\boldsymbol{\psi}(s)-\boldsymbol{y}^*\|_p\mathrm{e}^{-\eta t},t\geqslant 0 \tag{4-20}$$

由定义 4-2 可知，系统（4-2）的平衡点 $\boldsymbol{y}^*$ 是全局指数稳定的.

由于系统（4-1）和系统（4-2）具有相同的平衡点 $\boldsymbol{x}^*=\boldsymbol{y}^*$，即 $x_i^*=y_i^*$，$i=1,2,\cdots,n$，则由式（4-20）和 $y_i(t)=x_i(\mathrm{e}^t)$得

$$\|\boldsymbol{x}(\mathrm{e}^t)-\boldsymbol{x}^*\|_p\leqslant\sup_{-\tau\leqslant s\leqslant 0}\|\boldsymbol{\varphi}(\mathrm{e}^s)-\boldsymbol{x}^*\|_p\mathrm{e}^{-\eta t},t\geqslant 0 \tag{4-21}$$

令 $\mathrm{e}^t=\zeta$，其中，$t\geqslant 0$，由此可得 $\zeta\geqslant 1$，$t=\ln\zeta\geqslant 0$；令 $\mathrm{e}^s=\xi$，其中，$s\in[-\tau,0]$，由此可得 $s=\ln\xi\in[-\tau,0]$，$\xi\in[q,1]$. 因此，由式（4-21）得

$$\|\boldsymbol{x}(\zeta)-\boldsymbol{x}^*\|_p\leqslant\sup_{q\leqslant\xi\leqslant 1}\|\boldsymbol{\varphi}(\xi)-\boldsymbol{x}^*\|_p\mathrm{e}^{-\eta\ln\zeta},\zeta\geqslant 1 \tag{4-22}$$

选取 $\zeta=t$，代入式（4-22），得

$$\|\boldsymbol{x}(t)-\boldsymbol{x}^*\|_p\leqslant\sup_{q\leqslant\xi\leqslant 1}\|\boldsymbol{\varphi}(\xi)-\boldsymbol{x}^*\|_p\mathrm{e}^{-\eta\ln t}=\sup_{q\leqslant\xi\leqslant 1}\|\boldsymbol{\varphi}(\xi)-\boldsymbol{x}^*\|_p t^{-\eta},t\geqslant 1 \tag{4-23}$$

因此，由定义 4-1 可知，式（4-23）表明系统（4-1）的平衡点 $\boldsymbol{x}^*$ 是全局多项式稳定的.

注 4-3　如图 4-1 所示，曲线 $y=t$ 和 $y=\ln t$ 都是增函数，但是 $y=t$ 随时间 t 的增长速度比 $y=\ln t$ 的快；曲线 $y=\mathrm{e}^{-\lambda t}$ 和 $y=t^{-\lambda}$ 的随时间 t 变化情况如图 4-2 所示，可以看出 $y=\mathrm{e}^{-\lambda t}$ 的收敛速度要比 $y=t^{-\lambda}$ 的快. 也就是说，本章中的具比例时滞递归神经网络的多项式收敛与通常意义下的指数收敛是有区别的，这里的多项式稳定比通常意义下的指数稳定 $\mathrm{e}^{-\lambda t}$ 的收敛速度慢一些.

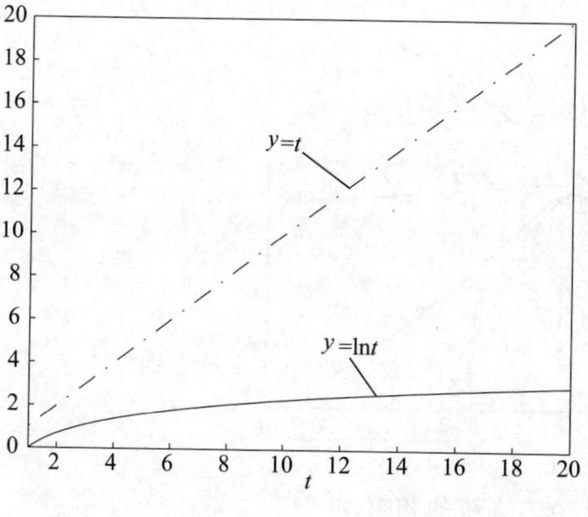

图 4-1　函数 $y=t$ 与 $y=\ln t$ 的图像

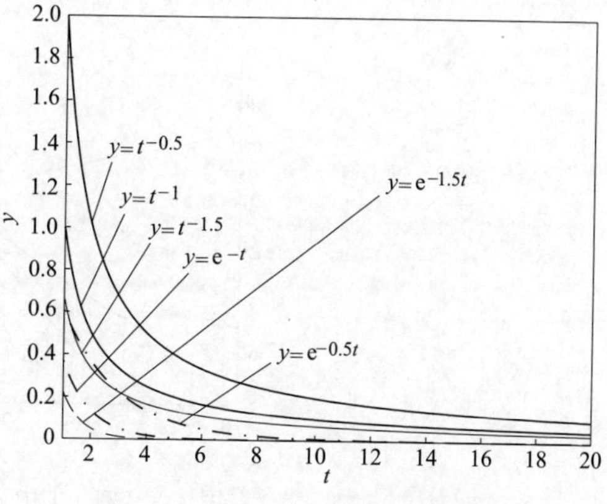

图 4-2　$y=\mathrm{e}^{-\lambda t}$ 与 $y=t^{-\lambda}$ 的图像

注 4-4　不等式（4-15）中含有 e^t，不是一般形式的 Halanay 型不等式[23]，因此不能应用一般的 Halanay 型不等式性质. 这里称式（4-15）为拟 Halanay 型不等式.

注 4-5　若在式（4-1）中，$b_{ij}=0$，本节中的定理 4-1 与文献［1］中的定理 4.1.1 是一致的，但是文献［1］中的定理 4.1.1 是针对常时滞的情况得到的，而本节的结论是针对无界比例时滞的情况得到的，因此本节结果推广了文献［1］的

结果.

由定理 4-1 的证明可得系统（4-2）有如下时滞依赖的充分条件.

推论 4-1 如果存在正常数 μ，使得

$$\|\boldsymbol{D}\|_p-\mu-\|\boldsymbol{A}\|_p-\|\boldsymbol{B}\|_p e^{\mu\tau}>0$$

则系统（4-2）是全局指数稳定的，其中，$\tau=-\ln q$.

4.1.3 数值算例及仿真

例 4-1 在式（4-1）中，取

$$\boldsymbol{D}=\begin{pmatrix}5 & 0\\ 0 & 4\end{pmatrix},\ \boldsymbol{A}=\begin{pmatrix}2 & -2\\ 1 & 1\end{pmatrix},\ \boldsymbol{B}=\begin{pmatrix}2 & 1\\ 0 & -1\end{pmatrix},\ \boldsymbol{I}=\begin{pmatrix}-2\\ 2\end{pmatrix},$$

取激活函数为 $f_i(x_i)=\sin(1/2x_i)+1/2x_i$，$i=1,2,0<q<1,i,j=1,2$. 经计算，得

$$\|\boldsymbol{A}\|_2+\|\boldsymbol{B}\|_2-\|\boldsymbol{D}\|_2=-0.2623<0$$

其中，$\|\boldsymbol{A}\|_2=\sup\limits_{\|x\|_2=1}\|\boldsymbol{A}\boldsymbol{x}\|_2=\sqrt{\rho(\boldsymbol{A}^{\mathrm{T}}\boldsymbol{A})}=\sqrt{\lambda_{\max}(\boldsymbol{A}^{\mathrm{T}}\boldsymbol{A})}$.

由定理 4-1 可知，该网络存在全局多项式稳定的平衡点. 应用 Matlab 计算得该系统的平衡点为 $(-1.7025,\ 0.0992)^{\mathrm{T}}$，仿真图如图 4-3 和图 4-4 所示.

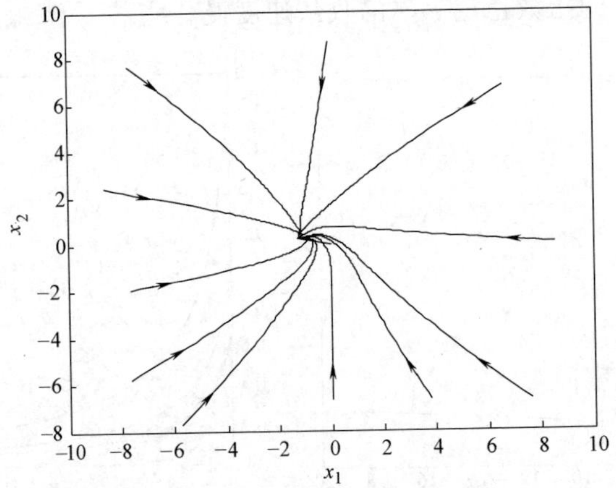

图 4-3 例 4-1 中 $q=0.5$ 系统的相轨迹

另一方面，容易验证

$$d_1-\sum_{j=1}^{2}p_1/p_j(|a_{j1}|+|b_{j1}|)=1-p_1/p_2 \tag{4-24}$$

$$d_2-\sum_{j=1}^{2}p_2/p_j(|a_{j2}|+|b_{j2}|)=2-3p_2/p_1 \tag{4-25}$$

其中，$p_i>0$，$i=1$，2. 由式（4-24），欲使 $1-p_1/p_1>0$，必须满足 $p_1/p_2<1$ 成立，从而有 $p_2/p_1>1$，此时由式（4-25），有 $2-3p_2/p_1<0$，即

$$d_2 - 1 - \sum_{j=1}^{2} p_2/p_j(|a_{j2}|+|b_{j2}|) < 0$$

不满足文献［24］中的定理 4.1.1 与定理 4.1.2，于是文献［24］中的稳定性准则对于该系统是不适用的.

另外，容易验证

$$-\lambda_{\min}(\boldsymbol{D})+1/2\{\|\boldsymbol{A}\|_2^2+\|\boldsymbol{B}\|_2^2 l^2+3\}=4.1180>0$$

不满足文献［25］中的结论. 又由于文献［26］中给出的是时滞依赖的充分条件，对本节得到的所给的例子也是不适用的. 因此，文献［25，26］的结论都不适用于该系统.

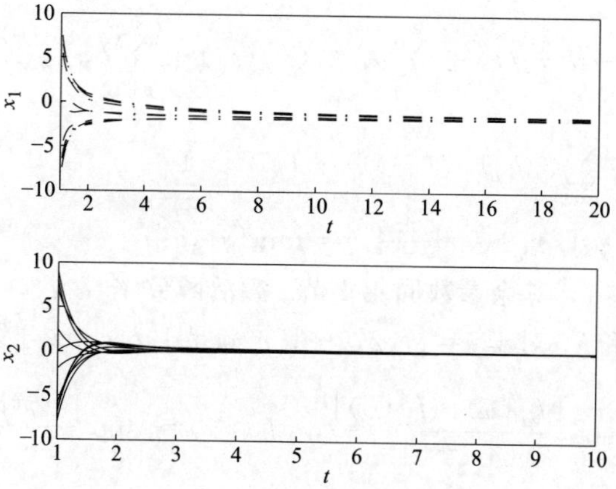

图 4-4　例 4-1 中 $q=0.5$ 时的系统的时间响应曲线

本节利用矩阵范数性质及不等式技巧建立了一拟 Halanay 型时滞微分不等式，研究了一类具比例时滞递归细胞神经网络的全局多项式稳定性. 非线性变换 $y_i(t)=x_i(e^t)$ 起了非常重要的作用，通过这个非线性变换，把具比例时滞的细胞神经网络等价地变换为具常时滞和时变系数的细胞神经网络. 通过先研究变换后神经网络的平衡点的全局指数稳定性，进而得到具比例时滞神经网络的平衡点的多项式稳定性. 实际上，这个非线性变换是把一个初值属于 Banach 空间 $C([q,1],\mathbb{R}^n)$ 中的模型变到另一个初值属于 Banach 空间 $C([-\tau,0],\mathbb{R}^n)$ 中的模型. 虽然具比例时滞细胞神经网络和变换后的神经网络具有相同的平衡点，但它们的平衡点的稳定性却不同. 多项式稳定性比指数稳定性收敛的速度慢一些，但蕴含着渐近稳定性. 从而这个非线性变换使得无界时滞问题转化成有界时滞问题，就时滞而言使问题达到一定的简化，但是变换后系统的系数是时变无界的，如何处理系数的时变无界性又是一个难点. 本节通过构造一个非线性的类似于 Halanay 不等式时滞微分不等式 (4-15)，克服了这一难点. 这也是处理无界时变系数的一个重要的方法. 这种方法也可用于其他类型的具比例时滞递归神经网络的稳定性的研究.

4.2 基于非线性测度的递归神经网络的多项式稳定性

本节应用非线性测度方法，研究了具多比例时滞递归神经网络的多项式稳定性. 非线性测度方法是不通过构造 Lyapunov 泛函来讨论非线性系统的稳定性的重要的研究方法之一.

4.2.1 模型描述及预备知识

考虑如下具多比例时滞递归神经网络[24]

$$\begin{cases}\dot{x}_i(t)=-d_i x_i(t)+\sum\limits_{j=1}^{n}a_{ij}f_j(x_j(t))+\sum\limits_{j=1}^{n}b_{ij}g_j(x_j(q_1t))+\\ \qquad\sum\limits_{j=1}^{n}c_{ij}h_j(x_j(q_2t))+I_i,t\geqslant 1\\ x_i(s)=\varphi_i(s),s\in[q,1],q=\min\{q_1,q_2\}\end{cases}\tag{4-26}$$

其中，$0<q_1$，$q_2\leqslant 1$，其余参数同 4.1 节. 激活函数 f_j，g_j，h_j 满足如下条件：

$(H)f_j$，g_j 和 h_j 对于 $j=1$，2，…，n 满足 Lipschitz 连续，且

$$L(f_j)=\sup_{\substack{u,v\in\mathbb{R}\\ u\neq v}}\frac{|f_j(u)-f_j(v)|}{|u-v|},\quad L(g_j)=\sup_{\substack{u,v\in\mathbb{R}\\ u\neq v}}\frac{|g_j(u)-g_j(v)|}{|u-v|},$$

$$L(h_j)=\sup_{\substack{u,v\in\mathbb{R}\\ u\neq v}}\frac{|h_j(u)-h_j(v)|}{|u-v|}$$

分别称为 f_j，g_j 和 h_j 的最小 Lipschitz 常数.

在 n 维实向量空间 $\mathbb{R}^n$ 中，1－范数 $\|\cdot\|_1$ 定义如下：

$$\|\boldsymbol{x}\|_1=\sum_{i=1}^{n}|x_i|,\forall\boldsymbol{x}=(x_1,x_2,\cdots,x_n)^{\mathrm{T}}\in\mathbb{R}^n$$

令 $\langle\cdot,\cdot\rangle$ 表示 $\mathbb{R}^n$ 中的内积，且 $\mathrm{sgn}(\boldsymbol{x})=(\mathrm{sgn}(x_1),\mathrm{sgn}(x_2),\cdots,\mathrm{sgn}(x_n))^{\mathrm{T}}$ 表示 $\boldsymbol{x}\in\mathbb{R}^n$ 的符号向量，其中 $\mathrm{sgn}(r)$ 表示 $r\in\mathbb{R}$ 的符号函数. 对于 $\boldsymbol{x}$，$\boldsymbol{y}\in\mathbb{R}^n$，有 $\|\boldsymbol{x}\|_1=\langle\boldsymbol{x},\mathrm{sgn}(\boldsymbol{x})\rangle$，且 $\|\boldsymbol{x}\|_1\geqslant\langle\boldsymbol{x},\mathrm{sgn}(\boldsymbol{y})\rangle$.

令 $y_i(t)=x_i(\mathrm{e}^t)$，则式（4-26）变为如下常时滞变系数系统

$$\begin{cases}\dot{y}_i(t)=\mathrm{e}^t\{-d_iy_i(t)+\sum\limits_{j=1}^{n}a_{ij}f_j(y_j(t))+\sum\limits_{j=1}^{n}b_{ij}g_j(y_j(t-\tau_1))+\\ \qquad\sum\limits_{j=1}^{n}c_{ij}h_j(y_j(t-\tau_2))+I_i\},\ t\geqslant 0\\ y_i(t)=\psi_i(t),\ t\in[-\tau,0]\end{cases}\tag{4-27}$$

其中，$\tau_1=-\ln q_1\geqslant 0,\tau_2=-\ln q_2\geqslant 0,\tau=\max\{\tau_1,\tau_2\},\psi_i=\varphi_i(\mathrm{e}^s)\in C([-\tau,0],\Omega),i=1,2,\cdots,n$.

考虑如下系统

$$\begin{cases}\dot{\boldsymbol{v}}(t)=\mathrm{e}^t\boldsymbol{F}(\boldsymbol{v}(t))+\mathrm{e}^t\boldsymbol{G}(\boldsymbol{v}(t-\tau)),\boldsymbol{v}(t)\in\Omega,t\geqslant 0\\ \boldsymbol{v}(t)=\boldsymbol{\phi}(t)\in C([-\tau,0],\Omega)\end{cases}\tag{4-28}$$

其中，$\boldsymbol{F}$ 和 $\boldsymbol{G}$ 是从 $\Omega\subset\mathbb{R}^n$ 到 $\mathbb{R}^n$ 上的非线性算子，且有 $\boldsymbol{F}(\boldsymbol{v}(t))=(F_1(v_1(t)),F_2(v_2(t)),\cdots,F_n(v_n(t)))^{\mathrm{T}}$，$\boldsymbol{G}(\boldsymbol{v}(t-\tau))=(G_1(v_1(t-\tau)),G_2(v_2(t-\tau)),\cdots,G_n(v_n(t-\tau)))^{\mathrm{T}}$.

定义 4-3　假设 Ω 是 $\mathbb{R}^n$ 的一个开子集，$\boldsymbol{F}$ 是一个从 Ω 到 $\mathbb{R}^n$ 的非线性算子，常数

$$m_\Omega(\boldsymbol{F})=\sup_{\substack{\boldsymbol{u},\boldsymbol{v}\in\Omega\\ \boldsymbol{u}\neq\boldsymbol{v}}}\frac{\langle\boldsymbol{F}(\boldsymbol{u})-\boldsymbol{F}(\boldsymbol{v}),\mathrm{sgn}(\boldsymbol{u}-\boldsymbol{v})\rangle}{\|\boldsymbol{u}-\boldsymbol{v}\|_1}$$

称为 $\boldsymbol{F}$ 在 Ω 上的非线性测度.

定义 4-4　设 $\boldsymbol{x}^*$ 是系统（4-26）的一个平衡点，Ω 是 $\boldsymbol{x}^*$ 的一个开邻域，称 $\boldsymbol{x}^*$ 在 Ω 上是多项式稳定的，若存在两个正常数 α 和 M，使得式（4-26）由任何 $\boldsymbol{\varphi}\in C([q,1],\Omega)$ 初始的解 $\boldsymbol{x}(t)$ 满足

$$\|\boldsymbol{x}(t)-\boldsymbol{x}^*\|_1\leqslant M\sup_{q\leqslant s\leqslant 1}\|\boldsymbol{\varphi}(s)-\boldsymbol{x}^*\|_1 t^{-\alpha},t\geqslant 1$$

更进一步，若 $\boldsymbol{x}^*$ 在全空间 $\mathbb{R}^n$ 是多项式稳定的，则称系统（4-26）是全局多项式稳定的.

定义 4-5　设 $\boldsymbol{y}^*$ 是系统（4-27）的一个平衡点，Ω 是 $\boldsymbol{y}^*$ 的一个开邻域，称 $\boldsymbol{y}^*$ 在 Ω 上是指数稳定的，若存在两个正常数 α 和 M，使得式（4-27）由任何 $\boldsymbol{\psi}\in C([-\tau,0],\Omega)$ 初始的解 $\boldsymbol{y}(t)$ 满足

$$\|\boldsymbol{y}(t)-\boldsymbol{y}^*\|_1\leqslant M\sup_{-\tau\leqslant s\leqslant 0}\|\boldsymbol{\psi}(s)-\boldsymbol{y}^*\|_1\mathrm{e}^{-\alpha t},t\geqslant 0.$$

更进一步，若 $\boldsymbol{y}^*$ 在全空间 $\mathbb{R}^n$ 是指数稳定的，则称系统（4-27）是全局指数稳定的.

引理 4-1[11]　若 $m_\Omega(\boldsymbol{F})<0$，则 $\boldsymbol{F}$：$\Omega\to\mathbb{R}^n$ 是一一映射. 另外，若 $\Omega=\mathbb{R}^n$，则 $\boldsymbol{F}$ 是 $\mathbb{R}^n$ 上的一个同胚映射.

引理 4-2[11]　设 Ω 是系统（4-28）的平衡点 $\boldsymbol{y}^*$ 的邻域，若对某一矩阵 $\boldsymbol{A}=\mathrm{diag}(a_1,a_2,\cdots,a_n)$，其中 $a_i>0(1\leqslant i\leqslant n)$，有

$$m_{\boldsymbol{A}^{-1}(\Omega)}(\boldsymbol{FA})+L_{\boldsymbol{A}^{-1}(\Omega)}(\boldsymbol{GA})<0$$

成立，则 $\boldsymbol{y}^*$ 在 Ω 上是指数稳定的. 其中 $L_{\boldsymbol{A}^{-1}(\Omega)}(\boldsymbol{GA})$ 表示非线性 Lipschitz 算子 $\boldsymbol{GA}$ 在 $\boldsymbol{A}^{-1}(\Omega)$ 上的最小的 Lipschitz 常数.

更进一步，系统（4-27）由 $\boldsymbol{\psi}\in C([-\tau,0],\Omega)$ 初始的任一解 $\boldsymbol{y}(t)$ 的指数衰减估计为

$$\|\boldsymbol{y}(t)-\boldsymbol{y}^*\|_1\leqslant\mathrm{e}^{-\lambda t}\sup_{-\tau\leqslant s\leqslant 0}\|\boldsymbol{\psi}(s)-\boldsymbol{y}^*\|_1,t\geqslant 0$$

其中，λ 是如下方程的唯一正解.

$$\lambda \min_{1\leqslant i\leqslant n} a_i + m_{A^{-1}(\Omega)}(FA) + L_{A^{-1}(\Omega)}(GA)e^{\tau\lambda} = 0$$

4.2.2 指数稳定性与多项式稳定性

在这部分中，首先证明系统（4-26）在 Ω 中存在唯一的平衡点.

定理 4-2 若假设（H）成立，且存在正实数 p_i（$i=1, 2, \cdots, n$），使得

$$\min_{1\leqslant j\leqslant n}\left\{d_j - \sum_{i=1}^{n} p_j/p_i(|a_{ij}|L(f_j)+|b_{ij}|L(g_j)+|c_{ij}|L(h_j))\right\} > 0 \tag{4-29}$$

成立，其中，$L(f_j)$，$L(g_j)$ 和 $L(h_j)$ 分别表示 f_j、g_j 和 h_j 在 Ω_j 上最小的 Lipschitz 常数，Ω_j 表示 Ω 在 $\mathbb{R}^n$ 的第 j 轴上的投影. 则对于每个外部输入 I_i，系统（4-26）在 Ω 上有唯一的平衡点 $\boldsymbol{x}^*$.

证明 定义 $\boldsymbol{P}=\mathrm{diag}(p_1, p_2, \cdots, p_n)$，其中 $p_i>0(i=1, 2, \cdots, n)$. 算子 $\boldsymbol{H}$：$\mathbb{R}^n\to\mathbb{R}^n$，

$$\boldsymbol{H}(\boldsymbol{y})=(H_1(y_1),H_2(y_2),\cdots,H_n(y_n))^{\mathrm{T}}$$

其中，$\boldsymbol{y}=(y_1, y_2, \cdots, y_n)^{\mathrm{T}}\in\mathbb{R}^n$，且

$$H_i(y_i)=e^t\left\{-d_iy_i(t)+\sum_{j=1}^{n}a_{ij}f_j(y_j(t))+\sum_{j=1}^{n}b_{ij}g_j(y_j(t))+\sum_{j=1}^{n}c_{ij}h_j(y_j(t))+I_i\right\}$$

易知，$\boldsymbol{y}^*=(y_1^*,y_2^*,\cdots,y_n^*)^{\mathrm{T}}$ 是系统（4-27）的平衡点的充要条件为 $\boldsymbol{H}(\boldsymbol{y}^*)=\boldsymbol{0}$. 对 $\forall\boldsymbol{u}$，$\boldsymbol{v}\in\boldsymbol{P}^{-1}$（$\Omega$），

$$\begin{aligned}
&\langle\boldsymbol{P}^{-1}\boldsymbol{H}(\boldsymbol{Pu})-\boldsymbol{P}^{-1}\boldsymbol{H}(\boldsymbol{Pv}), \mathrm{sgn}(\boldsymbol{u}-\boldsymbol{v})\rangle\\
&=\sum_{i=1}^{n}\mathrm{sgn}(u_i-v_i)\Big\{p_i^{-1}e^t\Big[-d_ip_i(u_i-v_i)+\sum_{j=1}^{n}a_{ij}(f_j(p_ju_j)-f_j(p_jv_j))+\\
&\quad\sum_{j=1}^{n}b_{ij}(g_j(p_ju_j)-g_j(p_jv_j))+\sum_{j=1}^{n}c_{ij}(h_j(p_ju_j)-h_j(p_jv_j))\Big]\Big\}\\
&\leqslant\sum_{i=1}^{n}p_i^{-1}\Big\{-d_ie^tp_i|u_i-v_i|+\sum_{j=1}^{n}|a_{ij}|e^t|f_j(p_ju_j)-f_j(p_jv_j)|+\\
&\quad\sum_{j=1}^{n}|b_{ij}|e^t|g_j(p_ju_j)-g_j(p_jv_j)|+\sum_{j=1}^{n}|c_{ij}|e^t|h_j(p_ju_j)-h_j(p_jv_j)|\Big\}\\
&\leqslant\sum_{i=1}^{n}p_i^{-1}\Big\{-d_ie^tp_i|u_i-v_i|+\sum_{j=1}^{n}|a_{ij}|e^tL(f_j)p_j|u_j-v_j|+\\
&\quad\sum_{j=1}^{n}|b_{ij}|e^tL(g_j)p_j|u_j-v_j|+\sum_{j=1}^{n}|c_{ij}|e^tL(h_j)p_j|u_j-v_j|\Big\}\\
&=-\sum_{i=1}^{n}d_ie^t|u_i-v_i|+\sum_{i=1}^{n}p_i^{-1}\sum_{j=1}^{n}[|a_{ij}|L(f_j)+|b_{ij}|L(g_j)+|c_{ij}|L(h_j)]p_je^t|u_j-v_j|
\end{aligned}$$

$$= -\sum_{j=1}^{n} d_j \mathrm{e}^t |u_j - v_j| + \sum_{j=1}^{n}\sum_{i=1}^{n} \mathrm{e}^t p_j/p_i [|a_{ij}|L(f_j) + |b_{ij}|L(g_j) + |c_{ij}|L(h_j)] |u_j - v_j|$$

$$= -\sum_{j=1}^{n} \mathrm{e}^t \left[d_j - \sum_{i=1}^{n} p_j/p_i (|a_{ij}|L(f_j) + |b_{ij}|L(g_j) + |c_{ij}|L(h_j))\right] |u_j - v_j|$$

由式（4-29），可得 $m_{\boldsymbol{P}^{-1}(\Omega)}$（$\boldsymbol{P}^{-1}\boldsymbol{HP}$）$<0$，由引理 4-1 知 $\boldsymbol{P}^{-1}\boldsymbol{HP}$ 是一一映射，故有唯一的 $\boldsymbol{y}^* \in \Omega$，使得 $\boldsymbol{P}^{-1}\boldsymbol{HP}(\boldsymbol{y}^*)=\boldsymbol{0}$，故系统（4-27）在 Ω 上有唯一的平衡点 $\boldsymbol{y}^*$. 又因系统（4-26）和系统（4-27）具有相同的平衡点，从而系统（4-26）在 Ω 上有唯一的平衡点 $\boldsymbol{x}^*$.

下面给出系统（4-27）指数稳定的判据. 令 $\boldsymbol{F}$：$\mathbb{R}^n \to \mathbb{R}^n$，

$$\boldsymbol{F}(\boldsymbol{y}) = (F_1(y_1), F_2(y_2), \cdots, F_n(y_n))^{\mathrm{T}}$$

其中，$F_i(y_i) = -d_i y_i(t) + \sum_{j=1}^{n} a_{ij} f_j(y_j(t))$. 令 $\boldsymbol{G}$：$\mathbb{R}^n \to \mathbb{R}^n$，

$$\boldsymbol{G}(\boldsymbol{y}(t-\tilde{\tau})) = (G_1(y_1(t-\tilde{\tau})), G_2(y_2(t-\tilde{\tau})), \cdots, G_n(y_n(t-\tilde{\tau})))^{\mathrm{T}}$$

其中，$G_i(y_i(t-\tilde{\tau})) = \sum_{j=1}^{n} b_{ij} g_j(y_j(t-\tau_1)) + \sum_{j=1}^{n} c_{ij} h_j(y_j(t-\tau_2)) + I_i$.

定理 4-3 假设 f_j，g_j 和 h_j 满足（H），$\boldsymbol{y}^*$ 是系统（4-27）的平衡点，且 Ω 是 $\boldsymbol{y}^*$ 的一个邻域. 若存在一列正实数 p_i（$i=1, 2, \cdots, n$）使得式（4-29）成立，则对每一个外部输入 I_i，系统（4-27）在 Ω 上是指数稳定的. 特别的，若 $\boldsymbol{y}(t)$ 是系统（4-27）由 $\boldsymbol{\psi} \in C([-\tau, 0], \Omega)$ 初始的解，则

$$\|\boldsymbol{y}(t) - \boldsymbol{y}^*\|_1 \leqslant \max_{1\leqslant i\leqslant n} p / \min_{1\leqslant i\leqslant n} p_i \sup_{-\tau\leqslant s\leqslant 0} \|\boldsymbol{\psi}(s) - \boldsymbol{y}^*\|_1 \mathrm{e}^{-\sigma t}, t \geqslant 0$$

其中，σ 是如下方程的唯一正解.

$$\sigma \min_{1\leqslant j\leqslant n} a_j^{-1} - 1 + k\mathrm{e}^{\tau\sigma} = 0$$

而

$$a_j = d_j - \sum_{i=1}^{n} p_j/p_i |a_{ij}| L(f_j),$$

$$k = \max_{1\leqslant j\leqslant n} \left\{ a_j^{-1} \sum_{i=1}^{n} p_j/p_i [|b_{ij}| L(g_j) + |c_{ij}| L(h_j)] \right\}$$

证明 令 $\boldsymbol{P} = \mathrm{diag}$（$p_1$，$p_2$，$\cdots$，$p_n$），取 $\boldsymbol{A} = \mathrm{diag}(a_1^{-1}, a_2^{-1}, \cdots, a_n^{-1})$，由式（4-29）知

$$a_j = d_j - \sum_{i=1}^{n} p_j/p_i |a_{ij}| L(f_j) > 0, j = 1, 2, \cdots, n$$

对 $\forall \boldsymbol{u}, \boldsymbol{v} \in \boldsymbol{A}^{-1}\boldsymbol{P}^{-1}(\Omega)$，有

$$\langle \mathrm{e}^t \boldsymbol{P}^{-1}\boldsymbol{F}(\boldsymbol{PAu}) - \mathrm{e}^t \boldsymbol{P}^{-1}\boldsymbol{F}(\boldsymbol{PAv}), \mathrm{sgn}(\boldsymbol{u} - \boldsymbol{v}) \rangle$$

$$=\sum_{i=1}^{n}\operatorname{sgn}(u_i-v_i)\left\{e^t p_i^{-1}\left[-d_i p_i/a_i(u_i-v_i)+\sum_{j=1}^{n}|a_{ij}|(f_j(p_j/a_j u_j)-f_j(p_j/a_j v_j))\right]\right\}$$

$$\leqslant\sum_{i=1}^{n}e^t p_i^{-1}\left\{-d_i p_i/a_i|u_i-v_i|+\sum_{j=1}^{n}|a_{ij}||f_j(p_j/a_j u_j)-f_j(p_j/a_j v_j)|\right\}$$

$$\leqslant\sum_{i=1}^{n}-e^t d_i/a_i|u_i-v_i|+\sum_{i=1}^{n}p_i^{-1}\sum_{j=1}^{n}|a_{ij}|L(f_j)p_j/a_j e^t|u_j-v_j|$$

$$=\sum_{j=1}^{n}-e^t d_j/a_j|u_j-v_j|+\sum_{j=1}^{n}\sum_{i=1}^{n}p_j/(a_j p_i)|a_{ij}|L(f_j)e^t|u_j-v_j|$$

$$=\sum_{j=1}^{n}\left\{-d_j/a_j+\sum_{i=1}^{n}p_j/(a_j p_i)|a_{ij}|L(f_j)\right\}e^t|u_j-v_j|=-\sum_{j=1}^{n}e^t|u_j-v_j|$$

于是，$m_{\boldsymbol{A}^{-1}\boldsymbol{P}^{-1}(\Omega)}(\boldsymbol{P}^{-1}\boldsymbol{FPA})\leqslant-1<0$. $\forall\boldsymbol{u}$，$\boldsymbol{v}\in\boldsymbol{A}^{-1}\boldsymbol{P}^{-1}(\Omega)$，有

$$\|e^t\boldsymbol{P}^{-1}\boldsymbol{G}(\boldsymbol{PAu})-e^t\boldsymbol{P}^{-1}\boldsymbol{G}(\boldsymbol{PAv})\|_1$$

$$=\sum_{i=1}^{n}\left|p_i^{-1}e^t\left[\sum_{j=1}^{n}b_{ij}(g_j(p_j/a_j u_j)-g_j(p_j/a_j v_j))+\sum_{j=1}^{n}c_{ij}(h_j(p_j/a_j u_j)-h_j(p_j/a_j v_j))\right]\right|$$

$$\leqslant\sum_{i=1}^{n}\left|p_i^{-1}e^t\left[\sum_{j=1}^{n}|b_{ij}||g_j(p_j/a_j u_j)-g_j(p_j/a_j v_j)|+\sum_{j=1}^{n}|c_{ij}||h_j(p_j/a_j u_j)-h_j(p_j/a_j v_j)|\right]\right|$$

$$\leqslant\sum_{i=1}^{n}\left|p_i^{-1}e^t\left[\sum_{j=1}^{n}|b_{ij}|L(g_j)p_j/a_j|u_j-v_j|+\sum_{j=1}^{n}|c_{ij}|L(h_j)p_j/a_j|u_j-v_j|\right]\right|$$

$$=\sum_{i=1}^{n}\left|p_i^{-1}e^t\sum_{j=1}^{n}p_j/a_j(|b_{ij}|L(g_j)+|c_{ij}|L(h_j))|u_j-v_j|\right|$$

$$=\sum_{j=1}^{n}\left[a_j^{-1}\sum_{i=1}^{n}p_j/p_i(|b_{ij}|L(g_j)+|c_{ij}|L(h_j))\right]e^t|u_j-v_j|$$

由 $k=\max\limits_{1\leqslant i\leqslant n}\left\{a_j^{-1}\sum_{i=1}^{n}p_j/p_i(|b_{ij}|L(g_j)+|c_{ij}|L(h_j))\right\}$，则有 $L_{\boldsymbol{A}^{-1}\boldsymbol{P}^{-1}(\Omega)}(\boldsymbol{P}^{-1}\boldsymbol{GPA})\leqslant k$.于是,有

$$m_{\boldsymbol{A}^{-1}\boldsymbol{P}^{-1}(\Omega)}(\boldsymbol{P}^{-1}\boldsymbol{FPA})+L_{\boldsymbol{A}^{-1}\boldsymbol{P}^{-1}(\Omega)}(\boldsymbol{P}^{-1}\boldsymbol{GPA})\leqslant-1+k$$

$$=\max_{1\leqslant j\leqslant n}a_j^{-1}\left\{-a_j+\sum_{i=1}^{n}p_j/p_i(|b_{ij}|L(g_j)+|c_{ij}|L(h_j))\right\}$$

$$=\max_{1\leqslant j\leqslant n}\left(d_j-\sum_{i=1}^{n}p_j/p_i|a_{ij}|L(f_j)\right)^{-1}\left\{-d_j+\sum_{i=1}^{n}p_j/p_i|a_{ij}|L(f_j)+\right.$$

$$\sum_{i=1}^{n} p_j/p_i(|b_{ij}|L(g_j)+|c_{ij}|L(h_j))\Big\}<0$$

由引理 4-2 知 $\boldsymbol{y}^*$ 是指数稳定的，且有

$$\dot{\boldsymbol{u}}(t)=\mathrm{e}^t\boldsymbol{P}^{-1}\boldsymbol{FP}(\boldsymbol{u}(t))+\mathrm{e}^t\boldsymbol{P}^{-1}\boldsymbol{GP}(\boldsymbol{u}_\tau(t)) \tag{4-30}$$

满足

$$\|\boldsymbol{u}(t)-\boldsymbol{P}^{-1}\boldsymbol{y}^*\|_1\leqslant \mathrm{e}^{-\sigma t}\sup_{-\tau\leqslant s\leqslant 0}\|\boldsymbol{\psi}(s)-\boldsymbol{P}^{-1}\boldsymbol{y}^*\|_1\mathrm{e}^{-\sigma t},t\geqslant 0$$

其中，$\sigma\min\limits_{1\leqslant j\leqslant n}a_j^{-1}-1+k\mathrm{e}^{\tau\sigma}=0$. 注意到 $\boldsymbol{u}(t)=\boldsymbol{P}^{-1}\boldsymbol{y}(t)$ 是系统（4-30）由 $\boldsymbol{u}=\boldsymbol{P}^{-1}\boldsymbol{\phi}\in C([-\tau,0],\Omega)$ 初始的解，而 $\boldsymbol{y}(t)$ 是系统（4-27）由 $\boldsymbol{\psi}\in C([-\tau,0],\Omega)$ 初始的解，则有

$$\|\boldsymbol{y}(t)-\boldsymbol{y}^*\|_1\leqslant \max_{1\leqslant i\leqslant n}p_i/\min_{1\leqslant i\leqslant n}p_i\sup_{-\tau\leqslant s\leqslant 0}\|\boldsymbol{\psi}(s)-\boldsymbol{y}^*\|_1\mathrm{e}^{-\sigma t},t\geqslant 0 \tag{4-31}$$

为系统（4-27）的解的指数衰减估计.

定理 4-4 假设 f_j，g_j 和 h_j 满足（H），$\boldsymbol{x}^*$ 是系统（4-26）的平衡点，且 Ω 是 $\boldsymbol{x}^*$ 的一个邻域. 若存在一列正实数 $p_i(i=1,2,\cdots,n)$ 使得式（4-29）成立，则对每一个外部输入 I_i，系统（4-26）在 Ω 上是多项式稳定的. 特别的，若 $\boldsymbol{x}(t)$ 是系统（4-26）由 $\boldsymbol{\varphi}\in C([q,1],\Omega)$ 初始的解，则

$$\|\boldsymbol{x}(t)-\boldsymbol{x}^*\|_1\leqslant \max_{1\leqslant i\leqslant n}p/\min_{1\leqslant i\leqslant n}p_i\sup_{q\leqslant s\leqslant 1}\|\boldsymbol{\varphi}(s)-\boldsymbol{x}^*\|_1t^{-\sigma},t\geqslant 1$$

其中，σ 是如下方程的唯一正解.

$$\sigma\min_{1\leqslant j\leqslant n}a_j^{-1}-1+kq^{-\sigma}=0$$

而
$$a_j=d_j-\sum_{i=1}^{n}p_j/p_i|a_{ij}|L(f_j)$$

$$k=\max_{1\leqslant j\leqslant n}\Big\{a_j^{-1}\sum_{i=1}^{n}p_j/p_i[|b_{ij}|L(g_j)+|c_{ij}|L(h_j)]\Big\}$$

证明 易证式（4-26）和式（4-27）具有相同的平衡点，即 $\boldsymbol{x}^*=\boldsymbol{y}^*$，$x_i=y_i$，$i=1,2,\cdots,n$. 再由 $y_i(t)=x_i(\mathrm{e}^t)$ 和式（4-31）可得

$$\|\boldsymbol{x}(\mathrm{e}^t)-\boldsymbol{x}^*\|_1\leqslant \max_{1\leqslant i\leqslant n}p_i/\min_{1\leqslant i\leqslant n}p_i\sup_{-\tau\leqslant s\leqslant 0}\|\boldsymbol{\varphi}(\mathrm{e}^s)-\boldsymbol{x}^*\|_1\mathrm{e}^{-\sigma t},t\geqslant 0$$

令 $\mathrm{e}^t=\zeta$，其中，$t\geqslant 0$，由此可得 $\zeta\geqslant 1$，$t=\ln\zeta\geqslant 0$；令 $\mathrm{e}^s=\xi$，其中，$s\in[-\tau,0]$，由此可知 $s=\ln\xi\in[-\tau,0]$，$\xi\in[q,1]$. 因此，由上式，得

$$\|\boldsymbol{x}(\zeta)-\boldsymbol{x}^*\|_1\leqslant \max_{1\leqslant i\leqslant n}p_i/\min_{1\leqslant i\leqslant n}p_i\sup_{q\leqslant\xi\leqslant 1}\|\boldsymbol{\varphi}(\xi)-\boldsymbol{x}^*\|_1\mathrm{e}^{-\eta\ln\zeta},\zeta\geqslant 1 \tag{4-32}$$

选取 $\zeta=t$，代入式（4-32），得

$$\begin{aligned}\|\boldsymbol{x}(t)-\boldsymbol{x}^*\|_1&\leqslant \max_{1\leqslant i\leqslant n}p_i/\min_{1\leqslant i\leqslant n}p_i\sup_{q\leqslant\xi\leqslant 1}\|\boldsymbol{\varphi}(\xi)-\boldsymbol{x}^*\|_p\mathrm{e}^{-\eta\ln t}\\&=\max_{1\leqslant i\leqslant n}p_i/\min_{1\leqslant i\leqslant n}p_i\sup_{q\leqslant\xi\leqslant 1}\|\boldsymbol{\varphi}(\xi)-\boldsymbol{x}^*\|_1t^{-\eta},t\geqslant 1\end{aligned} \tag{4-33}$$

因此，由定义 4-4 可知，式（4-33）表明系统（4-26）的平衡点 $\boldsymbol{x}^*$ 在 Ω 上多项式稳定的.

4.2.3 数值算例及仿真

例 4-2 考虑下面二维的具比例时滞递归神经网络

$$\begin{cases}\dot{x}_1(t)=-9x_1(t)+f_1(x_1(t))+2f_2(x_2(t))+2g_1(x_1(1/2t))-h_2(x_2(2/3t))\\ \dot{x}_2(t)=-6x_2(t)+2f_1(x_1(t))-f_2(x_2(t))-g_2(x_2(1/2t))+2h_1(x_1(2/3t))\end{cases} \tag{4-34}$$

其中，$f_j(x)=x/2+\tanh(x/2)$, $g_j(x)=x+\sin x$, $h_j(x)=\sin(x/3)+x/3$，于是 $L(f_j)=1$，$L(g_j)=2$，$L(h_j)=2/3$，$j=1$，2，$q_1=1/2$，$q_2=2/3$，$q=\min\{q_1,q_2\}=1/2$.

取 $p_1=p_2=1$，计算得

$$\min_{1\leqslant j\leqslant 2}\{9-(1+4+2+4/3),6-(2+2/3+1+2)\}=\min_{1\leqslant j\leqslant 2}\{2/3,1/3\}=1/3>0$$

于是由定理 4-2，知该系统具有唯一的平衡点 $\boldsymbol{x}^*=(0,0)^{\mathrm{T}}$. 由定理 4-4 知系统 (4-34) 的平衡点是多项式稳定的，且满足如下多项式衰减估计

$$|x_1(t)+x_2(t)|\leqslant\sup_{q\leqslant s\leqslant 1}\|\boldsymbol{\varphi}(s)\|_1 t^{-\sigma},t\geqslant 1$$

其中，$\boldsymbol{x}(t)=(x_1(t),x_2(t))^{\mathrm{T}}$ 是系统 (4-32) 由 $\boldsymbol{\varphi}\in C([-1/2,1],\mathbb{R}^2)$ 初始的解，σ 是如下方程的唯一正解.

$$\frac{1}{6}\times\sigma-1+\frac{8}{9}\times 2^{\sigma}=0$$

系统 (4-34) 的解 $\boldsymbol{x}(t)$ 的仿真图，如图 4-5 和图 4-6 所示.

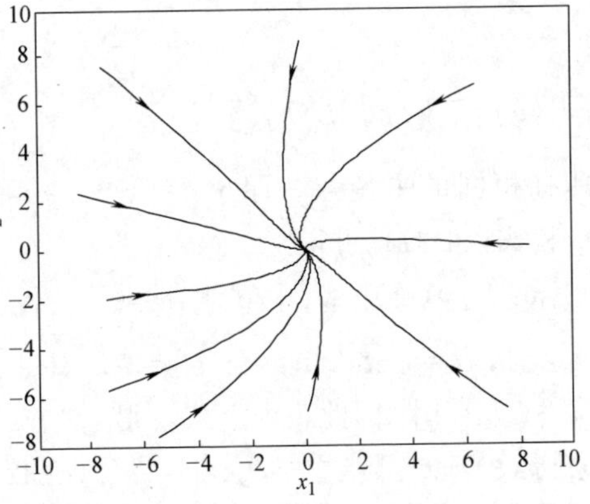

图 4-5 系统 (4-34) 的相轨迹

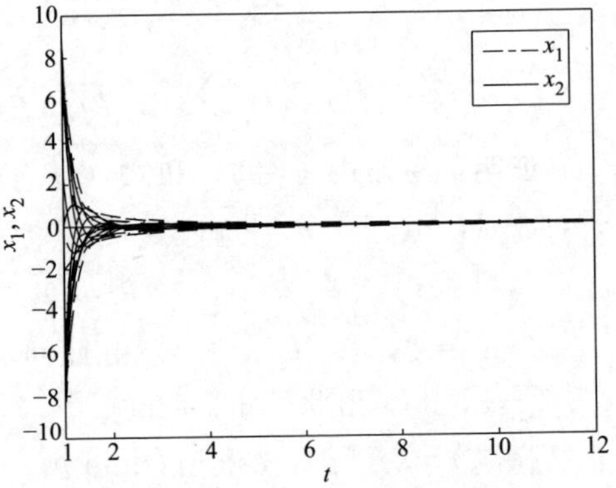

图 4-6 系统 (4-34) 的时间响应曲线

4.3 具多比例时滞递归神经网络的时滞独立的多项式稳定性

本节通过非线性变换 $y_i(t)=x_i(\mathrm{e}^t)$，构造合适的 Lyapunov 泛函和利用 Halanay 型时滞不等式，讨论一类具多比例时滞递归神经网络的多项式稳定性.

4.3.1　模型描述及预备知识

考虑如下具多比例时滞递归神经网络的模型[27]：

$$\begin{cases}\dot{x}_i(t)=-d_ix_i(t)+\sum_{j=1}^{n}a_{ij}f_j(x_j(t))+\sum_{j=1}^{n}b_{ij}f_j(x_j(q_1t))+\\ \qquad\sum_{j=1}^{n}c_{ij}f_j(x_j(q_2t))+I_i,t\geqslant 1\\ x_i(s)=\varphi_i(s),s\in[\bar{q},1],\bar{q}=\min\{q_1,q_2\},i=1,2,\cdots,n\end{cases}\tag{4-35}$$

其中，$d_i>0,0<q_1,q_2\leqslant 1,q_it=t-(1-q_i)t,i=1,2$. 激活函数 $f_j(\cdot)$ 满足如下条件：

$$|f_j(\xi)-f_j(\eta)|\leqslant L_j|\xi-\eta|,L_j>0,\xi,\eta\in\mathbb{R}.\tag{4-36}$$

注 4-6　若 $f_j(\cdot)$ 满足 Lipschitz 连续，它可以是无界的，不可微的，也可以不是单调增的.

做变换 $y_i(t)=x_i(\mathrm{e}^t)$，则系统（4-35）等价地变换成如下形式：

$$\begin{cases}\dot{y}_i(t)=\mathrm{e}^t\Big\{-d_iy_i(t)+\sum_{j=1}^{n}a_{ij}f_j(y_j(t))+\sum_{j=1}^{n}b_{ij}f_j(y_j(t-\tau_1))+\\ \qquad\sum_{j=1}^{n}c_{ij}f_j(y_j(t-\tau_2))+I_i\Big\},t\geqslant 0\\ y_i(s)=\psi_i(s),s\in[-\tau,0]\end{cases}\tag{4-37}$$

其中，$\tau_1=-\ln q_1\geqslant 0,\tau_2=-\ln q_2\geqslant 0,\tau=\max\{\tau_1,\tau_2\}.\psi_i(s)=\varphi_i(\mathrm{e}^s),s\in[-\tau,0]$，$i=1,2,\cdots,n$.且 $\boldsymbol{\psi}=(\psi_1,\psi_2,\cdots,\psi_n)^{\mathrm{T}}\in C([-\tau,0],\mathbb{R}^n)$.

由式（4-36）可以保证系统（4-35）和系统（4-37）的平衡点的存在性. 由平衡点的定义，易证系统（4-35）和系统（4-37）具有相同的平衡点，设 $\boldsymbol{x}^*=(x_1^*,x_2^*,\cdots,x_n^*)^{\mathrm{T}}$ 是系统（4-35）的平衡点，$\boldsymbol{y}^*=(y_1^*,y_2^*,\cdots,y_n^*)^{\mathrm{T}}$ 是系统（4-37）的平衡点.

令 $\boldsymbol{y}(t)=(y_1(t),y_2(t),\cdots,y_n(t))^{\mathrm{T}}$ 是异于 $\boldsymbol{y}^*$ 的任一解. 令 $u_i(t)=y_i(t)-y_i^*$，则由系统（4-37）可得

$$\dot{u}_i(t)=\mathrm{e}^t\Big\{-d_iu_i(t)+\sum_{j=1}^{n}a_{ij}g_j(u_j(t))+\sum_{j=1}^{n}b_{ij}g_j(u_j(t-\tau_1))+\sum_{j=1}^{n}c_{ij}g_j(u_j(t-\tau_2))\Big\}\tag{4-38}$$

其中，$g(u_i(t))=f_i(y_i(t))-f_i(y_i^*)$. 因此要证系统（4-35）的平衡点的稳定性，可通过讨论系统（4-38）的零解的稳定性来实现.

定义 4-6　称系统（4-35）的平衡点 $\boldsymbol{x}^*$ 是全局指数稳定的，若存在 $M\geqslant 1$，

$k>0$，使得

$$\|\boldsymbol{x}(t)-\boldsymbol{x}^*\|\leqslant M\|\boldsymbol{\varphi}-\boldsymbol{x}^*\|t^{-k},\forall t\geqslant 1$$

其中$\|\boldsymbol{\varphi}-\boldsymbol{x}^*\|=\sup\limits_{q\leqslant s\leqslant 1}\sum\limits_{i=1}^{n}|\varphi_i(s)-x_i^*|$.

定义 4-7 称系统（4-37）的平衡点 $\boldsymbol{y}^*$ 是全局指数稳定的，若存在 $M\geqslant 1$，$k>0$，使得

$$\|\boldsymbol{y}(t)-\boldsymbol{y}^*\|\leqslant M\|\boldsymbol{\psi}-\boldsymbol{y}^*\|\mathrm{e}^{-kt},\forall t\geqslant 0$$

其中$\|\boldsymbol{\psi}-\boldsymbol{y}^*\|=\sup\limits_{-\tau\leqslant s\leqslant 0}\sum\limits_{i=1}^{n}|\boldsymbol{\psi}_i(s)-y_i^*|$.

引理 4-3 设常数 $\alpha>\beta>0$，$x(t)$ 在 $t\geqslant t_0-\tau$ 时是非负的一元连续函数，且满足不等式

$$D^+x(t)\leqslant-\alpha x(t)+\beta\bar{x}(t)$$

其中，$\bar{x}(t)=\sup\limits_{t-\tau\leqslant s\leqslant t}\{x(s)\},\tau\geqslant 0$ 是常数，则当 $t\geqslant t_0$ 时，有

$$x(t)\leqslant\bar{x}(t_0)\mathrm{e}^{-\lambda(t-t_0)}$$

其中，λ 是超越方程$\lambda=\alpha-\beta\mathrm{e}^{\lambda\tau}$的唯一正解.

4.3.2 指数稳定性与多项式稳定性

定理 4-5 若条件式（4-36）成立，且存在常数 $\lambda>1$，p，$q\in\mathbb{R}$，$\varepsilon>0$，使得

$$\begin{cases}\lambda-1-a+b+(c+d)\bar{q}^{-(\lambda-1)}>0\\ a>b+c+d\end{cases}\tag{4-39}$$

成立，则对每一个外部输入 I_i，系统（4-35）的平衡点都是全局多项式稳定的.其中

$$a=\min_{1\leqslant i\leqslant n}\{d_i\};b=1/2\max_{1\leqslant j\leqslant n}\left\{\sum_{i=1}^{n}(\varepsilon L_j^p\mid a_{ij}\mid^q+1/\varepsilon L_j^{2-p}\mid a_{ij}\mid^{2-q})\right\}$$

$$c=1/2\max_{1\leqslant j\leqslant n}\left\{\sum_{i=1}^{n}(\varepsilon L_j^p\mid b_{ij}\mid^q+1/\varepsilon L_j^{2-p}\mid b_{ij}\mid^{2-q})\right\}$$

$$d=1/2\max_{1\leqslant j\leqslant n}\left\{\sum_{i=1}^{n}(\varepsilon L_j^p\mid c_{ij}\mid^q+1/\varepsilon L_j^{2-p}\mid c_{ij}\mid^{2-q})\right\}$$

证明 取如下正定的 Lyapunov 泛函

$$V(t)=\mathrm{e}^{-t}\sum_{i=1}^{n}\mid u_i(t)\mid\tag{4-40}$$

设 $\bar{V}(t)=\sup\limits_{t-\tau\leqslant s\leqslant t}\left\{\mathrm{e}^{-t}\sum\limits_{i=1}^{n}\mid u_i(t)\mid\right\}$. 由式（4-38），有

$$D^+\mid u_i(t)\mid=\mathrm{e}^t\left\{-d_i\mid u_i(t)\mid+\sum_{j=1}^{n}a_{ij}g_j(u_j(t))\mathrm{sgn}(u_i(t))+\right.$$

$$\sum_{j=1}^{n}b_{ij}g_j(u_j(t-\tau_1))\operatorname{sgn}(u_i(t))+\sum_{j=1}^{n}c_{ij}g_j(u_j(t-\tau_2))\operatorname{sgn}(u_i(t))\Big\}$$

$$\leqslant e^t\Big\{-d_i|u_i(t)|+\sum_{j=1}^{n}|a_{ij}||g_j(u_j(t))|+$$

$$\sum_{j=1}^{n}|b_{ij}||g_j(u_j(t-\tau_1))|+\sum_{j=1}^{n}|c_{ij}||g_j(u_j(t-\tau_2))|\Big\} \tag{4-41}$$

因此，由式（4-41）及引理1-3，式（4-40）沿着式（4-37）的右上Dini导数为

$$D^+V(t)=-e^{-t}\sum_{i=1}^{n}|u_i(t)|+e^{-t}\sum_{i=1}^{n}D^+|u_i(t)|$$

$$\leqslant e^{-t}\sum_{i=1}^{n}D^+|u_i(t)|\leqslant-\sum_{i=1}^{n}d_i|u_i(t)|+\sum_{i=1}^{n}\sum_{j=1}^{n}|a_{ij}|L_j|u_j(t)|+$$

$$\sum_{i=1}^{n}\sum_{j=1}^{n}|b_{ij}|L_j|u_j(t-\tau_1)|+\sum_{i=1}^{n}\sum_{j=1}^{n}|c_{ij}|L_j|u_j(t-\tau_2)|$$

$$=-\sum_{i=1}^{n}d_i|u_i(t)|+\sum_{i=1}^{n}\sum_{j=1}^{n}L_j^{p/2}L_j^{(2-p)/2}|a_{ij}|^{q/2}|a_{ij}|^{(2-q)/2}|u_j(t)|+$$

$$\sum_{i=1}^{n}\sum_{j=1}^{n}L_j^{p/2}L_j^{(2-p)/2}|b_{ij}|^{q/2}|b_{ij}|^{(2-q)/2}|u_j(t-\tau_1)|+$$

$$\sum_{i=1}^{n}\sum_{j=1}^{n}L_j^{p/2}L_j^{(2-p)/2}|c_{ij}|^{q/2}|c_{ij}|^{(2-q)/2}|u_j(t-\tau_2)|$$

$$\leqslant-\sum_{i=1}^{n}d_i|u_i(t)|+1/2\sum_{i=1}^{n}\sum_{j=1}^{n}(\varepsilon L_j^p|a_{ij}|^q+1/\varepsilon L_j^{2-p}|a_{ij}|^{2-q})|u_j(t)|+$$

$$1/2\sum_{i=1}^{n}\sum_{j=1}^{n}(\varepsilon L_j^p|b_{ij}|^q+1/\varepsilon L_j^{2-p}|b_{ij}|^{2-q})|u_j(t-\tau_1)|+$$

$$1/2\sum_{i=1}^{n}\sum_{j=1}^{n}(\varepsilon L_j^p|c_{ij}|^q+1/\varepsilon L_j^{2-p}|c_{ij}|^{2-q})|u_j(t-\tau_2)|$$

$$\leqslant-\min_{1\leqslant i\leqslant n}d_i\sum_{i=1}^{n}|u_i(t)|+1/2\max_{1\leqslant j\leqslant n}\Big[\sum_{i=1}^{n}(\varepsilon L_j^p|a_{ij}|^q+$$

$$1/\varepsilon L_j^{2-p}|a_{ij}|^{2-q})\Big]\sum_{j=1}^{n}|u_j(t)|+1/2\max_{1\leqslant j\leqslant n}\Big[\sum_{i=1}^{n}(\varepsilon L_j^p|b_{ij}|^q+$$

$$1/\varepsilon L_j^{2-p}|b_{ij}|^{2-q})\Big]\sum_{j=1}^{n}|u_j(t-\tau_1)|+1/2\max_{1\leqslant j\leqslant n}\Big[\sum_{i=1}^{n}(\varepsilon L_j^p|c_{ij}|^q+$$

$$1/\varepsilon L_j^{2-p}|c_{ij}|^{2-q})\Big]\sum_{j=1}^{n}|u_j(t-\tau_2)|$$

$$\leqslant-(a-b)V(t)+(c+d)\bar{V}(t)$$

$$\leqslant-\alpha V(t)+\beta\bar{V}(t)$$

其中，$\alpha=a-b$，$\beta=c+d$，由引理 4-3 得

$$V(t)\leqslant\bar{V}(0)\mathrm{e}^{-\lambda t}=\sup_{-\tau\leqslant s\leqslant 0}\sum_{i=1}^{n}|\Psi_i(s)-y_i^*|\mathrm{e}^{-\lambda t}$$

即

$$\sum_{i=1}^{n}|y_i(t)-y_i^*|\leqslant\sup_{-\tau\leqslant s\leqslant 0}\sum_{i=1}^{n}|\Psi_i(s)-y_i^*|\mathrm{e}^{-(\lambda-1)t}$$

其中，$\lambda-1$ 为超越方程

$$\lambda-1=\alpha-\beta\mathrm{e}^{(\lambda-1)\tau}$$

的唯一正解. 取 $M=1$，$k=\lambda-1$，故有

$$\sum_{i=1}^{n}|y_i(t)-y_i^*|\leqslant\|\boldsymbol{\psi}-\boldsymbol{y}^*\|\mathrm{e}^{-kt},t\geqslant 0 \tag{4-42}$$

成立，由定义 4-7 可知，系统（4-37）的平衡点 $\boldsymbol{y}^*$ 是全局指数稳定的.

再将 $y_i(t)=x_i(\mathrm{e}^t)$ 代入式（4-42），整理可得

$$\|\boldsymbol{x}(t)-\boldsymbol{x}^*\|\leqslant M\|\boldsymbol{\varphi}-\boldsymbol{x}^*\|\mathrm{e}^{-k\ln t}=M\|\boldsymbol{\varphi}-\boldsymbol{x}^*\|t^{-k},\forall t\geqslant 1$$

即系统（4-35）的平衡点 $\boldsymbol{x}^*$ 是全局多项式稳定的.

设 $\boldsymbol{x}=(x_1,x_2,\cdots,x_n)^{\mathrm{T}}$ 是系统（4-35）异于平衡点 $\boldsymbol{x}^*$ 的解. 当 $t\to\infty$时，$t^{-k}\to 0$，故上面的表达式，得

$$\lim_{t\to\infty}|x_i(t)-x_i^*|=0$$

即$\lim\limits_{t\to\infty}x_i(t)=x_i^*,i=1,2,\cdots,n$，则系统（4-35）的任何异于平衡点 $\boldsymbol{x}^*$ 的解 $\boldsymbol{x}(t)$ 在 $t\to\infty$时均趋于平衡点 $\boldsymbol{x}^*$，故系统（4-35）的平衡点是唯一的.

若在定理 4-5 的证明过程中取 $p=q=1$，$\varepsilon=1$，则可得推论 4-2.

推论 4-2 在条件式（4-36）下，且

$$\min_{1\leqslant i\leqslant n}d_i>\max_{1\leqslant j\leqslant n}\left\{\sum_{i=1}^{n}L_j(|a_{ij}|+|b_{ij}|+|c_{ij}|)\right\}$$

成立，则系统（4-35）有唯一平衡点，并且该平衡点是全局多项式稳定的.

4.3.3 数值算例及仿真

例 4-3 考虑如下二维具比例时滞递归神经网络

$$\begin{cases}\dot{x}_1(t)=-6x_1(t)+f_1(x_1(t))+2f_2(x_2(t))+f_1(x_1(0.4t))+f_2(x_2(0.6t))+3\\ \dot{x}_2(t)=-8x_1(t)+f_1(x_1(t))+f_2(x_2(0.4t))-2f_1(x_1(0.6t))+f_2(x_2(0.6t))-2\end{cases} \tag{4-43}$$

其中，$\boldsymbol{D}=\begin{pmatrix}6&0\\0&8\end{pmatrix}$，$\boldsymbol{A}=\begin{pmatrix}1&2\\1&0\end{pmatrix}$，$\boldsymbol{B}=\begin{pmatrix}1&0\\0&1\end{pmatrix}$，$\boldsymbol{C}=\begin{pmatrix}0&1\\-2&1\end{pmatrix}$，$\boldsymbol{I}=\begin{pmatrix}3\\-2\end{pmatrix}$. 取 $q_1=0.4$，$q_2=0.6$；激活函数 $f_i(x_i)=\sin(0.5x_i)+0.5x_i,i=1,2$.所以，Lipschitz 常数为 $L_1=L_2=1$，显然 $f_i(x_i),i=1,2$，是 Lipschitz 连续的.

应用 Matlab 计算，得

$$\tau_1=-\ln 0.4\approx 0.9163,\tau_2=-\ln 0.6\approx 0.5108,\tau=\max\{\tau_1,\tau_2\}=0.9163.$$

取 $p=q=1$，$\varepsilon=1$，计算可得

$$a=\min_{1\leqslant i\leqslant 2} d_i=6;\ b=1/2\max_{1\leqslant j\leqslant 2}\left[\sum_{i=1}^{n}(\varepsilon L_j^p\mid a_{ij}\mid^q+1/\varepsilon L_j^{2-p}\mid a_{ij}\mid^{2-q})\right]=2$$

$$c=1/2\max_{1\leqslant j\leqslant 2}\left[\sum_{i=1}^{n}(\varepsilon L_j^p\mid b_{ij}\mid^q+1/\varepsilon L_j^{2-p}\mid b_{ij}\mid^{2-q})\right]=1$$

$$d=1/2\max_{1\leqslant j\leqslant 2}\left[\sum_{i=1}^{n}(\varepsilon L_j^p\mid c_{ij}\mid^q+1/\varepsilon L_j^{2-p}\mid c_{ij}\mid^{2-q})\right]=2$$

显然，$6=a>b+c+d=5$. 满足定理 4-5 的条件，故该系统存在唯一的全局多项式稳定平衡点 $\boldsymbol{x}^*$，用 Matlab 计算得到平衡点为 $\boldsymbol{x}^*=(0.4450,\ -0.4068)^{\mathrm{T}}$，仿真结果如图 4-7 和图 4-8 所示.

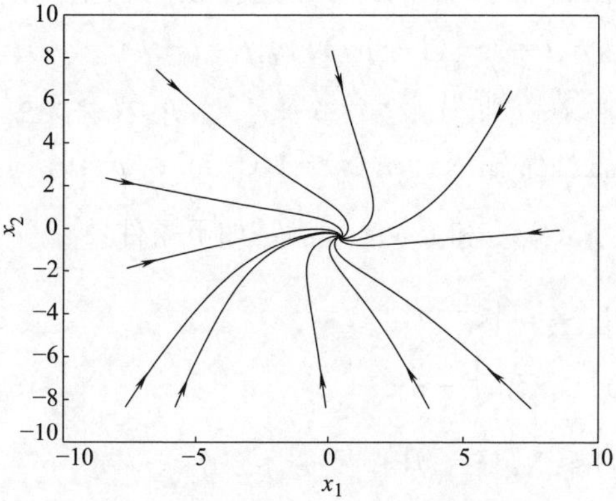

图 4-7　系统（4-43）的相轨迹

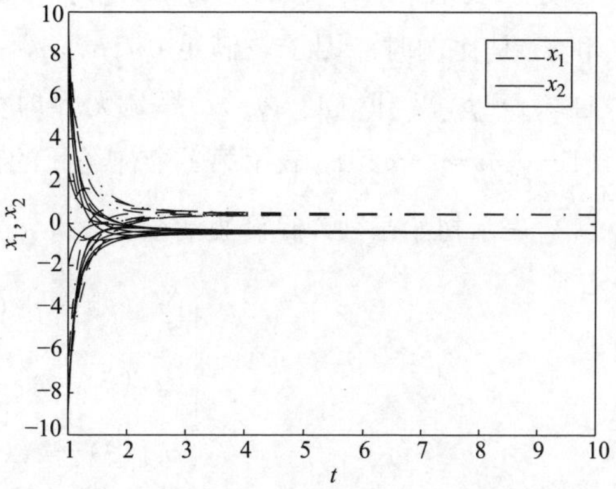

图 4-8　系统（4-43）的时间响应曲线

4.4　具多比例时滞递归神经网络时滞依赖的多项式稳定性

由于具有不同尺寸轴突的并行路径的存在，递归神经网络通常具有空间属性，在一段时间中，通过引入连续的比例时滞建立模型是值得期待的. 比例时滞函数 $\tau(t)=(1-q)t$ 随着时间 $t>0$ 的增大是一个单调递增函数，因此容易根据网络允许的最大时滞来控制网络的运行时间. 在比例时滞存在的情况下，确保所设计网络的稳定性非常重要. 时滞依赖的稳定性条件与时滞的大小有关，根据网络允许的时滞可以很好地设计网络，因此对于具比例时滞递归神经网络，获得恰当的时滞依赖的稳定性条件更有意义.

本节讨论具多比例时滞递归神经网络的时滞依赖的全局多项式稳定性. 在不假设激活函数的可微性、有界性和单调性的情况下，通过应用矩阵的谱半径理论和构造合适的 Lyapunov 泛函，得到了确保所研究系统全局多项式稳定性的时滞依赖的

充分条件，这些条件与比例时滞因子相关. 下面给出数值算例和仿真结果来论证所得结果的有效性.

4.4.1 模型描述及预备知识

考虑如下具多比例时滞递归神经网络模型[25]

$$\begin{cases}\dot{x}_i(t)=-d_ix_i(t)+\sum\limits_{j=1}^{n}a_{ij}f_j(x_j(t))+\sum\limits_{j=1}^{n}b_{ij}g_j(x_j(p_jt))+\\ \qquad\sum\limits_{j=1}^{n}c_{ij}h_j(x_j(q_jt))+I_i,t\geqslant 1\\ x_i(s)=\varphi_i(s),s\in[q,1],s\in[\min\limits_{1\leqslant j\leqslant n}\{p_j,q_j\},1],i=1,2,\cdots,n\end{cases}\tag{4-44}$$

这里，n 表示神经元的个数；$x_i(t)$ 表示第 i 个神经元的状态；$d_i>0$；a_{ij} ,b_{ij} 和 c_{ij} 分别表示第 j 个神经元到第 i 个神经元在 t，p_jt 和 q_jt 时刻连接权的权重；p_j 和 q_j 是比例时滞因子，满足 $0<p_j,q_j\leqslant 1,p_jt=t-(1-p_j)t,q_jt=t-(1-q_j)t$，且 $(1-p_j)t$ 和 $(1-q_j)t$ 都是无界时变函数，即当 $t\to+\infty$时，$(1-p_j)t\to+\infty$，$(1-q_j)t\to+\infty$；I_i 表示第 i 个神经元的偏置性常输入；$\varphi_i(s)\in C([\min\limits_{1\leqslant j\leqslant n}\{p_j,q_j\}],\mathbb{R})$ 表示初始函数. 假设激活函数 $f_i(\cdot)$，$g_i(\cdot)$ 和 $h_i(\cdot)$ 满足如下条件：

$$\begin{cases}|f_i(\xi)-f_i(\eta)|\leqslant L_i|\xi-\eta|\\ |g_i(\xi)-g_i(\eta)|\leqslant M_i|\xi-\eta|\\ |h_i(\xi)-h_i(\eta)|\leqslant N_i|\xi-\eta|\end{cases}\tag{4-45}$$

这里 $i=1$，2，…，n，ξ，$\eta\in\mathbb{R}$. L_i，M_i，N_i 是非负常数.

由变换 $y_i(t)=x_i(\mathrm{e}^t),i=1,2,\cdots,n$，系统（4-44）等价变化为

$$\begin{cases}\dot{y}_i(t)=\mathrm{e}^t\{-d_iy_i(t)+\sum\limits_{j=1}^{n}a_{ij}f_j(y_j(t))+\sum\limits_{j=1}^{n}b_{ij}g_j(y_j(t-\tau_j))+\\ \qquad\sum\limits_{j=1}^{n}c_{ij}h_j(y_j(t-\zeta_j))+I_i\},t\geqslant 0\\ y_i(s)=\psi_i(s),s\in[-\tau,0],s\in[-\tau,0],\tau=\max\limits_{1\leqslant j\leqslant n}\{\tau_j,\zeta_j\},i=1,2,\cdots,n\end{cases}\tag{4-46}$$

其中，$t\geqslant 0$，$\psi_i(s)=\varphi_i(\mathrm{e}^s)\in C([-\tau,0],\mathbb{R})$，$\tau_j=-\ln p_j\geqslant 0$，$\zeta_j=-\ln q_j\geqslant 0$，$\boldsymbol{\psi}(t)=(\Psi_1(t)，\Psi_2(t)，\cdots，\Psi_n(t))^{\mathrm{T}}\in C([-\tau,0],\mathbb{R}^n)$

一个矩阵或向量 $\boldsymbol{A}\geqslant\boldsymbol{0}$，意味着 $\boldsymbol{A}$ 中的所有项大于或等于零，同样定义 $\boldsymbol{A}>\boldsymbol{0}$.

引理 4-4[49] 若对于 $\boldsymbol{K}\geqslant\boldsymbol{0}$，有 $\rho(\boldsymbol{K})<1$，则 $(\boldsymbol{E}-\boldsymbol{K})^{-1}\geqslant 0$，这里的 $\boldsymbol{E}$ 代表 n 维的单位矩阵，$\rho(\boldsymbol{K})$ 代表矩阵 $\boldsymbol{K}$ 的谱半径.

4.4.2 指数稳定性与多项式稳定性

定理 4-6 在式（4-45）条件下，系统（4-44）有唯一的平衡点 $\boldsymbol{x}^*$，并且是全局多项式稳定的，如果存在正常数 $\sigma>1$，使得

$$\rho(\boldsymbol{K})<1$$

这里，$\boldsymbol{K}=(k_{ij})_{n\times n}$，且

$$k_{ij}=(d_i-\sigma)^{-1}(|a_{ij}|L_j+|b_{ij}|M_j\mathrm{e}^{\alpha\tau_j}+|c_{ij}|N_j\mathrm{e}^{\alpha\zeta_j})$$

这里，$d_i-\sigma>0$，$\tau_j=-\ln p_j$，$\zeta_j=-\ln q_j$.

证明 若 $\boldsymbol{y}^*=(y_1^*,y_2^*,\cdots,y_n^*)^{\mathrm{T}}$ 被称为系统（4-46）的一个平衡点，满足下面方程：

$$d_i y_i^*=\sum_{j=1}^{n}[a_{ij}f_j(y_j^*)+b_{ij}g_j(y_j^*)+c_{ij}h_j(y_j^*)]+I_i, i=1,2,\cdots,n \tag{4-47}$$

令 $\boldsymbol{F}(\boldsymbol{\theta})=(F_1(\boldsymbol{\theta}),F_2(\boldsymbol{\theta}),\cdots,F_n(\boldsymbol{\theta}))^{\mathrm{T}}$，且对 $i=1,2,\cdots,n$，有

$$F_i(\boldsymbol{\theta})=d_i^{-1}\left[\sum_{j=1}^{n}(a_{ij}f_j(\theta_j)+b_{ij}g_j(\theta_j)+c_{ij}h_j(\theta_j))+I_i\right]$$

则式（4-47）可写成 $\boldsymbol{y}^*=\boldsymbol{F}(\boldsymbol{y}^*)$. 设向量 $\boldsymbol{C}=(C_1,C_2,\cdots,C_n)^{\mathrm{T}}$，其中，

$$C_i=(d_i-\sigma)^{-1}\Big[\sum_{j=1}^{n}(|a_{ij}||f_j(0)|+|b_{ij}||g_j(0)|\mathrm{e}^{\sigma\tau_j}+ |c_{ij}||h_j(0)|\mathrm{e}^{\sigma\zeta_j})+|I_i|\Big].$$

得 $\boldsymbol{C}>0$. 由 $\rho(\boldsymbol{K})<1$ 和引理 4-4，有 $(\boldsymbol{E}-\boldsymbol{K})^{-1}\geqslant 0$，$\boldsymbol{W}=(\boldsymbol{E}-\boldsymbol{K})^{-1}\boldsymbol{C}>0$. 注意到 $\boldsymbol{W}=(\boldsymbol{E}-\boldsymbol{K})^{-1}\boldsymbol{C}$，即 $\boldsymbol{KW}+\boldsymbol{C}=\boldsymbol{W}$，或者 $W_i=\sum_{j=1}^{n}K_{ij}W_j+C_i$ 是向量 $\boldsymbol{W}$ 的第 i 部分（$i=1$，2，…，n）. 令

$$\Omega=\{\boldsymbol{y}\,|\,\boldsymbol{y}=(y_1,y_2,\cdots,y_n)^{\mathrm{T}}\in\mathbb{R}^n;|y_i|\leqslant W_i, i=1,2,\cdots,n\}$$

对于所有 $\boldsymbol{y}\in\Omega$，有

$$\begin{aligned}
|F_i(\boldsymbol{y})|&=d_i^{-1}\left|\sum_{j=1}^{n}(a_{ij}f_j(y_j)+b_{ij}g_j(y_j)+c_{ij}h_j(y_j))+I_i\right|\\
&\leqslant d_i^{-1}\sum_{j=1}^{n}(|a_{ij}|L_j+|b_{ij}|M_j+|c_{ij}|N_j)|y_j|+\\
&\quad d_i^{-1}\sum_{j=1}^{n}(|a_{ij}||f_j(0)|+|b_{ij}||g_j(0)|+|c_{ij}||h_j(0)|)+d_i^{-1}|I_i|\\
&\leqslant(d_i-\sigma)^{-1}\sum_{j=1}^{n}(|a_{ij}|L_j+|b_{ij}|M_j\mathrm{e}^{\sigma\tau_j}+|c_{ij}|N_j\mathrm{e}^{\sigma\zeta_j})|y_j|+\\
&\quad(d_i-\sigma)^{-1}\sum_{j=1}^{n}(|a_{ij}||f_j(0)|+|b_{ij}||g_j(0)|\mathrm{e}^{\sigma\tau_j}+|c_{ij}||h_j(0)|\mathrm{e}^{\sigma\zeta_j})+
\end{aligned}$$

$$(d_i-\sigma)^{-1}\,|I_i|$$

$$=\sum_{j=1}^{n}K_{ij}\,|y_j|+C_i\leqslant\sum_{j=1}^{n}K_{ij}W_j+C_i=W_i$$

因此，$\boldsymbol{F}:\Omega\to\Omega$ 是一个连续映射. 通过引理 1-2（Brouwer 不动点定理），$\boldsymbol{F}$ 至少有一个固定点 $\boldsymbol{y}^*$，且为系统（4-46）的一个平衡点.

下面证明 $\boldsymbol{y}^*$ 是全局指数稳定的. $\boldsymbol{y}^*$ 的全局指数稳定性意味着 $\boldsymbol{y}^*$ 的唯一性.

令 $\boldsymbol{y}(t)$ 是系统（4-46）的一个任意解，由系统（4-46），得到

$$D^+|y_i(t)-y_i^*|\leqslant -d_i\mathrm{e}^t\,|y_i(t)-y_i^*|+\mathrm{e}^t\sum_{j=1}^{n}[|a_{ij}||y_j(t)-y_j^*|L_j+|b_{ij}||y_j(t-\tau_j)-y_j^*|M_j+|c_{ij}||y_j(t-\zeta_j)-y_j^*|N_j] \tag{4-48}$$

容易得 $\rho(\boldsymbol{DKD}^{-1})=\rho(\boldsymbol{K})<1$，这里 $\boldsymbol{D}=\mathrm{diag}(d_1, d_2, \cdots, d_n)$. 因此，$(\boldsymbol{E}-\boldsymbol{D}^{-1}\boldsymbol{K}^{\mathrm{T}}\boldsymbol{D})$ 是一个 M-矩阵[50]. 因此，存在一个对角矩阵 $\boldsymbol{M}=\mathrm{diag}(m_1, m_2, \cdots, m_n)$，对角线上元素为正值，使得 $(\boldsymbol{E}-\boldsymbol{D}^{-1}\boldsymbol{K}^{\mathrm{T}}\boldsymbol{D})\boldsymbol{M}$ 是对角元素为正值的严格对角占优矩阵，即

$$m_i(d_i-\sigma)>\sum_{j=1}^{n}m_j(|a_{ji}|L_i+|b_{ji}|M_i\mathrm{e}^{\sigma\tau_i}+|c_{ji}|N_i\mathrm{e}^{\sigma\zeta_i}),i=1,2,\cdots,n \tag{4-49}$$

于是，考虑函数 $Y_i(t)$，定义为

$$Y_i(t)=\mathrm{e}^{\sigma t}|y_i(t)-y_i^*| \tag{4-50}$$

由式（4-48）和式（4-50）得下面不等式

$$\begin{aligned}D^+Y_i(t)&=\sigma\mathrm{e}^{\sigma t}\,|y_i(t)-y_i^*|+\mathrm{e}^{\sigma t}D^+|y_i(t)-y_i^*|\\&\leqslant\sigma\mathrm{e}^{\sigma t}\,|y_i(t)-y_i^*|+\mathrm{e}^{\sigma t}\mathrm{e}^t\Big[-d_i\,|y_i(t)-y_i^*|+\sum_{j=1}^{n}|a_{ij}|\,L_j\,|y_j(t)-y_j^*|+\\&\quad\sum_{j=1}^{n}|b_{ij}|\,M_j\,|y_j(t-\tau_j)-y_j^*|+\sum_{j=1}^{n}|c_{ij}|\,N_j\mathrm{e}^t\,|y_j(t-\zeta_j)-y_j^*|\Big]\\&=\sigma Y_i(t)-d_i\mathrm{e}^tY_i(t)+\mathrm{e}^t\Big\{\sum_{j=1}^{n}|a_{ij}|L_jY_j(t)+\sum_{j=1}^{n}|b_{ij}|M_jY_j(t-\tau_j)\mathrm{e}^{\sigma\tau_j}+\\&\quad\sum_{j=1}^{n}|c_{ij}|N_jY_j(t-\zeta_j)\mathrm{e}^{\sigma\zeta_j}\Big\},i=1,2,\cdots,n\end{aligned} \tag{4-51}$$

构造如下 Lyapunov 泛函

$$V(t)=\sum_{i=1}^{n}\Big\{m_i\mathrm{e}^{-t}Y_i(t)+\sum_{j=1}^{n}m_i\Big(|b_{ij}|\,M_j\int_{t-\tau_j}^{t}\mathrm{e}^{\sigma\tau_j}Y_j(s)\mathrm{d}s+|c_{ij}|\,N_j\int_{t-\zeta_j}^{t}\mathrm{e}^{\sigma\zeta_j}Y_j(s)\mathrm{d}s\Big)\Big\} \tag{4-52}$$

对于 $t\geqslant 0$，$m_i>0$，$i=1, 2, \cdots, n$，$\sigma>1$，计算 $V(t)$ 沿式（4-50）的右上 Dini 导数，得到

$$
\begin{aligned}
D^+V(t)= & \sum_{i=1}^{n}\Big\{-\mathrm{e}^{-t}m_iY_i(t)+\mathrm{e}^{-t}m_iD^+Y_i(t)+\sum_{j=1}^{n}m_i\,|b_{ij}|\,M_j\mathrm{e}^{\sigma\tau_j}\,[Y_j(t)-Y_j(t-\tau_j)]+\\
& \sum_{j=1}^{n}m_i\,|c_{ij}|\,N_j\mathrm{e}^{\sigma\zeta_j}\,[Y_j(t)-Y_j(t-\zeta_j)]\Big\}\\
\leqslant & \sum_{i=1}^{n}\Big\{-\mathrm{e}^{-t}m_iY_i(t)+\mathrm{e}^{-t}m_i\Big[\sigma Y_i(t)-d_i\mathrm{e}^{t}Y_i(t)+\sum_{j=1}^{n}|a_{ij}|L_j\mathrm{e}^{t}Y_j(t)+\\
& \sum_{j=1}^{n}|b_{ij}|M_j\mathrm{e}^{t}Y_j(t)\mathrm{e}^{\sigma\tau_j}+\sum_{j=1}^{n}|c_{ij}|N_j\mathrm{e}^{t}Y_j(t)\mathrm{e}^{\sigma\zeta_j}\Big]\Big\}\\
\leqslant & \sum_{i=1}^{n}\Big\{m_i(-\mathrm{e}^{-t}+\sigma\mathrm{e}^{-t}-d_i)Y_i(t)+\\
& \sum_{j=1}^{n}m_i(|a_{ij}|L_j+|b_{ij}|M_j\mathrm{e}^{\sigma\tau_j}+|c_{ij}|N_j\mathrm{e}^{\sigma\zeta_j})Y_j(t)\Big\}\\
= & \sum_{i=1}^{n}m_i(-\mathrm{e}^{-t}+\sigma\mathrm{e}^{-t}-d_i)Y_i(t)+\sum_{i=1}^{n}\sum_{j=1}^{n}m_j\,|a_{ji}|\,L_iY_i(t)+\\
& \sum_{i=1}^{n}\sum_{j=1}^{n}m_j\,|b_{ji}|\,M_i\mathrm{e}^{\sigma\tau_i}Y_i(t)+\sum_{i=1}^{n}\sum_{j=1}^{n}m_j\,|c_{ji}|\,N_i\mathrm{e}^{\sigma\zeta_i}Y_i(t)\\
= & -\sum_{i=1}^{n}\Big[m_i(1-\sigma)\mathrm{e}^{-t}+m_id_i-\\
& \sum_{j=1}^{n}m_j(|a_{ji}|L_i+|b_{ji}|M_i\mathrm{e}^{\sigma\tau_i}+|c_{ji}|N_i\mathrm{e}^{\sigma\zeta_i})\Big]Y_i(t)\\
\leqslant & -\sum_{i=1}^{n}\Big[m_i(d_i-\sigma)-\sum_{j=1}^{n}m_j(|a_{ji}|L_i+|b_{ji}|M_i\mathrm{e}^{\sigma\tau_i}+|c_{ji}|N_i\mathrm{e}^{\sigma\zeta_i})\Big]Y_i(t)
\end{aligned}
$$

在上面不等式中应用式（4-49），推导出 $D^+V(t)\leqslant 0(t\geqslant 0)$，即 $V(t)\geqslant V(0)$ $(t\geqslant 0)$. 由此及式（4-52）可得到

$$
\sum_{i=1}^{n}m_i\mathrm{e}^{-t}Y_i(t)\leqslant V(t)\leqslant V(0) \tag{4-53}
$$

由式（4-52）可得到

$$
\begin{aligned}
V(0)= & \sum_{i=1}^{n}m_i\Big\{Y_i(0)+\sum_{j=1}^{n}\Big(|b_{ij}|\,M_j\int_{-\tau_j}^{0}\mathrm{e}^{\sigma\tau_j}Y_j(s)\mathrm{d}s+|c_{ij}|\,N_j\int_{-\zeta_j}^{0}\mathrm{e}^{\sigma\zeta_j}Y_j(s)\mathrm{d}s\Big)\Big\}\\
\leqslant & \sum_{i=1}^{n}m_i\Big\{Y_i(0)+\sum_{j=1}^{n}(|b_{ij}|M_j\tau_j\mathrm{e}^{\sigma\tau_j}\sup_{-\tau_j\leqslant s\leqslant 0}Y_j(s)+|c_{ij}|N_j\zeta_j\mathrm{e}^{\sigma\zeta_j}\sup_{-\tau_j\leqslant s\leqslant 0}Y_j(s))\Big\}\\
\leqslant & \sum_{i=1}^{n}m_iY_i(0)+\sum_{i=1}^{n}\sum_{j=1}^{n}m_j(|b_{ji}|M_i\tau\mathrm{e}^{\sigma\tau}+|c_{ji}|N_i\tau\mathrm{e}^{\sigma\tau})\sup_{-\tau\leqslant s\leqslant 0}Y_i(s)
\end{aligned}
$$

$$\leqslant \max_{1\leqslant i\leqslant n}\left\{m_i\left[1+\tau e^{\sigma\tau}\sum_{j=1}^{n}m_j/m_i(|b_{ji}|M_i+|c_{ji}|N_i)\right]\right\}\sum_{i=1}^{n}\sup_{-\tau\leqslant s\leqslant 0}Y_i(s)$$

$$=\max_{1\leqslant i\leqslant n}\left\{m_i\left[1+\tau e^{\sigma\tau}\sum_{j=1}^{n}m_j/m_i(|b_{ji}|M_i+|c_{ji}|N_i)\right]\right\}\|\boldsymbol{\psi}-\boldsymbol{y}^*\|$$

这里，$\beta=\max_{1\leqslant i\leqslant n}\left\{1+\tau e^{\sigma\tau}\sum_{j=1}^{n}m_j/m_i(|b_{ji}|M_i+|c_{ji}|N_i)\right\}\geqslant 1$，$\|\boldsymbol{\psi}-\boldsymbol{y}^*\|=\sum_{i=1}^{n}\sup_{-\tau\leqslant s\leqslant 0}|\Psi_i(s)-y_i^*|$.

因此，由式（4-51）和式（4-53），得到

$$\sum_{i=1}^{n}|y_i(t)-y_i^*|\leqslant\beta\|\boldsymbol{\psi}-\boldsymbol{y}^*\|e^{-\alpha t},t\geqslant 0$$

这里，$\alpha=\sigma-1>0$. 由上式，可得

$$\|\boldsymbol{y}(t)-\boldsymbol{y}^*\|\leqslant\beta\|\boldsymbol{\psi}-\boldsymbol{y}^*\|e^{-\alpha t},t\geqslant 0 \tag{4-54}$$

因此系统的平衡点 $\boldsymbol{y}^*$ 是全局指数稳定的. 其中$\|\boldsymbol{y}(t)-\boldsymbol{y}^*\|=\sum_{i=1}^{n}|y_i(t)-y_i^*|$.

由于系统（4-44）和系统（4-46）有相同的平衡点，$\boldsymbol{x}^*=\boldsymbol{y}^*$，即 $x_i^*=y_i^*$，$i=1, 2, \cdots, n$. 由 $y_i(t)=x_i(e^t)$ 和式（4-55）得

$$\|\boldsymbol{x}(e^t)-\boldsymbol{x}^*\|\leqslant\beta\sum_{i=1}^{n}\sup_{-\tau\leqslant s\leqslant 0}|\psi_i(s)-x_i^*|e^{-\alpha t}$$

$$=\beta\sum_{i=1}^{n}\sup_{-\tau\leqslant s\leqslant 0}|\varphi_i(e^s)-x_i^*|e^{-\alpha t},t\geqslant 0 \tag{4-55}$$

令 $e^t=\eta$，这里 $t\geqslant 0$，由此知 $\eta\geqslant 1$，$t=\ln\eta\geqslant 0$；令 $e^s=\xi$，由此知 $s=\ln\xi\in[-\tau,0],\xi\in[q,1]$，其中，$q=\min_{1\leqslant j\leqslant n}\{p_j, q_j\}$. 因此，由式（4-55），得

$$\|\boldsymbol{x}(\eta)-\boldsymbol{x}^*\|\leqslant\beta\sum_{i=1}^{n}\sup_{q\leqslant\xi\leqslant 1}|\varphi_i(\xi)-x_i^*|e^{-\alpha\ln\eta},\eta\geqslant 1 \tag{4-56}$$

选取 $\eta=t$，代入（4-56）可得

$$\|\boldsymbol{x}(t)-\boldsymbol{x}^*\|\leqslant\beta\sum_{i=1}^{n}\sup_{q\leqslant\xi\leqslant 1}|\varphi_i(\xi)-x_i^*|e^{-\alpha\ln t}=\beta\|\boldsymbol{\varphi}-\boldsymbol{x}^*\|t^{-\alpha},t\geqslant 1 \tag{4-57}$$

这里，$\|\boldsymbol{\varphi}-\boldsymbol{x}^*\|=\sum_{i=1}^{n}\sup_{q\leqslant\xi\leqslant 1}|\varphi_i(\xi)-x_i^*|$. 因此，式（4-57）表明系统（4-44）的平衡点 $\boldsymbol{x}^*$ 是全局多项式稳定的.

由定理 4-6 的证明，容易得到下面的定理.

定理 4-7 在式（4-45）条件下，如果存在正数 m_i，$i=1, 2, \cdots, n$，$\sigma>1$，使得

$$m_i(d_i-\sigma)>\sum_{j=1}^{n}m_j(|a_{ji}|L_i+|b_{ji}|M_i\mathrm{e}^{\sigma\tau_i}+|c_{ji}|N_i\mathrm{e}^{\sigma\zeta_i}),i=1,2,\cdots,n$$

成立，则系统（4-44）的平衡点 $\boldsymbol{x}^*$ 是全局多项式稳定的，其中 $\tau_i=-\ln p_i$，$\zeta_i=-\ln q_i$.

推论 4-3 在条件式（4-45）下，如果存在正数 $\sigma>1$，使得

$$(d_i-\sigma)>\sum_{j=1}^{n}(|a_{ji}|L_i+|b_{ji}|M_i\mathrm{e}^{\sigma\tau_i}+|c_{ji}|N_i\mathrm{e}^{\sigma\zeta_i}),i=1,2,\cdots,n$$

成立，则系统（4-44）的平衡点 $\boldsymbol{x}^*$ 是全局多项式稳定的，其中 $\tau_i=-\ln p_i$，$\zeta_i=-\ln q_i$.

注 4-7 在定理 4-6 和定理 4-7 中，令 $\sigma=1$，则多项式稳定性结果退化为渐近稳定性结果. 特别的，当 $\sigma=1$，$m_i=1$，$i=1$，2，…，n，定理 4-7 变为

$$(d_i-1)>\sum_{j=1}^{n}(|a_{ji}|L_i+|b_{ji}|M_i\mathrm{e}^{\tau_i}+|c_{ji}|N_i\mathrm{e}^{\zeta_i}),i=1,2,\cdots,n$$

其中 $\tau_i=-\ln p_i$，$\zeta_i=-\ln q_i$.

注 4-8 在模型（4-44）中，对于 $j=1,2,\cdots,n$，如果 $p_j=q_1,q_j=q_2$，则式（4-44）变成模型（4-26）；对于 $j=1,2,\cdots,n$，如果 $p_j=q_1,q_j=q_2,f_i(\cdot)=g_i(\cdot)=h_i(\cdot)$，则式（4-44）变成模型（4-35）. 显然，从时滞的角度看，模型（4-26）和模型（4-35）是模型（4-44）的特例. 因此，本节的结果有更广泛的应用.

4.4.3 数值算例及仿真

例 4-4 考虑如下具比例时滞细胞神经网络

$$\dot{\boldsymbol{x}}(t)=-\boldsymbol{D}\boldsymbol{x}(t)+\boldsymbol{A}\boldsymbol{f}(\boldsymbol{x}(t))+\boldsymbol{B}\boldsymbol{f}(\boldsymbol{x}(\boldsymbol{q}t))+\boldsymbol{I} \tag{4-58}$$

这里，$\boldsymbol{D}=\begin{pmatrix}3&0\\0&4\end{pmatrix}$，$\boldsymbol{A}=\begin{pmatrix}-2&1\\1&1\end{pmatrix}$，$\boldsymbol{B}=\begin{pmatrix}2&-1\\0&-1\end{pmatrix}$，$\boldsymbol{I}=\begin{pmatrix}0\\0\end{pmatrix}$，$\boldsymbol{q}=(q_1,\ q_2)^{\mathrm{T}}=(0.5,\ 0.5)^{\mathrm{T}}$，激活函数取为 $f_i(x_i)=0.5(|x_i+1|-|x_i-1|)$，$i=1$，2，显然，$f_i(x_i)$ 满足条件式（4-45），且 $L_i=1$，$i=1$，2.

令 $\sigma=1.1$. 通过简单的计算，得 $\tau_j=-\log 0.5=0.6931$，$j=1$，2，且

$$k_{11}=1/(d_1-\sigma)(L_1|a_{11}|+L_1|b_{11}|\mathrm{e}^{\sigma\tau_1})=1/(3-1.1)(2+2\mathrm{e}^{1.1\times0.6931})=3.3088$$
$$k_{12}=1/(d_1-\sigma)(L_2|a_{12}|+L_2|b_{12}|\mathrm{e}^{\sigma\tau_2})=1/(3-1.1)(1+\mathrm{e}^{1.1\times0.6931})=1.6544$$
$$k_{21}=1/(d_2-\sigma)(L_1|a_{21}|+L_1|b_{21}|\mathrm{e}^{\sigma\tau_1})=1/(4-1.1)(1+0\times\mathrm{e}^{1.1\times0.6931})=0.3448$$
$$k_{22}=1/(d_2-\sigma)(L_2|a_{22}|+L_2|b_{22}|\mathrm{e}^{\sigma\tau_2})=1/(4-1.1)(1+\mathrm{e}^{1.1\times0.6931})=1.0839$$

因此，得到

$$\boldsymbol{K}=\begin{pmatrix}3.3088&1.6544\\0.3448&1.0839\end{pmatrix},\rho(\boldsymbol{K})=0.8517<1$$

满足定理 4-6 的条件，因此，系统（4-58）有唯一的平衡点$(0, 0)^{\mathrm{T}}$，且是全局多项式稳定的，如图 4-9 和图 4-10 所示.

另一方面，容易得到

$$d_1-\sum_{j=1}^{2} p_1/p_j(|a_{j1}|+|b_{j1}|)L_1=4-p_1/p_1\times 4-p_1/p_2\times 1=-p_1/p_2<0 \tag{4-59}$$

这里，$p_i>0$，$i=1$，2. 式（4-59）不满足文献［24］中的条件，因此文献［24］中的结论不能应用于例 4-4.

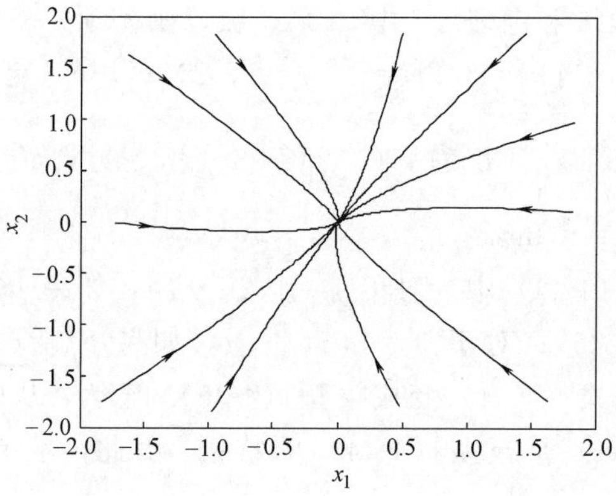

图 4-9　系统（4-58）的相轨迹

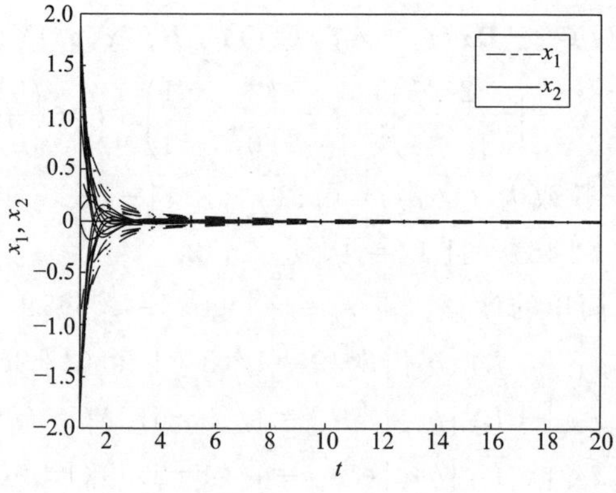

图 4-10　系统（4-58）的时间响应曲线

例 4-5　考虑如下具多比例时滞递归神经网络

$$\dot{\boldsymbol{x}}(t)=-\boldsymbol{D}\boldsymbol{x}(t)+\boldsymbol{A}\boldsymbol{f}(\boldsymbol{x}(t))+\boldsymbol{B}\boldsymbol{g}(\boldsymbol{x}(\boldsymbol{p}t))+\boldsymbol{C}\boldsymbol{h}(\boldsymbol{x}(\boldsymbol{q}t))+\boldsymbol{I} \tag{4-60}$$

这里，$\boldsymbol{D}=\begin{pmatrix}8&0&0\\0&7&0\\0&0&10\end{pmatrix}$，$\boldsymbol{A}=\begin{pmatrix}-2/5&2/3&1/3\\1/5&1/2&-1/2\\1/2&2&4/3\end{pmatrix}$，$\boldsymbol{B}=\begin{pmatrix}1/5&-2/3&1/3\\2/5&-1/2&1/2\\3/4&1&2/3\end{pmatrix}$，$\boldsymbol{C}=\begin{pmatrix}3/5&1&1/3\\2/5&2/3&1\\1/2&2/3&1\end{pmatrix}$，$\boldsymbol{I}=(3,\ 4,\ -5)^{\mathrm{T}}$. $p_i=0.5$，$q_i=0.6$，$i=1,\ 2,\ 3$. 取激活函数分别为 $f_1(x_1)=g_1(x_1)=h_1(x_1)=0.5(|x_1+1|-|x_1-1|)$，$f_2(x_2)=g_2(x_2)=h_2(x_2)=\tanh(x_2/4)+x_2/4$，$f_3(x_3)=g_3(x_3)=h_3(x_3)=\cos(x_3/2)+x_3/4$，它们的 Lipschitz 常数分别为 $L_1=M_1=N_1=1$，$L_2=M_2=N_2=1/2$，$L_3=M_3=N_3=3/4$. 且有 $\tau_j=-\ln p_j\approx 0.6931$ 和 $\zeta_j=-\ln q_j\approx 0.5108$，$j=1,\ 2,\ 3$.

令 $\sigma=1.2$，计算可得

$$\boldsymbol{K}=\begin{pmatrix}0.2893&0.2974&0.1891\\0.3212&0.2482&0.4519\\0.3575&0.3141&0.4015\end{pmatrix},\rho(\boldsymbol{K})\approx 0.9570<1$$

满足定理 4-6，因此系统（4-60）有全局多项式稳定的唯一的平衡点，应用 Matlab 计算为$(0.6639,\ 0.7403,\ 0.0552)^{\mathrm{T}}$，全局多项式稳定性，如图 4-11 和图 4-12 所示.

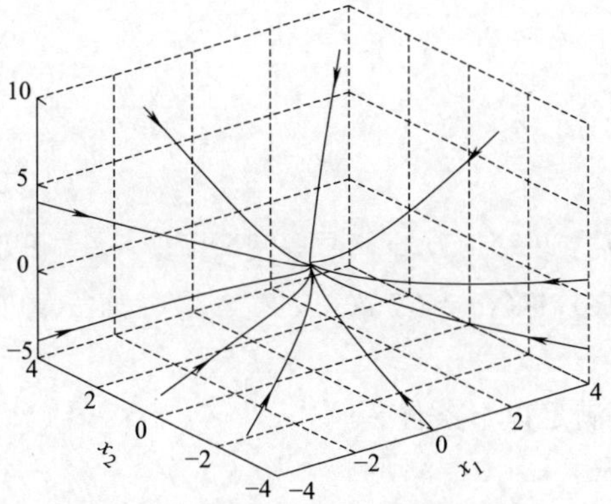

图 4-11　系统（4-60）的相轨迹

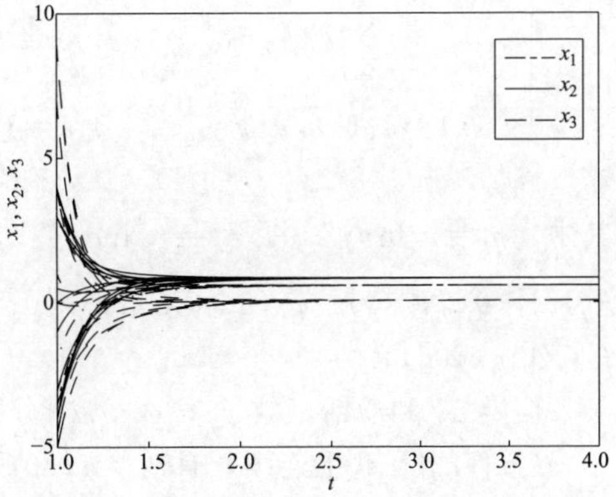

图 4-12　系统（4-60）的时间响应曲线

4.5　基于时滞微分不等式的递归神经网络的多项式稳定性

本节通过应用 M-矩阵的性质和构造时滞微分不等式技巧，探讨一类具多比例时滞的递归神经网络平衡点存在唯一，且全局多项式稳定的时滞无关的充分条件.

4.5.1 数学模型及预备知识

考虑如下具多比例时滞递归神经网络[28]

$$\begin{cases}\dot{x}_i(t)=-d_i(x_i(t))+\sum\limits_{j=1}^{n}a_{ij}f_j(x_j(t))+\sum\limits_{j=1}^{n}b_{ij}g_j(x_j(p_jt))+\\ \qquad\sum\limits_{j=1}^{n}c_{ij}h_j(x_j(q_jt))+I_i,t\geqslant 1\\ x_i(s)=\varphi_i(s),\min\{p,q\}\leqslant s\leqslant 1,i=1,2,\cdots,n\end{cases}\tag{4-61}$$

其中，f_j，g_j，h_j 表示神经元的激活函数；p_j，q_j 是比例时滞因子，且满足 $0<p_j,q_j\leqslant 1$，$p_jt=t-(1-p_j)t$，$q_jt=t-(1-q_j)t$，其中 $(1-p_j)t$ 和 $(1-q_j)t$ 是信号传输时滞函数，当 $t\to+\infty$ 时，有 $(1-p_j)t\to+\infty$ 和 $(1-q_j)t\to+\infty$，因此式 (4-61) 的时滞项是无界时滞函数；$\boldsymbol{I}=(I_1,I_2,\cdots,I_n)^{\mathrm{T}}$ 是输入常向量；$x_i(s)=\varphi_i(s),s\in[\min\{p,q\},1]$ 表示系统 (4-61) 的初始状态函数，$\varphi_i(s)\in C([\min\{p,q\},1],\mathbb{R})$，$p=\min\limits_{1\leqslant j\leqslant n}\{p_j\}$，$q=\min\limits_{1\leqslant j\leqslant n}\{q_j\}$.

做变换 $y_i(t)=x_i(\mathrm{e}^t)$，系统 (4-61) 可等价变换为如下递归神经网络

$$\begin{cases}\dot{y}_i(t)=\mathrm{e}^t\Big\{-d_i(y_i(t))+\sum\limits_{j=1}^{n}a_{ij}f_j(y_j(t))+\sum\limits_{j=1}^{n}b_{ij}g_j(y_j(t-\eta_j))+\\ \qquad\sum\limits_{j=1}^{n}c_{ij}h_j(y_j(t-\tau_j))+I_i\Big\},t\geqslant 0\\ y_i(s)=\psi_i(s),-r\leqslant s\leqslant 0,i=1,2,\cdots,n\end{cases}\tag{4-62}$$

其中，$\eta_j=-\ln p_j\geqslant 0$，$\tau_j=-\ln q_j\geqslant 0$，$\eta=\max\limits_{1\leqslant j\leqslant n}\{\eta_j\}$，$\tau=\max\limits_{1\leqslant j\leqslant n}\{\tau_j\}$，$r=\max\{\eta,\tau\}\geqslant 0$，$\boldsymbol{\Psi}_i(s)=\varphi_i(\mathrm{e}^s)\in C([-r,0],\mathbb{R})$，$\boldsymbol{\Psi}(s)=(\boldsymbol{\Psi}_1(s),\boldsymbol{\Psi}_2(s),\cdots,\boldsymbol{\Psi}_n(s))^{\mathrm{T}}\in C([-r,0],\mathbb{R}^n)$.

假定 d_i 和激活函数 f_j，g_j，h_j 分别满足以下条件：

(H_1) d_i 在 $\mathbb{R}$ 上连续，且对 $\forall u$，$v\in\mathbb{R}$，$u\neq v$，满足

$$(d_i(u)-d_i(v))/(u-v)\geqslant D_i>0,i=1,2,\cdots,n$$

(H_2) 对于 $j=1,2,\cdots,n$，f_j，g_j，h_j：$\mathbb{R}\to\mathbb{R}$ 是全局 Lipschitz 函数，即存在正 Lipschitz 常数 L_j，M_j 和 N_j，使得对 $\forall u$，$v\in\mathbb{R}$，满足

$$\begin{cases}|f_j(u)-f_j(v)|\leqslant L_j|u-v|\\ |g_j(u)-g_j(v)|\leqslant M_j|u-v|\\ |h_j(u)-h_j(v)|\leqslant N_j|u-v|\end{cases}$$

记 $\boldsymbol{D}=\mathrm{diag}(D_1,D_2,\cdots,D_n)$，$\boldsymbol{L}=\mathrm{diag}(L_1,L_2,\cdots,L_n)$，$\boldsymbol{M}=\mathrm{diag}(M_1,M_2,\cdots,M_n)$，$\boldsymbol{N}=\mathrm{diag}(N_1,N_2,\cdots,N_n)$.

引理 4-5　对于 $\boldsymbol{A}\in\mathbb{R}^{n\times n}$，如下各条件是等价的：

（1）$\boldsymbol{A}$ 为 M-矩阵；

（2）$\boldsymbol{A}$ 的所有特征根的实部是正的；

（3）$\boldsymbol{A}$ 是可逆的，且 $\boldsymbol{A}^{-1}\geqslant 0$，表示 $\boldsymbol{A}^{-1}$ 为非负矩阵；

（4）存在一个向量 $\boldsymbol{\beta}>0$，使得 $\boldsymbol{A\beta}>0$；

（5）存在正定对角矩阵 $\boldsymbol{Q}$，使得 $\boldsymbol{QA}+\boldsymbol{A}^{\mathrm{T}}\boldsymbol{Q}$ 是正定的.

引理 4-6　（Cauchy-Schwarz 不等式）已知 a_i，b_i，$i=1, 2, \cdots, n$ 为实数，有

$$\left(\sum_{i=1}^{n}a_i b_i\right)^2\leqslant\left(\sum_{i=1}^{n}a_i^2\right)\left(\sum_{i=1}^{n}b_i^2\right)$$

等式成立的充分必要条件是 $a_i=\lambda b_i$，$i=1,2,\cdots,n$，其中 λ 为常数.

4.5.2　平衡点的存在唯一性

首先证明系统（4-61）的平衡点的存在唯一性. 易证系统（4-61）和系统（4-62）具有相同的平衡点. 设 $\boldsymbol{x}^*=(x_1^*,x_2^*,\cdots,x_n^*)^{\mathrm{T}}$ 是系统（4-61）的平衡点，$\boldsymbol{y}^*=(y_1^*,y_2^*,\cdots,y_n^*)^{\mathrm{T}}$ 是系统（4-62）的平衡点，有 $\boldsymbol{x}^*=\boldsymbol{y}^*$. 通过考查系统（4-62）的平衡点的稳定性来确定（4-61）的平衡点的稳定性情况.

由 $\boldsymbol{y}^*=(y_1^*,y_2^*,\cdots,y_n^*)^{\mathrm{T}}$ 是系统（4-62）的平衡点，可得

$$-d_i(y_i^*)+\sum_{j=1}^{n}a_{ij}f_j(y_j^*)+\sum_{j=1}^{n}b_{ij}g_j(y_j^*)+$$
$$\sum_{j=1}^{n}c_{ij}h_j(y_j^*)+I_i=0, i=1,2,\cdots,n \tag{4-63}$$

根据式（4-63），设非线性映射为

$$\boldsymbol{F}(\boldsymbol{y})=-\boldsymbol{d}(\boldsymbol{y})+\boldsymbol{A}\boldsymbol{f}(\boldsymbol{y})+\boldsymbol{B}\boldsymbol{g}(\boldsymbol{y})+\boldsymbol{C}\boldsymbol{h}(\boldsymbol{y})+\boldsymbol{I} \tag{4-64}$$

其中，$\boldsymbol{F}(\boldsymbol{y})=(F_1(y_1),F_2(y_2),\cdots,F_n(y_n))^{\mathrm{T}}$，$\boldsymbol{d}(\boldsymbol{y})=(d_1(y_1),d_2(y_2),\cdots,d_n(y_n))^{\mathrm{T}}$，$\boldsymbol{f}(\boldsymbol{y})=(f_1(y_1), f_2(y_2),\cdots,f_n(y_n))^{\mathrm{T}}$，$\boldsymbol{g}(\boldsymbol{y})$ 和 $\boldsymbol{h}(\boldsymbol{y})$ 同理，即 $\boldsymbol{F}(\boldsymbol{y})=\boldsymbol{0}$ 的解是系统（4-62）的平衡点.

如果可以证明映射 $\boldsymbol{F}(\boldsymbol{y})$ 为 $\mathbb{R}^n$ 上的一个同胚，根据定义 3-1 可知，$\boldsymbol{F}(\boldsymbol{y})$ 是一个满射，即一定存在一个点 $\boldsymbol{y}^*=(y_1^*,y_2^*,\cdots,y_n^*)^{\mathrm{T}}$，满足 $\boldsymbol{F}(\boldsymbol{y}^*)=\boldsymbol{0}$；同时 $\boldsymbol{F}(\boldsymbol{y})$ 又是一个单射，说明只存在唯一的点 $\boldsymbol{y}^*$ 满足 $\boldsymbol{F}(\boldsymbol{y}^*)=\boldsymbol{0}$，由此即可证明系统（4-62）平衡点的存在性与唯一性.

定理 4-8　如果（H_1）和（H_2）成立，且 $\boldsymbol{D}-|\boldsymbol{A}|\boldsymbol{L}-|\boldsymbol{B}|\boldsymbol{M}-|\boldsymbol{C}|\boldsymbol{N}$ 是 M-矩阵，则系统（4-61）存在唯一的平衡点 $\boldsymbol{x}^*$.

证明　由（H_1）和（H_2）可知，$\boldsymbol{F}(\boldsymbol{y})$ 在 $\mathbb{R}^n$ 上是连续的，下面将根据引理 4-6，分两步证明 $\boldsymbol{F}(\boldsymbol{y})$ 是一个同胚映射.

1）证明 $\boldsymbol{F}(\boldsymbol{y})$ 是 $\mathbb{R}^n$ 上的单射.

利用反证法，假设存在 y，$\bar{y}\in\mathbb{R}^n$，$y\neq\bar{y}$，使得 $F(y)=F(\bar{y})$，根据（H_1）和（H_2），及式（4-64），得

$$\begin{aligned}&|F(y)-F(\bar{y})|\\&=|-[d(y)-d(\bar{y})]+A[f(y)-f(\bar{y})]+B[g(y)-g(\bar{y})]+C[h(y)-h(\bar{y})]|\\&\geqslant|d(y)-d(\bar{y})|-|A\|f(y)-f(\bar{y})|-|B\|g(y)-g(\bar{y})|-|C\|h(y)-h(\bar{y})|\\&\geqslant(D-|A|L-|B|M-|C|N)|y-\bar{y}|\end{aligned}$$

由于 $F(y)=F(\bar{y})$,则 $|F(y)-F(\bar{y})|=0$，若上式成立，必有

$$(D-|A|L-|B|M-|C|N)|y-\bar{y}|\leqslant 0$$

因为 $D-|A|L-|B|M-|C|N$ 是一个 M-矩阵，根据引理 4-5，可知

$$(D-|A|L-|B|M-|C|N)^{-1}\geqslant 0$$

则有

$$(D-|A|L-|B|M-|C|N)^{-1}[(D-|A|L-|B|M-|C|N)|y-\bar{y}|]=|y-\bar{y}|\leqslant 0,$$

又因为 $y\neq\bar{y}$，所以 $|y-\bar{y}|>0$，与上式矛盾.

因此，不存在 y，$\bar{y}\in\mathbb{R}^n$，且 $y\neq\bar{y}$，使得 $F(y)=F(\bar{y})$，即映射 $F(y)$ 是 $\mathbb{R}^n$ 上的单射.

2）证明 $\lim\limits_{\|y\|\to+\infty}\|F(y)\|\to+\infty$.

因为 $D-|A|L-|B|M-|C|N$ 是 M-矩阵,根据引理 4-5,知一定存在一个正定对角矩阵 $Q=\mathrm{diag}(Q_1,Q_2,\cdots,Q_n)$,使得

$$\begin{aligned}&Q(D-|A|L-|B|M-|C|N)+(D-|A|L-|B|M-|C|N)^{\mathrm{T}}Q\\&=Q(D-|A|L-|B|M-|C|N)+(D-|A|L-|B|M-|C|N)^{\mathrm{T}}Q^{\mathrm{T}}\\&=Q(D-|A|L-|B|M-|C|N)+(Q(D-|A|L-|B|M-|C|N))^{\mathrm{T}}>0\end{aligned}$$

由于非正定矩阵的转置也是非正定的,两者的和非正定,所以

$$Q(D-|A|L-|B|M-|C|N)>0$$

由上式可知，必存在一个充分小的正数 ε，使得

$$Q(D-|A|L-|B|M-|C|N)\geqslant\varepsilon E_n>0$$

其中，E_n 为单位矩阵.

令 $\bar{F}(y)=F(y)-F(0)$，根据（H_1）和（H_2）及式（4-64），得

$$\begin{aligned}&(Q|y|)^{\mathrm{T}}|\bar{F}(y)|\\&=(Q|y|)^{\mathrm{T}}|-[d(y)-d(0)]+A[f(y)-f(0)]+B[g(y)-g(0)]\\&\quad+C[h(y)-h(0)]|\\&\geqslant|y|^{\mathrm{T}}Q[|d(y)-d(0)|-|A\|f(y)-f(0)|-|B\|g(y)-g(0)|\\&\quad-|C\|h(y)-h(0)|]\\&\geqslant|y|^{\mathrm{T}}[Q(D-|A|L-|B|M-|C|N)]|y|\geqslant\varepsilon\|y\|^2\end{aligned}\tag{4-65}$$

由引理 4-6，可得

$$
\begin{aligned}
(\boldsymbol{Q}|\boldsymbol{y}|)^{\mathrm{T}}|\overline{\boldsymbol{F}}(\boldsymbol{y})| &= |\boldsymbol{y}|^{\mathrm{T}}\boldsymbol{Q}^{\mathrm{T}}|\overline{\boldsymbol{F}}(\boldsymbol{y})| \\
&= |y_1|Q_1|\overline{F}_1| + |y_2|Q_2|\overline{F}_2| + \cdots + |y_n|Q_n|\overline{F}_n| \\
&\leqslant \max\{Q_1, Q_2, \cdots, Q_n\}(|y_1\overline{F}_1| + |y_2\overline{F}_2| + \cdots + |y_n\overline{F}_n|) \\
&\leqslant \|\boldsymbol{Q}\|(y_1^2 + y_2^2 + \cdots + y_n^2)^{1/2}(\overline{F}_1^2 + \overline{F}_2^2 + \cdots + \overline{F}_n^2)^{1/2} \\
&= \|\boldsymbol{Q}\|\|\boldsymbol{y}\|\|\overline{\boldsymbol{F}}(\boldsymbol{y})\|
\end{aligned}
$$

结合式（4-65），得

$$
\|\boldsymbol{Q}\|\|\boldsymbol{y}\|\|\overline{\boldsymbol{F}}(\boldsymbol{y})\| \geqslant \varepsilon\|\boldsymbol{y}\|^2
$$

所以$\|\overline{\boldsymbol{F}}(\boldsymbol{y})\| \geqslant (\varepsilon\|\boldsymbol{y}\|)/\|\boldsymbol{Q}\|$，当$\|\boldsymbol{y}\| \to +\infty$时，$\|\overline{\boldsymbol{F}}(\boldsymbol{y})\| \to +\infty$，从而有$\|\boldsymbol{F}(\boldsymbol{y})\| \to +\infty$. 由此证明了 $\lim\limits_{\|\boldsymbol{y}\| \to +\infty} \|\boldsymbol{F}(\boldsymbol{y})\| \to +\infty$.

综上，根据引理 3-1 可知，对于任意的 $\boldsymbol{y}$，映射 $\boldsymbol{F}(\boldsymbol{y})$ 是 $\mathbb{R}^n$ 上的一个同胚，因此系统（4-62）存在唯一的平衡点 $\boldsymbol{y}^*$. 又因为系统（4-61）和（4-62）具有相同的平衡点，故系统（4-61）存在唯一的平衡点 $\boldsymbol{x}^*$.

4.5.3 全局多项式稳定性

定理 4-9 如果（H_1）和（H_2）成立，且 $\boldsymbol{D}-|\boldsymbol{A}|\boldsymbol{L}-|\boldsymbol{B}|\boldsymbol{M}-|\boldsymbol{C}|\boldsymbol{N}$ 是 M-矩阵，则系统（4-61）存在唯一的平衡点 $\boldsymbol{x}^*$，且该平衡点是全局多项式稳定的.

证明 由定理 4-8，知系统（4-62）存在唯一的平衡点 $\boldsymbol{y}^*$. 令 $\boldsymbol{u}(t)=\boldsymbol{y}(t)-\boldsymbol{y}^*$，可将系统（4-62）改写为

$$
\begin{cases}
\dot{u}_i(t) = \mathrm{e}^t\Big\{-\overline{d}_i(u_i(t)) + \sum\limits_{j=1}^{n} a_{ij}\overline{f}_j(u_j(t)) + \sum\limits_{j=1}^{n} b_{ij}\overline{g}_j(u_j(t-\eta_j)) + \\
\qquad \sum\limits_{j=1}^{n} c_{ij}\overline{h}_j(u_j(t-\tau_j))\Big\}, t \geqslant 0 \\
u_i(s) = \phi_i(s) = \Psi_i(s) - y_i^*, -r \leqslant s \leqslant 0
\end{cases}
\tag{4-66}
$$

其中，$\overline{d}_i(u_i)=d_i(y_i)-d_i(y_i^*)=d_i(u_i+y_i^*)-d_i(y_i^*)$，$\overline{f}_j(u_j)=f_j(u_j+y_j^*)-f_j(y_j^*)$，$\overline{g}_j(u_j)=g_j(u_j+y_j^*)-g_j(y_j^*)$，$\overline{h}_j(u_j)=h_j(u_j+y_j^*)-h_j(y_j^*)$, $i,j=1,2,\cdots,n$，且仍然满足（H_1）和（H_2）.

由于 $\boldsymbol{D}-|\boldsymbol{A}|\boldsymbol{L}-|\boldsymbol{B}|\boldsymbol{M}-|\boldsymbol{C}|\boldsymbol{N}$ 是一个 M-矩阵，根据引理 4-8 可知，存在一个向量 $\boldsymbol{\beta}=(\beta_1,\beta_2,\cdots,\beta_n)^{\mathrm{T}}>0$，使得

$$
(\boldsymbol{D}-|\boldsymbol{A}|\boldsymbol{L}-|\boldsymbol{B}|\boldsymbol{M}-|\boldsymbol{C}|\boldsymbol{N})\boldsymbol{\beta}>0
$$

即存在 $\beta_i>0$，$i=1, 2, \cdots, n$，使得

$$
-D_i\beta_i + \sum_{j=1}^{n}\beta_j(|a_{ij}|L_j + |b_{ij}|M_j + |c_{ij}|N_j) < 0, i=1,2,\cdots,n
$$

对 $\mu\in[0, +\infty]$，$i=1, 2, \cdots, n$ 构造函数如下：

$$S_i(\mu)=(-D_i+\mu)\beta_i+\sum_{j=1}^{n}\beta_j(|a_{ij}|L_j+e^{\mu\eta}|b_{ij}|M_j+e^{\mu\tau}|c_{ij}|N_j)$$

易知，$S_i(0)=-D_i\beta_i+\sum_{j=1}^{n}\beta_j(|a_{ij}|L_j+|b_{ij}|M_j+|c_{ij}|N_j)<0$，$i=1, 2, n, \cdots$. 因为$S_i(\mu)$关于$\mu$在$[0,+\infty)$上连续，且当$\mu\to+\infty$时，$S_i(\mu)\to+\infty$. 因此存在常数$\tilde{\mu}\in(0, +\infty)$，使得

$$\begin{aligned}S_i(\tilde{\mu})&=(-D_i+\tilde{\mu})\beta_i+\sum_{j=1}^{n}\beta_j(|a_{ij}|L_j+e^{\tilde{\mu}\eta}|b_{ij}|M_j+e^{\tilde{\mu}\tau}|c_{ij}|N_j)\\&=0,i=1,2,\cdots,n\end{aligned}$$

于是，一定存在$\alpha\in(0, \tilde{\mu})$，使得

$$S_i(\alpha)=(-D_i+\alpha)\beta_i+\sum_{j=1}^{n}\beta_j(|a_{ij}|L_j+e^{\alpha\eta}|b_{ij}|M_j+e^{\alpha\tau}|c_{ij}|N_j)<0 \tag{4-67}$$

令

$$z_i(t)=e^{\alpha t}|u_i(t)|,t\in[-r,+\infty)$$

根据式（4-65），（H_1）和（H_2），可得

$$\begin{aligned}&D^+|u_i(t)|=\dot{y}_i(t)\mathrm{sgn}(u_i(t))\\&\leqslant e^t\Big[-\bar{d}_i(u_i(t))\mathrm{sgn}(u_i(t))+\sum_{j=1}^{n}|a_{ij}\bar{f}_j(u_j(t))|+\\&\quad\sum_{j=1}^{n}|b_{ij}\bar{g}_j(u_j(t-\eta_j))|+\sum_{j=1}^{n}|c_{ij}\bar{h}_j(u_j(t-\tau_j))|\Big]\\&\leqslant-e^t|d_i(y_i(t))-d_i(y_i^*)|+\\&\quad e^t\sum_{j=1}^{n}(|a_{ij}\|\bar{f}_j(u_j(t))|+|b_{ij}\|\bar{g}_j(u_j(t-\eta_j))|+|c_{ij}\|\bar{h}_j(u_j(t-\tau_j))|)\\&\leqslant e^t\Big[-D_i|u_i(t)|+\sum_{j=1}^{n}(|a_{ij}|L_j|u_j(t)|+|b_{ij}|M_j|u_j(t-\eta_j)|+\\&|c_{ij}|N_j|u_j(t-\tau_j)|)\Big]\end{aligned}$$

结合上式，计算$t\geqslant0$时$z_i(t)$的右上导数

$$\begin{aligned}&D^+z_i(t)=\alpha e^{\alpha t}|u_i(t)|+e^{\alpha t}D^+|u_i(t)|\\&\leqslant\alpha e^{\alpha t}|u_i(t)|+e^{\alpha t}e^t\Big[-D_i|u_i(t)|+\sum_{j=1}^{n}(|a_{ij}|L_j|u_j(t)|+\\&\quad|b_{ij}|M_j|u_j(t-\eta_j)|+|c_{ij}|N_j|u_j(t-\tau_j)|)\Big]\\&=(-e^tD_i+\alpha)z_i(t)+e^t\sum_{j=1}^{n}[|a_{ij}|L_jz_j(t)+e^{\alpha\eta_j}|b_{ij}|M_je^{\alpha(t-\eta_j)}|u_j(t-\eta_j)|+\\&\quad e^{\alpha\tau_j}|c_{ij}|N_je^{\alpha(t-\tau_j)}|u_j(t-\tau_j)|]\end{aligned}$$

$$\leqslant (-\mathrm{e}^t D_i + \mathrm{e}^t \alpha) z_i(t) + \mathrm{e}^t \sum_{j=1}^{n} [|a_{ij}| L_j z_j(t) + \mathrm{e}^{\alpha\eta_j} |b_{ij}| M_j z_j(t-\eta_j) +$$
$$\mathrm{e}^{\alpha\tau_j} |c_{ij}| N_j z_j(t-\tau_j)]$$
$$\leqslant \mathrm{e}^t \Big[(-D_i + \alpha) z_i(t) + \sum_{j=1}^{n} (|a_{ij}| L_j z_j(t) + \mathrm{e}^{\alpha\eta} |b_{ij}| M_j \bar{z}_j(t) +$$
$$\mathrm{e}^{\alpha\tau} |c_{ij}| N_j \tilde{z}_j(t))\Big] \tag{4-68}$$

其中，$\bar{z}_j(t) = \sup\limits_{t-\eta\leqslant\sigma\leqslant t} \{z_j(\sigma)\}, \tilde{z}_j(t) = \sup\limits_{t-\tau\leqslant\gamma\leqslant t} \{z_j(\gamma)\}$.

令$\beta_{\min} = \min\limits_{1\leqslant i\leqslant n} \{\beta_i\}$，$\beta_{\max} = \max\limits_{1\leqslant i\leqslant n} \{\beta_i\}$，并取$l_0 = (1+\delta) \|\boldsymbol{\phi}\| / \beta_{\min} > 1$，其中$\|\boldsymbol{\phi}\| = \max\limits_{1\leqslant i\leqslant n} \{ \sup\limits_{-r\leqslant s\leqslant 0} |\phi_i(s)| \}$，$\delta > 0$为常数. 不难得到

$$z_i(s) = \mathrm{e}^{\alpha s} |\phi_i(s)| < \beta_i l_0, -r \leqslant s \leqslant 0, i = 1,2,\cdots,n \tag{4-69}$$

这里我们断言

$$z_i(t) < \beta_i l_0, t \geqslant 0, i = 1,2,\cdots,n \tag{4-70}$$

如果式（4-70）不成立，由式（4-69）的不等式关系知存在$t_1 > 0$和某个i，使得

$$z_i(t_1) = \beta_i l_0, D^+(z_i(t_1)) \geqslant 0, z_j(t) \leqslant \beta_j l_0 \tag{4-71}$$

其中，$-r \leqslant t \leqslant t_1$，$j = 1, 2, \cdots, n$.

另一方面，将式（4-71）代入式（4-68），利用式（4-67），可以得到

$$D^+(z_i(t_1)) \leqslant \mathrm{e}^{t_1} \Big[(-D_i + \alpha) z_i(t_1) + \sum_{j=1}^{n} (|a_{ij}| L_j z_j(t_1) +$$
$$\mathrm{e}^{\alpha\eta} |b_{ij}| M_j \bar{z}_j(t_1) + \mathrm{e}^{\alpha\tau} |c_{ij}| N_j \tilde{z}_j(t_1))\Big]$$
$$\leqslant \Big[(-D_i + \alpha)\beta_i + \sum_{j=1}^{n} \beta_j (|a_{ij}| L_j + \mathrm{e}^{\alpha\eta} |b_{ij}| M_j + \mathrm{e}^{\alpha\tau} |c_{ij}| N_j)\Big] \mathrm{e}^{t_1} l_0 < 0$$

矛盾，所以对$t \geqslant 0$，有$z_i(t) < \beta_i l_0, i = 1,2,\cdots,n$. 因此可以得到

$$|u_i(t)| < \mathrm{e}^{-\alpha t} \beta_i l_0 \leqslant (1+\delta) \mathrm{e}^{-\alpha t} \|\boldsymbol{\phi}\| \beta_{\max} / \beta_{\min} = M \|\boldsymbol{\phi}\| \mathrm{e}^{-\alpha t}, i = 1,2,\cdots,n$$

所以，$|y_i(t) - y_i^*| < M \|\boldsymbol{\psi} - \boldsymbol{y}^*\| \mathrm{e}^{-\alpha t}$，其中，$\alpha > 0, M = (1+\delta)\beta_{\max}/\beta_{\min} > 1$. 当$\delta \to 0^+$，$\beta_i = \beta_j$，$i$，$j = 1, 2, \cdots, n$时，$M \to 1$，则有

$$|y_i(t) - y_i^*| \leqslant M \|\boldsymbol{\Psi} - \boldsymbol{y}^*\| \mathrm{e}^{-\alpha t}, t \geqslant 0 \tag{4-72}$$

由式（4-72），可知系统（4-62）平衡点$\boldsymbol{y}^*$是全局指数稳定的.

将$\boldsymbol{x}^* = \boldsymbol{y}^*$，和$y_i(t) = x_i(\mathrm{e}^t)$代入式（4-72），整理，得

$$|x_i(t) - x_i^*| \leqslant M \|\boldsymbol{\varphi} - \boldsymbol{x}^*\| \mathrm{e}^{-\lambda \ln t} = M \|\boldsymbol{\varphi} - \boldsymbol{x}^*\| t^{-\lambda}, t \geqslant 1$$

其中，$\|\boldsymbol{\varphi} - \boldsymbol{x}^*\| = \max\limits_{1\leqslant i\leqslant n} \{ \sup\limits_{\min\{p,q\}\leqslant s\leqslant 1} |\varphi_i(s) - x_i^*| \}$. 从而系统（4-61）的平衡点$\boldsymbol{x}^*$也是全局多项式稳定的.

注 4-9　在系统（4-61）中，如果$p_j = q_j = 1$，$j = 1, 2, \cdots, n$时，系统（4-61）就是无时滞的递归神经网络，本节所得结论也适合于无时滞的递归神经网络.

4.5.4 数值算例及仿真

例 4-6 考虑如下递归神经网络模型

$$\begin{cases}\dot{x}_1(t)=-d_1(x_1(t))+1/3f_1(x_1(t))-f_2(x_2(t))+g_2(x_2(1/2t))+1/2h_1(x_1(4/5t))+I_1\\ \dot{x}_2(t)=-d_2(x_2(t))+1/9f_1(x_1(t))-f_2(x_2(t))+1/16g_1(x_1(1/2t))-h_2(x_2(4/5t))+I_2\end{cases} \tag{4-73}$$

其中，$d_1(x_1)=4x_1$，$d_2(x_2)=3x_2$，$I_1=I_2=0$，$f_i(x_i)=\sin(1/2x_i)+x_i$，$g_i(x_i)=1/2(|x_i+1|-|x_i-1|)$，$h_i(x_i)=1/2\tanh(x_i)$，$i=1$，2. 显然，$d_i(x_i)$，$i=1$，2 满足（$H_1$），且 $D_1=4$，$D_2=3$；$f_i,g_i,h_i,i=1,2$ 是 Lipschitz 连续的，满足（H_2），且 Lipschitz 常数为 $L_i=3/2$，$M_i=1$，$N_i=1/2$，$i=1$，2. 于是，有

$$\boldsymbol{D}=\begin{pmatrix}4 & 0\\ 0 & 3\end{pmatrix},\ \boldsymbol{A}=\begin{pmatrix}1/3 & -1\\ 1/9 & -1\end{pmatrix},\ \boldsymbol{B}=\begin{pmatrix}0 & 1\\ 1/16 & 0\end{pmatrix},\ \boldsymbol{C}=\begin{pmatrix}1/2 & 0\\ 0 & -1\end{pmatrix}$$

$$\boldsymbol{L}=\begin{pmatrix}3/2 & 0\\ 0 & 3/2\end{pmatrix},\ \boldsymbol{M}=\begin{pmatrix}1 & 0\\ 0 & 1\end{pmatrix},\ \boldsymbol{N}=\begin{pmatrix}1/2 & 0\\ 0 & 1/2\end{pmatrix}$$

经计算，可得

$$\boldsymbol{D}-|\boldsymbol{A}|\boldsymbol{L}-|\boldsymbol{B}|\boldsymbol{M}-|\boldsymbol{C}|\boldsymbol{N}=\begin{pmatrix}13/4 & -5/2\\ -11/48 & 1\end{pmatrix}$$

由定义 1-20，可知 $\boldsymbol{D}-|\boldsymbol{A}|\boldsymbol{L}-|\boldsymbol{B}|\boldsymbol{M}-|\boldsymbol{C}|\boldsymbol{N}$ 为 M-矩阵，根据定理 4-9，可判断该递归神经网络（4-73）存在唯一的平衡点为$(0, 0)^{\mathrm{T}}$，且平衡点是全局多项式稳定的，如图 4-13 和图 4-14 所示.

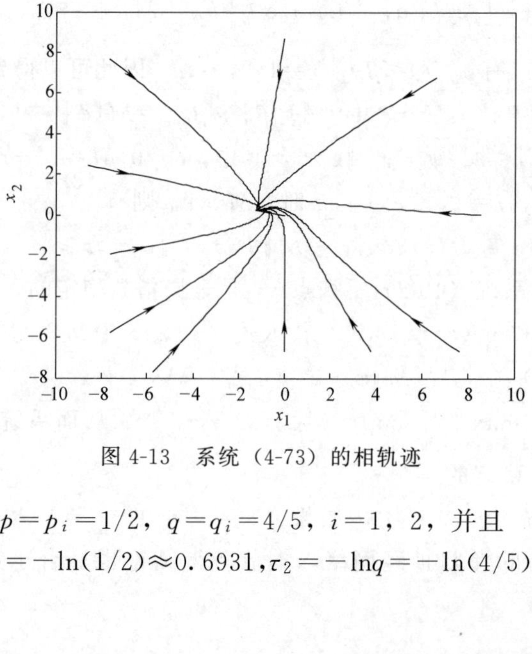

图 4-13 系统（4-73）的相轨迹

另一方面，令 $p=p_i=1/2$，$q=q_i=4/5$，$i=1$，2，并且

$$\tau_1=-\ln p=-\ln(1/2)\approx 0.6931,\tau_2=-\ln q=-\ln(4/5)\approx 0.2231$$

容易验证

$$d_2-\sigma-\sum_{j=1}^{2}(|a_{j2}|L_2+|b_{j2}|e^{-\sigma\ln p}M_2+|c_{j2}|e^{-\sigma\ln q}N_2)$$
$$=3-\sigma-(3/2+e^{\tau_1\sigma}+3/2+1/2e^{\tau_2\sigma})=-\sigma-e^{\tau_1\sigma}-1/2e^{\tau_2\sigma}>0$$

则有

$$f(\sigma)=\sigma+e^{\tau_1\sigma}+1/2e^{\tau_2\sigma}<0 \tag{4-74}$$

因为

$$\dot{f}(\sigma)=1+\tau_1 e^{\tau_1\sigma}+1/2\tau_2 e^{\tau_2\sigma}>0, f(1)=1+e^{\tau_1}+1/2e^{\tau_2}>0$$

所以，若（4-74）成立，必有 $\sigma<1$，显然不满足文献［29］中的定理 2.1 与推论 2.1，于是文献［29］中判定标准对于系统（4-73）是不适用的，无法判断其是否具有全局稳定性，从而说明本节所得的判定准则具有较低保守性.

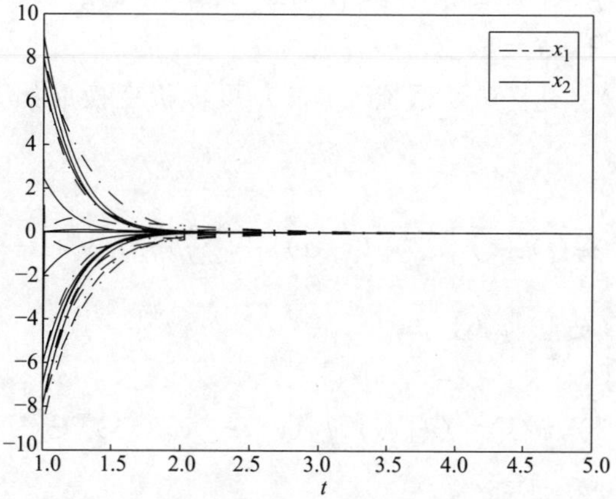

图 4-14　系统（4-73）的时间响应曲线

4.6　基于 Young 不等式的具多比例时滞递归神经网络的多项式稳定性

本节利用同胚映射定理，Young 不等式和构造 Lyapunov 泛函，研究了一类具比例时滞递归神经网络的稳定性.

4.6.1　模型描述及预备知识

本节符号说明：$\|\cdot\|$表示欧式范数，$C([q,1],\mathbb{R}^n)$和 $C([-\tau,0],\mathbb{R}^n)$ 分别表示从 $[q,1]$ 和 $[-\tau,0]$ 到 $\mathbb{R}^n$ 上的全体连续函数组成的集合构成的 Banach 空间.

考虑如下具比例时滞递归神经网络模型[30]

$$\begin{cases}\dot{x}_i(t)=-d_ix_i(t)+\sum\limits_{j=1}^{n}a_{ij}f_j(x_j(t))+\sum\limits_{j=1}^{n}b_{ij}g_j(x_j(q_{ij}t))+I_i,t\geqslant 1\\ x_i=\varphi_i(s),s\in[q,1],q=\min\limits_{1\leqslant i,j\leqslant n}\{q_{ij}\}\end{cases}\tag{4-75}$$

其中，$d_i>0$，q_{ij}是比例时滞因子，满足$0<q_{ij}\leqslant 1$，$q_{ij}t=t-(1-q_{ij})t,(1-q_{ij})t$是时滞函数，且当$t\to+\infty$时，$(1-q_{ij})t\to+\infty(q_{ij}\neq 1)$，即时滞函数是无界函数，初始函数$x_i(s)=\varphi_i(s)\in C([q,1],\mathbb{R}),\boldsymbol{\varphi}(s)=(\varphi_1(s),\varphi_2(s),\cdots,\varphi_n(s))^{\mathrm{T}}\in C([q,1],\mathbb{R}^n)$. 其余的参数表示与4.1节相同. 假设激活函数满足如下条件：

$$\begin{cases}|f_j(u)-f_j(v)|\leqslant\alpha_j|u-v|,\alpha_j>0,f_j(0)=0\\ |g_j(u)-g_j(v)|\leqslant\beta_j|u-v|,\beta_j>0,g_j(0)=0\end{cases}\tag{4-76}$$

其中，$u\in\mathbb{R}$，$v\in\mathbb{R}$，$j=1,2,\cdots,n$.

由非线性$y_i(t)=x_i(\mathrm{e}^t)$，系统（4-75）可等价变换成如下具常时滞变系数的递归神经网络系统

$$\begin{cases}\dot{y}_i(t)=\mathrm{e}^t\left\{-d_iy_i(t)+\sum\limits_{j=1}^{n}a_{ij}f_j(y_j(t))+\sum\limits_{j=1}^{n}b_{ij}g_j(y_j(t-\tau_{ij}))+I_i\right\},t\geqslant 0\\ y_i(s)=\psi_i(s),s\in[-\tau,0]\end{cases}\tag{4-77}$$

其中，$\psi_i(s)=\varphi_i(\mathrm{e}^s),\boldsymbol{\psi}(s)=(\psi_1(s),\psi_2(s),\cdots,\psi_n(s))^{\mathrm{T}}\in C([-\tau,0],\mathbb{R}^n),\tau_{ij}=-\ln q_{ij}\geqslant 0$，$\tau=\max\limits_{1\leqslant i,j\leqslant n}\{\tau_{ij}\}$.

设$\boldsymbol{x}^*=(x_1^*,x_2^*,\cdots,x_n^*)^{\mathrm{T}}$是系统（4-75）的平衡点，$\boldsymbol{y}^*=(y_1^*,y_2^*,\cdots,y_n^*)^{\mathrm{T}}$是系统（4-77）的平衡点. 易证$\boldsymbol{x}^*=\boldsymbol{y}^*$，因此，可通过讨论系统（4-77）的平衡点的稳定性，来论证系统（4-75）的平衡点的稳定性.

引理 4-7[16] 假设$\boldsymbol{H}$：$\mathbb{R}^n\to\mathbb{R}^n$是局部可逆的连续映射，则$\boldsymbol{H}$是$\mathbb{R}^n$上的同胚映射的充分必要条件是：对$\mathbb{R}^n$中任何满足$\|\boldsymbol{y}_m\|\to\infty(m\to\infty)$的点列$\{\boldsymbol{y}_m\}$，有$\|\boldsymbol{H}(\boldsymbol{y}_m)\|\to\infty(m\to\infty)$.

4.6.2 平衡点的存在唯一性

定理 4-10 若条件（4-76）成立，假设存在常数$p\geqslant 1$，对$i=1,2,\cdots,n$有

$$d_i>(p-1)/p\sum_{j=1}^{n}(\alpha_j|a_{ij}|+\beta_j|b_{ij}|)+1/p\sum_{j=1}^{n}(\alpha_i|a_{ji}|+\beta_i|b_{ji}|)\tag{4-78}$$

成立，则对每一个外部输入向量$\boldsymbol{I}$，系统（4-75）存在唯一平衡点.

证明 若$\boldsymbol{y}^*=(y_1^*,y_2^*,\cdots,y_n^*)^{\mathrm{T}}$是系统（4-77）的平衡点，则$\boldsymbol{y}^*$满足代数

方程

$$-\boldsymbol{D}\boldsymbol{y}^{*}+\boldsymbol{A}\boldsymbol{f}(\boldsymbol{y}^{*})+\boldsymbol{B}\boldsymbol{g}(\boldsymbol{y}^{*})+\boldsymbol{u}=\boldsymbol{0}$$

其中，$\boldsymbol{D}=\mathrm{diag}\{d_i\},\boldsymbol{A}=(a_{ij})_{n\times n},\boldsymbol{B}=(b_{ij})_{n\times n},\boldsymbol{I}=(I_1,I_2,\cdots,I_3)^{\mathrm{T}},\boldsymbol{f}(\boldsymbol{y}^{*})=(f_1(y_1^{*}),f_2(y_2^{*}),\cdots,f_n(y_n^{*}))^{\mathrm{T}},\boldsymbol{g}(\boldsymbol{y}^{*})=(g_1(y_1^{*}),g_2(y_2^{*}),\cdots,g_n(y_n^{*}))^{\mathrm{T}}$.

令映射

$$\boldsymbol{H}(\boldsymbol{y})=-\boldsymbol{D}\boldsymbol{y}+\boldsymbol{A}\boldsymbol{f}(\boldsymbol{y})+\boldsymbol{B}\boldsymbol{g}(\boldsymbol{y})+\boldsymbol{I} \tag{4-79}$$

其中，$\boldsymbol{H}(\boldsymbol{y})=(h(y_1),h(y_2),\cdots,h(y_n))^{\mathrm{T}},h(y_i)=-d_iy_i+\sum\limits_{j=1}^{n}a_{ij}f_j(y_j)+\sum\limits_{j=1}^{n}b_{ij}g_j(y_j)+I_i$.

只需证明映射 $\boldsymbol{H}$：$\mathbb{R}^n\rightarrow\mathbb{R}^n$ 是同胚映射，那么 $\boldsymbol{H}(\boldsymbol{y})=\boldsymbol{0}$ 就有唯一解 $\boldsymbol{y}^{*}$，也就是说系统（4-77）有唯一的平衡点 $\boldsymbol{y}^{*}$. 显然 $\boldsymbol{H}$ 是连续映射，下面应用引理 4-7 来证明 $\boldsymbol{H}$ 是同胚映射.

1）$\boldsymbol{H}$ 是一一映射.

假设 $\bar{\boldsymbol{y}}=(\bar{y}_1,\bar{y}_2,\cdots,\bar{y}_n)^{\mathrm{T}}\in\mathbb{R}^n$，$\tilde{\boldsymbol{y}}=(\tilde{y}_1,\tilde{y}_2,\cdots,\tilde{y}_n)^{\mathrm{T}}\in\mathbb{R}^n$，使 $\boldsymbol{H}(\bar{\boldsymbol{y}})=\boldsymbol{H}(\tilde{\boldsymbol{y}})$. 对 $i=1,2,\cdots,n$，由（4-79）式，得

$$d_i(\bar{y}_i-\tilde{y}_i)\leqslant\sum_{j=1}^{n}[a_{ij}(f_j(\bar{y}_j)-f_j(\tilde{y}_j))+b_{ij}(g_j(\bar{y}_j)-g_j(\tilde{y}_j))]$$

从而有

$$d_i\mid\bar{y}_i-\tilde{y}_i\mid\leqslant\sum_{j=1}^{n}(\mid a_{ij}\mid\alpha_j+\mid b_{ij}\mid\beta_j)\mid\bar{y}_j-\tilde{y}_j\mid$$

在上式两边同时乘以 $p|\bar{y}_i-\tilde{y}_i|^{p-1}$，并利用引理 1-8（Young 不等式），得

$$d_ip\mid\bar{y}_i-\tilde{y}_i\mid^p\leqslant\sum_{j=1}^{n}(\mid a_{ij}\mid\alpha_j+\mid b_{ij}\mid\beta_j)[(p-1)\mid\bar{y}_i-\tilde{y}_i\mid^p+\mid\bar{y}_j-\tilde{y}_j\mid^p]$$

对上式关于 i 求和，有

$$\begin{aligned}&\sum_{i=1}^{n}d_ip\mid\bar{y}_i-\tilde{y}_i\mid^p\\ \leqslant&\sum_{i=1}^{n}\Big[\sum_{j=1}^{n}(\mid a_{ij}\mid\alpha_j+\mid b_{ij}\mid\beta_j)(p-1)\mid\bar{y}_i-\tilde{y}_i\mid^p+\\&\sum_{j=1}^{n}(\mid a_{ij}\mid\alpha_j+\mid b_{ij}\mid\beta_j)\mid\bar{y}_j-\tilde{y}_j\mid^p\Big]\\ =&\sum_{i=1}^{n}\Big[(p-1)\sum_{j=1}^{n}(\mid a_{ij}\mid\alpha_j+\mid b_{ij}\mid\beta_j)+\\&\sum_{j=1}^{n}(\mid a_{ji}\mid\alpha_i+\mid b_{ji}\mid\beta_i)\Big]\mid\bar{y}_i-\tilde{y}_i\mid^p\end{aligned}$$

故

$$\sum_{i=1}^{n} p\left[d_i-(p-1)/p\sum_{j=1}^{n}(|a_{ij}|\alpha_j+|b_{ij}|\beta_j)-\right.$$
$$\left.1/p\sum_{j=1}^{n}(|a_{ji}|\alpha_i+|b_{ji}|\beta_i)\right]|\bar{y}_i-\tilde{y}_i|^p\leqslant 0$$

由条件式（4-78），可知上式仅当 $\bar{y}_i=\tilde{y}_i$，$i=1, 2, \cdots, n$ 时才成立，因此得 $\bar{\boldsymbol{y}}=\tilde{\boldsymbol{y}}$.

2）对 $\mathbb{R}^n$ 中任何满足 $\|\boldsymbol{y}_m\|\to\infty(m\to\infty)$ 的点列 $\{\boldsymbol{y}_m\}$ 有 $\|\boldsymbol{H}(\boldsymbol{y}_m)\|\to\infty$，$(m\to\infty)$，等价地有 $\|\boldsymbol{H}(\boldsymbol{y}_m)-\boldsymbol{H}(\boldsymbol{0})\|\to\infty(m\to\infty)$.

假设上述结论不成立，则存在子列 $\{\boldsymbol{y}_m\}$，不妨设为点列 $\{\boldsymbol{y}_m\}$ 本身，使 $\{\|\boldsymbol{H}(\boldsymbol{y}_m)-\boldsymbol{H}(\boldsymbol{0})\|\}$ 有界. 从而存在常数 $M_0>0$，使得

$$|h_i(\boldsymbol{y}_m)-h_i(\boldsymbol{0})|\leqslant M_0, i=1,2\cdots,n, m=1,2\cdots,n \tag{4-80}$$

其中，$h_i(\boldsymbol{y}_m)$ 为向量 $\boldsymbol{H}(\boldsymbol{y}_m)$ 的第 i 个分量，记 $\boldsymbol{y}_m$ 的第 i 个分量为 y_{m_i}，则

$$h_i(\boldsymbol{y}_m)-h_i(\boldsymbol{0})+d_i y_{m_i}=\sum_{j=1}^{n}[a_{ij}(f_j(y_{m_j})-f_j(0))+b_{ij}(g_j(y_{m_j})-g_j(0))]$$

从而有

$$d_i|y_{m_i}|-|h_i(\boldsymbol{y}_m)-h_i(\boldsymbol{0})|\leqslant\sum_{j=1}^{n}(|a_{ij}|\alpha_j+|b_{ij}|\beta_j)|y_{m_j}|$$

上式两边同乘以 $p|y_{m_i}|^{p-1}$，并利用引理 1-8(Young 不等式)，得

$$d_i p|y_{m_i}|^p-p|h_i(\boldsymbol{y}_m)-h_i(\boldsymbol{0})||y_{m_i}|^{p-1}$$
$$\leqslant\sum_{j=1}^{n}(|a_{ij}|\alpha_j+|b_{ij}|\beta_j)((p-1)|y_{m_i}|^p+|y_{m_j}|^{p-1})$$

上式两边关于 i 求和，得

$$\sum_{i=1}^{n} p\left[d_i-(p-1)/p\sum_{j=1}^{n}(|a_{ij}|\alpha_j+|b_{ij}|\beta_j)-\right.$$
$$\left.1/p\sum_{j=1}^{n}(|a_{ji}|\alpha_i+|b_{ji}|\beta_i)\right]|y_{m_i}|^p$$
$$\leqslant\sum_{i=1}^{n} p|h_i(\boldsymbol{y}_m)-h_i(\boldsymbol{0})||y_{m_i}|^{p-1}$$

由条件式（4-78）和式（4-80）以及上式，得

$$d_0\sum_{i=1}^{n}|y_{m_i}|^p\leqslant\sum_{i=1}^{n}pM_0|y_{m_i}|^{p-1}\leqslant M\sum_{i=1}^{n}|y_{m_i}|^{p-1} \tag{4-81}$$

其中，$d_0=\min\limits_{1\leqslant i\leqslant n}p\{d_i-(p-1)/p\sum_{j=1}^{n}(|a_{ij}|\alpha_j+|b_{ij}|\beta_j)-$

$$1/p\sum_{j=1}^{n}(\mid a_{ji}\mid\alpha_i+\mid b_{ji}\mid\beta_i)\Big\}>0,\quad M=\max_{1\leqslant i\leqslant n}\{pM_0\}.$$

由于$\mathbb{R}^n$中的各种范数是等价的，故存在常数$C>0$，使

$$\|\boldsymbol{y}\|_\infty\leqslant C\|\boldsymbol{y}\|_p,\boldsymbol{y}\in\mathbb{R}^n$$

其中，$\|\boldsymbol{y}\|_p=(\sum_{i=1}^{n}\mid y_i\mid^p)^{1/p}$，$\|\boldsymbol{y}\|_\infty=\max_{1\leqslant i\leqslant n}\mid y_i\mid$.

由式（4-81），得

$$d_0\|\boldsymbol{y}_m\|_p^p\leqslant nM\|\boldsymbol{y}_m\|_\infty^{p-1}\leqslant nMC^{p-1}\|\boldsymbol{y}_m\|_p^{p-1}$$

即

$$\|\boldsymbol{y}_m\|_p\leqslant nM/d_0C^{p-1}<\infty$$

与$\|\boldsymbol{y}_m\|\to\infty(m\to\infty)$矛盾. 故当$\|\boldsymbol{y}_m\|\to\infty$时，$\|\boldsymbol{H}(\boldsymbol{y}_m)\|\to\infty(m\to\infty)$. 由引理 4-7，知$\boldsymbol{H}$：$\mathbb{R}^n\to\mathbb{R}^n$是同胚映射. 因此系统（4-77）存在唯一的平衡点$\boldsymbol{y}^*$，由于系统（4-75）和系统（4-77）具有相同的平衡点$\boldsymbol{x}^*=\boldsymbol{y}^*$，从而系统（4-75）存在唯一的平衡点$\boldsymbol{x}^*$.

4.6.3　指数稳定性与多项式稳定性

定理 4-11　若条件式（4-76）成立，假设存在常数$p\geqslant1$，使式（4-78）成立，则对每一个外部输入向量$\boldsymbol{I}$，系统（4-75）的平衡点是全局多项式稳定的.

证明　先证系统（4-77）唯一的平衡点$\boldsymbol{y}^*=(y_1^*,y_2^*,\cdots,y_n^*)^{\mathrm{T}}$的全局指数稳定性. 由式（4-77）可知，$|y_i(t)-y_i^*|$的右上 Dini 导数满足

$$D^+\mid y_i(t)-y_i^*\mid\leqslant \mathrm{e}^t\Big\{-d_i\mid y_i(t)-y_i^*\mid+\sum_{j=1}^{n}\mid a_{ij}\mid\alpha_j\mid y_j(t)-y_j^*\mid+\sum_{j=1}^{n}\mid b_{ij}\mid\beta_j\mid y_j(t-\tau_{ij})-y_j^*\mid\Big\}$$

由条件式（4-78）知，存在常数$\delta\geqslant1$，对$i=1,2,\cdots,n$，使得

$$d_i-\delta+1\geqslant(p-1)/p\sum_{j=1}^{n}(\mid a_{ij}\mid\alpha_j+\mid b_{ij}\mid\beta_j\mathrm{e}^{(\delta-1)\tau_{ij}})+1/p\sum_{j=1}^{n}(\mid a_{ji}\mid\alpha_i+\mid b_{ji}\mid\beta_i\mathrm{e}^{(\delta-1)\tau_{ji}})\tag{4-82}$$

令$W_i(t)=\mathrm{e}^{(\delta-1)t}|y_i(t)-y_i^*|,i=1,2,\cdots,n$，则

$$\begin{aligned}D^+W_i(t)&=(\delta-1)\mathrm{e}^{(\delta-1)t}\mid y_i(t)-y_i^*\mid+\mathrm{e}^{(\delta-1)t}D^+\mid y_i(t)-y_i^*\mid\\&\leqslant(\delta-1)W_i(t)+\mathrm{e}^t\Big\{-d_iW_i(t)+\sum_{j=1}^{n}\mid a_{ij}\mid\alpha_jW_j(t)+\end{aligned}$$

$$\sum_{j=1}^{n}|b_{ij}|\beta_j e^{(\delta-1)\tau_{ij}}W_j(t-\tau_{ij})\}$$

考虑如下正定的 Lyapunov 泛函

$$V(t,W_t)=\sum_{i=1}^{n}e^{-t}W_i^p(t)+\sum_{i=1}^{n}\sum_{j=1}^{n}|b_{ij}|\beta_j e^{(\delta-1)\tau_{ij}}\int_{t-\tau_{ij}}^{t}W_j^p(s)ds$$

当 $t=0$ 时，有

$$\begin{aligned}
V(0,\ W_0)&=\sum_{i=1}^{n}W_i^p(0)+\sum_{i=1}^{n}\sum_{j=1}^{n}|b_{ij}|\beta_j e^{(\delta-1)\tau_{ij}}\int_{-\tau_{ij}}^{0}W_j^p(s)ds\\
&=\sum_{i=1}^{n}|y_i(0)-y_i^*|^p+\sum_{i=1}^{n}\sum_{j=1}^{n}|b_{ij}|\beta_j e^{(\delta-1)\tau_{ij}}\int_{-\tau_{ij}}^{0}e^{p(\delta-1)s}|y_i(s)-y_i^*|^p ds\\
&\leqslant\sum_{i=1}^{n}|y_i(0)-y_i^*|^p+\sum_{i=1}^{n}\sum_{j=1}^{n}|b_{ij}|\beta_j e^{(\delta-1)\tau_{ij}}\int_{-\tau_{ij}}^{0}e^{p(\delta-1)s}ds\sup_{s\in[-\tau,\ 0]}|y_i(s)-y_i^*|^p\\
&=\sum_{i=1}^{n}|y_i(0)-y_i^*|^p+\sum_{i=1}^{n}\sum_{j=1}^{n}|b_{ij}|\beta_j e^{(\delta-1)\tau_{ij}}(1-\\
&\quad e^{-p(\delta-1)\tau_{ij}})/(p(\delta-1))\sup_{s\in[-\tau,\ 0]}|y_i(s)-y_i^*|^p\\
&\leqslant\sum_{i=1}^{n}\left\{1+\sum_{j=1}^{n}|b_{ij}|\beta_j e^{(\delta-1)\tau_{ij}}(1-e^{-p(\delta-1)\tau_{ij}})/(p(\delta-1))\right\}\sup_{s\in[-\tau,\ 0]}|y_i(s)-y_i^*|^p\\
&\leqslant\max_{1\leqslant i\leqslant n}\left\{1+\sum_{j=1}^{n}|b_{ij}|\beta_j e^{(\delta-1)\tau_{ij}}(1-e^{-p(\delta-1)\tau_{ij}})/(p(\delta-1))\right\}\sup_{s\in[-\tau,\ 0]}|y_i(s)-y_i^*|^p\\
&=M\sup_{s\in[-\tau,\ 0]}|y_i(s)-y_i^*|^p\\
&=M\|\boldsymbol{\psi}-\boldsymbol{y}^*\|_{p\tau}^p
\end{aligned}\tag{4-83}$$

其中，$M=\max_{1\leqslant i\leqslant n}\left\{1+\sum_{j=1}^{n}|b_{ij}|\beta_j e^{(\delta-1)\tau_{ij}}(1-e^{-p(\delta-1)\tau_{ij}})/(p(\delta-1))\right\}\geqslant 1$，

$\|\boldsymbol{\psi}-\boldsymbol{y}^*\|_{p\tau}=\sup_{-\tau\leqslant\theta\leqslant 0}\|\boldsymbol{\psi}(\theta)-\boldsymbol{y}^*\|_p$

由式（4-76）和引理 1-8（Young 不等式），$V(t,\ W_t)$ 关于 t 的右上 Dini 导数为

$$\begin{aligned}
D^+V(t,\ W_t)&=\sum_{i=1}^{n}[-e^{-t}W_i^p(t)+pe^{-t}W_i^{p-1}(t)D^+W_i(t)+\\
&\quad\sum_{j=1}^{n}|b_{ij}|\beta_j e^{(\delta-1)\tau_{ij}}(W_j^p(t)-W_j^p(t-\tau_{ij}))]\\
&\leqslant\sum_{i=1}^{n}[pe^{-t}W_i^{p-1}(t)D^+W_i(t)+\sum_{j=1}^{n}|b_{ij}|\beta_j e^{(\delta-1)\tau_{ij}}(W_j^p(t)-W_j^p(t-\tau_{ij}))]\\
&\leqslant\sum_{i=1}^{n}\{pe^{-t}W_i^{p-1}(t)[(\delta-1)W_i(t)+e^t(-d_iW_i(t)+\sum_{j=1}^{n}|a_{ij}|\alpha_jW_j(t)+
\end{aligned}$$

$$\sum_{j=1}^{n}|b_{ij}|\beta_j e^{(\delta-1)\tau_{ij}}W_j(t-\tau_{ij}))]+\sum_{j=1}^{n}|b_{ij}|\beta_j e^{(\delta-1)\tau_{ij}}(W_j^p(t)-W_j^p(t-\tau_{ij}))\Big\}$$

$$\leqslant\sum_{i=1}^{n}\Big\{p(\delta-1)e^{-t}W_i^p(t)-d_i pW_i^p(t)+p\sum_{j=1}^{n}|a_{ij}|\alpha_j W_i^{p-1}(t)W_j(t)+$$

$$p\sum_{j=1}^{n}|b_{ij}|\beta_j e^{(\delta-1)\tau_{ij}}W_i^{p-1}(t)W_j(t-\tau_{ij})+$$

$$\sum_{j=1}^{n}|b_{ij}|\beta_j e^{(\delta-1)\tau_{ij}}(W_j^p(t)-W_j^p(t-\tau_{ij}))\Big\}$$

$$\leqslant\sum_{i=1}^{n}\Big\{-p(d_i-\delta+1)W_i^p(t)+p\sum_{j=1}^{n}|a_{ij}|\alpha_j W_i^{p-1}(t)W_j(t)+$$

$$p\sum_{j=1}^{n}|b_{ij}|\beta_j e^{(\delta-1)\tau_{ij}}W_i^{p-1}(t)W_j(t-\tau_{ij})+$$

$$\sum_{j=1}^{n}|b_{ij}|\beta_j e^{(\delta-1)\tau_{ij}}(W_j^p(t)-W_j^p(t-\tau_{ij}))\Big\}$$

$$\leqslant\sum_{i=1}^{n}\{-p(d_i-\delta+1)W_i^p(t)+\sum_{j=1}^{n}|a_{ij}|\alpha_j((p-1)W_i^p(t)+W_j^p(t))+$$

$$\sum_{j=1}^{n}|b_{ij}|\beta_j e^{(\delta-1)\tau_{ij}}((p-1)W_i^p(t)+W_j^p(t-\tau_{ij}))+$$

$$\sum_{j=1}^{n}|b_{ij}|\beta_j e^{(\delta-1)\tau_{ij}}(W_j^p(t)-W_j^p(t-\tau_{ij}))\}$$

$$=\sum_{i=1}^{n}p\Big\{-(d_i-\delta+1)+(p-1)/p\sum_{j=1}^{n}(|a_{ij}|\alpha_j+|b_{ij}|\beta_j e^{(\delta-1)\tau_{ij}})+$$

$$1/p\sum_{j=1}^{n}(|a_{ji}|\alpha_i+|b_{ji}|\beta_i e^{(\delta-1)\tau_{ji}})\Big\}W_i^p(t)$$

由式（4-82）和式（4-83），可知 $D^+V(t,W_t)\leqslant 0$，因此，当 $t\geqslant\mathbf{0}$ 时，有

$$V(t,W_t)\leqslant V(0,W_0)\leqslant M\|\boldsymbol{\psi}-\boldsymbol{y}^*\|_{p\tau}^p$$

又

$$\sum_{i=1}^{n}W_i^p(t)\leqslant V(t,W_t)\leqslant M\|\boldsymbol{\psi}-\boldsymbol{y}^*\|_{p\tau}^p$$

即

$$\sum_{i=1}^{n}e^{p\delta t}|y_i(t)-y_i^*|^p\leqslant M\|\boldsymbol{\psi}-\boldsymbol{y}^*\|_{p\tau}^p$$

故

$$\|\boldsymbol{y}(t)-\boldsymbol{y}^*\|_p\leqslant\beta\|\boldsymbol{\psi}-\boldsymbol{y}^*\|_{p\tau}e^{-\delta t}\tag{4-84}$$

其中，$\beta=M^{1/p}$，$t\geqslant\mathbf{0}$. 由此可知 $\boldsymbol{y}^*$ 是全局指数稳定的.

将 $\boldsymbol{x}^*=\boldsymbol{y}^*$ 和 $y_i(t)=x_i(e^t)$ 代入式（4-84），整理，得

$$\|\boldsymbol{x}(t)-\boldsymbol{x}^*\|_p \leqslant \beta\|\boldsymbol{\varphi}-\boldsymbol{x}^*\|_{p\tau}\mathrm{e}^{-\delta\ln t}=\beta\|\boldsymbol{\varphi}-\boldsymbol{x}^*\|_{p\tau}\boldsymbol{t}^{-\delta}$$

从而系统（4-75）的平衡点 $\boldsymbol{x}^*$ 是全局多项式稳定的.

由定理 4-11 的证明过程可得如下推论.

推论 4-4 在式（4-76）条件下，假设存在常数 $p\geqslant 1$ 和 $\delta\geqslant 1$，使得

$$d_i-\delta+1\geqslant (p-1)/p\sum_{j=1}^{n}(|a_{ij}|\alpha_j+|b_{ij}|\beta_j\mathrm{e}^{(\delta-1)\tau_{ij}})+$$

$$1/p\sum_{j=1}^{n}(|a_{ji}|\alpha_i+|b_{ji}|\beta_i\mathrm{e}^{(\delta-1)\tau_{ji}}),\ i=1,2,\cdots,n$$

成立，则对每一个外部输入向量 $\boldsymbol{I}$，系统（4-77）存在唯一全局指数稳定平衡点 $\boldsymbol{y}^*$，系统（4-75）存在唯一全局多项式稳定平衡点 $\boldsymbol{x}^*$.

在定理 4-11 中，分别取 $p=1$ 和 $p=2$ 时，可得到如下推论.

推论 4-5 当取 $p=1$ 时，有

$$d_j>\sum_{i=1}^{n}(\alpha_j|a_{ij}|+\beta_j|b_{ij}|),j=1,2,\cdots,n$$

则对每一个外部输入向量 $\boldsymbol{I}$，系统（4-77）存在唯一全局指数稳定平衡点 $\boldsymbol{y}^*$，系统（4-75）存在唯一全局多项式稳定平衡点 $\boldsymbol{x}^*$.

推论 4-6 当取 $p=2$ 时，有

$$2d_i>\sum_{j=1}^{n}(\alpha_j|a_{ij}|+\beta_j|b_{ij}|)+\sum_{j=1}^{n}(\alpha_i|a_{ji}|+\beta_i|b_{ji}|),i=1,2,\cdots,n$$

则对每一个外部输入向量 $\boldsymbol{I}$，系统（4-77）存在唯一全局指数稳定平衡点 $\boldsymbol{y}^*$，系统（4-75）存在唯一全局多项式稳定平衡点 $\boldsymbol{x}^*$.

注 4-10 在系统（4-75）中，如果 $q_{ij}=1$，i，$j=1$，2，…，n，系统（4-75）就是无时滞的递归神经网络，本节所得结果也适用于无时滞的递归神经网络.

4.6.4 数值算例及仿真

例 4-7 考虑如下二维具比例时滞细胞神经网络

$$\dot{x}_i(t)=-d_ix_i(t)+\sum_{j=1}^{n}a_{ij}f_j(x_j(t))+\sum_{j=1}^{n}b_{ij}f_j(x_j(q_{ij}t))+I_i,i=1,2, \tag{4-85}$$

取 $\boldsymbol{D}=\begin{pmatrix}4&0\\0&5\end{pmatrix}$，$\boldsymbol{A}=\begin{pmatrix}1&-2\\0&1\end{pmatrix}$，$\boldsymbol{B}=\begin{pmatrix}1&0\\1&-2\end{pmatrix}$，$\boldsymbol{I}=\begin{pmatrix}0\\0\end{pmatrix}$，$q_{11}=0.5$，$q_{12}=0.5$，$q_{21}=0.8$，$q_{22}=0.8$. 选择 $f_i(x_i)=0.5(|x_i+1|-|x_i-1|)$，则 Lipschitz 常数为 $\alpha_i=1$，$i=1$，2. $q=0.5$. 计算可得

$$d_1-(|a_{11}|+|b_{11}|)\alpha_1-(|a_{12}|+|b_{12}|)\alpha_2=4-2+2=4>0,$$

$$d_2-(|a_{21}|+|b_{21}|)\alpha_1-(|a_{22}|+|b_{22}|)\alpha_2=5-1+3=7>0.$$

满足定理 4-10 和定理 4-11 的条件，因此由定理 4-10 和定理 4-11 知，系统（4-85）的平衡点是全局多项式稳定的.

当外部输入 $\boldsymbol{I}=(0,\ 0)^{\mathrm{T}}$，系统（4-85）的平衡点为 $(0,\ 0)^{\mathrm{T}}$. 应用 Matlab 画出系统（4-85）的相轨迹和时间响应曲线，如图 4-15 和 4-16 所示，可以直观地看出系统（4-85）是全局稳定的.

当外部输入 $\boldsymbol{I}=(1,\ -1)^{\mathrm{T}}$，系统（4-85）的平衡点为 $(0.5094,\ -0.1887)^{\mathrm{T}}$，应用 Matlab 软件画出系统（4-85）的相轨迹和时间响应曲线，如图 4-17 和图 4-18 所示，可以直观地看出系统（4-85）是全局稳定的.

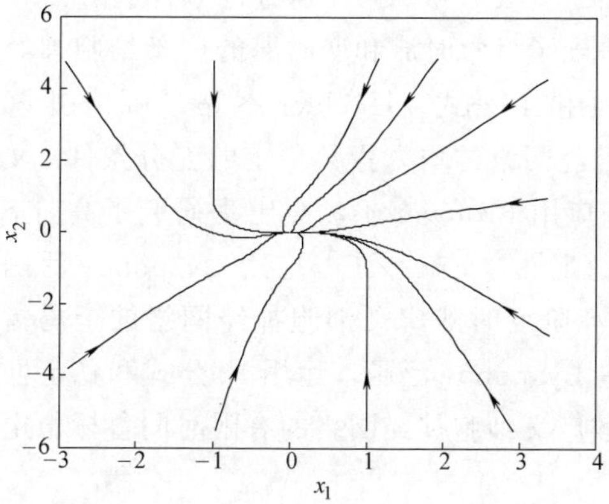

图 4-15　当 $I=(0,\ 0)^{\mathrm{T}}$ 时，系统（4-85）的相轨迹

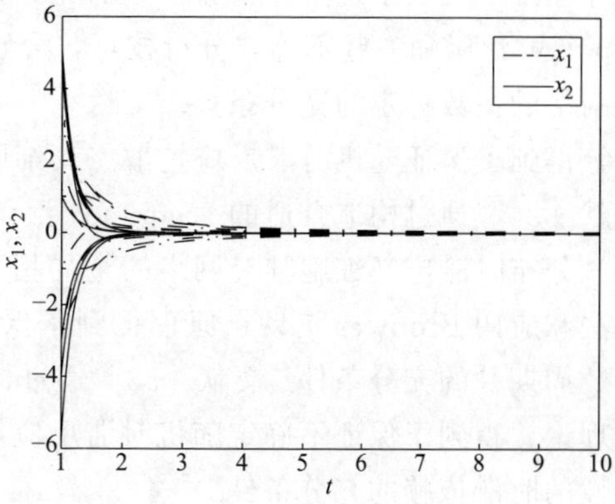

图 4-16　当 $I=(0,\ 0)^{\mathrm{T}}$ 时，系统（4-85）的时间响应曲线

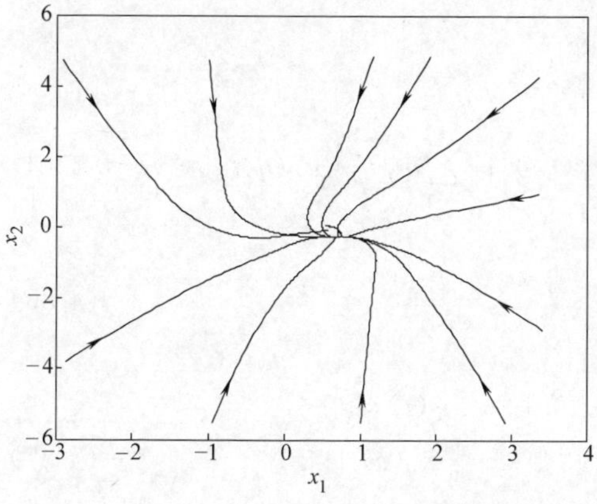

图 4-17　当 $I=(1,\ -1)^{\mathrm{T}}$ 时，系统（4-85）的相轨迹

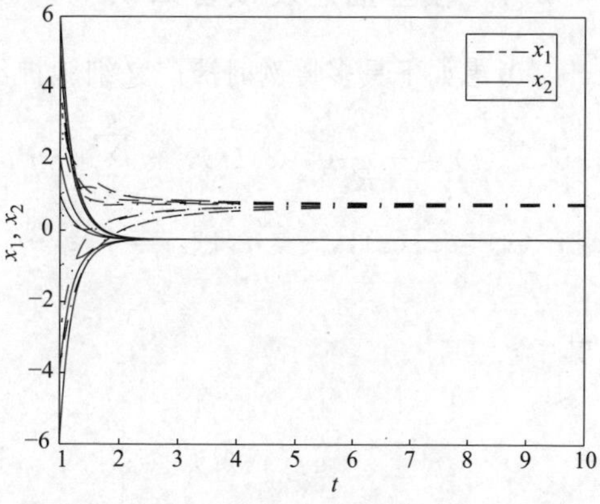

图 4-18　当 $I=(1,\ -1)^{\mathrm{T}}$ 时，系统（4-85）的时间响应曲线

4.7 具多比例时滞广义细胞神经网络的全局多项式稳定性

1996 年，Espejo 等人提出了一类可提供单元（细胞）高阶动力学线性动态部分及与应用有关的任意静态非线性的细胞神经网络——广义细胞神经网络[31]，广义细胞神经网络将细胞神经网络中的线性求和单变量用非线性求和及多变量代替，便于硬件实现. 所以研究具时滞广义细胞神经网络的动力学性质对细胞神经网络的理论应用有重要的意义. 目前关于时滞广义细胞神经网络的研究已经取得许多成果[32-38]. 文献［32］利用拓扑度理论建立了一类广义时滞细胞神经网络的平衡点存在唯一及该系统全局指数稳定的充分条件. 文献［33，34］通过构造合适的 Lyapunov 泛函和一些不等式分析技巧，分别得到了具常时滞和变时滞的广义细胞神经网络的指数稳定的充分条件. 文献［35］利用 Itô公式、Hölder 不等式和 M-矩阵等得到了保证随机时滞反应扩散广义细胞神经网络的均方指数稳定的充分条件. 文献［36］通过构造合适的 Lyapunov 泛函和应用 Brouwer 不动点定理研究了高阶 S一分布时滞广义细胞神经网络的全局指数稳定性. 文献［37］应用 Lyapunov 泛函法和应用 Brouwer 不动点原理得到了保证高阶变时滞广义细胞神经网络的全局指数周期性的充分条件. 文献［38］通过构造 Lyapunov 泛函，运用 Itô公式和稳定性理论，得到了保证不确定随机时滞反应扩散广义细胞神经网络的有限时间鲁棒稳定性的时滞依赖的充分条件.

本节对一类具多比例时滞广义细胞神经网络的全局多项式稳定性进行研究，通过应用 Brouwer 不动点定理证明了该系统平衡点存在且唯一，再通过建立时滞微分不等式的方法得到了保证系统全局多项式稳定的充分条件.

4.7.1 模型描述及预备知识

考虑如下具多比例时滞广义细胞神经网络[39]

$$\begin{cases} C_i \dot{x}_i(t) = -\dfrac{1}{R_i} g_i(x_i(t)) + \sum\limits_{j=1}^{n} a_{ij} f_j(x_j(t)) + \sum\limits_{j=1}^{n} b_{ij} f_j(x_j(q_j t)) + I_i, t \geqslant 1 \\ x_i(s) = \varphi_i(s), s \in [q, 1], i = 1, 2, \cdots, n \end{cases} \tag{4-86}$$

其中，

$$g_i(x_i(t)) = \begin{cases} l(x_i(t) - 1) + 1, & x_i(t) \geqslant 1 \\ x_i(t), & |x_i(t)| < 1 \\ l(x_i(t) + 1) - 1, & x_i(t) \leqslant -1 \end{cases} \tag{4-87}$$

其中，$x_i(t)$ 是第 i 个神经元在 t 时刻的状态变量，$C_i > 0$ 和 $R_i > 0$ 分别为第 i 个神经元的电容常数和电阻常数，a_{ij} 和 b_{ij} 分别为神经元在时刻 t 与 $q_j t$ 的连接权重，

$f_j(x_j(t))$ 和 $f_j(x_j(q_jt))$ 分别表示第 j 个神经元在 t 和 q_jt 时刻的激活函数，q_j 为比例时滞因子，满足 $0<q_j\leqslant 1$，$q_jt=t-(1-q_j)t$，其中 $(1-q_j)t$ 是比例时滞函数，且当 $t\to+\infty$时，$(1-q_j)t\to+\infty$，$q=\min\limits_{1\leqslant j\leqslant n}\{q_j\}$，$I_i$ 为外部偏置输入，$\varphi_i(s)$表示 $x_i(s)$在 $s\in[q,1]$ 时的初始函数，且为常数，本节取 $C_i=1$.

假设激活函数 $f_j(t)$ 满足如下条件：

(H) $f_j(\cdot)$ 满足 Lipschiz 连续条件，且有界，即存在常数 $L_j>0$，$A_j>0$，使得

$$|f_j(u)-f_j(v)|\leqslant L_j|u-v|,|f_j(u)|\leqslant A_j,\forall u,v\in\mathbb{R}$$

令 $u_i(t)=x_i(\mathrm{e}^t)$，则系统（4-86）可等价变换成如下具不等常时滞变系数广义细胞神经网络系统

$$\begin{cases}C_i\dot{u}_i(t)=\mathrm{e}^t\Big\{-\dfrac{1}{R_i}g_i(u_i(t))+\displaystyle\sum_{j=1}^{n}a_{ij}f_j(u_j(t))+\\ \qquad\displaystyle\sum_{j=1}^{n}b_{ij}f_j(u_j(t-\tau_j))+I_i\Big\},t\geqslant 0\\ u_i(s)=\Psi_i(s),s\in[-\tau,0],i=1,2,\cdots,n\end{cases}\tag{4-88}$$

其中，$\tau_j=-\ln q_j\geqslant 0$，$\tau=\max\limits_{1\leqslant j\leqslant n}\{\tau_j\}$，$\Psi_i(s)=\varphi_i(\mathrm{e}^s),s\in[-\tau,0]$，且

$$g_i(u_i(t))=\begin{cases}l(u_i(t)-1)+1,\ u_i(t)\geqslant 1\\ u_i(t),\quad |u_i(t)|<1\\ l(u_i(t)+1)-1,u_i(t)\leqslant -1\end{cases}$$

4.7.2　多项式稳定性分析

定理 4-12　若假设（H）成立，且满足

$$a_i>\sum_{j=1}^{n}(|a_{ij}|+|b_{ij}|)L_j\tag{4-89}$$

其中，$a_i=\min\{1/R_i,l/R_i\},i=1,2,\cdots,n$，则对每一个外部输入 I，系统（4-86）的平衡点存在且唯一.

证明　设系统（4-86）的平衡点为 $\boldsymbol{x}^*=(x_1^*,x_2^*,\cdots,x_n^*)^{\mathrm{T}}$，且满足

$$g_i(x_i^*)=R_i\Big[\sum_{j=1}^{n}(a_{ij}+b_{ij})f_j(x_j^*)+I_i\Big]$$

则由式（4-87），分下面三种情形讨论.

情形 1°当 $x_i(t)\geqslant 1$ 时，系统（4-86）的平衡点应满足

$$0=-\frac{1}{R_i}(l(x_i^*-1)+1)+\sum_{j=1}^{n}[a_{ij}f_j(x_j^*)+b_{ij}f_j(x_j^*)]+I_i$$

由此，可得

$$x_i^*=1+R_i/l\Big[\sum_{j=1}^{n}(a_{ij}+b_{ij})f_j(x_j^*)+I_i\Big]-1/l\tag{4-90}$$

由假设（H），可得

$$|x_i^*|\leqslant 1+R_i/l\left[\sum_{j=1}^{n}(|a_{ij}|+|b_{ij}|)A_j+|I_i|\right]+1/l\leqslant r_1$$

其中，$r_1=\max\limits_{1\leqslant i\leqslant n}\left\{1+R_i/l\left[\sum_{j=1}^{n}(|a_{ij}|+|b_{ij}|)A_j+|I_i|\right]+1/l\right\}$.

情形 2° 当 $x_i(t)\leqslant -1$ 时，系统（4-86）的平衡点应满足

$$0=-\frac{1}{R_i}(l(x_i^*+1)-1)+\sum_{j=1}^{n}(a_{ij}f_j(x_j^*)+b_{ij}f_j(x_j^*))+I_i$$

由此，可得

$$x_i^*=-1+R_i/l\left[\sum_{j=1}^{n}(a_{ij}+b_{ij})f_j(x_j^*)+I_i\right]+1/l \tag{4-91}$$

由假设（H），可得

$$|x_i^*|\leqslant 1+R_i/l\left[\sum_{j=1}^{n}(|a_{ij}|+|b_{ij}|)A_j+|I_i|\right]+1/l\leqslant r_1$$

情形 3° 当 $|x_i(t)|<1$ 时，系统（4-86）的平衡点应满足

$$0=-\frac{1}{R_i}x_i^*+\sum_{j=1}^{n}(a_{ij}f_j(x_j^*)+b_{ij}f_j(x_j^*))+I_i$$

由此，可得

$$x_i^*=R_i\left[\sum_{j=1}^{n}(a_{ij}+b_{ij})f_j(x_j^*)+I_i\right] \tag{4-92}$$

由假设（H），可得

$$|x_i^*|\leqslant R_i\left[\sum_{j=1}^{n}(|a_{ij}|+|b_{ij}|)A_j+|I_i|\right]\leqslant r_2$$

其中，$r_2=\max\limits_{1\leqslant i\leqslant n}\left\{R_i\left[\sum_{j=1}^{n}(|a_{ij}|+|b_{ij}|)A_j+|I_i|\right]\right\}$.

取 $r=\max\{r_1,r_2\}$，根据式（4-90）定义映射

$$G_i(\theta)=R_i\left[\sum_{j=1}^{n}(a_{ij}+b_{ij})f_j(x_j)+I_i\right]$$

其中，$\boldsymbol{G}(\boldsymbol{\theta})=(G_1(\boldsymbol{\theta}),G_2(\boldsymbol{\theta}),\cdots,G_n(\boldsymbol{\theta}))^{\mathrm{T}}$，$\boldsymbol{\theta}=(x_1,x_2,\cdots,x_n)^{\mathrm{T}}\in\mathbb{R}^n$，从而有

$$\boldsymbol{\theta}\in[-r,r]^n,\boldsymbol{G}(\boldsymbol{\theta})\in[-r,r]^n$$

由 $f_j(\cdot)$ 的连续性，可知映射 $\boldsymbol{G}:[-r,r]^n\rightarrow[-r,r]^n$ 是连续的，根据引理 1-2（Brouwer 定理）可知，映射 $\boldsymbol{G}$ 至少存在一个不动点 $\boldsymbol{x}^*\in[-r,r]^n$，且为系统（4-86）的平衡点.

下证平衡点唯一性. 假设系统（4-86）存在另外一个平衡点 $\boldsymbol{x}^{**}$，且 $x_i^*\neq x_i^{**}$，$i=1,2,\cdots,n$. 则必存在 $\boldsymbol{x}^*$ 和 $\boldsymbol{x}^{**}$ 的某分量 x_d^* 和 x_d^{**}，使得 $x_d^*\neq$

x_d^{**}，而其余分量相等. 由式（4-92）得

$$\begin{aligned}|x_d^* - x_d^{**}| &\leqslant R_d\left[\sum_{j=1}^{n}(|a_{dj}|+|b_{dj}|)(f_j(x_j^*)-f_j(x_j^{**}))\right]\\ &\leqslant R_d\left[\sum_{j=1}^{n}(|a_{dj}|+|b_{dj}|)L_j|x_j^*-x_j^{**}|\right]\\ &=R_d(|a_{dd}|+|b_{dd}|)L_d|x_d^*-x_d^{**}|\\ &<a_d^{-1}(|a_{dd}|+|b_{dd}|)L_d|x_d^*-x_d^{**}|\end{aligned}$$

所以，$|x_d^* - x_d^{**}|\leqslant 0$，即 $x_d^*=x_d^{**}$，矛盾.

同理，分别由式（4-90）和式（4-91），得

$$\begin{aligned}|x_d^* - x_d^{**}| &\leqslant R_d/l\left[\sum_{j=1}^{n}(|a_{dj}|+|b_{dj}|)(f_j(x_j^*)-f_j(x_j^{**}))\right]\\ &<a_d^{-1}(|a_{dd}|+|b_{dd}|)L_d|x_d^*-x_d^{**}|\end{aligned}$$

所以，$|x_d^*-x_d^{**}|\leqslant 0$，即 $x_d^*=x_d^{**}$，矛盾.

综上所述，系统（4-86）的平衡点 $\boldsymbol{x}^*$ 是唯一的.

下面证明平衡点 $\boldsymbol{x}^*$ 的全局多项式稳定性. 设

$$K=\max_{1\leqslant i\leqslant n}\{\sup_{-\tau\leqslant s\leqslant 0}|u_i(s)-u_i^*|\}>0;\bar{K}=\max_{1\leqslant i\leqslant n}\{\sup_{q\leqslant\zeta\leqslant 1}|x_i(\zeta)-x_i^*|\}>0 \tag{4-93}$$

这里，K、$\bar{K}$ 是常数.

定理 4-13　假设（H）与式（4-90）成立，且存在常数$\bar{K}>0$，$\eta>0$，使得当 $t\in[1,+\infty)$ 时，有

$$|x_i(t)-x_i^*|\leqslant\bar{K}t^{-\eta},i=1,2,\cdots,n$$

成立，则系统（4-86）的平衡点 $\boldsymbol{x}^*$ 是全局指数稳定性的.

证明　设系统（4-88）的平衡点为 $\boldsymbol{u}^*=(u_1^*,u_2^*,\cdots,u_n^*)^{\mathrm{T}}$，由于系统（4-86）与系统（4-88）有相同的平衡点，即 $\boldsymbol{x}^*=\boldsymbol{u}^*$. 结合定理 4-12 可知，系统（4-88）的平衡点 $\boldsymbol{u}^*$ 存在且唯一. 下面先证明系统（4-88）的平衡点 $\boldsymbol{u}^*=(u_1^*,u_2^*,\cdots,u_n^*)^{\mathrm{T}}$ 的全局指数稳定性.

由假设（H），对 $t>0$，$i=1$，2，…，n，由系统（4-88），有

$$\begin{aligned}D^+|u_i(t)-u_i^*| \leqslant \mathrm{e}^t\Bigg\{&-\frac{1}{R_i}|g_i(u_i(t))-g_i(u_i^*)|+\\ &\sum_{j=1}^{n}|a_{ij}|L_j|u_j(t)-u_j^*|+\sum_{j=1}^{n}|b_{ij}|L_j|u_j(t-\tau_j)-u_j^*|\Bigg\}\end{aligned} \tag{4-94}$$

当 $u_i(t)\geqslant 1$ 或 $u_i(t)\leqslant -1$ 时，由式（4-94），可得

$$D^{+}|u_i(t)-u_i^{*}|\leqslant e^{t}\left\{-\frac{1}{R_i}|u_i(t)-u_i^{*}|+\right.$$

$$\left.\sum_{j=1}^{n}|a_{ij}|L_j|u_j(t)-u_j^{*}|+\sum_{j=1}^{n}|b_{ij}|L_j|u_j(t-\tau_j)-u_j^{*}|\right\} \tag{4-95}$$

当$|u_i(t)|<1$时，由式（4-94）可得

$$D^{+}|u_i(t)-u_i^{*}|\leqslant e^{t}\left\{-\frac{1}{R_i}|u_i(t)-u_i^{*}|+\right.$$

$$\left.\sum_{j=1}^{n}|a_{ij}|L_j|u_j(t)-u_j^{*}|+\sum_{j=1}^{n}|b_{ij}|L_j|u_j(t-\tau_j)-u_j^{*}|\right\} \tag{4-96}$$

由式（4-95）与式（4-96）可得

$$D^{+}|u_i(t)-u_i^{*}|\leqslant e^{t}\{-a_i|u_i(t)-u_i^{*}|+$$

$$\sum_{j=1}^{n}|a_{ij}|L_j|u_j(t)-u_j^{*}|+\sum_{j=1}^{n}|b_{ij}|L_j|u_j(t-\tau_j)-u_j^{*}|\} \tag{4-97}$$

定义函数$\Phi_i(\cdot)$如下

$$\Phi_i(u_i)=a_i-u_i-\sum_{j=1}^{n}(|a_{ij}|+|b_{ij}|)L_j e^{u_i\tau_j} \tag{4-98}$$

其中，$u_i\in[0,+\infty),i=1,2,\cdots,n.$

由式（4-90）可知

$$a_i-\sum_{j=1}^{n}(|a_{ij}|+|b_{ij}|)L_j\geqslant\xi \tag{4-99}$$

其中，$\xi=\min\limits_{1\leqslant i\leqslant n}\{a_i-\sum_{j=1}^{n}(|a_{ij}|+|b_{ij}|)L_j\}>0.$

结合式（4-98）和式（4-99），可知$\Phi_i(0)\geqslant\xi$，又因$\Phi_i(u_i)$为连续函数，且当$u_i\to+\infty$时，$\Phi_i(u_i)\to-\infty$，因此存在常数$\tilde{u}_i\in(0，+\infty)$，$i=1，2，\cdots，n$，使得

$$\Phi_i(\tilde{u}_i)=a_i-\tilde{u}_i-\sum_{j=1}^{n}(|a_{ij}|+|b_{ij}|)L_j e^{\tilde{u}_i\tau_j}=0$$

成立. 取$0<\eta<\min\limits_{1\leqslant i\leqslant n}\{\tilde{u}_i\}$，有

$$\Phi_i(\eta)=a_i-\eta-\sum_{j=1}^{n}(|a_{ij}|+|b_{ij}|)L_j e^{\eta\tau_j}>0$$

定义函数$U_i(\cdot)$为

$$U_i(t)=e^{\eta t}|u_i(t)-u_i^{*}|,t\in[-\tau,+\infty) \tag{4-100}$$

根据式（4-97）和式（4-100），对$t>0$时的$U_i(t)$求导，有

$$\begin{aligned}D^{+}U_i(t)&=\eta e^{\eta t}|u_i(t)-u_i^{*}|+e^{\eta t}D^{+}|u_i(t)-u_i^{*}|\\&\leqslant\eta e^{\eta t}|u_i(t)-u_i^{*}|+e^{t}\left\{-a_i e^{\eta t}|u_i(t)-u_i^{*}|+\right.\end{aligned}$$

$$\sum_{j=1}^{n}|a_{ij}|L_j e^{\eta t}|u_j(t)-u_j^*|+\sum_{j=1}^{n}|b_{ij}|L_j e^{\eta t}|u_j(t-\tau_j)-u_j^*|\Big\}$$

$$=\eta U_i(t)-a_i e^t U_i(t)+e^t\sum_{j=1}^{n}|a_{ij}|L_jU_j(t)+e^t\sum_{j=1}^{n}|b_{ij}|L_jU_j(t-\tau_j)e^{\eta\tau_j}$$

$$\leqslant-(a_ie^t-\eta)U_i(t)+e^t\sum_{j=1}^{n}(|a_{ij}|+|b_{ij}|)L_je^{\eta\tau_j}\sup_{s\in[t-\tau,t]}U_j(s)$$

$$\leqslant-(a_i-\eta)e^tU_i(t)+e^t\sum_{j=1}^{n}(|a_{ij}|+|b_{ij}|)L_je^{\eta\tau_j}\sup_{s\in[t-\tau,t]}U_j(s) \tag{4-101}$$

由式（4-100）及 K 定义，可知

$$U_i(t)\leqslant K,t\in[-\tau,0] \tag{4-102}$$

现猜想

$$U_i(t)\leqslant K,t\in(0,+\infty) \tag{4-103}$$

先证对于 $d>1$，有

$$U_i(t)<dK$$

成立.

假设式（4-102）不成立，则存在 $U_i(\cdot)$ 的某个分量 $U_k(\cdot)$ 和 $t_1>0$，使得

$$U_k(t)<dK,t\in[-\tau,t_1),U_k(t_1)=dK,\dot{U}_k(t)\geqslant0,t\in[-\tau,t_1] \tag{4-104}$$

而

$$U_i(t)<dK,i\neq k \tag{4-105}$$

将式（4-104）和式（4-105）代入式（4-101），可得

$$0\leqslant D^+U_k(t_1)\leqslant-\Big[(a_k-\eta)-\sum_{j=1}^{n}(|a_{ij}|+|b_{ij}|)L_je^{\eta\tau_j}\Big]dKe^{t_1}<0$$

由此，可以得出 $0\leqslant D^+U_k(t_1)<0$ 矛盾，从而可知式（4-103）成立. 将式(4-100)代入式（4-103），可得

$$|u_i(t)-u_i^*|\leqslant Ke^{-\eta t},i=1,2,\cdots,n,t\geqslant0 \tag{4-106}$$

接下来验证系统（4-86）平衡点 $\boldsymbol{x}^*$ 的稳定性.

由式（4-106）和式（4-93），有

$$|u_i(t)-u_i^*|\leqslant\max_{1\leqslant i\leqslant n}\{\sup_{-\tau\leqslant s\leqslant0}|u_i(s)-u_i^*|\}e^{-\eta t},i=1,2,\cdots,n,t\geqslant0$$

由于系统（4-86）与系统（4-88）有相同的平衡点，$\boldsymbol{x}^*=\boldsymbol{u}^*$，即 $x_i^*=u_i^*$，$i=1$，2，…，n，将变换 $u_i(t)=x_i(e^t)$代入式（4-106），整理，得

$$|x_i(e^t)-x_i^*|\leqslant\max_{1\leqslant i\leqslant n}\{\sup_{-\tau\leqslant s\leqslant0}|x_i(e^s)-x_i^*|\}e^{-\eta t},i=1,2,\cdots,n,t\geqslant0 \tag{4-107}$$

令 $e^t=\xi$，其中 $t\geqslant0$，由此可知 $\xi\geqslant1$，$t=\ln\xi\geqslant0$；令 $e^s=\zeta$，其中 $s\in[-\tau,0]$，由此可知 $s=\ln\zeta\in[-\tau,0],\zeta\in[q,1]$，其中，$q=\min_{1\leqslant j\leqslant n}\{p_j,q_j\}$. 因此，由式（4-107）得

$$|x_i(\xi)-x_i^*|\leqslant \max_{1\leqslant i\leqslant n}\{\sup_{q\leqslant\zeta\leqslant 1}|x_i(\zeta)-x_i^*|\}e^{-\eta\ln\xi},i=1,2,\cdots,n,\xi\geqslant 1 \tag{4-108}$$

选取 $\xi=t$，代入式（4-108），得

$$|x_i(t)-x_i^*|\leqslant \max_{1\leqslant i\leqslant n}\{\sup_{q\leqslant\zeta\leqslant 1}|x_i(\zeta)-x_i^*|\}e^{-\eta\ln t}=\bar{K}t^{-\eta},i=1,2,\cdots,n,t\geqslant 1 \tag{4-109}$$

式（4-109）表明系统（4-86）的平衡点 $\boldsymbol{x}^*$ 是全局多项式稳定的.

4.7.3 数值算例及仿真

例 4-8 考虑如下具多比例时滞广义细胞神经网络模型

$$\begin{cases}C_1\dot{x}_1(t)=-5g_1(x_1(t))+\sum_{j=1}^{2}a_{1j}f_j(x_j(t))+\sum_{j=1}^{2}b_{1j}f_j(x_j(q_jt))+I_1\\C_2\dot{x}_2(t)=-10g_2(x_2(t))+\sum_{j=1}^{2}a_{2j}f_j(x_j(t))+\sum_{j=1}^{2}b_{2j}f_j(x_j(q_jt))+I_2\end{cases} \tag{4-110}$$

其中，$0<q_j\leqslant 1$，$t\geqslant 1$，且

$$g_i(x_i(t))=\begin{cases}3(x_i(t)-1)+1, & x_i(t)\geqslant 1\\ x_i(t), & |x_i(t)|<1\\ 3(x_i(t)+1)-1, & x_i(t)\leqslant -1\end{cases}$$

取 $C_1=1,C_2=1,\boldsymbol{R}=\begin{pmatrix}1/5 & 0\\0 & 1/10\end{pmatrix},\boldsymbol{A}=\begin{pmatrix}0.1 & 0.5\\0.3 & 0.2\end{pmatrix},\boldsymbol{B}=\begin{pmatrix}0.4 & 0.4\\0.6 & 0.3\end{pmatrix},\boldsymbol{I}=\begin{pmatrix}0\\0\end{pmatrix}$，激活函数为 $f_j(x_j(t))=\sin(x_j(t))$，$j=1,2$，则 Lipschiz 常数为 $L_j=1$，$j=1$，2. $l=3,a_i=\min\{1/R_i,l/R_i\}$，$i=1$，2. 经过计算，可得

$$a_1-\sum_{j=1}^{2}(|a_{1j}|+|b_{1j}|)L_j=5-(0.1+0.4+0.5+0.4)=3.6>0$$

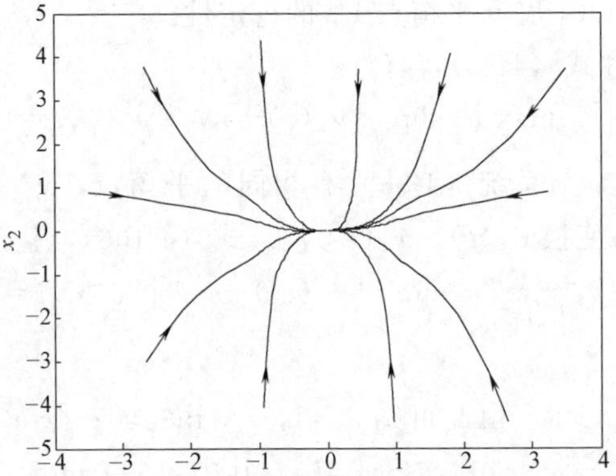

图 4-19 系统（4-110）的相轨迹

$$a_2-\sum_{j=1}^{2}(|a_{2j}|+|b_{2j}|)L_j=10-(0.3+0.6+0.2+0.3)=8.6>0$$

满足定理 4-13 中的条件，因此式（4-110）有唯一全局多项式稳定的平衡点. 其平衡点为$(0,\ 0)^{\mathrm{T}}$. 全局指数稳定性如图 4-19 所示. 取 $q_1=0.5$，$q_2=0.8$ 时，不同初值的时间响应曲线如图 4-20 所示.

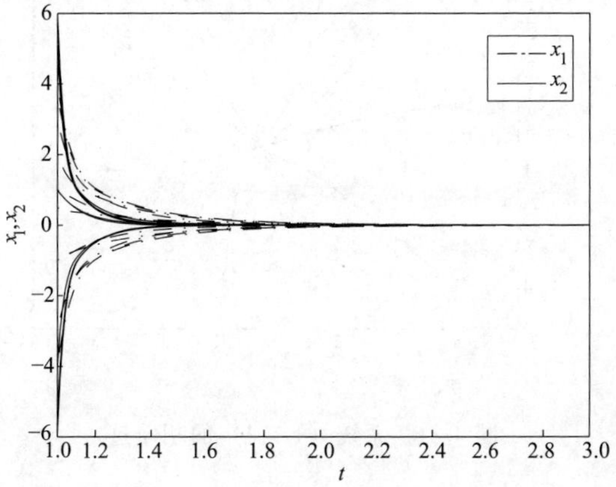

图 4-20　系统（4-110）的解在不同初始值的时间响应曲线

例 4-9　考虑如下具多比例时滞广义细胞神经网络模型

$$\begin{cases}C_1\dot{x}_1(t)=-10g_1(x_1(t))+\sum\limits_{j=1}^{2}a_{1j}f_j(x_j(t))+\sum\limits_{j=1}^{2}b_{1j}f_j(x_j(q_jt))+I_1\\ C_1\dot{x}_2(t)=-10g_2(x_2(t))+\sum\limits_{j=1}^{2}a_{2j}f_j(x_j(t))+\sum\limits_{j=1}^{2}b_{2j}f_j(x_j(q_jt))+I_2\end{cases}$$

(4-111)

其中，$g_i(x_i(t))=\begin{cases}2(x_i(t)-1)+1,\ x_i(t)\geqslant 1\\ x_i(t),\qquad |x_i(t)|<1\\ 2(x_i(t)+1)-1,x_i(t)\leqslant -1\end{cases}$，$0<q_j\leqslant 1$，$i$，$j=1$，2，$t\geqslant 1$；取 $C_1=1,C_2=1,\boldsymbol{R}=\begin{pmatrix}0.1&0\\0&0.1\end{pmatrix},\boldsymbol{A}=\begin{pmatrix}0.5&-0.2\\-0.3&0.2\end{pmatrix},\boldsymbol{B}=\begin{pmatrix}0.4&-0.3\\0.2&0.3\end{pmatrix}$，$\boldsymbol{I}=\begin{pmatrix}3\\-3\end{pmatrix}$，激活函数为 $f_j(x_j(t))=\tanh(x_j(t))$，$j=1,2$，则 Lipschiz 常数为$L_j=1$，$j=1,2,l=2$，$a_i=\min\{1/R_i,\ l/R_i\}$，$i=1$，2. 经过计算，可得

$$a_1-\sum_{j=1}^{2}(|a_{1j}|+|b_{1j}|)L_j=10-(0.5+0.4+0.2+0.3)=8.6>0$$

$$a_2-\sum_{j=1}^{2}(|a_{2j}|+|b_{2j}|)L_j=10-(0.3+0.2+0.2+0.3)=9>0$$

满足定理 4-13 中的条件，因此式（4-111）有唯一全局多项式稳定的平衡点. 用 Matlab 计算平衡点为$(0.3452, 0.3160)^{\mathrm{T}}$. 取 $q_1=0.3$，$q_2=0.7$ 时，全局多项式稳定性如图 4-21 所示，不同初始值的时间响应曲线如图 4-22 所示.

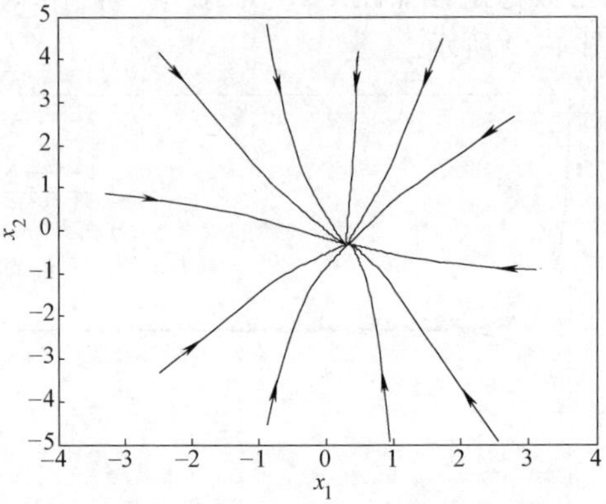

图 4-21　系统（4-111）的相轨迹

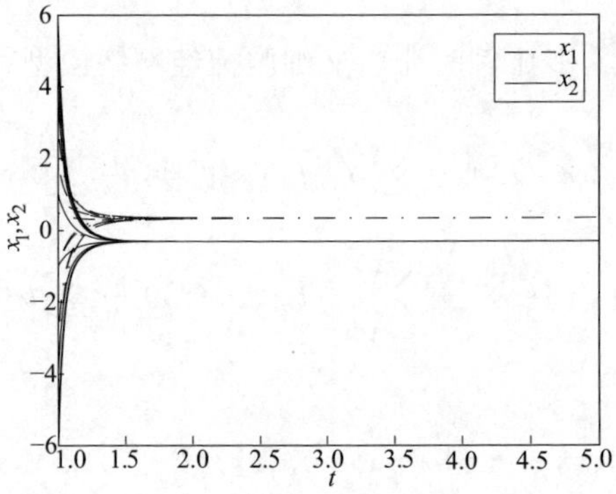

图 4-22　系统（4-111）的解的时间响应曲线

4.8　具比例时滞 Cohen-Grossberg 神经网络的全局多项式稳定性

1983 年，Cohen 和 Grossberg 提出 Cohen-Grossberg 神经网络[40]，是一种广义的递归神经网络. 这种网络在具有固定权的神经网络中具有一定的代表性，是 Hopfield 神经网络的一种推广，其包含了很多种类型的递归神经网络模型，从而扩大了递归神经网络的研究范围，同时此类神经网络广泛地应用于并行计算、模式识别和联想记忆等方面. 对 Cohen-Grossberg 神经网络模型的稳定性的研究已经取得了许多成果[41-47]. 本节通过构造合适的 Lyapunov 泛函和 Young 不等式及一些不等式的分析技巧对一类具有比例时滞 Cohen-Grossberg 神经网络的全局多项式稳定性进行分析.

4.8.1 模型描述及预备知识

研究如下具有比例时滞 Cohen-Grossberg 神经网络模型[48]

$$\begin{cases} \dot{x}_i(t) = -a_i(x_i(t))\Big\{b_i(x_i(t)) - \sum_{j=1}^{n} c_{ij} f_j(x_j(t)) - \\ \qquad \sum_{j=1}^{n} d_{ij} f_j(x_j(qt)) + I_i\Big\}, t \geqslant 1 \\ x_i(s)=\varphi_i(s),\ s\in[q,1],\ i=1,2,\cdots,n \end{cases} \tag{4-112}$$

其中，$a_i(x_i(t))$表示放大函数，$b_i(x_i(t))$是自激项，c_{ij}和d_{ij}是神经元j到神经元i的加权抑制输入，q是比例时滞因子，是常数，且满足$0<q\leqslant 1$，$qt=t-(1-q)t$，其中$(1-q)t$是时滞函数，且当$t\to+\infty$时，$(1-q)t\to+\infty$，即此时滞函数是无界函数. $f_j(x_j(t))$，$j=1,2,\cdots,n$，表示激活函数，I_i表示外部偏置性的常输入，初始函数$\varphi_i(s)\in C([q,1],\mathbb{R}),s\in[q,1]$.

假设系统满足下列条件：

(H_1) 函数$a_i(u)$连续有界，即对任意的$u\in\mathbb{R}$，$0<\underline{a}_i\leqslant a_i(u)\leqslant\overline{a}_i<+\infty$.

(H_2) 函数$b_i(x_i(t))$连续，$b_i(0)=0$，且存在一个常数列β_i，使得

$$(b_i(u)-b_i(v))/(u-v)\geqslant\beta_i>0,\beta_i\in(0,\infty),u,v\in\mathbb{R},u\neq v,i=1,2,\cdots,n$$

(H_3) 激活函数$f_i(u)$满足 Lipschitz 条件，即存在正的常数$k_i(i=1,2,\cdots,n)$，使得

$$|f_i(u)-f_i(v)|\leqslant k_i|u-v|,u,v\in\mathbb{R},i=1,2,\cdots,n$$

令$y_i(t)=x_i(\mathrm{e}^t)$，系统 (4-112) 可等价变换成如下 Cohen-Grossberg 神经网络

$$\begin{cases} \dot{y}_i(t) = -\mathrm{e}^t a_i(y_i(t))\Big\{b_i(y_i(t)) - \sum_{j=1}^{n} c_{ij} f_j(y_j(t)) - \\ \qquad \sum_{j=1}^{n} d_{ij} f_j(y_j(t-\tau)) + I_i\Big\}, t \geqslant 0 \\ y_i(s)=\psi_i(s), s\in[-\tau,0], i=1,2,\cdots,n \end{cases} \tag{4-113}$$

其中，$\tau=-\ln q\geqslant 0$，且$\psi_i(s)=\varphi_i(\mathrm{e}^s)\in C([-\tau,0],\mathbb{R})$.

容易验证系统 (4-112) 与系统 (4-113) 有相同的平衡点. 于是可根据系统 (4-113) 的平衡点稳定性情况，来探求系统 (4-112) 的平衡点的稳定性情况.

定义 4-8 称系统 (4-112) 的平衡点$\boldsymbol{x}^*$是全局多项式稳定的，如果存在常数

$\alpha>0$，$M\geqslant1$，使得

$$\|\boldsymbol{x}(t)-\boldsymbol{x}^*\|_r\leqslant M\|\boldsymbol{\varphi}-\boldsymbol{x}^*\|_r t^{-\alpha},t\geqslant1$$

其中，$\|\boldsymbol{\varphi}-\boldsymbol{x}^*\|_r=\sum_{i=1}^{n}\sup_{q\leqslant\zeta\leqslant1}|\varphi_i(\zeta)-x_i^*|^r$，且对任意初始值 $\boldsymbol{\varphi}$ 都有解 $\boldsymbol{x}(t)=(x_1(t),x_2(t),\cdots,x_n(t))^{\mathrm{T}}$.

定义 4-9 称系统（4-113）的平衡点 $\boldsymbol{y}^*$ 是全局指数稳定的，如果存在常数 $\alpha>0$，$M\geqslant1$，使得

$$\|\boldsymbol{y}(t)-\boldsymbol{y}^*\|_r\leqslant M\|\boldsymbol{\psi}-\boldsymbol{y}^*\|_r\mathrm{e}^{-\alpha t},t\geqslant0$$

其中，$\|\boldsymbol{\psi}-\boldsymbol{y}^*\|_r=\sum_{i=1}^{n}\sup_{-\tau\leqslant s\leqslant0}|\psi_i(s)-y_i^*|^r$，并且对任意初始值 $\boldsymbol{\psi}$ 有解 $\boldsymbol{y}(t)=(y_1(t),y_2(t),\cdots,y_n(t))^{\mathrm{T}}$.

4.8.2 指数稳定性与多项式稳定性

由激活函数 $f_i(u)$ 满足 Lipschitz 条件，则系统（4-113）的平衡点一定存在，记为 $\boldsymbol{y}^*=(y_1^*,y_2^*,\cdots,y_n^*)^{\mathrm{T}}$. 令 $z_i(t)=y_i(t)-y_i^*$，则

$$\dot{z}_i(t)=-\mathrm{e}^t a_i(z_i(t)+y_i^*)(\alpha_i(z_i(t))-\sum_{j=1}^{n}c_{ij}F_j(z_j(t))-\sum_{j=1}^{n}d_{ij}F_j(z_j(t-\tau))) \tag{4-114}$$

其中，$\alpha_i(z_i(t))=b_i(z_i(t)+y_i^*)-b_i(y_i^*),F_j(z_j(t))=f_j(z_j(t)+y_j^*)-f_j(y_j^*)$.

定理 4-14 设 $(H_1)\sim(H_3)$ 成立，若存在常数 $w_i>0,r\geqslant1,i=1,2\cdots,n$，使得

$$\begin{aligned}&\underline{a}_i\beta_i w_i-1/r\sum_{j=1}^{n}|c_{ji}|\bar{a}_j k_j w_i-(r-1)/r\sum_{j=1}^{n}|c_{ij}|\bar{a}_i k_j w_i-\\&(r-1)/r\sum_{j=1}^{n}|d_{ij}|\bar{a}_i k_i w_j-\sum_{j=1}^{n}|d_{ji}|\bar{a}_j k_i w_j>0\end{aligned} \tag{4-115}$$

成立，则对每一个外部输入 $\boldsymbol{I}$，系统（4-113）的平衡点 $\boldsymbol{y}^*$ 是全局指数稳定的.

证明 由式（4-115），选择一个常数 $1<\varepsilon<\ln r/\tau$，使得对所有的 $t\geqslant0,i=1,2,\cdots,n$，都有

$$\begin{aligned}&\underline{a}_i\beta_i w_i-(\varepsilon-1)/rw_i-1/r\sum_{j=1}^{n}|c_{ji}|\bar{a}_j k_j w_i-(r-1)/r\sum_{j=1}^{n}|c_{ij}|\bar{a}_i k_j w_i-\\&(r-1)/r\sum_{j=1}^{n}|d_{ij}|\bar{a}_i k_i w_j-\sum_{j=1}^{n}|d_{ji}|\bar{a}_j k_i w_j>0\end{aligned} \tag{4-116}$$

取如下正定的 Lyapunov 泛函

$$V(t)=1/r\sum_{i=1}^{n}w_i|z_i(t)|^r\mathrm{e}^{(\varepsilon-1)t}+\sum_{i=1}^{n}\sum_{j=1}^{n}|d_{ij}|\bar{a}_i k_j w_i\int_{t-\tau}^{t}|z_j(s)|^r\mathrm{e}^{\varepsilon s}\mathrm{d}s \tag{4-117}$$

则 $V(t)$ 沿系统（4-114）的右上 Dini 导数为

$$
\begin{aligned}
D^{+}V(t) = {} & 1/r\sum_{i=1}^{n} w_i r\,|z_i(t)|^{r-1}\dot{z}_i(t)\operatorname{sgn}(z_i(t))\mathrm{e}^{(\varepsilon-1)t} + \\
& 1/r\sum_{i=1}^{n} w_i\,|z_i(t)|^{r}(\varepsilon-1)\mathrm{e}^{(\varepsilon-1)t} + \\
& \sum_{i=1}^{n}\sum_{j-1}^{n}|d_{ij}|\bar{a}_i k_j w_i\,|z_j(t)|^{r}\mathrm{e}^{\varepsilon t} - \\
& \sum_{i=1}^{n}\sum_{j=1}^{n}|d_{ij}|\bar{a}_i k_j w_i\,|z_j(t-\tau)|^{r}\mathrm{e}^{\varepsilon(t-\tau)} \\
= {} & \sum_{i=1}^{n} w_i\,|z_i(t)|^{r-1}\operatorname{sgn}(z_i(t))\Big\{-\mathrm{e}^{t}a_i(z_i(t)+y_i^{*})[\alpha_i(z_i(t)) - \\
& \sum_{j=1}^{n} c_{ij}F_j(z_j(t)) - \sum_{j=1}^{n} d_{ij}F_j(z_j(t-\tau))]\Big\}\mathrm{e}^{(\varepsilon-1)t} + \\
& (\varepsilon-1)/r\sum_{i=1}^{n} w_i\,|z_i(t)|^{r}\mathrm{e}^{(\varepsilon-1)t} + \\
& \sum_{i=1}^{n}\sum_{j=1}^{n}|d_{ij}|\bar{a}_i k_j w_i\,|z_j(t)|^{r}\mathrm{e}^{\varepsilon t} - \\
& \sum_{i=1}^{n}\sum_{j=1}^{n}|d_{ij}|\bar{a}_i k_j w_i\,|z_j(t-\tau)|^{r}\mathrm{e}^{\varepsilon(t-\tau)} \\
\leqslant {} & \sum_{i=1}^{n} w_i\,|z_i(t)|^{r-1}\mathrm{e}^{\varepsilon t}\Big\{-\underline{a}_i\beta_i\,|z_i(t)| + \sum_{j=1}^{n}|c_{ij}|\bar{a}_i k_j\,|z_j(t)| + \\
& \sum_{j=1}^{n}|d_{ij}|\bar{a}_i k_j\,|z_j(t-\tau)|\Big\} + (\varepsilon-1)/r\sum_{i=1}^{n} w_i\,|z_i(t)|^{r}\mathrm{e}^{(\varepsilon-1)t} + \\
& \sum_{i=1}^{n}\sum_{j=1}^{n}|d_{ij}|\bar{a}_i k_j w_i\,|z_j(t)|^{r}\mathrm{e}^{\varepsilon t} - \\
& \sum_{i=1}^{n}\sum_{j=1}^{n}|d_{ij}|\bar{a}_i k_j w_i\,|z_j(t-\tau)|^{r}\mathrm{e}^{\varepsilon(t-\tau)} \\
= {} & \sum_{i=1}^{n}\mathrm{e}^{\varepsilon t}w_i\Big[-\underline{a}_i\beta_i\,|z_i(t)|^{r} + \sum_{j=1}^{n}|c_{ij}|\bar{a}_i k_j\,|z_j(t)|\,|z_i(t)|^{r-1} + \\
& \sum_{j=1}^{n}|d_{ij}|\bar{a}_i k_j\,|z_j(t-\tau)|\,|z_i(t)|^{r-1}\Big] + \\
& (\varepsilon-1)/r\sum_{i=1}^{n} w_i\,|z_i(t)|^{r}\mathrm{e}^{(\varepsilon-1)t} + \sum_{i=1}^{n}\sum_{j=1}^{n}|d_{ij}|\bar{a}_i k_j w_i\,|z_j(t)|^{r}\mathrm{e}^{\varepsilon t} - \\
& \sum_{i=1}^{n}\sum_{j=1}^{n}|d_{ij}|\bar{a}_i k_j w_i\,|z_j(t-\tau)|^{r}\mathrm{e}^{\varepsilon(t-\tau)}
\end{aligned}
$$

由引理 1-8（Young 不等式）得

$$\begin{aligned}&\sum_{j=1}^{n}|c_{ij}|\bar{a}_i k_j|z_j(t)\|z_i(t)|^{r-1}\\&=\sum_{j=1}^{n}(|c_{ij}|\bar{a}_i k_j|z_j(t)|^r)^{1/r}(|c_{ij}|\bar{a}_i k_j|z_i(t)|^r)^{(r-1)/r}\\&\leqslant\sum_{j=1}^{n}1/r|c_{ij}|\bar{a}_i k_j|z_j(t)|^r+\sum_{j=1}^{n}(r-1)/r|c_{ij}|\bar{a}_i k_j|z_i(t)|^r\end{aligned}$$

和

$$\begin{aligned}&\sum_{j=1}^{n}|d_{ij}|\bar{a}_i k_j|z_i(t)|^{r-1}|z_j(t-\tau)|\\&=\sum_{j=1}^{n}(|d_{ij}|\bar{a}_i k_j|z_i(t)|^r)^{(r-1)/r}(|d_{ij}|\bar{a}_i k_j|z_j(t-\tau)|^r)^{1/r}\\&\leqslant\sum_{j=1}^{n}(r-1)/r|d_{ij}|\bar{a}_i k_j|z_i(t)|^r+\sum_{j=1}^{n}1/r|d_{ij}|\bar{a}_i k_j|z_j(t-\tau)|^r\end{aligned}$$

于是，有

$$\begin{aligned}D^+V(t)\leqslant{}&e^{\varepsilon t}\sum_{i=1}^{n}w_i\Big[-\underline{a}_i\beta_i|z_i(t)|^r+\sum_{j=1}^{n}1/r|c_{ij}|\bar{a}_i k_j|z_j(t)|^r+\\&\sum_{j=1}^{n}(r-1)/r|c_{ij}|\bar{a}_i k_j|z_i(t)|^r+\\&\sum_{j=1}^{n}(r-1)/r|d_{ij}|\bar{a}_i k_j|z_i(t)|^r+\sum_{j=1}^{n}1/r|d_{ij}|\bar{a}_i k_j|z_j(t-\tau)|^r\Big]+\\&(\eta-1)/r\sum_{i=1}^{n}w_i|z_i(t)|^r e^{(\varepsilon-1)t}+\sum_{i=1}^{n}\sum_{j=1}^{n}|d_{ij}|\bar{a}_i k_j w_i|z_j(t)|^r e^{\varepsilon t}-\\&\sum_{i=1}^{n}\sum_{j=1}^{n}|d_{ij}|\bar{a}_i k_j w_i|z_j(t-\tau)|^r e^{\varepsilon(t-\tau)}\\={}&e^{\varepsilon t}\Big[\sum_{i=1}^{n}-\underline{a}_i\beta_i w_i|z_i(t)|^r+1/r\sum_{i=1}^{n}\sum_{j=1}^{n}|c_{ji}|\bar{a}_j k_i w_j|z_i(t)|^r+\\&(r-1)/r\sum_{i=1}^{n}\sum_{j=1}^{n}|c_{ij}|\bar{a}_i k_j w_i|z_i(t)|^r+\\&(r-1)/r\sum_{i=1}^{n}\sum_{j=1}^{n}|d_{ij}|\bar{a}_i k_j w_i|z_i(t)|^r\Big]+\\&(\varepsilon-1)/r\sum_{i=1}^{n}w_i|z_i(t)|^r e^{(\varepsilon-1)t}+\sum_{i=1}^{n}\sum_{j=1}^{n}|d_{ji}|\bar{a}_j k_i w_j|z_i(t)|^r e^{\varepsilon t}+\\&1/r\sum_{i=1}^{n}\sum_{j=1}^{n}|d_{ij}|\bar{a}_i k_j w_i|z_j(t-\tau)|^r e^{\varepsilon t}-\end{aligned}$$

$$\sum_{i=1}^{n}\sum_{j=1}^{n}|d_{ij}|\bar{a}_i k_j w_i |z_j(t-\tau)|^r e^{\varepsilon(t-\tau)}$$

$$= e^{\varepsilon t}\sum_{i=1}^{n}\Big[-\underline{a}_i\beta_i w_i + 1/r\sum_{j=1}^{n}|c_{ji}|\bar{a}_j k_i w_j +$$

$$(r-1)/r\sum_{j=1}^{n}|c_{ij}|\bar{a}_i k_j w_i +$$

$$(r-1)/r\sum_{j=1}^{n}|d_{ij}|\bar{a}_i k_j w_i + (\varepsilon-1)/r w_i e^{-t} +$$

$$\sum_{j=1}^{n}|d_{ji}|\bar{a}_j k_i w_j\Big]|z_i(t)|^r +$$

$$e^{\varepsilon t}\sum_{j=1}^{n}\Big[1/r\sum_{i=1}^{n}|d_{ij}|\bar{a}_i k_j w_i - \sum_{i=1}^{n}|d_{ij}|\bar{a}_i k_j w_i e^{-\varepsilon\tau}\Big]|z_j(t-\tau)|^r$$

又当 $t\geqslant 0$ 时，$e^{-t}\leqslant 1$，则有

$$D^+V(t)\leqslant e^{\varepsilon t}\sum_{i=1}^{n}\Big[(-\underline{a}_i\beta_i+(\varepsilon-1)/r)w_i + 1/r\sum_{j=1}^{n}|c_{ji}|\bar{a}_j k_i w_j +$$

$$(r-1)/r\sum_{j=1}^{n}|c_{ij}|\bar{a}_i k_j w_i + (r-1)/r\sum_{j=1}^{n}|d_{ij}|\bar{a}_i k_j w_i +$$

$$\sum_{j=1}^{n}|d_{ji}|\bar{a}_j k_i w_j\Big]|z_i(t)|^r +$$

$$e^{\varepsilon t}\sum_{i=1}^{n}\sum_{j=1}^{n}|d_{ij}|\bar{a}_i k_j w_i(1/r - e^{-\varepsilon\tau})|z_j(t-\tau)|^r$$

由 (4-116)，可知 $D^+V(t)\leqslant 0, t\geqslant 0$，因此对 $t\geqslant 0$，有 $V(t)\leqslant V(0)$，由式 (4-117)，得

$$V(t)\geqslant 1/r\sum_{i=1}^{n}w_i|z_i(t)|^r e^{(\varepsilon-1)t}\geqslant \underline{w}_i/r e^{(\varepsilon-1)t}\sum_{i=1}^{n}|z_i(t)|^r$$

且

$$V(0)=1/r\sum_{i=1}^{n}w_i|z_i(0)|^r + \sum_{i=1}^{n}\sum_{j=1}^{n}|d_{ij}|\bar{a}_i k_j w_i\int_{-\tau}^{0}|z_j(s)|^r e^{\varepsilon s}ds$$

$$\leqslant 1/r\bar{w}_i\sum_{i=1}^{n}\sup_{-\tau\leqslant s\leqslant 0}|z_i(s)|^r + \sum_{i=1}^{n}\sum_{j=1}^{n}|d_{ji}|\bar{a}_j k_i\bar{w}_i\int_{-\tau}^{0}e^{\varepsilon s}ds\sup_{-\tau\leqslant s\leqslant 0}|z_i(s)|^r$$

$$\leqslant\Big(1/r+\max_{1\leqslant i\leqslant n}\sum_{j=1}^{n}|d_{ji}|\bar{a}_j k_i\int_{-\tau}^{0}e^{\varepsilon s}ds\Big)\bar{w}_i\sum_{i=1}^{n}\sup_{-\tau\leqslant s\leqslant 0}|z_i(s)|^r$$

$$=\Big(1/r+\max_{1\leqslant i\leqslant n}\sum_{j=1}^{n}|d_{ji}|\bar{a}_j k_i\int_{-\tau}^{0}e^{\varepsilon s}ds\Big)\bar{w}_i\|\boldsymbol{\psi}-\boldsymbol{y}^*\|_r$$

于是，可得

$$\underline{w}_i/r\mathrm{e}^{(\varepsilon-1)t}\sum_{i=1}^{n}|z_i(t)|^r\leqslant\left(1/r+\max_{1\leqslant i\leqslant n}\sum_{j=1}^{n}|d_{ji}|\overline{a}_jk_i\int_{-\tau}^{0}\mathrm{e}^{\varepsilon s}\mathrm{d}s\right)\overline{w}_i\|\boldsymbol{\psi}-\boldsymbol{y}^*\|_r$$

从而，得

$$\|\boldsymbol{y}(t)-\boldsymbol{y}^*\|_r=\sum_{i=1}^{n}|z_i(t)|^r$$

$$\leqslant\left\{\underline{w}_i^{-1}\left[\left(1/r+\max_{1\leqslant i\leqslant n}\sum_{j=1}^{n}|d_{ji}|\overline{a}_jk_i\int_{-\tau}^{0}\mathrm{e}^{\varepsilon s}\mathrm{d}s\right)\overline{w}_ir\right]\right\}\|\boldsymbol{\psi}-\boldsymbol{y}^*\|_r\mathrm{e}^{-(\varepsilon-1)t}$$

令

$$M=\underline{w}_i^{-1}\left[\left(1/r+\max_{1\leqslant i\leqslant n}\sum_{j=1}^{n}|d_{ji}|\overline{a}_jk_i\int_{-\tau}^{0}\mathrm{e}^{\varepsilon s}\mathrm{d}s\right)\overline{w}_ir\right]\geqslant 1$$

且 $\alpha=\varepsilon-1>0$，有

$$\|\boldsymbol{y}(t)-\boldsymbol{y}^*\|_r\leqslant M\|\boldsymbol{\psi}-\boldsymbol{y}^*\|_r\mathrm{e}^{-\alpha t},t\geqslant 0 \tag{4-118}$$

其中，$M\geqslant 1$ 是一个常数，于是由定义 4-9，可知系统（4-113）的平衡点 $\boldsymbol{y}^*$ 是全局指数稳定的.

定理 4-15 设 $(H_1)\sim(H_3)$ 成立，若存在常数 $w_i>0,r\geqslant 1,i=1,2,\cdots,n$，使得

$$\underline{a}_i\beta_iw_i-1/r\sum_{j=1}^{n}|c_{ji}|\overline{a}_jk_jw_i-(r-1)/r\sum_{j=1}^{n}|c_{ij}|\overline{a}_ik_jw_i-$$

$$(r-1)/r\sum_{j=1}^{n}|d_{ij}|\overline{a}_ik_iw_j-\sum_{j=1}^{n}|d_{ji}|\overline{a}_jk_iw_j>0 \tag{4-119}$$

成立，则对每一个外部输入 $\boldsymbol{I}$，系统（4-112）的平衡点 $\boldsymbol{x}^*$ 是全局多项式稳定的.

证明 将 $\|\boldsymbol{\psi}-\boldsymbol{y}^*\|_r=\sum_{i=1}^{n}\sup_{-\tau\leqslant s\leqslant 0}|\psi_i(s)-y_i^*|^r$ 代入式（4-118），得

$$\|\boldsymbol{y}(t)-\boldsymbol{y}^*\|_r\leqslant M\sum_{i=1}^{n}\sup_{-\tau\leqslant s\leqslant 0}|\psi_i(s)-y_i^*|^r\mathrm{e}^{-\alpha t},t\geqslant 0 \tag{4-120}$$

由于系统（4-112）与系统（4-113）有相同的平衡点，$\boldsymbol{x}^*=\boldsymbol{y}^*$，即 $x_i^*=y_i^*$，$i=1, 2, \cdots, n$，将变换 $y_i(t)=x_i(\mathrm{e}^t)$ 代入式（4-120），整理，得

$$\|\boldsymbol{x}(\mathrm{e}^t)-\boldsymbol{x}^*\|_r\leqslant M\sum_{i=1}^{n}\sup_{-\tau\leqslant s\leqslant 0}|\varphi_i(\mathrm{e}^s)-x_i^*|^r\mathrm{e}^{-\alpha t},t\geqslant 0 \tag{4-121}$$

令 $\mathrm{e}^t=\xi$，其中，$t\geqslant 0$，由此可知 $\xi\geqslant 1$，$t=\ln\xi\geqslant 0$；令 $\mathrm{e}^s=\zeta$，$s\in[-\tau,0]$，由此可知 $s=\ln\zeta\in[-\tau,0]$，$\zeta\in[q,1]$，其中，$q=\min_{1\leqslant j\leqslant n}\{p_j,q_j\}$. 因此，由式（4-121），得

$$\|\boldsymbol{x}(\xi)-\boldsymbol{x}^*\|_r\leqslant M\sum_{i=1}^{n}\sup_{q\leqslant\zeta\leqslant 1}|\varphi_i(\zeta)-x_i^*|^r\mathrm{e}^{-\alpha\ln\xi},\xi\geqslant 1 \tag{4-122}$$

选取 $\xi=t$ 和 $\|\boldsymbol{\varphi}-\boldsymbol{x}^*\|_r=\sum_{i=1}^{n}\sup_{q\leqslant\zeta\leqslant 1}|\varphi_i(\zeta)-x_i^*|^r$，代入（4-122），得

$$\|\boldsymbol{x}(t)-\boldsymbol{x}^*\|_r\leqslant M\|\boldsymbol{\varphi}-\boldsymbol{x}^*\|_r\mathrm{e}^{-\alpha\ln t}=t^{-\alpha},t\geqslant 1$$

即系统（4-112）的平衡点 $\boldsymbol{x}^*$ 是全局多项式稳定的.

4.8.3 数值算例及仿真

例 4-10 考虑如下三维具比例时滞 Cohen-Grossberg 神经网络

$$\begin{cases}\dot{x}_1(t)=-2x_1(t)-2f_1(x_1(t))+f_1(x_1(qt))-3\\ \dot{x}_2(t)=-1/2x_2(t)+1/2f_1(x_1(t))-f_2(x_2(t))+1/4f_2(x_2(qt))+2\\ \dot{x}_3(t)=-3/4x_3(t)+1/4f_2(x_2(t))-f_3(x_3(t))+\\ \qquad 1/4f_1(x_1(qt))+3/4f_3(x_3(qt))-2\end{cases} \tag{4-123}$$

其中，$a_i(x_i(t))=1, f_i(x_i)=0.5(|x_i+1|-|x_i-1|), i=1,2,3, b_1(x_1(t))=2x_1(t), b_2(x_2(t))=0.5x_2(t), b_3(x_3(t))=0.75x_3(t), 0<q\leqslant 1$，则有 $\overline{a}_i=\underline{a}_i=1$，$i=1$，2，3，$\beta_1=2$，$\beta_2=0.5$，$\beta_3=0.75$，$f_i(x_i)$ 的 Lipschitz 常数为 $k_i=1$，$i=1$，2，3. 取 $r=0.2$，$w_i=0.1$，$i=1$，2，3.

当 $i=1$ 时，有

$$\begin{aligned}2w_1-1/r(|c_{11}|+|c_{21}|+|c_{31}|)w_1-(r-1)/r(|c_{11}|+|c_{12}|+|c_{13}|)w_1-\\ (r-1)/r(|d_{11}|w_1+|d_{12}|w_2+|d_{13}|w_3)-\\ (|d_{11}|w_1+|d_{21}|w_2+|d_{31}|w_3)=57/40>0\end{aligned}$$

当 $i=2$ 时，有

$$\begin{aligned}1/2w_2-1/r(|c_{12}|+|c_{22}|+|c_{32}|)w_2-(r-1)/r(|c_{21}|+|c_{22}|+|c_{23}|)w_2-\\ (r-1)/r(|d_{21}|w_1+|d_{22}|w_2+|d_{23}|w_3)-\\ (|d_{21}|w_1+|d_{22}|w_2+|d_{32}|w_3)=1/10>0\end{aligned}$$

当 $i=3$ 时，有

$$\begin{aligned}3/4w_3-1/r(|c_{13}|+|c_{23}|+|c_{33}|)w_3-(r-1)/r(|c_{31}|+|c_{32}|+|c_{33}|)w_3-\\ (r-1)/r(|d_{31}|w_1+|d_{32}|w_2+|d_{33}|w_3)-\\ (|d_{13}|w_1+|d_{23}|w_2+|d_{33}|w_3)=7/20>0\end{aligned}$$

满足定理 4-14 的条件，则系统（4-123）的平衡点是全局多项式稳定的. 经计算该系统的平衡点为 $(-1.2500, 1.5000, -2.3333)^{\mathrm{T}}$. 取 $q=0.5$ 时，应用 Matlab 画系统（4-123）的相平面图和从不同初始函数初始的解的时间响应曲线，如图 4-23和图 4-24 所示.

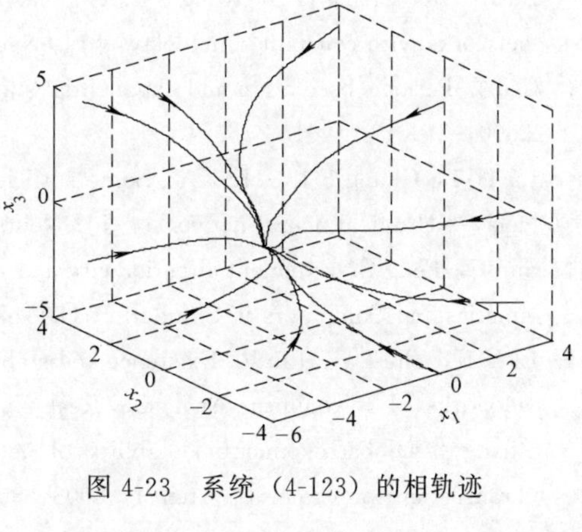

图 4-23　系统（4-123）的相轨迹

本章给出几类具比例时滞递归神经网络的多项式稳定性的充分条件，证明的思想都是将比例时滞递归神经

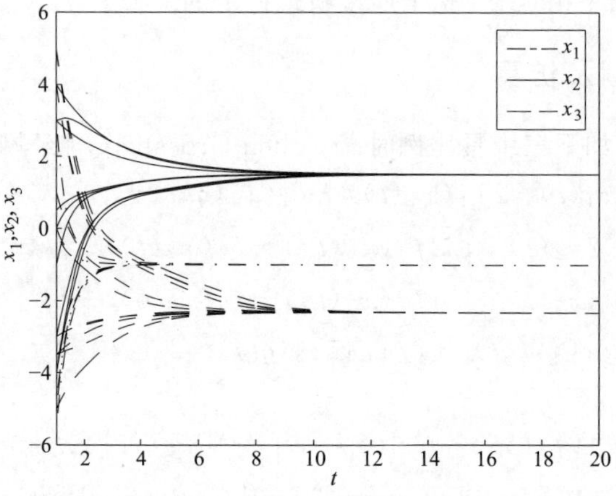

图 4-24　系统（4-123）的时间响应曲线

网络通过非线性变换等价地转化常时滞和变系数的递归神经网络，然后通过讨论变换后网络的平衡点的全局指数稳定性，进而给出具比例时滞递归神经网络的全局多项式稳定性情况. 实际上，本章讨论了两种递归神经网络的稳定性：常时滞变系数递归神经网络平衡点的全局指数稳定性和具比例时滞递归神经网络平衡点的全局多项式稳定性. 这两种神经网络具有相同的平衡点，但是平衡点的稳定性却不尽相同. 全局指数稳定性和全局多项式稳定性既有区别又有联系，两者都蕴含着全局渐近稳定性，全局多项式稳定性也可以看作特殊的全局指数稳定性，$e^{-\lambda t}$ 和 $e^{-\lambda \ln t}=t^{-\lambda}$，$t\geqslant 1$，但是 $t^{-\lambda}$，$t\geqslant 1$ 的收敛速度比 $e^{-\lambda t}$ 的慢，如图 4-2 所示.

参考文献

[1] Li H W. Global exponential stability of delay Hopfield neural networks [J]. Acta Mathematica Scientia，2002，22A (2)：175-179.

[2] Zhao W R，Zhang H S，Kong S L. An analysis of global exponential stability of BAM neural networks with constant time delays [J]. Neurocomputing，2007，70 (7-9)：1382-1389.

[3] Cao J. Periodic oscillation and exponential stability of delayed CNNs [J]. Physics Letters A，2000，270 (3-4)：157-163.

[4] Lu H T，Chung F L，He Z Y. Some sufficient conditions for global exponential stability of delayed Hopfield neural networks [J]. Neural Networks，2004，17：537-544.

[5] Sun C，Feng C. Exponential periodicity and stability of delayed neural networks [J]. Mathematics and Computers in Simulation，2004，66 (6)：469-478.

[6] Li Y K，Zhu L F，Liu P. Existence and stability of periodic solutions of delay cellular neural networks [J]. Nonlinear Analysis：Real World Application，2006，7：225-234.

[7] Zhang J. Global exponential stability of neural networks with variable delays [J]. IEEE Transactions on Circuits System-I，2003，50 (2)：288-291.

［8］ Zhang Q，Wei X，Xu J. Delay-dependent exponential stability of cellular neural networks with time-varying delays [J]. Chaos，Solitons and Fractals，2005，23：1363-1369.

［9］ Zeng Z G，Wang J. Complete stability of cellular neural networks with time-varying delays [J]. IEEE Transactions on Circuits and Systems-I，2006，53（5），944-955.

［10］ Hu L，Gao H J，Zheng W X. Novel stability of cellular neural networks with interval time-varying delay [J]. Neural Networks，2009，21（10）：1458-1463.

［11］ Peng J，Qiao H，Xu Z B. A new approach to stability of neural networks with time-varying delays [J]. Neural Networks，2002，15（1）：95-103.

［12］ Zhang Q，Wei X，Xu J. On global exponential stability of delayed cellular neural networks with time-varying delays [J]. Applied Mathematics and Computation，2005，162：679-686.

［13］ 张伟伟，王林山. S-分布时滞随机区间细胞神经网络的全局指数鲁棒稳定性 [J]. 山东大学学报：理学版，2012，47（3）：87-92.

［14］ Zhang H L，Chen F Q. Existence of periodic solutions for recurrent cellular neural networks with distributed delays [J]. Chinese Journal of Engineering Mathematics，2010，27（6）：1111-1117.

［15］ Yao H X，Zhou J Y. Global exponential stability of mixed discrete and distributively delayed cellular neural networks [J]. Chinese Physical Society B，2011，20（1）：010701-1-13.

［16］ 任殿波，张继业. 一类时滞神经网络的全局指数稳定性 [J]. 计算机科学，2007，34（11）：159-161.

［17］ Zhou L Q，Hu G D. Global stability exponential periodicity and Stability of cellular neural networks with varying and distributed delays [J]. Applied Mathematics and Computation. 2008，195（2）：402-411.

［18］ Song X L，Peng J G. Exponential stability of a class of neural networks with discrete time-varying and distributed delays [J]. Chinese Journal of Engineering Mathematics，2010，27（4）：731-740.

［19］ Yao H X，Zhou J Y. Global exponential stability of mixed discrete and distributively delayed cellular neural networks [J]. Chinese Physical Society B，2011，20（1）：245-257.

［20］ Chua L O，Yang L. Cellular neural network：theory and applications [J]. IEEE Transactions on Circuits and Systems，1988，35（10）：1257-1290.

［21］ 周立群. 一类无界时滞细胞神经网络的全局指数稳定性 [J]. 工程数学学报，2014，31（4）：493-500.

［22］ Matsuoka K. Stability conditions for nonlinear continuous neural networks with asymmetric connection weights [J]. Neural Networks，1992，6：495-500.

［23］ 周凤燕. 噪声扰动下的广义时滞细胞神经网络稳定性分析 [J]. 工程数学学报，2011，28（5）：655-664.

［24］ 张迎迎，周立群. 一类具多比例延时的细胞神经网络的指数稳定性 [J]. 电子学报，2012，40（6）：1159-1163.

[25] Zhou L Q. Delay-dependent exponential stability of cellular neural networks with multiproportional delays [J]. Neural Processing Letters, 2013, 38 (3): 347-359.

[26] 周立群，刘纪茹. 一类具比例时滞细胞神经网络的全局渐近稳定性 [J]. 工程数学学报，2013，30 (5)：673-682.

[27] 赵山崎，周立群. 一类具多比例细胞神经网络的全局指数稳定性 [J]. 天津师范大学学报：自然科学版，2014，34 (1)：7-10.

[28] 赵宁，周立群. 一类具比例时滞递归神经网络的全局指数稳定性 [J]. 工程数学学报，2016，33 (5)：450-462.

[29] 周立群. 多比例时滞细胞神经网络的指数周期性和稳定性 [J]. 生物数学学报，2012，27 (3)：480-488.

[30] 邓光菊，周立群. 一类具比例时滞递归神经网络的全局指数稳定性 [J]. 天津师范大学学报：自然科学版，2017，37 (2)：8-13.

[31] Espejo S, Carmona R, Castro R D, et al. A VLSI-oriented continuous-time CNN model [J]. International Journal of Circuit Theory and Applications, 1996, 24 (3): 341-356.

[32] 沈轶，廖晓昕. 广义的细胞神经网络的动态分析 [J]. 电子学报，1999，27 (10)：62-64.

[33] 文武. 具有时滞的广义细胞神经网络的稳定性分析 [J]. 四川师范大学学报：自然科学版，2004，27 (4)：364-367.

[34] 周伦. 变时滞广义神经网络的指数稳定性 [J]. 系统工程与电子技术，2004，26 (8)：1094-1096.

[35] 周凤燕. 随机时滞反应扩散广义细胞神经网络的均值指数稳定性 [J]. 数学的实践与认识，2012，42 (3)：168-179.

[36] 马成荣. 高阶 S-时滞广义细胞神经网络全局指数稳定性 [J]. 生物数学学报，2011，26 (3)：459-468.

[37] 周立群，翁良燕. 高阶变时滞广义细胞神经网络的全局指数周期性 [J]. 数学的实践与认识，2013，43 (14)：271-279.

[38] 罗兰，刘正龙. 不确定随机时滞反应扩散广义细胞神经网络的有限时间鲁棒稳定性 [J]. 四川师范大学学报：自然科学版，2014，37 (2)：208-215.

[39] 刘学婷，周立群. 一类具多比例时滞广义细胞神经网络的全局指数周期性 [J]. 河南师范大学学报：自然科学版，2016，44 (4)：143-150.

[40] Cohen M A, Grossberg G. Absolute stability of global pattern formation and paralle; memory storage by competitive neural networks [J]. IEEE Transactions on Systems Man Cybernetics, 1983, 13 (1): 815-826.

[41] Liu Y Q, Tang W S. Stability analysis of Cohen-Grossberg neural networks with time-varying delays [J]. Transactions of Tianjin University, 2007, 13 (1): 12-17.

[42] Li T, Fei S M, Zhu Q. Global stability of Cohen-Grossberg neural networks with time-varying and distributed delays [J]. Journal Control Theory Application, 2008, 6 (4): 449-454.

[43] Zhang L J, Shi B. Global exponential stability of Cohen-Grossberg neural networks with variable delays [J]. Applied Mathematics-A Journal of Chinese Universities, 2009, 24

(2)：167-174.

[44] Zhu Q，Liang F，Zhang Q. Global exponential stability of Cohen-Grossberg neural networks with time-varying delays and impulses [J]. Journal of Shanghai University：English，2009，13 (3)：255-259.

[45] Meng Y M，Huang L H，Yuan Z H. Exponential stability Analysis of Cohen-Grossberg neural networks with time-varying delays [J]. Acta Mathematicae Applicatae Sinica，2012，28 (1)：181-192.

[46] 王雪萍，蒋海军. 一类非自治 Cohen-Grossberg 神经网络模型的动力学行为研究 [J]. 数学杂志，2013，33 (3)：501-510.

[47] 王雪萍，蒋海军. 具有分布时滞的非自治 Cohen-Grossberg 神经网络稳定性研究 [J]. 数学的实践与认识，2012，42 (22)：206-214.

[48] 刘学婷，周立群. 一类具比例时滞 Cohen-Grossberg 神经网络的全局指数稳定性 [J]. 天津师范大学学报：自然科学版，2015，35 (2)：566-573.

[49] LaSalle J P. The stability of dynamical system [M]. SIAM，Philadelphia，1976.

[50] Berman A，Plemmons R J. Nonnegative matrices in the mathematical science [M]. Academic Presss，New York，1979.

第5章

具比例时滞BAM神经网络的多项式稳定性

1988年Kosko提出了双向联想记忆（BAM）神经网络[1]，随后Kosko[2-4]又给出了BAM神经网络的推广模型，它们在信号处理、模式识别、并行计算、联想记忆和解决复杂的优化问题等领域有着广泛的应用[5-8]. 由于在应用时通常要求BAM神经网络的平衡点是全局稳定的，又由于时滞是不可避免的，因此许多专家和学者们对各种时滞BAM神经网络的各种稳定性进行了深入研究[9-26]. 时滞BAM神经网络的稳定性研究主要集中在具常时滞的[9-10,14,23,24]、时变时滞的[12,15,17,19,22]、分布时滞的[13,16,20,21]及混合时滞的[18]等BAM神经网络. 其研究方法主要有Lyapunov方法[16-24]、线性矩阵不等式[19]、M-矩阵理论[21,22]、同胚理论[17]、Halanay型不等式[14,16]等. 本章通过构造合适的Lyapunov泛函和建立时滞微分不等式的方法，讨论具多比例时滞杂交BAM神经网络的全局多项式稳定性.

5.1 BAM神经网络的全局多项式稳定性

目前神经网络的稳定性的研究方法以构造合适的Lyapunov泛函的方法为最多[16-24]. 除了构造Lyapunov泛函，其他的研究方法也有了较好的发展，如文献[27]利用非线性测度方法研究了具比例时滞细胞神经网络. 文献[29]通过构造时滞微分不等式的形式研究一类具比例时滞细胞神经网络的全局指数稳定性. 本节利用Brouwer不动点定理及不等式分析技巧探讨一类具比例时滞杂交BAM神经网络的平衡点的存在唯一性及全局多项式稳定性.

5.1.1 模型描述与预备知识

考虑如下BAM神经网络模型[26]

$$\begin{cases}\dot{x}_i(t)=-a_ix_i(t)+\sum_{j=1}^{m}c_{ji}f_j(y_j(t))+\sum_{j=1}^{m}c_{ji}^{\tau}f_j(y_j(p_jt))+I_i\\ \dot{y}_j(t)=-b_jy_j(t)+\sum_{i=1}^{n}d_{ij}g_i(x_i(t))+\sum_{i=1}^{n}d_{ij}^{\tau}g_i(x_i(q_it))+J_j\end{cases} \tag{5-1}$$

其中，$t\geqslant1$，$i=1, 2, \cdots, n$，$j=1, 2, \cdots, m$；$a_i>0$和$b_j>0$，分别表示I层

第 i 个和 J 层第 j 个神经元的放电速度；$x_i(t)$ 和 $y_j(t)$ 分别表示 I 层第 i 个和 J 层第 j 个神经元的膜电位；c_{ji}，c_{ji}^{τ}，d_{ij}，d_{ij}^{τ} 表示突触连接权，表示信号的时滞和无时滞传播是同时出现的. p_j，q_i 称为比例时滞因子，满足 $0<p_j$，$q_i\leqslant 1, q_i t=t-(1-q_i)t$，$p_j t=t-(1-p_j)t$，其中，$(1-q_i)t$、$(1-p_j)t$ 是轴突信号传输比例时滞函数，它们与时间成比例，故称比例时滞. 且当 $t\rightarrow+\infty$ 时，$(1-q_j)t\rightarrow+\infty$，$(1-p_j)t\rightarrow+\infty$；$I_i$ 和 J_j 表示外部常数输入；$g_i(\cdot)$和 $f_j(\cdot)$表示激活函数.

设系统（5-1）满足如下初始条件：

$$\begin{cases}x_i(s)=\vartheta_i(s), s\in[p,1]\\ y_j(s)=\pi_j(s), s\in[q,1]\end{cases}$$

其中，$\vartheta_i(s)\in C([p,1],\mathbb{R}), \pi_j(s)\in C([q,1],\mathbb{R})$，$p=\min\limits_{1\leqslant j\leqslant m}\{p_j\}, q=\min\limits_{1\leqslant i\leqslant n}\{q_i\}$；$\boldsymbol{\vartheta}=(\vartheta_1,\vartheta_2,\cdots,\vartheta_n)^{\mathrm{T}}\in C([p,1],\mathbb{R}^n)$，$\boldsymbol{\pi}=(\pi_1,\pi_2,\cdots,\pi_n)^{\mathrm{T}}\in C([q,1],\mathbb{R}^n)$.

对于 $t\geqslant 1$，系统（5-1）的解记为$(\boldsymbol{x}(t),\boldsymbol{y}(t))^{\mathrm{T}}$，这里

$$\begin{cases}\boldsymbol{x}(t)=(x_1(t,\boldsymbol{\vartheta}),x_2(t,\boldsymbol{\vartheta}),\cdots,x_n(t,\boldsymbol{\vartheta}))^{\mathrm{T}}\\ \boldsymbol{y}(t)=(y_1(t,\boldsymbol{\pi}),y_2(t,\boldsymbol{\pi}),\cdots,y_m(t,\boldsymbol{\pi}))^{\mathrm{T}}\end{cases}$$

假设激活函数 $g_i(\cdot)$ 和 $f_j(\cdot)$ 满足下列条件：

$$\begin{cases}g_i, f_j:\mathbb{R}\rightarrow\mathbb{R}\\ |g_i(\alpha)-g_i(\beta)|\leqslant L_i|u-v|, |f_j(\alpha)-f_j(\beta)|\leqslant M_j|u-v|\\ |g_i(\alpha)|\leqslant S_i<+\infty,\ |f_j(\beta)|\leqslant R_j<+\infty\end{cases}\tag{5-2}$$

其中，$i=1, 2, \cdots, n, j=1, 2, \cdots, m$；$\alpha, \beta\in\mathbb{R}$；$L_i$，$M_j$ 是 Lipschitz 常数.

注 5-1　模型（5-1）与文献［16-24］中的模型都不相同，模型（5-1）中的时滞项是无界时滞函数，即当 $t\rightarrow+\infty$，$q_i\neq 1$，$p_j\neq 1$ 时，$(1-q_i)t\rightarrow+\infty$，$(1-p_j)t\rightarrow+\infty$，因此以往文献的稳定性结果都不能直接应用于模型（5-1）.

对系统（5-1）进行如下变换

$$u_i(t)=x_i(\mathrm{e}^t),\ v_j(t)=y_j(\mathrm{e}^t)\tag{5-3}$$

式（5-3）对 t 求导，得

$$\begin{cases}\dot{x}_i(\mathrm{e}^t)=\dot{u}_i(t)\cdot\mathrm{e}^{-t}\\ \dot{y}_i(\mathrm{e}^t)=\dot{v}_j(t)\cdot\mathrm{e}^{-t}\end{cases}\tag{5-4}$$

在式（5-1）中，用 e^t 替代 t，得

$$\begin{cases}\dot{x}_i(\mathrm{e}^t)=-a_i x_i(\mathrm{e}^t)+\sum\limits_{j=1}^{m}c_{ji}f_j(y_j(\mathrm{e}^t))+\sum\limits_{j=1}^{m}c_{ji}^{\tau}f_j(y_j(p_j\mathrm{e}^t))+I_i\\ \dot{y}_j(\mathrm{e}^t)=-b_j y_j(\mathrm{e}^t)+\sum\limits_{i=1}^{n}d_{ij}g_i(x_i(\mathrm{e}^t))+\sum\limits_{i=1}^{n}d_{ij}^{\tau}g_i(x_i(q_i\mathrm{e}^t))+J_j\end{cases}\tag{5-5}$$

由式（5-3），有

$$\begin{cases} x_i(q_i e^t)=x_i(e^{t+\ln q_i})=u_i(t+\ln q_i)=u_i(t-\sigma_i) \\ y_j(p_j e^t)=y_j(e^{t+\ln p_j})=v_j(t+\ln p_j)=v_j(t-\tau_j) \end{cases} \tag{5-6}$$

这里，$\sigma_i=-\ln q_i\geqslant 0$，$\tau_j=-\ln p_j\geqslant 0$，将式（5-4）和式（5-6）代入式(5-5)，得

$$\begin{cases} \dot{u}_i(t)=e^t\{-a_iu_i(t)+\sum_{j=1}^{m}c_{ji}f_j(v_j(t))+\sum_{j=1}^{m}c_{ji}^{\tau}f_j(v_j(t-\tau_j))+I_i\} \\ \dot{v}_j(t)=e^t\{-b_jv_j(t)+\sum_{i=1}^{n}d_{ij}g_i(u_i(t))+\sum_{i=1}^{n}d_{ij}^{\tau}g_i(u_i(t-\sigma_i))+J_j\} \end{cases} \tag{5-7}$$

其中，$t\geqslant 0$，此时系统（5-7）的初始条件为

$$\begin{cases} u_i(s)=\varphi_i(s), & s\in[-\sigma,0] \\ v_j(s)=\psi_j(s), & s\in[-\tau,0] \end{cases}$$

其中，$\varphi_i(s)=\vartheta_i(e^s)\in C([-\sigma,0],\mathbb{R})$ 和 $\psi_j(s)=\pi_j(e^s)\in C([-\tau,0],\mathbb{R})$，$\sigma=\max\limits_{1\leqslant i\leqslant n}\{\sigma_i\}$，$\tau=\max\limits_{1\leqslant j\leqslant n}\{\tau_j\}$，$\boldsymbol{\varphi}=(\varphi_1,\varphi_2,\cdots,\varphi_n)^{\mathrm{T}}\in C([-\sigma,0],\mathbb{R}^n)$，$\boldsymbol{\psi}=(\psi_1,\psi_2,\cdots,\psi_n)^{\mathrm{T}}\in C([-\tau,0],\mathbb{R}^n)$.

对于 $t\geqslant 0$，系统（5-7）的解记为$(\boldsymbol{u}(t),\ \boldsymbol{v}(t))^{\mathrm{T}}$，这里

$$\begin{cases} \boldsymbol{u}(t)=(u_1(t,\varphi),u_2(t,\varphi),\cdots,u_n(t,\varphi))^{\mathrm{T}} \\ \boldsymbol{v}(t)=(v_1(t,\psi),v_2(t,\psi),\cdots,v_m(t,\psi))^{\mathrm{T}} \end{cases}$$

注 5-2 模型（5-7）的系数是无界时变函数，而文献［23］中的模型的系数是有界时变函数，因此式（5-7）与文献［23］中的模型不同.

5.1.2 平衡点的存在性和唯一性

定理 5-1 若条件式（5-2）成立，且满足

$$\begin{cases} a_i>\sum_{j=1}^{m}(|c_{ji}|+|c_{ji}^{\tau}|)M_j, i=1,2,\cdots,n \\ b_j>\sum_{i=1}^{n}(|d_{ij}|+|d_{ij}^{\tau}|)L_i, j=1,2,\cdots,m \end{cases} \tag{5-8}$$

则系统（5-1）的平衡点存在且唯一.

证明 记系统（5-1）的平衡点为$(\boldsymbol{x}^*,\boldsymbol{y}^*)^T$，其中，$\boldsymbol{x}^*=(x_1^*,x_2^*,\cdots,x_n^*)^{\mathrm{T}}$，$\boldsymbol{y}^*=(y_1^*,y_2^*,\cdots,y_m^*)^{\mathrm{T}}$，且

$$\begin{cases} x_i^* = a_i^{-1}\left[\sum_{j=1}^{m}(c_{ji}+c_{ji}^{\tau})f_j(y_j^*)+I_i\right] \\ y_j^* = b_j^{-1}\left[\sum_{i=1}^{n}(d_{ij}+d_{ij}^{\tau})g_i(x_i^*)+J_j\right] \end{cases} \tag{5-9}$$

定义映射 $\boldsymbol{Q}(\boldsymbol{\theta})=(\boldsymbol{F}(\boldsymbol{\theta}),\boldsymbol{G}(\boldsymbol{\theta}))^{\mathrm{T}}$，其中 $\boldsymbol{\theta}=(x_1,x_2,\cdots,x_n,y_1,y_2,\cdots,y_m)^{\mathrm{T}}\in\mathbb{R}^{n+m}$，$\boldsymbol{F}(\boldsymbol{\theta})=(F_1(\boldsymbol{\theta}),F_2(\boldsymbol{\theta}),\cdots,F_n(\boldsymbol{\theta}))^{\mathrm{T}}$，$\boldsymbol{G}(\boldsymbol{\theta})=(G_1(\boldsymbol{\theta}),G_2(\boldsymbol{\theta}),\cdots,G_m(\boldsymbol{\theta}))^{\mathrm{T}}$，且有

$$\begin{cases} x_i = F_i(\boldsymbol{\theta}) = a_i^{-1}\left[\sum_{j=1}^{m}(c_{ji}+c_{ji}^{\tau})f_j(y_j)+I_i\right] \\ y_j = G_j(\boldsymbol{\theta}) = b_j^{-1}\left[\sum_{i=1}^{n}(d_{ij}+d_{ij}^{\tau})g_i(x_i)+J_j\right] \end{cases}$$

应用式（5-2)，得

$$\begin{cases} |F_i(\boldsymbol{\theta})| \leqslant a_i^{-1}\left[\sum_{j=1}^{m}(|c_{ji}|+|c_{ji}^{\tau}|)R_j+|I_i|\right] \leqslant \gamma \\ |G_j(\boldsymbol{\theta})| \leqslant b_j^{-1}\left[\sum_{i=1}^{n}(|d_{ij}|+|d_{ij}^{\tau}|)S_i+|J_j|\right] \leqslant \gamma \end{cases}$$

其中，$\gamma=\max\{\gamma_1,\gamma_2\}$，且 γ_1，γ_2 分别为

$$\begin{cases} \gamma_1 = \max\limits_{1\leqslant i\leqslant n}\left\{a_i^{-1}\left[\sum_{j=1}^{m}(|c_{ji}|+|c_{ji}^{\tau}|)R_j+|I_i|\right]\right\} \\ \gamma_2 = \max\limits_{1\leqslant j\leqslant m}\left\{b_j^{-1}\left[\sum_{i=1}^{n}(|d_{ij}|+|d_{ij}^{\tau}|)S_i+|J_j|\right]\right\} \end{cases}$$

由此，得出

$$(\boldsymbol{x},\boldsymbol{y})^{\mathrm{T}}\in[-\gamma,\gamma]^{n+m},\boldsymbol{Q}(\boldsymbol{\theta})=(\boldsymbol{F}(\boldsymbol{\theta}),\boldsymbol{G}(\boldsymbol{\theta}))^{\mathrm{T}}\in[-\gamma,\gamma]^{n+m}$$

其中，$\boldsymbol{x}=(x_1,x_2,\cdots,x_n)^{\mathrm{T}}$，$\boldsymbol{y}=(y_1,y_2,\cdots,y_m)^{\mathrm{T}}$.

由 $g_i(\cdot)$ 和 $f_j(\cdot)$ 的连续性，可以判断出映射 Q：$[-\gamma,\gamma]^{n+m}\rightarrow[-\gamma,\gamma]^{n+m}$ 是连续的，由引理 1-2（Brouwer 不动点定理），可知映射 Q 至少存在的一个不动点 $(\boldsymbol{x}^*,\ \boldsymbol{y}^*)^{\mathrm{T}}\in[-\gamma,\gamma]^{n+m}$，且是式（5-1）的平衡点.

下证平衡点的唯一性. 假设系统（5-1）存在另外一个平衡点 $(\boldsymbol{x}^{**},\boldsymbol{y}^{**})^{\mathrm{T}}$. 我们猜想有 $x_i^*=x_i^{**}$，$y_j^*=y_j^{**}$，$i=1,2,\cdots,n$，$j=1,2,\cdots,m$. 假设上述猜想不成立.

情况 1 若假设存在 $\boldsymbol{x}^*$ 和 $\boldsymbol{x}^{**}$ 的分量 x_d^* 和 x_d^{**} 使 $x_d^*\neq x_d^{**}$，而 $\boldsymbol{y}^*=\boldsymbol{y}^{**}$，由式（5-2）和式（5-9)，得

$$\begin{cases} a_i\,|x_i^*-x_i^{**}|\leqslant \sum\limits_{j=1}^{m}(|c_{ji}|+|c_{ji}^{\tau}|)M_j\,|y_j^*-y_j^{**}| \\ b_j\,|y_j^*-y_j^{**}|\leqslant \sum\limits_{i=1}^{n}(|d_{ij}|+|d_{ij}^{\tau}|)L_i\,|x_i^*-x_i^{**}| \end{cases}$$

可以得出

$$a_d\,|x_d^*-x_d^{**}|\leqslant 0,\quad 0\leqslant(|d_{kj}|+|d_{kj}^{\tau}|)L_d\,|x_d^*-x_d^{**}|,j=1,2,\cdots,m$$

上述结论与假设 $x_d^*\neq x_d^{**}$ 矛盾.

情况 2 若假设$\boldsymbol{x}^*\neq\boldsymbol{x}^{**}$,$\boldsymbol{y}^*\neq\boldsymbol{y}^{**}$，必存在$\boldsymbol{x}^*$和$\boldsymbol{x}^{**}$的分量 x_d^* 和 x_d^{**}，使得 $x_d^*\neq x_d^{**}$；存在$\boldsymbol{y}^*$和 $\boldsymbol{y}^{**}$ 的分量 y_k^* 和 y_k^{**} 使得 $y_k^*\neq y_k^{**}$，而其余分量对应相等，由式（5-2）、式（5-9）及式（5-8），得

$$\begin{aligned} |x_d^*-x_d^{**}| &\leqslant a_d^{-1}\sum_{j=1}^{m}(|c_{jd}|+|c_{jd}^{\tau}|)M_j\,|y_j^*-y_j^{**}| \\ &\leqslant a_d^{-1}(|c_{kd}|+|c_{kd}^{\tau}|)M_k\,|y_k^*-y_k^{**}|<|y_k^*-y_k^{**}| \\ |y_k^*-y_k^{**}| &\leqslant b_k^{-1}\sum_{i=1}^{n}(|d_{ik}|+|d_{ik}^{\tau}|)L_i\,|x_i^*-x_i^{**}| \\ &\leqslant b_k^{-1}(|d_{dk}|+|d_{dk}^{\tau}|)L_d\,|x_d^*-x_d^{**}|<|x_d^*-x_d^{**}| \end{aligned}$$

上面两个式子矛盾.

综上，可知猜想是成立的. 即系统（5-1）的平衡点$(\boldsymbol{x}^*,\ \boldsymbol{y}^*)^{\mathrm{T}}$ 是唯一的.

5.1.3 全局指数稳定性

设

$$\begin{cases} K_1=\max\limits_{1\leqslant i\leqslant n}\sup\limits_{-\sigma\leqslant s\leqslant 0}|\varphi_i(s)-u_i^*|, \\ K_2=\max\limits_{1\leqslant j\leqslant m}\sup\limits_{-\tau\leqslant r\leqslant 0}|\psi_j(r)-v_j^*|, \end{cases} \begin{cases} \bar{K}_1=\max\limits_{1\leqslant i\leqslant n}\sup\limits_{p\leqslant\zeta\leqslant 1}|\vartheta_i(\zeta)-x_i^*| \\ \bar{K}_2=\max\limits_{1\leqslant j\leqslant m}\sup\limits_{q\leqslant\rho\leqslant 1}|\pi_j(\rho)-y_j^*| \end{cases} \tag{5-10}$$

这里，K_1 或 K_2 是正数，$\bar{K}_1$ 或 $\bar{K}_2$ 是正数. 例如，如果 $K_1>0$，我们可假设 $K_2=0$；当 $K_2=0$ 时，这意味着 $v_j(s)=v_j^*$，$j=1,\ 2,\ \cdots,\ m$，$s\in[-\tau,\ 0]$.

定理 5-2 若条件式（5-2）与式（5-8）成立，则系统（5-7）的平衡点存在且唯一. 且存在常数 $\eta>0$ 使得，当 $t\in[0,\ +\infty)$，有下面不等式成立.

$$\begin{cases} |u_i(t)-u_i^*|\leqslant K\mathrm{e}^{-\eta t},i=1,2,\cdots,n \\ |v_j(t)-v_j^*|\leqslant K\mathrm{e}^{-\eta t},j=1,2,\cdots,m \end{cases} \tag{5-11}$$

这里，$K=\max\{K_1,\ K_2\}>0$，K_1，K_2 由式（5-10）定义.

证明 由于系统（5-1）与系统（5-7）等价，且满足条件式（5-2）与式(5-8)，由定理 5-1 可知系统（5-7）的平衡点$(\boldsymbol{u}^*,\boldsymbol{v}^*)^{\mathrm{T}}$ 存在且唯一. 下面证明系统（5-7）的平衡点$(\boldsymbol{u}^*,\boldsymbol{v}^*)^{\mathrm{T}}$ 是全局指数稳定的.

由式（5-7），对 $t>0$，$i=1,\ 2,\ \cdots,\ n$，$j=1,\ 2,\ \cdots,\ m$，有

$$\begin{cases} D^+|u_i(t)-u_i^*| \leqslant e^t\{-a_i|u_i(t)-u_i^*|+\sum\limits_{j=1}^{m}|c_{ji}|M_j|v_j(t)-v_j^*|+ \\ \qquad \sum\limits_{j=1}^{m}|c_{ji}^{\tau}|M_j|v_j(t-\tau_j)-v_j^*|\} \\ D^+|v_j(t)-v_j^*| \leqslant e^t\{-b_j|v_j(t)-v_j^*|+\sum\limits_{i=1}^{n}|d_{ij}|L_i|u_i(t)-u_i^*|+ \\ \qquad \sum\limits_{i=1}^{n}|d_{ij}^{\tau}|L_i|u_i(t-\sigma_i)-u_i^*|\} \end{cases} \tag{5-12}$$

这里，D^+表示右上 Dini 导数.

定义函数$\Phi_i(\cdot)$和$\Psi_j(\cdot)$如下：

$$\begin{cases} \Phi_i(\mu_i)=a_i-\mu_i-\sum\limits_{j=1}^{m}(|c_{ji}|+|c_{ji}^{\tau}|)M_j e^{u_i\tau_j} \\ \Psi_j(v_j)=b_j-v_j-\sum\limits_{i=1}^{n}(|d_{ij}|+|d_{ij}^{\tau}|)L_i e^{v_j\sigma_i} \end{cases} \tag{5-13}$$

其中，v_j，$\mu_i\in[0,+\infty)$. 由式（5-8），可以得出

$$\begin{cases} a_i-\sum\limits_{j=1}^{m}(|c_{ji}|+|c_{ji}^{\tau}|)M_j \leqslant \xi \\ b_j-\sum\limits_{i=1}^{n}(|d_{ij}|+|d_{ij}^{\tau}|)L_i \leqslant \xi \end{cases} \tag{5-14}$$

其中，$\xi=\min\{\xi_1, \xi_2\}$，并且

$$\begin{cases} \xi_1=\min\limits_{1\leqslant i\leqslant n}\{a_i-\sum\limits_{j=1}^{m}(|c_{ji}|+|c_{ji}^{\tau}|)M_j\}>0 \\ \xi_2=\min\limits_{1\leqslant j\leqslant m}\{b_j-\sum\limits_{i=1}^{n}(|d_{ij}|+|d_{ij}^{\tau}|)L_i\}>0 \end{cases}$$

根据式（5-13）和式（5-14），可得出$\Phi_i(0)\geqslant\xi$，$\Psi_i(0)\geqslant\xi$. 注意到函数$\Phi_i(\mu_i)$和$\Psi_j(v_j)$在$[0,+\infty)$都是连续函数，并且当$\mu_i\to+\infty$，$v_j\to+\infty$时，有$\Phi_i(\mu_i)\to-\infty$，$\Psi_j(v_j)\to-\infty$.因此，存在连续常数$\tilde{\mu}_i\in(0,+\infty)$，$\tilde{v}_j\in(0,+\infty)$，$i=1,2,\cdots,n,j=1,2,\cdots,m$，使得

$$\begin{cases} \Phi_i(\tilde{\mu}_i)=a_i-\tilde{\mu}_i-\sum\limits_{j=1}^{m}(|c_{ji}|+|c_{ji}^{\tau}|)M_j e^{\tilde{u}_i\tau_j}=0 \\ \Psi_j(\tilde{v}_j)=b_j-\tilde{v}_j-\sum\limits_{i=1}^{n}(|d_{ij}|+|d_{ij}^{\tau}|)L_i e^{\tilde{v}_j\sigma_i}=0 \end{cases}$$

成立，选择 $\eta=\min\limits_{1\leqslant i\leqslant n,1\leqslant j\leqslant m}\{\widetilde{\mu}_i, \widetilde{v}_j\}$，显然 $\eta>0$，且使得

$$\begin{cases}\Phi_i(\eta)=a_i-\eta-\sum\limits_{j=1}^{m}(|c_{ji}|+|c_{ji}^{\tau}|)M_j\mathrm{e}^{\eta\tau_j}\geqslant 0\\ \Psi_j(\eta)=b_j-\eta-\sum\limits_{i=1}^{n}(|d_{ij}|+|d_{ij}^{\tau}|)L_i\mathrm{e}^{\eta\sigma_i}\geqslant 0\end{cases}\tag{5-15}$$

定义函数 $U_i(\cdot)$ 和 $V_j(\cdot)$ 如下

$$\begin{cases}U_i(t)=\mathrm{e}^{\eta t}|u_i(t)-u_i^*|,t\in[-\sigma,+\infty)\\ V_j(t)=\mathrm{e}^{\eta t}|v_j(t)-v_j^*|,t\in[-\tau,+\infty)\end{cases}\tag{5-16}$$

由式（5-12）和式（5-16），对 $t>0$，有

$$\begin{aligned}D^+U_i(t)&=\eta\mathrm{e}^{\eta t}|u_i(t)-u_i^*|+\mathrm{e}^{\eta t}D^+|u_i(t)-u_i^*|\\ &\leqslant\eta U_i(t)+\mathrm{e}^t\{-a_i\mathrm{e}^{\eta t}|u_i(t)-u_i^*|+\sum_{j=1}^{m}|c_{ji}|M_j\mathrm{e}^{\eta t}|v_j(t)-v_j^*|+\\ &\quad\sum_{j=1}^{m}|c_{ji}^{\tau}|M_j\mathrm{e}^{\eta t}|v_j(t-\tau_j)-v_j^*|\}\\ &=\eta U_i(t)-a_i\mathrm{e}^tU_i(t)+\mathrm{e}^t\sum_{j=1}^{m}|c_{ji}|M_jV_j(t)+\mathrm{e}^t\sum_{j=1}^{m}|c_{ji}^{\tau}|M_jV_j(t-\tau_j)\mathrm{e}^{\eta\tau_j}\\ &\leqslant-(a_i\mathrm{e}^t-\eta)U_i(t)+\mathrm{e}^t\sum_{j=1}^{m}(|c_{ji}|+|c_{ji}^{\tau}|)M_j\mathrm{e}^{\eta\tau_j}\sup_{s\in[t-\tau,t]}V_j(s)\\ &\leqslant-(a_i-\eta)\mathrm{e}^tU_i(t)+\mathrm{e}^t\sum_{j=1}^{m}(|c_{ji}|+|c_{ji}^{\tau}|)M_j\mathrm{e}^{\eta\tau_j}\sup_{s\in[t-\tau,t]}V_j(s)\end{aligned}$$

同理，可得

$$\begin{aligned}D^+V_j(t)&\leqslant\eta V_j(t)+\mathrm{e}^t\{-b_jV_j(t)+\sum_{i=1}^{n}|d_{ij}|L_iU_i(t)+\\ &\quad\sum_{i=1}^{n}|d_{ij}^{\tau}|L_iU_i(t-\sigma_i)\mathrm{e}^{\eta\sigma_i}\}\\ &\leqslant-(b_j-\eta)\mathrm{e}^tV_j(t)+\mathrm{e}^t\sum_{i=1}^{n}(|d_{ij}|+|d_{ij}^{\tau}|)L_i\mathrm{e}^{\eta\sigma_i}\sup_{s\in[t-\sigma,t]}U_i(s)\end{aligned}$$

即

$$\begin{cases}D^+U_i(t)\leqslant-(a_i-\eta)\mathrm{e}^tU_i(t)+\mathrm{e}^t\sum\limits_{j=1}^{m}(|c_{ji}|+|c_{ji}^{\tau}|)M_j\mathrm{e}^{\eta\tau_j}\sup\limits_{s\in[t-\tau,t]}V_j(s)\\ D^+V_j(t)\leqslant-(b_j-\eta)\mathrm{e}^tV_j(t)+\mathrm{e}^t\sum\limits_{i=1}^{n}(|d_{ij}|+|d_{ij}^{\tau}|)L_i\mathrm{e}^{\eta\sigma_i}\sup\limits_{s\in[t-\sigma,t]}U_i(s)\end{cases}\tag{5-17}$$

由式（5-16），有

$$\begin{cases} U_i(t) \leqslant \max\limits_{1\leqslant i\leqslant n} \sup\limits_{-\sigma\leqslant s\leqslant 0} |\varphi_i(s)-u_i^*| \\ V_j(t) \leqslant \max\limits_{1\leqslant j\leqslant m} \sup\limits_{-\tau\leqslant s\leqslant 0} |\psi_j(s)-v_j^*| \end{cases} \tag{5-18}$$

根据式（5-18），可以看出

$$U_i(t)\leqslant K, t\in[-\sigma,0]; V_j(t)\leqslant K, t\in[-\tau,0]$$

我们猜想

$$U_i(t)\leqslant K, V_j(t)\leqslant K, \forall i,j,t\geqslant 0 \tag{5-19}$$

假设式（5-19）不成立，则必定存在$U_i(\cdot)$的分量$U_k(\cdot)$和$t_1>0$，使得

$$U_k(t)\leqslant K,\ t\in[-\sigma,t_1);\ U_k(t_1)\leqslant K,\ D^+U_k(t_1)>0 \tag{5-20}$$

而

$$\begin{cases} U_i(t)\leqslant K, i\neq k, t\in[-\sigma,t_1] \\ V_j(t)\leqslant K, t\in[-\tau,t_1] \end{cases} \tag{5-21}$$

将式（5-20）和式（5-21）代入式（5-17），可得

$$0 < D^+ U_k(t_1) \leqslant \{-(a_k-\eta)+\sum_{j=1}^{m}(|c_{ji}|+|c_{ji}^{\tau}|)M_j \mathrm{e}^{\eta\tau_j}\}K\mathrm{e}^{t_1} \tag{5-22}$$

由式（5-15）和式（5-22），得$0<D^+U_k(t_1)\leqslant 0$矛盾. 由此式（5-19）成立，因此将式（5-16）代入式（5-19），有式（5-11）成立. 即系统（5-7）的平衡点$(\boldsymbol{u}^*,\boldsymbol{v}^*)^{\mathrm{T}}$是全局指数稳定的.

5.1.4 全局多项式稳定性

定理 5-3 若条件式（5-2）与式（5-8）成立，则系统（5-1）的平衡点存在且唯一. 且存在常数$\eta>0$，使得当$t\geqslant 1$，有

$$\begin{cases} |x_i(t)-x_i^*|\leqslant \bar{K}t^{-\eta}, i=1,2,\cdots,n \\ |y_j(t)-y_j^*|\leqslant \bar{K}t^{-\eta}, j=1,2,\cdots,m \end{cases} \tag{5-23}$$

这里，$\bar{K}=\max\{\bar{K}_1,\bar{K}_2\}>0$，$\bar{K}_1$，$\bar{K}_2$由式（5-10）定义.

证明 容易证明系统（5-1）和系统（5-7）有相同的平衡点，即$(\boldsymbol{x}^*,\boldsymbol{y}^*)^{\mathrm{T}}=(\boldsymbol{u}^*,\boldsymbol{v}^*)^{\mathrm{T}}$. 定理 5-1 已经证明系统（5-1）有唯一的平衡点$(\boldsymbol{x}^*,\boldsymbol{y}^*)^{\mathrm{T}}$. 下面证明平衡点$(\boldsymbol{x}^*,\ \boldsymbol{y}^*)^{\mathrm{T}}$的多项式稳定性.

把式（5-10）代入式（5-11），对$t\geqslant 0$，$i=1,2,\cdots,n; j=1,2,\cdots,m$，有

$$\begin{cases} |u_i(t)-u_i^*|\leqslant \max\{\max\limits_{1\leqslant i\leqslant n}\sup\limits_{-\sigma\leqslant s\leqslant 0}|\varphi_i(s)-u_i^*|, \max\limits_{1\leqslant j\leqslant m}\sup\limits_{-\tau\leqslant \zeta\leqslant 0}|\psi_j(r)-v_j^*|\}\mathrm{e}^{-\eta t} \\ |v_j(t)-v_j^*|\leqslant \max\{\max\limits_{1\leqslant i\leqslant n}\sup\limits_{-\sigma\leqslant s\leqslant 0}|\varphi_i(s)-u_i^*|, \max\limits_{1\leqslant j\leqslant m}\sup\limits_{-\tau\leqslant r\leqslant 0}|\psi_j(r)-v_j^*|\}\mathrm{e}^{-\eta t} \end{cases} \tag{5-24}$$

由式（5-3）和式（5-24），对于$t\geqslant 0, i=1,2,\cdots,n; j=1,2,\cdots,m$，可得

$$\begin{cases}|x_i(e^t)-x_i^*|\leqslant\max\{\max\limits_{1\leqslant i\leqslant n}\sup\limits_{-\sigma\leqslant s\leqslant 0}|\vartheta_i(e^s)-x_i^*|,\max\limits_{1\leqslant j\leqslant m}\sup\limits_{-\tau\leqslant r\leqslant 0}|\pi_j(e^r)-y_j^*|\}e^{-\eta t}\\|y_i(e^t)-y_i^*|\leqslant\max\{\max\limits_{1\leqslant i\leqslant n}\sup\limits_{-\sigma\leqslant s\leqslant 0}|\vartheta_i(e^s)-x_i^*|,\max\limits_{1\leqslant j\leqslant m}\sup\limits_{-\tau\leqslant r\leqslant 0}|\pi_j(e^r)-y_j^*|\}e^{-\eta t}\end{cases}\tag{5-25}$$

令 $e^t=\mu$，$t\geqslant0$ 其中，$t\geqslant0$，由此可知 $t=\ln\mu$，$\mu\geqslant1$；令 $e^s=\zeta$，其中，$s\in[-\sigma,0]$，由此可知 $s=\ln\zeta$，$\zeta\in[p,1]$；令 $e^r=\rho$，其中，$r\in[-\tau,0]$，由此可知 $r=\ln\rho,\rho\in[q,1]$. 对于 $\mu\geqslant1$，由式（5-25），得

$$\begin{cases}|x_i(\mu)-x_i^*|\leqslant\max\{\max\limits_{1\leqslant i\leqslant n}\sup\limits_{p\leqslant\zeta\leqslant 1}|\vartheta_i(\zeta)-x_i^*|,\max\limits_{1\leqslant j\leqslant m}\sup\limits_{q\leqslant\rho\leqslant 1}|\pi_j(\rho)-y_j^*|\}e^{-\eta\ln\mu}\\|y_i(\mu)-y_i^*|\leqslant\max\{\max\limits_{1\leqslant i\leqslant n}\sup\limits_{p\leqslant\zeta\leqslant 1}|\vartheta_i(\zeta)-x_i^*|,\max\limits_{1\leqslant j\leqslant m}\sup\limits_{q\leqslant\rho\leqslant 1}|\pi_j(\rho)-y_j^*|\}e^{-\eta\ln\mu}\end{cases}\tag{5-26}$$

取 $\mu=t$ 代入式（5-26），对于 $t\geqslant1$，得

$$\begin{cases}|x_i(t)-x_i^*|\leqslant\max\{\max\limits_{1\leqslant i\leqslant n}\sup\limits_{p\leqslant\zeta\leqslant 1}|\vartheta_i(\zeta)-x_i^*|,\max\limits_{1\leqslant j\leqslant m}\sup\limits_{q\leqslant\rho\leqslant 1}|\pi_j(\rho)-y_j^*|\}t^{-\eta}\\|y_i(t)-y_i^*|\leqslant\max\{\max\limits_{1\leqslant i\leqslant n}\sup\limits_{p\leqslant\zeta\leqslant 1}|\vartheta_i(\zeta)-x_i^*|,\max\limits_{1\leqslant j\leqslant m}\sup\limits_{q\leqslant\rho\leqslant 1}|\pi_j(\rho)-y_j^*|\}t^{-\eta}\end{cases}\tag{5-27}$$

再由式（5-10）与式（5-27）得式（5-23），因此系统（5-1）的平衡点 $(\boldsymbol{x}^*,\boldsymbol{y}^*)^{\mathrm{T}}$ 存在唯一，且全局多项式稳定的.

注 5-3 式（5-17）不同于文献［14］中的 Halanay 型不等式系统（5-19），也不同于文献［16］中 Halanay 型不等式系统式（5-21）. 在文献［14］的式（5-19）与文献［16］的式（5-21）中，都不含有 e^t，而本节中式（5-17）含有 e^t. 这里估且称式（5-17）为拟 Halanay 型不等式系统.

5.1.5 数值算例及仿真

例 5-1 考虑如下具比例时滞 BAM 神经网络

$$\begin{cases}\dot{x}_1(t)=-3x_1(t)+\tanh(y_1(0.8t))+\tanh(y_2(0.5t))-4\\\dot{x}_2(t)=-4x_2(t)+\tanh(y_1(0.8t))+2\tanh(y_2(0.5t))-1\\\dot{y}_1(t)=-3y_1(t)+\tanh(x_1(0.9t))+\tanh(x_2(0.7t))+3\\\dot{y}_2(t)=-5y_2(t)+\tanh(x_1(0.9t))+2\tanh(x_2(0.7t))+4\end{cases}\tag{5-28}$$

有 $M_1=M_2=L_1=L_2=1$. 经计算，得

$$a_i-\sum_{j=1}^{m}(|c_{ji}|+|c_{ji}^{\tau}|)M_j=1>0,i=1,2$$

$$b_j-\sum_{i=1}^{n}(|d_{ij}|+|d_{ij}^{\tau}|)L_i=1>0,j=1,2$$

满足定理 5-3 的条件，因此系统（5-28）有唯一的平衡点，且是全局多项式稳定的. 用 Matlab 计算该平衡点为$(-1.0130,-0.2821,0.8359,0.2849)^{\mathrm{T}}$. 应用 Matlab 仿真给出了系统（5-28）以不同初值的时间响应曲线，如图 5-1 所示.

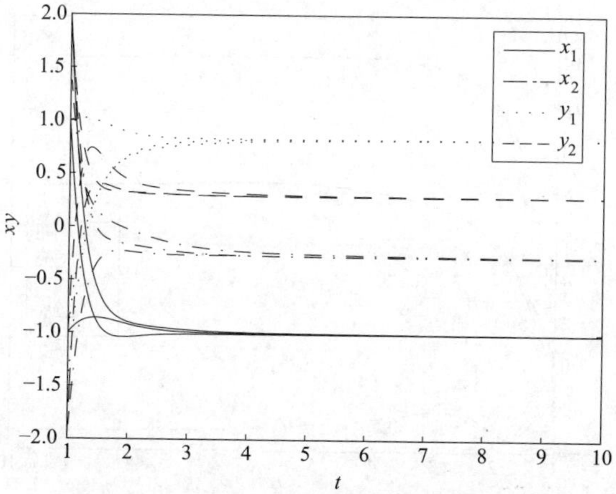

图 5-1 系统（5-28）的时间响应曲线

例 5-2 考虑下面的系统

$$\begin{cases}\dot{x}_1(t)=-x_1(t)+0.4f_1(0.5y_1(t))+f_1(0.5y_1(0.2t))+\\\qquad f_2(0.25y_2(0.5t))+10\\\dot{x}_2(t)=-2x_1(t)+2f_2(0.25y_2(t))-f_1(0.5y_1(0.2t))+\\\qquad 2f_2(0.25y_2(0.5t))+30\\\dot{y}_1(t)=-5y_1(t)-3g_2(x_2(t))+g_1(x_1(0.6t))-g_2(x_2(0.8t))-10\\\dot{y}_2(t)=-7y_2(t)+0.5g_1(y_1(t))+1.75g_2(x_2(t))+\\\qquad 3g_1(x_1(0.6t))+g_2(x_2(0.8t))-20\end{cases}\tag{5-29}$$

其中，激活函数分别取为 $f_1(y_1)=\tanh(0.5y_1)$, $f_2(y_2)=\sin(0.25y_2)$, $g_1(x_1)=\cos(x_1)$, $g_2(x_2)=0.5(|x_2+1|-|x_2-1|)$，有 $M_1=0.5$，$M_2=0.25$，$L_1=L_2=1$. 经计算可得

$$1-\sum_{j=1}^{2}(|c_{j1}|+|c_{j1}^{\tau}|)M_j=1-0.95=0.05>0$$

$$2-\sum_{j=1}^{2}(|c_{j2}|+|c_{j2}^{\tau}|)M_j=2-1.5=0.5>0$$

$$5-\sum_{i=1}^{2}(|d_{i1}|+|d_{i1}^{\tau}|)L_i=5-4.5=0.5>0$$

$$7-\sum_{i=1}^{2}(|d_{i2}|+|d_{i2}^{\tau}|)L_i=7-6.75=0.25>0$$

满足定理 5-3 的条件，因此系统（5-29）有唯一的平衡点，且是全局多项式稳定的. 应用 Matlab 计算得其平衡点为$(8.2416,13.9965,-2.1655,-2.9680)^{\mathrm{T}}$. 系统不同初始值的时间响应曲线，如图 5-2 所示.

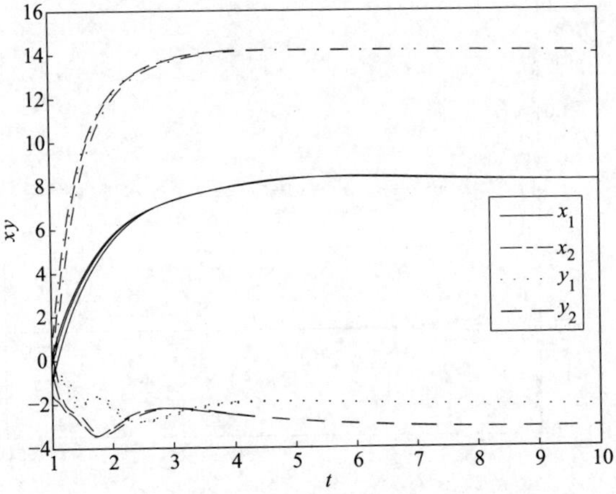

图 5-2　系统（5-29）的时间响应曲线

5.2　BAM 神经网络时滞独立的多项式稳定性

本节通过范数理论和应用 Brouwer 不动点定理，构造适当的时滞微分不等式，探讨具比例时滞 BAM 神经网络的全局多项式稳定性.

5.2.1　模型描述及预备知识

考虑同系统（5-1）相同的 BAM 神经网络[31]

$$\begin{cases}\dot{x}_i(t)=-a_ix_i(t)+\sum\limits_{j=1}^{m}c_{ij}f_j(y_j(t))+\sum\limits_{j=1}^{m}c_{ij}^{\tau}f_j(y_j(p_jt))+I_i\\ \dot{y}_j(t)=-b_jy_j(t)+\sum\limits_{i=1}^{n}d_{ji}g_i(x_i(t))+\sum\limits_{i=1}^{n}d_{ji}^{\sigma}g_i(x_i(q_it))+J_j\end{cases}\tag{5-30}$$

式（5-30）的初始函数为

$$\begin{cases}x_i(s)=\vartheta_i(s),s\in[p,1]\\ y_j(s)=\pi_j(s),s\in[q,1]\end{cases}\tag{5-31}$$

其中，$t\geqslant1,p=\min\limits_{1\leqslant j\leqslant m}\{p_j\},q=\min\limits_{1\leqslant i\leqslant n}\{q_i\}.\vartheta_i(s)\in C([p,1],\mathbb{R}),\pi_j(s)\in C([q,1],\mathbb{R}).\boldsymbol{\vartheta}=(\vartheta_1,\vartheta_2,\cdots,\vartheta_n)^{\mathrm{T}}\in C([p,1],\mathbb{R}^n),\boldsymbol{\pi}=(\pi_1,\pi_2,\cdots,\pi_n)^{\mathrm{T}}\in C([q,1],\mathbb{R}^n)$.

令

$$\begin{cases}\boldsymbol{x}(t)=(x_1(t,\boldsymbol{\vartheta}),x_2(t,\boldsymbol{\vartheta}),\cdots,x_n(t,\boldsymbol{\vartheta}))^{\mathrm{T}}\\ \boldsymbol{y}(t)=(y_1(t,\boldsymbol{\pi}),v_2(t,\boldsymbol{\pi}),\cdots,v_m(t,\boldsymbol{\pi}))^{\mathrm{T}}\end{cases}$$

则式（5-30）和式（5-31）可以被写成

$$\begin{cases}\dot{\boldsymbol{x}}(t)=-\boldsymbol{A}\boldsymbol{x}(t)+\boldsymbol{C}\boldsymbol{f}(\boldsymbol{y}(t))+\boldsymbol{C}^{\tau}\boldsymbol{f}(\boldsymbol{y}(\overline{p}t))+\boldsymbol{I}\\ \dot{\boldsymbol{y}}(t)=-\boldsymbol{B}\boldsymbol{y}(t)+\boldsymbol{D}\boldsymbol{g}(\boldsymbol{x}(t))+\boldsymbol{D}^{\sigma}\boldsymbol{g}(\boldsymbol{x}(\overline{q}t))+\boldsymbol{J}\end{cases} \tag{5-32}$$

和

$$\begin{cases}\boldsymbol{x}(s)=\boldsymbol{\vartheta}(s),s\in[p,1]\\ \boldsymbol{y}(s)=\boldsymbol{\pi}(s),s\in[q,1]\end{cases}$$

其中，$\boldsymbol{A}=\mathrm{diag}\{a_1,a_2,\cdots,a_n\}$，$\boldsymbol{B}=\mathrm{diag}\{b_1,b_2,\cdots,b_m\}$，$\boldsymbol{C}=(c_{ij})_{n\times m}$，$\boldsymbol{C}^{\tau}=(c_{ij}^{\tau})_{n\times m}$，$\boldsymbol{D}=(d_{ji})_{m\times n}$，$\boldsymbol{D}^{\sigma}=(d_{ji}^{\sigma})_{m\times n}$，$\boldsymbol{I}=(I_1,I_2,\cdots,I_n)^{\mathrm{T}}$，$\boldsymbol{J}=(J_1,J_2,\cdots,J_m)^{\mathrm{T}}$，$\boldsymbol{f}(\boldsymbol{y}(\overline{p}t))=(f_1(y_1(p_1t)),f_2(y_2(p_2t)),\cdots,f_m(y_m(p_mt)))^{\mathrm{T}}$，$\boldsymbol{g}(\boldsymbol{x}(\overline{q}t))=(g_1(x_1(q_1t)),g_2(x_2(q_2t)),\cdots,g_n(x_n(q_nt)))^{\mathrm{T}}$.

对激活函数 f_j 和 g_i 假设如下：

（H_1）存在正常数 R_j 和 S_i，使得

$$|f_j(u)|\leqslant R_j,|g_i(v)|\leqslant S_i,\forall u,v\in\mathbb{R},i=1,2,\cdots,n,j=1,2,\cdots,m$$

定义 $\boldsymbol{R}=(R_1,R_2,\cdots,R_m)^{\mathrm{T}}$，$\boldsymbol{S}=(S_1,S_2,\cdots,S_n)^{\mathrm{T}}$.

（H_2）激活函数 f_j 和 g_i 是连续可微的，且满足

$$0<f_j{}'(y_j(t))\leqslant M_j<+\infty,0<g_i{}'(x_i(t))\leqslant L_i<+\infty,i=1,2,\cdots,n,j=1,2,\cdots,m$$

且 $f_j(0)=0,g_i(0)=0$.定义 $\boldsymbol{L}=\mathrm{diag}\{L_1,L_2,\cdots,L_m\}$，$\boldsymbol{M}=\mathrm{diag}\{M_1,M_2,\cdots,M_n\}$.

注 5-4　（H_2）蕴含着，对于 $\forall u$，$v\in\mathbb{R}$，有

$$\begin{cases}|f_j(u)-f_j(v)|\leqslant M_j|u-v|,j=1,2,\cdots,m\\ |g_i(u)-g_i(v)|\leqslant L_i|u-v|,i=1,2,\cdots,n\end{cases} \tag{5-33}$$

成立.

引入如下变换

$$u_i(t)=x_i(\mathrm{e}^t),v_j(t)=y_j(\mathrm{e}^t) \tag{5-34}$$

则系统（5-30）和系统（5-31）被等价地转化为

$$\begin{cases}\dot{u}_i(t)=\mathrm{e}^t\{-a_iu_i(t)+\sum\limits_{j=1}^{m}c_{ij}f_j(v_j(t))+\sum\limits_{j=1}^{m}c_{ij}^{\tau}f_j(v_j(t-\tau_j))+I_i\}\\ \dot{v}_j(t)=\mathrm{e}^t\{-b_jv_j(t)+\sum\limits_{i=1}^{n}d_{ji}g_i(u_i(t))+\sum\limits_{i=1}^{n}d_{ji}^{\sigma}g_i(u_i(t-\sigma_i))+J_j\}\end{cases} \tag{5-35}$$

和

$$\begin{cases}u_i(s)=\varphi_i(s),s\in[-\tau,0]\\ v_j(s)=\psi_j(s),s\in[-\sigma,0]\end{cases} \tag{5-36}$$

对于 $t\geqslant 0, i=1,2,\cdots,n, j=1,2,\cdots,m$，其中，$\tau_j=-\ln p_j\geqslant 0, \sigma_i=-\ln q_i\geqslant 0, \tau=\max\limits_{1\leqslant j\leqslant n}\{\tau_j\}, \sigma=\max\limits_{1\leqslant i\leqslant n}\{\sigma_i\}, \varphi_i\in C([-\tau,0],\mathbb{R}), \psi_i\in C([-\sigma,0],\mathbb{R})$. 定义

$$\begin{cases}\boldsymbol{u}(t)=(u_1(t,\boldsymbol{\varphi}),u_2(t,\boldsymbol{\varphi}),\cdots,u_n(t,\boldsymbol{\varphi}))^{\mathrm{T}}\\ \boldsymbol{v}(t)=(v_1(t,\boldsymbol{\psi}),v_2(t,\boldsymbol{\psi}),\cdots,v_m(t,\boldsymbol{\psi}))^{\mathrm{T}}\end{cases}$$

则系统（5-35）和系统（5-36）可以被写成

$$\begin{cases}\dot{\boldsymbol{u}}(t)=\mathrm{e}^t\{-\boldsymbol{A}\boldsymbol{u}(t)+\boldsymbol{C}\boldsymbol{f}(\boldsymbol{v}(t))+\boldsymbol{C}^{\tau}\boldsymbol{f}(\boldsymbol{v}(t-\tau))+\boldsymbol{I}\}\\ \dot{\boldsymbol{v}}(t)=\mathrm{e}^t\{-\boldsymbol{B}\boldsymbol{u}(t)+\boldsymbol{D}\boldsymbol{g}(\boldsymbol{u}(t))+\boldsymbol{D}^{\sigma}\boldsymbol{g}(\boldsymbol{u}(t-\sigma))+\boldsymbol{J}\}\end{cases}\tag{5-37}$$

具有初始条件为

$$\begin{cases}\boldsymbol{u}(s)=\boldsymbol{\varphi}(s), s\in[-\tau,0]\\ \boldsymbol{v}(s)=\boldsymbol{\psi}(s), s\in[-\sigma,0]\end{cases}$$

对于 $t\geqslant 0$，其中，$\boldsymbol{f}(\boldsymbol{v}(t-\tau))=(f_1(v_1(t-\tau_1)),f_2(v_2(t-\tau_2)),\cdots,f_m(v_m(t-\tau_m)))^{\mathrm{T}}, \boldsymbol{g}(\boldsymbol{u}(t-\sigma))=(g_1(u_1(t-\sigma_1)),g_2(u_2(t-\sigma_2)),\cdots,g_n(u_n(t-\sigma_n)))^{\mathrm{T}}, \boldsymbol{\psi}(s)=(\psi_1(s),\psi_2(s),\cdots,\psi_m(s))^{\mathrm{T}},\in C([-\sigma,0],\mathbb{R}^n), \boldsymbol{\varphi}(s)=(\varphi_1(s),\varphi_2(s),\cdots,\varphi_n(s))^{\mathrm{T}}\in C([-\tau,0],\mathbb{R}^n)$.

定义 5-1 称$(\boldsymbol{x}^*,\boldsymbol{y}^*)^{\mathrm{T}}$为系统（5-32）的平衡点，若

$$\begin{cases}-\boldsymbol{A}\boldsymbol{x}^*+\boldsymbol{C}\boldsymbol{f}(\boldsymbol{y}^*)+\boldsymbol{C}^{\tau}\boldsymbol{f}(\boldsymbol{y}^*)+\boldsymbol{I}=\boldsymbol{0}\\ -\boldsymbol{B}\boldsymbol{y}^*+\boldsymbol{D}\boldsymbol{g}(\boldsymbol{x}^*)+\boldsymbol{D}^{\sigma}\boldsymbol{g}(\boldsymbol{x}^*)+\boldsymbol{J}=\boldsymbol{0}\end{cases}\tag{5-38}$$

其中，$\boldsymbol{x}^*=(x_1,x_2,\cdots,x_n)^{\mathrm{T}}, \boldsymbol{y}^*=(y_1,y_2,\cdots,y_m)^{\mathrm{T}}$.

定义 5-2 称$(\boldsymbol{u}^*,\boldsymbol{v}^*)^{\mathrm{T}}$为系统（5-37）的平衡点，若

$$\begin{cases}-\boldsymbol{A}\boldsymbol{u}^*+\boldsymbol{C}\boldsymbol{f}(\boldsymbol{v}^*)+\boldsymbol{C}^{\tau}\boldsymbol{f}(\boldsymbol{v}^*)+\boldsymbol{I}=\boldsymbol{0}\\ -\boldsymbol{B}\boldsymbol{v}^*+\boldsymbol{D}\boldsymbol{g}(\boldsymbol{u}^*)+\boldsymbol{D}^{\sigma}\boldsymbol{g}(\boldsymbol{u}^*)+\boldsymbol{J}=\boldsymbol{0}\end{cases}\tag{5-39}$$

其中，$\boldsymbol{u}^*=(u_1,u_2,\cdots,u_n)^{\mathrm{T}}, \boldsymbol{v}^*=(v_1,v_2,\cdots,v_m)^{\mathrm{T}}$.

注 5-5 由式（5-38）和式（5-39）可知，$(\boldsymbol{x}^*,\boldsymbol{y}^*)^{\mathrm{T}}=(\boldsymbol{u}^*,\boldsymbol{v}^*)^{\mathrm{T}}$，即系统（5-32）和系统（5-37）具有相同的平衡点.

定义 5-3 对于 $\boldsymbol{x}\in\mathbb{R}^n$，向量范数定义如下：

$$\|\boldsymbol{x}\|_1=\sum_{i=1}^{n}|x_i|, \|\boldsymbol{x}\|_2=\Big(\sum_{i=1}^{n}|x_i|^2\Big)^{1/2},$$

$$\|\boldsymbol{x}\|_\infty=\max_i|x_i|, \|\boldsymbol{x}\|_\omega=\sum_{i=1}^{n}\frac{w_i}{w_j}|x_i|$$

对于常数矩阵 $\mathbf{A}=(a_{ij})_{n\times m}\in\mathbb{R}^{n\times m}$，矩阵范数为

$$\|\mathbf{A}\|_1=\max_{1\leqslant j\leqslant m}\sum_{i=1}^{n}|a_{ij}|,\quad \|\mathbf{A}\|_2=(\lambda_{\max}(\mathbf{A}^{\mathrm{T}}\mathbf{A}))^{1/2}$$

$$\|\mathbf{A}\|_\infty=\max_{1\leqslant i\leqslant n}\sum_{j=1}^{m}|a_{ij}|,\quad \|\mathbf{A}\|_\omega=\max_{1\leqslant j\leqslant m}\sum_{i=1}^{n}\frac{w_i}{w_j}|a_{ij}|$$

其中，$\omega_i,\omega_j, i=1,2,\cdots,n, j=1,2,\cdots,m$ 是任意的正常数.

令

$$\begin{cases} K_1=\sup\limits_{-\sigma\leqslant s\leqslant 0}\{\|\boldsymbol{\varphi}(s)-\boldsymbol{u}^*\|_p\}, & \begin{cases}\bar{K}_1=\sup\limits_{p\leqslant s\leqslant 1}\{\|\boldsymbol{\vartheta}(\zeta)-\boldsymbol{x}^*\|_p\}\\ \bar{K}_2=\sup\limits_{q\leqslant \rho\leqslant 1}\{\|\boldsymbol{\pi}(\rho)-\boldsymbol{y}^*\|_p\}\end{cases} \\ K_2=\sup\limits_{-\tau\leqslant r\leqslant 0}\{\|\boldsymbol{\psi}(r)-\boldsymbol{v}^*\|_p\}, & \end{cases} \tag{5-40}$$

其中，K_1 或者 K_2 是正的. 例如，如果 $K_1>0$，可以假定 $K_2=0$. 当 $K_2=0$ 时，有 $\boldsymbol{v}(t)=\boldsymbol{v}^*$，对于 $t\in[-\tau,0], p=1,2,\infty,\omega$.

5.2.2　平衡点的存在性和唯一性

定理 5-4　在（H_1）的条件下，若

$$\begin{cases}\|\boldsymbol{A}\|_p>(\|\boldsymbol{C}\|_p+\|\boldsymbol{C}^\tau\|_p)\|\boldsymbol{M}\|_p\\ \|\boldsymbol{B}\|_p>(\|\boldsymbol{D}\|_p+\|\boldsymbol{D}^\sigma\|_p)\|\boldsymbol{L}\|_p\end{cases} \tag{5-41}$$

成立，则系统（5-30）有唯一的平衡点，其中 $p=1,2,\infty,\omega$.

证明　首先证明了系统（5-30）平衡点的存在性. 若 $(\boldsymbol{x}^*,\boldsymbol{y}^*)^{\mathrm{T}}$ 是系统（5-30）的平衡点，其中 $\boldsymbol{x}^*=(x_1,x_2,\cdots,x_n)^{\mathrm{T}}, \boldsymbol{y}^*=(y_1,y_2,\cdots,y_m)^{\mathrm{T}}$. 则 $(\boldsymbol{x}^*,\boldsymbol{y}^*)^{\mathrm{T}}$ 满足式（5-38），即

$$\begin{cases}\boldsymbol{x}^*=\boldsymbol{A}^{-1}(\boldsymbol{C}+\boldsymbol{C}^\tau)\boldsymbol{f}(\boldsymbol{y}^*)+\boldsymbol{I}\\ \boldsymbol{y}^*=\boldsymbol{B}^{-1}(\boldsymbol{D}+\boldsymbol{D}^\sigma)\boldsymbol{g}(\boldsymbol{x}^*)+\boldsymbol{J}\end{cases}$$

定义下列映射：

$$\boldsymbol{\Omega}(\boldsymbol{\theta})=(\boldsymbol{H}(\boldsymbol{\theta}),\boldsymbol{Q}(\boldsymbol{\theta}))^{\mathrm{T}}$$

其中，$\boldsymbol{\theta}=(\boldsymbol{x},\boldsymbol{y})^{\mathrm{T}}=(x_1,x_2,\cdots,x_n,y_1,y_2,\cdots,y_m)^{\mathrm{T}}\in\mathbb{R}^{n+m}$,

$$\begin{cases}\boldsymbol{H}(\boldsymbol{\theta})=\boldsymbol{A}^{-1}(\boldsymbol{C}+\boldsymbol{C}^\tau)\boldsymbol{f}(\boldsymbol{y})+\boldsymbol{I}\\ \boldsymbol{Q}(\boldsymbol{\theta})=\boldsymbol{B}^{-1}(\boldsymbol{D}+\boldsymbol{D}^\sigma)\boldsymbol{g}(\boldsymbol{x})+\boldsymbol{J}\end{cases} \tag{5-42}$$

这里 $\boldsymbol{H}(\boldsymbol{\theta})=(H_1(\boldsymbol{\theta}),H_2(\boldsymbol{\theta}),\cdots,H_n(\boldsymbol{\theta}))^{\mathrm{T}}, \boldsymbol{G}(\boldsymbol{\theta})=(G_1(\boldsymbol{\theta}),G_2(\boldsymbol{\theta}),\cdots,G_m(\boldsymbol{\theta}))^{\mathrm{T}}$.且

$$\begin{cases}H_i(\boldsymbol{\theta})=1/a_i\left\{\sum\limits_{j=1}^m c_{ij}f_j(y_j(t))+\sum\limits_{j=1}^m c_{ij}^\tau f_j(y_j(t))+I_i\right\}\\ G_j(\boldsymbol{\theta})=1/b_j\left\{\sum\limits_{i=1}^n d_{ji}g_i(x_i(t))+\sum\limits_{i=1}^n d_{ji}^\sigma g_i(x_i(t))+J_j\right\}\end{cases}$$

根据假设（H_1），可得

$$\|\boldsymbol{f}(\boldsymbol{y})\|_p\leqslant\|\boldsymbol{R}\|_p, \|\boldsymbol{g}(\boldsymbol{x})\|_p\leqslant\|\boldsymbol{S}\|_p \tag{5-43}$$

由式（5-42）和式（5-43）得

$$\begin{cases}\|\boldsymbol{H}(\boldsymbol{\theta})\|_p\leqslant\|\boldsymbol{A}\|_p^{-1}\|(\boldsymbol{C}+\boldsymbol{C}^\tau)\|_p\|\boldsymbol{f}(\boldsymbol{y})\|_p+\|\boldsymbol{I}\|_p\\ \qquad\leqslant\|\boldsymbol{A}\|_p^{-1}(\|\boldsymbol{C}\|_p+\|\boldsymbol{C}^\tau\|_p)\|\boldsymbol{R}\|_p+\|\boldsymbol{I}\|_p\leqslant\gamma\\ \|\boldsymbol{Q}(\boldsymbol{\theta})\|_p\leqslant\|\boldsymbol{B}\|_p^{-1}\|(\boldsymbol{D}+\boldsymbol{D}^\sigma)\|_p\|\boldsymbol{g}(\boldsymbol{x})\|_p+\|\boldsymbol{J}\|_p\\ \qquad\leqslant\|\boldsymbol{B}\|_p^{-1}(\|\boldsymbol{D}\|_p+\|\boldsymbol{D}^\sigma\|_p)\|\boldsymbol{S}\|_p+\|\boldsymbol{J}\|_p\leqslant\gamma\end{cases}$$

这里，$\gamma=\max\ \{\gamma_1,\ \gamma_2\}$，其中，

$$\begin{cases}\gamma_1=\|\boldsymbol{A}\|_p^{-1}(\|\boldsymbol{C}\|_p+\|\boldsymbol{C}^\tau\|_p)\|\boldsymbol{R}\|_p+\|\boldsymbol{I}\|_p\\ \gamma_2=\|\boldsymbol{B}\|_p^{-1}(\|\boldsymbol{D}\|_p+\|\boldsymbol{D}^\sigma\|_p)\|\boldsymbol{S}\|_p+\|\boldsymbol{J}\|_p\end{cases}$$

利用式（5-43）和定义 5-3 可得

$$H_i(\boldsymbol{\theta})\leqslant\|\boldsymbol{H}(\boldsymbol{\theta})\|_p\leqslant\gamma,G_j(\boldsymbol{\theta})\leqslant\|\boldsymbol{G}(\boldsymbol{\theta})\|_p\leqslant\gamma.$$

对于 $i=1,2,\cdots,n,j=1,2,\cdots,m$，可得

$$\boldsymbol{\theta}=(\boldsymbol{x},\boldsymbol{y})^{\mathrm{T}}\in[-\gamma,\gamma]^{n+m}$$

从而

$$\boldsymbol{\Omega}(\boldsymbol{\theta})=(\boldsymbol{H}(\boldsymbol{\theta}),\boldsymbol{Q}(\boldsymbol{\theta}))^{\mathrm{T}}\in[-\gamma,\gamma]^{n+m}$$

因为 $\boldsymbol{f}(\boldsymbol{y})$ 和 $\boldsymbol{g}(\boldsymbol{x})$ 的连续性，可得映射 $\boldsymbol{\Omega}:[-\gamma,\gamma]^{n+m}\rightarrow[-\gamma,\gamma]^{n+m}$ 是连续的. 由引理 1-2（Brouwer 不动点定理），可知映射 $\boldsymbol{\Omega}$ 至少存在一个不动点$(\boldsymbol{x}^*,\boldsymbol{y}^*)^{\mathrm{T}}\in[-\gamma,\gamma]^{n+m}$，即为系统（5-30）的平衡点.

平衡点$(\boldsymbol{x}^*,\boldsymbol{y}^*)^{\mathrm{T}}$ 的唯一性证明如下. 不失一般性，假设存在系统（5-30）的两个平衡点$(\boldsymbol{x}^*,\boldsymbol{y}^*)^{\mathrm{T}}$ 和$(\boldsymbol{x}^{**},\boldsymbol{y}^{**})^{\mathrm{T}}$. 由定义 5-1，可得

$$\begin{cases}\boldsymbol{x}^{**}-\boldsymbol{x}^*=\boldsymbol{A}^{-1}(\boldsymbol{C}+\boldsymbol{C}^\tau)(\boldsymbol{f}(\boldsymbol{y}^{**})-\boldsymbol{f}(\boldsymbol{y}^*))\\ \boldsymbol{y}^{**}-\boldsymbol{y}^*=\boldsymbol{B}^{-1}(\boldsymbol{D}+\boldsymbol{D}^\sigma)(\boldsymbol{g}(\boldsymbol{x}^{**})-\boldsymbol{g}(\boldsymbol{x}^*))\end{cases}$$

根据上面所述及式（5-33）、式（5-41）和范数性质，得

$$\begin{cases}\|\boldsymbol{x}^{**}-\boldsymbol{x}^*\|_p=\|\boldsymbol{A}^{-1}(\boldsymbol{C}+\boldsymbol{C}^\tau)\|_p\|\boldsymbol{f}(\boldsymbol{y}^{**})-\boldsymbol{f}(\boldsymbol{y}^*)\|_p\\ \qquad\leqslant\|\boldsymbol{A}\|_p^{-1}(\|\boldsymbol{C}\|_p+\|\boldsymbol{C}^\tau\|_p)\|\boldsymbol{M}\|_p\|\boldsymbol{y}^{**}-\boldsymbol{y}^*\|_p\\ \|\boldsymbol{y}^{**}-\boldsymbol{y}^*\|_p=\|\boldsymbol{B}^{-1}(\boldsymbol{D}+\boldsymbol{D}^\sigma)\|_p\|\boldsymbol{g}(\boldsymbol{x}^{**})-\boldsymbol{g}(\boldsymbol{x}^*)\|_p\\ \qquad\leqslant\|\boldsymbol{B}\|_p^{-1}(\|\boldsymbol{D}\|_p+\|\boldsymbol{D}^\sigma\|_p)\|\boldsymbol{L}\|_p\|\boldsymbol{x}^{**}-\boldsymbol{x}^*\|_p\end{cases}$$

因此

$$\begin{aligned}&(1-\|\boldsymbol{B}\|_p^{-1}(\|\boldsymbol{D}\|_p+\|\boldsymbol{D}^\sigma\|_p)\|\boldsymbol{L}\|_p)\|\boldsymbol{x}^{**}-\boldsymbol{x}^*\|_p+\\&(1-\|\boldsymbol{A}\|_p^{-1}(\|\boldsymbol{C}\|_p+\|\boldsymbol{C}^\tau\|_p)\|\boldsymbol{M}\|_p)\|\boldsymbol{y}^{**}-\boldsymbol{y}^*\|_p\leqslant 0\end{aligned}$$

将式（5-41）应用于上述不等式，可以推得 $\boldsymbol{x}^{**}=\boldsymbol{x}^*$ 和 $\boldsymbol{y}^{**}=\boldsymbol{y}^*$. 因此系统（5-30）的平衡点是唯一的.

5.2.3 全局指数稳定性

定理 5-5 在（H_1）的条件下，如果式（5-41）成立，则存在常数 K 和 λ，使得

$$\begin{cases}\|\boldsymbol{u}(t)-\boldsymbol{u}^*\|_p\leqslant K\mathrm{e}^{-\lambda t}\\ \|\boldsymbol{v}(t)-\boldsymbol{v}^*\|_p\leqslant K\mathrm{e}^{-\lambda t}\end{cases}\tag{5-44}$$

成立，则系统（5-37）的平衡点$(\boldsymbol{u}^*,\boldsymbol{v}^*)^{\mathrm{T}}$ 是全局指数稳定的，其中，$t\geqslant 0$，$K=\max\{K_1,K_2\}>0$，且常数 K_1，K_2 由式（5-40）给出，$p=1,\ 2,\ \infty,\ \omega$.

证明 由于系统（5-30）和系统（5-35）具有相同的平衡点，$(\boldsymbol{x}^*,\boldsymbol{y}^*)^{\mathrm{T}}=$

$(\boldsymbol{u}^*,\boldsymbol{v}^*)^{\mathrm{T}}$. 由定理（5-4），可知系统（5-35）也存在唯一的平衡点$(\boldsymbol{u}^*,\boldsymbol{v}^*)^{\mathrm{T}}$.

为了证明系统（5-35）的平衡点$(\boldsymbol{u}^*,\boldsymbol{v}^*)^{\mathrm{T}}$是全局指数稳定的. 令 $\eta_i(t)=u_i(t)-u_i^*$ 和 $\varepsilon_j(t)=v_j(t)-v_j^*$. 利用式（5-35）和条件（$H_2$），对于 $t>0,i=1,2,\cdots,n,j=1,2,\cdots,m$，有

$$\begin{cases}\dot{\eta}_i(t)=\mathrm{e}^t\Big\{-a_i\eta_i(t)+\sum_{j=1}^{m}c_{ij}[f_j(v_j(t))-f_j(v_j^*)]+\\\qquad\sum_{j=1}^{m}c_{ij}^{\tau}[f_j(v_j(t-\tau_j))-f_j(v_j^*)]\Big\}\\\qquad=\mathrm{e}^t\Big\{-a_i\eta_i(t)+\sum_{j=1}^{m}c_{ij}f_j{}'(\theta_j(t))\varepsilon_j(t)+\\\qquad\sum_{j=1}^{m}c_{ij}^{\tau}f_j{}'(\vartheta_j(t))\varepsilon_j(t-\tau_j)\Big\}\\\dot{\varepsilon}_j(t)=\mathrm{e}^t\Big\{-b_j\varepsilon_j(t)+\sum_{i=1}^{n}d_{ji}[g_i(u_i(t))-g_i(u_i^*)]+\\\qquad\sum_{i=1}^{n}d_{ji}^{\sigma}[g_i(u_i(t-\sigma_i))-g_i(u_i^*)]\Big\}\\\qquad=\mathrm{e}^t\Big\{-b_j\varepsilon_j(t)+\sum_{i=1}^{n}d_{ji}g_i{}'(\alpha_i(t))\eta_i(t)+\\\qquad\sum_{i=1}^{n}d_{ji}^{\sigma}g_i{}'(\beta_i(t))\eta_i(t-\sigma_i)\Big\}\end{cases}\tag{5-45}$$

其中，$\theta_j(t)$ 介于 $v_j(t)$ 和 v_j^* 之间，$\vartheta_j(t)$ 介于 $v_j(t-\tau_j)$ 和 v_j^* 之间，$\alpha_i(t)$ 介于 $u_i(t)$ 和 u_i^* 之间，$\beta_i(t)$ 介于 $u_i(t-\sigma_i)$和 u_i^* 之间. 定义

$$\boldsymbol{F}(t)=\mathrm{diag}(f_1{}'(\theta_1(t)),f_2{}'(\theta_2(t)),\cdots,f_m{}'(\theta_m(t)))$$

$$\overline{\boldsymbol{F}}(t)=\mathrm{diag}(f_1{}'(\vartheta_1(t)),f_2{}'(\vartheta_2(t)),\cdots,f_m{}'(\vartheta_m(t)))$$

$$\boldsymbol{G}(t)=\mathrm{diag}(g_1{}'(\alpha_1(t)),g_2{}'(\alpha_2(t)),\cdots,g_n{}'(\alpha_n(t)))$$

$$\overline{\boldsymbol{G}}(t)=\mathrm{diag}(g_1{}'(\beta_1(t)),g_2{}'(\beta_2(t)),\cdots,g_n{}'(\beta_n(t)))$$

$$\boldsymbol{\eta}(t)=(\eta_1(t),\eta_2(t),\cdots,\eta_n(t))^{\mathrm{T}},\boldsymbol{\varepsilon}(t)=(\varepsilon_1(t),\varepsilon_2(t),\cdots,\varepsilon_m(t))^{\mathrm{T}}$$

对于 $t>0$，则系统（5-45）可以写成

$$\begin{cases}\dot{\boldsymbol{\eta}}(t)=\mathrm{e}^t\{-\boldsymbol{A\eta}(t)+\boldsymbol{CF}(t)\boldsymbol{\varepsilon}(t)+\boldsymbol{C}^{\tau}\overline{\boldsymbol{F}}(t)\boldsymbol{\varepsilon}(t-\tau)\}\\\dot{\boldsymbol{\varepsilon}}(t)=\mathrm{e}^t\{-\boldsymbol{B\varepsilon}(t)+\boldsymbol{DG}(t)\boldsymbol{\eta}(t)+\boldsymbol{D}^{\sigma}\overline{\boldsymbol{G}}(t)\boldsymbol{\eta}(t-\sigma)\}\end{cases}\tag{5-46}$$

由于 $\boldsymbol{\eta}(t)$ 和 $\boldsymbol{\varepsilon}(t)$ 对于 $t>0$ 是右可导的，式（5-46）等价于

$$\begin{cases}(\boldsymbol{\eta}(t+\delta)-\boldsymbol{\eta}(t))/\delta=\mathrm{e}^t\{-\boldsymbol{A\eta}(t)+\boldsymbol{CF}(t)\boldsymbol{\varepsilon}(t)+\boldsymbol{C}^{\tau}\overline{\boldsymbol{F}}(t)\boldsymbol{\varepsilon}(t-\tau)+\boldsymbol{o}(\delta)\}\\(\boldsymbol{\varepsilon}(t+\bar{\delta})-\boldsymbol{\varepsilon}(t))/\bar{\delta}=\mathrm{e}^t\{-\boldsymbol{B\varepsilon}(t)+\boldsymbol{DG}(t)\boldsymbol{\eta}(t)+\boldsymbol{D}^{\sigma}\overline{\boldsymbol{G}}(t)\boldsymbol{\eta}(t-\sigma)+\boldsymbol{o}(\bar{\delta})\}\end{cases}\tag{5-47}$$

其中，$\delta>0$，$\bar{\delta}>0$，且 $\lim\limits_{\delta\to 0^+}\boldsymbol{o}(\delta)=\boldsymbol{0}$，$\lim\limits_{\bar{\delta}\to 0^+}\boldsymbol{o}(\bar{\delta})=\boldsymbol{0}$.

由式（5-47）可得

$$\begin{cases}\boldsymbol{\eta}(t+\delta)=(\boldsymbol{E}-\delta\mathrm{e}^t\boldsymbol{A})\boldsymbol{\eta}(t)+\mathrm{e}^t\delta\boldsymbol{C}\boldsymbol{F}(t)\boldsymbol{\varepsilon}(t)+\mathrm{e}^t\delta\boldsymbol{C}^{\tau}\overline{\boldsymbol{F}}(t)\boldsymbol{\varepsilon}(t-\tau)+\delta\boldsymbol{o}(\delta)\\ \boldsymbol{\varepsilon}(t+\bar{\delta})=(\boldsymbol{E}-\bar{\delta}\mathrm{e}^t\boldsymbol{B})\boldsymbol{\varepsilon}(t)+\mathrm{e}^t\bar{\delta}\boldsymbol{D}\boldsymbol{G}(t)\boldsymbol{\eta}(t)+\mathrm{e}^t\bar{\delta}\boldsymbol{D}^{\sigma}\overline{\boldsymbol{G}}(t)\boldsymbol{\eta}(t-\sigma)+\bar{\delta}\boldsymbol{o}(\bar{\delta})\end{cases}\tag{5-48}$$

这里，$\boldsymbol{E}-\delta\mathrm{e}^t\boldsymbol{A}>0$，$\boldsymbol{E}-\bar{\delta}\mathrm{e}^t\boldsymbol{B}>0$，且 δ 和 $\bar{\delta}$ 充分小，其中 $\boldsymbol{E}$ 表示相应维数的单位矩阵. 并且通过证明，得到

$$\begin{cases}\|\boldsymbol{E}-\delta\mathrm{e}^t\boldsymbol{A}\|_p=\|\boldsymbol{E}\|_p-\delta\mathrm{e}^t\|\boldsymbol{A}\|_p=1-\delta\mathrm{e}^t\|\boldsymbol{A}\|_p\\ \|\boldsymbol{E}-\bar{\delta}\mathrm{e}^t\boldsymbol{B}\|_p=\|\boldsymbol{E}\|_p-\bar{\delta}\mathrm{e}^t\|\boldsymbol{B}\|_p=1-\bar{\delta}\mathrm{e}^t\|\boldsymbol{A}\|_p\end{cases}\tag{5-49}$$

根据假设（H_2）可得

$$\|\boldsymbol{F}\|_p\leqslant\|\boldsymbol{M}\|_p,\|\overline{\boldsymbol{F}}\|_p\leqslant\|\boldsymbol{M}\|_p,\|\boldsymbol{G}\|_p\leqslant\|\boldsymbol{L}\|_p,\|\overline{\boldsymbol{G}}\|_p\leqslant\|\boldsymbol{L}\|_p\tag{5-50}$$

由式（5-48）~式（5-50）可得

$$\begin{cases}\|\boldsymbol{\eta}(t+\delta)\|_p\leqslant(1-\delta\mathrm{e}^t\|\boldsymbol{A}\|_p)\|\boldsymbol{\eta}(t)\|_p+\delta\mathrm{e}^t\|\boldsymbol{C}\|_p\|\boldsymbol{F}(t)\|_p\|\boldsymbol{\varepsilon}(t)\|_p+\\ \qquad\delta\mathrm{e}^t\|\boldsymbol{C}^{\tau}\|_p\|\boldsymbol{\varepsilon}(t-\tau)\|_p\|\overline{\boldsymbol{F}}(t)\|_p+\delta\mathrm{e}^t\|\boldsymbol{o}(\delta)\|_p\\ \qquad\leqslant(1-\delta\mathrm{e}^t\|\boldsymbol{A}\|_p)\|\boldsymbol{\eta}(t)\|_p+\delta\mathrm{e}^t\|\boldsymbol{C}\|_p\|\boldsymbol{M}\|_p\|\boldsymbol{\varepsilon}(t)\|_p+\\ \qquad\delta\mathrm{e}^t\|\boldsymbol{C}^{\tau}\|_p\|\boldsymbol{\varepsilon}(t-\tau)\|_p\|\boldsymbol{M}\|_p+\delta\mathrm{e}^t\|\boldsymbol{o}(\delta)\|_p\\ \|\boldsymbol{\varepsilon}(t+\bar{\delta})\|_p\leqslant(1-\bar{\delta}\mathrm{e}^t\|\boldsymbol{B}\|_p)\|\boldsymbol{\varepsilon}(t)\|_p+\bar{\delta}\mathrm{e}^t\|\boldsymbol{D}\|_p\|\boldsymbol{G}(t)\|_p\|\boldsymbol{\eta}(t)\|_p+\\ \qquad\bar{\delta}\mathrm{e}^t\|\boldsymbol{D}^{\sigma}\|_p\|\boldsymbol{\eta}(t-\sigma)\|_p\|\overline{\boldsymbol{G}}(t)\|_p+\bar{\delta}\mathrm{e}^t\|\boldsymbol{o}(\bar{\delta})\|_p\\ \qquad\leqslant(1-\bar{\delta}\mathrm{e}^t\|\boldsymbol{B}\|_p)\|\boldsymbol{\varepsilon}(t)\|_p+\bar{\delta}\mathrm{e}^t\|\boldsymbol{D}\|_p\|\boldsymbol{L}\|_p\|\boldsymbol{\eta}(t)\|_p+\\ \qquad\bar{\delta}\mathrm{e}^t\|\boldsymbol{D}^{\sigma}\|_p\|\boldsymbol{\eta}(t-\sigma)\|_p\|\boldsymbol{L}\|_p+\bar{\delta}\mathrm{e}^t\|\boldsymbol{o}(\bar{\delta})\|_p\end{cases}\tag{5-51}$$

由式（5-51）整理得

$$\begin{cases}(\|\boldsymbol{\eta}(t+\delta)\|_p-\|\boldsymbol{\eta}(t)\|_p)/\delta\leqslant\mathrm{e}^t\{-\|\boldsymbol{A}\|_p\|\boldsymbol{\eta}(t)\|_p+\|\boldsymbol{C}\|_p\|\boldsymbol{M}\|_p\|\boldsymbol{\varepsilon}(t)\|_p+\\ \qquad\|\boldsymbol{C}^{\tau}\|_p\|\boldsymbol{M}\|_p\|\boldsymbol{\varepsilon}(t-\tau)\|_p\}+\|\boldsymbol{o}(\delta)\|_p\\ (\|\boldsymbol{\varepsilon}(t+\bar{\delta})\|_p-\|\boldsymbol{\varepsilon}(t)\|_p)/\bar{\delta}\leqslant\mathrm{e}^t\{-\|\boldsymbol{B}\|_p\|\boldsymbol{\varepsilon}(t)\|_p+\|\boldsymbol{D}\|_p\|\boldsymbol{L}\|_p\|\boldsymbol{\eta}(t)\|_p+\\ \qquad\|\boldsymbol{D}^{\sigma}\|_p\|\boldsymbol{L}\|_p\|\boldsymbol{\eta}(t-\sigma)\|_p\}+\|\boldsymbol{o}(\bar{\delta})\|_p\end{cases}\tag{5-52}$$

在式（5-52）中，令 $\delta\to 0^+$，$\bar{\delta}\to 0^+$，有

$$\begin{cases}D^+\|\boldsymbol{\eta}(t)\|_p\leqslant\mathrm{e}^t\{-\|\boldsymbol{A}\|_p\|\boldsymbol{\eta}(t)\|_p+(\|\boldsymbol{C}\|_p\|\boldsymbol{\varepsilon}(t)\|_p+\\ \qquad\|\boldsymbol{C}^{\tau}\|_p\|\boldsymbol{\varepsilon}(t-\tau)\|_p)\|\boldsymbol{M}\|_p\}\\ D^+\|\boldsymbol{\varepsilon}(t)\|_p\leqslant\mathrm{e}^t\{-\|\boldsymbol{B}\|_p\|\boldsymbol{\varepsilon}(t)\|_p+(\|\boldsymbol{D}\|_p\|\boldsymbol{\eta}(t)\|_p+\\ \qquad\|\boldsymbol{D}^{\sigma}\|_p\|\boldsymbol{\eta}(t-\sigma)\|_p)\|\boldsymbol{L}\|_p\}\end{cases}\tag{5-53}$$

考虑如下泛函

$$\begin{cases}\Phi(\mu)=\|\boldsymbol{A}\|_p-\mu-\|\boldsymbol{C}\|_p\|\boldsymbol{M}\|_p-\|\boldsymbol{C}^{\tau}\|_p\|\boldsymbol{M}\|_p\mathrm{e}^{\mu\tau},\mu\in[0,+\infty)\\ \Psi(v)=\|\boldsymbol{B}\|_p-v-\|\boldsymbol{D}\|_p\|\boldsymbol{L}\|_p-\|\boldsymbol{D}^{\sigma}\|_p\|\boldsymbol{L}\|_p\mathrm{e}^{v\sigma},v\in[0,+\infty)\end{cases}\tag{5-54}$$

由式（5-41）和式（5-54），可得

$$\begin{cases}\Phi(0)=\|\boldsymbol{A}\|_p-\|\boldsymbol{C}\|_p\|\boldsymbol{M}\|_p-\|\boldsymbol{C}^\tau\|_p\|\boldsymbol{M}\|_p>0\\ \Psi(0)=\|\boldsymbol{B}\|_p-\|\boldsymbol{D}\|_p\|\boldsymbol{L}\|_p-\|\boldsymbol{D}^\sigma\|_p\|\boldsymbol{L}\|_p>0\end{cases}\tag{5-55}$$

且 $\Phi(\mu)$ 和 $\Psi(v)$ 在 $[0,+\infty)$ 上是连续的，当 u，$v\to+\infty$时，$\Phi(\mu)\to-\infty$，$\Psi(v)\to-\infty$. 因此，存在正常数 $\widetilde{u}$ 和 $\widetilde{v}$，使得

$$\begin{cases}\Phi(\widetilde{\mu})=\|\boldsymbol{A}\|_p-\widetilde{\mu}-\|\boldsymbol{C}\|_p\|\boldsymbol{M}\|_p-\|\boldsymbol{C}^\tau\|_p\|\boldsymbol{M}\|_p\mathrm{e}^{\widetilde{\mu}\tau}=0\\ \Psi(\widetilde{v})=\|\boldsymbol{B}\|_p-\widetilde{v}-\|\boldsymbol{D}\|_p\|\boldsymbol{L}\|_p-\|\boldsymbol{D}^\sigma\|_p\|\boldsymbol{L}\|_p\mathrm{e}^{\widetilde{v}\sigma}=0\end{cases}\tag{5-56}$$

成立. 令 $0<\lambda<\min\{\widetilde{u},\widetilde{v}\}$，有

$$\begin{cases}\Phi(\lambda)=\|\boldsymbol{A}\|_p-\lambda-\|\boldsymbol{C}\|_p\|\boldsymbol{M}\|_p-\|\boldsymbol{C}^\tau\|_p\|\boldsymbol{M}\|_p\mathrm{e}^{\lambda\tau}>0\\ \Psi(\lambda)=\|\boldsymbol{B}\|_p-\lambda-\|\boldsymbol{D}\|_p\|\boldsymbol{L}\|_p-\|\boldsymbol{D}^\sigma\|_p\|\boldsymbol{L}\|_p\mathrm{e}^{\lambda\sigma}>0\end{cases}\tag{5-57}$$

这里，取 λ 是不等式（5-57）的最大解.

考虑函数 $U(t)$ 和 $V(t)$ 定义如下

$$\begin{cases}U(t)=\mathrm{e}^{\lambda t}\|\boldsymbol{\eta}(t)\|_p,t\in[-\sigma,+\infty]\\ V(t)=\mathrm{e}^{\lambda t}\|\boldsymbol{\varepsilon}(t)\|_p,t\in[-\tau,+\infty]\end{cases}\tag{5-58}$$

则对于 $t>0$，由式（5-58）和式（5-53）得

$$\begin{cases}D^+U(t)=(-\mathrm{e}^t\|\boldsymbol{A}\|_p+\lambda)U(t)+\mathrm{e}^t\|\boldsymbol{C}\|_p\|\boldsymbol{M}\|_pV(t)+\\ \qquad\qquad \mathrm{e}^t\|\boldsymbol{C}^\tau\|_p\|\boldsymbol{M}\|_p\mathrm{e}^{\lambda\tau}V(t-\tau)\\ \qquad\quad=(-\|\boldsymbol{A}\|_p+\lambda)\mathrm{e}^tU(t)+\mathrm{e}^t(\|\boldsymbol{C}\|_p+\|\boldsymbol{C}^\tau\|_p\mathrm{e}^{\lambda\tau})\|\boldsymbol{M}\|_p\overline{V}(t)\\ D^+V(t)=(-\mathrm{e}^t\|\boldsymbol{B}\|_p+\lambda)V(t)+\mathrm{e}^t\|\boldsymbol{D}\|_p\|\boldsymbol{L}\|_pV(t)+\\ \qquad\qquad \mathrm{e}^t\|\boldsymbol{D}^\sigma\|_p\|\boldsymbol{L}\|_p\mathrm{e}^{\lambda\sigma}U(t-\sigma)\\ \qquad\quad=(-\|\boldsymbol{B}\|_p+\lambda)\mathrm{e}^tV(t)+\mathrm{e}^t(\|\boldsymbol{D}\|_p+\|\boldsymbol{D}^\sigma\|_p\mathrm{e}^{\lambda\sigma})\|\boldsymbol{L}\|_p\overline{V}(t)\end{cases}\tag{5-59}$$

其中，$\overline{U}(s)=\sup\limits_{t-\tau\leqslant s\leqslant t}\{U(s)\}$和$\overline{V}(s)=\sup\limits_{t-\sigma\leqslant s\leqslant t}\{V(s)\}$. 根据定理 5-5 的条件，及式（5-40）和式（5-58），得

$$\begin{cases}U(t)\leqslant K,t\in[-\sigma,0]\\ V(t)\leqslant K,t\in[-\tau,0]\end{cases}$$

我们猜想

$$\begin{cases}U(t)\leqslant K,\\ V(t)\leqslant K,\end{cases}\quad t\in[0,+\infty)\tag{5-60}$$

首先，我们将证明对于 $d>1$，有

$$\begin{cases}U(t)<dK,\\ V(t)<dK,\end{cases}\quad t\in[0,+\infty)\tag{5-61}$$

成立.

假设式（5-61）在这种意义上不成立，存在某个时间 $t_1>0$，使得

$$U(t)<dK,t\in[-\sigma,t_1),U(t_1)=dK,D^+U(t_1)\geqslant0\tag{5-62}$$

而

$$V(t)<dK, t\in[-\tau, t_1) \tag{5-63}$$

将式（5-62）和式（5-63）代入式（5-59），得

$$\begin{aligned}0\leqslant D^+U(t_1)&\leqslant(-\|\boldsymbol{A}\|_p+\lambda)\mathrm{e}^{t_1}U(t_1)+\mathrm{e}^{t_1}(\|\boldsymbol{C}\|_p+\|\boldsymbol{C}^\tau\|_p\mathrm{e}^{\lambda\tau})\|\boldsymbol{M}\|_p\overline{V}(t_1)\\&\leqslant\{-\|\boldsymbol{A}\|_p+\lambda+(\|\boldsymbol{C}\|_p+\|\boldsymbol{C}^\tau\|_p\mathrm{e}^{\lambda\tau})\|\boldsymbol{M}\|_p\}\mathrm{e}^{t_1}dK\end{aligned}$$

并将式（5-57）应用到上面的不等式，推得 $0\leqslant D^+U(t_1)<0$，这意味着产生了矛盾. 这样，当 $t>0$ 时，式（5-61）成立. 因此，在式（5-61）中，当 $d\to1$ 时，可得 $U(t)\leqslant K$，$t\in[0,+\infty)$. 也就是说，式（5-60）必然成立. 将式（5-58）应用到式（5-60）中，可以得到式（5-44），它确保了式（5-35）的平衡点 $(\boldsymbol{u}^*,\boldsymbol{v}^*)^{\mathrm{T}}$ 的全局指数稳定性.

5.2.4 全局多项式稳定性

定理 5-6 在（H_1）和（H_2）的条件下，若式（5-41）成立，且存在正常数 $\bar{K}$ 和 λ，当 $t\geqslant1$ 时有

$$\begin{cases}\|\boldsymbol{x}(t)-\boldsymbol{x}^*\|_p\leqslant\bar{K}t^{-\lambda}\\\|\boldsymbol{y}(t)-\boldsymbol{y}^*\|_p\leqslant\bar{K}t^{-\lambda}\end{cases} \tag{5-64}$$

则系统（5-30）的平衡点 $(\boldsymbol{x}^*,\boldsymbol{y}^*)^{\mathrm{T}}$ 是全局多项式稳定的，其中，$\bar{K}=\max\{\bar{K}_1,\bar{K}_2\}>0$，且常数 $\bar{K}_1$、$\bar{K}_2$ 由式（5-40）中给出，$p=1,2,\infty,\omega$.

证明 将（5-40）代入（5-44），得

$$\begin{cases}\|\boldsymbol{u}(t)-\boldsymbol{u}^*\|_p\leqslant\max\{\sup\limits_{-\sigma\leqslant s\leqslant0}\|\boldsymbol{\varphi}(s)-\boldsymbol{u}^*\|_p,\sup\limits_{-\tau\leqslant r\leqslant0}\|\boldsymbol{\psi}(r)-\boldsymbol{v}^*\|_p\}\mathrm{e}^{-\lambda t}\\\|\boldsymbol{v}(t)-\boldsymbol{v}^*\|_p\leqslant\max\{\sup\limits_{-\sigma\leqslant s\leqslant0}\|\boldsymbol{\varphi}(s)-\boldsymbol{u}^*\|_p,\sup\limits_{-\tau\leqslant r\leqslant0}\|\boldsymbol{\psi}(r)-\boldsymbol{v}^*\|_p\}\mathrm{e}^{-\lambda t}\end{cases}$$

将式（5-34），代入上式，得

$$\begin{cases}\|\boldsymbol{x}(\mathrm{e}^t)-\boldsymbol{x}^*\|_p\leqslant\max\{\sup\limits_{-\sigma\leqslant s\leqslant0}\|\boldsymbol{\vartheta}(\mathrm{e}^s)-\boldsymbol{x}^*\|_p,\sup\limits_{-\tau\leqslant r\leqslant0}\|\boldsymbol{\pi}(\mathrm{e}^r)-\boldsymbol{y}^*\|_p\}\mathrm{e}^{-\lambda t}\\\|\boldsymbol{y}(\mathrm{e}^t)-\boldsymbol{y}^*\|_p\leqslant\max\{\sup\limits_{-\sigma\leqslant s\leqslant0}\|\boldsymbol{\vartheta}(\mathrm{e}^s)-\boldsymbol{x}^*\|_p,\sup\limits_{-\tau\leqslant r\leqslant0}\|\boldsymbol{\pi}(\mathrm{e}^r)-\boldsymbol{y}^*\|_p\}\mathrm{e}^{-\lambda t}\end{cases} \tag{5-65}$$

令 $\mathrm{e}^t=\mu$，其中，$t\geqslant0$，由此可知 $t=\ln\mu$，$\mu\geqslant1$；令 $\mathrm{e}^s=\zeta$，其中，$s\in[-\sigma,0]$，由此可知 $s=\ln\zeta$，$\zeta\in[p,1]$；令 $\mathrm{e}^r=\rho$，其中，$r\in[-\tau,0]$，由此可知 $r=\ln\rho$，$\rho\in[q,1]$. 对于 $\mu\geqslant1$，由式（5-65），得

$$\begin{cases}\|\boldsymbol{x}(\mu)-\boldsymbol{x}^*\|_p\leqslant\max\{\sup\limits_{p\leqslant\zeta\leqslant1}\|\boldsymbol{\vartheta}(\zeta)-\boldsymbol{x}^*\|_p,\sup\limits_{q\leqslant\rho\leqslant1}\|\boldsymbol{\pi}(\rho)-\boldsymbol{y}^*\|_p\}\mathrm{e}^{-\lambda\ln\mu}\\\|\boldsymbol{y}(\mu)-\boldsymbol{y}^*\|_p\leqslant\max\{\sup\limits_{p\leqslant\zeta\leqslant1}\|\boldsymbol{\vartheta}(\zeta)-\boldsymbol{x}^*\|_p,\sup\limits_{q\leqslant\rho\leqslant1}\|\boldsymbol{\pi}(\rho)-\boldsymbol{y}^*\|_p\}\mathrm{e}^{-\lambda\ln\mu}\end{cases}$$

取 $\mu=t$，代入上式，$t\geqslant1$ 时有

$$\begin{cases}\|\boldsymbol{x}(t)-\boldsymbol{x}^*\|_p\leqslant\max\{\sup\limits_{p\leqslant\zeta\leqslant 1}\|\boldsymbol{\vartheta}(\zeta)-\boldsymbol{x}^*\|_p,\sup\limits_{q\leqslant\rho\leqslant 1}\|\boldsymbol{\pi}(\rho)-\boldsymbol{y}^*\|_p\}t^{-\lambda}\\ \|\boldsymbol{y}(t)-\boldsymbol{y}^*\|_p\leqslant\max\{\sup\limits_{p\leqslant\zeta\leqslant 1}\|\boldsymbol{\vartheta}(\zeta)-\boldsymbol{x}^*\|_p,\sup\limits_{q\leqslant\rho\leqslant 1}\|\boldsymbol{\pi}(\rho)-\boldsymbol{y}^*\|_p\}t^{-\lambda}\end{cases}$$

将式（5-40）代入上式，可得式（5-64），其中 $\bar{K}=\max\{\bar{K}_1,\bar{K}_2\}$，多项式收敛率 λ 是不等式（5-64）的最大解.

基于定理 5-6 和定理 5-5 的证明，可以得到如下结果.

定理 5-7 在（H_1）和（H_2）的条件下，如果存在一个常数 $\lambda>0$，使得

$$\begin{cases}\|\boldsymbol{A}\|_p-\lambda-\|\boldsymbol{C}\|_p\|\boldsymbol{M}\|_p-\|\boldsymbol{C}^\tau\|_p\|\boldsymbol{M}\|_p\mathrm{e}^{\lambda\tau}>0\\ \|\boldsymbol{B}\|_p-\lambda-\|\boldsymbol{D}\|_p\|\boldsymbol{L}\|_p-\|\boldsymbol{D}^\sigma\|_p\|\boldsymbol{L}\|_p\mathrm{e}^{\lambda\sigma}>0\end{cases}$$

成立，则系统（5-30）有唯一的平衡点$(\boldsymbol{x}^*,\boldsymbol{y}^*)^{\mathrm{T}}$，且存在正常数 $\bar{K}$ 和 λ，使得

$$\begin{cases}\|\boldsymbol{x}(t)-\boldsymbol{x}^*\|_p\leqslant\bar{K}t^{-\lambda}\\ \|\boldsymbol{y}(t)-\boldsymbol{y}^*\|_p\leqslant\bar{K}t^{-\lambda}\end{cases}$$

其中，$\bar{K}=\max\{\bar{K}_1,\bar{K}_2\}>0$，常数 $\bar{K}_1$ 和 $\bar{K}_2$ 由式（5-40）给出，$\tau=-\ln p\geqslant 0$，$\sigma=-\ln p\geqslant 0$，$p=1,2,\infty,\omega$. 多项式收敛率 λ 是不等式（5-64）的最大解.

注 5-6 时滞微分不等式（5-59）包含 e^t，因此它不是（广义）Halanay 不等式[32]. 因此，这里不能将（广义）Halanay 不等式的性质应用到式（5-30）和式（5-35）.

注 5-7 如果 $q_1=q_2=1$，系统（5-30）变成无时滞的混合 BAM 神经网络. 本节的结果对无时滞的混合 BAM 神经网络也适用.

5.2.5 数值算例及仿真

例 5-3 考虑下面的系统

$$\begin{cases}\dot{x}_i(t)=-a_ix_i(t)+\sum\limits_{j=1}^{2}c_{ij}f_j(y_j(t))+\sum\limits_{j=1}^{2}c_{ij}^\tau f_j(y_j(p_jt))+I_i,i=1,2\\ \dot{y}_j(t)=-b_jy_j(t)+\sum\limits_{i=1}^{2}d_{ji}g_i(x_i(t))+\sum\limits_{i=1}^{2}d_{ji}^\sigma g_j(x_j(q_jt))+J_j,j=1,2\end{cases}\tag{5-66}$$

其中，$\boldsymbol{A}=\begin{pmatrix}5&0\\0&5.5\end{pmatrix}$，$\boldsymbol{C}=\begin{pmatrix}4/3&1/2\\-1/2&2/3\end{pmatrix}$，$\boldsymbol{C}^\tau=\begin{pmatrix}2/3&1/2\\-1/2&4/3\end{pmatrix}$，$\boldsymbol{I}=\begin{pmatrix}-1/2\\1\end{pmatrix}$，$\boldsymbol{B}=\begin{pmatrix}3&0\\0&4\end{pmatrix}$，$\boldsymbol{D}=\begin{pmatrix}1/3&4/3\\3&2/3\end{pmatrix}$，$\boldsymbol{D}^\sigma=\begin{pmatrix}2/3&2/3\\3&4/3\end{pmatrix}$，$\boldsymbol{J}=\begin{pmatrix}1/4\\-2\end{pmatrix}$，$p_1=p_2=0.65$，$q_1=q_2=0.9$，选择函数 f_j 和 g_i，i，$j=1$，2 为

$$\begin{pmatrix}f_1(y_1)\\f_2(y_2)\end{pmatrix}=\begin{pmatrix}\tanh(M_1y_1)\\\tanh(M_2y_2)\end{pmatrix},\begin{pmatrix}g_1(x_1)\\g_2(x_2)\end{pmatrix}=\begin{pmatrix}\tanh(L_1x_1)\\\tanh(L_2x_2)\end{pmatrix}$$

其中，$M_1=5/6$，$M_2=5/6$，$L_1=1/2$，$L_2=3/4$，$\boldsymbol{M}=\mathrm{diag}\{5/6,\ 5/6\}$，$\boldsymbol{N}=\mathrm{diag}\{1/2,\ 3/4\}$.

利用定理 5-6，计算得

$$\begin{cases}\|\boldsymbol{A}\|_2-(\|\boldsymbol{C}\|_2+\|\boldsymbol{C}^{\tau}\|_2)\|\boldsymbol{M}\|_2=3.0810>0\\ \|\boldsymbol{B}\|_2-(\|\boldsymbol{D}\|_2+\|\boldsymbol{D}^{\sigma}\|_2)\|\boldsymbol{L}\|_2=0.2079>0\end{cases}$$

因此，由定理 5-6 可知，系统（5-66）有唯一的平衡点，并且它是全局多项式稳定的. 通过 Matlab 计算得到唯一的平衡点为$(-0.0820,0.2766,-0.4175,-1.0298)^{\mathrm{T}}$. 应用 Matlab 仿真系统（5-66）的稳定性，如图 5-3 所示.

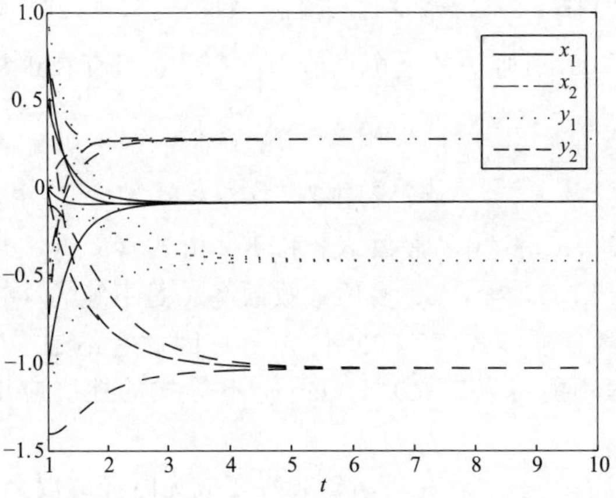

图 5-3　系统（5-66）的时间响应曲线

另一方面，可计算出

$$b_1=3<\sum_{i=1}^{2}(|d_{i1}|+|d_{i1}^{\sigma}|)L_i=3.5$$

这不满足文献［16］中定理 2 的条件和文献［26］中的定理 1，因此文献［16］中的定理 2 和文献［26］中的定理 1 不能应用于例 5-3.

例 5-4　考虑如下系统

$$\begin{cases}\dot{x}_i(t)=-a_ix_i(t)+\sum\limits_{j=1}^{2}c_{ij}f_j(y_j(t))+\sum\limits_{j=1}^{2}c_{ij}^{\tau}f_j(y_j(p_jt))+I_i,i=1,2\\ \dot{y}_j(t)=-b_jy_j(t)+\sum\limits_{i=1}^{2}d_{ji}g_i(x_i(t))+\sum\limits_{i=1}^{2}d_{ji}^{\sigma}g_j(x_j(q_jt))+J_j,j=1,2\end{cases}\tag{5-67}$$

取 $\boldsymbol{A}=\begin{pmatrix}4&0\\0&4\end{pmatrix}$，$\boldsymbol{C}=\begin{pmatrix}1/10&1/4\\3/10&1/8\end{pmatrix}$，$\boldsymbol{C}^{\tau}=\begin{pmatrix}1/10&1/4\\1/10&1/8\end{pmatrix}$，$\boldsymbol{I}=\begin{pmatrix}3\\1\end{pmatrix}$，$\boldsymbol{B}=\begin{pmatrix}10&0\\0&15\end{pmatrix}$，

$\boldsymbol{D}=\begin{pmatrix}-1/4 & 1/6\\ -1/6 & -1/10\end{pmatrix}$，$\boldsymbol{D}^{\sigma}=\begin{pmatrix}-1/4 & 1/6\\ -1/6 & -1/10\end{pmatrix}$，$\boldsymbol{J}=\begin{pmatrix}-2\\ -6\end{pmatrix}$，$p_1=p_2=0.2$，$q_1=q_2=0.5$，选择函数 f_j 和 g_i，i，$j=1$，2 为

$$\begin{pmatrix}f_1(y_1)\\ f_2(y_2)\end{pmatrix}=\begin{pmatrix}\tanh(M_1y_1)\\ \tanh(M_2y_2)\end{pmatrix},\begin{pmatrix}g_1(x_1)\\ g_2(x_2)\end{pmatrix}=\begin{pmatrix}\tanh(L_1x_1)\\ \tanh(L_2x_2)\end{pmatrix}$$

其中，$M_1=11/6, M_2=3/2, L_1=8, L_2=16, \boldsymbol{M}=\mathrm{diag}\{11/6,3/2\}, \boldsymbol{L}=\mathrm{diag}\{8,16\}$.

利用定理 5-6，可以计算出

$$\begin{cases}\|\boldsymbol{A}\|_2-(\|\boldsymbol{C}\|_2+\|\boldsymbol{C}^{\tau}\|_2)\|\boldsymbol{M}\|_2=2.7145>0\\ \|\boldsymbol{B}\|_2-(\|\boldsymbol{D}\|_2+\|\boldsymbol{D}^{\sigma}\|_2)\|\boldsymbol{L}\|_2=4.8656>0\end{cases}$$

因此，由定理 5-6，可知系统（5-67）有唯一的平衡点，并且它是全局多项式稳定的. 通过 Matlab 计算得到唯一的平衡点是$(0.8585, 0.3730, -0.1879, -0.3666)^{\mathrm{T}}$，对于系统的全局多项式稳定性，Matlab 仿真结果，如图 5-4 所示.

另一方面，计算可得

$$a_1=4<L_1\sum_{j=1}^{2}(|c_{1j}|+|c_{1j}^{\tau}|)=20/3$$

这不满足文献［16］中定理 1 的条件因此，文献［16］中的定理 1 不能应用于例 5-4.

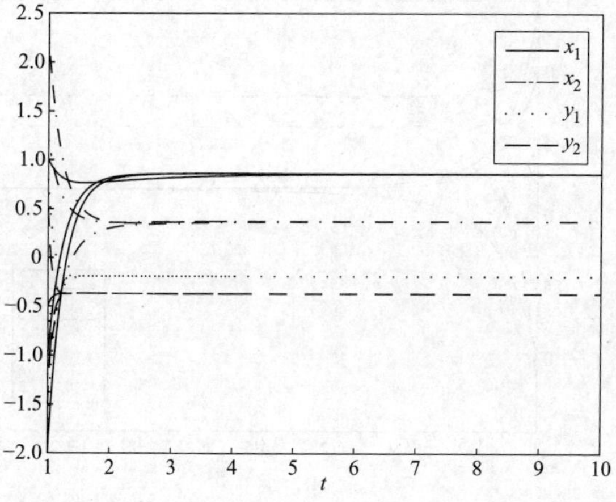

图 5-4　系统（5-67）的时间响应曲线

例 5-5　考虑下面的系统

$$\begin{cases}\dot{x}_i(t)=-a_ix_i(t)+\sum\limits_{j=1}^{2}c_{ij}f_j(y_j(t))+\sum\limits_{j=1}^{2}c_{ij}^{\tau}f_j(y_j(q_1t))+I_i\\ \dot{y}_j(t)=-b_jy_j(t)+\sum\limits_{i=1}^{2}d_{ji}g_i(x_i(t))+\sum\limits_{i=1}^{2}d_{ji}^{\sigma}g_j(x_j(q_2t))+J_j\end{cases}\tag{5-68}$$

这里，i，$j=1$，2，取

$$\boldsymbol{A}=\begin{pmatrix}6 & 0\\0 & 5\end{pmatrix},\quad \boldsymbol{C}=\begin{pmatrix}2 & -2\\1 & 1\end{pmatrix},\quad \boldsymbol{C}^{\tau}=\begin{pmatrix}2 & 1\\0 & -1\end{pmatrix},\quad \boldsymbol{I}=\begin{pmatrix}-2\\2\end{pmatrix}$$

$$\boldsymbol{B}=\begin{pmatrix}4.5 & 0\\0 & 4\end{pmatrix},\quad \boldsymbol{D}=\begin{pmatrix}-2 & 0\\1 & 1\end{pmatrix},\quad \boldsymbol{D}^{\sigma}=\begin{pmatrix}1 & -1\\-1 & 0\end{pmatrix},\quad \boldsymbol{J}=\begin{pmatrix}1\\2\end{pmatrix}$$

$q_1=0.5, q_2=0.8, \tau=-\ln q_1=0.6931, \sigma=-\ln q_2=0.2231$.激活函数 f_j 和 $g_i, i, j=1,2$ 分别为

$$\begin{pmatrix}f_1(y_1)\\f_2(y_2)\end{pmatrix}=\begin{pmatrix}\sin(0.5y_1)+\cos(0.5y_1)\\\sin(0.5y_2)+\cos(0.5y_2)\end{pmatrix},\quad \begin{pmatrix}g_1(x_1)\\g_2(x_2)\end{pmatrix}=\begin{pmatrix}\sin(0.5x_1)+\cos(0.5x_1)\\\sin(0.5x_2)+\cos(0.5x_2)\end{pmatrix}$$

其中，$M_1=1, M_2=1, L_1=1, L_2=1, \boldsymbol{M}=\mathrm{diag}\{1,1\}, \boldsymbol{L}=\mathrm{diag}\{1,1\}$.

利用定理 5-7，可以计算得

$$\begin{cases}\|\boldsymbol{A}\|_2-\lambda-\|\boldsymbol{C}\|_2\|\boldsymbol{M}\|_2+\|\boldsymbol{C}^{\tau}\|_2\|\boldsymbol{M}\|_2\mathrm{e}^{\lambda\tau}=0.3431>0\\\|\boldsymbol{B}\|_2-\lambda-\|\boldsymbol{D}\|_2\|\boldsymbol{L}\|_2+\|\boldsymbol{D}^{\sigma}\|_2\|\boldsymbol{L}\|_2\mathrm{e}^{\lambda\sigma}=0.3200>0\end{cases}$$

因此，由定理 5-7，可知系统（5-68）有一个唯一的平衡点，并且它是全局多项式稳定的. 通过 Matlab 计算得到唯一的平衡点是$(0.1817, 0.6174, -0.2620, 0.8295)^{\mathrm{T}}$，对于系统的全局多项式稳定性，Matlab 仿真结果，如图 5-5 所示.

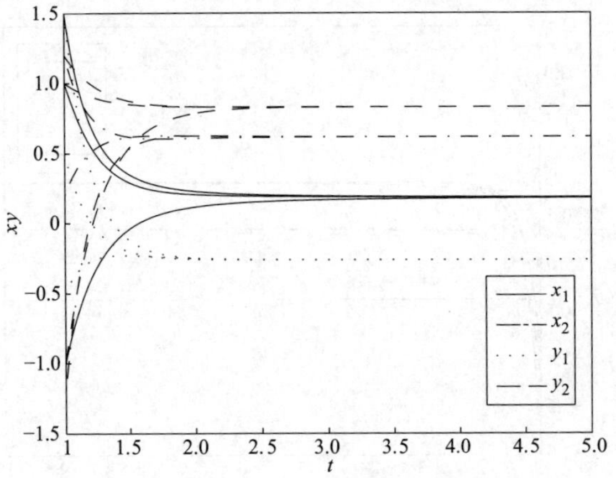

图 5-5　系统（5-68）的时间响应曲线

另一方面，可以计算出

$$a_1=6<L_1\sum_{j=1}^{2}(|c_{1j}|+|c_{1j}^{\tau}|)=7$$

这不满足文献［26］中定理 1 的条件，因此，文献［26］中的定理 1 不能应用于例 5-5.

5.1 节和 5.2 节都是在不构造适当 Lyapunov 泛函的基础上，通过构造新的时滞微分不等式方法，得到了具比例时滞混合 BAM 神经网络平衡点全局多项式稳定的新的时滞独立和时滞依赖的充分条件. 这里构造的时滞微分不等式不是 Halanay

不等式或广义 Halanay 不等式. 非线性变换可以将具比例时滞的混合 BAM 神经网络转化为具有常时滞和变系数的混合 BAM 神经网络. 因此，具无界时滞 BAM 神经网络的稳定性问题转化为具有常时滞 BAM 神经网络的稳定性问题，从而使问题简化.

5.3 BAM 神经网络时滞依赖的多项式稳定性

本节通过构造合适的 Lyapunov 泛函，讨论一类具多比例时滞杂交 BAM 神经网络的全局多项式稳定性.

5.3.1 模型描述及预备知识

考虑如下具多比例时滞 BAM 神经网络[25]

$$\begin{cases}\dot{x}_i(t)=-a_ix_i(t)+\sum\limits_{j=1}^{m}b_{ji}g_j(y_j(t))+\sum\limits_{j=1}^{m}c_{ji}g_j(y_j(q_1t))+\\ \qquad\sum\limits_{j=1}^{m}d_{ji}g_j(y_j(q_2t))+I_i\\ \dot{y}_j(t)=-p_jy_j(t)+\sum\limits_{i=1}^{n}r_{ij}f_i(x_i(t))+\sum\limits_{i=1}^{n}s_{ij}f_i(x_i(q_3t))+\\ \qquad\sum\limits_{i=1}^{n}z_{ij}f_i(x_i(q_4t))+J_j\end{cases}\tag{5-69}$$

其中，$t\geqslant 1$，$b_{ji},c_{ji},d_{ji},r_{ij},s_{ij},z_{ij}\in\mathbb{R}$ 为突触连接权，q_i 是比例时滞，满足 $0<q_i\leqslant 1,q_it=t-(1-q_i)t,i=1,2,3,4$，其中，$(1-q_i)t$ 表示传输时滞，当 $t\to\infty$ 时，$(1-q_i)t\to\infty$，即$(1-q_i)t$ 是无界时滞函数，其余参数同通过 5.1 节. 非线性激活函数 $f_i(\cdot)$ 和 $g_j(\cdot)$ 满足如下条件：

(H_1) 对 $\forall u\in\mathbb{R}$，存在常数 $A_i,B_j>0$，使得

$$|f_i(u)|\leqslant A_i,|g_j(u)|\leqslant B_j$$

(H_2) $f_i(\cdot)$ 和 $g_j(\cdot)$ 在$\mathbb{R}$上满足 Lipschitz 条件，即对 $\forall u$，$v\in\mathbb{R}$，存在常数 $L_i>0$，$M_j>0$，使得

$$|f_i(u)-f_i(v)|\leqslant L_i|u-v|,|g_j(u)-g_j(v)|\leqslant M_j|u-v|$$

设系统 (5-69) 的初始条件为

$$\begin{cases}x_i(s)=\xi_i(s),\\ y_j(s)=\eta_j(s),\end{cases}s\in[q,1]\tag{5-70}$$

其中，$\xi_i(s),\eta_j(s)\in C([q,1],\mathbb{R}),i=1,2,\cdots,n,j=1,2,\cdots,m,q=\min\limits_{1\leqslant i\leqslant 4}\{q_i\}$.

首先对系统 (5-69) 做变换，$u_i(t)=x_i(\mathrm{e}^t),v_j(t)=y_j(\mathrm{e}^t)$，于是系统 (5-69) 等价变成如下的变系数常时滞杂交双向联想记忆神经网络模型.

$$\begin{cases}\dot{u}_i(t)=\mathrm{e}^t\{-a_iu_i(t)+\sum\limits_{j=1}^{m}b_{ji}g_j(v_j(t))+\sum\limits_{j=1}^{m}c_{ji}g_j(v_j(t-\tau_1))+\\ \qquad\sum\limits_{j=1}^{m}d_{ji}g_j(v_j(t-\tau_2))+I_i\}\\ \dot{v}_j(t)=\mathrm{e}^t\{-p_jv_j(t)+\sum\limits_{i=1}^{n}r_{ij}f_i(u_i(t))+\sum\limits_{i=1}^{n}s_{ij}f_i(u_i(t-\tau_3))+\\ \qquad\sum\limits_{i=1}^{n}z_{ij}f_i(u_i(t-\tau_4))+J_j\}\end{cases} \tag{5-71}$$

相应的初始条件式（5-70）变成

$$\begin{cases}u_i(s)=\varphi_i(s),\\ v_j(s)=\psi_j(s),\end{cases} s\in[-\tau,0]$$

其中，$t\geqslant 0,\varphi_i(s)=\xi_i(\mathrm{e}^s)\in C([-\tau,0],\mathbb{R}),\psi_j(s)=\eta_j(\mathrm{e}^s)\in C([-\tau,0],\mathbb{R}),i=1,2,\cdots,n,j=1,2,\cdots,m,\tau_i=-\ln q_i\geqslant 0,\tau=\max\limits_{1\leqslant i\leqslant 4}\{\tau_i\},\boldsymbol{\varphi}=(\varphi_1,\varphi_2,\cdots,\varphi_n)^{\mathrm{T}}\in C([-\tau,0],\mathbb{R}^n),\boldsymbol{\psi}=(\psi_1,\psi_2,\cdots,\psi_m)^{\mathrm{T}}\in C([-\tau,0],\mathbb{R}^m)$.

注 5-8 由于系统（5-69）与系统（5-71）是等价的，且容易证明式（5-69）与式（5-71）有相同的平衡点，因此，可通过考查系统（5-71）的平衡点的稳定性，来探究系统（5-69）的平衡点的稳定性情况.

设系统（5-71）的解为$(\boldsymbol{u}(t),\boldsymbol{v}(t))^{\mathrm{T}}$，其中

$$\begin{cases}\boldsymbol{u}(t)=(u_1(t,\boldsymbol{\varphi}),u_2(t,\boldsymbol{\varphi}),\cdots,u_n(t,\boldsymbol{\varphi}))^{\mathrm{T}}\\ \boldsymbol{v}(t)=(v_1(t,\boldsymbol{\psi}),v_2(t,\boldsymbol{\psi}),\cdots,v_m(t,\boldsymbol{\psi}))^{\mathrm{T}}\end{cases}$$

记式（5-71）的平衡点为$(\boldsymbol{u}^*,\boldsymbol{v}^*)^{\mathrm{T}}$，其中$\boldsymbol{u}^*=(u_1^*,u_2^*,\cdots,u_n^*)^{\mathrm{T}},\boldsymbol{v}^*=(v_1^*,v_2^*,\cdots,v_m^*)^{\mathrm{T}}$，且

$$\begin{cases}u_i^*=a_i^{-1}\left\{\sum\limits_{j=1}^{m}(b_{ji}+c_{ji}+d_{ji})g_j(v_j^*)+I_i\right\},i=1,2,\cdots,n\\ v_j^*=p_j^{-1}\left\{\sum\limits_{i=1}^{n}(r_{ij}+s_{ij}+z_{ij})f_i(u_i^*)+J_j\right\},j=1,2,\cdots,m\end{cases}$$

定义 5-4 系统（5-69）的平衡点$(\boldsymbol{x}^*,\boldsymbol{y}^*)^{\mathrm{T}}\in\mathbb{R}^{n+m}$称为全局多项式稳定的，如果存在常数$\beta\geqslant 1$，$\alpha>0$，使得

$$\begin{aligned}&\sum_{i=1}^{n}|x_i(t)-x_i^*|+\sum_{j=1}^{m}|y_j(t)-y_j^*|\\ &\leqslant\beta\Big(\sum_{i=1}^{n}\sup_{s\in[q,1]}|\xi_i(s)-x_i^*|+\sum_{j=1}^{m}\sup_{s\in[q,1]}|\eta_j(s)-y_j^*|\Big)t^{-\alpha},t\geqslant 1\end{aligned}$$

定义 5-5 系统（5-71）的平衡点$(\boldsymbol{u}^*,\boldsymbol{v}^*)^{\mathrm{T}}\in\mathbb{R}^{n+m}$称为全局指数稳定的，如果存在常数$\beta\geqslant 1$，$\alpha>0$，使得

$$\sum_{i=1}^{n} |u_i(t)-u_i^*|+\sum_{j=1}^{m} |v_j(t)-v_j^*|$$

$$\leqslant \beta\Big(\sum_{i=1}^{n} \sup_{s\in[-\tau,0]} |\varphi_i(s)-u_i^*|+\sum_{j=1}^{m} \sup_{s\in[-\tau,0]} |\psi_j(s)-v_j^*|\Big)\mathrm{e}^{-\alpha t},t\geqslant 0$$

5.3.2 平衡点的存在性和唯一性

定理5-8 若条件（H_1）和（H_2）成立，则系统（5-71）至少存在一个平衡点.

证明 定义映射

$$\boldsymbol{P}(\boldsymbol{\theta})=(\boldsymbol{F}(\boldsymbol{\theta}),\boldsymbol{G}(\boldsymbol{\theta}))^{\mathrm{T}},\boldsymbol{\theta}=(u_1,u_2,\cdots,u_n,v_1,v_2,\cdots,v_m)\in\mathbb{R}^{n+m}$$

其中，$\boldsymbol{F}(\boldsymbol{\theta})=(F_1(\boldsymbol{\theta}),F_2(\boldsymbol{\theta}),\cdots,F_n(\boldsymbol{\theta}))^{\mathrm{T}},\boldsymbol{G}(\boldsymbol{\theta})=(G_1(\boldsymbol{\theta}),G_2(\boldsymbol{\theta}),\cdots,G_m(\boldsymbol{\theta}))^{\mathrm{T}}$，且对 $t\geqslant 0$，

$$\begin{cases} u_i=F_i(\boldsymbol{\theta})=a_i^{-1}\Big(\sum_{j=1}^{m}(b_{ji}+c_{ji}+d_{ji})g_j(v_j)+I_i\Big),i=1,2,\cdots,n \\ v_j=G_j(\boldsymbol{\theta})=p_j^{-1}\Big(\sum_{i=1}^{n}(r_{ij}+s_{ij}+z_{ij})f_i(u_i)+J_j\Big),j=1,2,\cdots,m \end{cases}$$

易得

$$\begin{cases} |F_i(\boldsymbol{\theta})|\leqslant a_i^{-1}\Big(\sum_{j=1}^{m}(|b_{ji}|+|c_{ji}|+|d_{ji}|)B_j+|I_i|\Big)\leqslant\gamma,i=1,2,\cdots,n \\ |G_j(\boldsymbol{\theta})|\leqslant p_j^{-1}\Big(\sum_{i=1}^{n}(|r_{ij}|+|s_{ij}|+|z_{ij}|)A_i+|J_j|\Big)\leqslant\gamma,j=1,2,\cdots,m \end{cases}$$

其中，$\gamma=\max\ \{\gamma_1,\ \gamma_2\}$，且

$$\begin{cases} \gamma_1=\max\limits_{1\leqslant i\leqslant n}\{a_i^{-1}(\sum_{j=1}^{m}(|b_{ji}|+|c_{ji}|+|d_{ji}|)B_j+|I_i|)\} \\ \gamma_2=\max\limits_{1\leqslant j\leqslant m}\{p_j^{-1}(\sum_{i=1}^{n}(|r_{ij}|+|s_{ij}|+|z_{ij}|)A_i+|J_j|)\} \end{cases}$$

于是

$$(\boldsymbol{u},\boldsymbol{v})^{\mathrm{T}}\in[-\gamma,\gamma]^{n+m}\Rightarrow\boldsymbol{P}(\boldsymbol{\theta})=(\boldsymbol{F}(\boldsymbol{\theta}),\boldsymbol{G}(\boldsymbol{\theta}))^{\mathrm{T}}\in[-\gamma,\gamma]^{n+m}.$$

其中，$\boldsymbol{u}=(u_1,u_2,\cdots,u_n)^{\mathrm{T}},\boldsymbol{v}=(v_1,v_2,\cdots,v_m)^{\mathrm{T}}$. 由 $f_i(u)$ 和 $g_j(v)$ 是连续的，因此映射 $\boldsymbol{P}:[-\gamma,\gamma]^{n+m}\to[-\gamma,\gamma]^{n+m}$ 也是连续的. 由引理1-2（Brouwer 不动点定理），可知映射 $\boldsymbol{P}$ 至少存在一个不动点$(\boldsymbol{u}^*,\boldsymbol{v}^*)^{\mathrm{T}}\in[-\gamma,\gamma]^{n+m}$，即为系统

(5-71) 的平衡点. 又因为系统 (5-71) 和系统 (5-69) 有相同的平衡点，因此系统 (5-69)一定存在平衡点.

5.3.3 指数稳定性与多项式稳定性

由条件 (H_1) 和 (H_2)，根据系统 (5-71)，可得

$$D^+ |u_i(t)-u_i^*| \leqslant e^t\{-a_i|u_i(t)-u_i^*|+\sum_{j=1}^{m}|b_{ji}|M_j|v_j(t)-v_j^*|+\sum_{j=1}^{m}|c_{ji}|M_j|v_j(t-\tau_1)-v_j^*|+\sum_{j=1}^{m}|d_{ji}|M_j|v_j(t-\tau_2)-v_j^*|\} \tag{5-72}$$

和

$$D^+ |v_j(t)-v_j^*| \leqslant e^t\{-p_j|v_j(t)-v_j^*|+\sum_{i=1}^{n}|r_{ij}|L_i|u_i(t)-u_i^*|+\sum_{i=1}^{n}|s_{ij}|L_i|u_i(t-\tau_3)-u_i^*|+\sum_{i=1}^{n}|z_{ij}|L_i|u_i(t-\tau_4)-u_i^*|\} \tag{5-73}$$

其中，$t>0$，$i=1, 2, \cdots, n$，$j=1, 2, \cdots, m$.

定理 5-9 如果条件 (H_1) 和 (H_2) 成立，且存在常数 $\mu>1$，使得条件

$$\begin{cases} a_i-\mu-L_i\sum_{j=1}^{m}(|r_{ij}|+|s_{ij}|e^{\mu\tau_3}+|z_{ij}|e^{\mu\tau_4})\geqslant 0, i=1,2,\cdots,n \\ p_j-\mu-M_j\sum_{i=1}^{n}(|b_{ji}|+|c_{ji}|e^{\mu\tau_1}+|d_{ji}|e^{\mu\tau_2})\geqslant 0, j=1,2,\cdots,m \end{cases} \tag{5-74}$$

成立，那么系统 (5-69) 存在唯一的平衡点，并且是全局多项式稳定的. 其中 $\tau_i=-\ln q_i, i=1,2,3,4$.

证明 首先证明系统 (5-71) 的平衡点的全局指数稳定性. 由于全局指数稳定性蕴含着系统平衡点的唯一性，因此证明系统 (5-71) 的平衡点的全局指数稳定性，唯一性也得到了. 下证系统 (5-71) 的平衡点的全局指数稳定性.

定义

$$\begin{cases} X_i(t)=e^{\mu t}|u_i(t)-u_i^*|, i=1,2,\cdots,n \\ Y_j(t)=e^{\mu t}|v_j(t)-v_j^*|, j=1,2,\cdots,m \end{cases} \tag{5-75}$$

则由式 (5-72)、式 (5-73) 和式 (5-75) 得

$$\begin{aligned}D^+X_i(t)&=\mu e^{\mu t}|u_i(t)-u_i^*|+e^{\mu t}D^+|u_i(t)-u_i^*|\\&\leqslant\mu X_i(t)+e^t\Big[-a_ie^{\mu t}|u_i(t)-u_i^*|+\sum_{j=1}^m|b_{ji}|M_je^{\mu t}|v_j(t)-v_j^*|+\\&\quad\sum_{j=1}^m|c_{ji}|M_je^{\mu t}|v_j(t-\tau_1)-v_j^*|+\sum_{j=1}^m|d_{ji}|M_je^{\mu t}|v_j(t-\tau_2)-v_j^*|\Big]\\&=-(a_ie^t-\mu)X_i(t)+e^t\Big[\sum_{j=1}^m|b_{ji}|M_jY_j(t)+\\&\quad\sum_{j=1}^m|c_{ji}|e^{\mu\tau_1}M_jY_j(t-\tau_1)+\sum_{j=1}^m|d_{ji}|e^{\mu\tau_2}M_jY_j(t-\tau_2)\Big]\end{aligned}\tag{5-76}$$

和

$$\begin{aligned}D^+Y_j(t)&=\mu e^{\mu t}|v_j(t)-v_j^*|+e^{\mu t}D^+|v_j(t)-v_j^*|\\&\leqslant\mu Y_j(t)+e^t\Big[-p_je^{\mu t}|v_j(t)-v_j^*|+\sum_{i=1}^n|r_{ij}|L_ie^{\mu t}|u_i(t)-u_i^*|+\\&\quad\sum_{i=1}^n|s_{ij}|L_ie^{\mu t}|u_i(t-\tau_3)-u_i^*|+\sum_{i=1}^n|z_{ij}|L_ie^{\mu t}|u_i(t-\tau_4)-u_i^*|\Big]\\&=-(p_je^t-\mu)Y_j(t)+e^t\Big[\sum_{i=1}^n|r_{ij}|L_iX_i(t)+\sum_{i=1}^n|s_{ij}|e^{\mu\tau_3}L_iX_i(t-\tau_3)+\\&\quad\sum_{i=1}^n|z_{ij}|e^{\mu\tau_4}L_iX_i(t-\tau_4)\Big]\end{aligned}\tag{5-77}$$

其中，$i=1,2,\cdots,n,j=1,2,\cdots,m.$

构造如下正定的 Lyapunov 泛函

$$\begin{aligned}V(t)=&\sum_{i=1}^n\Big[e^{-t}X_i(t)+\sum_{j=1}^m|c_{ji}|e^{\mu\tau_1}M_j\int_{t-\tau_1}^tY_j(s)ds+\\&\sum_{j=1}^m|d_{ji}|e^{\mu\tau_2}M_j\int_{t-\tau_2}^tY_j(s)ds\Big]+\\&\sum_{j=1}^m\Big[e^{-t}Y_j(t)+\sum_{i=1}^n|s_{ij}|e^{\mu\tau_3}L_i\int_{t-\tau_3}^tX_i(s)ds+\\&\sum_{i=1}^n|z_{ij}|e^{\mu\tau_4}L_i\int_{t-\tau_4}^tX_i(s)ds\Big],t\geqslant0\end{aligned}\tag{5-78}$$

将式（5-78）沿系统（5-71）求 $V(t)$ 的 Dini 右上导数，并由式（5-76）和式（5-77），得

$$
\begin{aligned}
D^{+}V(t) \leqslant & \sum_{i=1}^{n}\{-\mathrm{e}^{-t}X_i(t)+\mathrm{e}^{-t}[-(a_i\mathrm{e}^{t}-\mu)X_i(t)+\\
& \mathrm{e}^{t}\sum_{j=1}^{m}(|b_{ji}|M_jY_j(t)+|c_{ji}|\mathrm{e}^{\mu\tau_1}M_jY_j(t-\tau_1)+|d_{ji}|\mathrm{e}^{\mu\tau_2}M_jY_j(t-\tau_2))]+\\
& \sum_{j=1}^{m}|c_{ji}|\mathrm{e}^{\mu\tau_1}M_j(Y_j(t)-Y_j(t-\tau_1))+\sum_{j=1}^{m}|d_{ji}|\mathrm{e}^{\mu\tau_2}M_j(Y_j(t)-Y_j(t-\tau_2))\}+\\
& \sum_{j=1}^{m}\{-\mathrm{e}^{-t}Y_j(t)+\mathrm{e}^{-t}[-(p_j\mathrm{e}^{t}-\mu)Y_j(t)+\\
& \mathrm{e}^{t}\sum_{i=1}^{n}(|r_{ij}|L_iX_i(t)+|s_{ij}|\mathrm{e}^{\mu\tau_3}L_iX_i(t-\tau_3)+|z_{ij}|\mathrm{e}^{\mu\tau_4}L_iX_i(t-\tau_4))]+\\
& \sum_{i=1}^{n}|s_{ij}|\mathrm{e}^{\mu\tau_3}L_i(X_i(t)-X_i(t-\tau_3))+\sum_{i=1}^{n}|z_{ij}|\mathrm{e}^{\mu\tau_4}L_i(X_i(t)-X_i(t-\tau_4))\}\\
= & \sum_{i=1}^{n}[(\mu-1)\mathrm{e}^{-t}-a_i+\sum_{j=1}^{m}(|r_{ij}|+|s_{ij}|\mathrm{e}^{\mu\tau_3}+|z_{ij}|\mathrm{e}^{\mu\tau_4})L_i]X_i(t)+\\
& \sum_{j=1}^{m}[(\mu-1)\mathrm{e}^{-t}-p_j+\sum_{i=1}^{n}(|b_{ij}|+|c_{ij}|\mathrm{e}^{\mu\tau_1}+|d_{ij}|\mathrm{e}^{\mu\tau_2})M_j]Y_j(t)\\
< & -\sum_{i=1}^{n}[a_i-\mu-\sum_{j=1}^{m}(|r_{ij}|+|s_{ij}|\mathrm{e}^{\mu\tau_3}+|z_{ij}|\mathrm{e}^{\mu\tau_4})L_i]X_i(t)-\\
& \sum_{j=1}^{m}[p_j-\mu-\sum_{i=1}^{n}(|b_{ji}|+|c_{ji}|\mathrm{e}^{\mu\tau_1}+|d_{ji}|\mathrm{e}^{\mu\tau_2})M_j]Y_j(t)\leqslant 0
\end{aligned}
\tag{5-79}
$$

式（5-79）蕴含着 $V(t)\leqslant V(0)$，$t\geqslant 0$. 由式（5-78）和式（5-74）得

$$
\begin{aligned}
V(0)= & \sum_{i=1}^{n}\{X_i(0)+\sum_{j=1}^{m}|c_{ji}|\mathrm{e}^{\mu\tau_1}M_j\int_{-\tau_1}^{0}Y_j(s)\mathrm{d}s+\sum_{j=1}^{m}|d_{ji}|\mathrm{e}^{\mu\tau_2}M_j\int_{-\tau_2}^{0}Y_j(s)\mathrm{d}s\}+\\
& \sum_{j=1}^{m}\{Y_j(0)+\sum_{i=1}^{n}|s_{ij}|\mathrm{e}^{\mu\tau_3}L_i\int_{-\tau_3}^{0}X_i(s)\mathrm{d}s+\sum_{i=1}^{n}|z_{ij}|\mathrm{e}^{\mu\tau_4}L_i\int_{-\tau_4}^{0}X_i(s)\mathrm{d}s\}\\
\leqslant & \sum_{i=1}^{n}(1+\sum_{j=1}^{m}|s_{ij}|\mathrm{e}^{\mu\tau_3}L_i\tau_3+\sum_{j=1}^{m}|z_{ij}|\mathrm{e}^{\mu\tau_4}L_i\tau_4)\sup_{s\in[-\tau,0]}|u_i(s)-u_i^{*}|+\\
& \sum_{j=1}^{m}(1+\sum_{i=1}^{n}|c_{ji}|\mathrm{e}^{\mu\tau_1}M_j\tau_1+\sum_{i=1}^{n}|d_{ji}|\mathrm{e}^{\mu\tau_2}M_j\tau_2)\sup_{s\in[-\tau,0]}|v_j(s)-v_j^{*}|
\end{aligned}
$$

令 $\beta=\max\{\beta_1,\beta_2\}$，其中，

$$
\beta_1=\max_{1\leqslant i\leqslant n}\left(1+\sum_{j=1}^{m}|s_{ij}|\mathrm{e}^{\mu\tau_3}L_i\tau_3+\sum_{j=1}^{m}|z_{ij}|\mathrm{e}^{\mu\tau_4}L_i\tau_4\right)\geqslant 1
$$

$$\beta_2=\max_{1\leqslant j\leqslant n}\left(1+\sum_{i=1}^{n}|c_{ji}|e^{\mu\tau_1}M_j\tau_1+\sum_{i=1}^{n}|d_{ji}|e^{\mu\tau_2}M_j\tau_2\right)\geqslant 1$$

从而得

$$V(0)\leqslant\beta\left(\sum_{i=1}^{n}\sup_{s\in[-\tau,0]}|u_i(s)-u_i^*|+\sum_{j=1}^{m}\sup_{s\in[-\tau,0]}|v_j(s)-v_j^*|\right)$$

又因为

$$\sum_{i=1}^{n}e^{-t}X_i(t)+\sum_{j=1}^{m}e^{-t}Y_j(t)\leqslant V(t)\leqslant V(0)$$

取 $\alpha=\mu-1>0$，有

$$\begin{aligned}&\sum_{i=1}^{n}|u_i(t)-u_i^*|+\sum_{j=1}^{m}|v_j(t)-v_j^*|\\&\leqslant\beta\left(\sum_{i=1}^{n}\sup_{s\in[-\tau,0]}|u_i(s)-u_i^*|+\sum_{j=1}^{m}\sup_{s\in[-\tau,0]}|v_j(s)-v_j^*|\right)e^{-\alpha t}\\&=\beta\left(\sum_{i=1}^{n}\sup_{s\in[-\tau,0]}|\varphi_i(s)-u_i^*|+\sum_{j=1}^{m}\sup_{s\in[-\tau,0]}|\psi_j(s)-v_j^*|\right)e^{-\alpha t}\end{aligned}\tag{5-80}$$

由定义 5-5，知系统（5-71）的平衡点$(\boldsymbol{u}^*,\boldsymbol{v}^*)^{\mathrm{T}}$ 是全局指数稳定的.

由系统（5-69）和系统（5-71）有相同的平衡点，即$(\boldsymbol{x}^*,\boldsymbol{y}^*)^{\mathrm{T}}=(\boldsymbol{u}^*,\boldsymbol{v}^*)^{\mathrm{T}}$.

将 $u_i(t)=x_i(e^t),v_j(t)=y_j(e^t)$，$\varphi_i(s)=\xi_i(e^s),\psi_j(s)=\eta_j(e^s)$代入式(5-80)，得

$$\begin{aligned}&\sum_{i=1}^{n}|x_i(e^t)-x_i^*|+\sum_{j=1}^{m}|y_j(e^t)-y_j^*|\\&\leqslant\beta\left(\sum_{i=1}^{n}\sup_{s\in[-\tau,0]}|\xi_i(e^s)-x_i^*|+\sum_{j=1}^{m}\sup_{s\in[-\tau,0]}|\eta_j(e^s)-y_j^*|\right)e^{-\alpha t}\end{aligned}\tag{5-81}$$

令 $e^t=\zeta$，其中，$t\geqslant0$，由此可知 $t=\ln\zeta$，$\zeta\geqslant1$；令 $e^s=\rho$，其中，$s\in[-\tau,0]$，由此可知 $s=\ln\rho,\rho\in[q,1]$. 对于 $\zeta\geqslant1$，由式（5-81）得

$$\begin{aligned}&\sum_{i=1}^{n}|x_i(\zeta)-x_i^*|+\sum_{j=1}^{m}|y_j(\zeta)-y_j^*|\\&\leqslant\beta\left(\sum_{i=1}^{n}\sup_{\rho\in[q,1]}|\xi_i(\rho)-x_i^*|+\sum_{j=1}^{m}\sup_{\rho\in[q,1]}|\eta_j(\rho)-y_j^*|\right)e^{-\alpha\ln\zeta}\end{aligned}\tag{5-82}$$

取 $\zeta=t$，$\rho=s$，由式（5-82)，对于 $t\geqslant1$，得

$$\begin{aligned}&\sum_{i=1}^{n}|x_i(t)-x_i^*|+\sum_{j=1}^{m}|y_j(t)-y_j^*|\\&\leqslant\beta\left(\sum_{i=1}^{n}\sup_{s\in[q,1]}|\xi_i(s)-x_i^*|+\sum_{j=1}^{m}\sup_{s\in[q,1]}|\eta_j(s)-y_j^*|\right)t^{-\alpha},t\geqslant1\end{aligned}$$

由定义 5-4，可知系统（5-69）的平衡点$(\boldsymbol{x}^*,\boldsymbol{y}^*)^{\mathrm{T}}$ 是全局多项式稳定的.

5.3.4 数值算例及仿真

例 5-6 考虑如下系统

$$\begin{cases}\dot{\boldsymbol{x}}(t)=-\boldsymbol{A}\boldsymbol{x}(t)+\boldsymbol{B}\boldsymbol{g}(\boldsymbol{y}(t))+\boldsymbol{C}\boldsymbol{g}(\boldsymbol{y}(q_1t))+\boldsymbol{D}\boldsymbol{g}(\boldsymbol{y}(q_2t))+\boldsymbol{I}\\ \dot{\boldsymbol{y}}(t)=-\boldsymbol{P}\boldsymbol{y}(t)+\boldsymbol{R}\boldsymbol{f}(\boldsymbol{x}(t))+\boldsymbol{S}\boldsymbol{f}(\boldsymbol{x}(q_3t))+\boldsymbol{Z}\boldsymbol{f}(\boldsymbol{x}(q_4t))+\boldsymbol{J}\end{cases} \tag{5-83}$$

其中，$\boldsymbol{A}=\begin{pmatrix}5&0\\0&6\end{pmatrix}$,$\boldsymbol{P}=\begin{pmatrix}11&0\\0&10\end{pmatrix}$,$\boldsymbol{B}=\begin{pmatrix}2&1/5\\0&1/5\end{pmatrix}$,$\boldsymbol{C}=\begin{pmatrix}1&1/4\\1/2&-1\end{pmatrix}$,$\boldsymbol{D}=\begin{pmatrix}1&-1/2\\-1/5&1\end{pmatrix}$,$\boldsymbol{R}=\begin{pmatrix}1&0\\-2&1\end{pmatrix}$, $\boldsymbol{S}=\begin{pmatrix}0&1\\1&1/2\end{pmatrix}$, $\boldsymbol{Z}=\begin{pmatrix}1&1\\0&1/2\end{pmatrix}$, $\boldsymbol{I}=\begin{pmatrix}-2\\2\end{pmatrix}$, $\boldsymbol{J}=\begin{pmatrix}1\\2\end{pmatrix}$. 取激活函数分别为 $f_i(x_i(t))=\tanh(1/3x_i(t))$，$g_j(y_j(t))=2/\pi\tanh(\pi/2y_j(t))$，$i,j=1,2$. 显然 $f_i(x_i)$和 $g_j(y_j)$，$i,j=1,2$，都是全局 Lipschitz 连续有界的，Lipschitz 常数分别为 $L_1=L_2=1/3$ 和 $M_1=M_2=1$；取 $q_1=0.7$，$q_2=0.4$，$q_3=0.5$，$q_4=0.9$. 于是，有 $\tau_1=-\ln0.7\approx0.3567$，$\tau_2=-\ln0.4\approx0.9163$，$\tau_3=-\ln0.5\approx0.6931$，$\tau_4=-\ln0.9\approx0.1054$.

取 $\mu=1.2$，计算得

$$a_1-\mu-L_1\sum_{j=1}^{2}(|r_{1j}|+|s_{1j}|\mathrm{e}^{\mu\tau_3}+|z_{1j}|\mathrm{e}^{\mu\tau_4})=1.9548$$

$$a_2-\mu-L_2\sum_{j=1}^{2}(|r_{2j}|+|s_{2j}|\mathrm{e}^{\mu\tau_3}+|z_{2j}|\mathrm{e}^{\mu\tau_4})=2.4622$$

$$p_1-\mu-M_1\sum_{i=1}^{2}(|b_{1i}|+|c_{1i}|\mathrm{e}^{\mu\tau_1}+|d_{1i}|\mathrm{e}^{\mu\tau_2})=1.0781$$

$$p_2-\mu-M_2\sum_{i=1}^{2}(|b_{2i}|+|c_{2i}|\mathrm{e}^{\mu\tau_1}+|d_{2i}|\mathrm{e}^{\mu\tau_2})=2.6953$$

满足定理 5-9 的条件，可知系统（5-83）的平衡点是全局多项式稳定的. 用 Matlab 求得该平衡点为$(-0.8455,0.3155,0.0933,0.2169)^{\mathrm{T}}$，该系统的时间响应曲线，如图 5-6 所示.

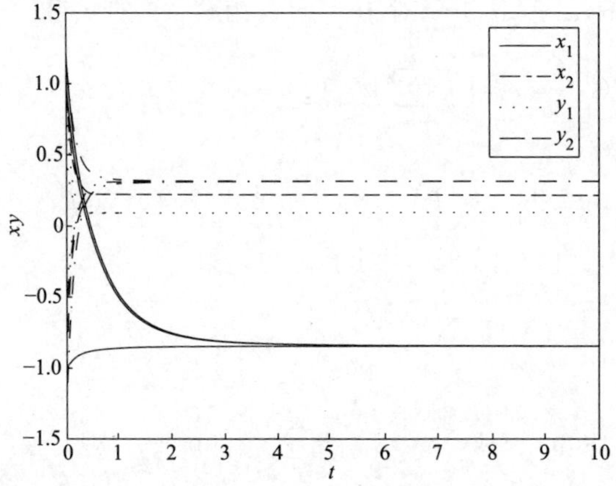

图 5-6 系统（5-83）的时间响应曲线

参考文献

［1］ Kosko B. Bidirectional associative memories［J］. IEEE Transactions on Systems，Man and Cybernetics，1988，18（10）：49-60.

［2］ Kosko B. Unsupervised learning in noise［J］. IEEE Transactions on Neural Networks，1991，1（1）：44-57.

［3］ Kosko B. Neural networks and fuzzy systems：a dynamical system approach to machine intelligence［M］. Englewood Cliffs：Prentice-Hall，1992.

［4］ Kosko B. Structrual stability of unsupervised learning in feedback neural networks［J］. IEEE Transactions on Automatic Control，1991，36（5）：785-790.

［5］ 于海斌，薛劲松，王浩波，等. 双向联想记忆神经网络的一种编码策略［J］. 电子学报，1997，25（5）：6-10.

［6］ 许志雄，郑承义，叶臻，等. 复值多状态双向联想记忆神经网络［J］. 电子学报，1999，27（5）：118-120.

［7］ 陈松灿，蔡骏. 多重加权改进型指数双向联想记忆网络及其决策性能［J］. 电子学报，2008，36（1）：81-85.

［8］ 王利生，谈正，张志军. 连续双向联想记忆网络局部指数稳定的充要条件［J］. 电子学报，1999，27（7）：119-121.

［9］ 廖晓锋，吴忠福，秦拯. 依赖时滞 BAM 神经网络的全局吸引性分析［J］. 计算机研究与发展，2000，377（7）：833-837.

［10］ 周进，刘增荣. 具有时滞的双向联想记忆（BAM）的神经网络的全局动力学行为［J］. 应用数学与力学，2005，26（3）：300-307.

［11］ 陈安平，高守平. 时滞（BAM）的神经网络的全局稳定性［J］. 应用基础与工程科学学报，2002，10（1）：95-101.

［12］ 王占山，关焕新. 带时变时滞双向联想记忆神经网络的鲁棒稳定性［J］. 吉林大学学报工学版，2007，37（6）：1398-1401.

［13］ Liao X F，Wong K W. Convergence dynamics of hybrid bidirectional associative memory neural networks with distributed delays［J］. Physics Letters A，2003，316（1-2）：55-64.

［14］ 张伟，廖晓峰，李学明. 时滞杂交双向联想记忆神经网络的全局指数稳定性［J］. 计算机发展与研究，2003，40（10）：1410-1413.

［15］ 管巍，孙虹霞. 时变时滞 BAM 神经网络系统的指数稳定性分析［J］. 数学的实践与认识，2010，41（19）：234-240.

［16］ Liao X F，Wong K W. Convergence dynamics of hybrid bidirectional associative memory neural networks with distributed delays［J］. Physics Letters A，2003，316（1-2）：55-64.

［17］ Zhang L J，Shi B. Exponential stability of BAM neural networks with time-varying delays［J］. Journal of Applied Mathematics and Computing，2009，30（1-2）：385-396.

［18］ Samidurai R，Sakthivel R，Anthoni S M. Global asymptotic stability of BAM neural networks with mixed delays and impulses［J］. Applied Mathematics and Computation，2009，

212 (1): 113-119.

[19] Hu L, Liu H, Zhao Y B. New stability criteria for BAM neural networks with time-varying delays [J]. Neurocomputing, 2009, 72 (13-15): 3245-3252.

[20] Wu R C. Exponential convergence of BAM neural networks with time-varying coefficients and distributed delays [J]. Nonlinear Analysis: Real World Applications, 2010, 11 (1): 562-573.

[21] Li Y K, Gao S. Global exponential stability for impulsive BAM neural networks with distributed delays on time scales [J]. Neural Processing Letters, 2010, 31 (1): 65-91.

[22] Zhang Z, Yang Y, Huang Y. Global exponential stability of interval general BAM neural networks with reaction-diffusion terms and multiple time-varying delays [J]. Neural Networks, 2011, 24 (5): 457-465.

[23] Zhang Z Q, Liu K, Yang Y. New LMI-based condition on global asymptotic stability concerning BAM neural networks of neutral type [J]. Neurocomputing, 2012, 81 (4): 24-32.

[24] Zhang Z, Liu W, Zhou D. Global asymptotic stability to a generalized Cohen-Grossberg BAM neural networks of neutral type delays [J]. Neural Networks, 2012, 25 (1): 94-105.

[25] 翁良燕，周立群. 多比例时滞杂交双向联想记忆神经网络的全局指数稳定性 [J]. 天津师范大学学报：自然科学学报，2012，32 (3)：18-23.

[26] 周立群. 具比例时滞杂交双向联想记忆神经网络的全局指数稳定性 [J]. 电子学报，2014，42 (1)：96-101.

[27] 张迎迎，周立群. 一类具多比例延时的细胞神经网络的指数稳定性 [J]. 电子学报，2012，40 (6)：1159-1163.

[28] Zhou L Q. Dissipativity of a class of cellular neural networks with proportional delays [J]. Nonlinear Dynamics, 2013, 73 (3): 1895-1903.

[29] Zhou L Q, Zhang Y Y. Global exponential stability of cellular neural networks with multi-proportional delays [J]. International Journal of Biomathematics, 2015, 8 (6): 1550071: 1-17.

[30] Zhou L Q. Delay-dependent exponential stability of cellular neural networks with multi- proportional delays [J]. Neural Processing Letters, 2013, 38 (3): 347-359.

[31] Zhou L Q. Novel global exponential stability criteria for hybrid BAM neural networks with multi-proportional delays [J]. Neurocomputing, 2015, 161: 99-106.

[32] Cao J, Wan Y. Matrix measure strategies for stability and synchronization of inertial BAM neural network with time delays [J]. Neural Networks, 2014, 53: 165-172.

第 6 章

具比例时滞递归神经网络的周期解的稳定性

众所周知，一个平衡点可以看作神经网络具有任意周期的一个特殊的周期解，所以神经网络周期解的研究比平衡点的更具一般意义. 目前时滞递归神经网络的周期解的研究获得了大量的成果，主要包括时滞神经网络的周期解[1-7]，概周期解[8-26]和反周期解[27-31]的稳定性的研究. 本章给出几类具多比例时滞递归神经网络模型的周期解的稳定性.

6.1 具多比例时滞递归神经网络的多项式周期性与稳定性

6.1.1 模型描述及预备知识

考虑如下周期性输入的具多比例时滞递归神经网络模型[6]

$$\begin{cases} \dot{x}_i(t) = -d_i x_i(t) + \sum\limits_{j=1}^{n} (a_{ij} f_j(x_j(t)) + b_{ij} g_j(x_j(p_j t)) + \\ \qquad c_{ij} h_j(x_j(q_j t))) + I_i(t), \quad t \geqslant 1 \\ x_i(s) = \varphi_i(s), s \in [q,1], \quad i = 1,2,\cdots,n \end{cases} \tag{6-1}$$

其中，$n \geqslant 2$ 表示神经元的个数；$\boldsymbol{x}(t)=(x_1(t),\ x_2(t),\ \cdots,\ x_n(t))^{\mathrm{T}}$ 表示网络的状态；$\boldsymbol{D}=\mathrm{diag}(d_1,\ d_2,\ \cdots,\ d_n)$，$d_i>0$，$i=1,\ 2,\ \cdots,\ n$；$\boldsymbol{A}=(a_{ij})_{n\times n}$，$\boldsymbol{B}=(b_{ij})_{n\times n}$ 和 $\boldsymbol{C}=(c_{ij})_{n\times n}$ 是常连接权矩阵；$0<p_j,\ q_j \leqslant 1$，$p_j t=t-(1-p_j)t$，$q_j t=t-(1-q_j)t$，$j=1,\ 2,\ \cdots,\ n$，这里当 $t\to+\infty$，$p_j,\ q_j \neq 1$ 时，$(1-p_j)t\to+\infty$，$(1-q_j)t\to+\infty$ 是无界时滞函数，$q=\min\limits_{1\leqslant j\leqslant n}\{p_j,\ q_j\}$；$\boldsymbol{I}(t)=(I_1(t),I_2(t),\cdots,I_n(t))^{\mathrm{T}}\in\mathbb{R}^n$ 是周期输入函数，周期为 $\omega>0$，即对所有 $t\geqslant 0$，$I_i(t+\omega)=I_i(t)$，$i=1,\ 2,\ \cdots,\ n$；$\varphi_i(s)\in C([q,1],\mathbb{R})$ 是初始函数，$\boldsymbol{\varphi}(s)=(\varphi_1(s),\varphi_2(s),\cdots,\varphi_n(s))^{\mathrm{T}}\in C([q,1],\mathbb{R}^n)$；$f_i(\cdot)$，$g_i(\cdot)$ 和 $h_i(\cdot)$ 分别表示第 i 神经元在时刻 t，$p_j t$ 和 $q_j t$ 的激活函数，并满足如下假设：

设 $f_i(\cdot)$，$g_i(\cdot)$ 和 $h_i(\cdot)$ 满足全局 Lipschitz 连续，即存在非负常数 L_i，M_i 和 N_i，使得 $\forall u,\ v\in\mathbb{R}$，$u\neq v$，有

$$\begin{cases} |f_i(u)-f_i(v)| \leqslant L_i |u-v| \\ |g_i(u)-g_i(v)| \leqslant M_i |u-v|, \ f_i(0)=g_i(0)=h_i(0)=0 \\ |H_i(u)-H_i(v)| \leqslant N_i |u-v| \end{cases} \tag{6-2}$$

注 6-1 激活函数 $f_i(\cdot)$，$g_i(\cdot)$ 和 $h_i(\cdot)$ 不必是有界的、可微的、单调增的. 在系统 (6-1) 中，若 $\boldsymbol{I}(t)=\boldsymbol{I}=(I_1,I_2,\cdots,I_n)^{\mathrm{T}}\in\mathbb{R}^n$，则得

$$\begin{cases}\dot{x}_i(t)=-d_ix_i(t)+\sum\limits_{j=1}^{n}(a_{ij}f_j(x_j(t))+b_{ij}g_j(x_j(p_jt))+\\ \qquad c_{ij}h_j(x_j(q_jt)))+I_i,\ t\geqslant 1\\ x_i(s)=\varphi_i(s),\ s\in[q,1],\ q=\min\limits_{1\leqslant j\leqslant n}\{p_j,q_j\},\ i=1,2,\cdots,n\end{cases}\tag{6-3}$$

做变换 $y_i(t)=x_i(\mathrm{e}^t)$，则系统 (6-1) 与系统 (6-3) 等价地变换成如下递归神经网络

$$\begin{cases}\dot{y}_i(t)=\mathrm{e}^t\{-d_iy_i(t)+\sum\limits_{j=1}^{n}(a_{ij}f(y_j(t))+b_{ij}g(y_j(t-\tau_j))+\\ \qquad c_{ij}h(y_j(t-\tau_j)))+u_i(t)\},\ t\geqslant 0\\ y_i(s)=\psi_i(s),\ s\in[-\tau,0]\end{cases}\tag{6-4}$$

$$\begin{cases}\dot{y}_i(t)=\mathrm{e}^t\{-d_iy_i(t)+\sum\limits_{j=1}^{n}(a_{ij}f(y_j(t))+b_{ij}g(y_j(t-\tau_j))+\\ \qquad c_{ij}h(y_j(t-s_j)))+I_i\},\ t\geqslant 0\\ y_i(s)=\psi_i(s),\ s\in[-\tau,0]\end{cases}\tag{6-5}$$

其中，$\tau_j=-\ln p_j\geqslant 0$，$\zeta_j=-\ln q_j\geqslant 0$，$\tau=\max\limits_{1\leqslant j\leqslant n}\{\tau_j,\ \zeta_j\}$，$u_i(t)=I_i(\mathrm{e}^t)$，$\psi_i(s)=\varphi_i(\mathrm{e}^s)\in C([-\tau,\ 0],\mathbb{R})$，$i=1,\ 2,\ \cdots,\ n$，$\boldsymbol{\psi}(s)=(\psi_1(s),\psi_2(s),\cdots,\psi_n(s))^{\mathrm{T}}\in C([-\tau,0],\mathbb{R}^n)$

设 $\boldsymbol{x}^*=(x_1^*,\ x_2^*,\ \cdots,\ x_n^*)^{\mathrm{T}}$ 是系统 (6-3) 的平衡点，记 $\|\boldsymbol{\varphi}-\boldsymbol{x}^*\|=\sum\limits_{i=1}^{n}\sup\limits_{q\leqslant s\leqslant 1}|\varphi_i(s)-x_i^*|$. 设 $\boldsymbol{x}(t)$，$t\geqslant 1$ 是 (6-3) 的任意解，这里，$\boldsymbol{x}(t)=(x_1(t,\ \boldsymbol{\varphi}),\ x_2(t,\ \boldsymbol{\varphi}),\ \cdots,\ x_n(t,\ \boldsymbol{\varphi}))^{\mathrm{T}}$.

设 $\boldsymbol{y}^*=(y_1^*,\ y_2^*,\ \cdots,\ y_n^*)^{\mathrm{T}}$ 是系统 (6-5) 的平衡点，记 $\|\boldsymbol{\psi}-\boldsymbol{y}^*\|=\sum\limits_{i=1}^{n}\sup\limits_{-\tau\leqslant s\leqslant 0}|\psi_i(s)-y_i^*|$. 设 $\boldsymbol{y}(t)$，$t\geqslant 0$ 是 (6-5) 的任意解，这里，$\boldsymbol{y}(t)=(y_1(t,\ \boldsymbol{\psi}),\ y_2(t,\ \boldsymbol{\psi}),\ \cdots,\ y_n(t,\ \boldsymbol{\psi}))^{\mathrm{T}}$.

定义 $\boldsymbol{x}_t(\theta)=\boldsymbol{x}(\theta t)$，$\theta\in[q,\ 1]$，$t\geqslant 1$. 记 $\|\boldsymbol{x}_t\|=\sum\limits_{i=1}^{n}\sup\limits_{q\leqslant\theta\leqslant 1}|x_i(\theta t)|$.

定义 $\boldsymbol{y}_t(\theta)=\boldsymbol{y}(t+\theta)$，$\theta\in[-\tau,\ 0]$，$t\geqslant 0$. 记 $\|\boldsymbol{y}_t\|=\sum\limits_{i=1}^{n}\sup\limits_{-\tau\leqslant\theta\leqslant 0}|y_i(t+\theta)|$.

定义 6-1 称系统(6-3) 的平衡点 $\boldsymbol{x}^*\in\mathbb{R}^n$ 是全局多项式稳定的. 如果存在两个正常数 $\alpha>0$ 和 $\beta\geqslant 1$，使得

$$\|\boldsymbol{x}(t)-\boldsymbol{x}^*\|\leqslant\beta\|\boldsymbol{\varphi}-\boldsymbol{x}^*\|t^{-\alpha},\ t\geqslant 1$$

其中，$\|\boldsymbol{x}(t)-\boldsymbol{x}^*\|=\sum\limits_{i=1}^{n}|x_i(t)-x_i^*|, \forall \boldsymbol{x}(t)\in\mathbb{R}^n$.

定义 6-2 称系统(6-5)的平衡点 $\boldsymbol{y}^*\in\mathbb{R}^n$ 是全局指数稳定的. 如果存在两个正常数 $\alpha>0$ 和 $\beta\geqslant 1$，使得

$$\|\boldsymbol{y}(t)-\boldsymbol{y}^*\|\leqslant\beta\|\boldsymbol{\psi}-\boldsymbol{y}^*\|\mathrm{e}^{-\alpha t},\ t\in[0,+\infty)$$

其中，$\|\boldsymbol{y}(t)-\boldsymbol{y}^*\|=\sum\limits_{i=1}^{n}|y_i(t)-y_i^*|, \forall \boldsymbol{y}(t)\in\mathbb{R}^n$.

定义 6-3 称函数 $\boldsymbol{\varphi}(t):[0,\omega]\to\mathbb{R}^n$ 称为系统（6-4）的 ω-周期解，如果满足下列三个条件：(1) $\boldsymbol{\varphi}(t)$ 是连续函数；(2) 对 $t\in[0,\omega]$，$\boldsymbol{\varphi}(t)$ 满足方程式（6-4）；(3) $\boldsymbol{\varphi}(t)=\boldsymbol{\varphi}(t+\omega), \forall t\in\mathbb{R}$.

定义 6-4 称系统（6-1）是全局多项式周期的. 若系统（6-1）存在一个 ω-周期解，且 $t\to+\infty$时，系统（6-1）所有其他解都多项式收敛到这个周期解.

定义 6-5 称系统（6-4）是全局指数周期的. 若系统（6-4）存在一个 ω-周期解，且 $t\to+\infty$时，系统（6-4）所有其他解都指数收敛到这个周期解.

6.1.2 多项式周期性与稳定性

设$\overline{C}\triangleq C([q,1],\mathbb{R}^n)$表示由 $[q,1]$ 到$\mathbb{R}^n$ 的所有连续函数组成的 Banach 空间. 对$\forall\boldsymbol{\varphi}$，$\overline{\boldsymbol{\varphi}}\in\overline{C}$. 令 $\boldsymbol{x}(t,\boldsymbol{\varphi})=(x_1(t,\boldsymbol{\varphi}),x_2(t,\boldsymbol{\varphi}),\cdots,x_n(t,\boldsymbol{\varphi}))^{\mathrm{T}}$和 $\boldsymbol{x}(t,\overline{\boldsymbol{\varphi}})=(x_1(t,\overline{\boldsymbol{\varphi}}),x_2(t,\overline{\boldsymbol{\varphi}}),\cdots,x_n(t,\overline{\boldsymbol{\varphi}}))^{\mathrm{T}}$分别是系统（6-1）从 $\boldsymbol{\varphi}$ 和 $\overline{\boldsymbol{\varphi}}$ 初始的解.

设 $C\triangleq C([-\tau,0],\mathbb{R}^n)$表示由 $[-\tau,0]$ 到$\mathbb{R}^n$ 的所有连续函数组成的 Banach 空间. 对 $\boldsymbol{\psi}$，$\overline{\boldsymbol{\psi}}\in C$，令 $\boldsymbol{y}(t,\boldsymbol{\psi})=(y_1(t,\boldsymbol{\psi}),y_2(t,\boldsymbol{\psi}),\cdots,y_n(t,\boldsymbol{\psi}))^{\mathrm{T}}$和 $\boldsymbol{y}(t,\overline{\boldsymbol{\psi}})=(y_1(t,\overline{\boldsymbol{\psi}}),y_2(t,\overline{\boldsymbol{\psi}}),\cdots,y_n(t,\overline{\boldsymbol{\psi}}))^{\mathrm{T}}$分别是系统（6-4）从 $\boldsymbol{\psi}$ 和 $\overline{\boldsymbol{\psi}}$ 初始的解. 且满足 $\psi_i(s)=\varphi_i(\mathrm{e}^s)$，$\overline{\psi}_i(s)=\overline{\varphi}_i(\mathrm{e}^s)$，$i=1,2,\cdots,n$，$\boldsymbol{\psi}(s)=\boldsymbol{\varphi}(\mathrm{e}^s)$，$\overline{\boldsymbol{\psi}}(s)=\overline{\boldsymbol{\varphi}}(\mathrm{e}^s)$.

定理 6-1 若条件式（6-2）成立，且存在常数 $\sigma>1$，使得

$$d_i-\sigma-\sum_{j=1}^{n}(|a_{ji}|L_i+|b_{ji}|\mathrm{e}^{\sigma\tau_i}M_i+|c_{ji}|\mathrm{e}^{\sigma\zeta_i}N_i)\geqslant 0,\ i=1,2,\cdots,n \tag{6-6}$$

则对每一周期性输入 $\boldsymbol{I}(t)$，系统（6-1）存在唯一的周期解，且是全局多项式周期的. 其中 $\tau_j=-\ln p_j$，$\zeta_j=-\ln q_j$.

证明 由 $\boldsymbol{y}_t(\boldsymbol{\psi})=\boldsymbol{y}(t+\theta,\boldsymbol{\psi})$，则对所有的 $t\geqslant 0$，$\boldsymbol{y}_t(\boldsymbol{\psi})\in C$. 对 $t\geqslant 0$，$i=1,2,\cdots,n$，由式（6-2）与式（6-4）得

$$D^+|y_i(t,\boldsymbol{\psi})-y_i(t,\overline{\boldsymbol{\psi}})|$$

$$\leqslant\mathrm{e}^t\{-d_i|y_i(t,\boldsymbol{\psi})-y_i(t,\overline{\boldsymbol{\psi}})|+\sum_{j=1}^{n}|a_{ij}|L_j|y_j(t,\boldsymbol{\psi})-y_j(t,\overline{\boldsymbol{\psi}})|+$$

$$\sum_{j=1}^{n} | b_{ij} | M_j | y_j(t-\tau_j,\boldsymbol{\psi}) - y_j(t-\tau_j,\overline{\boldsymbol{\psi}}) | +$$

$$\sum_{j=1}^{n} | c_{ij} | N_j | y_j(t-\zeta_j,\boldsymbol{\psi}) - y_j(t-\zeta_j,\overline{\boldsymbol{\psi}}) | \} \tag{6-7}$$

令

$$Y_i(t) = \mathrm{e}^{\sigma t} | y_i(t,\boldsymbol{\psi}) - y_i(t,\overline{\boldsymbol{\psi}}) |,\ t\in[-\tau,+\infty),\ i=1,2,\cdots,n \tag{6-8}$$

由式（6-7）和式（6-8），对 $t\geqslant 0$，$i=1$，2，…，n，得

$$D^{+}Y_i(t) = \sigma \mathrm{e}^{\sigma t} | y_i(t,\boldsymbol{\psi}) - y_i(t,\overline{\boldsymbol{\psi}}) | + \mathrm{e}^{\sigma t} D^{+} | y_i(t,\boldsymbol{\psi}) - y_i(t,\overline{\boldsymbol{\psi}}) |$$

$$\leqslant \sigma Y_i(t) + \mathrm{e}^{\sigma t}\mathrm{e}^{t} \Big\{ -d_i | y_i(t,\boldsymbol{\psi}) - y_i(t,\overline{\boldsymbol{\psi}}) | + \sum_{j=1}^{n} | a_{ij} | L_j | y_j(t,\boldsymbol{\psi}) - y_j(t,\overline{\boldsymbol{\psi}}) | +$$

$$\sum_{j=1}^{n} | b_{ij} | M_j | y_j(t-\tau_j,\boldsymbol{\psi}) - y_j(t-\tau_j,\overline{\boldsymbol{\psi}}) | + \sum_{j=1}^{n} | c_{ij} | N_j | y_j(t-\zeta_j,\boldsymbol{\psi}) -$$

$$y_j(t-\zeta_j,\overline{\boldsymbol{\psi}}) | \}$$

$$\leqslant \sigma Y_i(t) + \mathrm{e}^{t} \Big\{ -d_i \mathrm{e}^{\sigma t} | y_i(t,\boldsymbol{\psi}) - y_i(t,\overline{\boldsymbol{\psi}}) | + \sum_{j=1}^{n} | a_{ij} | L_j \mathrm{e}^{\sigma t} | y_j(t,\boldsymbol{\psi}) - y_j(t,\overline{\boldsymbol{\psi}}) | +$$

$$\sum_{j=1}^{n} | b_{ij} | M_j \mathrm{e}^{\sigma t} | y_j(t-\tau_j,\boldsymbol{\psi}) - y_j(t-\tau_j,\overline{\boldsymbol{\psi}}) | +$$

$$\sum_{j=1}^{n} | c_{ij} | N_j \mathrm{e}^{\sigma t} | y_j(t-\zeta_j,\boldsymbol{\psi}) - y_j(t-\zeta_j,\overline{\boldsymbol{\psi}}) | \Big\}$$

$$\leqslant -(d_i \mathrm{e}^{t} - \sigma) Y_i(t) + \mathrm{e}^{t} \sum_{j=1}^{n} (| a_{ij} | L_j Y_j(t) +$$

$$| b_{ij} | M_j Y_j(t-\tau_j) \mathrm{e}^{\sigma\tau_j} + | c_{ij} | N_j Y_j(t-\zeta_j) \mathrm{e}^{\sigma\tau_j}) \tag{6-9}$$

于是建立如下 Lyapunov 泛函

$$V(t) = \sum_{i=1}^{n} \{ \mathrm{e}^{-t} Y_i(t) + \sum_{j=1}^{n} | b_{ij} | M_j \int_{t-\tau_j}^{t} \mathrm{e}^{\sigma\tau_j} Y_j(s) \mathrm{d}s +$$

$$\sum_{j=1}^{n} | c_{ij} | N_j \int_{t-\zeta_j}^{t} \mathrm{e}^{\sigma\zeta_j} Y_j(s) \mathrm{d}s \} \tag{6-10}$$

沿式（6-4）计算改变率 $D^{+}V(t)$，由式（6-9），得

$$D^{+}V(t)$$

$$= \sum_{i=1}^{n} \Big\{ D^{+}\mathrm{e}^{-t} Y_i(t) + \sum_{j=1}^{n} | b_{ij} | M_j \mathrm{e}^{\sigma\tau_j} (Y_j(t) - Y_j(t-\tau_j)) +$$

$$\sum_{j=1}^{n} | c_{ij} | N_j \mathrm{e}^{\sigma\zeta_j} (Y_j(t) - Y_j(t-\zeta_j)) \Big\}$$

$$\leqslant \sum_{i=1}^{n} \{ -(\mathrm{e}^{-t} + d_i - \sigma \mathrm{e}^{-t}) Y_i(t) + \sum_{j=1}^{n} (| a_{ij} | L_j Y_j(t) +$$

$$|b_{ij}|M_j e^{\sigma\tau_j}Y_j(t)+|c_{ij}|N_j e^{\sigma\zeta_j}Y_j(t))\}$$

$$=\sum_{i=1}^{n}[-(1-\sigma)e^{-t}+d_i-\sum_{j=1}^{n}(|a_{ji}|L_i+|b_{ji}|M_i e^{\sigma\tau_i}+|c_{ji}|N_i e^{\sigma\zeta_i})]Y_i(t)$$

$$\leqslant-\sum_{i=1}^{n}\left[(d_i-\sigma)-\sum_{j=1}^{n}(|a_{ji}|L_i+|b_{ji}|M_i e^{\sigma\tau_i}+|c_{ji}|N_i e^{\sigma\zeta_i})\right]Y_i(t) \quad (6\text{-}11)$$

在式（6-11）中，应用式（6-6）可推导出 $D^+V(t)\leqslant 0$，$t\geqslant 0$，这蕴涵着 $V(t)\leqslant V(0)$，$t\geqslant 0$，应用式（6-8）与式（6-10），得

$$\sum_{i=1}^{n}e^{-t}Y_i(t)\leqslant V(t)\leqslant V(0) \quad (6\text{-}12)$$

然而，对 $t=0$，由式（6-10），得

$$V(0)=\sum_{i=1}^{n}\left\{Y_i(0)+\sum_{j=1}^{n}|b_{ij}|M_j\int_{-\tau_j}^{0}e^{\sigma\tau_j}Y_j(s)ds+\sum_{j=1}^{n}|c_{ij}|N_j\int_{-\zeta_j}^{0}e^{\sigma\tau_j}Y_j(s)ds\right\}$$

$$\leqslant\sum_{i=1}^{n}\left\{Y_i(0)+\sum_{j=1}^{n}|b_{ij}|M_j\tau_j e^{\sigma\tau_j}\sup_{-\tau_j\leqslant s\leqslant 0}Y_j(s)+\sum_{j=1}^{n}|c_{ij}|N_j\zeta_j e^{\sigma\zeta_j}\sup_{-\zeta_j\leqslant s\leqslant 0}Y_j(s)\right\}$$

$$\leqslant\sum_{i=1}^{n}Y_i(0)+\sum_{i=1}^{n}\sum_{j=1}^{n}(|b_{ji}|M_i\tau e^{\sigma\tau}+|c_{ji}|N_i\tau e^{\sigma\tau})\sup_{-\tau\leqslant s\leqslant 0}Y_i(s)$$

$$\leqslant\max_{1\leqslant i\leqslant n}\left\{1+\tau e^{\sigma\tau}\sum_{j=1}^{n}(|b_{ji}|M_i+|c_{ji}|N_i)\right\}\sum_{i=1}^{n}\sup_{-\tau\leqslant s\leqslant 0}Y_i(s)$$

令 $\beta=\max\limits_{1\leqslant i\leqslant n}\{1+\tau e^{\sigma\tau}\sum\limits_{j=1}^{n}(|b_{ji}|M_i+|c_{ji}|N_i)\}\geqslant 1$. 因此，由式（6-8）和式（6-12），得

$$\sum_{i=1}^{n}|y_i(t,\boldsymbol{\psi})-y_i(t,\overline{\boldsymbol{\psi}})|\leqslant\beta\sum_{i=1}^{n}\sup_{-\tau\leqslant s\leqslant 0}|y_i(s,\boldsymbol{\psi})-y_i(s,\overline{\boldsymbol{\psi}})|e^{-\alpha t},\ t\geqslant 0 \quad (6\text{-}13)$$

这里 $\alpha=\sigma-1>0$.

由 $y_i(t)=x_i(e^t)$，$\boldsymbol{\psi}(s)=\boldsymbol{\varphi}(e^s)$，$\overline{\boldsymbol{\psi}}(s)=\overline{\boldsymbol{\varphi}}(e^s)$和式（6-13），得

$$\sum_{i=1}^{n}|x_i(e^t,\boldsymbol{\varphi})-y_i(e^t,\overline{\boldsymbol{\varphi}})|\leqslant\beta\sum_{i=1}^{n}\sup_{-\tau\leqslant s\leqslant 0}|x_i(e^s,\boldsymbol{\varphi})-x_i(e^s,\overline{\boldsymbol{\varphi}})|e^{-\alpha t} \quad (6\text{-}14)$$

令 $e^t=\eta$，$t\geqslant 0$，则 $t=\ln\eta$，$\eta\geqslant 1$. 令 $e^s=\xi$，$s\in[-\tau,0]$，则 $s=\ln\xi$，$\xi\in[q,1]$. 对于 $\eta\geqslant 1$. 由式（6-14），得

$$\sum_{i=1}^{n}|x_i(\eta,\boldsymbol{\varphi})-y_i(\eta,\overline{\boldsymbol{\varphi}})|\leqslant\beta\sum_{i=1}^{n}\sup_{q\leqslant\xi\leqslant 1}|\varphi_i(\xi)-\overline{\varphi}_i(\xi)|e^{-\alpha\ln\eta},\eta\geqslant 1 \quad (6\text{-}15)$$

取 $\eta=t$，代入式（6-15），得

$$\|\boldsymbol{x}(t,\boldsymbol{\varphi})-\boldsymbol{x}(t,\overline{\boldsymbol{\varphi}})\|\leqslant\beta\|\boldsymbol{\varphi}-\overline{\boldsymbol{\varphi}}\|\mathrm{e}^{-\alpha\ln t}=\beta\|\boldsymbol{\varphi}-\overline{\boldsymbol{\varphi}}\|t^{-\alpha},\ t\geqslant1 \tag{6-16}$$

这里，$\|\boldsymbol{\varphi}-\overline{\boldsymbol{\varphi}}\|=\sum_{i=1}^{n}\sup_{q\leqslant\zeta\leqslant1}|\varphi_i(\zeta)-\overline{\varphi}_i(\zeta)|$.

由式（6-16），得

$$\|\boldsymbol{x}_t(\boldsymbol{\varphi})-\boldsymbol{x}_t(\overline{\boldsymbol{\varphi}})\|\leqslant\beta\|\boldsymbol{\varphi}-\overline{\boldsymbol{\varphi}}\|(qt)^{-\alpha},\ t\geqslant1 \tag{6-17}$$

选择一个正整数 m，使得

$$\beta(qm\omega)^{-\alpha}\leqslant1/4$$

现在由定义一个 Poincaré 映射 $\boldsymbol{H}:\overline{C}\to\overline{C}$，$\boldsymbol{H}\boldsymbol{\varphi}=\boldsymbol{x}_\omega(\boldsymbol{\varphi})$，则

$$\|\boldsymbol{H}^m\boldsymbol{\varphi}-\boldsymbol{H}^m\overline{\boldsymbol{\varphi}}\|\leqslant1/4\|\boldsymbol{\varphi}-\overline{\boldsymbol{\varphi}}\|$$

其中，$\boldsymbol{H}^m\boldsymbol{\varphi}=\boldsymbol{x}_{m\omega}(\boldsymbol{\varphi})$. 这蕴涵着 $\boldsymbol{H}^m$ 是一个压缩映射. 因此，存在唯一的不动点 $\boldsymbol{\varphi}^*\in\overline{C}$ 使得 $\boldsymbol{H}^m\boldsymbol{\varphi}^*=\boldsymbol{\varphi}^*$. 因此，$\boldsymbol{H}^m(\boldsymbol{H}\boldsymbol{\varphi}^*)=\boldsymbol{H}(\boldsymbol{H}^m\boldsymbol{\varphi}^*)=\boldsymbol{H}\boldsymbol{\varphi}^*$. 这表明 $\boldsymbol{H}\boldsymbol{\varphi}^*\in\overline{C}$ 也作为 $\boldsymbol{H}^m$ 的一个不动点，于是 $\boldsymbol{H}\boldsymbol{\varphi}^*=\boldsymbol{\varphi}^*$，即 $\boldsymbol{x}_\omega(\boldsymbol{\varphi}^*)=\boldsymbol{\varphi}^*$. 令 $\boldsymbol{x}(t,\boldsymbol{\varphi}^*)$ 是系统（6-1）过$(0,\boldsymbol{\varphi}^*)$的解，由 $\boldsymbol{I}(t+\omega)=\boldsymbol{I}(t)$，$t\geqslant1$，知 $\boldsymbol{x}(t+\omega,\boldsymbol{\varphi}^*)$ 也是系统（6-1）的解. 注意到 $\boldsymbol{x}_{t+\omega}(\boldsymbol{\varphi}^*)=\boldsymbol{x}_t(\boldsymbol{x}_\omega(\boldsymbol{\varphi}^*))=\boldsymbol{x}_t(\boldsymbol{\varphi}^*)$，$t\geqslant1$，则 $\boldsymbol{x}(t+\omega,\boldsymbol{\varphi}^*)=\boldsymbol{x}(t,\boldsymbol{\varphi}^*)$. 这表明 $\boldsymbol{x}(t,\boldsymbol{\varphi}^*)$ 是系统（6-1）的具周期为 ω 的周期解. 由式（6-17）易知，当 $t\to+\infty$时，系统（6-1）的所有其他解都是多项式收敛到这个周期解.

定理 6-1 给出了系统（6-1）时滞依赖的全局多项式周期性的充分条件，下面给出系统（6-1）时滞无关的全局多项式周期性的充分条件.

定理 6-2 若条件式（6-2）成立，且

$$d_i-\sum_{j=1}^{n}(|a_{ij}|L_j+|b_{ij}|M_j+|c_{ij}|N_j)>0,\ i=1,2,\cdots,n \tag{6-18}$$

成立，则对每一周期性输入 $\boldsymbol{I}(t)$，系统（6-1）存在唯一的周期解，且是全局多项式周期的.

证明 考虑下面函数

$$P_i(v_i)=d_i-v_i-\sum_{j=1}^{n}(|a_{ij}|L_j+|b_{ij}|M_j\mathrm{e}^{v_i\tau_j}+|c_{ij}|N_j\mathrm{e}^{v_i\zeta_j}) \tag{6-19}$$

这里，$v_i\in[0,\infty)$，$i=1,2,\cdots,n$. 由式（6-18）注意到

$$d_i-\sum_{j=1}^{n}(|a_{ij}|L_j+|b_{ij}|M_j+|c_{ij}|N_j)\geqslant\delta,\ i=1,2,\cdots,n \tag{6-20}$$

这里，$\delta=\min_{1\leqslant i\leqslant n}\left\{d_i-\sum_{j=1}^{n}(|a_{ij}|L_j+|b_{ij}|M_j+|c_{ij}|N_j)\right\}>0$

由式（6-19）和式（6-20），知 $P_i(0)\geqslant\delta$，$i=1,2,\cdots,n$. 并观察到 $P_i(v_i)$在 $v_i\in[0,\infty)$上连续，且当 $v_i\to\infty$时，$P_i(v_i)\to-\infty$. 因此存在常数 $\tilde{v}_i\in(0,\infty)$，

$i=1,2,\cdots,n$，使得

$$P_i(\tilde{v}_i)=d_i-\tilde{v}_i-\sum_{j=1}^{n}(|a_{ij}|L_j+|b_{ij}|M_j e^{\tilde{v}_i\tau_j}+|c_{ij}|N_j e^{\tilde{v}_i\zeta_j})=0 \tag{6-21}$$

因此，由式（6-21），可知存在一个正整数 $\eta\in(0,\min\{\tilde{v}_i\})$，使得

$$P_i(\eta)=d_i-\eta-\sum_{j=1}^{n}(|a_{ij}|L_j+|b_{ij}|M_j e^{\eta\tau_j}+ |c_{ij}|N_j e^{\eta_i\zeta_j})>0,\ i=1,2,\cdots,n \tag{6-22}$$

定义如下函数

$$Z_i(t)=e^{\eta t}|y_i(t,\boldsymbol{\psi})-y_i(t,\overline{\boldsymbol{\psi}})|,\quad t\in[-\tau,+\infty) \tag{6-23}$$

对 $t>0$，由式（6-17）和式（6-23），得

$$\begin{aligned}D^+Z_i(t)&\leqslant \eta Z_i(t)-d_i e^t Z_i(t)+e^t\sum_{j=1}^{n}\{|a_{ij}|L_jZ_j(t)+|b_{ij}|M_jZ_j(t-\tau_j)e^{\eta\tau_j}+\\&\quad |c_{ij}|N_jZ_j(t-\zeta_j)e^{\eta\zeta_j}\}\\&\leqslant -(d_i-\eta)e^tZ_i(t)+e^t\sum_{j=1}^{n}(|a_{ij}|L_j+|b_{ij}|M_je^{\eta\tau_j}+\\&\quad |c_{ij}|N_je^{\eta\zeta_j})\sup_{-\tau\leqslant s\leqslant t}Z_j(s)\end{aligned} \tag{6-24}$$

令

$$T=\max_{1\leqslant i\leqslant n}\left\{\sup_{-\tau\leqslant s\leqslant 0}|y_i(s,\boldsymbol{\psi})-y_i(s,\overline{\boldsymbol{\psi}})|\right\}>0 \tag{6-25}$$

由式（6-25）和式（6-23），可知 $Z_i(t)\leqslant T,\ t\in[-\tau,0],\ i=1,2,\cdots,n$. 我们猜想

$$Z_i(t)\leqslant T,\ t\in[0,+\infty),\ i=1,2,\cdots,n \tag{6-26}$$

首先证明对任意 $d>1$，有

$$Z_i(t)<dT,t\in[0,+\infty),i=1,2,\cdots,n \tag{6-27}$$

假设式（6-27）不成立，一定存在 $Z_i(t)$ 的某一分量 $Z_k(t)$ 和一个第一时间 t_1，使得

$$Z_k(t)<dT,t\in[-\tau,t_1),Z_k(t_1)=dT,D^+Z_k(t_1)\geqslant 0 \tag{6-28}$$

和

$$Z_i(t)\leqslant dT,i\neq k,t\in[-\tau,t_1] \tag{6-29}$$

另一方面，式（6-28）和式（6-29）代入（6-24），得

$$0\leqslant D^+Z_k(t_1)\leqslant -\Big[d_k-\eta-\sum_{j=1}^{n}(|a_{kj}|L_j+ |b_{kj}|M_je^{\eta\tau_j}+|c_{kj}|N_je^{\eta\zeta_j})\Big]e^{t_1}dT \tag{6-30}$$

将式（6-22）代入式（6-30），得 $0\leqslant D^+Z_k(t_1)<0$，矛盾. 因此，对于 $t\in[0,+\infty)$，$Z_i(t)<dT$. 当 $d\to 1$ 时，式（6-26）必成立. 由式（6-23）和式（6-26），得

$$|y_i(t,\boldsymbol{\psi})-y_i(t,\overline{\boldsymbol{\psi}})|\leqslant T\mathrm{e}^{-\eta t},\quad t\in[0,+\infty),\ i=1,2,\cdots,n \tag{6-31}$$

令

$$\lambda=\frac{\max\limits_{1\leqslant i\leqslant n}\{\sup\limits_{-\tau\leqslant s\leqslant 0}|y_i(s,\boldsymbol{\psi})-y_i(s,\overline{\boldsymbol{\psi}})|\}}{\sup\limits_{-\tau\leqslant s\leqslant 0}|y_i(s,\boldsymbol{\psi})-y_i(s,\overline{\boldsymbol{\psi}})|} \tag{6-32}$$

则 $\lambda\geqslant 1$. 根据式（6-25）和式（6-32），得

$$T=\lambda\sup_{-\tau\leqslant s\leqslant 0}|y_i(s,\boldsymbol{\psi})-y_i(s,\overline{\boldsymbol{\psi}})| \tag{6-33}$$

将式（6-33）和式（6-23）代入式（6-31），得

$$\|\boldsymbol{y}(t,\boldsymbol{\psi})-\boldsymbol{y}(t,\overline{\boldsymbol{\psi}})\|\leqslant\lambda\|\boldsymbol{\psi}-\overline{\boldsymbol{\psi}}\|\mathrm{e}^{-\eta t},\quad t\in[0,+\infty) \tag{6-34}$$

由式（6-34），得

$$\|\boldsymbol{y}_t(\boldsymbol{\psi})-\boldsymbol{y}(\overline{\boldsymbol{\psi}})\|\leqslant\lambda\|\boldsymbol{\psi}-\overline{\boldsymbol{\psi}}\|\mathrm{e}^{-\eta(t-\tau)} \tag{6-35}$$

则由 $y_i(t)=x_i(\mathrm{e}^t)$，$\boldsymbol{\psi}(s)=\boldsymbol{\varphi}(\mathrm{e}^s)$，$\overline{\boldsymbol{\psi}}(s)=\overline{\boldsymbol{\varphi}}(\mathrm{e}^s)$和式（6-35），得

$$\|\boldsymbol{x}_t(\boldsymbol{\varphi})-x_t(\overline{\boldsymbol{\varphi}})\|\leqslant\lambda\|\boldsymbol{\varphi}-\overline{\boldsymbol{\varphi}}\|(qt)^{-\alpha},\ t\geqslant 1 \tag{6-36}$$

余下部分同定理 6-1，得到 $\boldsymbol{x}(t,\ \boldsymbol{\varphi}^*)$ 是系统（6-1）的具周期为 ω 的周期解. 由式（6-36），表明当 $t\to+\infty$时，系统（6-1）的所有其他解都多项式收敛到这个周期解.

另外，根据定理 6-2 的证明过程，得如下结果.

定理 6-3 若条件式（6-2）成立，且存在一个正数 $\eta>0$，使得

$$d_i-\eta-\sum_{j=1}^{n}(|a_{ij}|L_j+|b_{ij}|M_j\mathrm{e}^{\eta\tau_j}+|c_{ij}|N_j\mathrm{e}^{\eta\zeta_j})>0,\ i=1,2,\cdots,n$$

成立，则对每一周期性输入 $\boldsymbol{I}(t)$，系统（6-1）存在唯一的周期解，且是全局多项式周期的. 这里 $\tau_i=-\ln p_i\geqslant 0$，$\zeta_i=-\ln q_i\geqslant 0$.

进一步，由定理 6-1～定理 6-3，可得下列推论.

推论 6-1 若条件式（6-2）成立，且存在常数 $\sigma>1$，使得

$$d_i-\sigma-\sum_{j=1}^{n}(|a_{ji}|L_i+|b_{ji}|M_i\mathrm{e}^{-\sigma\ln p_i}+|c_{ji}|N_i\mathrm{e}^{-\sigma\ln q_i})>0,\ i=1,2,\cdots,n$$

成立，则对每一周期性输入 $\boldsymbol{I}(t)$，系统（6-3）存在唯一的周期解，且是全局多项式稳定的.

推论 6-2 若条件式（6-2）成立，且

$$d_i-\sum_{j=1}^{n}(|a_{ij}|L_j+|b_{ij}|M_j+|c_{ij}|N_j)>0,\ i=1,2,\cdots,n$$

成立，则对每一周期性输入 $\boldsymbol{I}(t)$，系统（6-3）存在唯一的周期解，且是全局多项式周期的.

推论 6-3 若条件式（6-2）成立，且存在一个正数 $\eta>0$，使得

$$d_i-\eta-\sum_{j=1}^{n}(|a_{ij}|L_j+|b_{ij}|M_j\mathrm{e}^{-\eta\ln p_j}+|c_{ij}|N_j\mathrm{e}^{-\eta_i\ln q_j})\geqslant 0,\ i=1,2,\cdots,n$$

成立，则对每一周期性输入 $\boldsymbol{I}(t)$，系统（6-3）存在唯一的周期解，且是全局多项式周期的.

6.1.3 数值算例及仿真

例 6-1 考虑如下二维细胞神经网络

$$\begin{cases}\dot{x}_1(t)=-10x_1(t)+f_1(x_1(t))-f_2(x_2(t))+f_1(x_1(p_1t))-f_2(x_2(p_1t))+\\ \qquad f_2(x_2(q_2t))+2\sin(0.2t)\\ \dot{x}_2(t)=-11x_1(t)-f_1(x_1(t))+f_2(x_2(t))-f_1(x_1(p_1t))+f_2(x_2(p_1t))-\\ \qquad f_1(x_1(q_2t))+2f_2(x_2(q_2t))+3\cos(0.2t)\end{cases} \tag{6-37}$$

其中，$t\geqslant 1$，$\boldsymbol{D}=\begin{pmatrix}10 & 0\\ 0 & 11\end{pmatrix}$，$\boldsymbol{A}=\begin{pmatrix}1 & -1\\ -1 & 1\end{pmatrix}$，$\boldsymbol{B}=\begin{pmatrix}1 & -1\\ -1 & 1\end{pmatrix}$，$\boldsymbol{C}=\begin{pmatrix}0 & 1\\ -1 & 2\end{pmatrix}$，$p_j=0.4$，$q_j=0.8$，$j=1, 2$. 激活函数为 $f_i(x_i)=\sin(x_i/3)+x_i/3$，$i=1, 2$，显然 $f_i(x_i)$，$i=1,2$ 是 Lipschitz 连续的，且 Lipschitz 常数 $L_i=2/3$，$i=1, 2$. 计算得

$$\tau\triangleq\tau_j=-\ln 0.4\approx 0.9163, \zeta\triangleq\zeta_j=-\ln 0.8\approx 0.2231, j=1,2$$

取 $\sigma=1.5$，有

$$d_1-\sigma-2/3(|a_{11}|+|a_{21}|+(|b_{11}|+|b_{21}|)e^{\sigma\tau}+(|c_{11}|+|c_{21}|)e^{\sigma\zeta})=0.9645>0$$

$$d_2-\sigma-2/3(|a_{12}|+|a_{22}|+(|b_{12}|+|b_{22}|)e^{\sigma\tau}+(|c_{12}|+|c_{22}|)e^{\sigma\zeta})=0.1012>0$$

满足定理 6-1 的条件，可知系统（6-37）是全局多项式周期的，仿真结果，如

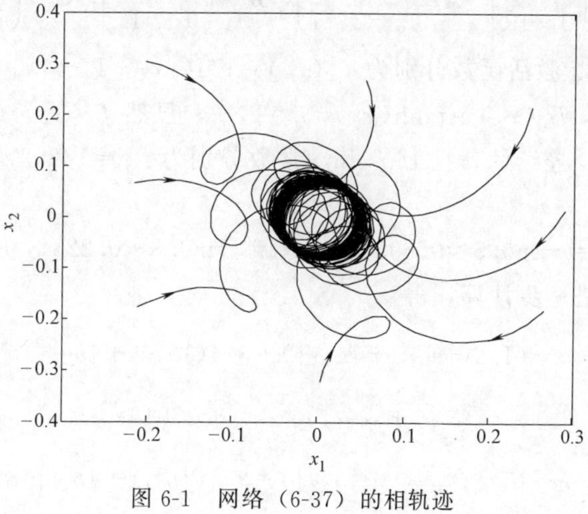

图 6-1 网络（6-37）的相轨迹

图 6-1和图 6-2 所示.

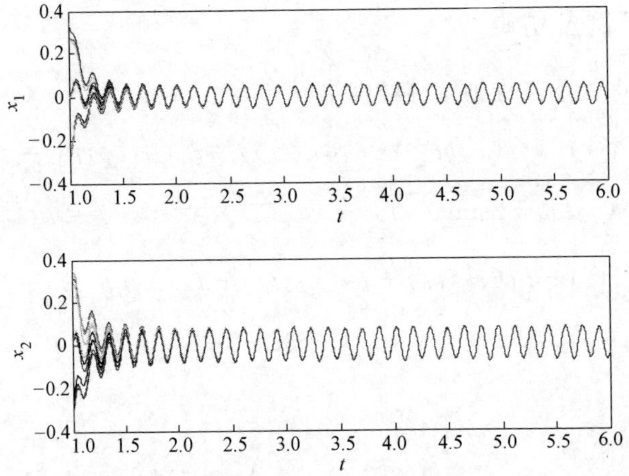

图 6-2　网络（6-37）的时间响应曲线

例 6-2　考虑二维细胞神经网络

$$\begin{cases} \dot{x}_1(t)=-9x_1(t)+f_1(x_1(t))+g_1(x_1(p_1t))- \\ \qquad 2g_2(x_2(p_2t))+h_2(x_2(q_2t))+4\sin(t/8) \\ \dot{x}_2(t)=-12x_1(t)-2f_1(x_1(t))+f_2(x_2(t))+ \\ \qquad g_2(x_2(p_1t))+h_1(x_1(q_1t))+3\cos(t/8) \end{cases} \tag{6-38}$$

其中，$t\geqslant 1$，$\boldsymbol{D}=\begin{pmatrix}9 & 0\\ 0 & 12\end{pmatrix}$，$\boldsymbol{A}=\begin{pmatrix}1 & 0\\ -2 & 1\end{pmatrix}$，$\boldsymbol{B}=\begin{pmatrix}1 & -2\\ 0 & 1\end{pmatrix}$，$\boldsymbol{C}=\begin{pmatrix}0 & 1\\ 1 & 0\end{pmatrix}$，$p_j=0.5$，$q_j=0.8$，$j=1$，2. 激活函数分别为 $f_i(x_i)=1/4(|x_i+1|-|x_i-1|)$，$g_i(x_i)=\cos(x_i/2)+x_i/4$，$h_i(x_i)=\tanh(x_i)$，$i=1$，2，显然 $f_i(x_i)$,$g_i(x_i)$和 $h_i(x_i)$ 都是全局 Lipschitz 连续的，且 Lipschitz 常数分别为 $L_i=1/2$，$M_i=3/4$，$N_i=1$，$i=1$，2. 计算得

$$\tau\triangleq\tau_j=-\ln 0.5\approx 0.6931,\zeta\triangleq\zeta_j=-\ln 0.8\approx 0.2231,\ j=1,2$$

取 $\sigma=1.2$，进一步计算，得

$$d_1-\sigma-(1/2(|a_{11}|+|a_{21}|)+3/4(|b_{11}|+|b_{21}|)e^{\sigma\tau}+ \\ (|c_{11}|+|c_{21}|)e^{\sigma\zeta})=3.2701>0$$

$$d_2-\sigma-(1/2(|a_{12}|+|a_{22}|)+3/4(|b_{12}|+|b_{22}|)e^{\sigma\tau}+ \\ (|c_{12}|+|c_{22}|)e^{\sigma\zeta})=3.8241>0$$

满足定理 6-1 的条件，可知此系统（6-38）是全局多项式周期的，仿真结果，如图 6-3 和图 6-4 所示.

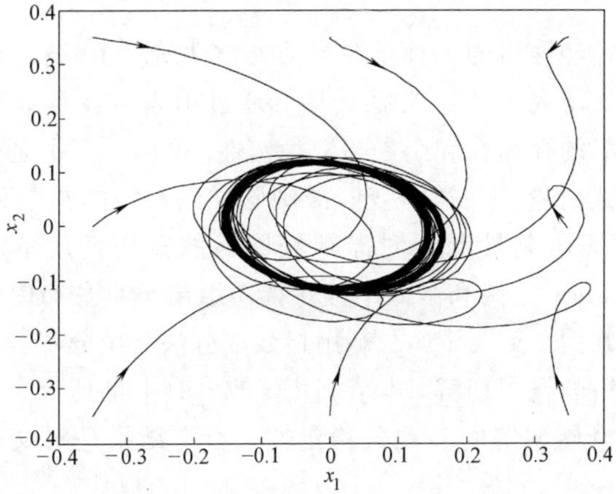

图 6-3 网络（6-38）的相轨迹

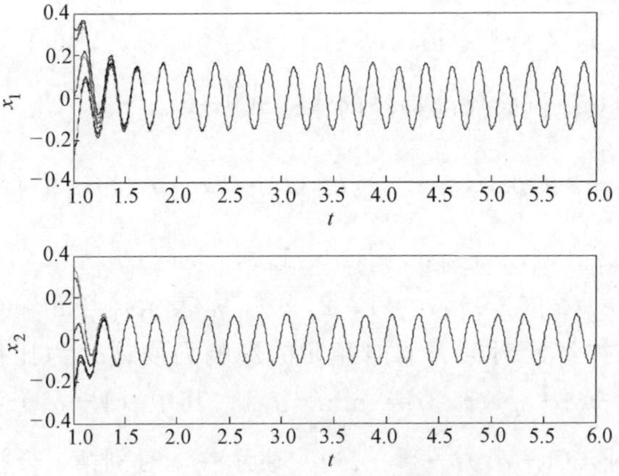

图 6-4 网络（6-38）的时间响应曲线

6.2 具比例时滞神经网络概周期解的多项式稳定性

概周期函数，又称殆周期函数，是具有某种近似周期性的有界连续函数，可看作周期函数的推广. 1924—1926 年，丹麦数学家 Bohr H 建立了概周期函数理论. 1933 年 Bochner S 建立了巴拿赫空间的向量值概周期函数理论. 这些理论的发展与常微分方程、稳定性理论以及动力系统的发展有着密切联系. 其应用范围包括古典动力系统、常微分方程、偏微分方程、泛函微分方程及巴拿赫空间的微分方程等. 在自然与社会现实中，概周期现象是比周期现象更为普遍存在的. 例如，在电力系统、生态学、经济学、天体力学以及振动理论等许多学科领域出现线性或非线性振动现象的实际问题中，除研究周期解外，还会出现寻求概周期解的问题. 寻求概周期系统的概周期解，以及研究概周期解的稳定性是概周期常微分方程研究的主要课题.

概周期性也是神经网络的一种重要的动力学性质. 近年来，时滞神经网络概周期解也得到了广泛的研究[10-16]. 文献［10］通过引入可调参数研究常时滞细胞神经网络的概周期性解的存在性和全局指数稳定性. 文献［11］通过拓扑度理论与广义的 Halanay 不等式讨论了一类时变时滞细胞神经网络的指数稳定性. 文献［12，13］通过压缩原理等研究具混合时滞神经网络的概周期解的指数稳定性. 文献［14-16］利用 Lyapunov 泛函和微分不等式技巧给出了具分布时滞竞争神经网络的概周期解的稳定性判据. 文献［16］利用指数二分法和微分不等式研究了具 S-型分布时滞细胞神经网络的概周期解. 本节利用文献［16］的研究方法，研究了一类具比例时滞神经网络概周期解的多项式稳定性，所得结果是对文献［16］中结果的改进.

6.2.1 模型描述及预备知识

对于 $\boldsymbol{y}\in\mathbb{R}^n$，定义 $\|\boldsymbol{y}\|=\max\limits_{1\leqslant i\leqslant n}|y_i|$. $\boldsymbol{y}=(y_1, y_2, \cdots, y_n)^{\mathrm{T}}=\mathrm{col}\{y_i\}$.

考虑如下一类具比例时滞的神经网络模型[19]

$$\begin{cases}\dot{x}_i(t)=-c_i(t)x_i(t)+\sum\limits_{j=1}^{n}b_{ij}(t)g_j(x_j(q_jt))+I_i(t),\ t\geqslant 1\\ x_i(s)=\varphi_i(s),\ s\in[q,1],\ i=1,2,\cdots,n\end{cases}\tag{6-39}$$

其中，$c_i(t)>0$；$g_j(x_j(\cdot))$，$j=1, 2, \cdots, n$ 表示神经元输出函数；$b_{ij}(t)$ 表示在 t 时刻第 j 个神经元对第 i 个神经元的影响强度；q_j 为比例时滞因子，满足 $0<q_j\leqslant 1$，$q_jt=t-(1-q_j)t$，$q=\min\limits_{1\leqslant j\leqslant n}\{q_j\}$；其中 $(1-q_j)t$ 是比例时滞函数，当 $t\to\infty$，$q_j\neq 1$ 时，$(1-q_j)t\to\infty$. $I(t)$ 表示在 t 时刻第 i 个神经元的外部输入. 进一步，令 $c_i(t)$，$I_i(t)$ 和 $b_{ij}(t)$ 是 $[0, \infty)$ 上的概周期函数，并且存在 $\underline{c_i}$，$\overline{b_{ij}}$，$\overline{I_i}$，使得 $0<\underline{c_i}=\inf\limits_{t\in[1,\infty]}c_i(t)$，$\overline{b_{ij}}=\sup\limits_{t\in[1,\infty]}|b_{ij}(t)|$ 和 $\overline{I_i}=\sup\limits_{t\in[q,1]}|I_i(t)|$，$i, j=1, 2, \cdots, n$. $\varphi_i(s)$ 是 $x_i(s)$ 在 $[q, 1]$ 初始函数. $\boldsymbol{\varphi}(s)=\mathrm{col}\{\varphi_i(s)\}\in C([q,1],\mathbb{R}^n)$.

做变换 $y_i(t)=x_i(\mathrm{e}^t)$，则系统（6-39）等价变换成如下模型

$$\begin{cases}\dot{y}_i(t)=\mathrm{e}^t\left\{-\hat{c}_i(t)y_i(t)+\sum\limits_{j=1}^{n}\hat{b}_{ij}(t)g_j(y_j(t-\tau_j))+\hat{I}_i(t)\right\},\ t\geqslant 0\\ y_i(s)=\psi_i(s),\ s\in[-\tau,0],\ i=1,2,\cdots,n\end{cases}\tag{6-40}$$

其中，$\tau_j=-\ln q_j\geqslant 0$，$\tau=\max\limits_{j}\{\tau_j\}$，$\psi_i(s)=\varphi_i(\mathrm{e}^s)$，$\hat{c}_i(t)=c_i(\mathrm{e}^t)$，$\hat{b}_{ij}(t)=b_{ij}(\mathrm{e}^t)$，$\hat{I}_i(t)=I_i(\mathrm{e}^t)$. 对任何 $\boldsymbol{\psi}(s)=\mathrm{col}\{\psi_i(s)\}\in C([-\tau,0],\mathbb{R}^n)$，系统

(6-40) 的一个解是对 $t\geqslant 0$ 满足式 (6-40) 的向量函数 $\boldsymbol{y}(t)=\mathrm{col}\{y_i(t)\}$. 假设系统 (6-40) 存在一个解 $\boldsymbol{y}(t)$. 并且有

$$\inf_{t\in[-\tau,\infty]}\hat{c}_i(t)=\inf_{t\in[1,\infty]}c_i(t)==\underline{c_i},\quad \sup_{t\in[-\tau,\infty]}|\hat{b}_{ij}(t)|=\sup_{t\in[1,\infty]}|b_{ij}(t)|=\overline{b_{ij}},$$

$$\sup_{t\in[-\tau,\infty]}|\hat{I}_i(t)|=\sup_{t\in[1,\infty]}|I_i(t)|=\overline{I_i}$$

首先给出一些本节需要的假设:

(H_1) 存在函数 $f_j,h_j\in C(\mathbb{R},\mathbb{R})$ 和常数 L_j^f, $L_j^h>0$, α_j, $\beta_j\geqslant 0$,使得

(1) $f_i(0)=0$, $g_j(u)=f_i(u)h_i(u)$, $|h_j(u)|\leqslant\alpha_j|u|+\beta_j$, $u\in\mathbb{R}$;

(2) $|f_i(u)-f_i(v)|\leqslant L_j^f|u-v|$, $|h_i(u)-h_i(v)|\leqslant L_j^h|u-v|$, $u,v\in\mathbb{R}$.

(H_2) 方程 $p(w+L)^2+q(w+L)=w$ 存在正解 w, 其中

$$L=\max_i\{\overline{I}_i/\underline{c_i}\},\ p=\max_i\left\{\underline{c_i^{-1}}\sum_{j=1}^{n}\overline{b_{ij}}L_j^f\alpha_j\right\},\ m=\max_i\left\{\underline{c_i^{-1}}\sum_{j=1}^{n}\overline{b_{ij}}L_j^f\beta_j\right\}$$

设 $B=\{\boldsymbol{\varphi}\mid\boldsymbol{\varphi}=\mathrm{col}\{\boldsymbol{\varphi}_i(t)\}\}$, 其中 $\boldsymbol{\varphi}$ 是 $[q,\infty)$ 上的概周期解. 对于 $\forall\boldsymbol{\varphi}\in B$ 定义诱导范数 $\|\boldsymbol{\varphi}\|_B=\sup\limits_{t\in[q,\infty)}\|\boldsymbol{\varphi}(t)\|$, 则 B 是一个 Banach 空间.

定义 6-6[9] 连续函数 $x(t)$: $\mathbb{R}\to\mathbb{R}$ 称为 $\mathbb{R}$ 上的概周期函数, 如果对任意 $\varepsilon>0$, 存在一个实数 $l=l(\varepsilon)>0$, 使得在每个长度为 $l(\varepsilon)$ 的区间内至少有一个 $\delta=\delta(\varepsilon)$, 使得

$$|x(t+\varepsilon)-x(t)|<\varepsilon,t\in\mathbb{R}$$

定义 6-7 令 $\boldsymbol{x}^*(t)=\mathrm{col}\{x_i^*(s)\}$ 为系统 (6-39) 的一个具有初始条件 $\boldsymbol{\varphi}^*(t)=\mathrm{col}\{\varphi_i^*(t)\}$ 的概周期解, 如果存在常数 $\lambda>0$ 和 $M\geqslant 1$, 对于系统 (6-39) 的具有初始条件 $\boldsymbol{\varphi}(s)=\mathrm{col}\{\varphi_i(s)\}$ 的每个解 $\boldsymbol{x}(t)$ 成立

$$|x_i(t)-x_i^*(t)|\leqslant M\|\boldsymbol{\varphi}-\boldsymbol{\varphi}^*\|t^{-\lambda},\quad t\geqslant 1,\ i=1,2,\cdots,n$$

则称 $\boldsymbol{x}^*(t)$ 是全局多项式稳定的. 其中 $\|\boldsymbol{\varphi}-\boldsymbol{\varphi}^*\|=\sup\limits_{q\leqslant s\leqslant 1}\{\max\limits_{1\leqslant i\leqslant n}|\varphi_i(s)-\varphi_i^*(s)|\}$.

定义 6-8[9] 令 $\boldsymbol{y}^*(t)=\mathrm{col}\{y_i^*(s)\}$ 为系统 (6-40) 的一个具有初始条件的概周期解 $\boldsymbol{\psi}^*(t)=\mathrm{col}\{\psi_i^*(t)\}$, 如果存在常数 $\lambda>0$ 和 $M\geqslant 1$, 对于系统 (6-40) 的具有初始条件 $\boldsymbol{\psi}(s)=\mathrm{col}\{\psi_i(s)\}$ 的每个解 $\boldsymbol{y}(t)$ 成立, 即

$$|y_i(t)-y_i^*(t)|\leqslant M\|\boldsymbol{\psi}-\boldsymbol{\psi}^*\|\mathrm{e}^{-\lambda t},\ t\geqslant 0,\ i=1,2,\cdots,n$$

则称 $\boldsymbol{y}^*(t)$ 是全局指数稳定的. 其中 $\|\boldsymbol{\psi}-\boldsymbol{\psi}^*\|=\sup\limits_{-\tau\leqslant s\leqslant 0}\{\max\limits_{1\leqslant i\leqslant n}|\psi_i(s)-\psi_i^*(s)|\}$.

考虑线性系统

$$\dot{\boldsymbol{x}}(t)=\boldsymbol{A}(t)\boldsymbol{x}(t)\tag{6-41}$$

以及

$$\dot{\boldsymbol{x}}(t)=\boldsymbol{A}(t)\boldsymbol{x}(t)+\boldsymbol{f}(t)\tag{6-42}$$

定义 6-9[9] 如果存在正数 λ, k 和投影矩阵 $\boldsymbol{P}$ 满足

$$\|\boldsymbol{X}(t)\boldsymbol{P}\boldsymbol{X}^{-1}(s)\|\leqslant\lambda\mathrm{e}^{-k(t-s)},\ t\geqslant s;\quad \|\boldsymbol{X}(t)(\boldsymbol{I}-\boldsymbol{P})\boldsymbol{X}^{-1}(s)\|\leqslant\lambda\mathrm{e}^{-k(t-s)},\ t\geqslant s,$$

则称系统（6-41）满足指数型二分性.

引理 6-1[9]　假设 $c_i(t)$ 是ℝ上的一个概周期函数，并且

$$M[c_i]=\lim_{T\to\infty}1/T\int_t^{t+T}c_i(s)\mathrm{d}s,\ i=1,2,\cdots,n$$

则线性系统 $\dot{\boldsymbol{x}}(t)=\boldsymbol{C}\boldsymbol{x}(t)$ 是容许指数二分的，其中 $\boldsymbol{C}=\mathrm{diag}(-c_1(t),-c_2(t),\cdots,-c_n(t))$.

引理 6-2[9]　如果线性系统 $\dot{\boldsymbol{x}}(t)=\boldsymbol{A}(t)\boldsymbol{x}(t)$ 是容许指数二分的，则概周期系统（6-42）有唯一的概周期解 $\boldsymbol{x}(t)$，且

$$\boldsymbol{x}(t)=\int_{-\infty}^{t}\boldsymbol{X}(t)\boldsymbol{P}\boldsymbol{X}^{-1}(s)\boldsymbol{f}(s)\mathrm{d}s-\int_t^{+\infty}\boldsymbol{X}(t)(\boldsymbol{I}-\boldsymbol{P})\boldsymbol{X}^{-1}(s)\boldsymbol{f}(s)\mathrm{d}s$$

6.2.2 概周期解的存在性和唯一性

定理 6-4　假设条件（H_1）和（H_2）成立. 若下列条件

$$r=\max_i\left\{\underline{c_i}^{-1}\sum_{j=1}^{n}\overline{b_{ij}}[L_j^fL_j^h(\omega+L)+L_j^f\alpha_j(\omega+L)+L_j^f\beta_j]\right\}<1 \tag{6-43}$$

成立，则系统（6-39）在区间 $B^*=\{\boldsymbol{\varphi}\mid\boldsymbol{\varphi}\in\boldsymbol{B},\ \|\boldsymbol{\varphi}-\boldsymbol{\varphi}_0\|_B\leqslant\omega\}$ 中存在唯一的概周期解，其中

$$\boldsymbol{\varphi}_0(t)=\mathrm{col}\left\{\int_q^t \mathrm{e}^{-\int_s^t c_i(u)\mathrm{d}u}I_i(s)\mathrm{d}s\right\}$$

证明　对 $\forall\boldsymbol{\varphi}(t)\in B$ 考虑如下系统

$$\dot{x}_i(t)=-c_i(t)x_i(t)+\sum_{j=1}^{n}b_{ij}(t)g_j(x_j(qt))+I_i(t),\ t\geqslant1 \tag{6-44}$$

由 $c_i(t)\geqslant\underline{c_i}>0$，有

$$M[c_i]=\lim_{T\to\infty}1/T\int_t^{t+T}c_i(s)\mathrm{d}s,\ i=1,2,\cdots,n$$

则根据引理 6-1 和引理 6-2，系统（6-44）存在唯一的概周期解 $\boldsymbol{x}_{\boldsymbol{\varphi}}(t)$，

$$\boldsymbol{x}_{\boldsymbol{\varphi}}(t)=\mathrm{col}\left\{\int_q^t \mathrm{e}^{-\int_s^t c_i(u)\mathrm{d}u}\left(\sum_{j=1}^{n}b_{ij}(s)g_j(\varphi_j(q_js))+I_i(s)\right)\mathrm{d}s\right\}$$

定义映射 $\boldsymbol{F}$：$B\to B$：$\boldsymbol{F}(\boldsymbol{\varphi}(t))=\boldsymbol{x}_{\boldsymbol{\varphi}}(t)$，$\forall\boldsymbol{\varphi}\in B$. 由 $B^*=\{\boldsymbol{\varphi}\mid\boldsymbol{\varphi}\in B,\ \|\boldsymbol{\varphi}-\boldsymbol{\varphi}_0\|_B\leqslant\omega\}$，可知 B^* 是 B 的闭凸子集. 按照 Banach 空间 B 范数的定义，得

$$\|\boldsymbol{\varphi}_0\|_B=\sup_{t\in[q,\infty)}\max_i\left\{\int_q^t \mathrm{e}^{-\int_s^t c_i(u)\mathrm{d}u}I_i(s)\mathrm{d}s\right\}\leqslant\sup_{t\in[q,\infty)}\max_i\{\overline{I}_i/\underline{c}_i\}=L$$

所以，对 $\forall\boldsymbol{\varphi}\in B^*$，有

$$\|\boldsymbol{\varphi}\|_B\leqslant\|\boldsymbol{\varphi}-\boldsymbol{\varphi}_0\|_B+\|\boldsymbol{\varphi}_0\|_B\leqslant\omega+L \tag{6-45}$$

由假设（H_1），得

$$|f_j(u)|\leqslant L_j^f|u|,\quad|h_j(u)|\leqslant\alpha_j|u|+\beta_j,\quad\forall\ u\in\mathbb{R},\ j=1,2,\cdots,n. \tag{6-46}$$

下面首先证明 F 将 B^* 映射到自身. 事实上，对 $\forall \boldsymbol{\varphi} \in B^*$，有

$$\boldsymbol{F}(\boldsymbol{\varphi})(t)-\boldsymbol{\varphi}_0(t)=\operatorname{col}\left\{\int_q^t \mathrm{e}^{-\int_s^t c_i(u)\mathrm{d}u}\sum_{j=1}^n b_{ij}(s)g_j(\varphi_j(q_js))\mathrm{d}s\right\}$$

结合假设（H_1）和（H_2）以及式（6-45）式和式（6-46），得

$$\begin{aligned}
\|\boldsymbol{F}(\boldsymbol{\varphi})-\boldsymbol{\varphi}_0\|_B &= \sup_{t\in[q,\infty)}\max_i\left\{\left|\int_q^t \mathrm{e}^{-\int_s^t c_i(u)\mathrm{d}u}\sum_{j=1}^n b_{ij}(s)g_j(\varphi_j(q_js))\mathrm{d}s\right|\right\}\\
&\leqslant \sup_{t\in[q,\infty)}\max_i\left\{\int_q^t \mathrm{e}^{-\int_s^t c_i(u)\mathrm{d}u}\sum_{j=1}^n |b_{ij}(s)||f_i(\varphi_j(q_js))||h_i(\varphi_j(q_js))|\mathrm{d}s\right\}\\
&\leqslant \sup_{t\in[q,\infty)}\max_i\left\{\int_q^t \mathrm{e}^{-\int_s^t c_i(u)\mathrm{d}u}\sum_{j=1}^n \overline{b_{ij}}L_j^f|\varphi_j(qs)|(\alpha_j|\varphi_j(q_js)|+\beta_j)|\mathrm{d}s\right\}\\
&\leqslant \max_i\left\{c_i^-\sum_{j=1}^n \overline{b_{ij}}L_j^f\alpha_j\|\boldsymbol{\varphi}\|_B+c_i^-\sum_{j=1}^n \overline{b_{ij}}L_j^f\beta_j\right\}\|\boldsymbol{\varphi}\|_B\\
&\leqslant (p\|\boldsymbol{\varphi}\|_B+q)\|\boldsymbol{\varphi}\|_B\\
&\leqslant p(\omega+L)^2+q(\omega+L)=\omega
\end{aligned}\tag{6-47}$$

式（6-47）蕴含了 $\boldsymbol{F}(\boldsymbol{\varphi})\in B^*$，所以映射 F 是从 B^* 到 B^* 的自映射.

接下来，证明映射 F 是一个压缩映射. 事实上，由式（6-46）、式（6-39）及假设（H_1），对 $\boldsymbol{\varphi}$，$\overline{\boldsymbol{\varphi}}\in B^*$，有

$$\|\boldsymbol{F}(\boldsymbol{\varphi})-\boldsymbol{F}(\overline{\boldsymbol{\varphi}})\|_B=\sup|\boldsymbol{F}(\boldsymbol{\varphi})(t)-\boldsymbol{F}(\overline{\boldsymbol{\varphi}})(t)|$$

$$\begin{aligned}
&= \sup_{t\in[q,\infty)}\max_i\left\{\left|\int_q^t \mathrm{e}^{-\int_s^t c_i(u)\mathrm{d}u}\sum_{j=1}^n b_{ij}(s)[g_j(\varphi_j(qt))-g_j(\overline{\varphi}_j(qt))]\right|\mathrm{d}s\right\}\\
&\leqslant \sup_{t\in[q,\infty)}\max_i\left\{\left|\int_q^t \mathrm{e}^{-\int_s^t c_i(u)\mathrm{d}u}\sum_{j=1}^n \overline{b_{ij}}[f_j(\varphi_j(qt))h_j(\varphi_j(qt))-f_j(\overline{\varphi}_j(qt))h_j(\varphi_j(qt))+\right.\right.\\
&\qquad \left.\left. f_j(\overline{\varphi}_j(qt))h_j(\varphi_j(qt))-f_j(\overline{\varphi}_j(qt))h_j(\overline{\varphi}_j(qt))]\right|\right\}\\
&\leqslant \sup_{t\in[q,\infty)}\max_i\left\{\left|\int_q^t \mathrm{e}^{-\int_s^t c_i(u)\mathrm{d}u}\sum_{j=1}^n \overline{b_{ij}}[L_j^f\|\boldsymbol{\varphi}-\overline{\boldsymbol{\varphi}}\|_B(\alpha_j\|\boldsymbol{\varphi}\|_B+\right.\right.\\
&\qquad \left.\left.\beta_j+L_j^f\|\overline{\boldsymbol{\varphi}}\|_B L_j^h\|\boldsymbol{\varphi}-\overline{\boldsymbol{\varphi}}\|_B)]\right|\right\}\\
&\leqslant \max_i\left\{\underline{c_i}^{-1}\sum_{j=1}^n \overline{b_{ij}}[L_j^f\alpha_j(L+\omega)+L_j^fL_j^h(L+\omega)+L_j^f\beta_j]\right\}\|\boldsymbol{\varphi}-\overline{\boldsymbol{\varphi}}\|_B=r\|\boldsymbol{\varphi}-\overline{\boldsymbol{\varphi}}\|_B
\end{aligned}$$

注意到式（6-43），这意味着 $\boldsymbol{F}$ 是一个压缩映射. 根据引理 1-1（Banach 不动点定理），则存在唯一的不动点 $\boldsymbol{x}^*\in B^*$，使得 $\boldsymbol{F}\boldsymbol{x}^*=\boldsymbol{x}^*$. $\boldsymbol{x}^*$ 是系统（6-39）在 B^* 中的概周期解.

6.2.3 概周期解的多项式稳定性

定理 6-5 假设条件（H_1）和（H_2）成立. 若在（H_1）中 $\alpha_j=0$，且条件

$$\eta=\max_i\left\{\underline{c_i}^{-1}\sum_{j=1}^n \overline{b_{ij}}[L_j^fL_j^h(\omega+L)+L_j^f\beta_j]\right\}<1 \tag{6-48}$$

成立，则系统（6-39）存在唯一的全局多项式稳定的概周期解.

证明 由定理6-4可知系统（6-39）存在唯一的概周期解. 再由系统（6-39）与系统（6-40）的等价性，可知系统（6-40）也存在一个概周期解 $\boldsymbol{y}^*(t,\boldsymbol{\psi}^*(t))$，$\boldsymbol{y}^*(t,\boldsymbol{\psi}^*(t))\in B^*$. 设 $\boldsymbol{y}(t,\boldsymbol{\psi}(t))$ 是系统（6-40）的任意解. 令 $\boldsymbol{z}(t)=\boldsymbol{y}(t)-\boldsymbol{y}^*(t)=\mathrm{col}\{y_i(t)-y_i^*(t)\}$，则

$$\begin{aligned}\dot{z}_i(t)&=\dot{y}_i(t)-\dot{y}_i^*(t)\\&=\mathrm{e}^t\Big\{-\hat{c}_i(t)z_i(t)+\sum_{j=1}^n\hat{b}_{ij}(t)[g_j(z_j(t-\tau_j)+\\&\quad y_j^*(t-\tau_j))-g_j(y_j^*(t-\tau_j))]\Big\}\end{aligned}\tag{6-49}$$

$$\begin{aligned}D^+|z_i(t)|&=\dot{z}_i(t)\mathrm{sgn}(z_i(t))=(y_i(t)-y_i^*(t))\mathrm{sgn}(y_i(t)-y_i^*(t))\\&\leqslant\mathrm{e}^t\Big\{-\hat{c}_i(t)z_i(t)+\sum_{j=1}^n|\hat{b}_{ij}(t)|\,|g_j(z_j(t-\tau_j)+y_j^*(t-\tau_j))-\\&\quad g_j(y_j^*(t-\tau_j))|\Big\}\end{aligned}$$

由式（6-48），有

$$-\underline{c_i}+\sum_{j=1}^n\overline{b_{ij}}\,[L_j^fL_j^h(\omega+L)+L_j^f\beta_j]<0$$

设

$$\sigma_i(u)=u-\underline{c_i}+\sum_{j=1}^n\overline{b_{ij}}[L_j^fL_j^h(\omega+L)+L_j^f\beta_j]\mathrm{e}^{u\tau_j},\ u\in[0,\infty)$$

显然，$\sigma_i(u)$ 是 $[0,\infty)$ 上的连续增函数，且当 $u\to+\infty$，$\sigma_i(u)\to+\infty$ 时，

$$\sigma_i(0)=-\underline{c_i}+\sum_{j=1}^n\overline{b_{ij}}[L_j^fL_j^h(\omega+L)+L_j^f\beta_j]<0,\ i=1,2,\cdots,n$$

因此一定存在 $\tilde{u}\in(0,\infty)$，使得

$$\sigma_i(\tilde{u})=\tilde{u}-\underline{c_i}+\sum_{j=1}^n\overline{b_{ij}}\,[L_j^fL_j^h(\omega+L)+L_j^f\beta_j]\,\mathrm{e}^{\tilde{u}\tau_j}=0$$

于是可以选择一个正常数 $\lambda\in[0,\tilde{u}]$，使得

$$\sigma_i(\lambda)=\lambda-\underline{c_i}+\sum_{j=1}^n\overline{b_{ij}}[L_j^fL_j^h(\omega+L)+L_j^f\beta_j]\mathrm{e}^{\lambda\tau_j}<0,\ i=1,2,\cdots,n\tag{6-50}$$

定义如下正定的 Lyapunov 泛函

$$V_i(t)=\mathrm{e}^{-t}|z_i(t)|\mathrm{e}^{\lambda t},\ i=1,2,\cdots,n\tag{6-51}$$

计算 $V_i(t)$ 沿系统（6-49）的具有初值 $\boldsymbol{\Phi}=\boldsymbol{\psi}-\boldsymbol{\psi}^*$ 的解 $\boldsymbol{z}(t)=\mathrm{col}\{z_i(t)\}$ 的右上 Dini 导数，由式（6-45）、式（6-46）、式（6-49）及假设(H_1)，当 $\alpha_j=0$ 时，有

$$D^+V_i(t)=-\mathrm{e}^{-t}|z_i(t)|\mathrm{e}^{\lambda t}+\mathrm{e}^{-t}D^+|z_i(t)|\mathrm{e}^{\lambda t}+\lambda\mathrm{e}^{-t}|z_i(t)|\mathrm{e}^{\lambda t}$$

$$\leqslant e^{-t}D^{+}|z_i(t)|e^{\lambda t}+\lambda e^{-t}|z_i(t)|e^{\lambda t}$$

$$\leqslant\Big\{-\hat{c}_i(t)|z_i(t)|+\sum_{j=1}^{n}|\hat{b}_{ij}(t)||g_j(z_j(t-\tau_j)+y_j^*(t-\tau_j))-$$
$$g_j(y_j^*(t-\tau_j))|\Big\}e^{\lambda t}+\lambda e^{-t}|z_i(t)|e^{\lambda t}$$

$$\leqslant(\lambda-\hat{c}_i(t))|z_i(t)|e^{\lambda t}+\sum_{j=1}^{n}\overline{b_{ij}}e^{\lambda t}|f_j(z_j(t-\tau_j)+$$
$$y_j^*(t-\tau_j))h_j(z_j(t-\tau_j))+y_j^*(t-\tau_j)-f_j(y_j^*(t-\tau_j))h_j(y_j^*(t-\tau_j))|$$

$$\leqslant(\lambda-\hat{c}_i(t))|z_i(t)|e^{\lambda t}+\sum_{j=1}^{n}\overline{b_{ij}}e^{\lambda t}|f_j(z_j(t-\tau_j)+y_j^*(t-\tau_j))h_j(z_j(t-\tau_j)+$$
$$y_j^*(t-\tau_j))-f_j(y_j^*(t-\tau_j))h_j(z_j(t-\tau_j)+y_j^*(t-\tau_j))+$$
$$f_j(y_j^*(t-\tau_j))h_j(z_j(t-\tau_j)+y_j^*(t-\tau_j))-f_j(y_j^*(t-\tau_j))h_j(y_j^*(t-\tau_j))|$$

$$\leqslant(\lambda-\underline{c_i})|z_i(t)|e^{\lambda t}+\sum_{j=1}^{n}\overline{b_{ij}}e^{\lambda t}[L_j^f\beta_j|z_j(t-\tau_j)|+L_j^hL_j^f(\omega+L)|z_j(t-\tau_j)|] \tag{6-52}$$

令 $M_1=e^{\tilde{u}}$，设 $\|\boldsymbol{\psi}-\boldsymbol{\psi}^*\|=\sup_{-\tau\leqslant s\leqslant 0}\{\max_{1\leqslant i\leqslant n}|\psi_i(s)-\psi_i^*(s)|\}>0$. 由 $z_i(t)=\psi_i(s)-\psi_i^*(s)$，且 $e^{\lambda t}\leqslant M_1$，$t\in[-\tau,0]$. 令 $M=\max\{M_1,\ e^{(\lambda-1)t}\}$，由式 (6-49)，得

$$V_i(t)=e^{-t}|z_i(t)|e^{\lambda t}\leqslant M\|\boldsymbol{\psi}-\boldsymbol{\psi}^*\|,\ t\in[-\tau,0],\ i=1,2,\cdots,n$$

我们猜想

$$V_i(t)=e^{-t}|z_i(t)|e^{\lambda t}\leqslant M\|\boldsymbol{\psi}-\boldsymbol{\psi}^*\|,\ \forall\ t\in[0,+\infty),\ i=1,2,\cdots,n \tag{6-53}$$

否则必存在 $i\in\{1,2,\cdots,n\}$ 和 $t_i>0$，使得

$$V_i(t)<M\|\boldsymbol{\psi}-\boldsymbol{\psi}^*\|,\ V_i(t_i)=M\|\boldsymbol{\psi}-\boldsymbol{\psi}^*\|,\ \forall\ t\in(-\tau,t_i),\ i=1,2,\cdots,n \tag{6-54}$$

式 (6-54)，结合式 (6-49)、式 (6-50) 和式 (6-51)，得

$$0\leqslant D^{+}(V_i(t_i))$$
$$\leqslant(\lambda-\underline{c_i})|z_i(t)|e^{\lambda t}+\sum_{j=1}^{n}\overline{b_{ij}}e^{\lambda t}[L_j^f\beta_j|z_j(t-\tau_j)|+L_j^hL_j^f(\omega+L)|z_j(t-\tau_j)|]$$
$$\leqslant(\lambda-\underline{c_i})|z_i(t)|e^{\lambda t}+\sum_{j=1}^{n}\overline{b_{ij}}[L_j^f\beta_j|z_j(t-\tau_j)|e^{\lambda(t-\tau_j)}e^{\lambda t}+$$
$$L_j^hL_j^f(\omega+L)|z_j(t-\tau_j)|e^{\lambda(t-\tau_j)}e^{\lambda t}]$$
$$\leqslant\Big[(\lambda-\underline{c_i})+\sum_{j=1}^{n}\overline{b_{ij}}L_j^f[L_j^h(\omega+L)+\beta_j]e^{\lambda\tau_j}\Big]M\|\boldsymbol{\psi}-\boldsymbol{\psi}^*\|<0$$

此式矛盾，从而猜想成立，也就是

$$|z_i(t)|\leqslant M\|\boldsymbol{\psi}-\boldsymbol{\psi}^*\|e^{-\lambda t},\quad \forall\ t>0,\ i=1,2,\cdots,n \tag{6-55}$$

所以根据定义 6-8，可知系统 (6-40) 的概周期解是全局指数稳定的.

将 $z_i(t)=y_i(t)-y_i^*(t)$，$\|\boldsymbol{\psi}-\boldsymbol{\psi}^*\|=\sup_{-\tau\leqslant s\leqslant 0}\{\max_{1\leqslant i\leqslant n}|\psi_i(s)-\psi_i^*(s)|\}$代入

式（6-55），得

$$|y_i(t)-y_i^*(t)|\leqslant M\sup_{-\tau\leqslant s\leqslant 0}\{\max_{1\leqslant i\leqslant n}|\psi_i(s)-\psi_i^*(s)|\}\mathrm{e}^{-\lambda t},t\geqslant 0 \tag{6-56}$$

再将 $y_i(t)=x_i(\mathrm{e}^t)$，$\psi_i(t)=\varphi_i(\mathrm{e}^t)$代入式（6-56），得

$$|x_i(\mathrm{e}^t)-x_i^*(\mathrm{e}^t)|\leqslant M\sup_{-\tau\leqslant s\leqslant 0}\{\max_{1\leqslant i\leqslant n}|\varphi_i(\mathrm{e}^s)-\varphi_i^*(\mathrm{e}^s)|\}\mathrm{e}^{-\lambda t},t\geqslant 0 \tag{6-57}$$

令 $\mathrm{e}^t=\eta$，$t\geqslant 0$，则 $t=\ln\eta$，$\eta\geqslant 1$. 令 $\mathrm{e}^s=\xi$，$s\in[-\tau,0]$，则 $s=\ln\xi$，$\xi\in[q,1]$. 对于 $\eta\geqslant 1$，由式（6-57）得

$$|x_i(\eta)-x_i^*(\eta)|\leqslant M\sup_{q\leqslant s\leqslant 1}\{\max_{1\leqslant i\leqslant n}|\varphi_i(\xi)-\varphi_i^*(\xi)|\}\mathrm{e}^{-\lambda\ln\eta},\eta\geqslant 1 \tag{6-58}$$

再取 $\eta=t$，代入式（6-58）得

$$|x_i(t)-x_i^*(t)|\leqslant M\sup_{q\leqslant s\leqslant 1}\{\max_{1\leqslant i\leqslant n}|\varphi_i(\xi)-\varphi_i^*(\xi)|\}\mathrm{e}^{-\lambda\ln t},t\geqslant 1$$

即

$$|x_i(t)-x_i^*(t)|\leqslant M\|\boldsymbol{\varphi}-\boldsymbol{\varphi}^*\|t^{-\lambda},\quad t\geqslant 1,i=1,2,\cdots,n$$

由定义 6-7 可知，系统（6-39）的概周期解也是全局多项式稳定的.

6.2.4 数值算例及仿真

例 6-3 考虑如下二维的具比例时滞的递归神经网络

$$\begin{cases}\dot{x}_1(t)=-c_1(t)x_1(t)+g_1(x_1(q_1t))+2g_2(x_2(q_2t))+4\sin(4\sqrt{2}t)\\ \dot{x}_2(t)=-c_2(t)x_2(t)+2g_1(x_1(q_1t))+g_2(x_2(q_2t))+4\cos(4\sqrt{2}t)\end{cases} \tag{6-59}$$

其中，$c_1(t)=8+\cos^2(4t)$，$c_2(t)=2+\sin^2(4t)$，$t\in[1,\infty)$，$0<q<1$，$g_i(x_i)=x_i/4\sin(x_i)$，$f_i(x_i)=x_i/4,h_i(x_i)=\sin x_i\, i=1$，2. 于是有 $L_1^f=L_2^f=1/4$，$L_1^h=L_2^h=1$. 且$\underline{c_1}=\inf c_1(t)=\inf(8+\sin^2(4t))=8$，$\underline{c_2}=\inf c_2(t)=\inf(2+\cos^2(4t))=2$.

取 $\beta_1=\beta_2=1$，$\alpha_1=\alpha_2=0$. 计算得

$$\overline{I_1}=\overline{I_2}=4,\overline{b_{11}}=1,\ \overline{b_{12}}=2,\ \overline{b_{21}}=2,\ \overline{b_{22}}=1$$

$$L=\max_i\{\overline{I}_i/\underline{c_i}\}=2,\ p=\max_i\Big\{\underline{c_i^{-1}}\sum_{j=1}^n\overline{b_{ij}}L_j^f\alpha_j\Big\}=0,$$

$$m=\max_i\Big\{\underline{c_i^{-1}}\sum_{j=1}^n\overline{b_{ij}}L_j^f\beta_j\Big\}=1/4$$

$$p(\omega+L)^2+m(\omega+L)=\omega,\omega=2/3$$

$$\eta=\max_i\{\underline{c_i^{-1}}\sum_{j=1}^n\overline{b_{ij}}[L_j^fL_j^h(\omega+L)+L_j^f\beta_j]\}=11/12<1$$

满足定理 6-5，故系统（6-59）存在唯一的全局多项式稳定的概周期解. 取 $q_j = 0.5$，$j=1$，2，过初值 $(-0.35, 0.35)^{\mathrm{T}}$ 的系统（6-59）时间响应曲线，如图 6-5 所示.

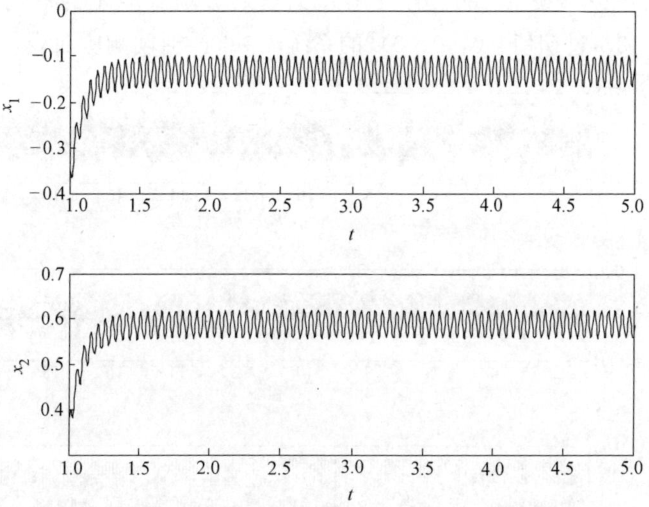

图 6-5 系统（6-59）的过初值 $(-0.35, 0.35)^{\mathrm{T}}$ 的时间响应曲线

例 6-4 考虑如下三维的具比例时滞的 RNNs

$$\begin{cases}\dot{x}_1(t)=-c_1(t)x_1(t)+2g_1(x_1(q_1t))+2g_2(x_2(q_2t))+\\ \qquad 2g_3(x_3(q_3t))+2\sin(4t)\\ \dot{x}_2(t)=-c_2(t)x_2(t)+0.5g_1(x_1(q_1t))+0.5g_2(x_2(q_2t))+\\ \qquad 0.5g_3(x_3(q_3t))+2\cos(9t)\\ \dot{x}_3(t)=-c_3(t)x_3(t)+0.9g_1(x_1(q_1t))+0.9g_2(x_2(q_3t))+\\ \qquad 0.9g_3(x_3(q_3t))+3\cos(6t)\end{cases} \tag{6-60}$$

其中，$c_i(t)=4$，$1<t<\infty$，$0<q<1$，$g_i(x_i)=x_i/6(x_i+1)$，$f_i(x_i)=x_i/6$，$h_i(x_i)=x_i+1$，于是，有 $L_i^f=1/6$，$L_i^h=1$，$\underline{c_i}=4$，$\overline{I}_i=2$，$\overline{b}_{1j}=1$，$\overline{b}_{2j}=0.5$，$\overline{b}_{3j}=0.9$，$\beta_j=1$，$\alpha_j=1$，i，$j=1$，2，3.

通过计算得

$$L=\max_{1\leqslant i\leqslant 3}\{\overline{I}_i/\underline{c_i}\}=1/2,\ p=\max_{1\leqslant i\leqslant 3}\left\{\underline{c_i}^{-1}\sum_{j=1}^{3}\overline{b}_{ij}L_j^f\alpha_j\right\}=1/4,$$

$$m=\max_{1\leqslant i\leqslant 3}\left\{\underline{c_i}^{-1}\sum_{j=1}^{3}\overline{b}_{ij}L_j^f\beta_j\right\}=1/4$$

由 $p(w+L)^2+m(w+L)=w$，有 $\frac{1}{4}(w+1/2)^2+\frac{1}{4}(w+1/2)=w$. 令 $w+1/2=$

z，代入，得 $z^2-3z+2=0$，解得 $z=1$，$z=2$. 于是，得 $w_1=1/2$，$w_2=3/2$.

$$\eta=\max_{1\leqslant i\leqslant 3}\left\{\overline{c_i^{-1}\sum_{j=1}^{3}\overline{b_{ij}}\left[L_j^f L_j^h(w+L)+L_j^f\beta_j\right]}\right\}=3/8<1$$

满足定理 6-5，所以系统（6-60）存在唯一的全局多项式稳定的概周期解. 取 $q_j=0.2$，$j=1$，2，3，过初值 $(0，0，0)^{\mathrm{T}}$的系统（6-60）时间响应曲线，如图 6-6 所示.

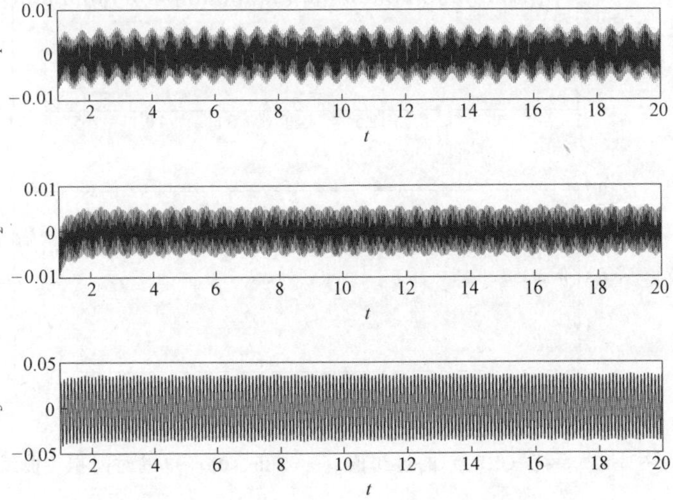

图 6-6 系统（6-60）的过初值 $(0，0，0)^{\mathrm{T}}$的时间响应曲线

注 6-2 本节中的输出函数 $g_j(x_j)$ 不必满足全局 Lipschitz 条件，可以是无界的函数. 因此本节的结论具有更广泛的适用范围.

6.3 具比例时滞分流抑制细胞神经网络概周期解的全局吸引性

1993 年，Bouzerdoun A 和 Pinter R B 提出了分流抑制细胞神经网络[20]，使得细胞神经网络应用领域进一步扩大. 近些年来分流抑制细胞神经网络得到了进一步的研究[21-26]. 文献［21］基于固定点方法和 Halanay 不等式技巧得到了具变时滞分流抑制细胞神经网络的概周期解的存在性与吸引性的充分条件. 文献［22］在不要求激活函数全局 Lipschitz 和有界的条件下，利用指数二分法和 Banach 不动点定理，得到了系统存在唯一的概周期解的一些充分条件. 文献［23］通过应用压缩映像原理和 Gronwall-Bellman 不等式，得到具脉冲的分流抑制细胞神经网络的概周期解的存在与指数稳定的充分条件. 文献［24］应用 Banach 不动点定理与构造合适的 Lyapunov 泛函研究具分布时滞的二维分流抑制细胞神经网络的概周期解的存在性和吸引性，获得存在性和吸引性的充分条件. 文献［25，26］在没有假设激活函数是全局 Lipschitz 条件下，研究了具时变时滞和连续分布时滞分流抑制细胞神经网络概周期解的存在性与渐近稳定性.

本节应用 Barbalat 引理和构造合适的 Lyapunov 泛函讨论一类具比例时滞的二维分流抑制细胞神经网络的概周期解的存在唯一性与全局吸引性.

6.3.1　模型描述及预备知识

考虑如下具比例时滞的二维分流抑制细胞神经网络[17]

$$\dot{x}_{ij}(t)=-a_{ij}x_{ij}(t)-\sum_{C_{mn}\in N(i,j,r)}w_{mn}(i,j)f_{mn}(x_{mn}(qt))x_{ij}(t)+I_{ij}(t),\ t\geqslant 1 \tag{6-61}$$

其中，$a_{ij}>0$；C_{ij} 表示位于第 i 行第 j 列的细胞元($i=1,2,\cdots,n_1,j=1,2,\cdots,n_2$)；$x_{ij}(t)$ 表示细胞元 C_{ij} 在时刻 t 的状态；$N(i,j,r)$ 表示细胞元 C_{ij} 的 r 邻域，其中，

$$N(i,j,r)=\{C_{mn}\mid \max\{|m-i|,|n-j|\}\leqslant r,\ 1\leqslant m\leqslant n_1,\ 1\leqslant n\leqslant n_2\}$$

$f_{mn}(x_{mn}(qt))$表示细胞元 C_{mn} 在时刻 t 的信号输出函数，在系统（6-61）中 $f_{mn}(x_{mn}(qt))$不要求相同，它是一个正的连续函数；常数 q 是比例时滞因子，满足 $0<q\leqslant 1$，$qt=t-(1-q)t$，其中 $\tau(t)=(1-q)t$ 是传输时滞，当 $t\to+\infty$，$q\neq 1$ 时，$(1-q)t\to+\infty$；$w_{mn}(i,j)\geqslant 0$ 表示细胞元 C_{mn} 到细胞元 C_{ij} 的连接强度；$I_{ij}(t)$是一独立电流源，表示在时刻 t 向细胞元 C_{ij} 的外部输入. 系统（6-61）具有如下初始条件：

$$x_{ij}(t)=\varphi_{ij}(s),t\in[q,1],$$

其中，$\varphi_{ij}(s)$表示 $x_{ij}(s)$在 $t\in[q,1]$的初始函数. 设系统（6-61）满足以下条件：

(H_1) $f_{ij}(x)$ 是 $\mathbb{R}$ 上有界连续函数，设 $M_{ij}=\sup\limits_{x\in\mathbb{R}}|f_{ij}(x)|,f_{ij}(0)=0$；

(H_2) 存在 $l_{ij}>0$，使$|f_{ij}(u)-f_{ij}(v)|\leqslant l_{ij}|u-v|$，$\forall\ u,v\in\mathbb{R}$；

(H_3) $I_{ij}(t)$ 在 $[q,+\infty)$ 上是连续的概周期函数.

设

$$\begin{cases}I_{ij}=\sup\limits_{t\in[q,+\infty]}|I_{ij}(t)|\\ d_{ij}=\sum\limits_{C_{mn}\in N(i,j,r)}w_{mn}(i,j)l_{mn}\\ h_{ij}=\sum\limits_{C_{mn}\in N(i,j,r)}w_{mn}(i,j)M_{mn}\end{cases} \tag{6-62}$$

$$I=\max_{(i,j)}\{I_{ij}/a_{ij}\},\quad \sigma_1=\max_{(i,j)}\{d_{ij}/a_{ij}\},\quad \sigma_2=\max_{(i,j)}\{h_{ij}/a_{ij}\} \tag{6-63}$$

引理 6-3　(Barbalat 引理)　如果函数 $\phi(t)$，$\dot{\phi}(t)$ 有界，且 $\phi(t)$ 平方可积，则$\lim\limits_{t\to\infty}\phi(t)=0$.

引理 6-4(Gronwall 不等式)　设有非负连续函数 φ，υ，ω，ξ：$[t_0,+\infty)\to(-\infty,\infty)$，如果对任意 $t\geqslant t_0$，$\varphi(t)\leqslant\upsilon(t)+\xi(t)\int_{t_0}^{t}\omega(s)\varphi(s)\mathrm{d}s$，则

$$\varphi(t)\leqslant \upsilon(t)+\xi(t)\int_{t_0}^{t}\omega(s)\upsilon(s)\exp\left(\int_{s}^{t}\xi(u)\omega(u)\mathrm{d}u\right)\mathrm{d}s$$

6.3.2 概周期解的存在性和唯一性

对任意的 $\boldsymbol{x}=\{x_{ij}\}\in\mathbb{R}^{n_1\times n_2}$，定义其范数 $\|\boldsymbol{x}\|=\max\limits_{(i,j)}\{|x_{ij}(t)|\}$. 令 $S=\{\boldsymbol{\varphi}|\boldsymbol{\varphi}=\{\varphi_{ij}\}\in\mathbb{R}^{n_1\times n_2}\}$，$\varphi_{ij}:\mathbb{R}\to\mathbb{R}$ 是概周期函数，对任意 $\boldsymbol{\varphi}\in S$，定义其诱导范数 $\|\boldsymbol{\varphi}\|=\sup\limits_{t\in[q,+\infty)}\|\boldsymbol{\varphi}(t)\|$，这里 $\|\boldsymbol{\varphi}(t)\|=\max\limits_{(i,j)}\{|\varphi_{ij}(t)|\}$，则 S 是一个 Banach 空间. 并设 $S^*=\{\boldsymbol{\varphi}|\boldsymbol{\varphi}\in S,\|\boldsymbol{\varphi}-\boldsymbol{\varphi}_0\|\leqslant\sigma_2/(1-\sigma_2)I\}$，其中 $\boldsymbol{\varphi}_0(t)=\int_{q}^{t}\mathrm{e}^{-a_{ij}(t-u)}I_{ij}(u)\mathrm{d}u$，则 S^* 是 S 中的闭凸子集.

定理 6-6 设 $f_{ij}(x)$ 和 $I_{ij}(x)$ 是 $\mathbb{R}$ 上的有界连续函数，若 $h_{ij}<a_{ij}$，则系统（6-61）的解有界. 这里 h_{ij} 由式（6-62）定义.

证明 对任意 $t\geqslant1$，系统（6-61）的解可表示为

$$x_{ij}(t)=x_{ij}(1)\mathrm{e}^{-a_{ij}(t-1)}+\int_{1}^{t}I_{ij}(s)\mathrm{e}^{-a_{ij}(t-s)}\mathrm{d}s-$$
$$\int_{1}^{t}\mathrm{e}^{-a_{ij}(t-s)}\sum_{C_{mn}\in N(i,j,r)}w_{mn}(i,j)f_{mn}(x_{mn}(qs))x_{ij}(s)\mathrm{d}s$$

由式（6-62）和式（6-63）得

$$\begin{aligned}|x_{ij}(t)|\leqslant&|x_{ij}(1)|\mathrm{e}^{-a_{ij}(t-1)}+\int_{1}^{t}|I_{ij}(s)|\mathrm{e}^{-a_{ij}(t-s)}\mathrm{d}s+\\&\int_{1}^{t}\mathrm{e}^{-a_{ij}(t-s)}\sum_{C_{mn}\in N(i,j,r)}w_{mn}(i,j)|f_{mn}(x_{mn}(qs))||x_{ij}(s)|\mathrm{d}s\\\leqslant&|x_{ij}(1)|\mathrm{e}^{-a_{ij}(t-1)}+\int_{1}^{t}I_{ij}\mathrm{e}^{-a_{ij}(t-s)}\mathrm{d}s+\\&\int_{1}^{t}\mathrm{e}^{-a_{ij}(t-s)}\sum_{C_{mn}\in N(i,j,r)}w_{mn}(i,j)M_{mn}|x_{ij}(s)|\mathrm{d}s\\\leqslant&|x_{ij}(1)|\mathrm{e}^{-a_{ij}(t-1)}+I_{ij}/a_{ij}(1-\mathrm{e}^{-a_{ij}(t-1)})+\\&\sum_{C_{mn}\in N(i,j,r)}w_{mn}(i,j)M_{mn}\mathrm{e}^{-a_{ij}t}\int_{1}^{t}\mathrm{e}^{a_{ij}s}|x_{ij}(s)|\mathrm{d}s\\\leqslant&|x_{ij}(1)|+I_{ij}/a_{ij}+h_{ij}\mathrm{e}^{-a_{ij}t}\int_{1}^{t}\mathrm{e}^{a_{ij}s}|x_{ij}(s)|\mathrm{d}s\end{aligned}$$

记 $\rho_{ij}=|x_{ij}(1)|+I_{ij}/a_{ij}$，则 $|x_{ij}|\leqslant\rho_{ij}+h_{ij}\mathrm{e}^{-a_{ij}t}\int_{1}^{t}\mathrm{e}^{a_{ij}s}|x_{ij}(s)|\mathrm{d}s$. 由引理 6-4 得

$$\begin{aligned}|x_{ij}|\leqslant&\rho_{ij}+h_{ij}\mathrm{e}^{-a_{ij}t}\int_{1}^{t}\rho_{ij}\mathrm{e}^{a_{ij}s}\exp\left(\int_{s}^{t}h_{ij}\mathrm{e}^{-a_{ij}u}\mathrm{e}^{a_{ij}u}\mathrm{d}u\right)\mathrm{d}s\\=&\rho_{ij}+\rho_{ij}h_{ij}\mathrm{e}^{-a_{ij}t}\int_{1}^{t}\mathrm{e}^{a_{ij}s}\mathrm{e}^{h_{ij}(t-s)}\mathrm{d}s\\=&\rho_{ij}+\rho_{ij}h_{ij}\mathrm{e}^{-(a_{ij}-h_{ij})t}\int_{1}^{t}\mathrm{e}^{(a_{ij}-h_{ij})s}\mathrm{d}s\end{aligned}$$

$$=\rho_{ij}+\rho_{ij}h_{ij}/(a_{ij}-h_{ij})(1-\mathrm{e}^{-(a_{ij}-h_{ij})(t-1)})$$
$$\leqslant\rho_{ij}+\rho_{ij}h_{ij}/(a_{ij}-h_{ij})$$

定理 6-7　如果 $\sigma_2<1$，则（6-61）在 S^* 中存在唯一概周期解 $\boldsymbol{\varphi}^*$，且

$$\|\boldsymbol{\varphi}^*-\boldsymbol{\varphi}_0\|\leqslant\sigma_2/(1-\sigma_2)I$$

这里，σ_2 由（6-63）定义.

证明　对任意 $\boldsymbol{\varphi}\in S$，构造如下非线性微分方程

$$\dot{x}_{ij}(t)=-a_{ij}x_{ij}(t)-\sum_{C_{mn}\in N(i,j,r)}w_{mn}(i,j)f_{mn}(x_{mn}(qt))\varphi_{ij}(t)+I_{ij}(t) \tag{6-64}$$

因为 $\varphi_{ij}(t)$ 和 $I_{ij}(t)$ 在 $\mathbb{R}$ 上都是连续概周期函数，由文献［9］知，系统（6-64）存在唯一概周期解，由常数变易法，可得

$$\boldsymbol{x}_{\boldsymbol{\varphi}}(t)=\left\{\int_q^t\mathrm{e}^{-a_{ij}(t-u)}\Big[\sum_{C_{mn}\in N(i,j,r)}w_{mn}(i,j)f_{mn}(x_{mn}(qt))\varphi_{ij}(u)+I_{ij}(u)\Big]\mathrm{d}u\right\} \tag{6-65}$$

定义映射 H：$S\to S$，$\boldsymbol{H}(\boldsymbol{\varphi})(t)=\boldsymbol{x}_{\boldsymbol{\varphi}}(t)$. 因为

$$\|\boldsymbol{\varphi}_0\|=\sup_{t\in[q,+\infty)}\max_{(i,j)}\left\{\int_q^t\mathrm{e}^{-a_{ij}(t-u)}I_{ij}(u)\mathrm{d}u\right\}$$
$$\leqslant\sup_{t\in[q,+\infty)}\max_{(i,j)}\left\{I_{ij}\int_q^t\mathrm{e}^{-a_{ij}(t-u)}\mathrm{d}u\right\}=\max_{(i,j)}\{I_{ij}/a_{ij}\}=I$$

所以对任意的 $\boldsymbol{\varphi}\in S^*$，有

$$\|\boldsymbol{\varphi}\|\leqslant\|\boldsymbol{\varphi}-\boldsymbol{\varphi}_0\|+\|\boldsymbol{\varphi}_0\|\leqslant\sigma_2/(1-\sigma_2)I+I=I/(1-\sigma_2)$$

把 H 在 S^* 上的限制仍记为 H，由式（6-62）和式（6-63），则对任意 $\boldsymbol{\varphi}\in S^*$，有

$$\|\boldsymbol{H}(\boldsymbol{\varphi})-\boldsymbol{\varphi}_0\|=\|\boldsymbol{x}_{\boldsymbol{\varphi}}(t)-\boldsymbol{\varphi}_0\|$$
$$=\left\|\int_q^t\mathrm{e}^{-a_{ij}(t-u)}\Big[\sum_{C_{mn}\in N(i,j,r)}w_{mn}(i,j)f_{mn}(x_{mn}(qt))\varphi_{ij}(u)+I_{ij}(u)\Big]\mathrm{d}u-\int_q^t\mathrm{e}^{-a_{ij}(t-u)}I_{ij}(u)\mathrm{d}u\right\|$$
$$=\sup_{t\in[q,+\infty)}\max_{(i,j)}\left\{\left|\int_q^t\mathrm{e}^{-a_{ij}(t-u)}\Big[\sum_{C_{mn}\in N(i,j,r)}w_{mn}(i,j)f_{mn}(x_{mn}(qt))\varphi_{ij}(u)\Big]\mathrm{d}u\right|\right\}$$
$$\leqslant\sup_{t\in[q,+\infty)}\max_{(i,j)}\left\{\int_q^t\mathrm{e}^{-a_{ij}(t-u)}\Big[\sum_{C_{mn}\in N(i,j,r)}w_{mn}(i,j)|f_{mn}(x_{mn}(qt))||\varphi_{ij}(u)|\Big]\mathrm{d}u\right\}$$
$$\leqslant\sup_{t\in[q,+\infty)}\max_{(i,j)}\left\{\int_q^t\mathrm{e}^{-a_{ij}(t-u)}\Big[\sum_{C_{mn}\in N(i,j,r)}w_{mn}(i,j)M_{mn}|\varphi_{ij}(u)|\Big]\mathrm{d}u\right\}$$
$$\leqslant\sup_{t\in[q,+\infty)}\max_{(i,j)}\left\{\sum_{C_{mn}\in N(i,j,r)}w_{mn}(i,j)M_{mn}\int_q^t\mathrm{e}^{-a_{ij}(t-u)}\mathrm{d}u\|\boldsymbol{\varphi}\|\right\}$$
$$=\sup_{t\in[q,+\infty)}\max_{(i,j)}\{h_{ij}/a_{ij}(1-\mathrm{e}^{-a_{ij}t})\|\boldsymbol{\varphi}\|\}$$
$$=\max_{(i,j)}\{h_{ij}/a_{ij}\}\|\boldsymbol{\varphi}\|=\sigma_2\|\boldsymbol{\varphi}\|\leqslant\sigma_2/(1-\sigma_2)I$$

因此 $\boldsymbol{H}(\boldsymbol{\varphi})\in S^*$，故 $\boldsymbol{H}$ 是 $S^*\to S^*$ 的自映射，又对任意 $\boldsymbol{\xi},\boldsymbol{\zeta}\in S^*$，有

$$
\begin{aligned}
&\|\boldsymbol{H}(\boldsymbol{\xi})-\boldsymbol{H}(\boldsymbol{\zeta})\| \\
&=\sup_{t\in[q,+\infty)}\|\boldsymbol{H}(\boldsymbol{\xi})(t)-\boldsymbol{H}(\boldsymbol{\zeta})(t)\|=\|\boldsymbol{x}\,\boldsymbol{\xi}(t)-\boldsymbol{x}\,\boldsymbol{\zeta}(t)\| \\
&=\sup_{t\in[q,+\infty)}\max_{(i,j)}\Big\{\Big|\int_q^t \mathrm{e}^{-a_{ij}(t-u)}\Big[\sum_{C_{mn}\in N(i,j,r)} w_{mn}(i,j)f_{mn}(x_{mn}(qt))\xi_{ij}(u)+I_{ij}(u)\Big]\mathrm{d}u\Big|- \\
&\quad\Big|\int_q^t \mathrm{e}^{-a_{ij}(t-u)}\Big[\sum_{C_{mn}\in N(i,j,r)} w_{mn}(i,j)f_{mn}(x_{mn}(qt))\zeta_{ij}(u)+I_{ij}(u)\Big]\mathrm{d}u\Big|\Big\} \\
&=\sup_{t\in[q,+\infty)}\max_{(i,j)}\Big\{\Big|\int_q^t \mathrm{e}^{-a_{ij}(t-u)}\Big[\sum_{C_{mn}\in N(i,j,r)} w_{mn}(i,j)f_{mn}(x_{mn}(qt))(\xi_{ij}(u)-\zeta_{ij}(u))\Big]\mathrm{d}u\Big|\Big\} \\
&\leqslant\sup_{t\in[q,+\infty)}\max_{(i,j)}\Big\{\int_q^t \mathrm{e}^{-a_{ij}(t-u)}\Big[\sum_{C_{mn}\in N(i,j,r)} w_{mn}(i,j)\,|f_{mn}(x_{mn}(qt))(\xi_{ij}(u)-\zeta_{ij}(u))|\Big]\mathrm{d}u\Big\} \\
&\leqslant\sup_{t\in[q,+\infty)}\max_{(i,j)}\Big\{\int_q^t \mathrm{e}^{-a_{ij}(t-u)}\Big[\sum_{C_{mn}\in N(i,j,r)} w_{mn}(i,j)\,|f_{mn}(x_{mn}(qt))|\,|(\xi_{ij}(u)-\zeta_{ij}(u))|\Big]\mathrm{d}u\Big\} \\
&\leqslant\max_{(i,j)}\Big\{\int_q^t \mathrm{e}^{-a_{ij}(t-u)}\Big[\sum_{C_{mn}\in N(i,j,r)} w_{mn}(i,j)M_{mn}\|\boldsymbol{\xi}-\boldsymbol{\zeta}\|\Big]\mathrm{d}u\Big\} \\
&=\max_{(i,j)}\Big\{\sum_{C_{mn}\in N(i,j,r)} w_{mn}(i,j)M_{mn}\|\boldsymbol{\xi}-\boldsymbol{\zeta}\|\int_q^t \mathrm{e}^{-a_{ij}(t-u)}\mathrm{d}u\Big\} \\
&\leqslant\max_{(i,j)}\Big\{a_{ij}{}^{-1}\sum_{C_{mn}\in N(i,j,r)} w_{mn}(i,j)M_{mn}\Big\}\|\boldsymbol{\xi}-\boldsymbol{\zeta}\| \\
&\leqslant\max_{(i,j)}\{h_{ij}/a_{ij}\}\|\boldsymbol{\xi}-\boldsymbol{\zeta}\|=\sigma_2\|\boldsymbol{\xi}-\boldsymbol{\zeta}\|
\end{aligned}
$$

因为$\sigma_2<1$，所以 $\boldsymbol{H}$ 是 $S^*\to S^*$ 压缩映射，根据引理 1-1（Banach 的不动点定理），知 $\boldsymbol{H}$ 有唯一不动点 $\boldsymbol{\varphi}^*\in S^*$，使 $\boldsymbol{H\varphi}^*\in\boldsymbol{\varphi}^*$，利用式（6-64）和式（6-65），得到 $\boldsymbol{\varphi}^*$ 是式（6-61）在 S^* 中的唯一概周期解，并且$\|\boldsymbol{\varphi}^*-\boldsymbol{\varphi}_0\|\leqslant\sigma_2/(1-\sigma_2)\ I$.

6.3.3 概周期解的全局吸引性

定理 6-8 如果存在实数 $\varepsilon>0$，且使

$$\Delta_{ij}=2a_{ij}-2h_{ij}-\varepsilon d_{ij}-[I/(1-\sigma_2)]^2\sum_{(i,j)}1/\varepsilon d_{ij}>0$$

则系统（6-61）的任意解都收敛到它的唯一概周期解.

证明 设 $\boldsymbol{\varphi}=\{\varphi_{ij}\}\in S^*$ 是系统（6-61）的唯一概周期解，且$\|\boldsymbol{\varphi}-\boldsymbol{\varphi}_0\|\leqslant\sigma_2/(1-\sigma_2)\ I$，由定理 6-6 的证明，可知$\|\boldsymbol{\varphi}\|\leqslant I/(1-\sigma_2)$.

设 $y_{ij}(t)=x_{ij}(\mathrm{e}^t)$，则系统（6-61）等价变换成如下模型

$$
\begin{aligned}
\dot{y}_{ij}(t)=\mathrm{e}^t\Big[-a_{ij}y_{ij}(t)-\sum_{C_{mn}\in N(i,j,r)} w_{mn}(i,j)f_{mn}(x_{mn}(t-\tau))y_{ij}(t)+ \\
I_{ij}(t)\Big],\ t\geqslant 0
\end{aligned}
\tag{6-66}
$$

其中，$\tau=-\ln q\geqslant 0$. 系统（6-61）的初始条件相应变换成

$$y_{ij}(t)=\upsilon_{ij}(t),\quad t\in[-\tau,0]$$

上式即系统（6-66）的初始条件. 其中，$\upsilon_{ij}(t)=\varphi_{ij}(\mathrm{e}^s)\in C([-\tau,0],\mathbb{R}),t\in[-\tau,0]$

令 $z_{ij}(t)=y_{ij}(t)-\varphi_{ij}(t)$，有

$$\begin{aligned}\dot{z}_{ij}(t)&=\dot{y}_{ij}(t)-\dot{\varphi}_{ij}(t)\\&=\mathrm{e}^t\Big[\Big(-a_{ij}y_{ij}(t)-\sum_{C_{mn}\in N(i,j,r)}w_{mn}(i,j)f_{mn}(x_{mn}(t-\tau))y_{ij}(t)+I_{ij}(t)\Big)-\\&\qquad\Big(-a_{ij}\varphi_{ij}(t)-\sum_{C_{mn}\in N(i,j,r)}w_{mn}(i,j)f_{mn}(x_{mn}(t-\tau))\varphi_{ij}(t)+I_{ij}(t)\Big)\Big]\\&=\mathrm{e}^t\Big[-a_{ij}z_{ij}(t)-\sum_{C_{mn}\in N(i,j,r)}w_{mn}(i,j)f_{mn}(x_{mn}(t-\tau))z_{ij}(t)\Big]\end{aligned}$$

构造如下正定 Lyapunov 泛函

$$V(t)=V_1(t)+V_2(t)$$

其中，

$$V_1(t)=\sum_{(i,j)}\mathrm{e}^{-t}z_{ij}^2(t),$$

$$V_2(t)=[I/(1-\sigma_2)]^2\sum_{(i,j)}\sum_{C_{mn}\in N(i,j,r)}1/\varepsilon w_{mn}(i,j)l_{mn}\int_{t-\tau}^{t}z_{ij}^2(\xi)\mathrm{d}\xi$$

这里，$\varepsilon>0$. 则 $V_1(t)$ 和 $V_2(t)$ 沿式（6-66）求导，得

$$\begin{aligned}\dot{V}_1&=\sum_{(i,j)}-\mathrm{e}^{-t}z_{ij}^2(t)+\mathrm{e}^{-t}2z_{ij}(t)\dot{z}_{ij}(t)\\&=\sum_{(i,j)}-\mathrm{e}^{-t}z_{ij}^2(t)-2a_{ij}z_{ij}^2(t)-2\sum_{C_{mn}\in N(i,j,r)}w_{mn}(i,j)f_{mn}(x_{mn}(t-\tau))z_{ij}^2(t)\\&\leqslant\sum_{(i,j)}-2a_{ij}z_{ij}^2(t)-2z_{ij}(t)\sum_{C_{mn}\in N(i,j,r)}w_{mn}(i,j)f_{mn}(x_{mn}(t-\tau))z_{ij}(t)\\&\leqslant\sum_{(i,j)}-2a_{ij}z_{ij}^2(t)-2\sum_{(i,j)}z_{ij}(t)\Big[\sum_{C_{mn}\in N(i,j,r)}w_{mn}(i,j)(f_{mn}(y_{mn}(t-\tau))\\&\quad(y_{ij}(t)-\varphi_{ij}(t))+(f_{mn}(y_{mn}(t-\tau))-f_{mn}(\varphi_{mn}(t-\tau)))\varphi_{ij}(t))\Big]\\&=\sum_{(i,j)}-2a_{ij}z_{ij}^2(t)-2\sum_{(i,j)}\sum_{C_{mn}\in N(i,j,r)}w_{mn}(i,j)f_{mn}(y_{mn}(t-\tau))z_{ij}^2(t)-\\&\quad2\sum_{(i,j)}\sum_{C_{mn}\in N(i,j,r)}w_{mn}(i,j)(f_{mn}(y_{mn}(t-\tau))-f_{mn}(\varphi_{mn}(t-\tau)))\varphi_{ij}(t)z_{ij}(t)\\&\leqslant\sum_{(i,j)}-2a_{ij}z_{ij}^2(t)+2\sum_{(i,j)}\sum_{C_{mn}\in N(i,j,r)}w_{mn}(i,j)M_{mn}z_{ij}^2(t)+\\&\quad2\sum_{(i,j)}\sum_{C_{mn}\in N(i,j,r)}w_{mn}(i,j)l_{mn}\,|z_{mn}(t-\tau)|\,\varphi_{ij}(t)z_{ij}(t)\\&\leqslant\sum_{(i,j)}-2a_{ij}z_{ij}^2(t)+2\sum_{(i,j)}h_{ij}z_{ij}^2(t)+\\&\quad\sum_{(i,j)}\sum_{C_{mn}\in N(i,j,r)}w_{mn}(i,j)l_{mn}(1/\varepsilon z_{mn}^2(t-\tau)\varphi_{ij}^2(t)+\varepsilon z_{ij}^2(t))\\&\leqslant\sum_{(i,j)}-2a_{ij}z_{ij}^2(t)+2\sum_{(i,j)}h_{ij}z_{ij}^2(t)+\sum_{(i,j)}\varepsilon d_{ij}z_{ij}^2(t)+\\&\quad\sum_{(i,j)}\sum_{C_{mn}\in N(i,j,r)}1/\varepsilon w_{mn}(i,j)l_{mn}\|\boldsymbol{\varphi}\|^2z_{mn}^2(t-\tau)\\&\leqslant\sum_{(i,j)}(2h_{ij}-2a_{ij}+\varepsilon d_{ij})z_{ij}^2(t)+\\&\quad I/(1-\sigma_2)\sum_{(i,j)}\sum_{C_{mn}\in N(i,j,r)}1/\varepsilon w_{mn}(i,j)l_{mn}z_{mn}^2(t-\tau)\end{aligned}$$

和

$$\begin{aligned}\dot{V}_2&=[I/(1-\sigma_2)]^2\sum_{(i,j)}\sum_{C_{mn}\in N(i,j,r)}1/\varepsilon w_{mn}(i,j)l_{mn}[z_{ij}^2(t)-z_{ij}^2(t-\tau)]\\&=[I/(1-\sigma_2)]^2\sum_{(i,j)}\sum_{C_{mn}\in N(i,j,r)}1/\varepsilon w_{mn}(i,j)l_{mn}z_{ij}^2(t)-\\&\quad[I/(1-\sigma_2)]^2\sum_{(i,j)}\sum_{C_{mn}\in N(i,j,r)}1/\varepsilon w_{mn}(i,j)l_{mn}z_{ij}^2(t-\tau)\end{aligned}$$

所以，得

$$\begin{aligned}\dot{V}&=\dot{V}_1+\dot{V}_2\\&\leqslant\sum_{(i,j)}z_{ij}^2(t)(2h_{ij}-2a_{ij}+\varepsilon d_{ij})+[I/(1-\sigma_2)]^2\sum_{(i,j)}\sum_{C_{mn}\in N(i,j,r)}1/\varepsilon w_{mn}(i,j)l_{mn}z_{mn}^2(t)\\&\leqslant\sum_{(i,j)}z_{ij}^2(t)(2h_{ij}-2a_{ij}+\varepsilon d_{ij})+[I/(1-\sigma_2)]^2\sum_{(i,j)}\Big(\sum_{(i,j)}\sum_{C_{mn}\in N(i,j,r)}1/\varepsilon w_{mn}(i,j)l_{mn}\Big)z_{ij}^2(t)\\&\leqslant\sum_{(i,j)}\Big(2h_{ij}-2a_{ij}+\varepsilon d_{ij}+[I/(1-\sigma_2)]^2\sum_{(i,j)}1/\varepsilon d_{ij}\Big)z_{ij}^2(t)\\&=-\sum_{(i,j)}\Delta_{ij}z_{ij}^2(t)<0\end{aligned}$$

两边同时从 0 到 t 积分，得

$$V(t)-V(0)\leqslant-\int_0^t\sum_{(i,j)}\Delta_{ij}(x_{ij}(s)-\varphi_{ij}(s))^2\mathrm{d}s,\ t\geqslant 0$$

所以

$$V(t)+\int_0^t\sum_{(i,j)}\Delta_{ij}(x_{ij}(s)-\varphi_{ij}(s))^2\mathrm{d}s\leqslant V(0),\ t\geqslant 0$$

又因为 $V(t)>0$，因此

$$\limsup_{t\to+\infty}\int_0^t\sum_{(i,j)}\Delta_{ij}(x_{ij}(s)-\varphi_{ij}(s))^2\mathrm{d}s\leqslant V(0)<\infty$$

由 $\Delta_{ij}>0$，可得 $h_{ij}<a_{ij}$，由定理 6-6，知方程式（6-61）的解在 $t\geqslant 0$ 上有界，而且由式（6-61），可知 $\dot{x}_{ij}(t)$ 在 $t\geqslant 0$ 也有界，又因为 $\varphi_{ij}(t)$ 是连续概周期函数，所以 $x_{ij}(t)-\varphi_{ij}(t)$ 是一个一致连续函数，因此 $\lim\limits_{t\to+\infty}(x_{ij}(t)-\varphi_{ij}(t))=0$，故式（6-61）的任意解都收敛到它的唯一概周期解.

注 6-3 在定理 6-8 中，若取 $\varepsilon=1$，所得的条件与文献［18］中的定理 6.3.2 的条件相同.

定理 6-9 若 $\Delta_{ij}=2a_{ij}-2h_{ij}-1>0$，则系统（6-61）的任意解都收敛到它的唯一概周期解. 这里 h_{ij} 由式（6-62）定义.

证明 前面部分同定理 6-8 的相应部分的证明相同. 构造正定 Lyapunov 泛函

$$V(t)=V_1(t)+V_2(t)$$

其中，

$$V_1(t)=\sum_{(i,j)}\mathrm{e}^{-t}z_{ij}^2(t),\quad V_2(t)=\sum_{(i,j)}\int_{t-\tau}^t z_{ij}^2(\xi)\mathrm{d}\xi$$

则 $V_1(t)$ 和 $V_2(t)$ 沿式（6-66）求导，得

$$\begin{aligned}\dot{V}_1(t) &= \sum_{(i,j)} -\mathrm{e}^{-t} z_{ij}^2(t) + 2\mathrm{e}^{-t} z_{ij}(t)\dot{z}_{ij}(t) \\ &= \sum_{(i,j)} -\mathrm{e}^{-t} z_{ij}^2(t) - 2a_{ij} z_{ij}^2(t) - 2\sum_{C_{mn}\in N(i,j,r)} w_{mn}(i,j) f_{mn}(x_{mn}(t-\tau)) z_{ij}^2(t) \\ &\leqslant \sum_{(i,j)} -2a_{ij} z_{ij}^2(t) - 2\sum_{C_{mn}\in N(i,j,r)} w_{mn}(i,j) f_{mn}(x_{mn}(t-\tau)) z_{ij}^2(t) \\ &\leqslant \sum_{(i,j)} -2a_{ij} z_{ij}^2(t) + 2\sum_{C_{mn}\in N(i,j,r)} w_{mn}(i,j) M_{mn} z_{ij}^2(t) \\ &= \sum_{(i,j)} -2a_{ij} z_{ij}^2(t) + 2h_{ij} z_{ij}^2(t) \\ &= \sum_{(i,j)} z_{ij}^2 [2h_{ij} - 2a_{ij}]\end{aligned}$$

和

$$\dot{V}_2(t) = \sum_{(i,j)} [z_{ij}^2(t) - z_{ij}^2(t-\tau)] \leqslant \sum_{(i,j)} z_{ij}^2(t)$$

因此，得

$$\begin{aligned}\dot{V}(t) = \dot{V}_1(t) + \dot{V}_2(t) &\leqslant \sum_{(i,j)} (2h_{ij} - 2a_{ij} + 1) z_{ij}^2(t) \\ &= -\sum_{(i,j)} (2a_{ij} - 2h_{ij} - 1) z_{ij}^2(t) = -\sum_{(i,j)} \Delta_{ij} z_{ij}^2(t) < 0\end{aligned}$$

余下部分同定理 6-8 证明的相应部分相同.

6.3.4 数值算例及仿真

例 6-5 考虑一个细胞元分布在 2×3 的网络中的二维分流抑制细胞神经网络

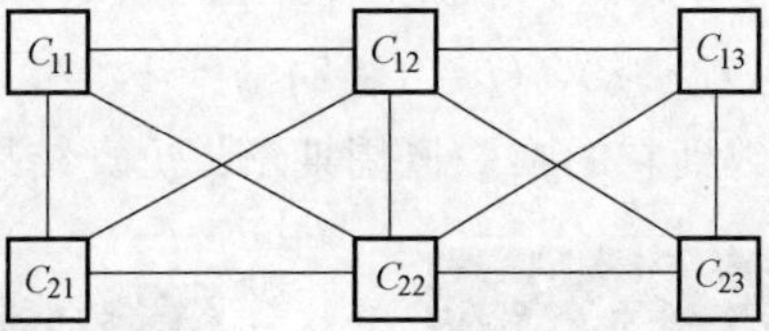

在系统 (6-61) 中，取

$$\begin{pmatrix} a_{11} & a_{12} & a_{12} \\ a_{21} & a_{22} & a_{23} \end{pmatrix} = \begin{pmatrix} 4 & 3 & 2 \\ 2 & 3 & 4 \end{pmatrix}$$

$$\begin{pmatrix} I_{11}(t) & I_{12}(t) & I_{13}(t) \\ I_{21}(t) & I_{22}(t) & I_{23}(t) \end{pmatrix} = \begin{pmatrix} 6\cos 4t & 2\sin 9t & 4\sin 6t \\ 2\sin 4t & 3\cos 4t & 3\cos 6t \end{pmatrix}$$

$$f_{ij}(x) = 0.5(|x+1| - |x-1|), r=1, q=0.5$$

$$w_{11}(1,1)=0.5, w_{12}(1,1)=1, w_{13}(1,1)=0, w_{21}(1,1)=0.5,$$
$$w_{22}(1,1)=0, w_{23}(1,1)=0,$$
$$w_{11}(1,2)=0.2, w_{12}(1,2)=0, w_{13}(1,2)=0.4, w_{21}(1,2)=0.1,$$
$$w_{22}(1,2)=0, w_{23}(1,2)=0.3,$$

$$w_{11}(1,3)=0, w_{12}(1,3)=0.4, w_{13}(1,3)=0.1, w_{21}(1,3)=0.1,$$
$$w_{22}(1,3)=0.4, w_{23}(1,3)=0,$$
$$w_{11}(2,1)=0.1, w_{12}(2,1)=0.2, w_{13}(2,1)=0.3, w_{21}(2,1)=0,$$
$$w_{22}(2,1)=0.4, w_{23}(2,1)=0,$$
$$w_{11}(2,2)=1, w_{12}(2,2)=0.2, w_{13}(2,2)=0.5, w_{21}(2,2)=0,$$
$$w_{22}(2,2)=0, w_{23}(2,2)=0.3,$$
$$w_{11}(2,3)=0, w_{12}(2,3)=1, w_{13}(2,3)=1, w_{21}(2,3)=0,$$
$$w_{22}(2,3)=2, w_{23}(2,3)=0,$$

则有

$$M_{ij}=l_{ij}=1,\quad \begin{pmatrix} I_{11} & I_{12} & I_{13} \\ I_{21} & I_{22} & I_{23} \end{pmatrix}=\begin{pmatrix} 6 & 2 & 4 \\ 2 & 3 & 3 \end{pmatrix},$$

$$(d_{ij})=\Big(\sum_{C_{mn}\in N(i,j,r)} w_{mn}(i,j)l_{mn}\Big)=\begin{pmatrix} 2 & 1 & 1 \\ 1 & 2 & 2 \end{pmatrix},$$

$$(h_{ij})=\Big(\sum_{C_{mn}\in N(i,j,r)} w_{mn}(i,j)M_{mn}\Big)=\begin{pmatrix} 2 & 1 & 1 \\ 1 & 2 & 2 \end{pmatrix}$$

$I=\max\limits_{(i,j)}\{I_{ij}/a_{ij}\}=2$，$\sigma_1=\max\limits_{(i,j)}\{d_{ij}/a_{ij}\}=0.6667$，$\sigma_2=\max\limits_{(i,j)}\{h_{ij}/a_{ij}\}=0.6667<1$，

由 $\Delta_{ij}=2a_{ij}-2h_{ij}-1$，有

$$(\Delta_{ij})=\begin{pmatrix} 3 & 3 & 1 \\ 1 & 1 & 3 \end{pmatrix}$$

又因 $\sigma_2<1$，于是根据定理 6-7，可知系统（6-61）在 S^* 中存在唯一概周期解 $\boldsymbol{\varphi}^*$，且 $\|\boldsymbol{\varphi}^*-\boldsymbol{\varphi}_0\|\leqslant 4$，又因为 $\Delta_{ij}>0$，$(i=1,2;\ j=1,2,3)$，根据定理 6-9，知系统（6-61）的任意解都收敛到它的唯一概周期解. 仿真结果，如图 6-7 所示.

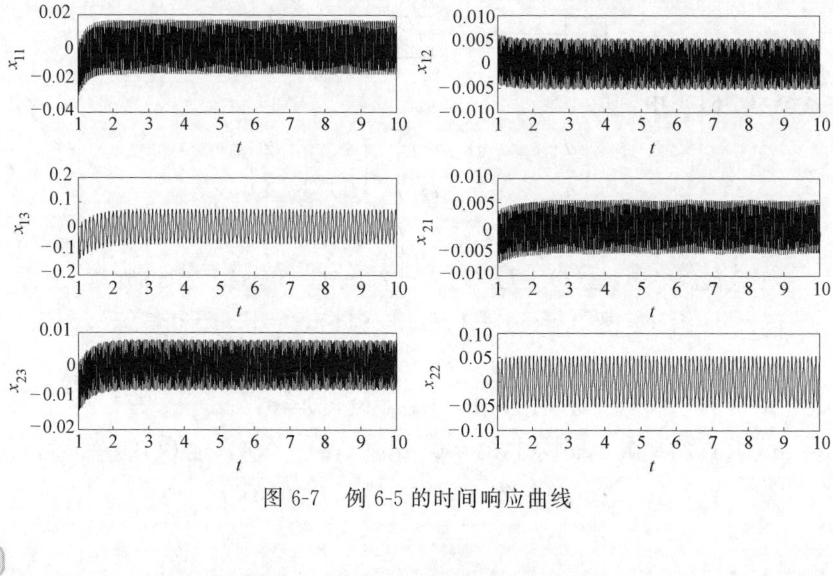

图 6-7　例 6-5 的时间响应曲线

6.4　具比例时滞递归神经网络反周期解的多项式稳定性

作为周期解的一种特殊情况，反周期解的存在性在非线性微分方程中尤为重要．可以从动物的步态动力学中解释反周期解在神经网络中的实际意义．近年来关于神经网络的反周期解的研究已取得了一些丰硕成果[27-31]．文献［27］研究了具时变时滞的高阶 Hopfield 神经网络，得到了其反周期解的存在性和指数稳定性的条件．文献［28］研究了具时变时滞和连续分布时滞的递归神经网络，得到了其反周期解的存在性和指数稳定性的充分条件．文献［29］基于 Lyapunov 泛函理论和不等式技巧建立一些有用充分条件，研究了一类带有变时滞的高阶 Cohen-Grossberg 神经网络反周期解的存在性及其指数稳定性问题．文献［30］通过构造适当的 Lyapunov 函数来研究脉冲时滞细胞神经网络系统，得到了其反周期解存在性和指数稳定性的条件．文献［31］通过构造 Lyapunov 泛函研究了具有变时滞的高阶细胞神经网络模型的反周期解．

本节通过构造时滞微分不等式和运用不等式分析技巧讨论了具比例时滞递归神经网络反周期解的存在性和多项式稳定性．

6.4.1　模型描述及预备知识

考虑如下一类具比例时滞递归神经网络系统

$$\begin{cases}\dot{x}_i(t)=-c_ix_i(t)+\sum\limits_{j=1}^{n}a_{ij}f_j(x_j(t))+\sum\limits_{j=1}^{n}b_{ij}g_j(x_j(q_jt))+u_i(t),\ t\geqslant 1\\ x_i(s)=\varphi_i(s),\ s\in[q,1],\ q=\min\limits_{1\leqslant j\leqslant n}\{q_j\}\end{cases}\tag{6-67}$$

其中，$c_i>0$；a_{ij} 和 b_{ij} 是神经网络的连接权重；$x_i(t)$ 是在 t 时刻神经元的状态向量；f_j 和 g_j 是激活函数；常数 q_j 是比例时滞因子，满足 $0<q_j\leqslant 1$，$q_jt=t-(1-q_j)t$，$j=1,2,\cdots,n$，其中传输时滞 $(1-q_j)t$ 是无界函数，当 $t\to+\infty$ 时，$(1-q_j)t\to+\infty$ $(q_j\neq 1)$，$u_i(t)$ 表示外部的反周期性输入函数，有 $u_i(t)=-u_i(t+T)$，T 为周期，记 $\bar{u}=\max\limits_{1\leqslant i\leqslant n}\{\sup\limits_{t\in\mathbb{R}}|u_i(t)|\}$；$\varphi_i(s)$ 表示 $x_i(s)$ 在 $s\in[q,1]$ 的初始函数，$\boldsymbol{\varphi}(s)=(\varphi_1(s),\varphi_2(s),\cdots,\varphi_n(s))^{\mathrm{T}}\in C([q,1],\mathbb{R}^n)$．

假设激活函数 f_j 和 g_j 满足下列条件：

$$\begin{cases}|f_j(u)-f_j(v)|\leqslant L_j|u-v|, & f_j(0)=0, & f_j(u)=-f_j(-u)\\ |g_j(u)-g_j(v)|\leqslant M_j|u-v|, & g_j(0)=0, & g_j(u)=-g_j(-u)\end{cases}\tag{6-68}$$

其中，$j=1,2,\cdots,n,u,v\in\mathbb{R}$．

进行非线性变换

$$y_i(t)=x_i(\mathrm{e}^t),\ i=1,2,\cdots,n\tag{6-69}$$

则式（6-69）将系统（6-67）等价地变为

$$\dot{y}_i(t)=\mathrm{e}^t\left\{-c_iy_i(t)+\sum_{j=1}^{n}a_{ij}f_j(y_j(t))+\sum_{j=1}^{n}b_{ij}g_j(y_j(t-\tau_j))+v_i(t)\right\},\ t\geqslant 0 \tag{6-70}$$

此时系统（6-70）的初始条件变为

$$y_i(s)=\psi_i(s),\ s\in[-\tau,0]$$

其中，$\psi_i(s)=\varphi_i(\mathrm{e}^s)$，$v_i(t)=u_i(\mathrm{e}^t)$，$\boldsymbol{\psi}(s)=(\psi_1(s),\psi_2(s),\cdots,\psi_n(s))^{\mathrm{T}}\in C([-\tau,0],\mathbb{R}^n)$，$\tau_j=-\ln q_j$.

定义 6-10[32] 微分方程

$$\dot{\boldsymbol{x}}=\boldsymbol{f}(t,\boldsymbol{x}),\ \boldsymbol{x}\in\mathbb{R}^n \tag{6-71}$$

其中，$\boldsymbol{f}$ 为满足某些条件的函数. 对式（6-71），设 $\boldsymbol{f}(t,\boldsymbol{x})$ 关于变量 t 是 $T-$反周期函数，即 $\boldsymbol{f}(t+T,\boldsymbol{x})=-\boldsymbol{f}(t,-\boldsymbol{x})$. 若有

$$\boldsymbol{x}(t)=-\boldsymbol{x}(t+T)$$

则称 $\boldsymbol{x}(t)$ 是方程（6-71）的 $T-$反周期解.

注 6-4 反周期函数是一种特殊的周期函数，若一个函数是 $T-$反周期的$\boldsymbol{x}(t)=-\boldsymbol{x}(t+T)$，则它是 $2T-$周期的，因为

$$\boldsymbol{x}(t+2T)=\boldsymbol{x}(t+T+T)=-\boldsymbol{x}(t+T)=\boldsymbol{x}(t)$$

设 $\boldsymbol{x}(t)=(x_1(t),x_2(t),\cdots,x_n(t))^{\mathrm{T}}\in\mathbb{R}^n$ 是系统（6-67）满足初值条件 $\boldsymbol{\varphi}=(\varphi_1(t),\varphi_2(t),\cdots,\varphi_n(t))^{\mathrm{T}}\in C([q,1],\mathbb{R}^n)$ 的解；$\boldsymbol{x}^*(t)=(x_1^*(t),x_2^*(t),\cdots,x_n^*(t))^{\mathrm{T}}\in\mathbb{R}^n$ 是系统（6-67）满足初值条件 $\boldsymbol{\varphi}^*=(\varphi_1^*(t),\varphi_2^*(t),\cdots,\varphi_n^*(t))^{\mathrm{T}}\in C([q,1],\mathbb{R}^n)$的一个反周期解.

设 $\boldsymbol{y}(t)=(y_1(t),y_2(t),\cdots,y_n(t))^{\mathrm{T}}$是系统（6-70）满足初值条件 $\boldsymbol{\psi}=(\psi_1(t),\psi_2(t),\cdots,\psi_n(t))^{\mathrm{T}}\in C([-\tau,0],\mathbb{R}^n)$的解，$\boldsymbol{y}^*(t)=(y_1^*(t),y_2^*(t),\cdots,y_n^*(t))^{\mathrm{T}}$是系统（6-70）满足初值条件 $\boldsymbol{\psi}=(\psi_1^*(t),\psi_2^*(t),\cdots,\psi_n^*(t))^{\mathrm{T}}\in C([-\tau,0],\mathbb{R}^n)$的一个反周期解.

定义 6-11 若存在常数 $\lambda>0$，$M_{\boldsymbol{\varphi}}\geqslant 1$，使得

$$|x_i(t)-x_i^*(t)|\leqslant M_{\boldsymbol{\varphi}}\|\boldsymbol{\varphi}-\boldsymbol{\varphi}^*\|t^{-\lambda},\quad t\geqslant 1,\quad i=1,2,\cdots,n$$

成立，则称系统（6-67）的反周期解 $\boldsymbol{x}^*(t)$ 是全局多项式稳定的. 其中

$$\|\boldsymbol{\varphi}-\boldsymbol{\varphi}^*\|=\max_{1\leqslant i\leqslant n}\{\sup_{q\leqslant\zeta\leqslant 1}|\varphi_i(\zeta)-\varphi_i^*(\zeta)|\}>0 \tag{6-72}$$

定义 6-12 若存在常数 $\lambda>0$，$M_{\boldsymbol{\psi}}\geqslant 1$，使得

$$|y_i(t)-y_i^*(t)|\leqslant M_{\boldsymbol{\psi}}\|\boldsymbol{\psi}-\boldsymbol{\psi}^*\|\mathrm{e}^{-\lambda t},\quad t\geqslant 0,\quad i=1,2,\cdots,n$$

成立，则称系统（6-70）的反周期解 $\boldsymbol{y}^*(t)$ 是全局指数稳定的. 其中

$$\|\boldsymbol{\psi}-\boldsymbol{\psi}^*\|=\max_{1\leqslant i\leqslant n}\{\sup_{-\tau\leqslant s\leqslant 0}|\psi_i(s)-\psi_i^*(s)|\}>0 \tag{6-73}$$

引理 6-5 若条件（6-68）成立，且存在常数 $\eta>0$，$\xi_i>0$，$\lambda>0$，使得

$$(\lambda-c_i)\xi_i+\sum_{j=1}^{n}(|a_{ij}|L_j+|b_{ij}|M_j\mathrm{e}^{\lambda\tau_j})\xi_j\leqslant-\eta<0,\quad i=1,2,\cdots,n \tag{6-74}$$

成立，且

$$|\varphi_i(s)|<\xi_i(\overline{u}+1)/\eta,\quad s\in[q,1],\quad i=1,2,\cdots,n$$

则

$$|x_i(t)|<\xi_i(\overline{u}+1)/\eta,\quad t\geqslant 1,\quad i=1,2,\cdots,n \tag{6-75}$$

证明　反证法. 假设（6-75）不成立，那么存在某一个 $i\in\{1,2,\cdots,n\}$，$\sigma>1$，使得

$$|x_i(\sigma)|=\xi_i(\overline{u}+1)/\eta,\quad |x_j(t)|<\xi_j(\overline{u}+1)/\eta,\ t\in[q,\sigma],\ j=1,2,\cdots,n. \tag{6-76}$$

求 $|x_i(\sigma)|$ 的右上 Dini 导数，由条件（6-68）、条件（6-74）及条件（6-76）得

$$\begin{aligned}
0&\leqslant D^+|x_i(\sigma)|=\dot{x}_i(\sigma)\mathrm{sgn}(x_i(\sigma))\\
&=\Big[-c_ix_i(\sigma)+\sum_{j=1}^{n}a_{ij}f_j(x_j(\sigma))+\sum_{j=1}^{n}b_{ij}g_j(x_j(q_j\sigma))+u_i(\sigma)\Big]\mathrm{sgn}(x_i(\sigma))\\
&\leqslant -c_i|x_i(\sigma)|+\sum_{j=1}^{n}|a_{ij}||f_j(x_j(\sigma))|+\sum_{j=1}^{n}|b_{ij}||g_j(x_j(q_j\sigma))|+\overline{u}\\
&\leqslant -c_i\xi_i(\overline{u}+1)/\eta+\sum_{j=1}^{n}|a_{ij}|L_j\xi_j(\overline{u}+1)/\eta+\sum_{j=1}^{n}|b_{ij}|M_j\xi_j(\overline{u}+1)/\eta+\overline{u}\\
&\leqslant(\overline{u}+1)/\eta\Big[(\lambda-c_i)\xi_i+\sum_{j=1}^{n}\big(|a_{ij}|L_j+|b_{ij}|M_j\mathrm{e}^{\lambda\tau_j}\big)\xi_j\Big]-\lambda(\overline{u}+1)/\eta\xi_i+\overline{u}\\
&\leqslant-(\overline{u}+1)-\lambda/\eta(\overline{u}+1)\xi_i+\overline{u}<0,
\end{aligned}$$

矛盾，因此当 $t\geqslant 1, i=1,2,\cdots,n$ 时，$|x_i(t)|<\xi_i(\overline{u}+1)/\eta$ 成立.

6.4.2　反周期解的全局多项式稳定性

设 $\overline{\boldsymbol{x}}(t)=(\overline{x}_1(t),\overline{x}_2(t),\cdots,\overline{x}_n(t))^{\mathrm{T}}\in\mathbb{R}^n$ 和 $\overline{\boldsymbol{y}}(t)=(\overline{y}_1(t),\overline{y}_2(t),\cdots,\overline{y}_n(t))^{\mathrm{T}}\in\mathbb{R}^n$ 分别是系统（6-67）满足初值条件 $\overline{\boldsymbol{\varphi}}=(\overline{\varphi}_1(t),\overline{\varphi}_2(t),\cdots,\overline{\varphi}_n(t))^{\mathrm{T}}\in C([q,1],\mathbb{R}^n)$ 和 $\overline{\boldsymbol{\psi}}=(\overline{\boldsymbol{\psi}}_1(t),\overline{\boldsymbol{\psi}}_2(t),\cdots,\overline{\boldsymbol{\psi}}_n(t))^{\mathrm{T}}\in C([-\tau,1],\mathbb{R}^n)$.

定理 6-10　若条件式（6-68）和式（6-74）成立，则存在常数 $M_{\boldsymbol{\psi}}\geqslant 1$，$\lambda>0$，使得

$$|y_i(t)-\overline{y}_i(t)|\leqslant M_{\boldsymbol{\psi}}\|\boldsymbol{\psi}-\overline{\boldsymbol{\psi}}\|\mathrm{e}^{-\lambda t},\quad t\geqslant 0,\quad i=1,2,\cdots,n$$

证明　设 $\boldsymbol{z}(t)=\boldsymbol{y}(t)-\overline{\boldsymbol{y}}(t)$，则

$$\begin{aligned}
\dot{z}_i(t)=\mathrm{e}^t\Big\{&-c_i[y_i(t)-\overline{y}_i(t)]+\sum_{j=1}^{n}a_{ij}[f_j(y_j(t))-f_j(\overline{y}_j(t))]+\\
&\sum_{j=1}^{n}b_{ij}[g_j(y_j(t-\tau_j))-g_j(\overline{y}_j(t-\tau_j))]\Big\},\quad i=1,2,\cdots,n
\end{aligned}$$

构造如下函数

$$P_i(t)=|z_i(t)|\mathrm{e}^{\lambda t},\quad i=1,2,\cdots,n \tag{6-77}$$

由条件式（6-68），得如下时滞微分不等式系统

$$\begin{aligned}D^{+}P_i(t)&=D^{+}\mid z_i(t)\mid \mathrm{e}^{\lambda t}+\lambda\mathrm{e}^{\lambda t}\mid z_i(t)\mid=\dot{z}_i(t)\mathrm{sgn}(z_i(t))\mathrm{e}^{\lambda t}+\lambda\mathrm{e}^{\lambda t}\mid z_i(t)\mid\\&=\mathrm{e}^{t}\Big\{-c_i[y_i(t)-\overline{y}_i(t)]+\sum_{j=1}^{n}a_{ij}[f_j(y_j(t))-f_j(\overline{y}_j(t))]+\\&\quad\sum_{j=1}^{n}b_{ij}[g_j(y_j(t-\tau_j))-g_j(\overline{y}_j(t-\tau_j))]\Big\}\mathrm{sgn}(z_i(t))\mathrm{e}^{\lambda t}+\\&\quad\lambda\mathrm{e}^{\lambda t}|z_i(t)|\\&\leqslant\mathrm{e}^{t}\Big\{-c_i\mid y_i(t)-\overline{y}_i(t)\mid+\sum_{j=1}^{n}\mid a_{ij}\mid\mid f_j(y_j(t))-f_j(\overline{y}_j(t))\mid+\\&\quad\sum_{j=1}^{n}\mid b_{ij}\mid\mid g_j(y_j(t-\tau_j))-g_j(\overline{y}_j(t-\tau_j))\mid\Big\}\mathrm{e}^{\lambda t}+\lambda\mathrm{e}^{\lambda t}|z_i(t)|\\&\leqslant\mathrm{e}^{t}\Big\{-c_i\mid z_i(t)\mid+\sum_{j=1}^{n}\mid a_{ij}\mid L_j\mid z_j(t)\mid+\\&\quad\sum_{j=1}^{n}\mid b_{ij}\mid M_j\mid z_j(t-\tau_j)\mid\Big\}\mathrm{e}^{\lambda t}+\lambda\mathrm{e}^{\lambda t}|z_i(t)|\end{aligned}\tag{6-78}$$

由式（6-73）、式（6-77）及 $0<\mathrm{e}^{\lambda t}\leqslant\mathrm{e}^{0}=1,\ t\in[-\tau,0]$，有

$$\begin{aligned}P_i(t)=|y_i(t)-\overline{y}_i(t)|\mathrm{e}^{\lambda t}&=|\psi_i(t)-\overline{\psi}_i(t)|\mathrm{e}^{\lambda t}\leqslant|\psi_i(t)-\overline{\psi}_i(t)|\\&\leqslant\|\boldsymbol{\psi}(t)-\overline{\boldsymbol{\psi}}(t)\|,\quad t\in[-\tau,0]\end{aligned}$$

设 $d>1$，使得

$$P_i(t)\leqslant\|\boldsymbol{\psi}(t)-\overline{\boldsymbol{\psi}}(t)\|<d\xi_i,\ t\in[-\tau,0]\tag{6-79}$$

成立. 要证

$$P_i(t)<d\xi_i,\quad t>0\tag{6-80}$$

成立.

假设存在 $k\in\{1,2,\cdots,n\}$ $(k\neq i)$ 及 $t_k>0$，使得

$$P_k(t)<d\xi_k,\quad t\in[-\tau,t_k),\quad P_k(t_k)=d\xi_k\tag{6-81}$$

而 $P_i(t)\leqslant d\xi_i,\quad t\in[-\tau,t_k]$. 有 $D^{+}P_k(t_k)\geqslant 0$. 由式（6-74）、式（6-78）及式（6-81），得

$$\begin{aligned}0&\leqslant D^{+}(P_k(t_k))\\&\leqslant\mathrm{e}^{t_k}\Big\{-c_k|z_k(t_k)|+\sum_{i=1}^{n}|a_{ki}|L_i|z_i(t_k)|+\sum_{i=1}^{n}|b_{ki}|M_i|z_i(t_k-\tau_i)|\Big\}\mathrm{e}^{\lambda t_k}+\\&\quad\lambda\mathrm{e}^{\lambda t_k}|z_k(t_k)|\\&\leqslant\mathrm{e}^{t_k}\Big\{(\lambda-c_k)|z_k(t_k)|+\sum_{i=1}^{n}|a_{ki}|L_i|z_i(t_k)|+\sum_{i=1}^{n}|b_{ki}|M_i|z_i(t_k-\tau_i)|\Big\}\mathrm{e}^{\lambda t_k}\\&\leqslant\mathrm{e}^{t_k}\Big\{(\lambda-c_k)\mathrm{e}^{-\lambda t_k}d\xi_k+\sum_{i=1}^{n}|a_{ki}|L_i\mathrm{e}^{-\lambda t_k}d\xi_i+\sum_{i=1}^{n}|b_{ki}|M_i\mathrm{e}^{-\lambda(t_k-\tau_i)}d\xi_i\Big\}\mathrm{e}^{\lambda t_k}\end{aligned}$$

$$=\mathrm{e}^{t_k}\left\{(\lambda-c_k)\xi_k+\sum_{i=1}^{n}(|a_{ki}|L_i+|b_{ki}|M_i\mathrm{e}^{\lambda\tau_i})\xi_i\right\}d<0 \tag{6-82}$$

式（6-82）矛盾. 因此式（6-80）成立，即 $|y_i(t)-\overline{y}_i(t)|\mathrm{e}^{\lambda t}<d\xi_i$，$t\geqslant 0$. 由式（6-79），取 $M_{\boldsymbol{\psi}}\geqslant 1$，得

$$\max_{1\leqslant i\leqslant n}\{d\xi_i\}\leqslant M_{\boldsymbol{\psi}}\|\boldsymbol{\psi}(t)-\overline{\boldsymbol{\psi}}(t)\|,\quad i=1,2,\cdots,n \tag{6-83}$$

由式（6-80）和式（6-83），得到

$$|y_i(t)-\overline{y}_i(t)|=|z_i(t)|\max_{1\leqslant i\leqslant n}\{d\xi_i\}\mathrm{e}^{-\lambda t}$$
$$\leqslant M_{\boldsymbol{\psi}}||\boldsymbol{\psi}-\overline{\boldsymbol{\psi}}||\mathrm{e}^{-\lambda t},\quad i=1,2,\cdots,n,\quad t\geqslant 0 \tag{6-84}$$

定理 6-11　若条件式（6-68）和式（6-74）成立，则存在常数 $M_{\boldsymbol{\varphi}}\geqslant 1$，$\lambda>0$，使得

$$|x_i(t)-\overline{x}_i(t)|\leqslant M_{\boldsymbol{\varphi}}\|\boldsymbol{\varphi}-\overline{\boldsymbol{\varphi}}\|t^{-\lambda},\ t\geqslant 1,\ i=1,2,\cdots,n$$

证明　由非线性变换式（6-69）和式（6-84），有

$$|x_i(\mathrm{e}^t)-\overline{x}_i(\mathrm{e}^t)|=M_{\boldsymbol{\psi}}\max_{1\leqslant i\leqslant n}\{\sup_{-\tau\leqslant s\leqslant 0}|\varphi_i(\mathrm{e}^s)-\overline{\varphi}_i(\mathrm{e}^s)|\}\mathrm{e}^{-\lambda t},\quad t\geqslant 0 \tag{6-85}$$

令 $\mathrm{e}^t=\mu$，则 $\mu\geqslant 1$，且 $t=\ln\mu\geqslant 0$；令 $\mathrm{e}^s=\zeta$，$s=\ln\zeta\in[-\tau,0]$，和 $\zeta\in[q,1]$，其中，$q=\min\limits_{1\leqslant j\leqslant n}\{q_j\}$. 因此，由式（6-85），得

$$|x_i(\mu)-\overline{x}_i(\mu)|\leqslant M_{\boldsymbol{\psi}}\max_{1\leqslant i\leqslant n}\{\sup_{q\leqslant\zeta\leqslant 1}|\varphi_i(\zeta)-\overline{\varphi}_i(\zeta)|\}\mathrm{e}^{-\lambda\ln\mu},\quad \mu\geqslant 1 \tag{6-86}$$

在式（6-86）中令 $\mu=t$，$M_{\boldsymbol{\varphi}}=M_{\boldsymbol{\psi}}$，且由式（6-72），得

$$|x_i(t)-\overline{x}_i(t)|\leqslant M_{\boldsymbol{\varphi}}\|\boldsymbol{\varphi}-\overline{\boldsymbol{\varphi}}\|t^{-\lambda},\quad t\geqslant 1$$

下面证明系统（6-67）存在反周期解.

定理 6-12　若条件式（6-68）和式（6-74）成立，则系统（6-67）存在 T-反周期解 $\boldsymbol{x}^*(t)$，且这个解是全局指数稳定的.

证明　由引理 6-5 知系统（6-67）的解 $\boldsymbol{x}(t)=(x_1(t),x_2(t),\cdots,x_n(t))^{\mathrm{T}}$ 满足式（6-75），再由已知 $u_i(t)=-u_i(t+T)$ 及条件式（6-68），可得

$$((-1)^{m+1}\boldsymbol{x}_i(t+(m+1)T))'$$
$$=(-1)^{m+1}\Big[-c_ix_i(t+(m+1)T)+\sum_{j=1}^{n}a_{ij}f_j(x_j(t+(m+1)T))+$$
$$\sum_{j=1}^{n}b_{ij}g_j(x_j(q_j(t+(m+1)T)))+u_i(t+(m+1)T)\Big]$$
$$=-c_i(-1)^{m+1}x_i(t+(m+1)T)+\sum_{j=1}^{n}a_{ij}f_j((-1)^{m+1}x_j(t+(m+1)T))+$$
$$\sum_{j=1}^{n}b_{ij}g_j((-1)^{m+1}x_j(q_j(t+(m+1)T)))+u_i(t) \tag{6-87}$$

其中，$i=1,2,\cdots,n$. 则由式（6-87）知，对任何自然数 m，$\{(-1)^{m+1}x_i(t+(m+1)T)\}$ 是系统（6-67）在 $t>1$ 上的一切解. 对任意自然数 m，有

$$
\begin{aligned}
&(-1)^{m+1}x_i(t+(m+1)T) \\
&=x_i(t)+\sum_{k=0}^{m}[(-1)^{k+1}x_i(t+(k+1)T)-(-1)^k x_i(t+kT)]
\end{aligned}
\tag{6-88}
$$

下证$\{(-1)^{m+1}x_i(t+(m+1)T)\}$是收敛的，因为

$$
\begin{aligned}
&|(-1)^{m+1}x_i(t+(m+1)T)| \\
&\leqslant |x_i(t)|+\sum_{k=0}^{m}|(-1)^{k+1}x_i(t+(k+1)T)-(-1)^k x_i(t+kT)|
\end{aligned}
\tag{6-89}
$$

又由引理 6-5 中的条件$|\varphi_i(s)|<\xi_i(\overline{u}+1)/\eta$和定理 6-11，存在常数$M_\varphi\geqslant 1$，$\lambda>0$，充分大的常数$N>0$和一个常数$\beta>0$，使得对任何$\mathbb{R}$上的紧集，当$k>N$时，有

$$
\begin{aligned}
&|(-1)^{k+1}x_i(t+(k+1)T)-(-1)^k x_i(t+kT)| \\
&\leqslant M_{\boldsymbol{\varphi}}\mathrm{e}^{-\lambda\ln(t+kT)}\max_{1\leqslant i\leqslant n}\sup_{q\leqslant s\leqslant 1}|\varphi_i(s+T)+\varphi_i(s)| \\
&\leqslant 2\mathrm{e}^{-\lambda\ln(t+kT)}M_{\boldsymbol{\varphi}}\max_{1\leqslant i\leqslant n}\{\xi_i(\overline{u}+1)/\eta\} \\
&\leqslant 2\mathrm{e}^{-\lambda\ln(kT)}M_{\boldsymbol{\varphi}}\max_{1\leqslant i\leqslant n}\{\xi_i(\overline{u}+1)/\eta\}=\beta\mathrm{e}(kT)^{-\lambda}
\end{aligned}
\tag{6-90}
$$

其中，$\beta=2M_{\boldsymbol{\varphi}}\max_{1\leqslant i\leqslant n}\{\xi_i\ (\overline{u}+1)\ /\eta\}$.

由式（6-88）～式（6-90），可知$\{\ (-1)^{m+1}x_i\ (t+\ (m+1)\ T)\ \}$在$\mathbb{R}$上的紧集上一致收敛于$\boldsymbol{x}^*(t)=(x_1^*(t),x_2^*(t),\cdots,x_n^*(t))^{\mathrm{T}}$.

下面证明$\boldsymbol{x}^*(t)$是系统（6-67）的T－反周期解. 因为

$$
\begin{aligned}
\boldsymbol{x}^*(t+T)&=\lim_{m\to\infty}(-1)^{m+1}\boldsymbol{x}(t+T+(m+1)T) \\
&=-\lim_{m+1\to\infty}(-1)^{m+2}\boldsymbol{x}(t+(m+2)T)=-\boldsymbol{x}^*(t)
\end{aligned}
$$

由定义 6-10，知$\boldsymbol{x}^*(t)$是反周期的.

下面再证明$\boldsymbol{x}^*(t)$是系统（6-67）的一个解.

因为系统（6-67）右边具有连续性，式（6-75）隐含着$\{(-1)^{m+1}x_i(t+(m+1)T)\}$在$\mathbb{R}$上的紧子集上始终收敛于一个连续函数. 于是，在式（6-87）中，令$m\to\infty$，得

$$
\dot{x}_i^*(t)=-c_i x_i^*(t)+\sum_{j=1}^{n}a_{ij}f_j(x_j^*(t))+\sum_{j=1}^{n}b_{ij}g_j(x_j^*(q_j t))+u_i(t)
$$

因此，$\boldsymbol{x}^*(t)$是系统（6-67）的解，所以系统（6-67）具有反周期解.

最后，运用定义 6-11 和定理 6-11，可知系统（6-67）的反周期解$\boldsymbol{x}^*(t)$是全局多项式稳定的.

6.4.3 数值算例及仿真

例 6-6 考虑下面具比例时滞的二维递归神经网络

$$\begin{cases}\dot{x}_1(t)=-8x_1(t)+f_1(x_1(t))-2f_2(x_2(t))+\\ \qquad 2g_1(x_1(0.2t))-g_2(x_2(0.7t))+2\sin(5t)\\ \dot{x}_2(t)=-10x_2(t)-f_1(x_1(t))+f_2(x_2(t))-\\ \qquad g_1(x_1(0.2t))+0.5g_2(x_2(0.7t))+2\sin(9t)\end{cases} \tag{6-91}$$

其中，$t\geqslant 1$，激活函数为 $f_i(x_i)=\sin(0.5x_i)+0.5x_i$， $g_i(x_i)=\tanh(2x_i)$，$i=1,2$，显然 $f_i(x_i)$，$g_i(x_i)$ 满足条件式（6-68），且 $L_1=L_2=1$，$M_1=M_2=2$. 由 $q=0.6$，得 $\tau_1=\tau_2=-\ln 0.6=0.5108$. 取 $\eta=0.5$，$\lambda=0.1$，$\xi_1=1$，$\xi_2=0.5$，计算，得

$$(\lambda-c_1)\xi_1+(|a_{11}|L_1\xi_1+|a_{12}|L_2\xi_2)+$$
$$(|b_{11}|M_1\xi_1 e^{\lambda\tau_1}+|b_{12}|M_2\xi_2 e^{\lambda\tau_2})=-0.6380<-0.5$$
$$(\lambda-c_2)\xi_2+(|a_{21}|L_1\xi_1+|a_{22}|L_2\xi_2)+$$
$$(|b_{21}|M_1\xi_1 e^{\lambda\tau_1}+|b_{22}|M_2\xi_2 e^{\lambda\tau_2})=-0.8190<-0.5$$

这说明了系统（6-91）满足定理 6-12 的条件，因此系统（6-91）存在一个反周期解，并且这个反周期解是全局多项式稳定的，取初始值 $(0,\ 0)^{\mathrm{T}}$，其仿真结果如图 6-8 所示.

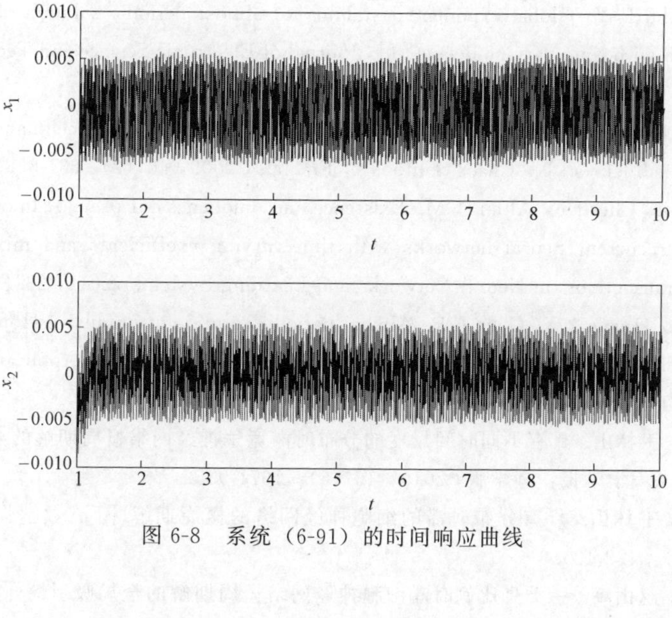

图 6-8 系统（6-91）的时间响应曲线

参考文献

[1] Cao J. New results concerning exponential stability and periodic solutions of delayed cellular neural networks [J]. Physics Letters A, 2003, 307 (2-3): 136-147.

[2] Zhou J, Liu Z, Chen G. Dynamics of periodic delayed neural networks [J]. Neural Net-

works，2004，17（6-1）：87-106. 1.

［3］ Yang Y Q，Cao J. Stability and periodicity in delayed cellular neural networks with impulsive effects［J］. Nonlinear Analysis：Real World Applications，2007，8（6-1）：362-374.

［4］ Zhou L Q，Hu G D. Global exponential periodicity and stability of cellular neural networks with variable and distributed delays［J］. Applied Mathematics and Computation，2008，195（2）：402-415.

［5］ 周立群，张艳艳，王贵君. 一类时滞细胞神经网络的指数周期性与稳定性［J］，系统仿真学报，2010，22（3）：634-637.

［6］ Zhou L Q，Zhang Y Y. Global exponential periodicity and stability of recurrent neural networks with multi-proportional delays［J］. ISA Transations，2016，60：89-95.

［7］ 周立群. 具比例时滞高阶广义细胞神经网络的全局指数周期性［J］. 系统科学与数学，2015，35（9）：1104-1116

［8］ Fink A M. Almost Periodic Differential Equations［C］//Lecture Notes in Mathematics，Berlin：Springer，1974，377：80-112.

［9］ 何崇佑. 概周期微分方程［M］. 北京：高等教育出版社，1992：90-100.

［10］ 谢惠琴，王全义. 时延细胞神经网络的概周期解的存在性和指数稳定性［J］. 数学研究，2004，37（3）：272-278.

［11］ Liu J，Zhu P Y. Global exponential stability of almost periodic solution of cellular neural networks with time-varying delays［J］. Journal of Electronic Science and Technology of China，2007，5（3）：238-242.

［12］ Zhao W R，Zhang H S. New results of almost periodic solutions for cellular neural networks with mixed delays［J］. Chaos Solitons & Fractals，2009，40（2）：831-838.

［13］ Ammar B，Cherif F，Alimi A M. Existence and uniqueness of pseudo almost periodic solutions of recurrent neural networks with time-varying coefficients and mixed delays［J］. IEEE Transactions on Neural Networks and Learning Systems，2012，23（1）：109-118.

［14］ Liu Y G，Huang Z X，Chen L P. Almost periodic solution of impulsive Hopfield neural networks with finite distributed delays［J］. Neural Computing and Applications，2012，21（5）：821-831.

［15］ 赵永昌，王林山. 具有不同时间尺度的分布时滞竞争神经网络概周期解的全局指数稳定性［J］. 山东大学学报：理学版，2010，16（6）：1671-9352.

［16］ 张若军，王林山. 具有分布时滞的细胞神经网络的概周期解［J］. 数学物理学报，2011，31A（2）：422-429.

［17］ 周立群，赵山崎. 一类具比例时滞细胞神经网络概周期解的全局吸引性［J］. 黑龙江大学自然科学学报，2014，31（5）：566-573.

［18］ 周铁军. 一类细胞神经网络概周期解的存在性和全局吸引性［J］. 生物数学学报，2005，20（4）：429-436.

［19］ 赵忠颖，周立群. 一类具比例时滞细胞神经网络概周期解的指数稳定性［J］. 天津师范大学学报，2015，35（1）：12-16.

［20］ Bouzerdoum A，Pinter R B. Shunting inhibitory cellular networks：derivation and stability analysis [J]. IEEE Transactions Circuits and Systems，1993，40 (3)，215-221.

[21] Huang Xia，Cao J. Almost periodic solution of shunting inhibitory cellular neural networks with time-varying delays [J]. Physics Letters A，2003，314 (3)：222-231.

[22] 周艳杰，张丽娟. 变系数变时滞分层抑制细胞神经网络的概周期解 [J]. 应用数学，2009，22 (2)：352-357.

[23] Xia Y H，Cao J，Huang Z K. Existence and exponential stability of almost periodic solution for shunting inhibitory cellular neural networks with impulses [J]. Chaos Solitons & Fractals，2007，34 (5)：1599-1607.

[24] 李冠军，曹进德. 具有分布时滞的分流抑制细胞神经网络的概周期解 [J]. 工程数学学报，2007，24 (5)：849-856.

[25] Liu B W，Huang L H. Almost periodic solutions of shunting inhibitory cellular neural networks with time-varying delays [J]. Applied Mathematics Letters，2007，20 (1)：70-74.

[26] Li Y K，Wang C. Almost periodic solutions of shunting inhibitory cellular neural networks on time scales [J]. Communications in Nonlinear Science and Numerical Simulation，2012，17 (18)：3258-3266.

[27] Ou C X. Anti-periodic solutions for high-order Hopfield neural networks [J]. Journal of Computational and Applied Mathematics，2008，56 (7)：1838-1844.

[28] Shao J Y. An anti-periodic solution for a class of recurrent neural networks [J]. Journal of Computational and Applied Mathematics，2008，228 (1)：231-237.

[29] Abdurahman A，Jiang H J. The existence for stability of the anti-periodic solution for delayed Cohen-Grossberg neural networks with impulsive effects [J]. Neurocomputing，2015，149 (3)：22-28.

[30] 潘凤燕，冯春华. 脉冲时滞细胞神经网络系统的反周期解 [J]，广西师范大学学报，2010，28 (1)：23-26.

[31] 黄祖达，彭乐群，徐敏. 论变时滞高阶细胞神经网络模型的反周期解 [J]. 山东大学学报，2012，47 (10)：121-126.

[32] 韩茂安. 动力系统的周期解与分支理论 [M]. 北京：科学出版社，2002.

第7章

具比例时滞递归神经网络的散逸性

动力系统中的散逸性（也称耗散性）概念产生于1970年，是Lyapunov稳定性概念的推广，并且被发现在不同领域具有广泛的应用，如稳定性理论、混沌和同步性理论、系统范数估计和鲁棒控制. 因此，动力系统散逸性的研究是具有非常意义的. 近年来，学者们对时滞神经网络的散逸性产生了浓厚的研究兴趣，并且获得了许多结果[2,7-13]. 本章介绍具比例时滞递归神经网络的散逸性.

7.1 具单比例时滞递归神经网络的散逸性

时滞神经网络的散逸性结果大部分基于构造Lyapunov泛函或者Lyapunov-Krasovskii泛函[1-11]，并结合其他的研究方法，如线性矩阵不等式[3,5-11]获得. Lyapunov泛函或Lyapunov-Krasovskii泛函没有固定的构造方法，并且构造一个新的Lyapunov泛函或Lyapunov-Krasovskii泛函非常困难. 线性矩阵不等式的特征在于能考虑到神经网络的神经元的兴奋和抑制作用，并且线性矩阵不等式可以利用Matlab高效地求解数值问题. 然而，在一般情况下，线性矩阵不等式方法构造的矩阵相对较大、复杂，且不容易直接观察参数之间的关系. 当前，对于时滞神经网络的散逸性的研究，还有其他方法，如：文献［12］利用时滞分割技巧和随机微分不等式，获得了确保具有时滞的随机神经网络均方指数稳定性和散逸性的一些充分条件；利用微分包含和微分不等式的方法，文献［13］研究了具有混合时滞的忆阻神经网络的周期性和散逸性. 本节利用应用内积性质和矩阵理论，在不假设激活函数的单调性、可微性和有界性的情况下，研究一类具比例时滞递归神经网络的散逸性，建立检验该神经网络散逸性时滞独立的判定准则.

7.1.1 模型描述及预备知识

对于向量 $\boldsymbol{x}=(x_1,x_2,\cdots,x_n)^{\mathrm{T}}\in\mathbb{R}^n$，$\boldsymbol{y}=(y_1,y_2,\cdots,y_n)^{\mathrm{T}}\in\mathbb{R}^n$，记内积 $\langle\boldsymbol{x},\boldsymbol{y}\rangle=\boldsymbol{y}^{\mathrm{T}}\boldsymbol{x}$ 和相应范数 $\|\boldsymbol{x}\|_2=\sqrt{\langle\boldsymbol{x},\boldsymbol{x}\rangle}$. 对于矩阵 $\boldsymbol{A}\in\mathbb{R}^{n\times n}$，其范数为 $\|\boldsymbol{A}\|_2=\sup\limits_{\|\boldsymbol{x}\|_2=1}\|\boldsymbol{A}\boldsymbol{x}\|_2=\sqrt{\rho(\boldsymbol{A}^{\mathrm{T}}\boldsymbol{A})}=\sqrt{\lambda_{\max}(\boldsymbol{A}^{\mathrm{T}}\boldsymbol{A})}$.

考虑具比例时滞递归神经网络系统[14]

$$\begin{cases}\dot{\boldsymbol{u}}(t)=-\boldsymbol{D}\boldsymbol{u}(t)+\boldsymbol{A}\boldsymbol{f}(\boldsymbol{u}(t))+\boldsymbol{B}\boldsymbol{f}(\boldsymbol{u}(qt))+\boldsymbol{I},\ t\geqslant 1\\ \boldsymbol{u}(s)=\boldsymbol{\xi}(s),\ s\in[q,1]\end{cases}\tag{7-1}$$

这里，$\boldsymbol{D}=\mathrm{diag}(d_1,d_2,\cdots,d_n)$，$d_i>0$；$\boldsymbol{u}(t)=(u_1(t),u_2(t),\cdots u_n(t))^{\mathrm{T}}\in\mathbb{R}^n$ 表示 t 时刻的神经元状态；$\boldsymbol{A}=(a_{ij})_{n\times n}$，$\boldsymbol{B}=(b_{ij})_{n\times n}$，$a_{ij}$ 与 b_{ij} 分别表示第 j 个神经元到第 i 个神经元在 t 与 qt 时刻的时滞内连权重；$\boldsymbol{f}(\boldsymbol{u}(t))=(f_1(u_1(t)),f_2(u_2(t)),\cdots,f_n(u_n(t)))^{\mathrm{T}}\in\mathbb{R}^n$，$\boldsymbol{f}(\boldsymbol{u}(qt))=(f_1(u_1(qt)),f_2(u_2(qt)),\cdots,f_n(u_n(qt)))^{\mathrm{T}}\in\mathbb{R}^n$，$u_i(t)$ 和 $u_i(qt)$ 分别对应着第 i 个神经元在 t 时刻和 qt 时刻的状态，$f_i(u_i(t))$和 $f_i(u_i(qt))$分别代表第 j 个神经元在 t 时刻和 qt 时刻的激活函数；$0<q\leqslant 1$，$qt=t-(1-q)t$，$(1-q)t=\tau(t)$代表时滞函数，并且$(1-q)t\rightarrow+\infty$ $(t\rightarrow+\infty)$；$\boldsymbol{I}=(I_1,I_2,\cdots,I_n)^{\mathrm{T}}$，$I_i$代表常输入；初始向量函数 $\boldsymbol{\xi}_i(s)\in C([q,1],\mathbb{R}^n)$，$i=1,2,\cdots,n$ 为常数. 假设激活函数 $f_j(\cdot)$ 满足

$$|f_j(x)-f_j(y)|\leqslant l_j|x-y|,\ f_j(0)=0,\quad x,y\in\mathbb{R},\ j=1,2,\cdots,n\tag{7-2}$$

这里，l_j 是一个非负常数，并且令 $l=\max\limits_{1\leqslant j\leqslant n}\{l_j\}$.

定义 7-1[15] 称式 (7-1) 是一个散逸系统，若存在一个紧集 $S\subset\mathbb{R}^n$，使得对任何连续有界集 $\boldsymbol{\phi}\in\mathbb{R}^n$，存在 $t_0=t_0(\boldsymbol{\phi})$，使得当 $t\geqslant t_0$时，$\boldsymbol{x}(t,\ \boldsymbol{\phi})\in S$，其中，$\boldsymbol{x}(t,\ \boldsymbol{\phi})$ 表示系统 (7-1) 由初始状态 $\boldsymbol{\phi}$，初始的解. 此时称 S 为全局吸引集. 如果当 $t_0=0$，$t\geqslant t_0$ 时，对于所有 $\boldsymbol{\phi}\subset S$，都有 $\boldsymbol{x}(t,\ \boldsymbol{\phi})\in S$，$t\geqslant 0$，此时称 S 为正向不变集.

引理 7-1[15] 假设

$$V'(t)\leqslant 2\mathrm{e}^t(\gamma+\alpha V(t)+\beta V(t-\tau)),\quad t\geqslant 0$$

这里 $\alpha+\beta<0$，$\beta>0$，$\gamma>0$，则

$$V(t)\leqslant-\frac{\gamma}{\alpha+\beta}+G\mathrm{e}^{-\mu^* t},\quad t\geqslant 0$$

这里 $G=2\sup\limits_{-\tau\leqslant t\leqslant 0}V(t)>0$. $\mu^*>0$，被定义为

$$\mu^*=\inf_{t\geqslant 0}\{\mu(t):\mu(t)+2\mathrm{e}^t(\alpha+\beta\mathrm{e}^{\mu(t)\tau})=0\}$$

7.1.2 散逸性分析

定理 7-1 如果存在正常数 σ_1，σ_2 和 σ_3，使得

$$\alpha=-\lambda_{\min}(\boldsymbol{D})+1/2(\sigma_1\|\boldsymbol{A}\|_2^2 l^2+\sigma_1{}^{-1}+\sigma_2{}^{-1}+\sigma_3{}^{-1})$$

$$\beta=1/2\sigma_2\|\boldsymbol{B}\|_2^2 l^2,\qquad \gamma=1/2\sigma_3\|\boldsymbol{I}\|_2^2$$

则系统 (7-1) 满足

$$\langle\boldsymbol{u}(t),\dot{\boldsymbol{u}}(t)\rangle\leqslant\gamma+\alpha\|\boldsymbol{u}(t)\|_2^2+\beta\|\boldsymbol{u}(qt)\|_2^2\tag{7-3}$$

证明 根据内积特性，可得

$$\langle\boldsymbol{u}(t),\dot{\boldsymbol{u}}(t)\rangle=\langle\boldsymbol{u}(t),-\boldsymbol{D}\boldsymbol{u}(t)+\boldsymbol{A}\boldsymbol{f}(\boldsymbol{u}(t))+\boldsymbol{B}\boldsymbol{f}(\boldsymbol{u}(qt))+\boldsymbol{I}\rangle$$

$$=\langle \boldsymbol{u}(t),-\boldsymbol{D}\boldsymbol{u}(t)\rangle+\langle \boldsymbol{u}(t),\boldsymbol{A}\boldsymbol{f}(\boldsymbol{u}(t))\rangle+ \langle \boldsymbol{u}(t),\boldsymbol{B}\boldsymbol{f}(\boldsymbol{u}(qt))\rangle+\langle \boldsymbol{u}(t),\boldsymbol{I}\rangle \tag{7-4}$$

由 $\langle \boldsymbol{x},\ \boldsymbol{y}\rangle=\boldsymbol{y}^{\mathrm{T}}\boldsymbol{x}$，式（7-2）和引理 1-4，得

$$\langle \boldsymbol{u}(t),-\boldsymbol{D}\boldsymbol{u}(t)\rangle=-(\boldsymbol{D}\boldsymbol{u}(t))^{\mathrm{T}}\boldsymbol{u}(t) =-\boldsymbol{u}^{\mathrm{T}}(t)\boldsymbol{D}\boldsymbol{u}(t)\leqslant-\lambda\min(\boldsymbol{D})\|\boldsymbol{u}(t)\|_2^2 \tag{7-5}$$

$$\begin{aligned}&\langle \boldsymbol{u}(t),\boldsymbol{A}\boldsymbol{f}(\boldsymbol{u}(t))\rangle\\&=(\boldsymbol{A}\boldsymbol{f}(\boldsymbol{u}(t)))^{\mathrm{T}}\boldsymbol{u}(t)=\boldsymbol{f}^{\mathrm{T}}(\boldsymbol{u}(t))\boldsymbol{A}^{\mathrm{T}}\boldsymbol{u}(t)\\&\leqslant1/2[\sigma_1\boldsymbol{f}^{\mathrm{T}}(\boldsymbol{u}(t))\boldsymbol{A}^{\mathrm{T}}\boldsymbol{A}\boldsymbol{f}(\boldsymbol{u}(t))+\sigma_1{}^{-1}\boldsymbol{u}^{\mathrm{T}}(t)\boldsymbol{u}(t)]\\&\leqslant1/2[\sigma_1\lambda\max(\boldsymbol{A}^{\mathrm{T}}\boldsymbol{A})\|\boldsymbol{f}(\boldsymbol{u}(t))\|_2^2+\sigma_1{}^{-1}\|\boldsymbol{u}(t)\|_2^2]\\&\leqslant1/2[\sigma_1\lambda\max(\boldsymbol{A}^{\mathrm{T}}\boldsymbol{A})l^2\|\boldsymbol{u}(t)\|_2^2+\sigma_1{}^{-1}\|\boldsymbol{u}(t)\|_2^2]\\&=1/2[\sigma_1\|\boldsymbol{A}\|_2^2l^2\|\boldsymbol{u}(t)\|_2^2+\sigma_1{}^{-1}\|\boldsymbol{u}(t)\|_2^2]\end{aligned} \tag{7-6}$$

$$\begin{aligned}&\langle \boldsymbol{u}(t),\boldsymbol{B}\boldsymbol{f}(\boldsymbol{u}(qt))\rangle\\&=(\boldsymbol{B}\boldsymbol{f}(\boldsymbol{u}(qt)))^{\mathrm{T}}\boldsymbol{u}(t)\\&=\boldsymbol{f}^{\mathrm{T}}(\boldsymbol{u}(qt))\boldsymbol{B}^{\mathrm{T}}\boldsymbol{u}(t)\\&\leqslant1/2[\sigma_2\boldsymbol{f}^{\mathrm{T}}(\boldsymbol{u}(qt))\boldsymbol{B}^{\mathrm{T}}\boldsymbol{B}\boldsymbol{f}(\boldsymbol{u}(qt))+\sigma_2{}^{-1}\boldsymbol{u}^{\mathrm{T}}(t)\boldsymbol{u}(t)]\\&\leqslant1/2[\sigma_2\lambda\max(\boldsymbol{B}^{\mathrm{T}}\boldsymbol{B})\|\boldsymbol{f}(\boldsymbol{u}(qt))\|_2^2+\sigma_2{}^{-1}\|\boldsymbol{u}(t)\|_2^2]\\&\leqslant1/2[\sigma_2\lambda\max(\boldsymbol{B}^{\mathrm{T}}\boldsymbol{B})l^2\|\boldsymbol{u}(qt)\|_2^2+\sigma_2{}^{-1}\|\boldsymbol{u}(t)\|_2^2]\\&=1/2[\sigma_2\|\boldsymbol{B}\|_2^2l^2\|\boldsymbol{u}(qt)\|_2^2+\sigma_2{}^{-1}\|\boldsymbol{u}(t)\|_2^2]\end{aligned} \tag{7-7}$$

并且

$$\begin{aligned}\langle \boldsymbol{u}(t),\boldsymbol{I}\rangle&=\boldsymbol{I}^{\mathrm{T}}\boldsymbol{u}(t)\\&\leqslant1/2[\sigma_3\boldsymbol{I}^{\mathrm{T}}\boldsymbol{I}+\sigma_3{}^{-1}\boldsymbol{u}^{\mathrm{T}}(t)\boldsymbol{u}(t)]\\&=1/2[\sigma_3\|\boldsymbol{I}\|_2^2+\sigma_3{}^{-1}\|\boldsymbol{u}(t)\|_2^2]\end{aligned} \tag{7-8}$$

将式（7-5）～式（7-8）代入式（7-4），得到

$$\begin{aligned}&\langle \boldsymbol{u}(t),\dot{\boldsymbol{u}}(t)\rangle\\&\leqslant1/2\sigma_3\|\boldsymbol{I}\|_2^2+[-\lambda\min(\boldsymbol{D})+1/2(\sigma_1\|\boldsymbol{A}\|_2^2l^2+\sigma_1{}^{-1}+\sigma_2{}^{-1}+\sigma_3{}^{-1})]\|\boldsymbol{u}(t)\|_2^2+\\&\quad 1/2\sigma_2\|\boldsymbol{B}\|_2^2l^2\|\boldsymbol{u}(qt)\|_2^2\\&=\gamma+\alpha\|\boldsymbol{u}(t)\|_2^2+\beta\|\boldsymbol{u}(qt)\|_2^2\end{aligned}$$

注 7-1 由定理 7-1 的已知条件，显然 $\gamma\geqslant0$，$\beta\geqslant0$.

做如下变换

$$\boldsymbol{v}(t)=\boldsymbol{u}(\mathrm{e}^t) \tag{7-9}$$

系统（7-1）可以等价地变换成如下神经网络

$$\begin{cases}\dot{\boldsymbol{v}}(t)=\mathrm{e}^t\{-\boldsymbol{D}\boldsymbol{v}(t)+\boldsymbol{A}\boldsymbol{f}(\boldsymbol{v}(t))+\boldsymbol{B}\boldsymbol{f}(\boldsymbol{v}(t-\tau))+\boldsymbol{I}\},\ t\geqslant0\\ \boldsymbol{v}(s)=\boldsymbol{\varphi}(s),\ s\in[-\tau,0]\end{cases} \tag{7-10}$$

这里，$\tau=-\ln q\geqslant0$，$\boldsymbol{\varphi}(s)=\boldsymbol{\xi}(\mathrm{e}^s)\in C([-\tau,0],\mathbb{R}^n)$.

由式（7-3），得到

$$\langle \boldsymbol{v}(t),\dot{\boldsymbol{v}}(t)\rangle \leqslant \mathrm{e}^{t}(\gamma+\alpha\|\boldsymbol{v}(t)\|_2^2+\beta\|\boldsymbol{v}(t-\tau)\|_2^2) \tag{7-11}$$

这里，$\alpha=-\lambda\min(\boldsymbol{D})+1/2(\sigma_1\|\boldsymbol{A}\|_2^2 l^2+\sigma_1{}^{-1}+\sigma_2{}^{-1}+\sigma_3{}^{-1})$，$\beta=1/2\sigma_2\|\boldsymbol{B}\|_2^2 l^2$，$\lambda=1/2\sigma_3\|\boldsymbol{I}\|_2^2$.

定理 7-2　在条件式（7-2）下，若$\boldsymbol{v}(t)$是式（7-10）的一个解并且满足式（7-11），$\alpha+\beta<0$，则对于任意$\varepsilon>0$，存在$t=T(\Phi,\varepsilon)$，$\Phi=\sup\limits_{-\tau\leqslant t\leqslant 0}\|\boldsymbol{\varphi}(t)\|_2^2$，使得对于所有$t>T$，有

$$\|\boldsymbol{v}(t)\|_2^2<-\gamma/(\alpha+\beta)+\varepsilon \tag{7-12}$$

成立，因此系统（7-10）是散逸的，并且对于任意$\varepsilon>0$，开球$B=B(0,\sqrt{-\gamma/(\alpha+\beta)+\varepsilon})$是一个吸收集. 这里

$$\alpha=-\lambda\min(\boldsymbol{D})+1/2(\sigma_1\|\boldsymbol{A}\|_2^2 l^2+\sigma_1{}^{-1}+\sigma_2{}^{-1}+\sigma_3{}^{-1}),$$
$$\beta=1/2\sigma_2\|\boldsymbol{B}\|_2^2 l^2,\quad \gamma=1/2\sigma_3\|\boldsymbol{I}\|_2^2$$

证明　定义

$$V(t)=\|\boldsymbol{v}(t)\|_2^2=\langle \boldsymbol{v}(t),\boldsymbol{v}(t)\rangle \tag{7-13}$$

则由式（7-13），$V(t)$沿着系统（7-10）的导数为

$$\begin{aligned}\dot{V}(t)&=2\langle \boldsymbol{v}(t),\dot{\boldsymbol{v}}(t)\rangle\\&\leqslant 2\mathrm{e}^{t}(\gamma+\alpha\|\boldsymbol{v}(t)\|_2^2+\beta\|\boldsymbol{v}(t-\tau)\|_2^2)\\&=2\mathrm{e}^{t}(\gamma+\alpha V(t)+\beta V(t-\tau)),\ t\geqslant 0\end{aligned} \tag{7-14}$$

如果$\beta>0$，结论可直接从式（7-14）和引理 7-1 得到.

如果$\beta=0$，式（7-14）满足

$$\mathrm{e}^{-2\alpha\int_0^t \mathrm{e}^s\mathrm{d}s}(\dot{V}(t)-2\alpha\mathrm{e}^{t}V(t))\leqslant 2\mathrm{e}^{-2\alpha\int_0^t \mathrm{e}^s\mathrm{d}s}\mathrm{e}^{t}\gamma \tag{7-15}$$

将式（7-15）从 0 到t积分，得

$$V(t)\leqslant \mathrm{e}^{2\alpha\int_0^t \mathrm{e}^s\mathrm{d}s}V(0)+(1-\mathrm{e}^{2\alpha\int_0^t \mathrm{e}^s\mathrm{d}s})\gamma/(-\alpha),\quad t\geqslant 0$$

对于任意$t>T$，式（7-12）成立.

推论 7-1　假设在条件式（7-2）下，存在正常数σ_1，σ_2，σ_3，使得

$$-\lambda_{\min}(\boldsymbol{D})+1/2\{(\sigma_1\|\boldsymbol{A}\|_2^2+\sigma_2\|\boldsymbol{B}\|_2^2)l^2+\sigma_1{}^{-1}+\sigma_2{}^{-1}+\sigma_3{}^{-1}\}<0 \tag{7-16}$$

成立，则系统（7-1）是散逸的，并且对于任意$\varepsilon>0$，开球$B=B(0,\sqrt{-\gamma/(\alpha+\beta)+\varepsilon})$是一个吸收集. 这里，

$$\alpha=-\lambda\min(\boldsymbol{D})+1/2(\sigma_1\|\boldsymbol{A}\|_2^2 l^2+\sigma_1{}^{-1}+\sigma_2{}^{-1}+\sigma_3{}^{-1}),$$
$$\beta=1/2\sigma_2\|\boldsymbol{B}\|_2^2 l^2,\quad \gamma=1/2\sigma_3\|\boldsymbol{I}\|_2^2$$

在引理 1-4 中选取$\varepsilon=1$，得到

$$2\boldsymbol{a}^{\mathrm{T}}\boldsymbol{b}\leqslant \boldsymbol{a}^{\mathrm{T}}\boldsymbol{X}\boldsymbol{a}+\boldsymbol{b}^{\mathrm{T}}\boldsymbol{X}^{-1}\boldsymbol{b} \tag{7-17}$$

在定理 7-1 的证明中利用式（7-17），得到以下结果.

推论 7-2　假设在条件式（7-2）下，

$$-\lambda_{\min}(\boldsymbol{D})+1/2\left\{\left(\|\boldsymbol{A}\|_2^2+\|\boldsymbol{B}\|_2^2\right)l^2+3\right\}<0 \tag{7-18}$$

成立，则系统（7-1）是散逸的，并且对于任意 $\varepsilon>0$，开球 $B=B(0,\sqrt{-\gamma/(\alpha+\beta)+\varepsilon})$是一个吸收集. 这里$\alpha=-\lambda\min(\boldsymbol{D})+1/2(\|\boldsymbol{A}\|_2^2 l^2+3)$，$\beta=1/2\|\boldsymbol{B}\|_2^2 l^2$， $\gamma=1/2\|\boldsymbol{I}\|_2^2$.

7.1.3 数值算例及仿真

例 7-1 在式（7-1）中，选取

$$\boldsymbol{D}=\begin{pmatrix}3&0\\0&4\end{pmatrix},\boldsymbol{A}=\begin{pmatrix}2&1\\-1&2\end{pmatrix},\boldsymbol{B}=\begin{pmatrix}-2&1\\0&-1\end{pmatrix},\boldsymbol{I}=\begin{pmatrix}-2\\2\end{pmatrix}$$

这里，$q=0.6$，$\boldsymbol{f}(\boldsymbol{u})=\tanh(1/4\boldsymbol{u})+1/4\boldsymbol{u}$，因此，$l=1/2$，这里 $\boldsymbol{f}(\boldsymbol{u})$是一个无界函数.选取 $\sigma_1=\sigma_2=\sigma_3=1$,因此,得到

$$\lambda_{\min}(\boldsymbol{D})=3,\ \|\boldsymbol{A}\|_2^2=5,\ \|\boldsymbol{B}\|_2^2=5.2361,\ \|\boldsymbol{I}\|_2^2=8$$

因此，

$$-\lambda_{\min}(\boldsymbol{D})+1/2\{(\|\boldsymbol{A}\|_2^2+\|\boldsymbol{B}\|_2^2)l^2+3\}=-0.2205<0$$

满足推论 7-1 的条件，则系统是散逸的，并且

$$\alpha=-\lambda_{\min}(\boldsymbol{D})+1/2(\|\boldsymbol{A}\|_2^2 l^2+3)=-0.8750$$

$$\beta=1/2\|\boldsymbol{B}\|_2^2 l^2=0.6545,\quad \gamma=1/2\|\boldsymbol{I}\|_2^2=4$$

则对于任意$\varepsilon>0$，开环 $B=B(0,\sqrt{-\gamma/(\alpha+\beta)+\varepsilon})=B(0,\sqrt{18.1406+\varepsilon})$是一个吸收集. 选取 $\varepsilon=0.01$，利用 Matlab 得到仿真结果，如图 7-1 所示.

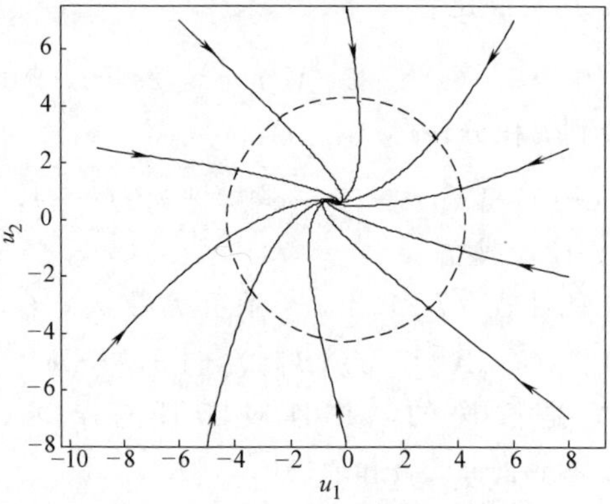

图 7-1 例 7-1 相轨迹和吸引域

另一方面，很容易得到

$$\boldsymbol{A}+\boldsymbol{A}^{\mathrm{T}}+\boldsymbol{B}\boldsymbol{B}^{\mathrm{T}}+q^{-1}\boldsymbol{E}=\begin{pmatrix}10.6667&-1.0000\\-1.0000&6.6667\end{pmatrix}>0$$

文献［16］中定理 5 和 6 不满足上式，因此文献［16］中的结果不能被应用于例 7-1. 这里 $\boldsymbol{E}$ 代表单位矩阵.

例 7-2 在式（7-1）中，选取

$$\boldsymbol{D}=\begin{pmatrix}8&0&0\\0&9&0\\0&0&10\end{pmatrix},\ \boldsymbol{A}=\begin{pmatrix}2&1&3\\-1&2&4\\0&1&2\end{pmatrix},\ \boldsymbol{B}=\begin{pmatrix}-2&1&1\\1&-1&0\\3&2&1\end{pmatrix},\ \boldsymbol{I}=\begin{pmatrix}1\\2\\3\end{pmatrix}$$

这里，$q=0.2$，$\boldsymbol{f}(\boldsymbol{u})=1/4(|\boldsymbol{u}+1|-|\boldsymbol{u}-1|)$，因此，$l=1/2$，且 $\boldsymbol{f}(\boldsymbol{u})$ 不必是一个可微和单调递增函数. 得到

$$\lambda_{\min}(\boldsymbol{D})=8,\|\boldsymbol{A}\|_2^2=34.9676,\|\boldsymbol{B}\|_2^2=15.2843,\|\boldsymbol{I}\|_2^2=14$$

因此

$$-\lambda_{\min}(\boldsymbol{D})+1/2\{(\|\boldsymbol{A}\|_2^2+\|\boldsymbol{B}\|_2^2)l^2+3\}=-0.2185<0$$

满足推论 7-2 的条件，则系统是散逸的，并且

$$\alpha=-\lambda_{\min}(\boldsymbol{D})+1/2(\|\boldsymbol{A}\|_2^2l^2+3)=-2.1291,\ \beta=1/2\|\boldsymbol{B}\|_2^2l^2=1.9105,\ \gamma=1/2\|\boldsymbol{I}\|_2^2=7$$

则对于任意 $\varepsilon>0$，开环

$$B=B\left(0,\sqrt{-\gamma/(\alpha+\beta)+\varepsilon}\right)=B\left(0,\sqrt{32.0220+\varepsilon}\right)$$

是一个吸收集. 选取 $\varepsilon=0.01$，利用 Matlab 得到仿真结果. 例 7-2 的相轨迹和吸引域如图 7-2 所示；例 7-2 的相轨迹和吸引域的剖面图如图 7-3 所示，吸引集里面的轨迹运动情况能被观察到.

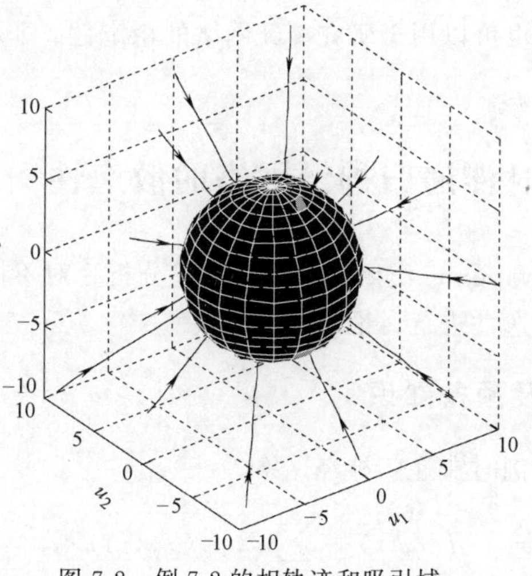

图 7-2　例 7-2 的相轨迹和吸引域

另一方面，很容易得到

$$\boldsymbol{A}+\boldsymbol{A}^{\mathrm{T}}+\boldsymbol{B}\boldsymbol{B}^{\mathrm{T}}+q^{-1}\boldsymbol{E}=\begin{pmatrix}15&-3&0\\-3&11&6\\0&6&23\end{pmatrix}>0$$

利用 Matlab 得到上面矩阵的特征值分别为 $\lambda_1=7.4828$，$\lambda_2=15.9023$，$\lambda_3=25.6149$. 因此，该矩阵是正定的. 文献［16］中定理 5 和 6 不满足上式，因此文献［16］中的结果不能被应用于例 7-2.

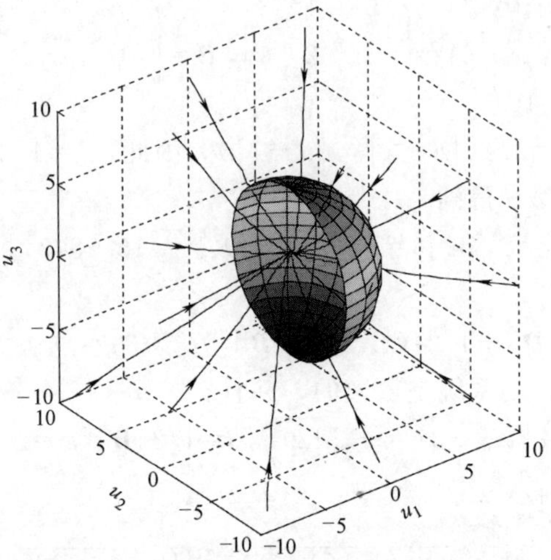

图 7-3　例 7-2 相轨迹和吸引域的剖面图

从上面的例子可以看出数值算例及其仿真结果证明所得到的结果比先前存在结果具有弱保守性. 这种利用内积特性和矩阵理论研究具比例时滞递归的细胞神经网络的散逸性的方法，也可以用于研究神经网络的稳定性、非稳定性和周期解的存在性等.

7.2　具多比例时滞递归神经网络的散逸性

本节通过构造 Lyapunov 泛函，结合不等式分析，对不同激活函数的具比例时滞递归神经网络的散逸性进行讨论.

7.2.1　模型描述及预备知识

考虑如下具多比例时滞递归神经网络[16]

$$\begin{cases} \dot{x}_i(t) = -d_i x_i(t) + \sum_{j=1}^{n} a_{ij} f_j(x_j(t)) + \\ \qquad \sum_{j=1}^{n} b_{ij} f_j(x_j(p_j t)) + \sum_{j=1}^{n} c_{ij} f_j(x_j(q_j t)) + I_i \\ x_i(s) = \varphi_i(s),\ s \in [\sigma, 1],\quad i = 1, 2, \cdots, n \end{cases} \tag{7-19}$$

其中，$t \geqslant 1$，$0 < p_j$，$q_j \leqslant 1$，$\sigma = \min\limits_{1 \leqslant j \leqslant n} \{p_j,\ q_j\}$，$p_j t = t - (1 - p_j)t$，$q_j t = t - (1 - q_j)t$，且 $(1 - p_j)t$ 和 $(1 - q_j)t$ 是比例时滞函数，且当 $t \to \infty$ 时，$(1 - p_j)t \to +\infty$，$(1 - q_j)t \to +\infty$，$\varphi_i(s) \in C([q,\ 1],\ \mathbb{R})$ 表示初始函数.

系统 (7-19) 的矩阵形式为

$$\begin{cases}\dot{\boldsymbol{x}}(t)=-\boldsymbol{D}\boldsymbol{x}(t)+\boldsymbol{A}\boldsymbol{f}(\boldsymbol{x}(t))+\boldsymbol{B}\boldsymbol{f}(\boldsymbol{x}(pt))+\boldsymbol{C}\boldsymbol{f}(\boldsymbol{x}(qt))+\boldsymbol{I},\ t\geqslant 1\\ \boldsymbol{x}(s)=\boldsymbol{\varphi}(s),\ s\in[\sigma,1]\end{cases}\tag{7-20}$$

这里，$\boldsymbol{x}(t)=(x_1(t),x_2(t),\cdots,x_n(t))^{\mathrm{T}}$，$\boldsymbol{D}=\mathrm{diag}(d_1,\ d_2,\ \cdots,\ d_n)$，$\boldsymbol{I}=(I_1,\ I_2,\ \cdots,\ I_n)^{\mathrm{T}}$，$\boldsymbol{A}=(a_{ij})_{n\times n}$，$\boldsymbol{B}=(b_{ij})_{n\times n}$，$\boldsymbol{C}=(c_{ij})_{n\times n}$，$\boldsymbol{f}(\cdot)=(f_1(\cdot),\ f_2(\cdot),\ \cdots,\ f_n(\cdot))^{\mathrm{T}}$，$\boldsymbol{\varphi}(s)=(\varphi_1(s),\ \varphi_2(s),\ \cdots,\ \varphi_n(s))^{\mathrm{T}}$.

令 $y_i(t)=x_i(\mathrm{e}^t)$，则系统（7-19）和系统（7-20）可等价变换成如下神经网络系统

$$\begin{cases}\dot{y}_i(t)=\mathrm{e}^t[-d_iy_i(t)+\sum\limits_{j=1}^{n}a_{ij}f_j(y_j(t))+\sum\limits_{j=1}^{n}b_{ij}f_j(y_j(t-\zeta_j))+\\ \qquad\sum\limits_{j=1}^{n}c_{ij}f_j(y_j(t-\tau_j))+I_i]\\ y_i(s)=\psi_i(s),\quad s\in[-\rho,0]\end{cases}\tag{7-21}$$

和

$$\begin{cases}\dot{\boldsymbol{y}}(t)=\mathrm{e}^t[-\boldsymbol{D}\boldsymbol{y}(t)+\boldsymbol{A}\boldsymbol{f}(\boldsymbol{y}(t))+\boldsymbol{B}\boldsymbol{f}(\boldsymbol{y}(t-\zeta))+\boldsymbol{C}\boldsymbol{f}(\boldsymbol{y}(t-\tau))+\boldsymbol{I}]\\ \boldsymbol{y}(s)=\boldsymbol{\psi}(s),\quad s\in[-\rho,\ 0]\end{cases}\tag{7-22}$$

这里，$t\geqslant 0$，$\zeta_j=-\ln p_j\geqslant 0$，$\tau_j=-\ln q_j\geqslant 0$，$\rho=\max\limits_{1\leqslant j\leqslant n}\{\zeta_j,\tau_j\}$，$\psi_i(s)=\varphi_i(\mathrm{e}^s)$.

7.2.2　散逸性分析（一）

假设 $f_j(\cdot)$，$j=1,\ 2,\ \cdots,\ n$，满足如下条件：

(H_1) $f_j(\cdot)$ 满足 Lipschiz 连续且有界，即存在常数 $L_j>0$，$A_j>0$，使得 $0\leqslant(f_j(u)-f_j(v))/(u-v)\leqslant l_i$，$u,v\in\mathbb{R}$，$u\neq v$，$l_i>0$，$f_i(0)=0$

(H_2) 当 $u\to\infty$ 时，$f_j(u)\to\infty$.

记 $\boldsymbol{L}=\mathrm{diag}(l_1,\ l_2,\ \cdots,\ l_n)$，$\boldsymbol{P}=\mathrm{diag}(p_1,\ p_2,\ \cdots,\ p_n)$，$\boldsymbol{Q}=\mathrm{diag}\ (q_1,\ q_2,\ \cdots,\ q_n)$.

定理 7-3　假设（H_1）和（H_2）成立，且

$$\boldsymbol{A}+\boldsymbol{A}^{\mathrm{T}}+\boldsymbol{B}\boldsymbol{B}^{\mathrm{T}}+\boldsymbol{C}\boldsymbol{C}^{\mathrm{T}}+\boldsymbol{P}^{-1}+\boldsymbol{Q}^{-1}\leqslant 0\tag{7-23}$$

成立，则系统（7-20）是散逸系统，且 $S_1=\{\boldsymbol{x}\mid|f_i(x_i(t))|\leqslant l_i|I_i|/d_i,\ i=1,\ 2,\cdots,\ n\}$ 是正向不变集且是全局吸引集.

证明　考虑如下正定的 Lyapunov 泛函

$$V(t)=2\sum_{i=1}^{n}\int_0^{x_i(t)}f_i(s)\mathrm{d}s+\sum_{i=1}^{n}\int_{p_it}^{t}p_i^{-1}f_i^2(x_i(\xi))\mathrm{d}\xi+\sum_{i=1}^{n}\int_{q_it}^{t}q_i^{-1}f_i^2(x_i(\eta))\mathrm{d}\eta$$

则 $V(t)$ 沿着系统（7-19）的时间导数为

$$\dot{V}(t)=-2\sum_{i=1}^{n}d_if_i(x_i(t))x_i(t)+2\sum_{i=1}^{n}\sum_{j=1}^{n}a_{ij}f_i(x_i(t))f_j(x_j(t))+$$

$$2\sum_{i=1}^{n}\sum_{j=1}^{n}b_{ij}f_i(x_i(t))f_j(x_j(p_jt))+$$
$$2\sum_{i=1}^{n}\sum_{j=1}^{n}c_{ij}f_i(x_i(t))f_j(x_j(q_jt))+2\sum_{i=1}^{n}f_i(x_i(t))I_i+$$
$$\sum_{i=1}^{n}p_i^{-1}f_i^2(x_i(t))-\sum_{i=1}^{n}f_i^2(x_i(p_it))+\sum_{i=1}^{n}q_i^{-1}f_i^2(x_i(t))-\sum_{i=1}^{n}f_i^2(x_i(q_it))$$
$$\leqslant-2\sum_{i=1}^{n}d_i/l_if_i^2(x_i(t))+2\sum_{i=1}^{n}|f_i(x_i(t))\|I_i|+$$
$$\boldsymbol{f}^{\mathrm{T}}(\boldsymbol{x}(t))(\boldsymbol{A}+\boldsymbol{A}^{\mathrm{T}})\boldsymbol{f}(\boldsymbol{x}(t))+2\boldsymbol{f}^{\mathrm{T}}(\boldsymbol{x}(pt))\boldsymbol{B}^{\mathrm{T}}\boldsymbol{f}(\boldsymbol{x}(t))+$$
$$2\boldsymbol{f}^{\mathrm{T}}(\boldsymbol{x}(qt))\boldsymbol{C}^{\mathrm{T}}\boldsymbol{f}(\boldsymbol{x}(t))+\boldsymbol{f}^{\mathrm{T}}(\boldsymbol{x}(t))(\boldsymbol{P}^{-1}+\boldsymbol{Q}^{-1})\boldsymbol{f}(\boldsymbol{x}(t))-$$
$$\boldsymbol{f}^{\mathrm{T}}(\boldsymbol{x}(pt))\boldsymbol{f}(\boldsymbol{x}(pt))-\boldsymbol{f}^{\mathrm{T}}(\boldsymbol{x}(qt))\boldsymbol{f}(\boldsymbol{x}(qt)) \tag{7-24}$$

根据引理 1-4，得

$$-\boldsymbol{f}^{\mathrm{T}}(\boldsymbol{x}(pt))\boldsymbol{f}(\boldsymbol{x}(pt))+2\boldsymbol{f}^{\mathrm{T}}(\boldsymbol{x}(pt))\boldsymbol{B}^{\mathrm{T}}\boldsymbol{f}(\boldsymbol{x}(t))\leqslant\boldsymbol{f}^{\mathrm{T}}(\boldsymbol{x}(t))\boldsymbol{B}\boldsymbol{B}^{\mathrm{T}}\boldsymbol{f}(\boldsymbol{x}(t)) \tag{7-25}$$

$$-\boldsymbol{f}^{\mathrm{T}}(\boldsymbol{x}(qt))\boldsymbol{f}(\boldsymbol{x}(qt))+2\boldsymbol{f}^{\mathrm{T}}(\boldsymbol{x}(qt))\boldsymbol{C}^{\mathrm{T}}\boldsymbol{f}(\boldsymbol{x}(t))\leqslant\boldsymbol{f}^{\mathrm{T}}(\boldsymbol{x}(t))\boldsymbol{C}\boldsymbol{C}^{\mathrm{T}}\boldsymbol{f}(\boldsymbol{x}(t)) \tag{7-26}$$

将式（7-25）和式（7-26）代入式（7-24），并由式（7-13），得

$$\dot{V}(t)\leqslant-2\sum_{i=1}^{n}d_i/l_if_i^2(x_i(t))+2\sum_{i=1}^{n}|f_i(x_i(t))\|I_i|+$$
$$\boldsymbol{f}^{\mathrm{T}}(\boldsymbol{x}(t))(\boldsymbol{A}+\boldsymbol{A}^{\mathrm{T}}+\boldsymbol{B}\boldsymbol{B}^{\mathrm{T}}+\boldsymbol{C}\boldsymbol{C}^{\mathrm{T}}+\boldsymbol{P}^{-1}+\boldsymbol{Q}^{-1})\boldsymbol{f}(\boldsymbol{x}(t))<0,\ \boldsymbol{x}\in\mathbb{R}^n\backslash S_1$$

上式蕴含着 S_1 是正向不变集且是全局吸引集.

定理 7-4 假设（H_1）和（H_2）成立，且满足

$$\boldsymbol{A}+\boldsymbol{A}^{\mathrm{T}}+\boldsymbol{B}\boldsymbol{B}^{\mathrm{T}}+\boldsymbol{C}\boldsymbol{C}^{\mathrm{T}}+2\boldsymbol{I}\leqslant0 \tag{7-27}$$

则系统（7-22）是散逸系统，且 $S_2=\{\boldsymbol{y}\,|\,f_i(y_i(t))|\leqslant l_i|I_i|/d_i,\ i=1,2,\cdots,n\}$ 是正向不变集且是全局吸引集.

证明 考虑如下正定的且径向无穷大的 Lyapunov 泛函

$$V(t)=2\sum_{i=1}^{n}\mathrm{e}^{-t}\int_0^{y_i(t)}f_i(s)\mathrm{d}s+\sum_{i=1}^{n}\int_{t-\zeta_i}^{t}f_i^2(y_i(\xi))\mathrm{d}\xi+\sum_{i=1}^{n}\int_{t-\tau_i}^{t}f_i^2(x_i(\eta))\mathrm{d}\eta$$

则由式（7-27），$V(t)$ 沿着系统（7-21）的时间导数为

$$\dot{V}(t)=-2\sum_{i=1}^{n}\mathrm{e}^{-t}\int_0^{y_i(t)}f_i(s)\mathrm{d}s-2\sum_{i=1}^{n}d_if_i(y_i(t))y_i(t)+$$
$$2\sum_{i=1}^{n}\sum_{j=1}^{n}a_{ij}f_i(y_i(t))f_j(y_j(t))+2\sum_{i=1}^{n}\sum_{j=1}^{n}b_{ij}f_i(y_i(t))f_j(y_j(t-\zeta_j))+$$
$$2\sum_{i=1}^{n}\sum_{j=1}^{n}c_{ij}f_i(y_i(t))f_j(y_j(t-\tau_j))+2\sum_{i=1}^{n}f_i(y_i(t))I_i+$$
$$\sum_{i=1}^{n}f_i^2(y_i(t))-\sum_{i=1}^{n}f_i^2(y_i(t-\zeta_i))+\sum_{i=1}^{n}f_i^2(y_i(t))-\sum_{i=1}^{n}f_i^2(y_i(t-\tau_i))$$

$$\leqslant -2\sum_{i=1}^{n} d_i/l_i f_i^2(y_i(t)) + 2\sum_{i=1}^{n} | f_i(y_i(t)) \| I_i | +$$
$$\boldsymbol{f}^{\mathrm{T}}(\boldsymbol{y}(t))(\boldsymbol{A}+\boldsymbol{A}^{\mathrm{T}})\boldsymbol{f}(\boldsymbol{y}(t)) + 2\boldsymbol{f}^{\mathrm{T}}(\boldsymbol{y}(t-\zeta))\boldsymbol{B}^{\mathrm{T}}\boldsymbol{f}(\boldsymbol{y}(t)) +$$
$$2\boldsymbol{f}^{\mathrm{T}}(\boldsymbol{y}(t-\tau))\boldsymbol{C}^{\mathrm{T}}\boldsymbol{f}(\boldsymbol{y}(t)) + 2\boldsymbol{f}^{\mathrm{T}}(\boldsymbol{y}(t))\boldsymbol{f}(\boldsymbol{y}(t)) -$$
$$\boldsymbol{f}^{\mathrm{T}}(\boldsymbol{y}(t-\zeta))\boldsymbol{f}(\boldsymbol{y}(t-\zeta)) - \boldsymbol{f}^{\mathrm{T}}(\boldsymbol{y}(t-\tau))\boldsymbol{f}(\boldsymbol{y}(t-\tau))$$
$$\leqslant -2\sum_{i=1}^{n} d_i/l_i f_i^2(y_i(t)) + 2\sum_{i=1}^{n} | f_i(y_i(t)) \| I_i | +$$
$$\boldsymbol{f}^{\mathrm{T}}(\boldsymbol{y}(t))(\boldsymbol{A}+\boldsymbol{A}^{\mathrm{T}}+\boldsymbol{B}\boldsymbol{B}^{\mathrm{T}}+\boldsymbol{C}\boldsymbol{C}^{\mathrm{T}}+2\boldsymbol{I})\boldsymbol{f}(\boldsymbol{y}(t)) < 0,\ \boldsymbol{y}(t) \in \mathbb{R}^n \backslash S_2$$

上式蕴含着 S_2 是正向不变集且是全局吸引集.

推论 7-3　假设（H_1）和（H_2）成立，且满足

$$\boldsymbol{A}+\boldsymbol{A}^{\mathrm{T}}+\boldsymbol{B}\boldsymbol{B}^{\mathrm{T}}+\boldsymbol{C}\boldsymbol{C}^{\mathrm{T}}+2\boldsymbol{I} \leqslant 0$$

则系统（7-20）是散逸系统，且 $S_3 = \{\boldsymbol{x} \mid f_i(x_i(\mathrm{e}^t)) | \leqslant l_i | I_i | / d_i,\ t \geqslant 0,\ i=1, 2, \cdots, n\}$ 是正向不变集且是全局吸引集.

定理 7-5　假设（H_1）和（H_2）成立，且存在 $m_i > 0$，$i=1, 2, \cdots, n$，使得

$\boldsymbol{\Xi} = \boldsymbol{M}(\boldsymbol{A}-\boldsymbol{L}^{-1}\boldsymbol{D}) + (\boldsymbol{A}-\boldsymbol{L}^{-1}\boldsymbol{D})^{\mathrm{T}}\boldsymbol{M} + \boldsymbol{M}\boldsymbol{B}\boldsymbol{B}^{\mathrm{T}}\boldsymbol{M} + \boldsymbol{M}\boldsymbol{C}\boldsymbol{C}^{\mathrm{T}}\boldsymbol{M} + \boldsymbol{P}^{-1} + \boldsymbol{Q}^{-1} < 0$，则系统（7-20）是散逸系统，且

$$S_4 = \left\{\boldsymbol{x} \mid \sum_{i=1}^{n} (f_i(x_i(t)) + m_i I_i/\lambda_{\max}(\boldsymbol{\Xi}))^2 \leqslant \sum_{i=1}^{n} (m_i I_i/\lambda_{\max}(\boldsymbol{\Xi}))^2, i = 1,2,\cdots,n\right\}$$

是一个正不变集且是全局吸引集. 其中，$M = \mathrm{diag}\{m_1, m_2, \cdots, m_n\}$.

证明　考虑如下正定的且径向无穷大的 Lyapunov 泛函

$$V(t) = 2\sum_{i=1}^{n} m_i \int_0^{x_i(t)} f_i(s)\mathrm{d}s + \sum_{i=1}^{n}\int_{p_i t}^{t} p_i^{-1} f_i^2(x_i(\xi))\mathrm{d}\xi + \sum_{i=1}^{n}\int_{q_i t}^{t} q_i^{-1} f_i^2(x_i(\eta))\mathrm{d}\eta$$

则 $V(t)$ 沿着系统（7-19）的轨迹的时间导数为

$$\dot{V}(t) = -2\sum_{i=1}^{n} m_i d_i f_i(x_i(t)) x_i(t) + 2\sum_{i=1}^{n}\sum_{j=1}^{n} m_i a_{ij} f_i(x_i(t)) f_j(x_j(t)) +$$
$$2\sum_{i=1}^{n}\sum_{j=1}^{n} m_i b_{ij} f_i(x_i(t)) f_j(x_j(p_j t)) + 2\sum_{i=1}^{n}\sum_{j=1}^{n} m_i c_{ij} f_i(x_i(t)) f_j(x_j(q_j t)) +$$
$$2\sum_{i=1}^{n} m_i f_i(x_i(t)) I_i + \sum_{i=1}^{n} p_i^{-1} f_i^2(x_i(t)) - \sum_{i=1}^{n} f_i^2(x_i(p_i t)) +$$
$$\sum_{i=1}^{n} q_i^{-1} f_i^2(x_i(t)) - \sum_{i=1}^{n} f_i^2(x_i(q_i t))$$
$$\leqslant -2\sum_{i=1}^{n} m_i d_i/l_i f_i^2(x_i(t)) + 2\sum_{i=1}^{n} m_i f_i(x_i(t)) I_i +$$
$$\boldsymbol{f}^{\mathrm{T}}(\boldsymbol{x}(t))(\boldsymbol{M}\boldsymbol{A}+\boldsymbol{A}^{\mathrm{T}}\boldsymbol{M})\boldsymbol{f}(\boldsymbol{x}(t)) + 2\boldsymbol{f}^{\mathrm{T}}(\boldsymbol{x}(pt))\boldsymbol{B}^{\mathrm{T}}\boldsymbol{M}\boldsymbol{f}(\boldsymbol{x}(t)) +$$

$$
\begin{aligned}
&2\boldsymbol{f}^{\mathrm{T}}(\boldsymbol{x}(qt))\boldsymbol{C}^{\mathrm{T}}\boldsymbol{M}\boldsymbol{f}(\boldsymbol{x}(t))+\boldsymbol{f}^{\mathrm{T}}(\boldsymbol{x}(t))(\boldsymbol{P}^{-1}+\boldsymbol{Q}^{-1})\boldsymbol{f}(\boldsymbol{x}(t))-\\
&\boldsymbol{f}^{\mathrm{T}}(\boldsymbol{x}(pt))\boldsymbol{f}(\boldsymbol{x}(pt))-\boldsymbol{f}^{\mathrm{T}}(\boldsymbol{x}(qt))\boldsymbol{f}(\boldsymbol{x}(qt))\\
\leqslant\, &2\sum_{i=1}^{n}m_i f_i^2(x_i(t))I_i+\boldsymbol{f}^{\mathrm{T}}(\boldsymbol{x}(t))(\boldsymbol{M}(\boldsymbol{A}-\boldsymbol{L}^{-1}\boldsymbol{D})+(\boldsymbol{A}-\boldsymbol{L}^{-1}\boldsymbol{D})^{\mathrm{T}}\boldsymbol{M})\boldsymbol{f}(\boldsymbol{x}(t))+\\
&2\boldsymbol{f}^{\mathrm{T}}(\boldsymbol{x}(pt))\boldsymbol{B}^{\mathrm{T}}\boldsymbol{M}\boldsymbol{f}(\boldsymbol{x}(t))+2\boldsymbol{f}^{\mathrm{T}}(\boldsymbol{x}(qt))\boldsymbol{C}^{\mathrm{T}}\boldsymbol{M}\boldsymbol{f}(\boldsymbol{x}(t))+\\
&\boldsymbol{f}^{\mathrm{T}}(\boldsymbol{x}(t))(\boldsymbol{P}^{-1}+\boldsymbol{Q}^{-1})\boldsymbol{f}(\boldsymbol{x}(t))-\boldsymbol{f}^{\mathrm{T}}(\boldsymbol{x}(pt))\boldsymbol{f}(\boldsymbol{x}(pt))-\boldsymbol{f}^{\mathrm{T}}(\boldsymbol{x}(qt))\boldsymbol{f}(\boldsymbol{x}(qt))
\end{aligned}
\tag{7-28}
$$

根据引理 1-4 得

$$
-\boldsymbol{f}^{\mathrm{T}}(\boldsymbol{x}(pt))\boldsymbol{f}(\boldsymbol{x}(pt))+2\boldsymbol{f}^{\mathrm{T}}(\boldsymbol{x}(qt))\boldsymbol{B}^{\mathrm{T}}\boldsymbol{M}\boldsymbol{f}(\boldsymbol{x}(t))\leqslant\boldsymbol{f}^{\mathrm{T}}(\boldsymbol{x}(t))\boldsymbol{M}\boldsymbol{B}\boldsymbol{B}^{\mathrm{T}}\boldsymbol{M}\boldsymbol{f}(\boldsymbol{x}(t))
\tag{7-29}
$$

$$
-\boldsymbol{f}^{\mathrm{T}}(\boldsymbol{x}(qt))\boldsymbol{f}(\boldsymbol{x}(qt))+2\boldsymbol{f}^{\mathrm{T}}(\boldsymbol{x}(qt))\boldsymbol{C}^{\mathrm{T}}\boldsymbol{M}\boldsymbol{f}(\boldsymbol{x}(t))\leqslant\boldsymbol{f}^{\mathrm{T}}(\boldsymbol{x}(t))\boldsymbol{M}\boldsymbol{C}\boldsymbol{C}^{\mathrm{T}}\boldsymbol{M}\boldsymbol{f}(\boldsymbol{x}(t))
\tag{7-30}
$$

将式（7-29）和式（7-30）代入式（7-28），得

$$
\begin{aligned}
\dot{V}(t)\leqslant\, &2\sum_{i=1}^{n}m_i f_i(x_i(t))I_i+\boldsymbol{f}^{\mathrm{T}}(\boldsymbol{x}(t))[\boldsymbol{M}(\boldsymbol{A}-\boldsymbol{L}^{-1}\boldsymbol{D})+\\
&(\boldsymbol{A}-\boldsymbol{L}^{-1}\boldsymbol{D})^{\mathrm{T}}\boldsymbol{M}]\boldsymbol{f}(\boldsymbol{x}(t))+\boldsymbol{f}^{\mathrm{T}}(\boldsymbol{x}(t))(\boldsymbol{P}^{-1}+\boldsymbol{Q}^{-1})\boldsymbol{f}(\boldsymbol{x}(t))+\\
&\boldsymbol{f}^{\mathrm{T}}(\boldsymbol{x}(t))\boldsymbol{M}\boldsymbol{B}\boldsymbol{B}^{\mathrm{T}}\boldsymbol{M}\boldsymbol{f}(\boldsymbol{x}(t))+\boldsymbol{f}^{\mathrm{T}}(\boldsymbol{x}(t))\boldsymbol{M}\boldsymbol{C}\boldsymbol{C}^{\mathrm{T}}\boldsymbol{M}\boldsymbol{f}(\boldsymbol{x}(t))\\
\leqslant\, &2\sum_{i=1}^{n}m_i f_i(x_i(t))I_i+\sum_{i=1}^{n}\lambda_{\max}(\boldsymbol{\Xi})f_i^2(x_i(t))\\
=\, &\lambda_{\max}(\boldsymbol{\Xi})\sum_{i=1}^{n}\{(f_i(x_i(t))+m_iI_i/\lambda_{\max}(\boldsymbol{\Xi}))^2-(m_iI_i/\lambda_{\max}(\boldsymbol{\Xi}))^2\}<0,\\
&\boldsymbol{f}(\boldsymbol{x}(t))\in\mathbb{R}^n\backslash S_4
\end{aligned}
$$

上式蕴含着 S_4 是正向不变集且是全局吸引集.

定理 7-6 假设（H_1）和（H_2）成立，且存在 $m_i>0$，$i=1,2,\cdots,n$ 满足

$$
\boldsymbol{\Xi}=\boldsymbol{M}(\boldsymbol{A}-\boldsymbol{L}^{-1}\boldsymbol{D})+(\boldsymbol{A}-\boldsymbol{L}^{-1}\boldsymbol{D})^{\mathrm{T}}\boldsymbol{M}+\boldsymbol{M}(\boldsymbol{B}\boldsymbol{B}^{\mathrm{T}}+\boldsymbol{C}\boldsymbol{C}^{\mathrm{T}})\boldsymbol{M}+2\boldsymbol{I}<0
$$

则系统（7-22）是散逸系统，且集合

$$
S_5=\left\{\boldsymbol{y}\,\middle|\,\sum_{i=1}^{n}(f_i(y_i(t))+m_iI_i/\lambda_{\max}(\boldsymbol{\Xi}))^2\leqslant\sum_{i=1}^{n}(m_iI_i/\lambda_{\max}(\boldsymbol{\Xi}))^2,i=1,2,\cdots,n\right\}
$$

是正向不变集且是全局吸引集. 这里，$\boldsymbol{M}=\mathrm{diag}(m_1,m_2,\cdots,m_n)$.

证明 考虑如下正定的且径向无穷大的 Lyapunov 泛函

$$
V(t)=2\sum_{i=1}^{n}\mathrm{e}^{-t}m_i\int_0^{y_i(t)}f_i(s)\mathrm{d}s+\sum_{i=1}^{n}\int_{t-\zeta_i}^{t}f_i^2(y_i(\xi))\mathrm{d}\xi+\sum_{i=1}^{n}\int_{t-\tau_i}^{t}f_i^2(y_i(\eta))\mathrm{d}\eta
$$

则 $V(t)$ 沿着系统（7-22）的轨迹的时间导数为

$$
\dot{V}(t)=-2\sum_{i=1}^{n}\mathrm{e}^{-t}m_i\int_0^{y_i(t)}f_i(s)\mathrm{d}s+2m_i\sum_{i=1}^{n}\mathrm{e}^{-t}f_i(y_i(t))\dot{y}_i(t)+
$$

$$\sum_{i=1}^{n} f_i^2(y_i(t)) - \sum_{i=1}^{n} f_i^2(y_i(t-\zeta_i)) + \sum_{i=1}^{n} f_i^2(y_i(t)) - \sum_{i=1}^{n} f_i^2(y_i(t-\tau_i))$$

$$= -2\sum_{i=1}^{n} \mathrm{e}^{-t} m_i \int_0^{y_i(t)} f_i(s)\mathrm{d}s - 2\sum_{i=1}^{n} m_i d_i f_i(y_i(t)) y_i(t) +$$

$$2\sum_{i=1}^{n}\sum_{j=1}^{n} m_i a_{ij} f_i(y_i(t)) f_j(y_j(t)) + 2\sum_{i=1}^{n}\sum_{j=1}^{n} m_i b_{ij} f_i(y_i(t)) f_j(y_j(t-\zeta_j)) +$$

$$2\sum_{i=1}^{n}\sum_{j=1}^{n} m_i c_{ij} f_i(y_i(t)) f_j(y_j(t-\tau_j)) + 2\sum_{i=1}^{n} m_i f_i(y_i(t)) I_i +$$

$$\sum_{i=1}^{n} f_i^2(y_i(t)) - \sum_{i=1}^{n} f_i^2(y_i(t-\zeta_i)) + \sum_{i=1}^{n} f_i^2(y_i(t)) - \sum_{i=1}^{n} f_i^2(y_i(t-\tau_i))$$

$$\leqslant -2\sum_{i=1}^{n} m_i d_i / l_i f_i^2(y_i(t)) + 2\sum_{i=1}^{n} m_i f_i(y_i(t)) I_i +$$

$$\boldsymbol{f}^{\mathrm{T}}(\boldsymbol{y}(t))(\boldsymbol{MA}+\boldsymbol{A}^{\mathrm{T}}\boldsymbol{M})\boldsymbol{f}(\boldsymbol{y}(t)) + 2\boldsymbol{f}^{\mathrm{T}}(\boldsymbol{y}(t-\zeta))\boldsymbol{B}^{\mathrm{T}}\boldsymbol{M}\boldsymbol{f}(\boldsymbol{y}(t)) +$$

$$2\boldsymbol{f}^{\mathrm{T}}(\boldsymbol{y}(t-\tau))\boldsymbol{C}^{\mathrm{T}}\boldsymbol{M}\boldsymbol{f}(\boldsymbol{y}(t)) + 2\boldsymbol{f}^{\mathrm{T}}(\boldsymbol{y}(t))\boldsymbol{f}(\boldsymbol{y}(t)) -$$

$$\boldsymbol{f}^{\mathrm{T}}(\boldsymbol{y}(t-\zeta))\boldsymbol{f}(\boldsymbol{y}(t-\zeta)) - \boldsymbol{f}^{\mathrm{T}}(\boldsymbol{y}(t-\tau))\boldsymbol{f}(\boldsymbol{y}(t-\tau))$$

$$= 2\sum_{i=1}^{n} m_i f_i(y_i(t)) I_i + \boldsymbol{f}^{\mathrm{T}}(\boldsymbol{y}(t))[\boldsymbol{M}(\boldsymbol{A}-\boldsymbol{L}^{-1}\boldsymbol{D}) + (\boldsymbol{A}-\boldsymbol{L}^{-1}\boldsymbol{D})^{\mathrm{T}}\boldsymbol{M}]\boldsymbol{f}(\boldsymbol{y}(t)) +$$

$$2\boldsymbol{f}^{\mathrm{T}}(\boldsymbol{y}(t-\zeta))\boldsymbol{B}^{\mathrm{T}}\boldsymbol{M}\boldsymbol{f}(\boldsymbol{y}(t)) + 2\boldsymbol{f}^{\mathrm{T}}(\boldsymbol{y}(t-\tau))\boldsymbol{C}^{\mathrm{T}}\boldsymbol{M}\boldsymbol{f}(\boldsymbol{y}(t)) +$$

$$2\boldsymbol{f}^{\mathrm{T}}(\boldsymbol{y}(t))\boldsymbol{f}(\boldsymbol{y}(t)) - \boldsymbol{f}^{\mathrm{T}}(\boldsymbol{y}(t-\zeta))\boldsymbol{f}(\boldsymbol{y}(t-\zeta)) - \boldsymbol{f}^{\mathrm{T}}(\boldsymbol{y}(t-\tau))\boldsymbol{f}(\boldsymbol{y}(t-\tau)).$$

$$= 2\sum_{i=1}^{n} m_i f_i(y_i(t)) I_i + \boldsymbol{f}^{\mathrm{T}}(\boldsymbol{y}(t))(\boldsymbol{\Xi})\boldsymbol{f}(\boldsymbol{y}(t))$$

$$\leqslant 2\sum_{i=1}^{n} m_i f_i(y_i(t)) I_i + \sum_{i=1}^{n} \lambda_M(\boldsymbol{\Xi}) f_i^2(y_i(t))$$

$$= \lambda_{\max}(\boldsymbol{\Xi}) \sum_{i=1}^{n} \{[f_i(y_i(t)) + m_i I_i / \lambda_{\max}(\boldsymbol{\Xi})]^2 - [m_i I_i / \lambda_{\max}(\boldsymbol{\Xi})]^2\} < 0,$$

$$\boldsymbol{f}(\boldsymbol{y}(t)) \in \mathbb{R}^n \backslash S_5$$

上式蕴含着 S_5 是正向不变集且是全局吸引集.

推论 7-4　(H_1) 和 (H_2) 成立，且存在 $m_i>0$，$i=1, 2, \cdots, n$ 满足

$$\boldsymbol{Q} = \boldsymbol{M}(\boldsymbol{A}-\boldsymbol{L}^{-1}\boldsymbol{D}) + (\boldsymbol{A}-\boldsymbol{L}^{-1}\boldsymbol{D})^{\mathrm{T}}\boldsymbol{M} + \boldsymbol{M}(\boldsymbol{B}\boldsymbol{B}^{\mathrm{T}}+\boldsymbol{C}\boldsymbol{C}^{\mathrm{T}})\boldsymbol{M} + 2\boldsymbol{I} < 0$$

则系统 (7-20) 是散逸系统，且集合

$$S_6 = \left\{\boldsymbol{x} \mid \sum_{i=1}^{n} (f_i(x_i(\mathrm{e}^t)) + m_i I_i / \lambda_{\max}(\boldsymbol{\Xi}))^2 \leqslant \sum_{i=1}^{n} (m_i I_i / \lambda_{\max}(\boldsymbol{\Xi}))^2,\ i = 1, 2, \cdots, n\right\}$$

是正向不变集且是全局吸引集.

7.2.3　散逸性分析（二）

假设激活函数 $f_j(\cdot)$，$j=1, 2, \cdots, n$ 满足如下条件：

$$\frac{\mathrm{d}f_i(x_i)}{\mathrm{d}x_i}\geqslant 0,\ f_i(0)=0,\ |f_i(x_i)|\to\infty(|x_i|\to\infty),\ i=1,2,\cdots,n \tag{7-31}$$

定理 7-7 假设条件式（7-31）成立，且满足

$$\xi_i(-a_{ii}-p_i^{-1}|b_{ii}|-q_i^{-1}|c_{ii}|)-\sum_{j=1,j\neq i}^{n}\xi_j(|a_{ji}|+p_i^{-1}|b_{ji}|+q_i^{-1}|c_{ji}|)\geqslant 0,\ i=1,2,\cdots,n$$

则系统（7-19）是散逸系统，且集合 $S_7=\{\boldsymbol{x}\,|\,|x_i(t)|\leqslant|I_i|/d_i,\ t\geqslant 1,\ i=1,2,\cdots,n\}$ 是正向不变集且是全局吸引集.

证明 由式（7-19），得

$$\begin{aligned}D^+|x_i(t)|&=\dot{x}_i(t)\mathrm{sgn}(x_i(t))\\&\leqslant -d|x_i(t)|+a_{ii}|f_i(x_i(t))|+\sum_{j=1,j\neq i}^{n}|a_{ij}||f_j(x_j(t))|+\\&\quad\sum_{j=1}^{n}|b_{ij}||f_j(x_j(p_jt))|+\sum_{j=1}^{n}|c_{ij}||f_j(x_j(q_jt))|+|I_i|\end{aligned} \tag{7-32}$$

考虑如下 Lyapunov 泛函

$$\begin{aligned}V(t)=\sum_{i=1}^{n}\xi_i\Big[&|x_i(t)|+\sum_{j=1}^{n}\int_{p_jt}^{t}p_j^{-1}|b_{ij}||f_j(x_j(s))|\mathrm{d}s+\\&\sum_{j=1}^{n}\int_{q_jt}^{t}q_j^{-1}|c_{ij}||f_j(x_j(s))|\mathrm{d}s\Big]\end{aligned}$$

其中，ξ_i 是正整数. 显然 $V(t)$ 是正定并且径向无穷大的. 由已知条件和式（7-32）可知，$V(t)$ 沿着系统（7-19）的轨迹的时间导数为

$$\begin{aligned}\dot{V}(t)=&\sum_{i=1}^{n}\Big\{\xi_iD^+|x_i(t)|+\sum_{j=1}^{n}\xi_ip_j^{-1}|b_{ij}|[|f_j(x_j(t))|-|f_j(x_j(p_jt))|p_j]+\\&\sum_{j=1}^{n}\xi_iq_j^{-1}|c_{ij}|[|f_j(x_j(t))|-|f_j(x_j(q_jt))|q_j]\Big\}\\\leqslant&\sum_{i=1}^{n}\Big\{\xi_i[-d_i|x_i(t)|+a_{ii}|f_i(x_i(t))|+\sum_{j=1,j\neq i}^{n}|a_{ij}||f_j(x_j(t))|+\\&\sum_{j=1}^{n}|b_{ij}||f_j(x_j(p_jt))|+\sum_{j=1}^{n}|c_{ij}||f_j(x_j(q_jt))|+|I_i|]+\\&\sum_{j=1}^{n}\xi_ip_j^{-1}|b_{ij}|[|f_j(x_j(t))|-|f_j(x_j(p_jt))|p_j]+\\&\sum_{j=1}^{n}\xi_iq_j^{-1}|c_{ij}|[|f_j(x_j(t))|-|f_j(x_j(q_jt))|q_j]\Big\}\\\leqslant&-\sum_{i=1}^{n}\Big\{\xi_i[d_i|x_i(t)|-|I_i|]-\xi_i[a_{ii}+p_i^{-1}|b_{ii}|+q_i^{-1}|c_{ii}|]|f_i(x_i(t))|-\end{aligned}$$

$$\sum_{j=1,j\neq i}^{n}\xi_i(|a_{ij}|+p_j^{-1}|b_{ij}|+q_j^{-1}|c_{ij}|)|f_j(x_j(t))|\}$$

$$=-\sum_{i=1}^{n}\{\xi_i[d_i|x_i(t)|-|I_i|]-\xi_i(a_{ii}+p_i^{-1}|b_{ii}|+q_i^{-1}|c_{ii}|)|f_i(x_i(t))|-$$

$$\sum_{j=1,j\neq i}^{n}\xi_j[|a_{ji}|+p_i^{-1}|b_{ji}|+q_i^{-1}|c_{ji}|]|f_i(x_i(t))|\}$$

$$=-\sum_{i=1}^{n}\xi_i[d_i|x_i(t)|-|I_i|]-\sum_{i=1}^{n}[\xi_i(-a_{ii}-p_i^{-1}|b_{ii}|-q_i^{-1}|c_{ii}|)-$$

$$\sum_{j=1,j\neq i}^{n}\xi_j(|a_{ji}|+p_i^{-1}|b_{ji}|+q_i^{-1}|c_{ji}|)]|f_i(x_i(t))|$$

$$\leqslant-\sum_{i=1}^{n}\xi_i d_i(|x_i(t)|-|I_i|/d_i)<0,\boldsymbol{x}\in\mathbb{R}^n\backslash S_7$$

上式蕴含着对 $\forall\boldsymbol{\varphi}\in S_7$，当 $t\geqslant1$ 时，$\boldsymbol{x}(t,\boldsymbol{\varphi})\in S_7$. 对 $\boldsymbol{x}\notin S_7$，存在 $t_0>1$，当 $t\geqslant t_0$ 时，使得 $\boldsymbol{x}(t,\boldsymbol{\varphi})\in S_7$. 也就是说，系统（7-19）是散逸系统，且 S_7 是正向不变集且是全局吸引集.

定理 7-8　假设条件（7-31）成立，且满足

$$\xi_i(-a_{ii}-|b_{ii}|-|c_{ii}|)-\sum_{j=1,j\neq i}^{n}\xi_j(|a_{ji}|+|b_{ji}|+|c_{ji}|)\geqslant0,\ i=1,2,\cdots,n \tag{7-33}$$

则系统（7-21）是散逸系统，且 $S_8=\{\boldsymbol{y}|y_i(t)|\leqslant|I_i|/d_i,\ t\geqslant0,\ i=1,2,\cdots,n\}$ 是正向不变集且是全局吸引集.

证明　由式（7-21），得

$$D^+|y_i(t)|=\dot{y}_i(t)\mathrm{sgn}(y_i(t))$$

$$\leqslant-\mathrm{e}^t\{d_i|y_i(t)|+a_{ii}|f_i(y_i(t))|+\sum_{j=1,j\neq i}^{n}|a_{ij}||f_j(y_j(t))|+$$

$$\sum_{j=1}^{n}|b_{ij}||f_j(y_j(t-\zeta_j))|+\sum_{j=1}^{n}|c_{ij}||f_j(x_j(t-\tau_j))|+|I_i|\} \tag{7-34}$$

考虑如下 Lyapunov 泛函

$$V(t)=\sum_{i=1}^{n}\xi_i\{\mathrm{e}^{-t}|y_i(t)|+\sum_{j=1}^{n}\int_{t-\zeta_j}^{t}|b_{ij}\|f_j[y_j(s)]|\mathrm{d}s+$$

$$\sum_{j=1}^{n}\int_{t-\tau_j}^{t}|c_{ij}\|f_j[y_j(s)]|\mathrm{d}s\}$$

其中，ξ_i 是正整数. 由式（7-33）和式（7-34），$V(t)$ 沿着系统（7-21）的轨迹的时间导数为

$$\dot{V}(t)=-\mathrm{e}^{-t}\sum_{i=1}^{n}\xi_i|y_i(t)|+\sum_{i=1}^{n}\{\xi_i\mathrm{e}^{-t}D^+|y_i(t)|+\sum_{j=1}^{n}\xi_i|b_{ij}|[|f_j(y_j(t))|-$$

$$|f_j(y_j(t-\zeta_j))|]+\sum_{j=1}^{n}\xi_i|c_{ij}|[|f_j(y_j(t))|-||f_j(y_j(t-\tau_j))|]\}$$

$$\leqslant -\mathrm{e}^{-t}\sum_{i=1}^{n}\xi_i|y_i(t)|+\sum_{i=1}^{n}\xi_i\{-d_i|y_i(t)|+a_{ii}|f_i(y_i(t))|+\sum_{j=1,j\neq i}^{n}|a_{ij}||f_j(y_j(t))|+$$

$$\sum_{j=1}^{n}|b_{ij}||f_j(y_j(t-\zeta_j))|+\sum_{j=1}^{n}|c_{ij}||f_j(y_j(t-\tau_j))|+|I_i|\}+$$

$$\sum_{j=1}^{n}\xi_i|b_{ij}|[|f_j(y_j(t))|-|f_j(y_j(t-\zeta_j))|]+$$

$$\sum_{j=1}^{n}\xi_i|c_{ij}|[|f_j(y_j(t))|-|f_j(y_j(t-\tau_j))|]$$

$$\leqslant -\mathrm{e}^{-t}\sum_{i=1}^{n}\xi_i|y_i(t)|-\sum_{i=1}^{n}\{\xi_i d_i[|y_i(t)|-|I_i|]-\xi_i(a_{ii}+|b_{ii}|+$$

$$|c_{ii}|)|f_i(y_i(t))|-\sum_{j=1,j\neq i}^{n}\xi_i(|a_{ij}|+|b_{ij}|+|c_{ij}|)|f_j(y_j(t))|\}$$

$$=-\sum_{i=1}^{n}\{\xi_i[\mathrm{e}^{-t}|y_i(t)|+d_i|y_i(t)|-|I_i|]-\xi_i(a_{ii}+|b_{ii}|+|c_{ii}|)|f_i(y_i(t))|-$$

$$\sum_{j=1,j\neq i}^{n}\xi_j(|a_{ji}|+|b_{ji}|+|b_{ji}|)|f_i(y_i(t))|\}$$

$$\leqslant -\sum_{i=1}^{n}\xi_i(d_i|y_i(t)|-|I_i|)-\sum_{i=1}^{n}[\xi_i(-a_{ii}-|b_{ii}|-|c_{ii}|)-$$

$$\sum_{j=1,j\neq i}^{n}\xi_j(|a_{ji}|+|b_{ji}|+|c_{ji}|)]|f_i(y_i(t))|$$

$$=-\sum_{i=1}^{n}\xi_i d_i(|y_i(t)|-|I_i|/d_i)<0,\boldsymbol{y}\in\mathbb{R}^n\backslash S_8$$

上式蕴含着对 $\forall\boldsymbol{\psi}\in S_8$，当 $t\geqslant0$ 时，$\boldsymbol{y}(t,\ \boldsymbol{\psi})\in S_8$. 对 $\boldsymbol{y}\notin S_8$，存在 $t_0>0$，当 $t\geqslant t_0$ 时，使得 $\boldsymbol{y}(t,\ \boldsymbol{\psi})\in S_8$. 也就是说，系统（7-21）是散逸系统，并且 S_8 是正向不变集且是全局吸引集.

推论 7-5 假设条件式（7-31）成立，且满足

$$\xi_i(-a_{ii}-|b_{ii}|-|c_{ii}|)-\sum_{j=1,j\neq i}^{n}\xi_j(|a_{ji}|+|b_{ji}|+|c_{ji}|)\geqslant0,\ i=1,2,\cdots,n$$

则系统（7-19）是散逸系统，且 $S_9=\{\boldsymbol{x}|x_i(t)|\leqslant|I_i|/d_i,\ t\geqslant1,\ i=1,\ 2,\ \cdots,n\}$ 是正向不变集且是全局吸引集.

定理 7-9 假设条件式（7-31）成立，且满足

$$\boldsymbol{A}+\boldsymbol{A}^{\mathrm{T}}+(\|\boldsymbol{B}\|_\infty+\|\boldsymbol{C}\|_\infty)\boldsymbol{E}+(\|\boldsymbol{B}\|_1P^{-1}+\|\boldsymbol{C}\|_1\boldsymbol{Q}^{-1})\boldsymbol{E}<0 \tag{7-35}$$

则系统（7-19）是散逸系统，且集合 $S_{10}=\{\boldsymbol{x}|x_i(t)|\leqslant|I_i|/d_i,\ t\geqslant1,\ i=1,\ 2,\ \cdots,\ n\}$ 是正向不变集且是全局吸引集. 其中 $\boldsymbol{P}=\mathrm{diag}(p_1,\ p_2,\ \cdots,\ p_n)$，$\boldsymbol{Q}=\mathrm{diag}$

$(q_1, q_2, \cdots, q_n)$.

证明　考虑如下 Lyapunov 泛函

$$V(t)=2\sum_{i=1}^{n}\int_{0}^{x_i(t)} f_i(s)\mathrm{d}s+\sum_{i=1}^{n}\sum_{j=1}^{n}\int_{p_it}^{t} |b_{ji}| p_i^{-1} |f_i^2(x_i(\xi))| \mathrm{d}\xi+$$
$$\sum_{i=1}^{n}\sum_{j=1}^{n}\int_{q_it}^{t} |c_{ji}| q_i^{-1} |f_i^2(x_i(\eta))| \mathrm{d}\eta$$

则 $V(t)$ 沿着系统（7-19）的轨迹的时间导数为

$$\begin{aligned}
\dot{V}(t)=&2\sum_{i=1}^{n} f_i(x_i(t))\dot{x}_i(t)+\sum_{i=1}^{n}\sum_{j=1}^{n}p_i^{-1}|b_{ji}|(f_i^2(x_i(t))-f_i^2(x_i(p_it))p_i)+\\
&\sum_{i=1}^{n}\sum_{j=1}^{n}q_i^{-1}|c_{ji}|(f_i^2(x_i(t))-f_i^2(x_i(q_it))q_i)\\
=&-2\sum_{i=1}^{n}d_if_i(x_i(t))x_i(t)+2\sum_{i=1}^{n}\sum_{j=1}^{n}a_{ij}f_i(x_i(t))f_j(x_j(t))+\\
&2\sum_{i=1}^{n}\sum_{j=1}^{n}b_{ij}f_i(x_i(t))f_j(x_j(p_jt))+2\sum_{i=1}^{n}\sum_{j=1}^{n}c_{ij}f_i(x_i(t))f_j(x_j(q_jt))+\\
&2\sum_{i=1}^{n}f_i(x_i(t))I_i+\sum_{i=1}^{n}\sum_{j=1}^{n}p_i^{-1}|b_{ji}|(f_i^2(x_i(t))-f_i^2(x_i(p_it))p_i)+\\
&\sum_{i=1}^{n}\sum_{j=1}^{n}q_i^{-1}|c_{ji}|(f_i^2(x_i(t))-f_i^2(x_i(q_it))q_i)\\
\leqslant&-2\sum_{i=1}^{n}d_i|f_i(x_i(t))||x_i(t)|+2\sum_{i=1}^{n}\sum_{j=1}^{n}a_{ij}f_i(x_i(t))f_j(x_j(t))+\\
&2\sum_{i=1}^{n}\sum_{j=1}^{n}|b_{ij}||f_i(x_i(t))||f_j(x_j(p_jt))|+\\
&2\sum_{i=1}^{n}\sum_{j=1}^{n}|c_{ij}||f_i(x_i(t))||f_j(x_j(q_jt))|+\\
&2\sum_{i=1}^{n}|f_i(x_i(t))||I_i|+\sum_{i=1}^{n}\sum_{j=1}^{n}p_i^{-1}|b_{ji}|f_i^2(x_i(t))-\\
&\sum_{i=1}^{n}\sum_{j=1}^{n}|b_{ji}|f_i^2(x_i(p_it))+\sum_{i=1}^{n}\sum_{j=1}^{n}q_i^{-1}|c_{ji}|f_i^2(x_i(t))-\\
&\sum_{i=1}^{n}\sum_{j=1}^{n}|c_{ji}|f_i^2(x_i(q_it))
\end{aligned}\tag{7-36}$$

由于

$$2|f_i(x_i(t))||f_j(x_j(p_jt))|\leqslant f_i^2(x_i(t))+f_j^2(x_j(p_jt))\tag{7-37}$$
$$2|f_i(x_i(t))||f_j(x_j(q_jt))|\leqslant f_i^2(x_i(t))+f_j^2(x_j(q_jt))\tag{7-38}$$

由式（7-35）、式（7-37）和式（7-38），将式（7-36）改写为

$$\begin{aligned}
\dot{V}(t) \leqslant & -2\sum_{i=1}^{n} d_i \mid f_i(x_i(t)) \| x_i(t) \mid + 2\sum_{i=1}^{n}\sum_{j=1}^{n} a_{ij} f_i(x_i(t)) f_j(x_j(t)) + \\
& \sum_{i=1}^{n}\sum_{j=1}^{n} |b_{ij}| (f_i^2(x_i(t)) + f_j^2(x_j(p_j t))) + \\
& \sum_{i=1}^{n}\sum_{j=1}^{n} |c_{ij}| (f_i^2(x_i(t)) + f_j^2(x_j(q_j t))) + \\
& 2\sum_{i=1}^{n} \mid f_i(x_i(t)) \| I_i \mid + \sum_{i=1}^{n}\sum_{j=1}^{n} p_i^{-1} \mid b_{ji} \mid f_i^2(x_i(t)) - \\
& \sum_{i=1}^{n}\sum_{j=1}^{n} |b_{ji}| f_i^2(x_i(p_i t)) + \\
& \sum_{i=1}^{n}\sum_{j=1}^{n} q_i^{-1} \mid c_{ji} \mid f_i^2(x_i(t)) - \sum_{i=1}^{n}\sum_{j=1}^{n} |c_{ji}| f_i^2(x_i(q_i t)) \\
= & -2\sum_{i=1}^{n} d_i \mid f_i(x_i(t)) \| x_i(t) \mid + 2\sum_{i=1}^{n}\sum_{j=1}^{n} a_{ij} f_i(x_i(t)) f_j(x_j(t)) + \\
& \sum_{i=1}^{n}\sum_{j=1}^{n} |b_{ij}| f_i^2(x_i(t)) + \sum_{i=1}^{n}\sum_{j=1}^{n} |c_{ij}| f_i^2(x_i(t)) + 2\sum_{i=1}^{n} \mid f_i(x_i(t)) \| I_i \mid + \\
& \sum_{i=1}^{n}\sum_{j=1}^{n} p_i^{-1} \mid b_{ji} \mid f_i^2(x_i(t)) + \sum_{i=1}^{n}\sum_{j=1}^{n} q_i^{-1} \mid c_{ji} \mid f_i^2(x_i(t)) \\
\leqslant & -2\sum_{i=1}^{n} d_i \mid f_i(x_i(t)) \| x_i(t) \mid + 2\sum_{i=1}^{n} \mid f_i(x_i(t)) \| I_i \mid + \\
& \boldsymbol{f}^{\mathrm{T}}(\boldsymbol{x}(t))(\boldsymbol{A}+\boldsymbol{A}^{\mathrm{T}})\boldsymbol{f}(\boldsymbol{x}(t)) + \|\boldsymbol{B}\|_\infty \boldsymbol{f}^{\mathrm{T}}(\boldsymbol{x}(t))\boldsymbol{f}(\boldsymbol{x}(t)) + \\
& \|\boldsymbol{C}\|_\infty \boldsymbol{f}^{\mathrm{T}}(\boldsymbol{x}(t))\boldsymbol{f}(\boldsymbol{x}(t)) + \|\boldsymbol{B}\|_1 \boldsymbol{f}^{\mathrm{T}}(\boldsymbol{x}(t))\boldsymbol{P}^{-1}\boldsymbol{f}(\boldsymbol{x}(t)) + \\
& \|\boldsymbol{C}\|_1 \boldsymbol{f}^{\mathrm{T}}(\boldsymbol{x}(t))\boldsymbol{Q}^{-1}\boldsymbol{f}(\boldsymbol{x}(t)) \\
= & -2\sum_{i=1}^{n} d_i \mid f_i(x_i(t)) \| x_i(t) \mid + 2\sum_{i=1}^{n} \mid f_i(x_i(t)) \| I_i \mid + \\
& \boldsymbol{f}^{\mathrm{T}}(\boldsymbol{x}(t))\{\boldsymbol{A}+\boldsymbol{A}^{\mathrm{T}}+(\|\boldsymbol{B}\|_\infty+\|\boldsymbol{C}\|_\infty+\|\boldsymbol{B}\|_1\boldsymbol{P}^{-1}+\|\boldsymbol{C}\|_1\boldsymbol{Q}^{-1})\boldsymbol{E}\}\boldsymbol{f}(\boldsymbol{x}(t)) \\
\leqslant & -2\sum_{i=1}^{n} d_i \mid f_i(x_i(t)) \| x_i(t) \mid + 2\sum_{i=1}^{n} \mid f_i(x_i(t)) \| I_i \mid < 0, \\
& \boldsymbol{x}(t) \in \mathbb{R}^n \backslash S_{10}
\end{aligned}$$

上式蕴含着对 $\forall \boldsymbol{\varphi} \in S_{10}$，当 $t \geqslant 1$ 时，$\boldsymbol{x}(t,\boldsymbol{\varphi}) \in S_{10}$，对 $\boldsymbol{x} \notin S_{10}$，存在 $t_0 > 1$，当 $t \geqslant t_0$ 时，使得 $\boldsymbol{x}(t,\boldsymbol{\varphi}) \in S_{10}$，也就是说，系统（7-19）是散逸系统，且 S_{10} 是一个正向不变集且是全局吸引集.

定理 7-10 假设条件式（7-31）成立，且满足

$$\boldsymbol{A}+\boldsymbol{A}^{\mathrm{T}}+(\|\boldsymbol{B}\|_\infty+\|\boldsymbol{C}\|_\infty)\boldsymbol{E}+(\|\boldsymbol{B}\|_1+\|\boldsymbol{C}\|_1)\boldsymbol{E}<0$$

则系统（7-22）是散逸系统，且集合 $S_{11}=\{\boldsymbol{y} \mid |y_i(t)| \leqslant |I_i|/d_i,\ t \geqslant 0,\ i=1,2,\cdots,n\}$ 是正向不变集且是全局吸引集.

证明　考虑如下 Lyapunov 泛函

$$V(t)=2\sum_{i=1}^{n}\mathrm{e}^{-t}\int_{0}^{y_i(t)}f_i(s)\mathrm{d}s+\sum_{i=1}^{n}\sum_{j=1}^{n}\int_{t-\zeta_i}^{t}|b_{ji}\|f_i^2(x_i(\xi))|\,\mathrm{d}\xi+\sum_{i=1}^{n}\sum_{j=1}^{n}\int_{t-\tau_i}^{t}|c_{ji}\|f_i^2(x_i(\eta))|\,\mathrm{d}\eta$$

余下部分同定理 7-9 的证明类似，这里省略.

推论 7-6　假设条件式（7-31）成立，且满足

$$\boldsymbol{A}+\boldsymbol{A}^{\mathrm{T}}+(\|\boldsymbol{B}\|_\infty+\|\boldsymbol{C}\|_\infty+\|\boldsymbol{B}\|_1+\|\boldsymbol{C}\|_1)\boldsymbol{E}<0$$

则系统（7-19）是散逸系统，且集合 $S_{12}=\{\boldsymbol{x}\,|\,x_i(t)|\leqslant|I_i|/d_i,\ t\geqslant1,\ i=1,2,\cdots,n\}$ 是正向不变集且是全局吸引集.

7.2.4　数值算例及仿真

例 7-3　考虑如下两个神经元的递归神经网络

$$\begin{pmatrix}\dot{x}_1(t)\\ \dot{x}_2(t)\end{pmatrix}=-\begin{pmatrix}1/3&0\\0&1/4\end{pmatrix}\begin{pmatrix}x_1(t)\\x_2(t)\end{pmatrix}+\begin{pmatrix}-5&-10\\10&-5\end{pmatrix}\begin{pmatrix}f_1(x_1(t))\\f_2(x_2(t))\end{pmatrix}+\begin{pmatrix}1&1\\1&1\end{pmatrix}\begin{pmatrix}f_1(x_1(p_1t))\\f_2(x_2(p_2t))\end{pmatrix}+\begin{pmatrix}-1&1\\1&-1\end{pmatrix}\begin{pmatrix}f_1(x_1(q_1t))\\f_2(x_2(q_2t))\end{pmatrix}+\begin{pmatrix}2\\3\end{pmatrix}\tag{7-39}$$

其中，激活函数为 $f_1(x_1)=\sin(1/3x_1)+1/3x_1, f_2(x_2)=\cos(1/2x_2)+1/4x_2$ 满足（H_1）和（H_2），且 Lipschitz 常数为 $l_1=2/3$，$l_2=3/4$. 取比例时滞因子为 $p_1=3/5$，$p_2=3/5$，$q_1=1/2$，$q_2=3/4$.

经过计算得

$$\boldsymbol{A}+\boldsymbol{A}^{\mathrm{T}}+\boldsymbol{B}\boldsymbol{B}^{\mathrm{T}}+\boldsymbol{C}\boldsymbol{C}^{\mathrm{T}}+(2+4/3)\boldsymbol{I}=\begin{pmatrix}-8/3&0\\0&-8/3\end{pmatrix}<0$$

根据定理 7-3，可知系统（7-39）是散逸系统，具有正向不变集，且是全局吸引的.

$$S=\{\boldsymbol{x}\,|\,|f_1(x_1)|\leqslant l_1|I_1|/d_1=4,\ |f_2(x_2)|\leqslant l_2|I_2|/d_2=9\}$$

例 7-4　考虑如下两个神经元的递归神经网络

$$\begin{pmatrix}\dot{x}_1(t)\\ \dot{x}_2(t)\end{pmatrix}=-\begin{pmatrix}5&0\\0&6\end{pmatrix}\begin{pmatrix}x_1(t)\\x_2(t)\end{pmatrix}+\begin{pmatrix}-12.5&0.5\\-1&-12.5\end{pmatrix}\begin{pmatrix}f_1(x_1(t))\\f_2(x_2(t))\end{pmatrix}+\begin{pmatrix}2&-2\\2&-2\end{pmatrix}\begin{pmatrix}f_1(x_1(p_1t))\\f_2(x_2(p_2t))\end{pmatrix}+\begin{pmatrix}-1&1\\1&-1\end{pmatrix}\begin{pmatrix}f_1(x_1(q_1t))\\f_2(x_2(q_2t))\end{pmatrix}+\begin{pmatrix}3\\4\end{pmatrix}\tag{7-40}$$

这里，$f_i(x_i)=\sin(1/4x_i)+1/4x_i$，$i=1,2$，满足式（7-31）. $p_1=4/5$，$p_2=9/10$，$q_1=1/5$，$q_2=1/2$，$\boldsymbol{P}^{-1}=\mathrm{diag}(5/4,10/9)$，$\boldsymbol{Q}^{-1}=\mathrm{diag}(5,2)$. 计算可得

$\xi_1(-a_{11}-p_1^{-1}|b_{11}|-q_1^{-1}|c_{11}|)-\xi_2(a_{21}+p_1^{-1}|b_{21}|+q_1^{-1}|c_{21}|)=5\xi_1-8.5\xi_2$，

$$\xi_2(-a_{22}-p_2^{-1}|b_{22}|-q_2^{-1}|c_{22}|)-\xi_1(a_{12}+p_2^{-1}|b_{12}|+q_2^{-1}|c_{12}|)$$
$$=8.2778\xi_2-4.7222\xi_1.$$

令 $\xi_1=0.5$，$\xi_2=0.47$，得

$$5\xi_1-8.5\xi_2=0.005>0, \ 8.2778\xi_2-4.7222\xi_1=1.52945>0$$

由定理 7-7，可知系统（7-40）是一个散逸系统，且有一个全局吸引集

$$S=\{x\,|\,|x_1(t)|\leqslant I_1/d_1=3/5, \ |x_2(t)|\leqslant I_2/d_2=2/3\}.$$

另一方面，计算得

$$\boldsymbol{\Theta}\triangleq \boldsymbol{A}+\boldsymbol{A}^{\mathrm{T}}+(\|\boldsymbol{B}\|_\infty+\|\boldsymbol{C}\|_\infty)\boldsymbol{E}+\|\boldsymbol{B}\|_1\boldsymbol{P}^{-1}+\|\boldsymbol{C}\|_1\boldsymbol{Q}^{-1}$$
$$=\begin{pmatrix}-4 & -0.5\\ -0.5 & -10.5556\end{pmatrix}$$

且 $\lambda_{\boldsymbol{\Theta}}=-10.5935, -3.9621$，即 $\boldsymbol{\Theta}$ 是负定的. 根据定理 7-9，系统（7-40）是散逸系统，且有个全局吸引集. 仿真结果，如图 7-4 所示，其中虚线围成的区域是系统（7-40）的全局吸引域.

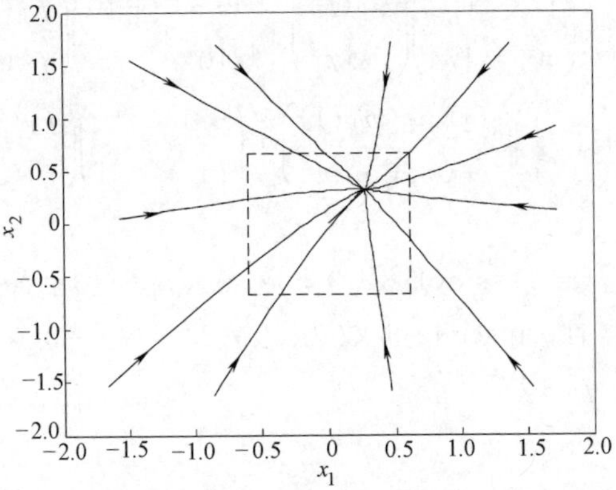

图 7-4　系统（7-40）的相轨迹和全局吸引集

例 7-5　考虑如下三个神经元的递归神经网络

$$\begin{pmatrix}\dot{x}_1(t)\\ \dot{x}_2(t)\\ \dot{x}_3(t)\end{pmatrix}=-\begin{pmatrix}8&0&0\\0&9&0\\0&0&10\end{pmatrix}\begin{pmatrix}x_1(t)\\x_2(t)\\x_3(t)\end{pmatrix}+\begin{pmatrix}-9&1&3\\-1&-9&4\\0&1&-9\end{pmatrix}\begin{pmatrix}f_1(x_1(t))\\f_2(x_2(t))\\f_3(x_3(t))\end{pmatrix}+$$
$$\begin{pmatrix}-2&1&1\\1&-1&0\\3&2&1\end{pmatrix}\begin{pmatrix}f_1(x_1(qt))\\f_2(x_2(qt))\\f_3(x_3(qt))\end{pmatrix}+\begin{pmatrix}8\\9\\10\end{pmatrix} \tag{7-41}$$

这里，$f_1(x_1)=1/4(|x_1+1|-|x_1-1|)$，$f_2(x_2)=\tanh(1/4x_2)+1/4x_2$，$f_3(x_3)=\cos(1/4x_3)+1/4x_3$，满足式（7-31）条件，所有的 Lipschitz 常数都为 $l=1/2$. 取 $q=1/2$，计算可得

$$\boldsymbol{\Omega} \triangleq \boldsymbol{A} + \boldsymbol{A}^{\mathrm{T}} + (\|\boldsymbol{B}\|_{\infty} + \|\boldsymbol{C}\|_{1})\boldsymbol{E} = \begin{pmatrix} -6 & 0 & 3 \\ 0 & -6 & 5 \\ 3 & 5 & -6 \end{pmatrix}$$

且 $\lambda_{\Omega} = -11.8310$，$-6.0000$，$-0.1690$，即 $\boldsymbol{\Omega}$ 是负定的. 根据推论 7-6，系统 (7-41) 是散逸系统，且有一个全局吸引集

$$S = \{\boldsymbol{x} \mid |x_1(t)| \leqslant I_1/d_1 = 1,\quad |x_2(t)| \leqslant I_2/d_2 = 1,\ |x_3(t)| \leqslant I_3/d_3 = 1\}$$

应用 Matlab 画出系统 (7-41) 的相轨迹和全局吸引集如图 7-5 所示，图中的立方体是系统 (7-41) 的全局吸引集.

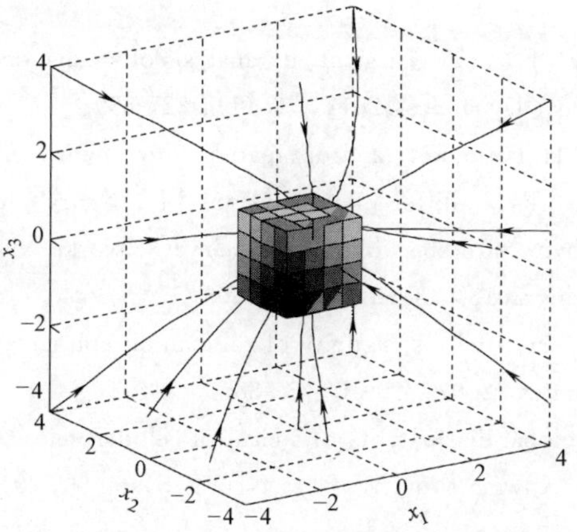

图 7-5　系统 (7-41) 的相轨迹和全局吸引集

参考文献

[1] Liao X, Wang J. Global dissipativity of continuous-time recurrent neural networks with time delay [J]. Physical Review E, 2003, 68 (1): 016118.

[2] Arik S. On the global dissipativity neural networks with time delays [J]. Physics Letters A, 2004, 326 (4): 126-132.

[3] Cao J, Yuan K, Ho D W C, et al. Global point dissipativity of neural networks with mixed time-varying delays [J]. Chaos, 2006, 16 (1): 013105.

[4] Huang Y, Xu D, Yang Z. Dissipativity and periodic attractor for non-autonomous neural networks with time-varying delays [J]. Neurocomputing, 2007, 70 (16-18): 2953-2958.

[5] Sun Y, Cui B. Dissipativity analysis of neural networks with time-varying delays [J]. International Journal of Automation and Computing, 2008, 5 (3): 290-295.

[6] Zeng H B, He Y, Shi P, et al. Dissipativity analysis on uncertain neural networks with mixed time-varying delays [J]. Neurocomputing, 2015, 618: 741-746.

[7] Rakkiyappan R, Velmurugan G, Li X, et al. Global dissipativity of neural networks with time-varying delays [J]. Neural Computing and Applications, 2016, 27 (3): 629-649.

[8] Feng Z，Lam J. Stability and dissipativity analysis of distributed delay cellular neural networks [J]. IEEE Transactions on Neural Networks，2011，22 (6)：976-981.

[9] Song Q. Stochastic dissipativity analysis on discrete-time neural networks with time-varying delays [J]. Neurocomputing，2011，74 (5)：838-845.

[10] Muralisankar S，Gopalakrishnan N，Balasubramaniam P. An LMI approach for global robust dissipativity analysis of T-S fuzzy neural networks with interval time-varying delays [J]. Expert Systems with Applications，2012，39 (3)：3345-3355.

[11] Wu Z，Park J H，Su H，et al. Robust dissipativity analysis of neural networks with time-varying delay and randomly occurring uncertainties [J]. Nonlinear Dynamics，2012，69：1323-1332.

[12] Wu Z，Park J H，Su H，et al. Dissipativity analysis of stochastic neural networks with time delays [J]. Nonlinear Dynamics，2012，70 (1)：825-839.

[13] Duan L，Huang L H. Periodicity and dissipativity for memrister-based mixed time-varying delayed neural networks via differential inclusions [J]. Neural Networks，2014，57：12-22.

[14] Zhou L Q. Dissipativity of a class of cellular neural networks with proportional delays [J]. Nonlinear Dynamics ，2013，73 (3)：1895-1903.

[15] Gan S. Exact and discretized dissipativity of the pantograph equation [J]. Journal of Computational Mathematics，2007，25 (1)：81-88.

[16] Zhou L Q. On the global dissipativity of a class of cellular neural networks with multipantograph delays [J]. Advances in Artificial Neural Systems，2011，DOI：10. 1155/2011/941426：1-7.

第 8 章

具比例时滞二阶神经网络的稳定性

人工神经网络的建立为人类模拟和探索人脑的活动提供了非常有利的工具. 随着人工神经网络理论研究及其应用不断深入，高阶神经网络的研究也越来越受到广泛的重视. 减少网络的计算时间最好的方法是提高网络的运行速度. 由于指数收敛速度和多项式收敛都可以决定网络的计算速度，因此研究网络的指数稳定性对网络的指数收敛速度，和多项式稳定性对网络的多项式收敛速度进行估计都是非常有意义的.

8.1 具比例时滞二阶 Hopfield 神经网络的多项式稳定性

1982 年 Hopfield 提出了一类递归型神经网络—Hopfield 神经网络[1]，很快 Hopfield 神经网络实现了电路模拟，并且发现 Hopfield 神经网络在联想记忆、模式识别和最优化中有非常重要的作用，如旅行商最优路径问题. 在这些应用中，大都要求网络的平衡点是稳定的，又由于在网络的运行中时滞是不可避免的，因此时滞 Hopfield 神经网络稳定性的研究非常广泛. 目前关于二阶 Hopfield 神经网络稳定性的研究主要是常时滞[2]、离散时滞[3-4]、变时滞[5]和分布时滞[6-7]. 下面对具比例时滞脉冲二阶 Hopfield 神经网络的全局多项式稳定性进行分析.

8.1.1 模型描述及预备知识

考虑如下具比例时滞脉冲二阶 Hopfield 神经网络[8]：

$$\begin{cases} C_i\dot{u}_i(t)=-u_i(t)/R_i+\sum\limits_{j=1}^{n}T_{ij}g_j(u_j(q_jt))+ \\ \qquad\qquad \sum\limits_{j=1}^{n}\sum\limits_{k=1}^{n}T_{ijk}g_j(u_j(q_jt))g_k(u_k(q_kt))+I_i,\ t\geqslant 1,\ t\neq t_k \\ \Delta u_i(t_k)=u_i(t_k^+)-u_i(t_k^-)=\gamma_{ik}u_i(t_k^-),\ k=1,2,\cdots \\ u_i(s)=\varphi_i(s),\ s\in[q,1],\ i=1,2,\cdots,n \end{cases} \tag{8-1}$$

其中，$C_i>0$，$R_i>0$ 和 I_i 分别为第 i 个神经元的电容常数、电阻常数和网络的外部输入；T_{ij} 和 T_{ijk} 分别为一阶和二阶连接权；$g_j(\cdot)$ 为激活函数；常数 q_j，$j=$

1，2，…，n，是比例时滞因子，且满足 $0<q_j\leqslant 1$，$q_jt=t-(1-q_j)t$，其中，$(1-q_j)t$ 是时滞函数，且当 $t\to+\infty$ 时，$(1-q_j)t\to+\infty$，即此时滞函数是无界函数；$\varphi_i(s)\in C([q,1],\mathbb{R})$ 为初始函数，$i=1,2,\cdots,n$；t_k 为脉冲发生的时刻，$t_k<t_{k+1}$，$\lim\limits_{t\to+\infty}t_k=+\infty$，$\Delta u_i(t_k)=u_i(t_k^+)-u_i(t_k^-)$ 为第 i 个神经元在脉冲时刻发生的瞬时脉冲增量；$\boldsymbol{\varphi}(s)=(\varphi_1(s),\varphi_2(s),\cdots,\varphi_n(s))^{\mathrm{T}}\in C([q,1],\mathbb{R}^n)$.

假设激活函数 $g_j(\cdot)$ 满足下列条件：

(H) $g_i(u)\in C(\mathbb{R},\mathbb{R})$，$g_i(0)=0$,且

$$|g_i(u)|\leqslant M_i,\ |g_i(u)-g_i(v)|\leqslant K_i|u-v|,\ u,v\in\mathbb{R},\ i=1,2,\cdots,n$$

其中，M_i，K_i 为常数.

注 8-1 当 $q_j=1$，且无脉冲时，系统（8-1）为不带时滞项的二阶 Hopfield 神经网络.

定义 8-1 如果一个函数 $u_i(t):[q,+\infty)\to\mathbb{R}$，满足：

(1) $u_i(t)$ 在每一个区间 $(t_k,t_{k+1})\subset[q,+\infty)$ 上绝对连续.

(2) 对任意 $t_k\in[1,+\infty)$，右连续 $u_i(t_k^+)$ 存在并让 $u_i(t_k)=u_i(t_k^+)$.

(3) 除了在脉冲时刻 t_k，$k=1,2,\cdots$，有第一类间断点外，$u_i(t)$ 都满足系统方程.

(4) $u_i(s)=\varphi_i(s)$，$s\in[q,1]$，

则称 $\boldsymbol{u}(t)$ 是系统过初值 $\boldsymbol{\varphi}$ 的一个解，常记作 $\boldsymbol{u}(t)=\boldsymbol{u}(t,\boldsymbol{\varphi})$.

对任意向量 $\boldsymbol{y}\in\mathbb{R}^n$，$\|\boldsymbol{y}\|=\sqrt{\boldsymbol{y}^{\mathrm{T}}\boldsymbol{y}}$.$\boldsymbol{C}=\mathrm{diag}(C_1,C_2,\cdots,C_n)$，$\boldsymbol{R}=\mathrm{diag}(R_1,R_2,\cdots,R_n)$，$\boldsymbol{T}=(T_{ij})_{n\times n}$，$\boldsymbol{T}_i=(T_{ijk})_{n\times n}$，$i=1,2,\cdots,n$，$\boldsymbol{u}(t)=(u_1(t),u_2(t),\cdots,u_n(t))^{\mathrm{T}}$，$\boldsymbol{K}=\mathrm{diag}(K_1,K_2,\cdots,K_n)$，$\boldsymbol{I}=\mathrm{diag}(I_1,I_2,\cdots,I_n)$，$\boldsymbol{M}=\mathrm{diag}(M_1,M_2,\cdots,M_n)$.

做变换 $u_i(\mathrm{e}^t)=v_i(t)$，则系统（8-1）就转换为具不等常时滞和变系数的二阶 Hopfield 神经网络

$$C_i\dot{v}_i(t)=\mathrm{e}^t\Big\{-v_i(t)/R_i+\sum_{j=1}^{n}T_{ij}g_j(v_j(t-\tau_j))+\sum_{j=1}^{n}\sum_{k=1}^{n}T_{ijk}g_j(v_j(t-\tau_j))g_k(v_k(t-\tau_k))+I_i\Big\},\ t\geqslant 0 \tag{8-2}$$

其中，$\tau_j=-\ln q_j$，$\tau=\max\limits_{1\leqslant i\leqslant n}\{\tau_j\}$，初始函数为 $\eta_i(s)=\varphi_i(\mathrm{e}^s)\in C([-\tau,0],\mathbb{R})$，$s\in[-\tau,0]$.

设 $\boldsymbol{v}^*=(v_1^*,v_2^*,\cdots,v_n^*)^{\mathrm{T}}$ 为系统（8-2）的平衡点，令

$$\boldsymbol{x}=\boldsymbol{v}-\boldsymbol{v}^*=(x_1,x_2,\cdots,x_n)^{\mathrm{T}},\ f_i(x_i)=g_i(x_i+v_i^*)-g_i(v_i^*)$$

易知，$|f_i(z)|\leqslant K_i|z|$，且 $zf_i(z)\geqslant 0$，$z\in\mathbb{R}$. 由此，式（8-2）可写成如下等价形式

$$C_i\dot{x}_i(t)=\mathrm{e}^t\Big\{-x_i(t)/R_i+\sum_{j=1}^{n}T_{ij}f_j(x_j(t-\tau_j))+\sum_{j=1}^{n}\sum_{k=1}^{n}T_{ijk}[f_j(x_j(t-\tau_j))f_k(x_k(t-\tau_k))+f_k(x_k(t-\tau_k))g_j(v_j^*)+f_j(x_j(t-\tau_j))g_k(v_k^*)]\Big\},t\geqslant 0,\quad (8\text{-}3)$$

利用 Taylor 公式，将（8-3）式写为

$$C_i\dot{x}_i(t)=\mathrm{e}^t\Big\{-x_i(t)/R_i+\sum_{j=1}^{n}\Big[T_{ij}+\sum_{k=1}^{n}(T_{ijk}+T_{ikj})\xi_k\Big]f_j(x_j(t-\tau_j))\Big\}\quad (8\text{-}4)$$

其中，ξ_k 介于 $g_k(v_k(t-\tau_k))$ 与 $g_k(v_k^*)$ 之间，系统（8-4）的初值为 $\psi_i(s)$，$s\in[-\tau,0]$，其中 $\psi_i(\theta)=\eta_i(\theta)-v_i^*$，$i=1,2,\cdots,n$，$\boldsymbol{\psi}=(\psi_1,\psi_2,\cdots,\psi_n)^{\mathrm{T}}$，定义 $\|\boldsymbol{\psi}\|_\tau=\sup\limits_{s\in[-\tau,0]}|\psi_i(s)|$.

8.1.2 指数稳定性与多项式稳定性

定理 8-1 设 $\boldsymbol{A}=(a_{ij})_{n\times n}$，其中 $a_{ij}=|T_{ij}|+\sum\limits_{k=1}^{n}|T_{ijk}+T_{ikj}|M_k$，若 $\boldsymbol{C}^{-1}\boldsymbol{R}^{-1}-\boldsymbol{C}^{-1}\boldsymbol{AK}$ 是 M-矩阵，存在 $P_j>0$，$\varepsilon>1$，使得

$$P_j/(R_jC_j)-\mathrm{e}^{\varepsilon\tau}\sum_{i=1}^{n}P_i/C_ia_{ij}K_j-\varepsilon P_j>0,\ j=1,2,\cdots,n$$

成立，且满足 $\theta+1<\varepsilon$，则系统（8-4）的平衡点 $\boldsymbol{x}^*$ 是全局指数稳定的，指数收敛速度为 $\varepsilon-\theta-1$. 其中 $\theta=\sup\limits_k\ln\theta_k/(t_k-t_{k-1})$，$\theta_k=1+\gamma_k$，$\gamma_k=\max\limits_{1\leqslant i\leqslant n}|\gamma_{ik}|$，$\alpha_0=\prod\limits_{0\leqslant t_{k-1}\leqslant t}\theta_k$，$\alpha_1=\alpha_0/\max\limits_{1\leqslant i\leqslant n}\{P_i\}$.

证明 由式（8-4），得

$$\begin{aligned}D^+|x_i(t)|&=D^+x_i(t)\mathrm{sgn}(x_i(t))\\&=\mathrm{e}^t\Big\{-x_i(t)/(C_iR_i)+1/C_i\sum_{j=1}^{n}(T_{ij}+\sum_{k=1}^{n}(T_{ijk}+T_{ikj})\xi_k\Big)f_j(x_j(t-\tau_j))\Big\}\mathrm{sgn}(x_i(t))\\&\leqslant\mathrm{e}^t\Big\{-|x_i(t)|/(C_iR_i)+1/C_i\sum_{j=1}^{n}(|T_{ij}|+\sum_{k=1}^{n}|T_{ijk}+T_{ikj}||\xi_k|\Big)K_j|x_j(t-\tau_j)|\Big\}\end{aligned}$$

取如下正定 Lyapunov 泛函

$$V(t, \boldsymbol{x}(t))=\sum_{i=1}^{n} P_i\left\{\mathrm{e}^{(\varepsilon-1)t} \mid x_i(t) \mid+1/C_i \sum_{j=1}^{n} a_{ij} K_j \int_{t-\tau_j}^{t} \mathrm{e}^{\varepsilon(s+\tau_j)} \mid x_j(s) \mid \mathrm{d}s\right\} \tag{8-5}$$

令 $\overline{V}(t)=V(t, \boldsymbol{x}(t))$. 对 $V(t, \boldsymbol{x}(t))$ 沿式 (8-4) 求右上 Dini 导数，且当 $t \geqslant 0$，$t \neq t_k$ 时，有

$$\begin{aligned}
D^{+} V(t, \boldsymbol{x}(t)) &= \sum_{i=1}^{n} P_i\left[(\varepsilon-1) \mathrm{e}^{(\varepsilon-1)t}\left|x_i(t)\right|+\mathrm{e}^{(\varepsilon-1)t} D^{+}\left|x_i(t)\right|+\right. \\
& \left.1/C_i \sum_{j=1}^{n} a_{ij} K_j\left(\mathrm{e}^{\varepsilon(t+\tau_j)}\left|x_j(t)\right|-\mathrm{e}^{\varepsilon t}\left|x_j(t-\tau_j)\right|\right)\right] \\
& \leqslant \sum_{i=1}^{n} P_i \varepsilon \mathrm{e}^{(\varepsilon-1)t}\left|x_i(t)\right|+\sum_{i=1}^{n} P_i \mathrm{e}^{(\varepsilon-1)t} \mathrm{e}^{t}\left\{-\left|x_i(t)\right| /(C_i R_i)+\right. \\
& \left.\sum_{j=1}^{n} 1/C_i\left(\left|T_{ij}\right|+\sum_{k=1}^{n}\left|T_{ijk}+T_{ikj}\right|\left|\xi_k\right|\right) K_j\left|x_j(t-\tau_j)\right|\right\}+ \\
& \sum_{i=1}^{n} P_i / C_i \sum_{j=1}^{n} a_{ij} K_j\left(\mathrm{e}^{\varepsilon(t+\tau_j)}\left|x_j(t)\right|-\mathrm{e}^{\varepsilon t}\left|x_j(t-\tau_j)\right|\right) \\
& \leqslant \mathrm{e}^{\varepsilon t} \sum_{i=1}^{n} P_i\left\{\varepsilon \mathrm{e}^{-t}\left|x_i(t)\right|-\left|x_i(t)\right| /(C_i R_i)+1/C_i \sum_{j=1}^{n}\left(\left|T_{ij}\right|+\right.\right. \\
& \left.\left.\sum_{j=1}^{n}\left|T_{ijk}+T_{ikj}\right| M_k\right) K_j\left|x_j(t-\tau_j)\right|+1/C_i \sum_{j=1}^{n} a_{ij} K_j\left(\mathrm{e}^{\varepsilon \tau_j}\left|x_j(t)\right|-\left|x_j(t-\tau_j)\right|\right)\right\} \\
& \leqslant \mathrm{e}^{\varepsilon t} \sum_{i=1}^{n} P_i\left\{-\left|x_i(t)\right| /(C_i R_i)+1/C_i \sum_{j=1}^{n} a_{ij} K_j\left|x_j(t-\tau_j)\right|+\varepsilon\left|x_i(t)\right|+\right. \\
& \left.1/C_i \sum_{j=1}^{n} a_{ij} K_j\left(\mathrm{e}^{\varepsilon \tau_j}\left|x_j(t)\right|-\left|x_j(t-\tau_j)\right|\right)\right\} \\
& =\mathrm{e}^{\varepsilon t} \sum_{i=1}^{n} P_i\left\{-\left|x_i(t)\right| /(C_i R_i)+1/C_i \sum_{j=1}^{n} a_{ij} K_j \mathrm{e}^{\varepsilon \tau}\left|x_j(t)\right|+\varepsilon\left|x_i(t)\right|\right\} \\
& =-\mathrm{e}^{\varepsilon t}\left(\sum_{j=1}^{n} P_j /(C_j R_j)-\mathrm{e}^{\varepsilon \tau} \sum_{i=1}^{n} \sum_{j=1}^{n} P_i / C_i a_{ij} K_j-\sum_{j=1}^{n} \varepsilon P_j\right)\left|x_j(t)\right| \\
& =-\mathrm{e}^{\varepsilon t} \sum_{j=1}^{n}\left(P_j /(C_j R_j)-\sum_{i=1}^{n} P_i / C_i a_{ij} K_j \mathrm{e}^{\varepsilon \tau}-\varepsilon P_j\right)\left|x_j(t)\right|<0
\end{aligned}$$

从而 $\overline{V}(t)$ 在 $[0, +\infty)$ 上单调递减，因此有

$$\sum_{i=1}^{n} P_i \mathrm{e}^{(\varepsilon-1)t}\left|x_i(t)\right| \leqslant \overline{V}(t) \leqslant \overline{V}(0) \tag{8-6}$$

又当 $t \in[-\tau, 0]$，$x_i(t, \boldsymbol{\psi})=\boldsymbol{\varphi}_i$，$i=1, 2, \cdots, n$，时

$$\begin{aligned}\overline{V}(0) &= \sum_{i=1}^{n} P_i \left\{ |\psi_i| + 1/C_i \sum_{j=1}^{n} a_{ij} K_j \int_{-\tau_j}^{0} e^{\varepsilon(s+\tau_j)} |\psi_i(s)| ds \right\} \\ &\leqslant \sum_{i=1}^{n} P_i \left(1 + 1/C_i \sum_{j=1}^{n} a_{ij} K_j \int_{-\tau_j}^{0} e^{\varepsilon(s+\tau_j)} ds\right) \sup_{-\tau\leqslant s\leqslant 0} \{|\psi_i(s)|\} \\ &\leqslant \sum_{i=1}^{n} P_i \left(1 + 1/C_i \sum_{j=1}^{n} a_{ij} K_j \tau_j e^{\varepsilon\tau_j}\right) \sup_{-\tau\leqslant s\leqslant 0} \{|\psi_i(s)|\} \\ &\leqslant \sum_{i=1}^{n} P_i \left(1 + 1/C_i \sum_{j=1}^{n} a_{ij} K_j \tau e^{\varepsilon\tau}\right) \sup_{-\tau\leqslant s\leqslant 0} \{|\psi_i(s)|\} = r \|\boldsymbol{\psi}\|_\tau\end{aligned} \tag{8-7}$$

其中，$r = \max\limits_{1\leqslant i\leqslant n} \left\{ P_i \left(1 + \sum_{j=1}^{n} a_{ij} K_j \tau e^{\varepsilon\tau}\right) \right\}$.

从而，当 $t\geqslant 0$，$t\neq t_k$ 时，由式（8-6）和式（8-7），得

$$\sum_{i=1}^{n} P_i |x_i(t)| \leqslant r \|\boldsymbol{\psi}\|_\tau e^{-(\varepsilon-1)t} \tag{8-8}$$

式（8-5）可改写为

$$V(t, \boldsymbol{x}(t)) = \sum_{i=1}^{n} P_i \left\{ e^{(\varepsilon-1)t} |x_i(t)| + 1/C_i \sum_{j=1}^{n} a_{ij} K_j \int_{-\tau_j}^{0} e^{\varepsilon(t+s+\tau_j)} |x_j(t+s)| ds \right\}$$

则当 $t=t_k$ 时，

$$\begin{aligned} V(t_k, \boldsymbol{x}(t_k)) &= V(t_k^-, \boldsymbol{x}(t_k^-) + \Delta\boldsymbol{x}(t_k)) \leqslant V(t_k^-, \boldsymbol{x}(t_k^-)) + V(t_k^-, \Delta\boldsymbol{x}(t_k)) \\ &= V(t_k^-, \boldsymbol{x}(t_k^-)) + \sum_{i=1}^{n} P_i \{ e^{(\varepsilon-1)t_k^-} |\Delta x_i(t_k)| + \\ &\quad 1/C_i \sum_{j=1}^{n} a_{ij} K_j \int_{-\tau_j}^{0} e^{\varepsilon(t_k^-+s+\tau_j)} |\Delta x_i(t_k+s)| ds \} \\ &= V(t_k^-, \boldsymbol{x}(t_k^-)) + \sum_{i=1}^{n} P_i |\gamma_{ik}| \Big[e^{(\varepsilon-1)t_k^-} |x_i(t_k^-)| + \\ &\quad 1/C_i \sum_{j=1}^{n} a_{ij} K_j \int_{-\tau_j}^{0} e^{\varepsilon(t_k^-+s+\tau_j)} |x_i(t_k^-+s)| ds \Big] \\ &= (1+|\gamma_{ik}|) V(t_k^-, \boldsymbol{x}(t_k^-)) \leqslant (1+\gamma_k) V(t_k^-, \boldsymbol{x}(t_k^-)) \\ &= \theta_k V(t_k^-, \boldsymbol{x}(t_k^-)) \end{aligned}$$

从而有

$$V(t_k, \boldsymbol{x}(t_k)) \leqslant V(0, \boldsymbol{\psi}) \prod_{0\leqslant t_k\leqslant t} \theta_k \leqslant \alpha_0 \|\boldsymbol{\psi}\|_\tau e^{\theta t_k}$$

由 $V(t, \boldsymbol{x}(t)) \geqslant e^{(\varepsilon-1)t} \max\limits_{1\leqslant i\leqslant n} \{P_i\} \|\boldsymbol{x}(t)\|$，可得

$$\|\boldsymbol{x}(t_k)\| \leqslant \alpha_1 \|\boldsymbol{\psi}\|_\tau e^{-(\varepsilon-\theta-1)t_k} \tag{8-9}$$

综合式（8-8）和式（8-9）可知，系统（8-4）的零解是全局指数稳定的，则系统（8-2）的平衡点 $\boldsymbol{v}^*$ 是全局指数稳定的.

定理 8-2 设 $\boldsymbol{A}=(a_{ij})_{n\times n}$，其中 $a_{ij}=|T_{ij}|+\sum_{k=1}^{n}|T_{ijk}+T_{ikj}|M_k$，若 $\boldsymbol{C}^{-1}\boldsymbol{R}^{-1}-\boldsymbol{C}^{-1}\boldsymbol{AK}$ 是 M-矩阵，存在 $P_j>0$，$\varepsilon>1$，使得

$$P_j/(R_jC_j)-e^{\varepsilon\tau}\sum_{i=1}^{n}P_i/C_ia_{ij}K_j-\varepsilon P_j>0,\ j=1,2,\cdots,n$$

成立，且满足 $\theta+1<\varepsilon$，则系统（8-1）的平衡点 $\boldsymbol{u}^*$ 是全局多项式稳定的，多项式收敛速度为 $\varepsilon-\theta-1$. 其中 $\theta=\sup_k\ln\theta_k/(t_k-t_{k-1})$，$\theta_k=1+\gamma_k$，$\gamma_k=\max\limits_{1\leqslant i\leqslant n}|\gamma_{ik}|$，$\alpha_0=\prod\limits_{0\leqslant t_{k-1}\leqslant t}\theta_k$，$\alpha_1=\alpha_0/\max\limits_{1\leqslant i\leqslant n}\{P_i\}$.

证明 将 $\boldsymbol{x}=\boldsymbol{v}-\boldsymbol{v}^*$，$\psi_i(\theta)=\varphi_i(\theta)-v_i^*$，$\|\boldsymbol{\psi}\|_\tau=\sup\limits_{s\in[-\tau,0]}|\psi_i(s)|$，代入式（8-8），得

$$\sum_{i=1}^{n}P_i|v_i(t)-v_i^*|\leqslant r\sup_{s\in[-\tau,0]}|\eta_i(s)-v_i^*|e^{-(\varepsilon-1)t}$$

再将 $u_i(e^t)=v_i(t)$，$\eta_i(s)=\varphi_i(e^s)$，$u_i^*=v_i^*$，$i=1,2,\cdots,n$，代入上式，得

$$\sum_{i=1}^{n}P_i|u_i(e^t)-u_i^*|\leqslant r\sup_{s\in[-\tau,0]}|\varphi_i(e^s)-u_i^*|e^{-(\varepsilon-1)t} \tag{8-10}$$

令 $e^t=\eta$，$t\geqslant 0$，则 $t=\ln\eta$，$\eta\geqslant 1$. 令 $e^s=\xi$，$s\in[-\tau,0]$，则 $s=\ln\xi$，$\xi\in[q,1]$. 对于 $\eta\geqslant 1$. 由式（8-10），得

$$\sum_{i=1}^{n}P_i|u_i(\eta)-u_i^*|\leqslant r\sup_{\xi\in[q,1]}|\varphi_i(\xi)-u_i^*|e^{-(\varepsilon-1)\ln\eta} \tag{8-11}$$

再取 $\eta=t$，代入式（8-11），得

$$\sum_{i=1}^{n}P_i|u_i(t)-u_i^*|\leqslant r\sup_{\xi\in[q,1]}|\varphi_i(\xi)-u_i^*|t^{-(\varepsilon-1)} \tag{8-12}$$

将 $\boldsymbol{x}(t_k)=\boldsymbol{v}(t_k)-\boldsymbol{v}^*$，$\psi_i(\theta)=\varphi_i(\theta)-v_i^*$，$\|\boldsymbol{\psi}\|_\tau=\sup\limits_{s\in[-\tau,0]}|\psi_i(s)|$ 代入式（8-9），得

$$\|\boldsymbol{v}(t_k)-\boldsymbol{v}^*\|\leqslant\alpha_1\sup_{s\in[-\tau,0]}|\psi_i(s)|e^{-(\varepsilon-\theta-1)t_k}$$

再将 $u_i(e^{t_k})=v_i(t_k)$，$\eta_i(s)=\varphi_i(e^s)$，$u_i^*=v_i^*$，$\psi_i(\theta)=\varphi_i(\theta)-v_i^*$，$i=1,2,\cdots,n$，代入上式，得

$$\|\boldsymbol{u}(e^{t_k})-\boldsymbol{u}^*\|\leqslant\alpha_1\sup_{s\in[-\tau,0]}|\varphi_i(e^s)-u_i^*|e^{-(\varepsilon-\theta-1)t_k} \tag{8-13}$$

令 $e^{t_k}=\eta_k$，$t_k\geqslant 1$，则 $t_k=\ln\eta_k$，$\eta_k\geqslant 1$. 令 $e^s=\xi$，$s\in[-\tau,0]$，则 $s=\ln\xi$，$\xi\in[q,1]$. 对于 $\eta_k\geqslant 1$. 由式（8-13），得

$$\|\boldsymbol{u}(\eta_k)-\boldsymbol{u}^*\|\leqslant\alpha_1\sup_{\xi\in[q,1]}|\varphi_i(\xi)-u_i^*|e^{-(\varepsilon-\theta-1)\ln\eta_k}$$

再取 $\eta_k=t_k$，代入上式，得

$$\|\boldsymbol{u}(t_k)-\boldsymbol{u}^*\|\leqslant\alpha_1\sup_{\xi\in[q,1]}|\varphi_i(\xi)-u_i^*|t_k^{-(\varepsilon-\theta-1)} \tag{8-14}$$

由式（8-12）和式（8-14），可知系统（8-1）的概周期解也是全局多项式稳定的.

8.1.3 数值算例及仿真

例 8-1 考虑如下二维具比例时滞脉冲二阶 Hopfield 神经网络

$$\begin{cases}C_1\dot{u}_1(t)=-u_1(t)/R_1+\sum\limits_{j=1}^{2}T_{1j}g_j(u_j(q_jt))+\\ \qquad\sum\limits_{j=1}^{2}\sum\limits_{k=1}^{2}T_{1jk}g_j(u_j(q_jt))g_k(u_k(q_kt))+I_1,\ t\neq t_k\\ C_1\dot{u}_2(t)=-u_2(t)/R_2+\sum\limits_{j=1}^{2}T_{2j}g_j(u_j(q_jt))+\\ \qquad\sum\limits_{j=1}^{2}\sum\limits_{k=1}^{2}T_{2jk}g_j(u_j(q_jt))g_k(u_k(q_kt))+I_2,\ t\geqslant 1\\ \Delta u_1(t_k)=u_1(t_k^+)-u_1(t_k^-)=\gamma_{1k}u_1(t_k^-),\ t_k=k\\ \Delta u_2(t_k)=u_2(t_k^+)-u_2(t_k^-)=\gamma_{2k}u_2(t_k^-),\ k\in N\end{cases} \tag{8-15}$$

其中，$\boldsymbol{T}=(T_{ij})_{2\times2}=\begin{pmatrix}0.27&-0.18\\0.21&0.19\end{pmatrix}$，$\boldsymbol{T}_1=(T_{1jk})_{2\times2}=\begin{pmatrix}0.01&-0.02\\-0.05&0.07\end{pmatrix}$，$\boldsymbol{T}_2=(T_{2jk})_{2\times2}=\begin{pmatrix}0.07&-0.06\\0.16&0.01\end{pmatrix}$，$\boldsymbol{C}=\text{diag}$（1，1），$\boldsymbol{R}=\text{diag}$（1/9，1/5），$\boldsymbol{I}=(0，0)^{\mathrm T}$，$q_1=0.2$，$q_2=0.6$. 取激活函数为 $g_j(u_j(q_jt))=\tanh(u_j(q_jt))$，$j=1，2$，容易观察到 $\boldsymbol{K}=\text{diag}(1，1)$，$\boldsymbol{M}=\text{diag}(1，1)$. 计算，得 $\tau_1=-\ln 0.2\approx 1.6094$，$\tau_2=-\ln 0.6\approx 0.5108$，$\tau=\max\{1.6094，0.5108\}=1.6094$. 由矩阵 $\boldsymbol{A}$ 的定义，可得 $\boldsymbol{A}=\begin{pmatrix}0.36&0.39\\0.57&0.43\end{pmatrix}$，经过验证可知 $\boldsymbol{C}^{-1}\boldsymbol{R}^{-1}-\boldsymbol{C}^{-1}\boldsymbol{AK}$ 是 M-矩阵，且取 $P_1=0.001$，$P_2=0.001$，$\varepsilon=1.27$，使得

$$P_1/(C_1R_1)-\mathrm{e}^{\varepsilon\tau}\sum_{i=1}^{2}P_i/C_ia_{i1}K_1-\varepsilon P_1=0.0021>0$$

$$P_2/(C_2R_2)-\mathrm{e}^{\varepsilon\tau}\sum_{i=1}^{2}P_i/C_ia_{i2}K_2-\varepsilon P_2=0.0011>0$$

取 $\gamma_{1k}u_1(t_k^-)=-0.3u_1$，$\gamma_{2k}u_2(t_k^-)=0.3u_2$，可知

$$\gamma_k=\max_{1\leqslant i\leqslant 2}|\gamma_{ik}|=0.3，\theta_k=1+\gamma_k=1.3$$

$$\theta+1=\sup_k \ln\theta_k/(t_k-t_{k-1})+1\leqslant \ln 1.3+1=1.2624<\varepsilon$$

满足定理 8-2 的条件，所以系统（8-15）是全局多项式稳定的，且多项式收敛率约 0.01. 系统（8-15）在无脉冲及有脉冲的影响下的时间响应曲线，如图 8-1 和图 8-2 所示.

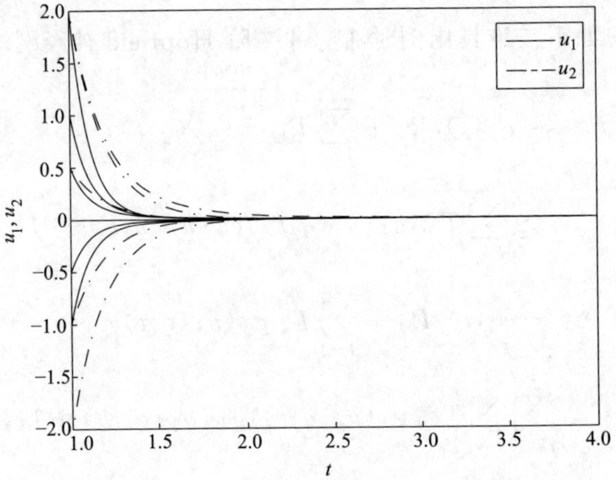

图 8-1 系统（8-15）的无脉冲效应时的时间响应曲线

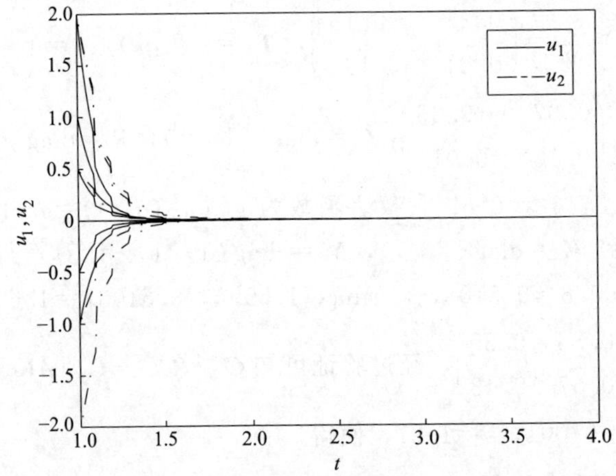

图 8-2 系统（8-15）有脉冲效应时的时间响应曲线

例 8-2 考虑如下二维具比例时滞脉冲二阶 Hopfield 神经网络

$$\begin{aligned} C_i\dot{u}_i(t)=&-u_i(t)/R_i+\sum_{j=1}^{2}T_{ij}g_j(u_j(q_jt))+\\ &\sum_{j=1}^{2}\sum_{k=1}^{2}T_{ijk}g_j(u_j(q_jt))g_k(u_kt)+I_i,\ i=1,2 \end{aligned} \tag{8-16}$$

其中，$\boldsymbol{T}=(T_{ij})_{2\times2}=\begin{pmatrix}0.2 & 0.5\\0.7 & 0.1\end{pmatrix}$，$\boldsymbol{T}_1=(T_{1jk})_{2\times2}=\begin{pmatrix}0.07 & 0.02\\0.02 & 0.03\end{pmatrix}$，$\boldsymbol{T}_2=(T_{2jk})_{2\times2}=\begin{pmatrix}0.08 & 0.03\\0.02 & 0.06\end{pmatrix}$，$\boldsymbol{C}=\mathrm{diag}\ (1,\ 1)$，$\boldsymbol{R}=\mathrm{diag}\ (1/5,\ 1/5)$，$\boldsymbol{I}=(0,0)^{\mathrm{T}}$，$q_1=q_2=0.5$. 取激活函数为 $g_j(u_j(q_jt))=\tanh(u_j(q_jt))$，$j=1,\ 2$，易知 $\boldsymbol{K}=\mathrm{diag}(1,\ 1)$，$\boldsymbol{M}=\mathrm{diag}(1,\ 1)$.

应用 Matlab 计算，得 $\tau_1=\tau_2-\ln 0.5\approx-0.6931$，$\tau=\max\{\tau_1,\ \tau_2\}=0.6931$. 由矩阵 $\boldsymbol{A}$ 的定义，可得 $\boldsymbol{A}=\begin{pmatrix}0.38 & 0.60\\0.91 & 0.27\end{pmatrix}$，经过验证可知 $\boldsymbol{C}^{-1}\boldsymbol{R}^{-1}-\boldsymbol{C}^{-1}\boldsymbol{AK}$ 是 M-矩阵. 且取 $P_1=0.01$，$P_2=0.01$，$\varepsilon=1.41$，使得

$$P_1/(C_1R_1)-\mathrm{e}^{\varepsilon\tau}\sum_{i=1}^{2}P_i/C_ia_{i1}K_1-\varepsilon P_1=0.0016>0$$

$$P_2/(C_2R_2)-\mathrm{e}^{\varepsilon\tau}\sum_{i=1}^{2}P_i/C_ia_{i2}K_2-\varepsilon P_2=0.0128>0$$

取 $\gamma_{1k}u_1(t_k^-)=0.5u_1$，$\gamma_{2k}u_2(t_k^-)=0.5u_2$，则

$$\gamma_k=\max_{1\leqslant i\leqslant 2}|\gamma_{ik}|=0.5,\ \theta_k=1+\gamma_k=1.5$$

$$\theta+1=\sup_k\ln\theta_k/(t_k-t_{k-1})+1\leqslant\ln 1.5+1=1.4055<\varepsilon$$

满足定理 8-2 的条件，所以系统（8-16）是全局多项式稳定的，且多项式收敛率约 0.0045. 系统（8-16）在无脉冲及有脉冲的影响下的时间响应曲线，如图 8-3 和图 8-4 所示.

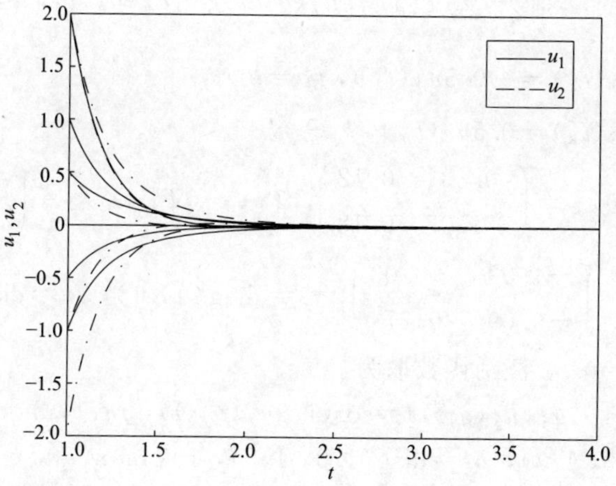

图 8-3　系统（8-16）的无脉冲效应时的时间响应曲线

下面给出一个反例，说明不满足所给充分条件的神经网络有可能不是全局多项式稳定的.

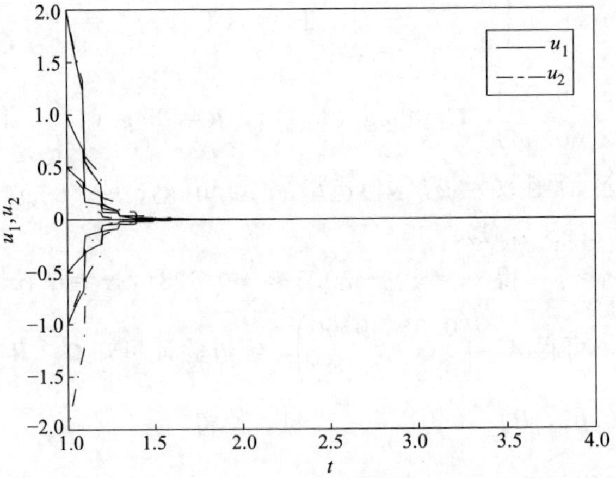

图 8-4 系统（8-16）的无脉冲效应时的时间响应曲线

例 8-3 考虑如下二维具比例时滞脉冲二阶 Hopfield 神经网络

$$\begin{cases} C_1\dot{u}_1(t)=-u_1(t)/R_1+\sum_{j=1}^{2}T_{1j}g_j(u_j(q_jt))+ \\ \qquad \sum_{j=1}^{2}\sum_{k=1}^{2}T_{1jk}g_j(u_j(q_jt))g_k(u_k(q_kt)),\ t\neq t_k \\ C_2\dot{u}_2(t)=-u_2(t)/R_1+\sum_{j=1}^{2}T_{2j}g_j(u_j(q_jt))+ \\ \qquad \sum_{j=1}^{2}\sum_{k=1}^{2}T_{2jk}g_j(u_j(q_jt))g_k(u_k(q_kt)),\ t\geqslant 1 \\ \Delta u_1(t_{\mathrm{k}})=-0.5u_1(t_k^-),\ t_k=k \\ \Delta u_2(t_{\mathrm{k}})=0.5u_2(t_k^-),\ k\in N \end{cases} \tag{8-17}$$

其中，$\boldsymbol{T}=(T_{ij})_{2\times 2}=\begin{pmatrix}0.33 & 0.12\\ -1.05 & 0.18\end{pmatrix}$，$\boldsymbol{T}_1=(T_{1jk})_{2\times 2}=\begin{pmatrix}-1.23 & -1.07\\ 0.11 & -1.15\end{pmatrix}$，

$\boldsymbol{T}_2=(T_{2jk})_{2\times 2}=\begin{pmatrix}-1.02 & -0.03\\ -0.09 & 0.27\end{pmatrix}$，$\boldsymbol{C}=\mathrm{diag}(1,1)$，$\boldsymbol{R}=\mathrm{diag}(10,10)$，$\boldsymbol{I}=(0,0)^{\mathrm{T}}$，$q_1=q_2=0.5$. 激活函数取为

$$g_j(u_j(q_jt))=\cos(1/3u_j(q_jt)),\ j=1,2$$

易知 $\boldsymbol{K}=\mathrm{diag}(1/3,1/3)$，$\boldsymbol{M}=\mathrm{diag}(1/3,1/3)$，$\tau=\max\{\tau_1,\tau_2\}=0.6931$，由矩阵 $\boldsymbol{A}$ 的定义，可得 $\boldsymbol{A}=\begin{pmatrix}1.5433 & 2.2800\\ 1.7700 & 0.4000\end{pmatrix}$. 进一步计算，得

$$\Pi\triangleq\boldsymbol{C}^{-1}\boldsymbol{R}^{-1}-\boldsymbol{C}^{-1}\boldsymbol{A}\boldsymbol{K}=\begin{pmatrix}-0.4144 & -0.7600\\ -0.5900 & -0.0333\end{pmatrix}$$

由 M-矩阵定义可知，**Π** 不是 M-矩阵，从而不满足定理 8-2 的条件，如图 8-5 和图 8-6 所示，可以看到系统（8-17）不是全局稳定的.

通过简单的计算和应用 Matlab 对系统（8-17）的仿真图的对比知道，系统（8-17）在无脉冲效应的影响下，不稳定，当系统收到外部干扰时系统的不稳定性更加明显，如图 8-5 与图 8-6 所示.

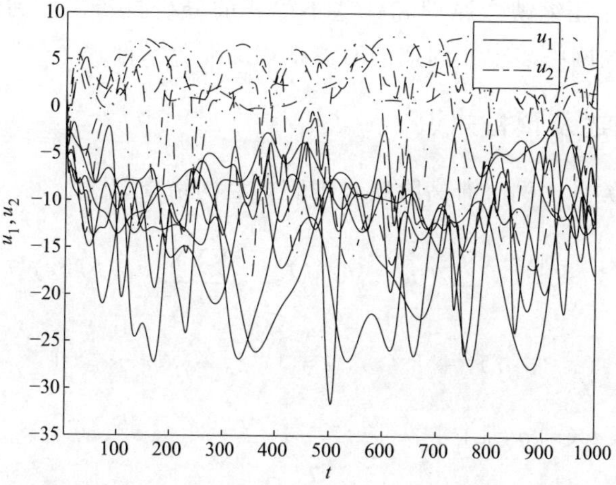

图 8-5 系统（8-17）的无脉冲效应时时间响应曲线

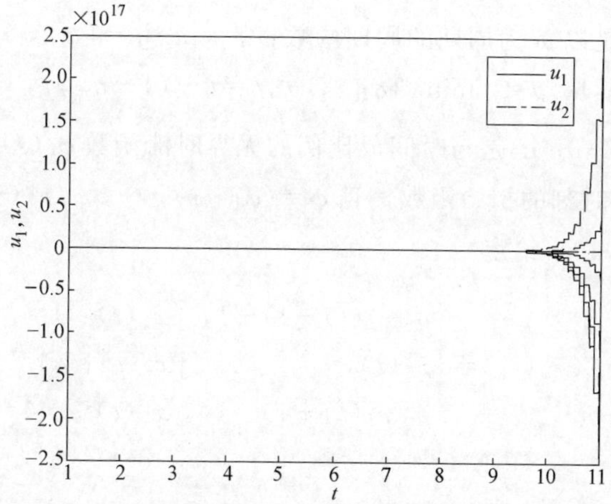

图 8-6 系统（8-17）的有脉冲效应时时间响应曲线

8.2 具比例时滞二阶广义细胞神经网络的多项式周期性

1996 年，Espejo S[9] 等为了便于神经网络的硬件实现，提出了广义细胞神经网络，其特点是提供了单元（细胞）高阶动力学线性动态部分及应用有关的任意静态非线性；各单元具有一致结构，但允许单元之间存在变化等. 与细胞神经网络相比，广义细胞神经网络可用非线性求和替代细胞神经网络中的线性求和；用多变量非线性替代细胞神经网络中单变量非线性来实现. 目前关于时滞广义的或高阶神经网络的稳定性与周期性研究取得一些成果[9-18]. 本节通过构造合适的 Lyapunov 泛函，利用 Brouwer 压缩映像原理和一些不等式的分析技巧，得到一类具比例时滞高阶广义细胞神经网络多项式周期的时滞依赖的充分条件.

8.2.1 模型描述及预备知识

考虑如下一类具比例时滞高阶广义细胞神经网络模型[19]

$$\begin{cases}\dot{x}_i(t)=-d_ih(x_i(t))+\sum\limits_{j=1}^{n}a_{ij}f_j(x_j(t))+\sum\limits_{j=1}^{n}\sum\limits_{k=1}^{n}b_{ijk}f_j(x_j(t))f_k(x_k(t))+\\ \qquad\sum\limits_{j=1}^{n}c_{ij}g_j(x_j(q_{ij}t))+I_i(t),\ i=1,2,\cdots,n,\ t\geqslant 1\\ x_i(t)=\varphi_i(s),\ t\in[q,1]\end{cases} \tag{8-18}$$

其中，$d_i>0$，a_{ij} 和 c_{ij} 为网络的一阶连接权重，b_{ijk} 为网络的二阶连接权重；$f_j(x_j(t))$ 和 $g_j(x_j(t))$ 表示第 j 个单元在 t 时刻的输出函数；$I_i(t)$ 是网络的外部输入，$I_i(t)$ 是以 ω 为周期的周期函数；q_{ij}，i，$j=1,2,\cdots,n$ 为比例时滞因子，满足 $0<q_{ij}\leqslant 1$，$q=\min\limits_{1\leqslant i,j\leqslant n}\{q_{ij}\}$，$q_{ij}t=t-(1-q_{ij})t$，当 $t\to+\infty$，$(1-q_{ij})t\to+\infty$时，$(1-q_{ij})t$ 是与时间成比例的无界时滞函数 $\varphi_i(s)\in C([q,1],\mathbb{R})$ 表示在 $t\in[q,1]$ 时刻的初始函数，且 $\boldsymbol{\phi}=(\varphi_1,\varphi_2,\cdots,\varphi_n)^{\mathrm{T}}\in C([q,1],\mathbb{R}^n)$. $h(x_i(t))$ 由式（8-19）给定

$$h(x_i(t))=\begin{cases}p(x_i(t)-1)+1, & x_i(t)\geqslant 1\\ x_i(t), & |x_i(t)|<1\\ p(x_i(t)+1)-1, & x_i(t)\leqslant -1\end{cases} \tag{8-19}$$

这里，常数 $p\geqslant 1$.

假设输出函数 $f_j(\cdot)$ 和 $g_j(x)$，$j=1,2,\cdots,n$，满足如下条件：

$$(H_1)\ |f_j(u)|\leqslant M,\ \forall u\in\mathbb{R};$$

(H_2) $f_j(\cdot)$和 $g_j(x)$ 是满足 Lipschitz 条件，即存在常数 $l_j>0$ 和 $\sigma_j>0$，使得 $|f_j(u)-f_j(v)|\leqslant l_j|u-v|$，$|g_j(u)-g_j(v)|\leqslant\sigma_j|u-v|$，$\forall u,v\in\mathbb{R}$

在式（8-18）中，当 $I_i(t)=I_i$，$i=1,2,\cdots,n$ 时，则式（8-18）变成

$$\begin{cases}\dot{x}_i(t)=-d_ih(x_i(t))+\sum_{j=1}^{n}a_{ij}f_j(x_j(t))+\sum_{j=1}^{n}\sum_{k=1}^{n}b_{ijk}f_j(x_j(t))f_k(x_k(t))+\\ \qquad\sum_{j=1}^{n}c_{ij}g_j(x_j(q_{ij}t))+I_i,\ i=1,2,\cdots,n,\ t\geqslant 1\\ x_i(t)=\varphi_i(s),\ t\in[q,1]\end{cases}\tag{8-20}$$

记

$$p_{ij}=\sum_{k=1}^{n}(b_{ijk}+b_{ikj}),$$

$$\begin{cases}D_1=\{\boldsymbol{D}=\mathrm{diag}(\mathrm{d}_i)_{n\times n}:\underline{\boldsymbol{D}}\leqslant\boldsymbol{D}\leqslant\overline{\boldsymbol{D}},\ \underline{d_i}\leqslant d_i\leqslant\overline{d}_i,\ i=1,2,\cdots,n\}\\ A_1=\{\boldsymbol{A}=(a_{ij})_{n\times n}:\underline{\boldsymbol{A}}\leqslant\boldsymbol{A}\leqslant\overline{\boldsymbol{A}},\ \underline{a}_{ij}\leqslant a_{ij}\leqslant\overline{a}_{ij},\ i,j=1,2,\cdots,n\}\\ C_1=\{\boldsymbol{C}=(c_{ij})_{n\times n}:\underline{\boldsymbol{C}}\leqslant\boldsymbol{C}\leqslant\overline{\boldsymbol{C}},\ \underline{c}_{ij}\leqslant c_{ij}\leqslant\overline{c}_{ij},\ i,j=1,2,\cdots,n\}\\ P_1=\{\boldsymbol{P}=(p_{ij})_{n\times n}:\underline{\boldsymbol{P}}\leqslant\boldsymbol{P}\leqslant\overline{\boldsymbol{P}},\ \underline{p}_{ij}\leqslant p_{ij}\leqslant\overline{p}_{ij},\ i,j=1,2,\cdots,n\}\end{cases}$$

其中，$\underline{d}_i$，$\overline{d}_i$ 是常数且 $\underline{d}_i>0$，$\overline{d}_i>0$，$\underline{\boldsymbol{D}}=\mathrm{diag}(\underline{d}_i)_{n\times n}$；$\overline{\boldsymbol{D}}=\mathrm{diag}(\overline{d}_i)_{n\times n}$；$\underline{a}_{ij}$，$\overline{a}_{ij}$，$\underline{c}_{ij}$，$\overline{c}_{ij}$，$\underline{p}_{ij}$，$\overline{p}_{ij}$ 是常数，且 $\underline{\boldsymbol{A}}=(\underline{a}_{ij})_{n\times n}$，$\overline{\boldsymbol{A}}=(\overline{a}_{ij})_{n\times n}$，$\underline{\boldsymbol{C}}=(\underline{c}_{ij})_{n\times n}$，$\overline{\boldsymbol{C}}=(\overline{c}_{ij})_{n\times n}$，$\underline{\boldsymbol{P}}=(\underline{p}_{ij})_{n\times n}$，$\overline{\boldsymbol{P}}=(\underline{p}_{ij})_{n\times n}$.

做变换 $y_i(t)=x_i(\mathrm{e}^t)$，系统（8-18）和系统（8-20）分别等价变换成如下具常时滞变系数的高阶广义细胞神经网络模型：

$$\begin{cases}\dot{y}_i(t)=\mathrm{e}^t\{-d_ih(y_i(t))+\sum_{j=1}^{n}a_{ij}f_j(y_j(t))+\sum_{j=1}^{n}\sum_{k=1}^{n}b_{ijk}f_j(y_j(t))f_k(y_k(t))+\\ \qquad\sum_{j=1}^{n}c_{ij}g_j(y_j(t-\tau_{ij}))+I_i(t)\},\ i=1,2,\cdots,n,\ t\geqslant 0\\ y_i(s)=\psi_i(s),\ s\in[-\tau,0]\end{cases}\tag{8-21}$$

和

$$\begin{cases}\dot{y}_i(t)=\mathrm{e}^t\{-d_ih(y_i(t))+\sum_{j=1}^{n}a_{ij}f_j(y_j(t))+\sum_{j=1}^{n}\sum_{k=1}^{n}b_{ijk}f_j(y_j(t))f_k(y_k(t))+\\ \qquad\sum_{j=1}^{n}c_{ij}g_j(y_j(t-\tau_{ij}))+I_i\},\ i=1,2,\cdots,n,\ t\geqslant 0\\ y_i(s)=\psi_i(s),\ s\in[-\tau,0]\end{cases}\tag{8-22}$$

其中，$\tau_{ij}=-\ln q_{ij}\geqslant 0$，$\tau=\max\limits_{1\leqslant i,j\leqslant n}\{\tau_{ij}\}=-\ln q\geqslant 0$. $\psi_i(s)=\varphi_i(\mathrm{e}^s)\in C([-\tau,0],\mathbb{R})$，$i=1,2,\cdots,n$ 是连续初始函数，$\boldsymbol{\psi}=(\psi_1,\psi_2,\cdots,\psi_n)^{\mathrm{T}}\in C([-\tau,$

0]，$\mathbb{R}^n$).

注 8-2 系统（8-21）与系统（8-22）中每一项系数中都含有 e^t，因此他们的系数是无界函数，与文献［3］中有界时变系数不同，因此系统（8-21）与系统（8-22）与文献［3］中模型不同.

设 $\boldsymbol{x}^*=(x_1^*, x_2^*, \cdots, x_n^*)^{\mathrm{T}}$是系统（8-20）的平衡点，记

$$\|\boldsymbol{\phi}-\boldsymbol{x}^*\|=\sup_{q\leqslant\theta\leqslant 1}\sum_{i=1}^{n}|\varphi_i(\theta)-y_i^*|$$

设 $\boldsymbol{y}^*=(y_1^*, y_2^*, \cdots, y_n^*)^{\mathrm{T}}$是系统（8-22）的平衡点，记

$$\|\boldsymbol{\psi}-\boldsymbol{y}^*\|=\sup_{-\tau\leqslant\theta\leqslant 0}\sum_{i=1}^{n}|\phi_i(\theta)-y_i^*|$$

引理 8-1 对任意 y_i，$\tilde{y}_i\in\mathbb{R}$，$y_i\neq\tilde{y}_i$，$l\geqslant 1$，则有 $h(y_i)-h(\tilde{y}_i)$ 与 $y_i-\tilde{y}_i$同号，且

$$\operatorname{sgn}(y_i-\tilde{y}_i)(h(y_i)-h(\tilde{y}_i))\geqslant|y_i-\tilde{y}_i|$$

其中，$h(y_i(t))$ 由式（8-19）给定.

引理 8-2 若 $f_i(y)$ 关于 y 可导，对任意 $\boldsymbol{y}(t)=(y_1(t), y_2(t), \cdots, y_n(t))^{\mathrm{T}}\in\mathbb{R}^n$，则有

$$\sum_{j=1}^{n}\sum_{k=1}^{n}b_{ijk}[f_j(y_j(t))f_k(y_k(t))-f_j(y_j^0)f_k(y_k^0)]$$

$$=\sum_{j=1}^{n}\sum_{k=1}^{n}(b_{ijk}+b_{ikj})[f_j(y_j(t))-f_j(y_j^0)]f_k(y_k^0+(y_k-y_k^0)\xi)$$

其中，$\boldsymbol{y}^0=(y_1^0, y_1^0, \cdots, y_n^0)^{\mathrm{T}}\in\mathbb{R}^n$ 为固定点，$0<\xi<1$.

8.2.2 多项式周期性与稳定性

记 $C=C([q, 1], \mathbb{R}^n)$ 是由所有从［q, 1］到 $\mathbb{R}^n$ 的连续函数组成的具有一致收敛拓扑 Banach 空间. 对任意的 $\boldsymbol{\phi}\in C$，记 $\|\boldsymbol{\phi}\|=\sup\limits_{q\leqslant t\leqslant 1}\sum\limits_{i=1}^{n}|\varphi_i(t)|$. 定义 $\boldsymbol{x}_t=\boldsymbol{x}(\theta t)$，$\theta\in[q, 1]$，$t\geqslant 1$. 记 $\|\boldsymbol{x}_t\|=\sum\limits_{i=1}^{n}\sup\limits_{q\leqslant\theta\leqslant 1}|x_i(\theta t)|$. 对 $\boldsymbol{\varphi}\in C$，定义函数 $\boldsymbol{x}_t(\boldsymbol{\varphi})=\boldsymbol{x}(\theta t, \boldsymbol{\varphi})$，$\theta\in[q, 1]$，$t\geqslant 1$. 对任意 $\boldsymbol{\varphi}$，$\tilde{\boldsymbol{\varphi}}\in C$，令 $\boldsymbol{x}(t, \boldsymbol{\varphi})=(x_1(t, \varphi_1), x_2(t, \varphi_2), \cdots, x_n(t, \varphi_n))^{\mathrm{T}}$和 $\boldsymbol{x}(t, \tilde{\boldsymbol{\varphi}})=(x_1(t, \tilde{\varphi}_1), y_2(t, \tilde{\varphi}_2), \cdots, y_n(t, \tilde{\varphi}_n))^{\mathrm{T}}$分别是系统（8-18）中通过 $\boldsymbol{\varphi}$ 和 $\tilde{\boldsymbol{\varphi}}$ 初始的解.

记 $\overline{C}=C([-\tau, 0], \mathbb{R}^n)$是由所有从［$-\tau$, 0］到 $\mathbb{R}^n$ 的连续函数组成的具有一致收敛拓扑 Banach 空间. 对任意的 $\boldsymbol{\psi}\in\overline{C}$，记 $\|\boldsymbol{\psi}\|=\sup\limits_{-\tau\leqslant t\leqslant 0}\sum\limits_{i=1}^{n}|\phi_i(t)|$. 定义

$\boldsymbol{y}_t=\boldsymbol{y}(t+\theta)$，$\theta\in[-\tau,0]$，$t\geqslant 0$. 记 $\|\boldsymbol{y}_t\|=\sum_{i=1}^{n}\sup_{-\tau\leqslant\theta\leqslant 0}|y_i(t+\theta)|$. 对 $\boldsymbol{\psi}\in\overline{C}$，定义 $\boldsymbol{y}_t(\boldsymbol{\psi})=\boldsymbol{y}(t+\theta,\boldsymbol{\psi})$，$\theta\in[-\tau,0]$，$t\geqslant 0$. 对任意 $\boldsymbol{\psi}$，$\widetilde{\boldsymbol{\psi}}\in\overline{C}$，令 $\boldsymbol{y}(t,\boldsymbol{\psi})=(y_1(t,\psi_1),y_2(t,\psi_2),\cdots,y_n(t,\psi_n))^{\mathrm{T}}$ 和 $\boldsymbol{y}(t,\widetilde{\boldsymbol{\psi}})=(y_1(t,\widetilde{\psi}_1),y_2(t,\widetilde{\psi}_2),\cdots,y_n(t,\widetilde{\psi}_n))^{\mathrm{T}}$ 分别是系统（8-21）中通过 $\boldsymbol{\psi}$ 和 $\widetilde{\boldsymbol{\psi}}$ 初始的解.

定理 8-3　如果条件（H_1）和（H_2）成立，且存在常数 $\mu>1$，使得

$$\mu-d_i+\sum_{j=1}^{n}a_{ji}^{+}l_i+\sum_{j=1}^{n}p_{ji}^{+}l_iM+\sum_{j=1}^{n}c_{ji}^{+}\sigma_i\mathrm{e}^{\mu\tau_{ji}}<0,\ i=1,2,\cdots,n \tag{8-23}$$

成立，则对每一周期性输入 $\boldsymbol{I}(t)$，系统（8-18）存在唯一的周期解，且是全局多项式周期的. 其中 $a_{ji}^{+}=\max\{|\underline{a}_{ji}|,|\overline{a}_{ji}|\}$，$c_{ji}^{+}=\max\{|\underline{c}_{ji}|,|\overline{c}_{ji}|\}$，$p_{ji}^{+}=\max\{|\underline{p}_{ji}|,|\overline{p}_{ji}|\}$，$\tau_{ij}=-\ln q_{ij}$.

证明　令 $\boldsymbol{z}(t)=\boldsymbol{y}(t,\boldsymbol{\psi})-\boldsymbol{y}(t,\widetilde{\boldsymbol{\psi}})$，由式（8-21），有

$$\begin{aligned}\dot{z}(t)=\mathrm{e}^{t}\{&-d_i(h(y_i(t,\psi_i))-h(y_i(t,\widetilde{\psi}_i)))+\\&\sum_{j=1}^{n}a_{ij}(f_j(y_j(t,\psi_j))-f_j(y_j(t,\widetilde{\psi}_j)))+\\&\sum_{j=1}^{n}\sum_{k=1}^{n}b_{ijk}(f_j(y_j(t,\psi_j))f_k(y_k(t,\widetilde{\psi}_j))-f_j(y_j(t,\psi_j))f_k(y_k(t,\widetilde{\psi}_k)))+\\&\sum_{j=1}^{n}c_{ij}(g_j(y_j(t-\tau_{ij},\psi_j))-g_j(y_j(t-\tau_{ij},\widetilde{\psi}_j)))\},\ t\geqslant 0,\ i=1,2,\cdots,n\end{aligned} \tag{8-24}$$

取如下正定的 Lyapunov 泛函

$$V(t)=\sum_{i=1}^{n}\left[|z_i(t)|\mathrm{e}^{(\mu-1)t}+\sum_{j=1}^{n}c_{ij}^{+}\sigma_j\int_{t-\tau_{ij}}^{t}|z_j(s)|\mathrm{e}^{\mu(s+\tau_{ij})}\mathrm{d}s\right] \tag{8-25}$$

由引理 8-1 及引理 8-2，沿式（8-21）计算改变率 $D^{+}V(t)$

$$\begin{aligned}D^{+}V(t)=&\sum_{i=1}^{n}[(\mu-1)|z_i(t)|\mathrm{e}^{(\mu-1)t}+D^{+}|z_i(t)|\mathrm{e}^{(\mu-1)t}+\\&\sum_{j=1}^{n}c_{ij}^{+}\sigma_j(|z_j(t)|\mathrm{e}^{\mu(t+\tau_{ij})}-|z_j(t-\tau_{ij})|\mathrm{e}^{\mu(t-\tau_{ij}+\tau_{ij})})]\\\leqslant&\sum_{i=1}^{n}[\mu|z_i(t)|\mathrm{e}^{\mu t}+D^{+}|z_i(t)|\mathrm{e}^{(\mu-1)t}+\\&\sum_{j=1}^{n}c_{ij}^{+}\sigma_j(|z_j(t)|\mathrm{e}^{\mu(t+\tau_{ij})}-|z_j(t-\tau_{ij})|\mathrm{e}^{\mu t})]\\\leqslant&\mathrm{e}^{\mu t}\sum_{i=1}^{n}\{(\mu-d_i)|z_i(t)|+\sum_{j=1}^{n}a_{ij}^{+}l_j|z_j(t)|+\sum_{j=1}^{n}p_{ij}^{+}l_jM|z_j(t)|+\end{aligned}$$

$$\sum_{j=1}^{n}c_{ij}^{+}\sigma_j \mid z_j(t-\tau_{ij})\mid+\sum_{j=1}^{n}c_{ij}^{+}\sigma_j(\mid z_j(t)\mid e^{\mu\tau_{ij}}-\mid z_j(t-\tau_{ij})\mid)\}$$

$$=e^{\mu t}\sum_{i=1}^{n}\{(\mu-d_i)\mid z_i(t)\mid+\sum_{j=1}^{n}a_{ij}^{+}l_j\mid z_j(t)\mid+$$

$$\sum_{j=1}^{n}p_{ij}^{+}l_jM\mid z_j(t)\mid+\sum_{j=1}^{n}c_{ij}^{+}\sigma_j e^{\mu\tau_{ij}}\mid z_j(t)\mid\}$$

$$=e^{\mu t}\sum_{i=1}^{n}\{(\mu-d_i)+\sum_{j=1}^{n}a_{ji}^{+}l_i+\sum_{j=1}^{n}p_{ji}^{+}l_iM+\sum_{j=1}^{n}c_{ji}^{+}\sigma_i e^{\mu\tau_{ji}}\}\mid z_i(t)\mid\leqslant 0$$

在上式中，应用式（8-23），可推导出 $D^{+}V(t)\leqslant 0$，$t>0$，这蕴涵着 $V(t)\leqslant V(0)$，$t\geqslant 0$，应用式（8-25），有

$$V(0)=\sum_{i=1}^{n}[\mid y_i(0,\psi_i)-y_i(0,\tilde{\psi}_i)\mid+\sum_{j=1}^{n}c_{ij}^{+}\sigma_j\int_{-\tau_{ij}}^{0}\mid y_i(s,\psi_i)-y_i(s,\tilde{\psi}_i)\mid e^{\mu(s+\tau_{ij})}ds]$$

$$\leqslant\left[1+\sum_{i=1}^{n}\sum_{j=1}^{n}c_{ij}^{+}\sigma_j 1/\mu(e^{\mu\tau_{ij}}-1)\right]\sup_{-\tau\leqslant\theta\leqslant 0}\sum_{i=1}^{n}\mid\psi_i(\theta)-\tilde{\psi}_i(\theta)\mid$$

$$\leqslant\left[1+\sum_{i=1}^{n}\sum_{j=1}^{n}c_{ij}^{+}\sigma_j 1/\mu e^{\mu\tau_{ij}}\right]\|\boldsymbol{\psi}-\tilde{\boldsymbol{\psi}}\|$$

$$\leqslant\left[e^{(\mu-1)\tau}+\sum_{i=1}^{n}\sum_{j=1}^{n}c_{ij}^{+}\sigma_j 1/\mu e^{\mu\tau}\right]\|\boldsymbol{\psi}-\tilde{\boldsymbol{\psi}}\|$$

$$\leqslant e^{(\mu-1)\tau}\left[1+\sum_{i=1}^{n}\sum_{j=1}^{n}c_{ij}^{+}\sigma_j 1/\mu e^{\tau}\right]\|\boldsymbol{\psi}-\tilde{\boldsymbol{\psi}}\|\leqslant\beta e^{(\mu-1)\tau}\|\boldsymbol{\psi}-\tilde{\boldsymbol{\psi}}\|$$

其中，$\beta=1+\sum_{i=1}^{n}\sum_{j=1}^{n}(1/\mu)c_{ij}^{+}\sigma_j e^{\tau}\geqslant 1$，$\|\boldsymbol{\psi}-\tilde{\boldsymbol{\psi}}\|=\sup_{-\tau\leqslant s\leqslant 0}\sum_{i=1}^{n}|\psi_i(s)-\tilde{\psi}_i(s)|$. 由式（8-25）可知

$$\sum_{i=1}^{n}|y_i(t,\psi_i)-y_i(t,\tilde{\psi}_i)|e^{(\mu-1)t}\leqslant V(t)\leqslant V(0),\ t\geqslant 0 \tag{8-26}$$

令 $\lambda=\mu-1$，有 $\lambda>0$. 由式（8-26），可得

$$\sum_{i=1}^{n}|y_i(t,\ \psi_i)-y_i(t,\ \tilde{\psi}_i)|\leqslant\beta\|\boldsymbol{\psi}-\tilde{\boldsymbol{\psi}}\|e^{-\lambda(t-\tau)},\ t\geqslant 0 \tag{8-27}$$

从而得

$$\|\boldsymbol{y}_t(\boldsymbol{\phi})-\boldsymbol{y}_t(\boldsymbol{\psi})\|\leqslant\beta\|\boldsymbol{\psi}-\tilde{\boldsymbol{\psi}}\|e^{-\lambda(t-\tau)},\ t\geqslant 0 \tag{8-28}$$

取充分大的自然数 k，使得 $\beta e^{-\lambda(k-\tau)}\leqslant 1/4$. 由式（8-27）定义一个 Poincaré 映射：

$$\boldsymbol{P}:C([-\tau,\ 0],\ \mathbb{R}^n)\rightarrow C([-\tau,\ 0],\ \mathbb{R}^n),\ \boldsymbol{P}(\boldsymbol{\psi})=y_{\omega}(\boldsymbol{\psi})$$

则

$$\boldsymbol{P}^2(\boldsymbol{\psi})=\boldsymbol{y}_{\omega}(\boldsymbol{y}_{\omega}(\boldsymbol{\psi}))=\boldsymbol{y}_{2\omega}(\boldsymbol{\psi}),\ \cdots,\ \boldsymbol{P}^k(\boldsymbol{\psi})=\boldsymbol{y}_{\omega}(\boldsymbol{y}_{(k-1)\omega}(\boldsymbol{\psi}))=\boldsymbol{y}_{k\omega}(\boldsymbol{\psi})$$

能得到

$$\|\boldsymbol{P}^k(\boldsymbol{\psi})-\boldsymbol{P}^k(\widetilde{\boldsymbol{\psi}})\|=\|\boldsymbol{y}_{k\omega}(\boldsymbol{\psi})-\boldsymbol{y}_{k\omega}(\widetilde{\boldsymbol{\psi}})\|\leqslant\alpha\mathrm{e}^{-\lambda(k-\tau)}\|\boldsymbol{\psi}-\widetilde{\boldsymbol{\psi}}\|\leqslant 1/4\|\boldsymbol{\psi}-\widetilde{\boldsymbol{\psi}}\|$$

其中，$\boldsymbol{P}^k(\boldsymbol{\psi})=\boldsymbol{y}_{k\omega}(\boldsymbol{\psi})$，因此 $\boldsymbol{P}^k$ 是将 $\overline{C}=([-\tau,0],\mathbb{R}^n)$ 映射到自身的一个压缩映射. 根据引理 1-1（Banach 压缩映射定理），存在唯一的 $\boldsymbol{\psi}^*\in C([-\tau,0],\mathbb{R}^n)$ 使得 $\boldsymbol{P}^k(\boldsymbol{\psi}^*)=\boldsymbol{\psi}^*$. 又因为 $\boldsymbol{P}^k(\boldsymbol{P}(\boldsymbol{\psi}^*))=\boldsymbol{P}(\boldsymbol{P}^k(\boldsymbol{\psi}^*))=\boldsymbol{P}(\boldsymbol{\psi}^*)$，由唯一性得到 $\boldsymbol{P}(\boldsymbol{\psi}^*)=\boldsymbol{\psi}^*$，即 $\boldsymbol{y}_\omega(\boldsymbol{\psi}^*)=\boldsymbol{\psi}^*$.

设 $\boldsymbol{y}(t,\boldsymbol{\psi}^*)$ 是经过 $\boldsymbol{\psi}^*$ 的系统（8-21）的解. 而系统（8-21）是周期的，可知 $\boldsymbol{y}(t+\omega,\boldsymbol{\psi}^*)$ 也是系统（8-21）的解. 因为 $\boldsymbol{y}_{t+\omega}(\boldsymbol{\psi}^*)=\boldsymbol{y}_t(\boldsymbol{y}_\omega(\boldsymbol{\psi}^*))=y_t(\boldsymbol{\psi}^*)$，$t\geqslant 0$，所以 $\boldsymbol{y}(t+\omega,\boldsymbol{\psi}^*)=\boldsymbol{y}(t,\boldsymbol{\psi}^*)$，即 $\boldsymbol{y}(t,\boldsymbol{\psi}^*)$ 是系统（8-21）以 ω 为周期的周期解. 由式（8-28），易知当 $t\to+\infty$ 时，系统（8-21）的所有其他解都是指数收敛到这个周期解.

将 $y_i(t)=x_i(\mathrm{e}^t)$，$\psi_i(t)=\varphi_i(\mathrm{e}^t)$，$\widetilde{\psi}_i(t)=\widetilde{\varphi}_i(\mathrm{e}^t)$，$\|\boldsymbol{\psi}-\widetilde{\boldsymbol{\psi}}\|=\sup\limits_{-\tau\leqslant\theta\leqslant 0}\sum\limits_{i=1}^{n}|\psi_i(s)-\widetilde{\psi}_i(s)|$ 和 $\tau=-\ln q$ 代入式（8-27），得

$$\sum_{i=1}^{n}|x_i(\mathrm{e}^t,\varphi_i)-x_i(\mathrm{e}^t,\widetilde{\varphi}_i)|\leqslant\beta\sup_{-\tau\leqslant s\leqslant 0}\sum_{i=1}^{n}|\varphi_i(\mathrm{e}^s)-\widetilde{\varphi}_i(\mathrm{e}^s)|\mathrm{e}^{-\lambda(t+\ln q)},\ t\geqslant 0 \tag{8-29}$$

令 $\mathrm{e}^t=\zeta$，则 $\zeta\geqslant 1$，$t=\ln\zeta\geqslant 0$；令 $\mathrm{e}^s=\xi$，则 $s=\ln\xi\in[-\tau,0]$，$\xi\in[q,1]$. 因此，由式（8-29），得

$$\sum_{i=1}^{n}|x_i(\zeta,\varphi_i)-x_i(\zeta,\widetilde{\varphi}_i)|\leqslant\beta\sup_{q\leqslant\xi\leqslant 1}\sum_{i=1}^{n}|\varphi_i(\xi)-\widetilde{\varphi}_i(\xi)|\mathrm{e}^{-\lambda(\ln\zeta+\ln q)},\ \zeta\geqslant 1 \tag{8-30}$$

选取 $\zeta=t$，代入（8-30），得

$$\sum_{i=1}^{n}|x_i(t,\varphi_i)-x_i(t,\widetilde{\varphi}_i)|\leqslant\beta\sup_{q\leqslant\xi\leqslant 1}\sum_{i=1}^{n}|\varphi_i(\xi)-\widetilde{\varphi}_i(\xi)|\mathrm{e}^{-\lambda(\ln qt)},\ t\geqslant 1 \tag{8-31}$$

从而，由（8-31），得

$$\|\boldsymbol{x}_t(\boldsymbol{\varphi})-\boldsymbol{x}_t(\widetilde{\boldsymbol{\varphi}})\|\leqslant\beta\|\boldsymbol{\varphi}-\widetilde{\boldsymbol{\varphi}}\|(qt)^{-\lambda},\ t\geqslant 1 \tag{8-32}$$

取充分大的自然数 k，使得 $\beta(qk)^{-\lambda}\leqslant 1/4$. 由式（8-32）定义一个 Poincaré 映射：

$$\boldsymbol{P}:C([q,1],\mathbb{R}^n)\to C([q,1],\mathbb{R}^n),\ \boldsymbol{P}(\boldsymbol{\psi})=x_\omega(\boldsymbol{\psi})$$

则

$$\boldsymbol{P}^2(\boldsymbol{\psi})=\boldsymbol{x}_\omega(\boldsymbol{x}_\omega(\boldsymbol{\psi}))=\boldsymbol{x}_{2\omega}(\boldsymbol{\psi}),\ \cdots,\ P^k(\boldsymbol{\psi})=\boldsymbol{x}_\omega(\boldsymbol{x}_{(k-1)\omega}(\boldsymbol{\psi}))=\boldsymbol{x}_{k\omega}(\boldsymbol{\psi})$$

能得到

$$\|\boldsymbol{P}^k(\boldsymbol{\varphi})-\boldsymbol{P}^k(\widetilde{\boldsymbol{\varphi}})\|=\|\boldsymbol{x}_{k\omega}(\boldsymbol{\varphi})-\boldsymbol{x}_{k\omega}(\widetilde{\boldsymbol{\varphi}})\|\leqslant\alpha(qk)^{-\lambda}\|\boldsymbol{\varphi}-\widetilde{\boldsymbol{\varphi}}\|\leqslant 1/4\|\boldsymbol{\varphi}-\widetilde{\boldsymbol{\varphi}}\|$$

其中 $\boldsymbol{P}^k(\boldsymbol{\varphi})=\boldsymbol{x}_{k\omega}(\boldsymbol{\varphi})$，因此 $\boldsymbol{P}^k$ 是将 $C([q,1],\mathbb{R}^n)$ 映射到自身的一个压缩映射. 根据引理 1-2（Brouwer 不动点定理），存在唯一 $\boldsymbol{\varphi}^*\in C([q,1],\mathbb{R}^n)$ 使得 $\boldsymbol{P}^k(\boldsymbol{\varphi}^*)=\boldsymbol{\varphi}^*$. 又因为 $\boldsymbol{P}^k(\boldsymbol{P}(\boldsymbol{\varphi}^*))=\boldsymbol{P}(\boldsymbol{P}^k(\boldsymbol{\varphi}^*))=\boldsymbol{P}(\boldsymbol{\varphi}^*)$，由唯一性得到 $\boldsymbol{P}(\boldsymbol{\varphi}^*)=\boldsymbol{\varphi}^*$，即 $\boldsymbol{x}_\omega(\boldsymbol{\varphi}^*)=\boldsymbol{\varphi}^*$.

设 $\boldsymbol{x}(t,\boldsymbol{\varphi}^*)$ 是经过 $\boldsymbol{\varphi}^*$ 的系统（8-18）的解. 而系统（8-18）是周期的，可知 $\boldsymbol{x}(t+\omega,\boldsymbol{\varphi}^*)$ 也是系统（8-18）的解. 因为 $\boldsymbol{x}_{t+\omega}(\boldsymbol{\varphi}^*)=\boldsymbol{x}_t(\boldsymbol{x}_\omega(\boldsymbol{\varphi}^*))=\boldsymbol{x}_t(\boldsymbol{\varphi}^*)$，$t\geqslant 1$，所以 $\boldsymbol{x}(t+\omega,\boldsymbol{\varphi}^*)=\boldsymbol{x}(t,\boldsymbol{\varphi}^*)$，即 $\boldsymbol{x}(t,\boldsymbol{\varphi}^*)$ 是系统(8-18)以 ω 为周期的周期解.由(8-32)易知，当 $t\to+\infty$ 时，系统(8-18)的所有其他解都是多项式收敛到这个周期解.

下面通过引入可调参数对定理的条件式(8-23)进行改进，使得条件有更广的适用范围.

定理 8-4 若条件(H_1)和(H_2)成立，存在实数 $\mu>1$，$m_i>0$，$i=1,2,\cdots,n$，使得

$$\mu-d_i+\sum_{j=1}^{n}m_i/m_ja_{ji}^{+}l_i+\sum_{j=1}^{n}m_j/m_jp_{ji}^{+}l_iM+\sum_{j=1}^{n}m_i/m_jc_{ji}^{+}\sigma_i\mathrm{e}^{\mu\tau_{ji}}<0 \tag{8-33}$$

成立，则对每一周期性输入 $\boldsymbol{I}(t)$，系统（8-18）存在唯一的周期解，且是全局多项式周期的. 其中，$a_{ji}^{+}=\max\{|\underline{a}_{ji}|,|\overline{a}_{ji}|\}$，$c_{ji}^{+}=\max\{|\underline{c}_{ji}|,|\overline{c}_{ji}|\}$，$p_{ji}^{+}=\max\{|\underline{p}_{ji}|,|\overline{p}_{ji}|\}$，$\tau_{ij}=-\ln q_{ij}$，$\tau=\max\limits_{1\leqslant i,j\leqslant n}\{\tau_{ij}\}$.

证明 记 $y_i(t)=m_iz_i(t)$，则

$$\begin{aligned}\dot{z}_i(t)=\mathrm{e}^t\Big\{&-d_ih(z_i(t))+1/m_i\sum_{j=1}^{n}a_{ij}f_j(m_jz_j(t))+\\&1/m_i\sum_{j=1}^{n}\sum_{k=1}^{n}b_{ijk}f_j(m_jz_j(t))f_k(m_kz_k(t))+\\&1/m_i\sum_{j=1}^{n}c_{ij}g_j(m_jz_j(t-\tau_{ij}))+1/m_iI_i(t)\Big\},\ t\geqslant 0\end{aligned}$$

令 $\boldsymbol{u}(t)=\boldsymbol{z}(t,\boldsymbol{\psi})-\boldsymbol{z}(t,\widetilde{\boldsymbol{\psi}})$，则由式（8-21），有

$$\begin{aligned}\dot{u}_i(t)=\mathrm{e}^t\Big\{&-d_i(h(z_i(t,\varphi_i))-h(z_i(t,\widetilde{\psi}_i)))+1/m_i\sum_{j=1}^{n}a_{ij}(f_j(m_jz_j(t,\varphi_j))-\\&f_j(m_jz_j(t,\widetilde{\psi}_j)))+1/m_i\sum_{j=1}^{n}\sum_{k=1}^{n}b_{ijk}(f_j(m_jz_j(t,\varphi_j))f_k(m_kz_k(t,\widetilde{\varphi}_j))-\\&f_j(m_jz_j(t,\varphi_j))f_k(m_kz_k(t,\widetilde{\psi}_j)))+1/m_i\sum_{j=1}^{n}c_{ij}(g_j(m_jz_j(t-\tau_{ij}),\varphi_j)-\\&g_j(m_jz_j(t-\tau_{ij}),\widetilde{\psi}_j))\Big\},\ t\geqslant 0,\ i=1,2,\cdots,n\end{aligned} \tag{8-34}$$

取如下正定 Lyapunov 泛函

$$V(t)=\sum_{i=1}^{n}\left[|u_i(t)|e^{(\mu-1)t}+1/m_i\sum_{j=1}^{n}m_jc_{ij}^{+}\sigma_j\int_{t-\tau_{ij}}^{t}|u_j(s)|e^{\mu(s+\tau_{ij})}ds\right] \tag{8-35}$$

由引理 8-1 及引理 8-2，沿式（8-21）计算改变率 $D^{+}V(t)$，由式（8-34），得

$$\begin{aligned}D^{+}V(t)=&\sum_{i=1}^{n}[(\mu-1)|u_i(t)|e^{(\mu-1)t}+D^{+}|u_i(t)|e^{(\mu-1)t}+\\&1/m_i\sum_{j=1}^{n}m_jc_{ij}^{+}\sigma_j(|u_j(t)|e^{\mu(t+\tau_{ij})}-|u_j(t-\tau_{ij})|e^{\mu(t-\tau_{ij}+\tau_{ij})})]\\\leqslant&\sum_{i=1}^{n}[\mu|u_i(t)|e^{\mu t}+D^{+}|u_i(t)|e^{(\mu-1)t}+\\&1/m_i\sum_{j=1}^{n}m_jc_{ij}^{+}\sigma_j(|u_j(t)|e^{\mu(t+\tau_{ij})}-|u_j(t-\tau_{ij})|e^{\mu t})]\\\leqslant&e^{\mu t}\sum_{i=1}^{n}\Big\{(\mu-d_i)|u_i(t)|+1/m_i\sum_{j=1}^{n}a_{ij}^{+}m_jl_j|u_j(t)|+\\&1/m_i\sum_{j=1}^{n}p_{ij}^{+}m_jl_jM|u_j(t)|+1/m_i\sum_{j=1}^{n}m_jc_{ij}^{+}\sigma_j|u_j(t-\tau_{ij})|+\\&1/m_i\sum_{j=1}^{n}m_jc_{ij}^{+}\sigma_j(|u_j(t)|e^{\mu\tau_{ij}}-|u_j(t-\tau_{ij})|)\Big\}\\\leqslant&e^{\mu t}\sum_{i=1}^{n}\Big\{(\mu-d_i)|u_i(t)|+\sum_{j=1}^{n}a_{ij}^{+}m_j/m_il_j|u_j(t)|+\\&\sum_{j=1}^{n}m_j/m_ip_{ij}^{+}l_jM|u_j(t)|+\sum_{j=1}^{n}m_j/m_ic_{ij}^{+}\sigma_je^{\mu\tau_{ij}}|u_j(t)|\Big\}\\=&e^{\mu t}\sum_{i=1}^{n}\Big\{(\mu-d_i)+\sum_{j=1}^{n}m_i/m_ja_{ji}^{+}l_i+\sum_{j=1}^{n}m_i/m_jp_{ji}^{+}l_iM+\\&\sum_{j=1}^{n}m_i/m_jc_{ji}^{+}\sigma_ie^{\mu\tau_{ji}}\Big\}|u_i(t)|\geqslant 0\end{aligned}$$

在上式中，应用式（8-33）可推导出 $D^{+}V(t)\leqslant 0$，$t\geqslant 0$，这蕴涵着 $V(t)\leqslant V(0)$，$t\geqslant 0$，应用式（8-35），有

$$\sum_{i=1}^{n}|u_i(t)|e^{(\mu-1)t}\leqslant V(t)\leqslant V(0),\ t\geqslant 0 \tag{8-36}$$

而

$$V(0)=\sum_{i=1}^{n}\Big(\mid u_i(0)\mid+1/m_i\sum_{j=1}^{n}m_jc_{ij}^{+}\sigma_j\int_{-\tau_{ij}}^{0}\mid u_j(s)\mid \mathrm{e}^{\mu(s+\tau_{ij})}\mathrm{d}s\Big)$$

$$\leqslant\Big(1+\sum_{i=1}^{n}\sum_{j=1}^{n}m_i/(\mu m_j)c_{ji}^{+}\sigma_i\mathrm{e}^{\mu\tau}\Big)\sup_{-\tau\leqslant\theta\leqslant 0}\sum_{i=1}^{n}\mid u_i(\theta)\mid$$

$$\leqslant\Big(\mathrm{e}^{(\mu-1)\tau}+\sum_{i=1}^{n}\sum_{j=1}^{n}m_i/(\mu m_j)c_{ji}^{+}\sigma_i\mathrm{e}^{\mu\tau}\Big)\sup_{-\tau\leqslant\theta\leqslant 0}\sum_{i=1}^{n}\mid u_i(\theta)\mid$$

$$\leqslant\mathrm{e}^{(\mu-1)\tau}\Big(1+\sum_{i=1}^{n}\sum_{j=1}^{n}m_i/(\mu m_j)c_{ji}^{+}\sigma_i\mathrm{e}^{\tau}\Big)\sup_{-\tau\leqslant\theta\leqslant 0}\sum_{i=1}^{n}\mid u_i(\theta)\mid$$

$$\leqslant k\mathrm{e}^{(\mu-1)\tau}\sup_{-\tau\leqslant\theta\leqslant 0}\sum_{i=1}^{n}\mid u_i(\theta)\mid$$

其中，$k=1+\sum_{i=1}^{n}\sum_{j=1}^{n}m_i/m_j(c_{ji}^{+}\sigma_i/\mu)\mathrm{e}^{\tau}\geqslant 1$. 取 $\lambda=\mu-1$，有 $\lambda>0$，由式（8-36），可得

$$\sum_{i=1}^{n}|u_i(t)|\leqslant k\mathrm{e}^{-\lambda(t-\tau)}\sup_{-\tau\leqslant\theta\leqslant 0}\sum_{i=1}^{n}|u_i(\theta)|$$

又由

$$\sum_{i=1}^{n}\mid y_i(t,\phi_i)-y_i(t,\tilde{\psi}_i)\mid=\sum_{i=1}^{n}m_i\mid u_i(t)\mid\leqslant\max_{1\leqslant i\leqslant n}\{m_i\}\sum_{i=1}^{n}\mid u_i(t)\mid$$

$$\leqslant\max_{1\leqslant i\leqslant n}\{m_i\}k\mathrm{e}^{-\lambda(t-\tau)}\sup_{-\tau\leqslant\theta\leqslant 0}\sum_{i=1}^{n}\mid u_i(\theta)\mid$$

$$\leqslant\max_{1\leqslant i\leqslant n}\{m_i\}k\mathrm{e}^{-\lambda(t-\tau)}\max_{1\leqslant i\leqslant n}\{1/m_i\}\sup_{-\tau\leqslant\theta\leqslant 0}\sum_{i=1}^{n}\mid\phi_i(\theta)-\psi_i(\theta)\mid$$

$$\leqslant\beta\mathrm{e}^{-\lambda(t-\tau)}\|\boldsymbol{\psi}-\tilde{\boldsymbol{\psi}}\|$$

其中，$\beta=k\max_{1\leqslant i\leqslant n}\{m_i\}\max_{1\leqslant i\leqslant n}\{1/m_i\}\geqslant 1$. 从而有

$$\|\boldsymbol{y}_t(\boldsymbol{\psi})-\boldsymbol{y}_t(\tilde{\boldsymbol{\psi}})\|\leqslant\beta\|\boldsymbol{\psi}-\tilde{\boldsymbol{\psi}}\|\mathrm{e}^{-\lambda(t-\tau)},\ t\geqslant 0$$

余下部分的证明同定理的证明相同，这里省略.

推论 8-1 若系统（8-20）满足条件（H_1）和（H_2），且存在常数 $\mu>1$，使得

$$\mu-d_i+\sum_{j=1}^{n}a_{ji}^{+}l_i+\sum_{j=1}^{n}p_{ji}^{+}l_iM+\sum_{j=1}^{n}c_{ji}^{+}\sigma_i\mathrm{e}^{\mu\tau_{ji}}<0,\ i=1,2,\cdots,n$$

成立，则系统（8-20）存在唯一平衡点 $\boldsymbol{x}^*$，且是全局多项式稳定的. 其中，

$$a_{ji}^{+}=\max\{|\underline{a}_{ji}|,|\overline{a}_{ji}|\},\ c_{ji}^{+}=\max\{|\underline{c}_{ji}|,|\overline{c}_{ji}|\},$$

$$p_{ji}^{+}=\max\{|\underline{p}_{ji}|,|\overline{p}_{ji}|\},\ \tau_{ij}=-\ln q_{ij}\geqslant 0.$$

推论 8-2 若系统（8-20）满足（H_1）和（H_2），且存在常数 $\mu>1$，$m_i>0$，$i=1,2,\cdots,n$，使得

$$\mu-d_i+\sum_{j=1}^{n}m_i/m_j a_{ji}^{+}l_i+\sum_{j=1}^{n}m_i/m_j p_{ji}^{+}l_i M+$$
$$\sum_{j=1}^{n}m_i/m_j c_{ji}^{+}\sigma_i \mathrm{e}^{\mu\tau_{ji}}<0,\ i=1,2,\cdots,n$$

成立，则系统（8-20）存在唯一平衡点 $\boldsymbol{x}^*$，且是全局多项式稳定的. 其中

$$a_{ji}^{+}=\max\{|\underline{a}_{ji}|,\ |\overline{a}_{ji}|\},\ c_{ji}^{+}=\max\{|\underline{c}_{ji}|,\ |\overline{c}_{ji}|\},$$
$$p_{ji}^{+}=\max\{|\underline{p}_{ji}|,\ |\overline{p}_{ji}|\},\ \tau_{ij}=-\ln q_{ij}\geqslant 0.$$

注 8-3　若在式（8-18）中令 $b_{ijk}=0$，$q_{ij}=q$，i，j，$k=1$，2，…，n，得到文献［20］中研究的模型，文献［20］所得的结果是时滞独立的，本节的结果是时滞依赖的.

8.2.3　数值算例及仿真

例 8-4　考虑二阶时滞神经网络系统

$$\begin{cases}\dot{x}_1(t)=-d_1h(x_1(t))+\sum\limits_{j=1}^{2}a_{1j}f_j(x_j(t))+\sum\limits_{j=1}^{2}\sum\limits_{k=1}^{2}b_{1jk}f_j(x_j(t))f_k(x_k(t))+\\ \qquad\sum\limits_{j=1}^{2}c_{1j}g_j(x_j(q_{1j}t))+2\sin(t/4)\\ \dot{x}_2(t)=-d_2h(x_2(t))+\sum\limits_{j=1}^{2}a_{2j}f_j(x_j(t))+\sum\limits_{j=1}^{2}\sum\limits_{k=1}^{2}b_{2jk}f_j(x_j(t))f_k(x_k(t))+\\ \qquad\sum\limits_{j=1}^{2}c_{2j}g_j(x_j(q_{2j}t))+\cos(t/4)\end{cases}\tag{8-37}$$

其中，

$$h(x_i(t))=\begin{cases}3(x_i(t)-1)+1, & x_i(t)\geqslant 1\\ x_i(t), & |x_i(t)|<1,i=1,2\\ 3(x_i(t)+1)-1, & x_i(t)\leqslant -1\end{cases}$$

取比例时滞因子为 $q_{11}=0.2$，$q_{12}=0.4$，$q_{21}=0.6$，$q_{22}=0.8$，有 $\tau_{11}=-\ln 0.2\approx 1.6094$，$\tau_{12}=-\ln 0.4\approx 0.9163$，$\tau_{21}=-\ln 0.6\approx 0.5108$，$\tau_{22}=-\ln 0.8\approx 0.2231$；取激活函数为 $f_j(x_j(t))=\tanh(x_j(t))$，$g_j(x_j(t))=0.5(|x_j(t)+1|-|x_j(t)-1|)$，$j=1$，2，则 $l_1=l_2=1$，$\sigma_1=\sigma_2=1$，$M=1$.

取 $d_1=17$，$d_2=8$，$a_{11}=a_{21}=-3$，$a_{12}=-2$，$a_{22}=2$，$b_{111}=b_{112}=b_{211}=1$，$b_{121}=2$，$b_{122}=-1$，$b_{212}=0$，$b_{221}=2$，$b_{222}=3$，$c_{11}=2$，$c_{12}=-2$，$c_{21}=c_{22}=3$，有 $p_{11}=5$，$p_{21}=3$，$p_{12}=1$，$p_{22}=8$.

取 $m_1=1$，$m_2=3$，$\mu=1.1$，计算，得

$$\mathrm{e}^{\mu\tau_{11}}=5.8728,\ \mathrm{e}^{\mu\tau_{12}}=2.7399,\ \mathrm{e}^{\mu\tau_{21}}=1.7540,\ \mathrm{e}^{\mu\tau_{22}}=1.2782$$

容易验证

$$\mu - d_1 + \sum_{j=1}^{2} m_1/m_j a_{j1}^{+} l_1 + \sum_{j=1}^{2} m_1/m_j p_{j1}^{+} l_1 M + \sum_{j=1}^{2} m_1/m_j c_{j1}^{+} \sigma_1 e^{\mu\tau_{j1}} = -0.4004 < 0$$

$$\mu - d_2 + \sum_{j=1}^{2} m_2/m_j a_{j2}^{+} l_2 + \sum_{j=1}^{2} m_2/m_j p_{j2}^{+} l_2 M + \sum_{j=1}^{2} m_2/m_j c_{j2}^{+} \sigma_2 e^{\mu\tau_{j2}} = -0.4148 < 0$$

从而满足定理 8-4，因此系统（8-37）存在唯一周期解且是全局多项式收敛的. 从 $(0, 0)^T$ 初始的时间响应曲线，如图 8-7 所示.

同时，计算，得

$$\mu - d_1 + \sum_{j=1}^{2} a_{j1}^{+} l_1 + \sum_{j=1}^{2} p_{j1}^{+} l_1 M + \sum_{j=1}^{2} c_{j1}^{+} \sigma_1 e^{\mu\tau_{j1}} = 3.1076 > 0$$

不满足定理 8-3 的条件，因此由定理 8-3 不能说明此网络是全局多项式周期的. 由此也可以看出，定理 8-4 是对定理 8-3 的改进，适用的范围更广.

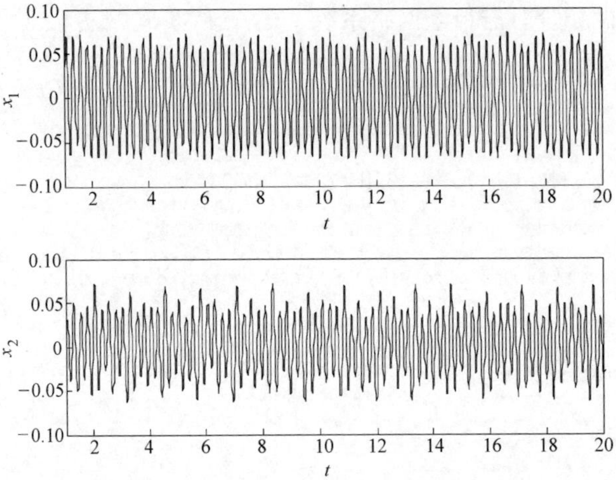

图 8-7　系统（8-37）的从 $(0, 0)^T$ 初始的时间响应曲线

参考文献

[1] Hopfield J. Neurons with graded response have collective computational properties like those of two-state neurons [J]. In Proceedings of the National Academy Sciences, USA, 1984, 81 (10): 3088-3092.

[2] 胡军浩，陈华锋，赵新泉. 带时滞的脉冲二阶 Hopfield 神经网络的周期解全局指数稳定性 [J]. 中南民族大学学报：自然科学版，2006，25 (3)：96-100.

[3] Pei J N, Xu D Y, Yang Z C, et al. Stability analysis of second order Hopfield neural networks with time delays [J]. Lecture Notes in Computer Science. 2005, 3496: 241-246.

[4] 裴冀南. 具有时滞的二阶 Hopfield 神经网络的全局动力性 [J]. 重庆教育学院学报，2005，18 (3)：5-7，10.

[5] 杨志春，徐道义. 具变时滞和脉冲效应的 Hopfield 神经网络的全局指数稳定性 [J]. 应用数学和力学，2006，27 (11)：1329-1334.

[6] Zhang L L, Fan R L, Liu A P, et al. Existence and stability of periodic solution for impulsive Hopfield cellular neural networks with distributed delays [J]. Applied Mechanics and Materials, 2013, 275-277: 2606-2605.

[7] Chen W, Gong S H. Global exponential stability of anti-periodic solution for impulsive high-order Hopfield neural networks [J]. Abstract and Applied Analysis, 2014: 1-11.

[8] 刘学婷，周立群. 一类具比例时滞脉冲二阶 Hopfield 神经网络的全局指数稳定性 [J]. 黑龙江大学自然科学学报，2015，32 (3)：312-318.

[9] Espejo S, Carmona R, Castro R D, et al. A VL SI-oriented continuous-time CNN model [J]. International Journal of Circuit Theory and Applications, 1996, 24 (3): 341-356.

[10] 周凤燕. 噪声扰动下的广义时滞细胞神经网络稳定性分析 [J]. 工程数学学报，2011，28 (5)：655-664.

[11] 沈轶，廖晓昕. 广义的时滞细胞神经网络的动态分析 [J]. 电子学报，1999，27 (10)：62-64.

[12] Wan A H, Peng J G, Wang M S. Exponential stability of a class of generalized cellular neural networks with time-varing delays [J]. Neurocomputing, 2006, 69 (10-12): 959-963.

[13] 杨凤建，张朝龙，等. 具有时滞的广义 BAM 脉冲神经网络的全局指数稳定性 [J]. 生物数学学报，2008，23 (4)：587-593.

[14] Liao X F, Wong K W, Li C G. Global exponential stability of a class of generalized cellular neural networks with distributed delays [J]. Nonlinear Analysis: Real World Applications, 2004, 5 (3): 527-547.

[15] Liu Y. Dynamics of Higher-order Cohen-Grossberg neural networks with variable and distributed delays [J]. 复旦学报：自然科学版，2011，50 (1)：23-38.

[16] Qiu F, Cui B, Wu W. Global exponential stability of high order recurrent neural network with time-varing delays [J]. Applied Mathematical and Modelling, 2009, 33 (1): 198-217.

[17] 马成荣. 高阶 S-分布时滞广义细胞神经网络的全局指数稳定性 [J]. 生物数学学报，2011，26 (3)：459-468.

[18] 周立群，翁良燕. 高阶变时滞广义细胞神经网络的全局指数周期性 [J]. 数学的实践与认识，2013，43 (14)：271-279.

[19] 周立群. 具比例时滞高阶广义细胞神经网络的全局指数周期性 [J]. 系统科学与数学，2015，35 (9)：1104-1116.

[20] 张迎迎，周立群. 一类具多比例延时细胞神经网络的指数稳定性 [J]. 电子学报，2012，40 (6)：1159-1163.

第 9 章

基于比例时滞Lagrange神经网络稳定性的二次规划问题求解

二次规划问题普遍存在于实际生活中，无论是在生产组织还是计划改进的过程中，也可以说成是物力资源和人力资源合理安排问题[1]. 1986 年，Tank 和 Hopfield[1]首先提出了一种神经网络（TH 网络）来解决线性规划问题，因为网络运行过程中时滞是不可避免的. 文献［2-6］讨论了用时滞神经网络来精确求解线性二次规划问题. 文献［2］介绍了 Lagrange 神经网络和它的收敛特性. 文献［3，4］研究了常时滞 Lagrange 神经网络及其收敛性，并讨论了二次规划最优求解的问题. 文献［5，6］研究了为解决二次规划问题通过运用变时滞 Lagrange 神经网络的办法. 比例时滞是一种无界的时变时滞，关于具比例时滞神经网络的动力学行为的研究已经有一些，如文献［7-12］. 本章对基于比例时滞 Lagrange 神经网络稳定性求解二次规划问题进行初步探讨.

9.1 二次规划问题

考虑如下的二次规划问题

$$\begin{cases} \min \dfrac{1}{2}\boldsymbol{u}^{\mathrm{T}}\boldsymbol{Q}\boldsymbol{u}+\boldsymbol{c}^{\mathrm{T}}\boldsymbol{u} \\ s.t.\ \boldsymbol{A}\boldsymbol{u}=\boldsymbol{b} \end{cases} \tag{9-1}$$

其中，$\boldsymbol{u}$ 为设计变量，$\boldsymbol{Q}\in\mathbb{R}^{n\times n}$ 为半正定矩阵，$\boldsymbol{c}\in\mathbb{R}^{n}$，$\boldsymbol{A}\in\mathbb{R}^{m\times n}$，$\boldsymbol{b}\in\mathbb{R}^{m}$，并假设可行域 $\Omega=\{\boldsymbol{u}\in\mathbb{R}^{n}\,|\,\boldsymbol{A}\boldsymbol{u}-\boldsymbol{b}=\boldsymbol{0}\}$ 为非空集合.

9.2 比例时滞 Lagrange 神经网络的模型建立

定义 9-1 Lagrange 函数 $L(\boldsymbol{u},\boldsymbol{v})$ 为

$$L(\boldsymbol{u},\boldsymbol{v})=\frac{1}{2}\boldsymbol{u}^{\mathrm{T}}\boldsymbol{Q}\boldsymbol{u}+\boldsymbol{c}^{\mathrm{T}}\boldsymbol{u}-\boldsymbol{v}^{\mathrm{T}}(\boldsymbol{A}\boldsymbol{u}-\boldsymbol{b})$$

其中，$\boldsymbol{v}\in\mathbb{R}^{m}$ 是 Lagrange 乘子.

若 $\boldsymbol{u}^{*}$ 是问题式（9-1）的解，即存在 $\boldsymbol{v}^{*}$，使得（$\boldsymbol{u}^{*}$，$\boldsymbol{v}^{*}$）满足下列

Lagrange 条件（见文献［13］）：

$$\begin{cases}\nabla L_{\boldsymbol{u}}(\boldsymbol{u},\boldsymbol{v})=\boldsymbol{Q}\boldsymbol{u}+\boldsymbol{c}-\boldsymbol{A}^{\mathrm{T}}\boldsymbol{v}=\boldsymbol{0}\\ \nabla L_{\boldsymbol{v}}(\boldsymbol{u},\boldsymbol{v})=\boldsymbol{A}\boldsymbol{u}-\boldsymbol{b}=\boldsymbol{0}\end{cases} \tag{9-2}$$

其中，∇L 是 L 的梯度.

令

$$\boldsymbol{W}=\begin{pmatrix}\boldsymbol{Q} & -\boldsymbol{A}^{\mathrm{T}}\\ \boldsymbol{A} & \boldsymbol{0}\end{pmatrix},\ \boldsymbol{J}=\begin{pmatrix}\boldsymbol{c}\\ -\boldsymbol{b}\end{pmatrix},\ \boldsymbol{y}=\begin{pmatrix}\boldsymbol{u}\\ \boldsymbol{v}\end{pmatrix}$$

于是问题式（9-1）的 Lagrange 神经网络可写为

$$\dot{\boldsymbol{y}}(t)=-(\boldsymbol{W}\boldsymbol{y}+\boldsymbol{J}) \tag{9-3}$$

实际上，如果$\boldsymbol{W}$是满秩的，则式（9-3）的解就是不稳定的. 于是在式（9-3）中考虑比例时滞的影响，便得到如下网络

$$\dot{\boldsymbol{y}}(t)=-(\boldsymbol{D}+\boldsymbol{W})\boldsymbol{y}(t)+\boldsymbol{D}\boldsymbol{y}(qt)-\boldsymbol{J} \tag{9-4}$$

其中，$\boldsymbol{D}\times\mathbb{R}^{(n+m)\times(n+m)}$，$q$ 为比例时滞因子，满足 $0<q\leqslant 1$，$(1-q)t$ 是时滞函数，初始条件为 $\boldsymbol{y}(s)=\boldsymbol{\Phi}(s),s\in[q,1]$，$\boldsymbol{\Phi}(s)\in C([q,1],\mathbb{R}^{n+m})$.

注 9-1　当 $q=1$ 时，式（9-3）是式（9-4）的一种特殊形式. 并且易知式（9-3）和式（9-4）有相同的平衡点. 因此式（9-4）的平衡点就是问题式（9-1）中所求的精确解.

根据文献［14］，若 $\boldsymbol{u}^*$ 是式（9-1）的最优解，当且仅当 $\boldsymbol{v}^*$ 存在，使得 $\boldsymbol{y}^*=(\boldsymbol{u}^*,\boldsymbol{v}^*)^{\mathrm{T}}$ 是时滞网络（9-4）的一个平衡点.

进行变换 $\boldsymbol{x}(t)=\boldsymbol{y}(\mathrm{e}^t)$，则可以将式（9-4）等价变换成如下形式[15]：

$$\dot{\boldsymbol{x}}(t)=\mathrm{e}^t\{-(\boldsymbol{D}+\boldsymbol{W})\boldsymbol{x}(t)+\boldsymbol{D}\boldsymbol{x}(t-\tau)-\boldsymbol{J}\},\ t>0 \tag{9-5}$$

其中，$\tau=-\ln q\geqslant 0$.

系统（9-5）相应的初始条件为

$$\boldsymbol{\Psi}(s)=\boldsymbol{\Phi}(\mathrm{e}^s),\ s\in[-\tau,0],\ \boldsymbol{\Psi}(s)\in C([-\tau,0],\mathbb{R}^{(n+m)})$$

注 9-2　系统（9-4）和系统（9-5）具有相同的平衡点，因此可通过讨论系统（9-5）的平衡点的稳定性，来确定系统（9-4）的平衡点相应的稳定性.

对网络（9-5）做变换 $\boldsymbol{z}(t)=\boldsymbol{x}(t)-\boldsymbol{x}^*$，$\boldsymbol{x}^*$ 是网络（9-5）的一个平衡点，则网络

$$\dot{\boldsymbol{z}}(t)=\mathrm{e}^t\{-\boldsymbol{A}_0\boldsymbol{z}(t)+\boldsymbol{A}_1\boldsymbol{z}(t-\tau)\} \tag{9-6}$$

其中，$\boldsymbol{A}_0=\boldsymbol{D}+\boldsymbol{W}$，$\boldsymbol{A}_1=\boldsymbol{D}$. 式（9-6）相应的初始条件为 $\boldsymbol{\Theta}(s)=\boldsymbol{\Psi}(s)-\boldsymbol{x}^*$.

由引理 1-4，可得如下引理.

引理 9-1　若存在实矩阵 $\boldsymbol{H}$，$\boldsymbol{L}$ 和 $\boldsymbol{K}$，且 $\boldsymbol{K}>0$，则对于任意向量 $\boldsymbol{x}\in\mathbb{R}^n$ 和 $\boldsymbol{y}\in\mathbb{R}^n$，有

$$2\boldsymbol{z}\boldsymbol{H}\boldsymbol{L}\boldsymbol{y}\leqslant\boldsymbol{z}^{\mathrm{T}}\boldsymbol{H}\boldsymbol{K}^{-1}\boldsymbol{H}^{\mathrm{T}}\boldsymbol{z}+\boldsymbol{y}^{\mathrm{T}}\boldsymbol{L}^{\mathrm{T}}\boldsymbol{K}\boldsymbol{L}\boldsymbol{y}$$

成立.

引理 9-2[16] （Bellman 不等式）设 $R>0$ 是一个常数，$y(t)$，$g(t)$ 与 $r(t)$ 在区间 $[a-R,\ b]$ 上是连续非负函数，$0\leqslant r(t)\leqslant R$，且满足

$$y(t)\leqslant M_0+M_1\int_a^t y(s-r(s))g(s)\mathrm{d}s,\ t\in[a,\ b]$$

其中，M_0 和 M_1 都是正的常数，则

$$y(t)\leqslant M_0\mathrm{e}^{M_1\int_a^t g(s)\mathrm{d}s}$$

9.3 比例时滞 Lagrange 神经网络的稳定性

首先考虑系统（9-6）的平衡点的全局指数稳定性.

定理 9-1[17] 如果存在正定对称矩阵 $\boldsymbol{P}$、$\boldsymbol{Q}$、$\boldsymbol{R}$ 和 $\boldsymbol{S}$，使得如下 LMI 成立

$$\boldsymbol{\Omega}=\begin{pmatrix}\boldsymbol{\Omega}_{11} & \boldsymbol{\Omega}_{12}\\ * & \boldsymbol{\Omega}_{22}\end{pmatrix}<0 \tag{9-7}$$

则系统（9-6）的平凡解是全局指数稳定的. 其中，

$$\boldsymbol{\Omega}_{11}=-\boldsymbol{P}(\boldsymbol{D}+\boldsymbol{W})-(\boldsymbol{D}+\boldsymbol{W})^{\mathrm{T}}\boldsymbol{P}+\boldsymbol{Q}+\boldsymbol{R}+\tau^2(\boldsymbol{D}+\boldsymbol{W})^{\mathrm{T}}\boldsymbol{S}(\boldsymbol{D}+\boldsymbol{W})$$
$$\boldsymbol{\Omega}_{12}=\boldsymbol{PD}-\tau^2(\boldsymbol{D}+\boldsymbol{W})^{\mathrm{T}}\boldsymbol{SD}$$
$$\boldsymbol{\Omega}_{22}=-\boldsymbol{R}-\boldsymbol{Q}+\tau^2\boldsymbol{D}^{\mathrm{T}}\boldsymbol{SD}$$

其中，$\tau=-\ln q>0$.

证明 考虑如下 Lyapunov 泛函

$$V(t)=V_1(t)+V_2(t)+V_3(t) \tag{9-8}$$

其中

$$V_1(t)=\mathrm{e}^{-t}\boldsymbol{z}^{\mathrm{T}}(t)\boldsymbol{Pz}(t)+\int_{t-\tau}^{t}\boldsymbol{z}^{\mathrm{T}}(\alpha)\boldsymbol{Qz}(\alpha)\mathrm{d}\alpha$$

$$V_2(t)=\int_{t-\tau}^{t}\boldsymbol{z}^{\mathrm{T}}(\alpha)\boldsymbol{Rz}(\alpha)\mathrm{d}\alpha$$

$$V_3(t)=\int_{-\tau}^{0}\int_{t+\beta}^{t}\mathrm{e}^{-2t}\tau\dot{\boldsymbol{z}}^{\mathrm{T}}(\alpha)\boldsymbol{S}\dot{\boldsymbol{z}}(\alpha)\mathrm{d}\alpha\,\mathrm{d}\beta$$

下面求式（9-8）沿系统（9-6）的轨迹的时间导数.

$V_1(t)$ 沿系统（9-6）的时间求导，得

$$\begin{aligned}\dot{V}_1(t)=&-\mathrm{e}^{-t}\boldsymbol{z}^{\mathrm{T}}(t)\boldsymbol{Pz}(t)+\mathrm{e}^{-t}\dot{\boldsymbol{z}}^{\mathrm{T}}(t)\boldsymbol{Pz}(t)+\mathrm{e}^{-t}\boldsymbol{z}^{\mathrm{T}}(t)\boldsymbol{P}\dot{\boldsymbol{z}}(t)+\\&\boldsymbol{z}^{\mathrm{T}}(t)\boldsymbol{Qz}(t)-\boldsymbol{z}^{\mathrm{T}}(t-\tau)\boldsymbol{Pz}(t-\tau)\\\leqslant&\,\mathrm{e}^{-t}\dot{\boldsymbol{z}}^{\mathrm{T}}(t)\boldsymbol{Pz}(t)+\mathrm{e}^{-t}\boldsymbol{z}^{\mathrm{T}}(t)\boldsymbol{P}\dot{\boldsymbol{z}}(t)+\boldsymbol{z}^{\mathrm{T}}(t)\boldsymbol{Qz}(t)-\boldsymbol{z}^{\mathrm{T}}(t-\tau)\boldsymbol{Pz}(t-\tau)\\=&[-(\boldsymbol{D}+\boldsymbol{W})\boldsymbol{z}(t)+\boldsymbol{Dz}(t-\tau)]^{\mathrm{T}}\boldsymbol{Pz}(t)+\boldsymbol{z}^{\mathrm{T}}(t)\boldsymbol{P}[-(\boldsymbol{D}+\boldsymbol{W})\boldsymbol{z}(t)+\\&\boldsymbol{Dz}(t-\tau)]+\boldsymbol{z}^{\mathrm{T}}(t)\boldsymbol{Qz}(t)-\boldsymbol{z}^{\mathrm{T}}(t-\tau)\boldsymbol{Pz}(t-\tau)\\=&[-\boldsymbol{z}^{\mathrm{T}}(t)(\boldsymbol{D}+\boldsymbol{W})^{\mathrm{T}}+\boldsymbol{z}^{\mathrm{T}}(t-\tau)\boldsymbol{D}^{\mathrm{T}}]\boldsymbol{Pz}(t)+\boldsymbol{z}^{\mathrm{T}}(t)\boldsymbol{P}[-(\boldsymbol{D}+\boldsymbol{W})\boldsymbol{z}(t)+\\&\boldsymbol{Dz}(t-\tau)]+\boldsymbol{z}^{\mathrm{T}}(t)\boldsymbol{Qz}(t)-\boldsymbol{z}^{\mathrm{T}}(t-\tau)\boldsymbol{Pz}(t-\tau)\\=&\,\boldsymbol{z}^{\mathrm{T}}(t)[-(\boldsymbol{D}+\boldsymbol{W})^{\mathrm{T}}\boldsymbol{P}-\boldsymbol{P}(\boldsymbol{D}+\boldsymbol{W})+\boldsymbol{Q}]\boldsymbol{z}(t)+\boldsymbol{z}^{\mathrm{T}}(t-\tau)\boldsymbol{D}^{\mathrm{T}}\boldsymbol{Pz}(t)+\end{aligned}$$

$$\boldsymbol{z}^{\mathrm{T}}(t)\boldsymbol{PDz}(t-\tau)-\boldsymbol{z}^{\mathrm{T}}(t-\tau)\boldsymbol{Pz}(t-\tau) \tag{9-9}$$

$V_2(t)$ 沿系统（9-6）对时间求导，得

$$\dot{V}_2(t)=\boldsymbol{z}^{\mathrm{T}}(t)\boldsymbol{Rz}(t)-\boldsymbol{z}^{\mathrm{T}}(t-\tau)\boldsymbol{Rz}(t-\tau) \tag{9-10}$$

$V_3(t)$ 沿系统（9-6）对时间求导，得

$$\begin{aligned}\dot{V}_3(t)=&-\mathrm{e}^{-2t}\int_{-\tau}^{0}\int_{t+\beta}^{t}\tau\dot{\boldsymbol{z}}^{\mathrm{T}}(\alpha)\boldsymbol{S}\dot{\boldsymbol{z}}(\alpha)\mathrm{d}\alpha\mathrm{d}\beta+\mathrm{e}^{-2t}\int_{-\tau}^{0}\tau\dot{\boldsymbol{z}}^{\mathrm{T}}(t)\boldsymbol{S}\dot{\boldsymbol{z}}(t)-\\&\tau\dot{\boldsymbol{z}}^{\mathrm{T}}(t+\beta)\boldsymbol{S}\dot{\boldsymbol{z}}(t+\beta)\mathrm{d}\beta\\=&-\mathrm{e}^{-2t}\int_{-\tau}^{0}\int_{t+\beta}^{t}\tau\dot{\boldsymbol{z}}^{\mathrm{T}}(\alpha)\boldsymbol{S}\dot{\boldsymbol{z}}(\alpha)\mathrm{d}\alpha\mathrm{d}\beta+\mathrm{e}^{-2t}\int_{-\tau}^{0}\tau\dot{\boldsymbol{z}}^{\mathrm{T}}(t)\boldsymbol{S}\dot{\boldsymbol{z}}(t)\mathrm{d}\beta-\\&\mathrm{e}^{-2t}\int_{-\tau}^{0}\tau\dot{\boldsymbol{z}}^{\mathrm{T}}(t+\beta)\boldsymbol{S}\dot{\boldsymbol{z}}(t+\beta)\mathrm{d}\beta\\\leqslant&\ \mathrm{e}^{-2t}\int_{-\tau}^{0}\tau\dot{\boldsymbol{z}}^{\mathrm{T}}(t)\boldsymbol{S}\dot{\boldsymbol{z}}(t)\mathrm{d}\beta\\=&\ \tau^2\mathrm{e}^{-2t}\dot{\boldsymbol{z}}^{\mathrm{T}}(t)\boldsymbol{S}\dot{\boldsymbol{z}}(t)\\=&\ \tau^2[-(\boldsymbol{D}+\boldsymbol{W})\boldsymbol{z}(t)+\boldsymbol{Dz}(t-\tau)]^{\mathrm{T}}\boldsymbol{S}[-(\boldsymbol{D}+\boldsymbol{W})\boldsymbol{z}(t)+\boldsymbol{Dz}(t-\tau)]\\=&\ \tau^2[-\boldsymbol{z}^{\mathrm{T}}(t)(\boldsymbol{D}+\boldsymbol{W})^{\mathrm{T}}+\boldsymbol{z}^{\mathrm{T}}(t-\tau)\boldsymbol{D}^{\mathrm{T}}]\mathrm{S}[-(\boldsymbol{D}+\boldsymbol{W})\boldsymbol{z}(t)+\boldsymbol{Dz}(t-\tau)]\\=&\ \tau^2[\boldsymbol{z}^{\mathrm{T}}(t)(\boldsymbol{D}+\boldsymbol{W})^{\mathrm{T}}\boldsymbol{S}(\boldsymbol{D}+\boldsymbol{W})\boldsymbol{z}(t)-\boldsymbol{z}^{\mathrm{T}}(t-\tau)\boldsymbol{D}^{\mathrm{T}}\boldsymbol{S}(\boldsymbol{D}+\boldsymbol{W})\boldsymbol{z}(t)-\\&\boldsymbol{z}^{\mathrm{T}}(t)(\boldsymbol{D}+\boldsymbol{W})^{\mathrm{T}}\boldsymbol{SDz}(t-\tau)+\boldsymbol{z}^{\mathrm{T}}(t)(t-\tau)\boldsymbol{D}^{\mathrm{T}}\boldsymbol{SDz}(t-\tau)]\end{aligned} \tag{9-11}$$

由式（9-9）～式（9-11），结合式（9-8），得

$$\begin{aligned}\dot{V}(t)\leqslant&\ \boldsymbol{z}^{\mathrm{T}}(t)[-\boldsymbol{P}(\boldsymbol{D}+\boldsymbol{W})-(\boldsymbol{D}+\boldsymbol{W})^{\mathrm{T}}\boldsymbol{P}+\boldsymbol{Q}+\boldsymbol{R}+\tau^2(\boldsymbol{D}+\boldsymbol{W})^{\mathrm{T}}\boldsymbol{S}(\boldsymbol{D}+\boldsymbol{W})]\boldsymbol{z}(t)+\\&\boldsymbol{z}^{\mathrm{T}}(t-\tau)[\boldsymbol{D}^{\mathrm{T}}\boldsymbol{P}-\tau^2\boldsymbol{D}^{\mathrm{T}}\boldsymbol{S}(\boldsymbol{D}+\boldsymbol{W})]\boldsymbol{z}(t)+\boldsymbol{z}^{\mathrm{T}}(t)[-\tau^2(\boldsymbol{D}+\boldsymbol{W})^{\mathrm{T}}\boldsymbol{SD}+\\&\boldsymbol{PD}]\boldsymbol{z}(t-\tau)+\boldsymbol{z}^{\mathrm{T}}(t-\tau)(-\boldsymbol{Q}-\boldsymbol{R}+\tau^2\boldsymbol{D}^{\mathrm{T}}\boldsymbol{SD})\boldsymbol{z}(t-\tau)\\=&\ \boldsymbol{\xi}^{\mathrm{T}}(t)\boldsymbol{\Omega}\boldsymbol{\xi}(t)\end{aligned} \tag{9-12}$$

其中，$\boldsymbol{\Omega}$ 定义见式（9-7），且 $\boldsymbol{\xi}(t)=(\boldsymbol{z}^{\mathrm{T}}(t),\boldsymbol{z}^{\mathrm{T}}(t-\tau))^{\mathrm{T}}$. 下面讨论式（9-6）的全局指数稳定性. 由式（9-12）得

$$\dot{V}(t)\leqslant-\alpha\boldsymbol{z}^{\mathrm{T}}(t)\boldsymbol{z}(t) \tag{9-13}$$

其中，$\alpha=\lambda_{\min}(-\boldsymbol{\Omega})>0$. 对式（9-13）两边积分，得

$$V(t)-V(0)\leqslant-\alpha\int_0^t\boldsymbol{z}^{\mathrm{T}}(s)\boldsymbol{z}(s)\mathrm{d}s$$

另外，由式（9-8），可知

$$V(t)\geqslant-b\boldsymbol{z}^{\mathrm{T}}(t)\boldsymbol{z}(t)$$

其中，$b=\lambda_{\min}(\boldsymbol{P})>0$，因此，得

$$\boldsymbol{z}^{\mathrm{T}}(t)\boldsymbol{z}(t)\leqslant b^{-1}V(0)-ab^{-1}\int_0^t\boldsymbol{z}^{\mathrm{T}}(s)\boldsymbol{z}(s)\mathrm{d}s$$

由引理 9-2，得

$$\boldsymbol{z}^{\mathrm{T}}(t)\boldsymbol{z}(t)\leqslant b^{-1}V(0)\exp(ab^{-1}t) \tag{9-14}$$

对于 $t>0$，利用式（9-8）和引理 9-1，可得

$$V(t)\leqslant\eta\sup\|\boldsymbol{z}(t)\|^2$$

令

$$\eta=\lambda_{\max}(\boldsymbol{P})+\tau(\lambda_{\max}(\boldsymbol{Q}_1)+\lambda_{\max}(\boldsymbol{R}))+\tau^3\lambda_{\max}(\boldsymbol{A}_0^{\mathrm{T}}(\boldsymbol{S}+\boldsymbol{I})\boldsymbol{A}_0)+\tau^3\lambda_{\max}(\boldsymbol{A}_1^{\mathrm{T}}(\boldsymbol{S}+\boldsymbol{I})^{\mathrm{T}}\boldsymbol{S}\boldsymbol{A}_1)$$

则

$$V(0)\leqslant\eta\sup_{-\tau\leqslant s\leqslant 0}\|\boldsymbol{\Theta}(s)\|^2 \tag{9-15}$$

因此，由式（9-14）和式（9-15），得

$$\boldsymbol{z}^{\mathrm{T}}(t)\boldsymbol{z}(t)\leqslant b^{-1}\eta\sup_{-\tau\leqslant s\leqslant 0}\|\boldsymbol{\Theta}(s)\|^2\exp(-ab^{-1}t) \tag{9-16}$$

于是，系统（9-6）的平凡解是全局指数稳定的.

定理 9-2 如果存在正定对称矩阵 $\boldsymbol{P}$、$\boldsymbol{Q}$、$\boldsymbol{R}$ 和 $\boldsymbol{S}$，使得如下线性矩阵不等式成立，

$$\boldsymbol{\Omega}=\begin{pmatrix}\boldsymbol{\Omega}_{11} & \boldsymbol{\Omega}_{12}\\ * & \boldsymbol{\Omega}_{22}\end{pmatrix}<0$$

则系统（9-4）的平凡解是全局多项式稳定的. 其中，

$$\boldsymbol{\Omega}_{11}=-\boldsymbol{P}(\boldsymbol{D}+\boldsymbol{W})-(\boldsymbol{D}+\boldsymbol{W})^{\mathrm{T}}\boldsymbol{P}+\boldsymbol{Q}+\boldsymbol{R}+\tau^2(\boldsymbol{D}+\boldsymbol{W})^{\mathrm{T}}\boldsymbol{S}(\boldsymbol{D}+\boldsymbol{W})$$

$$\boldsymbol{\Omega}_{12}=\boldsymbol{P}\boldsymbol{D}-\tau^2(\boldsymbol{D}+\boldsymbol{W})^{\mathrm{T}}\boldsymbol{S}\boldsymbol{D}$$

$$\boldsymbol{\Omega}_{22}=-\boldsymbol{R}-\boldsymbol{Q}+\tau^2\boldsymbol{D}^{\mathrm{T}}\boldsymbol{S}\boldsymbol{D}$$

其中，$\tau=-\ln q>0$.

证明 将 $\boldsymbol{x}(t)=\boldsymbol{y}(\mathrm{e}^t)$，$\boldsymbol{z}(t)=\boldsymbol{x}(t)-\boldsymbol{x}^*$，$\boldsymbol{y}^*=\boldsymbol{x}^*$ 代入式（9-16），得

$$(\boldsymbol{y}^{\mathrm{T}}(\mathrm{e}^t)-\boldsymbol{y}^*)^{\mathrm{T}}(\boldsymbol{y}^{\mathrm{T}}(\mathrm{e}^t)-\boldsymbol{y}^*)\leqslant b^{-1}\eta\sup_{-\tau\leqslant s\leqslant 0}\|\boldsymbol{\Phi}(\mathrm{e}^s)-\boldsymbol{y}^*\|^2\exp(-ab^{-1}t) \tag{9-17}$$

令 $\mathrm{e}^t=\zeta$，其中，$t\geqslant 0$，由此可知 $\zeta\geqslant 1$，$t=\ln\zeta\geqslant 0$；令 $\mathrm{e}^s=\xi$，其中，$s\in[-\tau,0]$，从而有 $s=\ln\xi\in[-\tau,0]$，$\xi\in[q,1]$. 因此，由式（9-17），得

$$(\boldsymbol{y}^{\mathrm{T}}(\zeta)-\boldsymbol{y}^*)^{\mathrm{T}}(\boldsymbol{y}^{\mathrm{T}}(\zeta)-\boldsymbol{y}^*)\leqslant b^{-1}\eta\sup_{q\leqslant s\leqslant 1}\|\boldsymbol{\Phi}(\xi)-\boldsymbol{y}^*\|^2\exp(-ab^{-1}\ln\zeta) \tag{9-18}$$

取 $\zeta=t$，代入式（9-18），得

$$\begin{aligned}(\boldsymbol{y}^{\mathrm{T}}(t)-\boldsymbol{y}^*)^{\mathrm{T}}(\boldsymbol{y}^{\mathrm{T}}(t)-\boldsymbol{y}^*)&\leqslant b^{-1}\eta\sup_{q\leqslant s\leqslant 1}\|\boldsymbol{\Phi}(\xi)-\boldsymbol{y}^*\|^2\exp(-ab^{-1}\ln t)\\&=b^{-1}\eta\sup_{q\leqslant s\leqslant 1}\|\boldsymbol{\Phi}(\xi)-\boldsymbol{y}^*\|^2 t^{-ab^{-1}}\end{aligned} \tag{9-19}$$

式（9-19）表明系统（9-4）的平衡点 $\boldsymbol{y}^*$ 是全局多项式稳定的.

定理 9-3 如果存在正定对称的矩阵 $\boldsymbol{P}$、$\boldsymbol{Q}$、$\boldsymbol{R}$、$\boldsymbol{S}$ 和 $\boldsymbol{U}=\begin{pmatrix}\boldsymbol{U}_{11} & \boldsymbol{U}_{12}\\ * & \boldsymbol{U}_{22}\end{pmatrix}$及适当矩阵 $\boldsymbol{M}=(\boldsymbol{M}_1,\boldsymbol{M}_2)^{\mathrm{T}}$、$\boldsymbol{T}_1$、$\boldsymbol{T}_2$，使得如下线性矩阵不等式

$$\boldsymbol{\gamma}=\begin{pmatrix}\boldsymbol{\gamma}_{11} & \boldsymbol{\gamma}_{12} & \boldsymbol{\gamma}_{13}\\ * & \boldsymbol{\gamma}_{22} & -\boldsymbol{A}_1^{\mathrm{T}}\boldsymbol{T}_2^{\mathrm{T}}\\ * & * & \boldsymbol{\gamma}_{33}\end{pmatrix}<0, \tag{9-20}$$

$$\boldsymbol{\psi}=\begin{pmatrix}\boldsymbol{U} & \boldsymbol{M}\\ \boldsymbol{M}^{\mathrm{T}} & \tau\boldsymbol{S}\end{pmatrix}\geqslant 0 \tag{9-21}$$

成立，则系统（9-6）的平凡解是全局指数稳定的. 其中，

$$\boldsymbol{\gamma}_{11}=\boldsymbol{Q}+\boldsymbol{R}+\boldsymbol{M}_1^{\mathrm{T}}+\tau\boldsymbol{U}_{11}+\boldsymbol{M}_1+\boldsymbol{T}_1\boldsymbol{A}_0+\boldsymbol{A}_0^{\mathrm{T}}\boldsymbol{T}_1^{\mathrm{T}}$$
$$\boldsymbol{\gamma}_{12}=\boldsymbol{M}_2^{\mathrm{T}}-\boldsymbol{M}_1+\tau\boldsymbol{U}_{12}-\boldsymbol{T}_1\boldsymbol{A}_1$$
$$\boldsymbol{\gamma}_{13}=-\boldsymbol{T}_1-\boldsymbol{A}_0^{\mathrm{T}}\boldsymbol{T}_2^{\mathrm{T}}+\boldsymbol{P}$$
$$\boldsymbol{\gamma}_{22}=-\boldsymbol{Q}-\boldsymbol{R}-\boldsymbol{M}_2-\boldsymbol{M}_2^{\mathrm{T}}+\tau\boldsymbol{U}_{22}$$
$$\boldsymbol{\gamma}_{33}=\tau^2\boldsymbol{S}-\boldsymbol{T}_2-\boldsymbol{T}_2^{\mathrm{T}}$$

证明 其中 Lyapunov 泛函为式（9-8），由 Leibniz-Newton 公式有

$$2\boldsymbol{\xi}^{\mathrm{T}}(t)\boldsymbol{M}\left[\boldsymbol{z}(t)-\boldsymbol{z}(t-\tau)-\int_{t-\tau}^{t}\mathrm{e}^{-t}\dot{\boldsymbol{z}}(s)\mathrm{d}s\right]=0 \tag{9-22}$$

另外，对于任意的正定矩阵 $\boldsymbol{U}$，有

$$\begin{aligned}0&=\int_{t-\tau}^{t}\boldsymbol{\xi}^{\mathrm{T}}(t)\boldsymbol{U}\boldsymbol{\xi}(t)\mathrm{d}s-\int_{t-\tau}^{t}\boldsymbol{\xi}^{\mathrm{T}}(t)\boldsymbol{U}\boldsymbol{\xi}(t)\mathrm{d}s\\&=\tau\boldsymbol{\xi}^{\mathrm{T}}(t)\boldsymbol{U}\boldsymbol{\xi}(t)-\int_{t-\tau}^{t}\boldsymbol{\xi}^{\mathrm{T}}(t)\boldsymbol{U}\boldsymbol{\xi}(t)\mathrm{d}s\end{aligned} \tag{9-23}$$

对于任意适当维数矩阵 $\boldsymbol{T}_1$、$\boldsymbol{T}_2$，满足如下等式：

$$2(\boldsymbol{z}^{\mathrm{T}}(t)\boldsymbol{T}_1+\mathrm{e}^{-t}\dot{\boldsymbol{z}}(t)\boldsymbol{T}_2)[-\mathrm{e}^{-t}\dot{\boldsymbol{z}}(t)+\boldsymbol{A}_0\boldsymbol{z}(t)-\boldsymbol{A}_1\boldsymbol{z}(t-\tau)]=0 \tag{9-24}$$

对于式（9-8）求导，结合式（9-22）～式（9-24），得

$$\begin{aligned}\dot{V}(t)=&\dot{V}_1(t)+\dot{V}_2(t)+\dot{V}_3(t)+2\boldsymbol{\xi}^{\mathrm{T}}(t)\boldsymbol{M}[\boldsymbol{z}(t)-\boldsymbol{z}(t-\tau)-\int_{t-\tau}^{t}\mathrm{e}^{-t}\dot{\boldsymbol{z}}(s)\mathrm{d}s]+\\&[\tau\boldsymbol{\xi}^{\mathrm{T}}(t)\boldsymbol{U}\boldsymbol{\xi}(t)-\int_{t-\tau}^{t}\boldsymbol{\xi}^{\mathrm{T}}(t)\boldsymbol{U}\boldsymbol{\xi}(t)\mathrm{d}s]+2[\boldsymbol{z}^{\mathrm{T}}(t)T_1+\mathrm{e}^{-t}\dot{z}(t)T_2]\\&[-\mathrm{e}^{-t}\dot{\boldsymbol{z}}(t)+\boldsymbol{A}_0\boldsymbol{z}(t)-\boldsymbol{A}_1\boldsymbol{z}(t-\tau)]\\=&\dot{V}_1(t)+\dot{V}_2(t)+\dot{V}_3(z)+\boldsymbol{\xi}^{\mathrm{T}}(t)\boldsymbol{M}(\boldsymbol{z}(t)-\boldsymbol{z}(t-\tau))+(\boldsymbol{z}(t)-\\&\boldsymbol{z}(t-\tau))^{\mathrm{T}}\boldsymbol{M}^{\mathrm{T}}\boldsymbol{\xi}(t)+\tau\boldsymbol{\xi}^{\mathrm{T}}(t)\boldsymbol{U}\boldsymbol{\xi}(t)+2(\boldsymbol{z}^{\mathrm{T}}(t)\boldsymbol{T}_1+\mathrm{e}^{-t}\dot{\boldsymbol{z}}^{\mathrm{T}}(t)\boldsymbol{T}_2)\\&[-\mathrm{e}^{-t}\dot{\boldsymbol{z}}(t)+\boldsymbol{A}_0\boldsymbol{z}(t)-\boldsymbol{A}_1\boldsymbol{z}(t-\tau)]-2\boldsymbol{\xi}^{\mathrm{T}}(t)\boldsymbol{M}\int_{t-\tau}^{t}\mathrm{e}^{-t}\boldsymbol{z}^{\mathrm{T}}(s)\dot{\boldsymbol{z}}(s)\mathrm{d}s-\\&\int_{t-\tau}^{t}\boldsymbol{\xi}^{\mathrm{T}}(s)\boldsymbol{U}\boldsymbol{\xi}(s)\mathrm{d}s\\=&\dot{V}_1(t)+\dot{V}_2(t)+\dot{V}_3(t)+\boldsymbol{\xi}^{\mathrm{T}}(t)\boldsymbol{M}(\boldsymbol{z}(t)-\boldsymbol{z}(t-\tau))+\\&(\boldsymbol{z}(t)-\boldsymbol{z}(t-\tau))^{\mathrm{T}}\boldsymbol{M}^{\mathrm{T}}\boldsymbol{\xi}(t)+\tau\boldsymbol{\xi}^{\mathrm{T}}(t)\boldsymbol{U}\boldsymbol{\xi}(t)+(\boldsymbol{z}^{\mathrm{T}}(t)\boldsymbol{T}_1+\mathrm{e}^{-t}\dot{\boldsymbol{z}}^{\mathrm{T}}(t)\boldsymbol{T}_2)\\&[-\mathrm{e}^{-t}\dot{\boldsymbol{z}}(t)+\boldsymbol{A}_0\boldsymbol{z}(t)-\boldsymbol{A}_1\boldsymbol{z}(t-\tau)]+\\&\{[\boldsymbol{z}^{\mathrm{T}}(t)\boldsymbol{T}_1+\mathrm{e}^{-t}\dot{\boldsymbol{z}}^{\mathrm{T}}(t)\boldsymbol{T}_2][-\mathrm{e}^{-t}\dot{\boldsymbol{z}}(t)+\boldsymbol{A}_0\boldsymbol{z}(t)-\boldsymbol{A}_1\boldsymbol{z}(t-\tau)]\}^{\mathrm{T}}-\end{aligned}$$

$$\int_{t-\tau}^{t}[2\mathrm{e}^{-t}\boldsymbol{\xi}^{T}(t)\boldsymbol{M}\dot{\boldsymbol{z}}(s)+\boldsymbol{\xi}^{\mathrm{T}}(t)\boldsymbol{U}\boldsymbol{\xi}(t)]\mathrm{d}s$$

$$\leqslant \mathrm{e}^{-t}\dot{\boldsymbol{z}}^{\mathrm{T}}(t)\boldsymbol{P}\boldsymbol{z}(t)+\mathrm{e}^{-t}\boldsymbol{z}^{\mathrm{T}}(t)\boldsymbol{P}\dot{\boldsymbol{z}}(t)+\boldsymbol{z}^{\mathrm{T}}(t)\boldsymbol{Q}\boldsymbol{z}(t)-\boldsymbol{z}^{\mathrm{T}}(t-\tau)\boldsymbol{Q}\boldsymbol{z}(t-\tau)+$$
$$\boldsymbol{z}^{\mathrm{T}}(t)\boldsymbol{R}\boldsymbol{z}(t)-\boldsymbol{z}^{\mathrm{T}}(t-\tau)\boldsymbol{R}\boldsymbol{z}(t-\tau)+\tau^{2}\mathrm{e}^{-2t}\dot{\boldsymbol{z}}^{\mathrm{T}}(t)\boldsymbol{S}\dot{\boldsymbol{z}}(t)+\boldsymbol{z}^{\mathrm{T}}(t)\boldsymbol{M}_{1}\boldsymbol{z}(t)+$$
$$\boldsymbol{z}^{\mathrm{T}}(t-\tau)\boldsymbol{M}_{2}\boldsymbol{z}(t)-\boldsymbol{z}^{\mathrm{T}}(t)\boldsymbol{M}_{1}\boldsymbol{z}(t-\tau)-\boldsymbol{z}^{\mathrm{T}}(t-\tau)\boldsymbol{M}_{2}\boldsymbol{z}(t-\tau)+$$
$$\boldsymbol{z}^{\mathrm{T}}(t)\boldsymbol{M}_{1}^{T}\boldsymbol{z}(t)+\boldsymbol{z}^{\mathrm{T}}(t)\boldsymbol{M}_{2}^{T}\boldsymbol{z}(t-\tau)-\boldsymbol{z}^{\mathrm{T}}(t-\tau)\boldsymbol{M}_{1}^{\mathrm{T}}\boldsymbol{z}(t)-$$
$$\boldsymbol{z}^{\mathrm{T}}(t-\tau)\boldsymbol{M}_{2}^{\mathrm{T}}\boldsymbol{z}(t-\tau)+\boldsymbol{z}^{\mathrm{T}}(t)\tau\boldsymbol{U}_{11}\boldsymbol{z}(t)+\boldsymbol{z}^{\mathrm{T}}(t-\tau)\tau\boldsymbol{U}_{21}\boldsymbol{z}(t)-\boldsymbol{z}^{\mathrm{T}}(t-\tau)\boldsymbol{M}_{1}^{\mathrm{T}}\boldsymbol{z}(t)-$$
$$\boldsymbol{z}^{\mathrm{T}}(t-\tau)\boldsymbol{M}_{2}^{\mathrm{T}}\boldsymbol{z}(t-\tau)+\boldsymbol{z}^{\mathrm{T}}(t)\tau\boldsymbol{U}_{11}\boldsymbol{z}(t)+\boldsymbol{z}^{\mathrm{T}}(t-\tau)\tau\boldsymbol{U}_{21}\boldsymbol{z}(t)+$$
$$\boldsymbol{z}^{\mathrm{T}}(t-\tau)\tau\boldsymbol{U}_{22}\boldsymbol{z}(t-\tau)+\boldsymbol{z}^{\mathrm{T}}(t)\tau\boldsymbol{U}_{21}\boldsymbol{z}(t-\tau)-\mathrm{e}^{-t}\boldsymbol{z}^{\mathrm{T}}(t)\boldsymbol{T}_{1}\dot{\boldsymbol{z}}(t)+$$
$$\boldsymbol{z}^{\mathrm{T}}(t)\boldsymbol{T}_{1}\boldsymbol{A}_{0}\boldsymbol{z}(t)-\boldsymbol{z}^{\mathrm{T}}(t)\boldsymbol{T}_{1}\boldsymbol{A}_{1}\boldsymbol{z}(t-\tau)+\mathrm{e}^{-t}\dot{\boldsymbol{z}}^{\mathrm{T}}(t)\boldsymbol{T}_{2}\boldsymbol{A}_{0}\boldsymbol{z}(t)-$$
$$\mathrm{e}^{-2t}\dot{\boldsymbol{z}}^{\mathrm{T}}(t)\boldsymbol{T}_{2}\dot{\boldsymbol{z}}(t)-\mathrm{e}^{-t}\dot{\boldsymbol{z}}^{\mathrm{T}}(t)\boldsymbol{T}_{2}\boldsymbol{A}_{1}\boldsymbol{z}(t-\tau)-\mathrm{e}^{-t}\dot{\boldsymbol{z}}^{\mathrm{T}}(t)\boldsymbol{T}_{1}^{\mathrm{T}}\boldsymbol{z}(t)+$$
$$\boldsymbol{z}^{\mathrm{T}}(t)\boldsymbol{A}_{0}^{\mathrm{T}}\boldsymbol{T}_{1}^{\mathrm{T}}\boldsymbol{z}(t)-\boldsymbol{z}^{\mathrm{T}}(t-\tau)\boldsymbol{A}_{1}^{\mathrm{T}}\boldsymbol{T}_{1}^{\mathrm{T}}\boldsymbol{z}(t)-\mathrm{e}^{-t}\boldsymbol{z}^{\mathrm{T}}(t)\boldsymbol{A}_{0}^{\mathrm{T}}\boldsymbol{T}_{2}^{\mathrm{T}}\dot{\boldsymbol{z}}(t)-$$
$$\mathrm{e}^{-2t}\dot{\boldsymbol{z}}^{\mathrm{T}}(t)\boldsymbol{T}_{2}^{\mathrm{T}}\dot{\boldsymbol{z}}(t)-\mathrm{e}^{-t}\boldsymbol{z}^{\mathrm{T}}(t-\tau)\boldsymbol{A}_{1}^{\mathrm{T}}\boldsymbol{T}_{2}^{\mathrm{T}}\dot{\boldsymbol{z}}(t)-\int_{t-\tau}^{t}[\mathrm{e}^{-t}\boldsymbol{\xi}^{\mathrm{T}}(t)\boldsymbol{M}\dot{\boldsymbol{z}}(s)+$$
$$\mathrm{e}^{-t}\dot{\boldsymbol{z}}^{\mathrm{T}}(s)\boldsymbol{M}^{\mathrm{T}}\boldsymbol{\xi}(t)+\mathrm{e}^{-2t}\tau\dot{\boldsymbol{z}}^{\mathrm{T}}(s)\boldsymbol{S}\dot{\boldsymbol{z}}(s)+\boldsymbol{\xi}^{\mathrm{T}}(t)\boldsymbol{U}\boldsymbol{\xi}(t)]\mathrm{d}s$$

综上，得

$$\dot{V}(t)\leqslant\boldsymbol{\zeta}^{\mathrm{T}}(t)\left[\boldsymbol{\gamma}-\int_{t-\tau}^{t}\boldsymbol{B}^{\mathrm{T}}(t,s)\boldsymbol{\psi}\boldsymbol{B}(t,s)\mathrm{d}s\right]\boldsymbol{\zeta}(t)$$

其中，$\boldsymbol{B}^{\mathrm{T}}(t,s)=(\boldsymbol{\xi}^{\mathrm{T}}(t),\mathrm{e}^{-t}\dot{\boldsymbol{z}}(s))$，$\boldsymbol{\zeta}=(\boldsymbol{z}^{\mathrm{T}}(t)\ \boldsymbol{z}^{\mathrm{T}}(t-\tau)\ \mathrm{e}^{-t}\dot{\boldsymbol{z}}^{\mathrm{T}}(t))^{\mathrm{T}}$.

由式（9-20）和式（9-21），可知 $\dot{V}(t)<0$. 余下过程的证明与第一个定理证明相同.

由定理 9-3，类似于定理 9-2 的证明，可得到如下定理.

定理 9-4 如果存在正定对称的矩阵 $\boldsymbol{P}$、$\boldsymbol{Q}$、$\boldsymbol{R}$、$\boldsymbol{S}$ 和 $\boldsymbol{U}=\begin{pmatrix}\boldsymbol{U}_{11} & \boldsymbol{U}_{12}\\ * & \boldsymbol{U}_{22}\end{pmatrix}$及适当矩阵 $\boldsymbol{M}=(\boldsymbol{M}_1,\boldsymbol{M}_2)^{\mathrm{T}}$、$\boldsymbol{T}_1$、$\boldsymbol{T}_2$，使得如下线性矩阵不等式成立：

$$\boldsymbol{\gamma}=\begin{pmatrix}\boldsymbol{\gamma}_{11} & \boldsymbol{\gamma}_{12} & \boldsymbol{\gamma}_{13}\\ * & \boldsymbol{\gamma}_{22} & -\boldsymbol{A}_{1}^{\mathrm{T}}\boldsymbol{T}_{2}^{\mathrm{T}}\\ * & * & \boldsymbol{\gamma}_{33}\end{pmatrix}<0 \tag{9-25}$$

$$\boldsymbol{\psi}=\begin{pmatrix}\boldsymbol{U} & \boldsymbol{M}\\ \boldsymbol{M}^{\mathrm{T}} & \tau\boldsymbol{S}\end{pmatrix}\geqslant 0 \tag{9-26}$$

则系统（9-4）的平凡解是全局多项式稳定的. 其中，

$$\boldsymbol{\gamma}_{11}=\boldsymbol{Q}+\boldsymbol{R}+\boldsymbol{M}_{1}^{\mathrm{T}}+\tau\boldsymbol{U}_{11}+\boldsymbol{M}_{1}+\boldsymbol{T}_{1}\boldsymbol{A}_{0}+\boldsymbol{A}_{0}^{\mathrm{T}}\boldsymbol{T}_{1}^{\mathrm{T}}$$
$$\boldsymbol{\gamma}_{12}=\boldsymbol{M}_{2}^{\mathrm{T}}-\boldsymbol{M}_{1}+\tau\boldsymbol{U}_{12}-\boldsymbol{T}_{1}\boldsymbol{A}_{1}$$
$$\boldsymbol{\gamma}_{13}=-\boldsymbol{T}_{1}-\boldsymbol{A}_{0}^{\mathrm{T}}\boldsymbol{T}_{2}^{\mathrm{T}}+\boldsymbol{P}$$
$$\boldsymbol{\gamma}_{22}=-\boldsymbol{Q}-\boldsymbol{R}-\boldsymbol{M}_{2}-\boldsymbol{M}_{2}^{\mathrm{T}}+\tau\boldsymbol{U}_{22}$$
$$\boldsymbol{\gamma}_{33}=\tau^{2}\boldsymbol{S}-\boldsymbol{T}_{2}-\boldsymbol{T}_{2}^{\mathrm{T}}$$

9.4 仿真算例

例 9-1 考虑二次规划问题，在式（9-1）中，取

$$\boldsymbol{Q}=\begin{pmatrix}0.1 & 0.1\\0.1 & 0.1\end{pmatrix},\ \boldsymbol{c}=(-1,1),\ \boldsymbol{A}=(0.5,\ -0.5),\ b=0.5$$

该优化问题具有唯一平衡点 $\boldsymbol{u}^*=(-0.5,0.5)^{\mathrm{T}}$. 有

$$\boldsymbol{W}=\begin{pmatrix}0.1 & 0.1 & -0.5\\0.1 & 0.1 & 0.5\\0.5 & -0.5 & 0\end{pmatrix}$$

应用 Matalb 计算得$-\boldsymbol{W}$的特征值分别为$\lambda_{(-W)}=0.2$，$0.7071\mathrm{i}$，$-0.7071\mathrm{i}$，若求解优化问题应用 Lagrange 网络（9-3），用 Matlab 画出时间响应曲线，如图 9-1 所示，可以看出神经网络将呈现不稳定的趋势，显然网络（9-3）的平衡点是不稳定的.

现在考虑系统（9-4），在系统（9-4）中，取 $\boldsymbol{D}=\begin{pmatrix}1 & 0 & 0\\0 & 1 & 0\\0 & 0 & 1\end{pmatrix}$，$q=0.5$ 时，根据定理 9-2，应用 Matlab 计算得到矩阵如下：

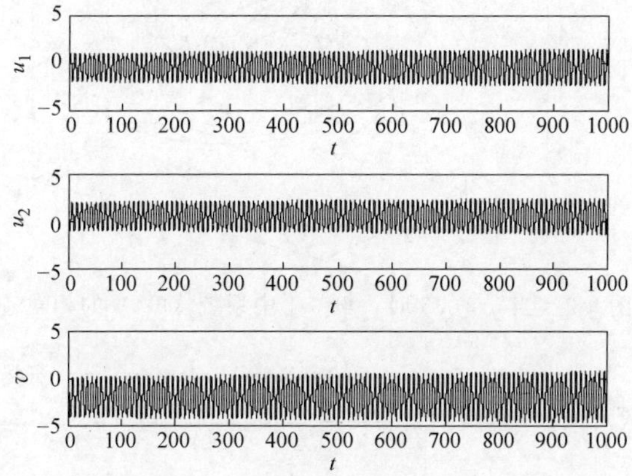

图 9-1　当 $q=1$ 时，例 9-1 中的网络（9-3）时间响应曲线

$$\boldsymbol{P}=\begin{pmatrix}9.7432 & -0.9275 & -0.0000\\-0.9275 & 9.7432 & 0.0000\\-0.0000 & 0.0000 & 19.6308\end{pmatrix};\ \boldsymbol{Q}=\begin{pmatrix}11.0065 & -0.3399 & -0.0000\\-0.3399 & 11.0065 & 0.0000\\-0.0000 & 0.0000 & 10.7667\end{pmatrix}$$

$$\boldsymbol{R}=\begin{pmatrix}10.2091 & 0.2699 & -0.0000\\0.2699 & 10.2091 & 0.0000\\-0.0000 & 0.0000 & 8.6479\end{pmatrix};\ \boldsymbol{S}=\mathrm{diag}\ (0.001\quad 0.001\quad 0.001)$$

使得

$$\boldsymbol{\Omega}=\begin{pmatrix} -19.5181 & 2.5567 & -4.4801 & 9.7422 & -0.9275 & -0.0002 \\ 2.5567 & -19.5181 & 4.4801 & -0.9275 & 9.7422 & 0.0002 \\ -4.4801 & 4.4801 & -59.1064 & 0.0002 & -0.0002 & 19.6298 \\ 9.7422 & -0.9275 & 0.0002 & -21.2151 & -0.6098 & 0 \\ -0.9275 & 9.7422 & -0.0002 & -0.6098 & -21.2151 & 0 \\ -0.0002 & 0.0002 & 19.6298 & 0 & 0 & -19.4141 \end{pmatrix}<0$$

这里，$\boldsymbol{\Omega}$ 的特征解为 $\lambda_{\boldsymbol{\Omega}}=-67.9660$，$-31.6761$，$-28.5371$，$-12.4901$，$-10.2491$，$-9.0686$. 满足定理 9-2 的条件，因此，当 $q=0.5$ 时，例 9-1 中的系统（9-4）的平衡点是全局多项式稳定的，由不同初始值初始的解轨迹的相平面图，如图 9-2 所示，并应用 Matlab 计算其平衡点为 $(-0.5, 0.5, -2)^{\mathrm{T}}$，如图 9-3 所示，并由时间响应曲线可进一步验证. 即该网络收敛到最优解 $\boldsymbol{u}^*=(-0.5, 0.5, -2)^{\mathrm{T}}$.

例 9-1 与文献［5］中的算例相比，除时滞项与初值不同以外，其他参数均是一致的. 文献［5］的时滞项是有界时滞，而例 9-1 的时滞项是无界的时变时滞，因此文献［5］的结果不能直接应用于例 9-1.

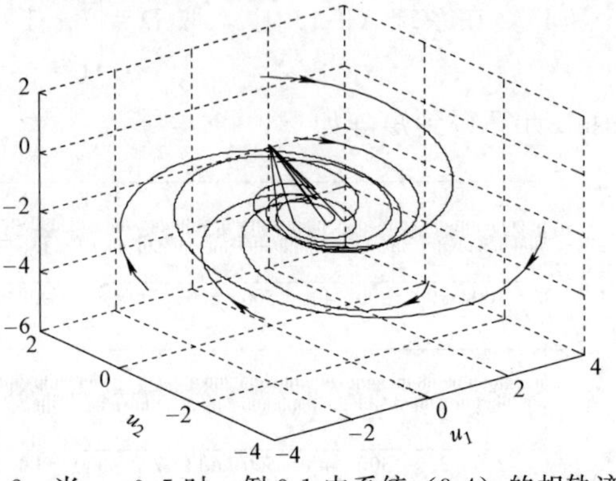

图 9-2　当 $q=0.5$ 时，例 9-1 中系统（9-4）的相轨迹

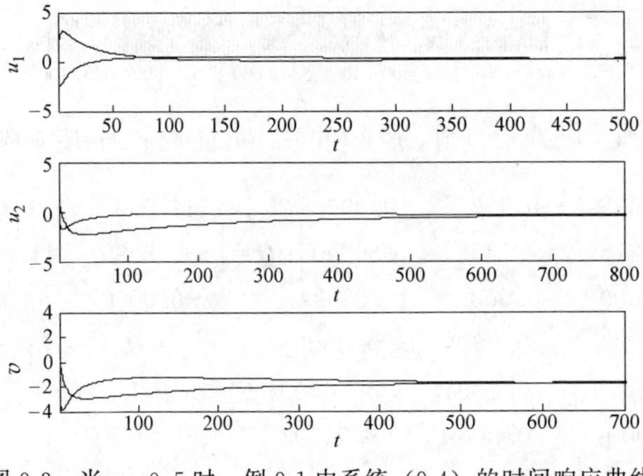

图 9-3　当 $q=0.5$ 时，例 9-1 中系统（9-4）的时间响应曲线

例 9-2　考虑形如式（9-1）的二次规划问题，其中

$$\boldsymbol{Q}=\begin{pmatrix}0.2 & 0.2\\ 0.2 & 0.2\end{pmatrix},\ \boldsymbol{c}=(1,-1),\ \boldsymbol{A}=(1,-2),\ b=-2$$

该优化问题具有唯一平衡点 $\boldsymbol{u}^*=(-1.7080,\ 0.1465)^{\mathrm{T}}$. 有

$$\boldsymbol{W}=\begin{pmatrix}0.2 & 0.2 & -1\\ 0.2 & 0.2 & 2\\ 1 & -2 & 0\end{pmatrix}$$

应用 Matlab 计算得$-\boldsymbol{W}$的特征值分别为$\lambda_{(-\boldsymbol{W})}=-0.3610,\ -0.0195+2.2328i,\ -0.0195-2.2328i$. 若由 Lagrange 网络模型（9-3）来求解优化问题，应有 Matlab 画出时间响应曲线，如图 9-4 所示，可以看出神经系统将呈现稳定的趋势，如图 9-4 所示，显然系统（9-3）的平衡点也是不稳定的.

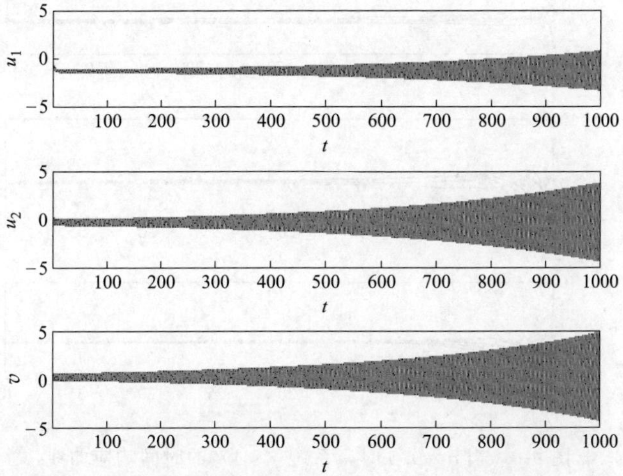

图 9-4　当 $q=1$ 时，例 9-2 中系统（9-3）的时间响应曲线

考虑系统（9-4），取 $q=0.5$ 时，经过 Matlab LMI 验算，存在满足定理 9-4 条件所需要的各个矩阵，由于矩阵较多，并且较大，这里省略. 满足定理 9-4 的条件，因此，当 $q=0.5$ 时，例 9-2 中的系统（9-4）平衡点是全局多项式稳定的，应用 Matlab 计算，其平衡点为 $(-1.7080,\ 0.1465,\ 0.6630)^{\mathrm{T}}$. 用 Matlab 画相轨迹，如图 9-5 所示，由该图的局部放大部分可以观测到解轨迹收敛到一点，就是平衡点. 时间响应曲线，如图 9-6 所示，可观测到该网络收敛到最优解 $(-1.7080,\ 0.1465,\ 0.6630)^{\mathrm{T}}$.

本章利用 Lagrange 神经网络的性质及其相关知识，提出了一种应用比例时滞神经网络模型来解决等式约束下的二次规划问题的办法，并分析了该网络的稳定性. 通过应用 Lyapunov 泛函和 Bellman 不等式等方法，得到了全局指数稳定的两

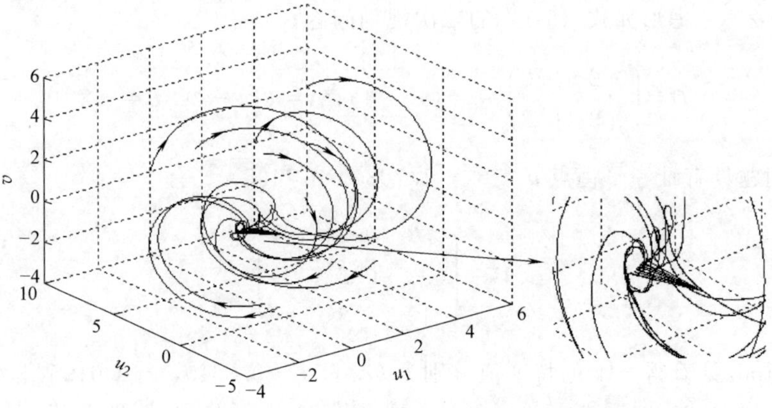

图 9-5　当 $q=0.5$ 时，例 9-2 中系统（9-4）的相轨迹

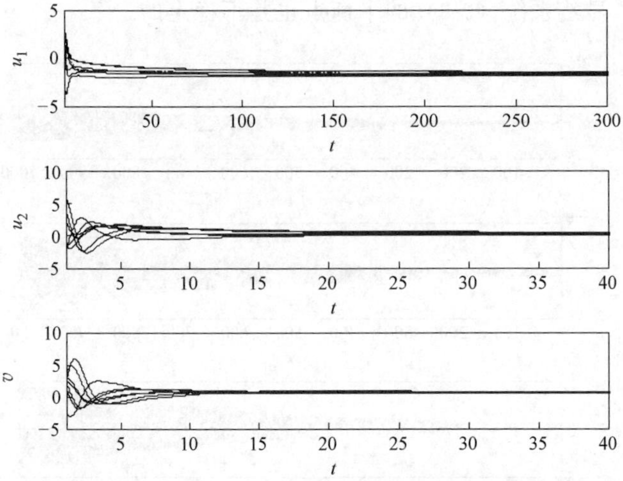

图 9-6　当 $q=0.5$ 时，系统（9-4）的时间响应曲线

个充分条件，条件方便验证.

本章把求二次规划的最优解问题转化为求具比例时滞 Lagrange 神经网络的平衡点的稳定性问题，只要证明了具比例时滞 Lagrange 神经网络的平衡点是稳定的，这个平衡点就是二次规划问题的最优解. 本章仅对具比例时滞神经网络的应用进行了初步探讨，接下来的工作将对具比例时滞神经网络在其他应用方面进行进一步探讨，比如，基于计算机网络的 QoS 路由决策需要比例时滞保证这一特性，建立基于比例时滞神经网络的 QoS 路由决策.

参考文献

[1]　Tank D W，Hopfield J J. Simple neural optimization networks：an A/D converter，signal de-

cision circuit and a linear programming circuit [J]. IEEE Transactions on Circuit Systems, 1986, 33, 533-541.

[2] Wang J, Wu Q, Jiang D. A Lagrangian network for kinematic control of redundant robot manipulators [J]. IEEE Transactions on Neural Networks, 1999, 10 (5): 1123-1132.

[3] Liu Q S, Wang J, Gao J D. A delayed Lagrangian network for solving quadratic programming problems with equality constraints [C]. Lecture Notes in Computer Science, 2006, 3971: 369-375.

[4] Jiang M H, Fang S L, Shen Y, et al. Improved results on solving quadratic programming problems with delayed neural networks [C]. Lecture Notes in Computer Science, 2007, 4493: 292-301.

[5] 井元伟，张锐，王占山，等. 二次规划问题的变时滞神经网络模型的全局指数稳定 [J]. 控制与决策，2010，25 (6)：921-928.

[6] 张锐. 几类递归神经网络的稳定性及其应用研究 [D]. 沈阳：东北大学，2010.

[7] 周立群. 具比例时滞高阶广义细胞神经网络的全局指数周期性 [J]. 系统科学与数学，2015，35 (9)：1-13.

[8] 周立群，翁良燕，高阶变时滞广义细胞神经网络的全局指数周期 [J]. 数学的实践与认识，2013，43 (14) ：271 - 279.

[9] 周立群，翁良燕. 多比例时滞杂交双向联想记忆神经网络的全局指数稳定性 [J]. 天津师范大学学报，2012，32 (3)：18-23.

[10] 刘纪茹，周立群. 基于LMI的比例时滞细胞神经网络的全局渐近稳定性 [J]. 天津师范大学学报：自然科学版，2014，34 (4)：10-13.

[11] 周立群. 一类无界时滞细胞神经网络的全局指数稳定性 [J]. 工程数学学报，2014，31 (4)：493-500.

[12] 周立群. 多比例时滞细胞神经网络的指数的周期性与稳定性 [J]. 生物数学学报，2012，27 (3)：480-488 .

[13] Bazaraa M S, Sherali H D, Shetty C M. Nonlinear programming: Theory and algorithms [M]. New York: John Wiley, 1993.

[14] Xia Y S, Wang J. A general projection neural network for solving monotone variational inequalities and related optimization problems [J]. IEEE Transactions on Neural Networks, 2004, 15 (2): 318-328.

[15] Zhou L Q. Delay-dependent exponential stability of cellular neural networks with multi- proportional delays [J]. Neural Processing Letters , 2013, 38 (3): 347-359.

[16] 林振声，杨信安. 微分方程稳定性理论 [M]. 福州：福建科学技术出版社，1988.

[17] 程崇新，周立群. 二次规划问题的比例时滞神经网络的全局渐近稳定性 [J]. 天津师范大学学报：自然科学版，2018，38 (2)：1-4.